Chemisches Zentralblatt

1956 Nr. 41 10. Oktober

Geschichte. Unterricht.

H. Falkenhagen, *Kurt Bennewitz zum 70. Geburtstage.* Kurzer Lebenslauf von K. BENNEWITZ (geb. am 2/1. 1886) u. Würdigung seiner Arbeiten auf den verschied. Gebieten der physikal. Chemie. (Z. Elektrochem., Ber. Bunsenges. physik. Chem. **60.** 353—54. 1956.) E. KLEVER. 1

Giulio Natta, *Mario Giacomo Levi.* (Ricerca sci. **25.** 1323—32. Juni 1955. — C. **1956.** 7977.) H. NÖTH. 1

—, *Zum Tode von Erwin Rupp.* Nachruf zum Tode (10/4. 1956) des am 19/2. 1872 geborenen ehemaligen Direktors des Pharmazeut. Instituts der Universität Breslau Prof. Dr. phil. ERWIN RUPP. (Dtsch. Apotheker-Ztg. **96.** 375. 26/4. 1956.) M. NEGWER. 1

F. E. F. Scheffer, *H. W. Bakhuis Roozeboom.* Nachruf zum 100. Geburtstag des Begründers der Konstitutionslehre. (Z. Metallkunde **45.** 569—70. Okt. 1954.) F. VIER. 1

—, *Karl J. Bayer und sein Verfahren zur Herstellung von Tonerde.* Beschreibung des BAYER-Verf. zur Herst. von Al_2O_3 für die Al-Fabrikation u. Lebenslauf von KARL J. BAYER. (Rev. de l'Aluminium **32.** 37—38. Jan. 1955.) F. VIER. 2

G.-A. Baudart, *Geschichte der Tonerdeherstellung in Frankreich.* Beschrieben wird die Entw. des Carbonatverf. nach HENRI SAINTE-CLAIRE DEVILLE u. des BAYER-Verf. zur Herst. von Al_2O_3 für die Al-Fabrikation. (Rev. de l'Aluminium **32.** 35—37. Jan. 1955.) F. VIER. 2

G.-A. Baudart und Maurice Victor, *100 Jahre im Dienst der Chemie und Elektrometallurgie.* Lebenslauf der Gründer u. Leiter des PECHINEY-Konzerns u. Bericht über die von dem Konzern veranstaltete Ausstellung. (Rev. de l'Aluminium **32.** 135—41. Febr. 1955.) F. VIER. 2

M. A. Besborodow, *Die Glasgewinnung im alten Rußland.* Inhaltlich ident. mit der C. **1955.** 9947 referierten Arbeit. (Природа [Natur] **44.** Nr. 1. 70—76. Jan. 1955.) A. v. WILPERT. 2

G. Urdang, *Das Eindringen von Chemikalien in die offiziellen Pharmakopöen.* (Vgl. C. **1954.** 4081.) Geschichtlicher Rückblick auf die ersten Arzneibücher mit ausführlicherer Behandlung der *Basilica Chymica* [1608] von CROLL, der *Pharmacopoeia Augustana* [1613] von MINDERER u. der *Pharmacopoeia Londinensis* [1618] von MAYERNE. (Arch. int. Histoire Sci. **7.** 303—14. Juli/Dez. 1954. Madison, Wis., Univ. of Wisconsin, School of Pharmacy, Amer. Inst. of the History of Pharmacy.) W. SPITALER. 2

William L. Blockstein, *Alte Kräuterbücher und alte Therapie.* Das Studium alter Kräuterbücher zeigt, daß viele Wirkstoffe, die heute synthet. hergestellt werden, aus Drogen stammen, die für ähnliche Indikationsgebiete bereits früher in verschied. Form empfohlen wurden. (Amer. J. Pharmacy Sci. support. publ. Health **126.** 308—14. Sept. 1954. Pittsburgh, Pa., Univ., School of Pharmacy.) H. P. FIEDLER. 2

F. Weigel, *Die wichtigsten Zeitschriften und Berichte (Reports). Namen, Bezeichnungsweisen und Bezugsmöglichkeiten.* Übersicht über das die Kernforschung betreffende Schrifttum. (VDI-Z. **98.** 159—60. 1/2. 1956. Mainz.) W. WESLY. 4

—, Die Vorträge der Hauptversammlung der Internationalen Gesellschaft für Geschichte der Pharmazie während des Internationalen pharmaziegeschichtlichen Kongresses in Rom vom 6.—10. September 1954. Eutin: Internat. Ges. f. Geschichte der Pharmazie. 1956. (184 S. m. Abb.) 8° = Veröffentlichungen d. Internat. Ges. f. Geschichte d. Pharmazie. Bd. 8. DM 11,—.

A. Allgemeine, physikalische und anorganische Chemie.

T. Miłobedzki, *Die Nomenklatur der anorganischen Substanzen, ihre Aufgaben und deren Verwirklichung.* Vf. erörtert eine straffere natürlichere Einteilung der Benennung anorgan. Verbb. im poln. Sprachgebrauch (nicht für die schriftliche Bezeichnung). Er unterscheidet Kationoide von Anionoiden u. findet, daß bei den Kationoiden außer dem Namen des Elements die Gruppenzugehörigkeit (im Period. Syst.) sowie die Wertigkeit ausgedrückt sein müßte. Der Anschluß an die internationale Nomenklatur muß natürlich gewahrt werden. (Przemysł chem. **7** (**30**). 162—66. März 1951.) A. v. Wilpert. 10

Kenneth L. Zankel und **Alex E. S. Green**, *Störungen der halbempirischen Massengleichung.* (Sitzungsbericht.) (Physic. Rev. [2] **99**. 1628. 1/9. 1955. Florida State Univ.) R. Levi. 10

Ignazio Cusmano, Chimica generale. Riassunto delle lezioni. Anno scolastico. 1955—56. Firenze: Cam, Copisteria a macchina. 1955. (131 S.) 8°.

Pierre Fauconnier, Cours de chimie générale et minérale, 2e année. Paris: Centre de documentation universitaire et S.E.D.E.S. réunis. 1955. (197 S. m. Abb.). 4°.

Giuseppe Tanturri, Istituzioni di matematica per chimici. Primo corso. Torino: A. Viretto. 1954. (237 S.) 8°. L. 1400,—.

Silvanus Phillips Thompson, Höhere Mathematik — und doch verständlich. Eine leichtfaßl. Einf. in d. Differential- u. Integralrechn. f. Chemiker, Biologen u. Volkswirtschaftler. 10., unveränd. Aufl. Leipzig: Geest & Portig. 1956. (V + 238 S. m. 69 Abb.) 8°. DM 6,20.

—, Handbuch des Chemikers. Bd. 1. Allgemeine Grundlagen. Elemente u. Aufbau d. Materie. Eigenschaften d. wichtigsten Stoffe. Berlin: Verl. Technik. 1956. (XXIII + 800 S. m. Abb. u. Tabellen v. Spektral- u. Röntgen-Spektrallinien.) 8°.

A$_1$. Kernphysik und Kernchemie.

Yoichiro Nambu, *Struktur von Green-Funktionen in der Quantenfeldtheorie.* 2. Mitt. (1. vgl. C. **1956**. 5730.) Detaillierte Analyse der Struktur der Green-Funktionen für den Fall neutraler skalarer Felder mit Diskussion der Spinorfelder. (Physic. Rev. [2] **101**. 459—67. 1/1. 1956. Chicago, Ill., Univ. of Chicago, Inst. for Nucl. Stud.) Gerhard Schmidt. 80

E. A. Power, *Ein neuer Beweis für die Störungsentwicklungen in der Quantenmechanik.* (Proc. Roy. Soc. [London], Ser. A **218**. 384—91. 7/7. 1953. London, Univ. Coll., Math. Dep.) G. Kirschstein. 80

K. W. Ogilvy, *Höhenstrahl-Protonenspektrum auf Seehöhe.* (Sitzungsbericht.) (Physic. Rev. [2] **99**. 1645. 1/9. 1955. Ottawa, Can., Nat. Res. Counc.) Gerhard Schmidt. 85

John Katzman, *Richtungsintensitätsuntersuchungen von Höhenstrahlen.* (Sitzungsbericht.) (Physic. Rev. [2] **99**. 1645. 1/9. 1955. Ottawa, Can., Nat. Res. Counc.) Gerhard Schmidt. 85

Tricia Reeves und **E. D. Palmatier**, *Intervallverteilung von Höhenstrahlbahnen in ausgedehnten Luftschauern.* (Sitzungsbericht.) (Physic. Rev. [2] **99**. 1628. 1/9. 1955. Univ. of North Carolina.) H. Liepack. 85

I. I. Gurewitsch, *Anregungszustände von Nucleonen.* Die bisher bekannten Hyperonen werden als angeregte Zustände von Nucleonen aufgefaßt u. in ein Niveauschema gebracht. Die verhältnismäßig hohe Lebensdauer der angeregten Zustände ($\sim 10^{-10}$ sec) deutet auf eine Metastabilität hin, deren Ursache in den hohen Spins der Hyperonen gesucht wird. (Доклады Академии Наук СССР [Ber. Akad. Wiss. UdSSR] **105**. 69—72. 1/11. 1955.) K.-E. Seyb. 90

Enos E. Witmer, *Elektronenmasse als die natürliche Masseneinheit für Kerne und Elementarteilchen.* (Sitzungsbericht.) (Physic. Rev. [2] **99**. 1653. 1/9. 1955. Univ. of Pennsylvania.) Gerhard Schmidt. 90

J. S. Evans und **R. H. Tredgold**, *Ortskorrelationsuntersuchung für ein System aus zwei Elektronen.* (Sitzungsbericht.) (Physic. Rev. [2] **100**. 1250. 15/11. 1955. Univ. of Maryland.) R. Stein. 90

D. C. Peaslee, *„Normalisierte“ β-Wechselwirkungen.* (Sitzungsbericht.) (Physic. Rev. [2] **99**. 1654. 1/9. 1955. Purdue Univ.) H. Liepack. 90

William J. Byatt, *Über die elastische Streuung langsamer Elektronen an Atomen.* (Sitzungsbericht.) (Physic. Rev. [2] **99**. 1630. 1/9. 1955. Univ. of Alabama.) Gerhard Schmidt. 90

C. F. Barnett und **P. M. Stier**, *Elektronenverlustquerschnitt für schnelle Heliumatome.* (Sitzungsbericht.) (Physic. Rev. [2] **100**. 1268. 15/11. 1955. ORNL.) R. Stein. 90

A. R. Schulman und **I. I. Farbstein**, *Unelastische Elektronenstreuung in Nickel- und Molybdäntargets.* Durch Ausglühen im Vakuum gereinigte Metallfolien werden mit Elektronen (40—120 eV) bestrahlt. Das Spektr. von elast. u. unelast. gestreuten u. sek. Elektronen wird mit einem sphär. Kondensator erzeugt u. mit einem Oscillographen dargestellt. Sehr schwache Maxima für die unelast. Streuung werden beobachtet, für Ni bei 12,5 V, für Mo bei 5,5, 11,6 u. 17 Volt. Diese Werte sind in Übereinstimmung mit den theoret. für Ni-Metall, nicht aber für Mo-Oxyd (Oberflächenschicht). (Доклады Академии Наук СССР [Ber. Akad. Wiss. UdSSR] **104**. 56—59. 1/9. 1955. Leningrad, Polytechn. Kalinin-Inst.) K.-E. Seyb. 90

Richard W. Hoff und **John O. Rasmussen,** *ft-Werte und L/K-Verhältnisse für Hüllelektroneneinfang.* Mathemat. Ableitungen u. Diskussion der Berechnung von *ft*-Werten für erlaubte u. erstverbotene Hüllelektroneneinfangübergänge. Die L/K-Elektroneneinfang verhältnisse für Übergänge mit $\Delta J = 1$, + sind generell die gleichen wie für erlaubte Übergänge gleicher Energie für ein vorgegebenes Element. (Physic. Rev. [2] **101.** 280—82. 1/1. 1956. Livermore Site, Calif., Univ. of California, Radiat. Labor.; Berkeley, Calif., Univ. of California, Dep. of Chem. and Radiat. Labor.) GERHARD SCHMIDT. 90

J. David Jackson, *Elektroneneinfang durch Positronen in Gasen.* (Sitzungsbericht.) (Physic. Rev. [2] **99.** 1653. 1/9. 1955. McGill Univ.) H. LIEPACK. 90

H. W. Kendall und **Martin Deutsch,** *Vernichtung von Positronen im Fluge.* Vff. bestimmen die Querschnitte für Vernichtung von Positronen im Fluge für Positronenenergien von 0,765, 1,02, 2,2 u. 3,33 MeV. Die Positronenenergien werden mittels eines Magnetlinsenmonochromators ausgewählt. Ein differentielles Energieintervall von ~0,1 MeV wird durch die Impulshöhe aus einem Anthracenkristall, in dem Vernichtung auftritt, definiert. Die Vernichtungsstrahlung wird in einem Scintillationszähler nachgewiesen, der so geeicht ist, daß er nur Quanten oberhalb 0,51 MeV registriert. Die Winkelverteilung der Vernichtungsstrahlung u. der totale Vernichtungsquerschnitt bei allen Energien stimmen mit den theoret. Werten innerhalb der experimentellen Genauigkeit (±5%) überein. (Physic. Rev. [2] **101.** 20—26. 1/1. 1956. Cambridge, Mass., MIT.) GERHARD SCHMIDT. 90

S. Berko und **A. J. Zuchelli,** *Die Löschung der Komponente langer Lebensdauer der Positronenvernichtung in Benzol.* (Sitzungsbericht.) (Physic. Rev. [2] **99.** 1652. 1/9. 1955. Univ. of Virginia.) GERHARD SCHMIDT. 90

Joseph V. Lepore, *Isotopenspin von Antiteilchen.* Vf. zeigt, daß bei Aufstellung einer Nucleonen, Mesonen u. das elektromagnet. Feld umfassenden Theorie nur die Spinzuordnung von +1 u. −1 für Antiprotonen bzw. Antineutronen erlaubt ist. Hierbei ist das elektromagnet. Feld bei elektr. Ladungskonjugation invariant. (Physic. Rev. [2] **101.** 1206—07. 1/2. 1956. Berkeley, Calif., Univ. of California, Radiat. Labor.) GERHARD SCHMIDT. 90

Dieter Kurath, *Intermediäre Kopplung in der 1p-Schale.* (Vgl. C. **1956.** 7700.) Vf. behandelt den Bereich zwischen ^{4}He u. ^{16}O für den Fall intermediärer Stärke der Spin–Bahn-Kopplung u. der zentralen Zweikörperwechselwirkung. Die Energieniveaus werden als eine Funktion des relativen Kopplungsstärkeparameters a/K dargestellt. (Physic. Rev. [2] **101.** 216—24. 1/1. 1956. Lemont, Ill., Argonne Nat. Labor.) GERHARD SCHMIDT. 95

W. M. MacDonald, *Isotopenspinunreinheit.* 2. Mitt. *Schalenmodell.* (1. vgl. C. **1956.** 6006.) Im Anschluß an l. c. berechnet Vf. die Isotopenspinunreinheit mit den Wellenfunktionen des j–j-Kopplungs-Schalenmodells. Obere Grenzen für die Unreinheit in N=Z-Kernen für $4 \leq A \leq 16$ werden gegeben, sie stimmen mit den experimentellen Daten (WILKINSON) der Isotopenspinauswahlregel für E1-Übergänge überein. (Physic. Rev. [2] **101.** 271—79. 1/1. 1956. Princeton, N. J., Univ.) GERHARD SCHMIDT. 95

H. Morinaga, *Interpretation einiger der angeregten Zustände selbstkonjugierter Kerne vom 4n-Typ.* Vf. versucht eine allg. Erklärung für einige der angeregten Niveaus von selbstkonjugierten leichten Kernen vom 4n-Typ, bes. für charakterist. tiefliegende 0^+-Niveaus u. auch für die 2^+-Niveaus zu geben, die nicht zu weit oberhalb der 0^+-Niveaus in jedem Falle mit Ausnahme des ^{16}O-Grundzustandes erscheinen. Diese 2^+-Niveaus können aus der gleichen Konfiguration wie die tieferliegenden 0^+-Zustände hervorgehen, die als deformiert betrachtet werden. Der paaremittierende 6,06 MeV-Zustand (0^+) in ^{16}O kann deformiert werden u. hat vermutlich den gleichen Verlauf wie eine Reihe von 4α-Teilchen Eine rotationsgleiche Reihe von Niveaus mit Spins u. Paritäten 0^+, 1^-, 2^+, 3^- u. 4^+ unter den stark angeregten Zuständen von ^{24}Mg wird diskutiert. Analoge Diskussionen werden an den Niveaus in ^{8}Be, ^{12}C u. ^{20}Ne durchgeführt. (Physic. Rev. [2] **101.** 254—58. 1/1. 1956. Lafayette, Ind., Purdue Univ., Dep. of Phys.) GERHARD SCHMIDT. 95

M. A. Melvin, *Vereinfachung bei der Auffindung symmetrieadaptierter Eigenzustände.* (Sitzungsbericht.) (Physic. Rev. [2] **99.** 1659. Florida State Univ.) GERHARD SCHMIDT. 95

V. Thorsen, *Neue Gesichtspunkte über das Wasserstoffatom und das Wasserstoffspektrum.* Vf. geht von einer Auffassung des Elektrons in seiner Bahnbewegung als Ringstrom oder als Spule mit einer Windung aus, deren Fläche gleich der Bahnfläche u. deren Länge der Durchmesser des Elektrons $2r_0$ ist. Nach Diskussion der Feinstruktur des H-Atoms u. der LAMB-Verschiebung wird die Frage behandelt, wie das H-Atom aus einem Neutron entsteht u. das revidierte Elektronmodell unter Berücksichtigung des magnet. Zusatzmomentes in Ausdrücken für die Feinstruktur u. die Hyperfeinstruktur entwickelt. (Fysisk Tidsskr. **52.** 17—45. 1954.) R. K. Müller. 95

D. D. Kerlee, J. S. Blair und **G. W. Farwell,** *Übereinstimmung von Kernradiusbestimmungen aus der elastischen Streuung von α-Teilchen.* (Sitzungsbericht.) (Physic. Rev. [2] **99.** 1652. 1/9. 1955. Univ. of Washington.) Gerhard Schmidt. 95

I. I. Lewintow, A. W. Miller und **W. N. Schamschew,** *Untersuchung der Spin-Bahn-Aufspaltung der ^5He-Niveaus aus der Streuung polarisierter Neutronen an ^4He.* Die Phasenanalyse von ^{5}He wird durch Unters. der azimutalen Streuung von teilweise polarisierten Neutronen an ^{4}He präzisiert. Dazu werden 3,43 MeV-Neutronen durch Beschuß von Schwerem Eis mit 800 keV-Deuteronen erzeugt. Die Ergebnisse über den Verlauf der $P_{1/2}$-Phase werden mit denen anderer Autoren verglichen. (Доклады Академии Наук СССР [Ber. Akad. Wiss. UdSSR] **103.** 803—06. 11/8. 1955. Inst. für chem. Physik der Akad. der Wiss. der UdSSR.) K.-E. Seyb. 95

Ss. Ju. Lukjanow, *Grundbegriffe der experimentellen Kernphysik.* Übersicht. (Природа [Natur] **44.** Nr. 3. 11—31. März 1955.) O. Lebtag. 103

O. G. Backeberg, *Die Umwandlung der Elemente.* (Vortrag.) (South African Mining Engng. J. **65.** Part 2. 373—77. 6/11. 1954. Witwatersrand, Univ., Dep. of Chem. and Chem. Engng.) G. Herrmann. 103

F. D. Benedict, P. B. Daitch und **G. Breit,** *Halbklassische Approximation bei den Integralen der Coulomb-Anregung.* Vff. stellen mehrere numer. Vergleiche der quantenmechan. u. halbklass. Behandlung der Coulomb-Anregung im Fall der von Null verschied. Anregung an. Es zeigt sich, daß der Gesamtquerschnitt sehr gut durch die halbklass. Behandlung approximiert wird. (Physic. Rev. [2] **101.** 171—74. 1/1. 1956. New Haven, Conn., Yale Univ., Sloane Phys. Labor.) Gerhard Schmidt. 103

R. L. Gluckstern, J. P. Lazarus und **G. Breit,** *Vergleich der halbklassischen und quantenmechanischen Coulomb-Anregungsintegrale für große L.* (Vgl. vorst. Ref.) In Fortsetzung zu l. c. werden die halbklass. u. quantenmechan. Integrale im Bereich unbestimmter Zusammenstöße verglichen, der der Aufstellung des gewöhnlichen Parameters $\eta = 0$ entspricht. (Physic. Rev. [2] **101.** 175—77. 1/1. 1956.) Gerhard Schmidt. 103

Th. A. J. Maris, *Theorie der Spaltung und halbempirische Massenformel.* Die experimentellen Massen weichen systemat. von den Werten ab, die nach der halbempir. Massenformel der Theorie von Bohr u. Wheeler berechnet worden sind. Vf. zeigt, daß diese Differenzen die Ergebnisse der Theorie der Spaltung stark beeinflussen können. (Physic. Rev. [2] **101.** 147—48. 1/1. 1956. Stockholm, Nobel Inst. of Phys.) Gerhard Schmidt. 103

A. J. Ferguson und **A. E. Litherland,** *Analyse von Dreifach-Winkelbeziehungen in Kernbeschußversuchen.* (Sitzungsbericht.) (Physic. Rev. [2] **99.** 1654—55. 1/9. 1955. Chalk River Labor.) H. Liepack. 103

R. L. Becker, R. B. Perkins und **H. H. Barschall,** *Totale Neutronenquerschnitte leichter Elemente.* (Sitzungsbericht.) (Physic. Rev. [2] **99.** 1646. 1/9. 1955. Univ. of Wisconsin.) Gerhard Schmidt. 103

W. P. Dshelepow, W. I. Ssatarow und **B. M. Golowin,** *Energetische Abhängigkeit von totalen Kernquerschnitten im Bereich der Neutronenenergie von 380—630 MeV.* Die für 380, 500, 590 u. 630 MeV-Neutronen gemessenen Gesamtquerschnitte zeigen bei leichten Elementen einen Anstieg mit der Energie, der zu Elementen höherer M. hin prakt. auf Null absinkt. Die Versuchsanordnung besteht in einer Protonenquelle, die aus Be Neutronen schlägt. Die Neutronen, die die zu untersuchende Substanz durchdringen, gehen durch einen Kollimator u. erzeugen in einem Polyäthylentarget Protonen, die mit zwei Scintillationszählerteleskopen registriert werden. (Доклады Академии Наук СССР [Ber. Akad. Wiss. UdSSR] **104.** 717—20. 11/10. 1955. Inst. für Kernprobleme der Akad. der Wiss. der UdSSR.) K.-E. Seyb. 103

J. W. Butler und **H. D. Holmgren,** *Energieniveaus in ^{19}F.* (Sitzungsbericht.) (Physic. Rev. [2] **99.** 1649. 1/9. 1955. Naval Res. Labor.) Gerhard Schmidt. 103

R. W. Krone, N. P. Baumann und **F. W. Prosser jr.,** *Eigenschaften einiger angeregter Zustände in ^{24}Mg.* (Sitzungsbericht.) (Physic. Rev. [2] **99.** 1649. 1/9. 1955. Univ. of Kansas.) Gerhard Schmidt. 103

G. A. Bartholomew, H. E. Gove, A. E. Litherland und **E. B. Paul,** *γ-Strahlung aus dem Protonenbeschuß von ^{24}Mg.* (Sitzungsbericht.) (Physic. Rev. [2] **99.** 1649. 1/9. 1955. Chalk River Laborr.) Gerhard Schmidt. 103

H. E. Gove, A. E. Litherland, E. B. Paul und **G. A. Bartholomew,** *γ-Strahlen aus der Reaktion $^{25}Mg(p, p'\gamma)$.* (Vgl. vorst. Ref.) (Sitzungsbericht.) (Physic. Rev. [2] **99.** 1649. 1/9. 1955.) Gerhard Schmidt. 103

Tosiko Yuasa, *Über das K/β^+-Verzweigungsverhältnis von ^{65}Zn.* (Vgl. C. **1954.** 7806.) (Physica **18.** 1267—71. Dez. 1952. Paris, Coll. de France, Labor. de Chim. Nucl.) H. LIEPACK. 103

Edward Anders, R. N. Sen Sarma und **P. H. Kato,** *Suche nach Technetium 98 mittels Neutronen-Aktivierungsanalyse.* An 12 Mineralproben, die neben Tc noch bekannte Mengen an inakt. Mo enthalten, wird erneut die Ggw. von Tc in ird. Quellen bewiesen. Vorverss. legen für das Verhältnis der Aktivitäten von Tc/Mo den Wert 0,98 nahe, der aber in 7 von den 12 untersuchten Fällen höher liegt. Dieses Verh. läßt sich mit einem Sekundärprozeß wie der (n, γ)-Rk. von ^{98}Tc erklären. (J. chem. Physics **24.** 622—23. März 1956. Urbana, Ill., Univ., Dep. of Chem. and Engng.) D. HAHN. 103

J. N. Brazos und **R. M. Steffen,** *Dualer Zerfall des 50 Tage-^{114}In-Isomers.* (Sitzungsbericht.) (Physic. Rev. [2] **99.** 1645—46. 1/9. 1955. Purdue Univ.) GERHARD SCHMIDT. 103

R. M. Steffen und **J. N. Brazos,** *Zerfall des 72 Sekunden-^{114}In-Grundzustandes.* (Vgl. vorst. Ref.) (Sitzungsbericht.) (Physic. Rev. [2] **99.** 1646. 1/9. 1955.) GERHARD SCHMIDT. 103

Gerald Gardner und **John I. Hopkins,** *Beweis für den 258 keV-γ-Strahl von ^{113}Sn.* Aus Messungen mit einem NaJ(Tl)-Scintillationsspektrometer ergibt sich die Ggw. eines 258 keV-γ-Überganges beim Zerfall von ^{113}Sn. Die Intensität dieses γ-Strahls relativ zu derjenigen des 393 keV-γ ist 12 ± 2%. Die Halbwertszeit für jeden γ-Strahl ergibt sich zu angenähert 130 Tagen. (Physic. Rev. [2] **101.** 999—1000. 1/2. 1956. Nashville, Tenn., Vanderbilt Univ.) GERHARD SCHMIDT. 103

Tosiko Yuasa, Jeanne Laberrigue-Frolow und **Louis Feuvrais,** *Untersuchung des Zerfalls von ^{204}Tl.* Ausführliche Darst. der C. **1954.** 7806 referierten Arbeit. (J. Physique Radium **16.** 39—47. Jan. 1955. Coll. de France, Labor. de Phys. et Chim. nucl.; Ivry, Labor. de Synth. atom.) H. MENKE. 103

T. Yuasa und **J. Laberrigue-Frolow,** *Bemerkungen über den Zerfall von ^{204}Tl.* (Vgl. vorst. Ref.) Da beim Zerfall von ^{204}Tl, maximale β-Energie 760 keV, keine 374 keV-γ-Strahlung beobachtet wird, vermuten Vff. folgende Reihenfolge der γ-Strahlen im 68 Min.-^{204}Pb: 905 keV (68 Min.) → 374 keV ($2{,}7 \cdot 10^{-7}$ sec) → 890 keV → Grundzustand. Der β-Übergang von ^{204}Tl scheint einfach verboten, log *ft* 9,49 oder 9,66, je nachdem, welche Halbwertszeit benutzt wird. (J. Physique Radium **16.** 165—66. Febr. 1955.) G. HERRMANN. 103

Ju. Ss. Iwanow, *Ein Fall von Urankernspaltung unter Bildung von vier Spaltprodukten vergleichbarer Masse.* Bei der Bestrahlung einer mit U gesätt. Photoplatte mit Photonen von maximal 150 MeV aus dem Synchrotron wurde eine Spaltung in vier Fragmente beobachtet. Aus Bahnlänge der Fragmente u. Zahl der erzeugten δ-Teilchen ließen sich die Massen 28, 36, 77 u. 89 berechnen. (Доклады Академии Наук СССР [Ber. Akad. Wiss. UdSSR] **104.** 40—43. 1/9. 1955. Physikal. Lebedew-Inst. der Akad. der Wiss. der UdSSR.) K.-E. SEYB. 103

W. M. Good und **E. O. Wollan,** *Reichweite und Reichweitedispersion spezifischer Spaltprodukte.* Mit einer Gasdruckkammer bestimmen Vff. die Reichweite u. die Dispersion in der Reichweite spezif. Spaltprodd. von ^{233}U u. ^{235}U, die in Verbindung mit verzögerten Neutronenstrahlern auftreten, in H_2, D_2, He, Luft u. Ar. Diese Messungen liefern die Z-Abhängigkeit der Reichweite u. Reichweitedispersion für Fragmente, die mit einem spezif. Spaltmodus verbunden sind. Nach Korrektur für Foliendicke u. Geometrie wird der Z-abhängige Teil der Reichweitedispersion, die aus dem Kernbremsprozeß entsteht, bestimmt. Für die restliche Komponente, die der Energiedispersion entspricht, die mit dem Spaltprozeß selbst verbunden ist, werden Werte angegeben, die in ausreichender Übereinstimmung mit neueren theoret. Ergebnissen von FONG sind. (Physic. Rev. [2] **101.** 249—53. 1/1. 1956. Oak Ridge, Tenn., ORNL.) GERHARD SCHMIDT. 103

W. J. Swiatecki, *Systematik von Spaltschwellenwerten.* (Vgl. C. **1956.** 7134.) Eine Prüfung der experimentellen Daten von Spaltschwellenwerten u. Grundzustandsmassen von 9 Kernen (^{233}Th, ^{232}Th, ^{239}U, ^{238}U, ^{232}Pa, ^{235}U, ^{233}U, ^{238}Np u. ^{239}Pu) führt zu einer halbempir. Formel für die Spaltschwellenwerte, die mit Schätzungen der Schwellenwerte übereinstimmen, die mit Hilfe der beobachteten Halbwertszeiten für die spontane Spaltung von 28 Kernen aufgestellt worden sind. Eine analoge halbempir. Formel für diese Halbwertszeiten wird gegeben. (Physic. Rev. [2] **101.** 97—99. 1/1. 1956. Uppsala, Inst. for Mech. and Math. Phys. and Gustaf Werner Inst. for Nucl. Chem.) GERHARD SCHMIDT. 103

R. B. Leachman, *Emission unverzögerter Neutronen aus der Spaltung.* Vf. verwendet die Analyse der Gesamtenergien der Fragmentpaare aus der Spaltung in Verbindung mit der Massengleichung der Spaltung zur Schätzung der Verteilungen der Anregungsenergie der Fragmente aus spontaner u. neutroneninduzierter Spaltung von ^{233}U, ^{235}U, ^{238}U, ^{239}Pu, ^{242}Cm, ^{244}Cm u. ^{252}Cf. Die gleichen Anregungsenergieverteilungen u. die Betrachtungen über Neutronenverdampfung werden mit der Annahme einer isotropen Winkelrelation zwischen den Fragmenten u. den emittierten Neutronen benutzt, um das Energiespektr. der Neutronen aus therm. u. aus mit 3 MeV-Neutronen induzierter Spaltung von ^{235}U zu berechnen. Für die Spaltung mit therm. Neutronen stimmt das berechnete Spektr. mit neueren Messungen befriedigend überein. Die Berechnungen zeigen eine geringe Änderung im Spektr. für 3 MeV-Spaltung. Aus dieser Analyse ergibt sich die mittlere Energie der unverzögerten γ-Strahlen zu 3,8 MeV. (Physic. Rev. [2] **101.** 1005—11. 1/2. 1956. Las Alamos, N. Mex., LASL.) Gerhard Schmidt. 103

B. C. Diven, H. C. Martin, R. F. Taschek und **J. Terrell,** *Multiplizitäten von Spaltneutronen.* Vff. verwenden einen großen Flüssigkeitsscintillator mit angenähert 80% Wirksamkeit zum Nachw. von Neutronen, um Daten über die Anzahl der pro Spaltung emittierten Neutronen für mehrere spaltbare Kerne zu erhalten. Wiedergegeben wird die mittlere Anzahl von Neutronen pro Spaltung, $\bar{\nu}$, u. die diesbzgl. Wahrscheinlichkeiten von 0, 1, 2 . . . Neutronen pro Spaltung für spontane Spaltung von ^{240}Pu, ^{244}Cm u. ^{252}Cf u. für Spaltung von ^{233}U, ^{235}U u. ^{239}Pu durch 80 keV-Neutronen. Die Werte von $\bar{\nu}$ sind für die angeführten Fälle $2{,}257 \pm 0{,}045$, $2{,}810 \pm 0{,}059$, $3{,}869 \pm 0{,}078$, $2{,}585 \pm 0{,}062$, $2{,}47 \pm 0{,}03$ bzw. $3{,}048 \pm 0{,}079$. Der therm. Neutronenwert für ^{235}U ($2{,}46 \pm 0{,}03$), der nach anderen Methoden erhalten worden ist, wird hier als Standard zur Eichung der Detektorwirksamkeit verwendet. (Physic. Rev. [2] **101.** 1012—15. 1/2. 1956. Los Alamos, N. Mex., Univ. of California, LASL.) Gerhard Schmidt. 103

Duane N. Sunderman und **W. Wayne Meinke,** *Radiochemische Trennungen durch Isotopenaustausch: eine schnelle, hochentgiftende Methode für Silber.* Vff. beschreiben ein einfach durchzuführendes Verf., mit dem in einem einstufigen Prozeß radioakt. Ag von anderen akt. Stoffen (ausgenommen Halogeniden) rasch abgetrennt werden kann. Pt-Asbest, der mit AgCl bedeckt ist (mindestens der 50fachen Menge des in der HNO_3-sauren Lsg. vorhandenen radioakt. Ag), wird 5 Min. in die Lsg. getaucht. Da das radioakt. Gleichgewicht zwischen AgCl u. gelösten Ag-Ionen sich sehr rasch einstellt, sind danach mindestens 98% des akt. Ag als AgCl auf dem Pt niedergeschlagen u. können bestimmt werden. (Science [Washington] **121.** 777. 27/5. 1955. Ann Arbor, Mich., Univ. of Michigan, Dep. of Chem.) Max Schmidt. 104

R. Schulten, *Kernphysik und Kerntechnik. Physikalische Grundlagen.* Übersicht. — 13 Literaturhinweise. (VDI-Z. **98.** 139—40. 1/2. 1956. Göttingen.) W. Wesly. 110

G. Wiesenack, *Reaktoren.* Übersicht über Forschungs- u. Leistungsreaktoren. — 10 Literaturhinweise. (VDI-Z. **98.** 147—48. 1/2. 1956. Essen.) W. Wesly. 110

G. Wiesenack, *Kernkraftwerke und bewegliche Kernkraftanlagen.* Übersicht über die derzeit in Betrieb u. im Bau befindlichen Reaktoren. — 19 Literaturhinweise. (VDI-Z. **98.** 149—51. 1/2. 1956. Essen.) W. Wesly. 110

E. Steudel, *Messen, Steuern und Regeln bei Reaktoren.* Beschreibung der Meß- u. Steuergeräte für Reaktoren. (VDI-Z. **98.** 151—53. 1/2. 1956. Göttingen.) W. Wesly. 110

Yasushi Nishiwaki, *Wirkungen der H-Bombenversuche 1954.* Auswirkungen der H-Bombenverss. 1954 auf die Atmosphäre, den Regen, die Aktivität des Meerwassers sowie auf den Menschen. (Atomic Scientists J. [N. S.] **4.** 279—80. Mai 1955. Osaka City Univ., School of Med.) Gerhard Schmidt. 110

W. Wayne Meinke, *Kerntechnik.* (Vgl. Gordon, C. **1954.** 4086.) Zusammenfassender Bericht über Veröffentlichungen von 1953—1956. — 593 Literaturhinweise. (Analytic. Chem. **28.** 736—56. April 1956. Ann Arbor, Mich., Univ. of Michigan, Dep. of Chem.) W. Krönert. 112

M. L. Curtis und **J. W. Heyd,** *Routineenergiemessungen weicher Strahlungen.* Vff. beschreiben ein Verf. zur Best. der Energie emittierter Teilchen, wodurch die Identifizierung eines oder mehrerer Radioisotope in einem Gemisch ermöglicht wird. Es werden Absorber innerhalb einer Proportionalitätskammer angebracht u. die Absorption untersucht. Es können so noch sehr geringe Energien gemessen werden; die unterste Grenze ist durch die geringste noch herstellbare Dicke der Absorber gegeben. Durch Wechsel der angelegten Spannung im Zähler können β- von α-Teilchen unterschieden werden. (Analytic. Chem. **27.** 1073—76. Juli 1955. Miamisburg, O., Monsanto Chem. Co., Mound Labor.) Max Schmidt. 112

Olena Stanisz, *Die Temperaturabhängigkeit des Arbeitens von Geiger-Müller-Zählern.* Vf. untersucht die Wirksamkeit selbstlöschender Geiger-Müller-Zähler (gefüllt mit

Ar bei 90 mm Hg u. mit A. bei 10 mm Hg) im Temperaturbereich von 122—60°. Die charakterist. Kurven bleiben dabei erhalten bis zu der Temp., bei der der A.-Dampf kondensiert. Alle Veränderungen der Kurven können durch die Annahme gedeutet werden, daß ihre einzige Ursache die Kondensation des Löschdampfes ist. (Acta physica polon. **11.** 140—45. 1952. Kraków, Mining Acad., Phys. Labor.) Max Schmidt. 112

T. F. Godlove und **J. G. Carver,** *Neutronen-Flugzeitspektroskopie mit einem Elektronen-Linearbeschleuniger.* (Sitzungsbericht.) (Physic. Rev. [2] **99.** 1634. 1/9. 1955. Yale Univ.) Gerhard Schmidt. 112

W.G. Wadey und **H. L. Schultz,** *Umgebauter Yale-Elektronen-Linearbeschleuniger und Einrichtungen.* (Sitzungsbericht.) (Physic. Rev. [2] **99.** 1634. 1/9. 1955. Yale Univ.) Gerhard Schmidt. 112

H. L. Schultz und **W. G. Wadey,** *Elektronische Instrumentation für den Yale-Geschwindigkeitsselektor für langsame Neutronen.* (Vgl. vorst. Ref.) (Sitzungsbericht.) (Physic. Rev. [2] **99.** 1634. 1/9. 1955.) Gerhard Schmidt. 112

E. C. B. Pederson und **L. Katz,** *Betatronenergiekontrolle.* (Sitzungsbericht.) (Physic. Rev. [2] **99.** 1634. 1/9. 1955. Univ. of Saskatchewan.) Gerhard Schmidt. 112

A. Berthelot, Rayonnements de particules atomiques, électrons et photons. Paris: Massons et Cie. (192 S. m. 101 Abb.). fr. 1800,—.

Carl Friedrich Weiss, Radioaktive Standardpräparate. Eigenschaften, Herstellg. u. Aktivitätsbestimmung. Berlin: Deutscher Verl. d. Wissenschaften. 1956. (232 S. m. Abb.) 8° = Monographien d. experimentellen u. theoretischen Physik. DM 18,60.

A_2. Optisches Verhalten der Materie.

Joseph Kaplan, *Die Erdatmosphäre.* Die Arbeit erklärt in allgemeinverständlicher Art den Aufbau der Erdatmosphäre u. die in den einzelnen Schichten möglichen Messungen, die für die Wissenschaft von Interesse sind. Es werden Erscheinungen wie Nordlicht usw., in ihren Phänomenen u. ihrem Entstehen beschrieben, soweit es aus den Spektren geschlossen werden kann. Auch auf die Anwendung von Raketen bei diesen Forschungen wird hingewiesen. Ein besonderer Abschnitt ist der Bedeutung des *Ozons* gewidmet. Ferner wurden die Ionosphäre, das chem. Verh. u. die Mechanik der Atmosphäre behandelt. (Amer. Scientist **41.** 49—65. Jan. 1953. Los Angeles, Calif., Univ. of California.) H. Preuss. 113

Jacques-Émile Blamont, *Neue Methode zur Beobachtung der atmosphärischen Emission der D-Linien des Natriums.* Da die Streuung des Sonnenlichtes durch die Atmosphäre die Unters. der atmosphär. Emission der D-Linien in der Dämmerung sehr erschwert, wurde vom Vf. eine neue Meth. entwickelt, die diese Schwierigkeiten beseitigt. Das Prinzip der Meth. ist, daß die opt. Resonanz eines Metalldampfes, der sich in einem Gefäß unter konstantem Druck befindet, durch das zu untersuchende Licht angeregt wird. Bringt man das Gefäß in ein Magnetfeld H, dann wird die Resonanzfrequenz ν_0 verändert. In dem einfachen Fall des n. Zeeman-Effektes gibt die Intensität des durch den Dampf emittierten Lichtes, wenn man das Feld ändert, genau das Profil des anregenden Lichtes wieder, vorausgesetzt, daß die Breite der Resonanzlinie schwach ist in bezug auf die Einzelheiten des Profils. Vorläufige Unterss. auf dem Observatorium der Haute-Provence mittels dieser Meth. verliefen erfolgversprechend. (C. R. hebd. Séances Acad. Sci. **237.** 1320—22. 23/11. 1953.) C. Gottfried. 113

Pierre Barchewitz, Marie-Louise Grenier-Besson und **Gilbert Amat,** *Das Schwingungsspektrum des Stickstoffoxyduls (Bande 4 ν_2).* Unter verbesserten Bedingungen (geringerer CO_2-Restdruck) wurde das Gebiet von 4,3 μ, wo die Banden des N_2O durch die intensive Absorptionsbande des atmosphär. CO_2 überlagert sind, erneut untersucht. Das wichtigste Ergebnis der Unters. ist, daß für die Bande 4 ν_2 als neue Wellenzahl der Wert 2322 cm^{-1} gefunden wurde; dieser Wert ist dem von Amat u. Mitarbeitern (vgl. C. **1954.** 8741) gefundenen Wert vorzuziehen. Der neue Wert steht in besserer Übereinstimmung mit dem theoret. Wert, den man aus der von Herzberg u. Herzberg vorgeschlagenen Formel errechnet. (2315 cm^{-1}). (C. R. hebd. Séances Acad. Sci. **237.** 1322—33. 23/11. 1953.) C. Gottfried. 113

R. C. Sahni, *Automatische Berechnung der elektronischen Wellenfunktionen von Molekülen.* (Sitzungsbericht.) (Physic. Rev. [2] **99.** 1639. 1/9. 1955. Univ. of Western Ontario.) H. Liepack. 114

Robert W. Hart, Ernest P. Gray und **William H. Guier,** *Statistische Theorie der Atomanregung durch Elektronenbeschuß.* 1. Mitt. *Theoretische Entwicklung.* (Sitzungsbericht.) (Physic. Rev. [2] **99.** 1661. 1/9. 1955. Johns Hopkins Univ., Appl. Phys. Labor.) H. Liepack. 114

Ernest P. Gray, Robert W. Hart und **William H. Guier,** *Statistische Theorie der Atomanregung durch Elektronenbeschuß.* 2. Mitt. *Anwendung auf H und He.* (1. vgl. vorst. Ref.) (Sitzungsbericht.) (Physic. Rev. [2] **99.** 1661. 1/9. 1955.) H. Liepack. 114

H. R. Moore und **F. C. Chalklin,** *Das K-Serienemissionsspektrum von Neon.* Das K-Spektr. des *Ne* wurde in einer elektrodenlosen Entladungsröhre durch Tesla-Schwingungen erregt u. mit einem fokussierenden Spektrographen mit Glimmerkristall (r = 50 cm) untersucht. Die $K\alpha_{1,2}$-Linie mit λ = 14,5847 kX hat eine unsymm. Form, was auf teilweise Trennung von α_1 u. α_2 zurückgeführt wird; die Analyse ergibt für die Komponenten eine Halbwertsbreite von 14,7 X oder 0,85 eV. Die semiopt. $K\beta_1$-Linie liegt bei 14,278—14,539 kX, ferner werden die Wellenlängen von 20 Satelliten im Bereich von 14,278—14,539 kX angegeben, deren Identifizierung durch Vgl. mit entsprechenden Linien bei benachbarten Elementen versucht wird. (Proc. physic. Soc., Sect. A **68.** 717—25. 1/8. 1955. Christchurch, New Zealand, Canterbury Univ. Coll., Phys. Dep.) A. Faessler. 116

B. Nordfors, *Bemerkung über die Al $K\alpha_3\alpha_4$-Linien beim Metall und Oxyd.* Mit einem großen fokussierenden Vakuumspektrographen mit Geiger-Zähler werden die Wellenlängen von Al $K\alpha_3\alpha_4$ beim Metall u. Oxyd gemessen. Die Verschiebung ist für α_3 3,6 X, für α_4 3,1 X, während sie bei $K\alpha_1\alpha_2$ nur 1,7 X beträgt. Struktur u. Intensitätsverhältnis von α_3 u. α_4 sind beim Metall u. Oxyd verschieden. (Proc. physic. Soc., Sect. A **68.** 654—56. 1/7. 1955. Uppsala, Univ., Dep. of Phys.) A. Faessler. 116

Paul Sakellaridis, *Emissionen in der Nähe der Absorptionskanten im L-Gebiet der Röntgenspektren der Seltenen Erden.* Bei $_{63}$Eu, $_{64}$Gd, $_{65}$Tb, $_{67}$Ho u. $_{69}$Tm werden einige Emissionslinien untersucht, die dicht neben den L-Kanten liegen u. Übergängen der 4f-, 5p- u. 5d-Elektronen entsprechen. ($\gamma_4\gamma_4'$ ($L_I O_{II,III}$) erweist sich als breite Bande mit Struktur. Das Hauptmaximum liegt zwischen mehreren Nebenmaxima u. -minima. Die Bande zeigt nach der kurzwelligen Seite eine Verbreiterung, die fast bis zur L_I-Kante reicht. Struktur u. Verbreiterung scheinen mit Z abzunehmen. Das stärkste Nebenmaximum auf der kurzwelligen Seite von $\gamma_4\gamma_4'$ entspricht dem berechneten Wert $L_I O_{IV, V}$. — Neben L_{III} u. L_{II} werden die Linien β_5 bzw. γ_6 gefunden; ob es sich dabei um Übergänge von 4f- oder 5d-Elektronen handelt, läßt sich nicht entscheiden. (J. Physique Radium **16.** 271—73. April 1955. Paris, Fac. des Sci., Labor. de Chim. Phys.) A. Faessler. 116

Paul Sakellaridis, *Charakteristische Multipletts der Seltenen Erden in ihren Röntgenemissionsspektren.* (Vgl. vorst. Ref.) Bei den Seltenen Erden finden sich neben $L\gamma_2$, γ_1 u. β_2 auf der langwelligen Seite die Linien γ_{10} bzw. γ_9 bzw. β_{14}, die bei andern Elementen nicht beobachtet werden. Die Unters. bei $_{63}$Eu, $_{64}$Gd, $_{65}$Tb, $_{67}$Ho u. $_{69}$Tm ergibt, daß Lage u. relative Intensität dieser Linien von Z abhängen. Überdies zeigen γ_2, γ_1 u. β_2 eine komplizierte Multiplettstruktur. Die Ursache dieser Besonderheit bei den Seltenen Erden wird auf die unvollständig besetzte 4f-Schale zurückgeführt. (J. Physique Radium **16.** 422—27. Mai 1955.) A. Faessler. 116

D. E. Bedo und **D. H. Tomboulian,** *Weiches Röntgenemissionsspektrum von Germanium.* (Sitzungsbericht.) (Physic. Rev. [2] **100.** 1257. 15/11. 1955. Cornell Univ.) R. Stein. 116

Amar Nath Nigam, *Die Entstehung der Feinstruktur in den Röntgenabsorptionsspektren von Ionenlösungen.* Das Auftreten von Feinstrukturen in den Röntgenabsorptionsspektren der Lsgg. einfacher Salze wird dadurch erklärt, daß ein Ion in der Lsg. von einer Hülle von Ionen entgegengesetzten Vorzeichens umgeben ist. Der Radius der Hülle ist bei nicht zu verd. Lsgg. etwa gleich der Summe der Ionenradien der beiden Ionen. Damit sind ähnliche Verhältnisse wie beim festen Körper gegeben, woraus sich erklärt, daß die Feinstrukturen beim festen Stoff u. der Lsg. weitgehend ähnlich sind. Die Intensitätsverteilung der Feinstruktur sollte nach dieser Deutung von der DK. des Lösungsm. abhängen, wie dies auch beobachtet worden ist. (Proc. physic. Soc., Sect. B **68.** 472—73. 1/7. 1955. Allahabad, Univ., Phys. Dep.) A. Faessler. 116

William F. Meggers, *Emissionsspektroskopie.* Zusammenfassender Bericht über die Fortschritte in der Grundlagenforschung u. Anwendung der Emissionsspektroskopie für den Zeitraum 1954/55 (vgl. vorige Übersicht: C. **1954.** 3859). Die Zusammenstellung gliedert sich in die Abschnitte: Standardwellenlängen; Spektrallinienintensitäten; Zeeman-Effekt; Termanalyse; Hyperfeinstruktur; Isotopenverschiebung; spektrochem. Analyse. — 99 Literaturzitate. (Analytic. Chem. **28.** 616—21. April 1956. Washington, D. C., Nat. Bur. of Stand.) W. Krönert. 118

Howard B. Palmer, *Emission und Zweikörperrekombination in Brom.* Die opt. Emission von Br-Dampf, der in Stoßwellen auf hohe Tempp. (1400—2250° K) erhitzt wird, ist nach Messungen des Vf. im wesentlichen kontinuierlich. Der Dissoziationsgrad des Br_2 in Br-Atome wird opt. ermittelt. Aus der Gleichgewichtskonz. der Br-Atome ergibt sich, daß die Emission fast ausschließlich durch Rekombination der Br-Atome zu Br_2-Moll. im Zweierstoß zustande kommt. Wohl rekombinieren die meisten Br im Dreierstoß, aber nur bei Rekombination im Zweierstoß erfolgt die Emission. Die Aktivierungsenergien hierfür werden zu 29,1 kcal/Mol bei 3650 Å, 17,7 bei 4390 Å u. 6,85 bei 5950 Å ermittelt. (J. chem. Physics **23.** 2449. Dez. 1955. Providence, R. I., Brown Univ., Metcalf Res. Labor.) J. Rudolph. 118

D. A. Ramsay, *Absorptionsspektrum von freien HCO-Radikalen.* (Vgl. C. **1955.** 3694.) Die von verschied. Autoren gefundene u. den HCO-Radikalen zugeordnete Bande bei 6138,2 Å wurde analysiert u. die verschied. Möglichkeiten der Deutung, z. T. unter Vgl. mit dem HCN-Radikal, diskutiert. Die Rotationskonstanten wurden zu $B'' = 1{,}496$ u. $C'' = 1{,}403\ cm^{-1}$ ermittelt u. ergeben vernünftige Molekulardimensionen; $r_{CH} = 1{,}08 \pm 0{,}02$ Å, $r_{CO} = 1{,}19 \pm 0{,}01$ Å u. H—C—O = 120 ± 4 Å. (J. chem. Physics **21.** 960—61. Mai 1953. Ottawa, Nat. Res. Counc., Div. of Phys.) G. Heinsohn. 118

V. L. Stout und **M. D. Gibbons,** *Interferenzerscheinungen dünner Filme, angewandt auf eine Untersuchung der Getterung durch Titan.* (Sitzungsbericht.) (Physic. Rev. [2] **99.** 1643. 1/9. 1955. Gen. Electric Res. Labor.) R. Stein. 119

L. R. Ingersoll und **W. L. James,** *Eine empfindliche photoelektrische Methode zum Messen des Faraday-Effektes.* Das Prinzip der genau beschriebenen Meth. ist folgendes: Licht von einer W-Lampe geht durch ein Calcitprisma; die beiden gebildeten Strahlen werden durch einen Konkavspiegel auf den Eintrittsspalt eines Messingrohres fokussiert, in dem sich das zu untersuchende Gas befindet. Durch ein in dem Rohr befindliches Spiegelsyst. erhält man einen Lichtweg von 20 m. Die beiden austretenden Lichtstrahlen werden mittels eines Konkavspiegels auf ein zweites Calcitprisma fokussiert, dessen Polarisationsebenen mit dem ersten Prisma einen Winkel von 45° bilden. Die austretenden Strahlen werden mit Hilfe eines weiteren Spiegels in 2 Photoröhren geworfen, deren gemessene u. registrierte Intensitäten eine kleine Drehung der Polarisationsebene angeben. Auf diese Weise wurden die Verdetschen Konstanten von N_2, H_2, D_2, O_2, *He*, CO_2, *Ar*, C_2H_4, *Ae.-Dampf, Freon 12*, C_2H_2 u. *Luft* bestimmt. (Rev. sci. Instruments **24.** 23—25. Jan. 1953. Madison, Wis., Univ., Dep. of Phys.) C. Gottfried. 119

E. J. Rosenbaum, *Raman-Spektroskopie.* Zusammenfassender Bericht über die seit Erscheinen der letzten Zusammenstellung (vgl. Stamm, C. **1954.** 3862) veröffentlichten Arbeiten. Behandelt werden Apparaturen, Probleme der Intensitätsmessung u. analyt. Anwendungen. — 32 Literaturzitate. (Analytic. Chem. **28.** 596—97. April 1956. Norwood, Pa., Sun Oil Co.) W. Krönert. 120

D. E. Bethell und **N. Sheppard,** *Infrarotspektrum und Struktur der Borsäure.* Vff. untersuchen das Infrarotspektr. der Borsäure u. ihrer deuterierten Form zwischen 3600—500 cm^{-1}. Die beobachteten Banden können den Grundschwingungen des Mol. zugeordnet werden. Unter Heranziehung des früher beobachteten Raman-Spektr. zeigen Vff., daß die Spektren mit einer Kristallagensymmetrie C_{3h} des Mol. in Einklang stehen. (Trans. Faraday Soc. **51.** 9—15. Jan. 1955. Cambridge, Univ., Dep. of Colloid Sci.) H. J. Becher. 120

V. Gaizauskas und **H. L. Welsh,** *Durch intermolekulare Kräfte hervorgerufene Infrarotabsorption in gasförmigem, flüssigem und festem Kohlendioxyd.* (Sitzungsbericht.) (Physic. Rev. [2] **99.** 1639. 1/9. 1955. Univ. of Toronto.) H. Liepack. 120

Gordon M. Barrow, *Das Infrarotspektrum von Schwefeldichlorid.* Es werden Unterss. am Infrarotspektr. von SCl_2 im fl. u. dampfförmigen Zustand durchgeführt u. die Frequenzen u. Zuordnungen der infraroten Absorptionsbanden angegeben. Das Ergebnis wird mit dem der Moll. SCl, $OSCl_2$ u. O_2SCl_2 u. ihren Bindungen u. Wechselwirkungen verglichen. (J. physic. Chem. **59.** 987—88. Sept. 1955. Evanstone, Ill., Northwestern Univ., Dep. of Chem.) E. Hahn. 120

G. G. Macfarlane und **V. Roberts,** *Infrarotabsorption von Silicium nahe der Gitterkante.* Es wurde die Absorption einer polykristallinen Probe von 100 $\Omega \cdot cm$ *Si* in der Nähe der Gitterkante bei Tempp. von 20—3330° K gemessen. Die Absorptionskonstante K kann bei niedrigen Niveaus durch eine Gleichung wiedergegeben werden, wie sie die Vff. bereits früher (vgl. C. **1956.** 6573) für Ge gefunden hatten. Die Energielücke ändert sich bei niederen Tempp. wie bei Ge (vgl. l. c.) quadratisch. Aus den bekannten Werten der elast. Konstanten des Si u. der Theorie der Schwingungen des Diamantgitters wird abgeschätzt, daß die Leitungsbandminima bei einem Moment von $9{,}0 \cdot 10^7\ cm^{-1}$ auftreten, dies entspricht ca. $^7/_9$ des Abstandes von dem Mittelpunkt der Kante der Brillouin-Zone in der [1 0 0]-Richtung. Die Trägerkonz. bei 333° K beträgt $1{,}50 \cdot 10^{11}\ cm^{-3}$. (Physic. Rev. [2] **98.** 1865—66. 15/6. 1955. Malvern, Radar Res. Establ.) C. Gottfried. 120

Z. Geller und **W. Low**, *Schwächung von 1 cm-Mikrowellen durch anomale Gleichstromentladung in Helium.* (Sitzungsbericht.) (Physic. Rev. [2] **100.** 1240. 15/11. 1955. Hebrew Univ.) R. Stein. 121

N. Riehl und **H. Ortmann**, *Teilnahme von Sauerstoff bei der Bildung von Zinksulfidluminophoren.* Die Wrkg. des Sauerstoffs, auch sehr geringer Mengen, auf die Halogenidschmelze des ZnS beruht auf der Freisetzung von Cl_2. Dieser Prozeß scheint für die Kristallisation notwendig zu sein u. die Erzeugung von Leuchtzentren zu bewerkstelligen. Eine von Sauerstoff völlig freie ZnS–NaCl-Schmelze ergibt unter Luftabschluß erst bei einer Temp. $> 700^0$ einen Luminophor. Erfolgt jedoch das Glühen (bei 1000^0) in einer Vakuumapp. mit Stickstoffspülung (stat. Meth.), so erhält man ein ZnS, das kein (blaues) Eigenleuchten aufweist. Bei Zugabe von Cu (z. B. durch Diffusion) entsteht eine grüne Luminescenz. Zur Bldg. blauer Leuchtzentren muß Sauerstoff vorhanden sein. Der Sauerstoff kann auch, wie in einer Reihe Analysen festgestellt wird, als Makrokomponente in den ZnS-Luminophor eingehen u. die Dauer des Nachleuchtens beeinflussen. (Журнал Общей Химии [J. allg. Chem.] **25** (**87**). 1057–65. Juni 1955.) J. Geiger. 125

J. Woods und **D. A. Wright**, *Feldverstärkte Kathodoluminescenz im Magnesiumoxyd.* Ebenso wie die Sekundärelektronenemission (SE) wird die Kathodoluminescenz (Intensität J) beim Elektronenbeschuß von Metallschirmen mit MgO-Schichten infolge Aufladung der Schichtoberflächen bis nahe an die Schirm–Kollektor-Potentiale im Sinne eines Malter-Effekts verstärkt. An Schichten aus (**I**) aufgedampftem u. nachher oxydiertem Mg (**a**) nach Erhitzen auf 700^0 in O_2 oder 900^0 im Vakuum, (**b**) auf 400^0 im Vakuum, sowie (**II**) aus MgO-Rauch nach Glühen im Vakuum (**a**) auf 900^0 u. (**b**) auf 400^0 u. schließlich (**III**) aus aufgepastetem MgO-Pulver wiederum nach Erhitzen im Vakuum (**a**) auf 900^0 u. (b) auf 400^0 werden SE u. J als Funktion der Schirmspannung U_s u. der Kollektorspannung U_k gemessen. Mit steigendem U_k u. sinkendem U_s nehmen SE u. J in ähnlicher Weise zu. Für die Effekte werden Elektronenvervielfachungsprozesse verantwortlich gemacht. Auch nach Abschalten der Primärelektronen dauern SE u. Luminescenz ca. 1 Std. lang an. Bei **Ia** besteht die Kathodoluminescenz aus einer Bande um 3,1 eV, beim **IIa** um 2,8 eV mit schwachen Begleitbanden bei 2,3, 2,04 u. 1,95 eV. Bei den Proben **IIb** u. **IIIb** ist die Kathodoluminescenz rosa, die Feldverstärkungseffekte sind schwächer, bes. auch bei der Schicht **Ib.** Zur Erzielung großer Effekte ist eine möglichst geringe Leitfähigkeit des MgO notwendig, die durch stärkeres Glühen in O_2 oder im Vakuum (Mg-Verdampfung) erreicht wird. (Proc. physic. Soc., Sect. B **68.** 566–69. 1/8. 1955. Wembley, Middlesex, Gen. Electr. Comp., Res. Labor.) J. Rudolph. 125

A₃. Elektrizität. Magnetismus. Elektrochemie.

Gottfried Winkler, *Zur Theorie der Ausbreitung ebener Wellen in homogenen Plasmen.* Vf. behandelt die Fortpflanzung ebener Wellen in unbegrenzten Vielteilchensystemen elektr. geladener Teilchen. Dabei wird das Plasma als statist. Syst. aufgefaßt, während zu seiner Beschreibung Gleichungen der makroskop. Theorie benutzt werden. Mit dieser Darst. lassen sich die bisherigen Ergebnisse für das therm. Plasma u. für ein Syst. ineinandergeschachtelter Korpuskularstrahlen nahezu vollständig ableiten. (Ann. Physik [6] **16.** 414–28. 1955. Greifswald, Univ., Inst. für theoret. Phys.) H. Liepack. 131

A. B. Stewart und **G. E. Owen**, *Schwingendes Glimmentladungsplasma.* (Sitzungsbericht.) (Physic. Rev. [2] **100.** 1235. 15/11. 1955. Antioch Coll.) H. Liepack. 131

D. J. DeBitetto und **L. H. Fisher**, *Erste und zweite Townsend-Koeffizienten in Wasserstoff und Stickstoff.* (Sitzungsbericht.) (Physic. Rev. [2] **100.** 1227–28. 15/11. 1955. New York, Univ.) H. Liepack. 131

D. S. Burch, **G. H. Dunn**, **R. Geballe** und **V. M. Madsen**, *Versagen der Schottky-Theorie für die positive Säule von O_2.* (Sitzungsbericht.) (Physic. Rev. [2] **100.** 1235. 15/11. 1955. Univ. of Washington.) H. Liepack. 131

L. H. Germer und **W. S. Boyle**, *Kurze Bögen.* (Sitzungsbericht.) (Physic. Rev. [2] **100.** 1232. 15/11. 1955. Bell Telephone Labors., Inc.) H. Liepack. 131

Dino Zei, **Robert St. John** und **J. G. Winans**, *Einige Eigenschaften von Bogenkathodenflecken in magnetischen Feldern.* (Sitzungsbericht.) (Physic. Rev. [2] **100.** 1232. 15/11. 1955. Univ. of Wisconsin.) H. Liepack. 131

W. A. Gambling, *Übergänge von der Glimm- zur Bogenentladung in der Säule der Hochdruckglimmentladung in Wasserstoff.* (Sitzungsbericht.) (Physic. Rev. [2] **100.** 1232. 15/11. 1955. Univ. of Liverpool.) H. Liepack. 131

L. A. Bornstein und **L. H. Fisher**, *Verzögerungszeiten bei der Coronabildung zwischen positiver Spitze und Ebene in Stickstoff und Argon.* (Sitzungsbericht.) (Physic. Rev. [2] **100.** 1228. 15/11. 1955. New York, Univ.) H. Liepack. 131

G. W. E. Stark und **G. L. Fougere,** *Künstliche Steigerung der Durchbruchsspannung in Luft bei niedrigen Drucken im Gebiet von 300 MHz.* Der Einfl. einer verändert gerichteten überlagerten Gleichspannung von 0—125 V auf den elektr. Durchschlag in Luft bei Wechselspannungen von 227 u. 379 MHz unter 5—120 Torr Druck u. einer Entladungsstrecke von 1—4 mm Länge wurde untersucht. Bei Unters. des elektr. Durchschlages in Abhängigkeit von der Frequenz der angelegten Spannung werden zwei diskontinuierliche Bereiche bei sehr niedrigen u. ultrahohen Frequenzen beobachtet, zu deren Deutung angenommen wird, daß hier die Ampltitude der Oscillation der freien Elektronen bzw. Ionen gleich der Länge der Entladungsstrecke wird. — Werden die Elektronen in einem Gebiet, in dem ihre mittlere Lebensdauer die Zeit einer Halbperiode des angelegten Wechselfeldes übersteigt, wodurch die Bedingungen für die rasche Ausbldg. von Elektronenlawinen gegeben sind, durch eine Gleichspannung laufend aus der Entladungsstrecke entfernt, so tritt eine Verzögerung des Durchschlags trotz Steigerung der Wechselspannung ein. Ein Diagramm für die Durchschlagsspannung in Abhängigkeit von der Entladungsstrecke bei überlagerten Gleichspannungen von 0, 50, 75 u. 125 V wird gebracht. (Nature [London] **174.** 1066. 4/12. 1954. Farnborough, Hants., Royal Aircraft Establ.) B. MÜLLER. 131

Nadime Wadjih und **Jean Grosvalet,** *Die Ionenbeweglichkeit in Luft bei höheren Drucken.* Die Beweglichkeit K negativer Ionen wurde in trockener Luft zwischen koaxialen Zylinderelektroden unter Drucken von 1—7 at untersucht. In genügendem Abstand von der inneren dünnen Drahtelektrode gilt zwischen Feldstärke E u. Stromstärke pro cm Zylinderlänge i der Zusammenhang $E^2 = 2i/K$. Die in das Diagramm (E^2, i) eingetragenen Meßdaten ergaben erwartungsgemäß Geraden, aus deren Steigung 2/K die Beweglichkeit ermittelt wurde. Für das Prod. aus Druck in (kg/cm²) u. Beweglichkeit in (cm/sec pro V/cm) wurde im Mittel $p \cdot K = 1{,}83$ gewonnen. (C. R. hebd. Séances Acad. Sci. **237.** 877—79. 19/10. 1953.) A. BAUER. 131

Robert Cochet, *Anwendung einer koaxiale Zylinder benutzenden Methode zu einer neuen Messung der Beweglichkeit gasförmiger unipolarer Ionen.* Beschreibung der Meßmethode. Mit Hilfe der Meth. wurde die Beweglichkeit positiver u. negativer Ionen in atmosphär. Luft in Abhängigkeit von der relativen Feuchtigkeit bei einer Temp. von ca. 20° u. einem Druck von ca. 760 mm Hg gemessen: das Alter der Ionen war von der Größenordnung 10^{-3} bis 10^{-2} Sekunden. Es wurde außerdem festgestellt, daß kleinste Spuren von O_3 die Beweglichkeit negativer Ionen in der Luft um 7—8% vermindern. Außerdem wurde der Einfl. des Drucks, der Temp. u. möglicher Verunreinigungen, wie *CO* u. NH_3 auf die Beweglichkeit untersucht. (C. R. hebd. Séances Acad. Sci. **240.** 2387—88. 20/6. 1955.) C. GOTTFRIED. 131

I. R. King und **H. F. Calcote,** *Einfluß der Sondengröße auf Messungen der Ionenkonzentration in Flammen.* Die Abhängigkeit der mit Hilfe von Sonden gemessenen Konz. der positiven Ionen N^+ in Flammen, in die verschied. Salze eingebracht wurden, von der Sondengröße erfordert eine entsprechende Korrektur der Meßwerte nach der Gleichung $N_{+(\text{experimentell})} = r/\lambda\ N_{+(\text{korr.})}$ (r = Sondenradius, λ = mittlere freie Weglänge), deren Gültigkeit experimentell geprüft wird. Bei bekanntem $N_{+(\text{experimentell})}$ u. $N_{+(\text{korr.})}$ kann die mittlere freie Weglänge der Ionen in der Flamme berechnet werden. Die Berechnung für *LiCl, NaCl, KCl, RbCl* u. *CsCl* liefert vernünftige Werte, wie auch Verss. mit veränderter freier Weglänge durch Ersatz des N_2 im Flammengas durch He zeigen. Auf Grund der angegebenen Verss. wird von Vff. die Abkühlung der Umgebung durch die Sonde als unmaßgeblich für Korrekturen angenommen. (J. chem. Physics **23.** 2203—04. Nov. 1955. Richmond, Va., Exper. Incorp.) B. MÜLLER. 131

D. F. Herring, R. A. Douglas, E. A. Silverstein und **Ren Chiba,** *Mit einem 2 MeV-H_2^+-Strahl erreichbare Energieauflösung.* (Sitzungsbericht.) (Physic. Rev. [2] **100.** 1239. 15/11. 1955. Univ. of Wisconsin.) R. STEIN. 131

H. M. Rosenstock, A. L. Wahrhaftig und **H. Eyring,** *Metastabile Ionen in Massenspektrographen.* Ionen, die als schwache Maxima bei nicht integralen Werten im NIERschen Massenspektrographen beobachtet werden, bezeichnet man als metastabile Ionen. Sie entstehen durch Zerfall angeregter Ionen von bestimmtem schmalen Energieintervall beim Durchgang durch den Massenspektrographen zwischen elektr. u. magnet. Feld u. unterscheiden sich von den innerhalb der Ionisationszone entstehenden Tochterionen. Ihre mittlere Lebensdauer wird durch die Daten des Massenspektrographen bestimmt. Da die Bildungszeit für metastabile Ionen u. Tochterionen von der gleichen Größenordnung ist, werden sie bei demselben Spannungswert beobachtet. Eine einfache Beziehung zwischen den Intensitäten der Maxima der metastabilen Ionen, Tochterionen u. Primärionen kann nicht angegeben werden. (J. chem. Physics **23.** 2200. Nov. 1955. Oak Ridge, Tenn., ORNL; Salt Lake City, U., Univ., Dep. of Chem.) B. MÜLLER. 131

R. E. Fox, *Bildung negativer Ionen in Jod durch Elektroneneinfang.* (Sitzungsbericht.) (Physic. Rev. [2] **100.** 1229. 15/11. 1955. Westinghouse Res. Labors.) H. LIEPACK. 131

W. P. Baker, *Spuren des elektrischen Überschlags in „Perspex".* Die Überschlagskanäle zwischen Spitzenelektroden in *Polyäthylen, „Perspex"* u. *Polystyrol* wurden ohne Beschädigungen durch Fehlerströme untersucht. Dabei wurde eine bes. bei „Perspex" ausgeprägte Ähnlichkeit mit den Stromfadenüberschlägen in Luft beobachtet. Ein bei 50 Hz aufgenommener Film zeigt, daß der Überschlag ein stufenweiser, auf die einzelnen Perioden verteilter Mechanismus ist, der von den von der negativen Elektrode ausgehenden Elektronen getragen wird. Die Materialschädigungen treten hauptsächlich an den Kanalenden im Gebiet hoher Stromdichte auf. Die Elektronen werden aus Verunreinigungsniveaus wahrscheinlich durch Strahlung aus der Entladung angeregt. (Nature [London] **177.** 886—87. 12/5. 1956. Manchester, Metropolitan-Vickers Electr. Co. Ltd., Res. Dep.) H. LIEPACK. 132

Ralph Bray, *Elektrischer Durchschlag in InSb bei niedriger Temperatur.* (Sitzungsbericht.) (Physic. Rev. [2] **100.** 1262. 15/11. 1955. Purdue Univ.) R. STEIN. 132

Yves Le Corre, *Untersuchung der kristallinen Elastizität und Piezoelektrizität.* 3. Mitt. *Atomtheorie der Elastizität und der Piezoelektrizität.* (2. vgl. C. **1956.** 8834.) Theoret. Untersuchung. (Bull. Soc. franç. Minéralog. Cristallogr. **78.** 33—53. Jan./März 1955. Coll. de France, Labor. de Phys. théor.) C. GOTTFRIED. 133

Yves Le Corre, *Untersuchung der kristallinen Elastizität und Piezoelektrizität.* 4. Mitt. *Atomtheorie der Piezoelektrizität der Zinkblende.* (3. vgl. vorst. Ref.) Die l. c. entwickelte Theorie wurde auf die Zinkblende angewendet. (Bull. Soc. franç. Minéralog. Cristallogr. **78.** 54—83. Jan./März 1955.) C. GOTTFRIED. 133

M. J. O. Strutt, *Wirkungsgrad der thermischen Elektronenemission.* Vf. definiert bei einem Emissionsstrom I u. einer Temp. T als Wirkungsgrad $\eta = P_e/P_h$, $P_e = 2\,kTI/e$, P_h = Heizleistung u. berechnet η für die ideale Kathode, bei der sich P_h auf P_e u. Strahlungsverluste verteilt. Entsprechen letztere einem Gesetz c_nT^n, dann liegt der maximale Wirkungsgrad bei $T = e\Phi/[k(n-3)]$, e = Elektronenladung, Φ = Austrittsarbeit. Dieser Wert wird jedoch prakt. mit $n \approx 4$ nicht mehr erreicht. Für Pt–Ir-Kathoden mit BaOSrO ist bei 1300°K η = 3,5% u. für W-Kathoden bei 2500°K η = 0,18%. (Proc. I.R.E. **40.** 601—03. Mai 1952. Zürich, ETH, Inst. für höhere Elektrotechn.) H. LIEPACK. 134

W. C. Rutledge, *Bestimmung der gleichzeitigen Verdampfungsgeschwindigkeiten von Ba und BaO aus Thermionenkathoden.* (Sitzungsbericht.) (Physic. Rev. [2] **99.** 1651. 1/9. 1955. Philips Labors.) R. STEIN. 134

J. E. Davey und **E. A. Coomes,** *Thermionische Eigenschaften von Thorium auf Wolframeinkristallen.* (Sitzungsbericht.) (Physic. Rev. [2] **99.** 1651. 1/9. 1955. Univ. of Notre Dame.) R. STEIN. 134

R. W. Peterson, *Aktivierungsdiffusion und Thermionenemission in oxydbedeckten Kathoden.* (Sitzungsbericht.) (Physic. Rev. [2] **99.** 1651. 1/9. 1955. Univ. of Minnesota.) R. STEIN. 134

D. O. Holland, I. E. Levy und **H. J. Davis,** *Abnahme der Glühemission in Oxydkathodenröhren infolge mechanischer Erschütterung.* Der Einfl. von Erschütterungen auf die Kathodenaktivität wird hauptsächlich auf die Anwesenheit von Glimmer zurückgeführt. Als Ursache wird Gasentw. während der Erschütterung angenommen. (Proc. Inst. Radio Engr. **40.** 587—90. Mai 1952. Newton, Mass., Raytheon Manufact. Co., Receiv. Tube Div.) H. LIEPACK. 134

R. E. Marburger, D. C. Reynolds, L. L. Antes und **R. S. Hogan,** *Quantenausbeute einer Cadmiumsulfid-Photozelle.* Die Quantenausbeute η einer CdS-Photozelle wird als Funktion der Energie ($h\nu$) des eingestrahlten Lichtes (Intensität J) mit Hilfe des gemessenen lichtelektr. Kurzschlußstromes nach der Beziehung $\eta = (i/e)/(J \cdot A/h\nu)$ mit dem Korrektionsfaktor A für die Absorption im Bereich 500—900 mμ ermittelt. Die Zelle bestand aus einem 2 mm dicken Einkristall mit einer Ag-Elektrode u. einer mit einem Fenster für die Lichteinstrahlung versehenen zweiten Elektrode aus In. (J. chem. Physics **23.** 2448—49. Dez. 1955. Ohio, U. S. Air Force, Air Res. and Dev. Command, Wright Air Developm. Center, Aeronat. Res. Labor.) J. RUDOLPH. 134

H.-U. Harten und **W. Schultz,** *Einfluß von Diffusionslänge und Oberflächenrekombination auf den Sperrschicht-Photoeffekt an Germanium.* Durch Aufdampfen eines durchsichtigen Au-Filmes auf Ge-Scheiben werden Photoelemente hergestellt, an denen die spektrale Empfindlichkeit im Rot u. Infrarot gemessen wird. Für dickere Ge-Scheiben werden nach Ermittlung der Lichteindringtiefen aus dem spektralen Empfindlichkeitsverlauf die Diffusionslängen der Minoritätsträger ermittelt, die je nach spezif. Leitfähigkeit der Ge-Proben zwischen 0,17 u. 0,97 mm lagen. Entsprechende Empfindlichkeitsmessungen an Photoelementen mit dünnen Ge-Scheiben können — wie gezeigt wird — zur Best. der Rekombinationsgeschwindigkeit s von Elektron–Loch-Paaren an der freien Ge-Oberfläche dienen. An einer Reihe von Ge-Proben nach verschied. Oberflächenbehandlungen ergeben sich s-Werte von 310 cm/sec (geätzt) bis 110000 cm/sec (poliert). Mechan. Verletzungen der Oberfläche erhöhen s beträchtlich. (Z. Physik **141.** 319—34. 1955. Belecke, AEG-Labor.) J. RUDOLPH. 134

J. A. Dillon jr. und **H. E. Farnsworth,** *Austrittsarbeit der (1 0 0)-Fläche eines Germaniumeinkristalls als Funktion von Wärmebehandlung und Ionenbombardement.* (Sitzungsbericht.) (Physic. Rev. [2] **99.** 1643. 1/9. 1955. Brown Univ.) R. STEIN. 134

B. J. Wyluda und **R. G. Shulman,** *Kupfer in Germanium: Rekombinationszentrum und Einfangzentrum.* (Sitzungsbericht.) (Physic. Rev. [2] **100.** 1258—59. 15/11. 1955. Bell Telephone Labors.) R. STEIN. 135

W. W. Tyler und **H. H. Woodbury,** *Streuung von Ladungsträgern an doppeltgeladenen Störstellen in Germanium.* (Sitzungsbericht.) (Physic. Rev. [2] **100.** 1259—60. 15/11. 1955. Gen. Electr. Res. Labor.) R. STEIN. 135

Robert W. Keyes, *Elasto-galvanomagnetischer Effekt im Germanium.* (Sitzungsbericht.) (Physic. Rev. [2] **99.** 1655. 1/9. 1955. Westinghouse Res. Labors.) R. LEVI. 135

Louis Gold und **Laura M. Roth,** *Galvanomagnetische Theorie von N-Germanium und Silicium in der Sättigungsgrenze.* (Sitzungsbericht.) (Physic. Rev. [2] **99.** 1655. 1/9. 1955. Lincoln Labor.) R. LEVI. 135

J. G. Mavroides und **Benjamin Lax,** *Galvanomagnetische Theorie der Löcher in Germanium und Silicium.* (Sitzungsbericht.) (Physic. Rev. [2] **99.** 1656. 1/9. 1955. Lincoln Labor.) R. LEVI. 135

—, *Druckabhängigkeit des Widerstandes, der Hall-Konstante und der Energielücke für InAs.* (Sitzungsbericht.) (Physic. Rev. [2] **99.** 1655. 1/9. 1955.) R. LEVI. 136

John Bardeen und **David Pines,** *Elektron–Phonon-Wechselwirkung in Metallen.* Vff. erweitern die BOHM-PINES-Theorie durch Berücksichtigung der Ionenbewegung. Die Elektron–Ion-Wechselwrkg. führt zu Plasmawellen u. gekoppelten Elektron–Ion-Wellen, die den longitudinalen Schallwellen entsprechen. Die Dispersionsbeziehung ist ident. mit der von TOYA u. NAKAJIMA abgeleiteten. Die für *Na* berechnete Schallgeschwindigkeit stimmt gut mit dem Experiment überein. Das effektive Matrixelement der Elektron–Phonon-Wechselwrkg. stimmt für große Wellenlängen mit dem nach der „self-consistent-field"-Meth. überein. Die COULOMB-Wechselwirkungen bei der Supraleitung ergeben sich als vernachlässigbar klein. (Physic. Rev. [2] **99.** 1140—50. 15/8. 1955. Urbana, Ill., Univ. of Illinois, Phys. Dep.) H. LIEPACK. 136

R. Suhrmann und **K. Schulz,** *Über die Widerstandsänderung durchsichtiger Nickelschichten im ungeordneten Zustand bei der Adsorption von Wasserstoff.* Durch Aufdampfen im Hochvakuum bei 90°K wurde auf Glas ein durchsichtiger ungeordneter Ni-Film von $163 \cdot 10^{15}$ Ni-Atomen/cm² hergestellt. Wird der Film im Vakuum mit H_2 beladen, so steigt dessen Widerstand R an, u. zwar umso stärker, je höher der Druck p des H_2 (z. B. um 2,1% für einen End-p-Wert von 0,006 Torr). Beim Abpumpen des H_2 fällt R nur wenig wieder ab. Der an diesem Film adsorbierte H_2 beansprucht das Ni-Elektronengas in Richtung der adsorbierten Moll., also umgekehrt wie bei der Adsorption an geordneten Ni-Filmen (vgl. SUHRMANN u. SCHNACKENBERG, Z. Elektrochem. angew. physik. Chem. **47.** [1941.] 277, u. SUHRMANN u. SCHULZ, C. **1955.** **1452**). Das Verh. der ungeordneten Filme ist durch die größere Anzahl von Zentren relativ kleiner Elektronenaustrittsarbeit in diesem Zustand zu erklären. (Naturwissenschaften **42.** 340. Juni 1955. Braunschweig, TH, Inst. für Phys. Chem. u. Elektrochem.) O. FUCHS. 136

W. R. G. Kemp, P. G. Klemens, A. K. Sreedhar und **G. K. White,** *Die thermische und elektrische Leitfähigkeit von Palladium bei tiefen Temperaturen.* (Vgl. C. **1955.** 5729.) Der ideale Wärmewiderstand W_i von reinem Pd ist definiert durch $1/\varkappa = W = W_0 + W_i$, wo $W_0 = \varrho_0/L_0T = AT$ den Restwärmewiderstand, $\varkappa$ die Wärmeleitfähigkeit, ϱ_0 den elektr. Restwiderstand u. L_0 die LORENZsche Zahl bedeuten. Theoret. sollte $W_i = BT^2$ sein, wo B nur wenig von ϱ_0 abhängig ist. Da zwischen den von MENDELSSOHN u. ROSENBERG (vgl. C. **1955.** 6225) für den Bereich von 2—30°K gemessenen $\varkappa$-Werten u. den von GRÜNEISEN u. REDDEMANN (vgl. Ann. Physique [5] **20.** [1934.] 843) Diskrepanzen bestehen, wiederholten die Vff. die Messungen über einen Temperaturbereich von ca. 2 bis ca. 160°K. Gemessen wurde die Wärmeleitfähigkeit an einem Pd-Draht von 3 mm Durchmesser in unbehandeltem Zustand sowie nach 4std. Anlassen im Vakuum bei 250, 450, 650 u. 1000°C u. ferner an einem auf 2 mm Durchmesser gezogenen Draht nach Anlassen bei 450°C. Die für die einzelnen Proben gemessenen Werte sind graph. wiedergegeben; ferner ist graph. die Änderung von W_i mit der Temp. angegeben. In einer Tabelle sind die erhaltenen Werte für A u. B zusammengestellt. Der elektr. Widerstand wurde an dem auf 2 mm gezogenen Draht gemessen. Graph. ist die Änderung des experimentellen Lorenzschen Verhältnisses $L = \varrho_0/WT$ u. des idealen Verhältnisses $L_i = \varrho_i/W_iT$ mit der Temp. angegeben. Während sich L bei den tiefsten Tempp. L_0 nähert, tut dies L_i nicht. Eine Erklärung hierfür wird auf Grund der Elektronenkonfiguration des Pd gegeben. (Philos. Mag. [7] **46.** 811—14. Juli 1955. Sydney, Commonwealth Sci. and Ind. Res. Organizat., Nat. Stand. Labor., Div. of Phys.) C. Gottfried. 136

C. J. Gorter, *Supraleitung — einige Tatsachen.* Vf. behandelt bes. die theoret. noch nicht gelösten Probleme des Übergangs zwischen supraleitendem u. n. Zustand infolge Temperaturerhöhung oder Einw. eines Magnetfelds u. weist auf analoge Erscheinungen im Gebiet des Ferromagnetismus hin. (Physica **19.** 745—54. Sept. 1953.) G. Kirschstein. 136

A. B. Pippard, *Der Kohärenzbegriff bei der Supraleitung.* Betrachtungen über den Ordnungszustand der Elektronen in *Sn* u. seine Beeinflussung durch Verunreinigungen. (Physica **19.** 765—74. Sept. 1953. Cambridge, Royal Soc. Mond Labor.) G. Kirschstein. 136

H. Fröhlich, *Supraleitfähigkeit und Gitterschwingungen.* Theoret. Betrachtungen über die Wechselwrkg. der Elektronen mit den Gitterschwingungen. — Diskussion. (Physica **19.** 755—64. Sept. 1953. Liverpool, Univ., Dep. of theoret. Phys.) G. Kirschstein. 136

D. C. Baird, *Die Abhängigkeit des Supraleitungsüberganges vom Meßstrom.* (Sitzungsbericht.) (Physic. Rev. [2] **99.** 1660. 1/9. 1955. Royal Military Coll. of Canada.) R. Stein. 136

Martin Näbauer, *Einfluß eines zirkularen, geschlossenen Magnetfeldes auf den supraleitenden Zustand eines einkristallinen Bleihohlzylinders.* Ein Bleihohlzylinder von 1,8 mm Wandstärke wurde so mit Wicklungen versehen, daß das von ihnen erzeugte Magnetfeld innerhalb des Metalls geschlossen blieb. Damit wurde erreicht, daß während des Übergangs vom supraleitenden in den n. Zustand ein Zwischenzustand nicht auftritt. Außer dem Verlauf dieses Übergangs wurde der zeitliche Verlauf beim Ein- u. Ausschalten eines überkrit. Feldes sowie die Abhängigkeit der effektiven Eindringtiefe von der Feldstärke bei 4,2°K gemessen. Zur Deutung der Beobachtungen erweist sich die phänomenolog. Theorie von London u. v. Laue als ausreichend. (Z. Physik **141.** 416—44. 1955. Herrsching/Obb., Bayr. Akad. Wiss., Komm. für Tieftemp.-Forschung.) G. Kirschstein. 136

T. Nagata und **S. Uyeda,** *Wechselwirkung zweier Bestandteile in ferromagnetischen Stoffen mit reversiblem thermoremanentem Magnetismus.* Zur Erklärung des reversiblen thermoremanenten Magnetismus einiger ferromagnet. Gesteine, wie z. B. des Haruna-Gesteins, ist die Wechselwrkg. zweier Komponenten, z. B. eines Ti-armen *Magnetits* u. einer festen Lsg. von *Ilmenit* u. *Hämatit* ausreichend. Doch haben Verss. ergeben, daß eine einfache Mischung der beiden Bestandteile selbst nach starker Zusammenpressung nicht mehr zu dem gleichen Ergebnis führt. Für die erforderliche Wechselwrkg. ist vielmehr ein inniges Zusammenwachsen wie in der Natur notwendig, das durch Elektronenmikroskopbilder gezeigt werden konnte. (Nature [London] **175.** 35—36. 1/1. 1955. Tokyo, Univ., Geophys. Inst.) H. Fahlenbrach. 137

M. Kornetzki, J. Brackmann und **J. Frey,** *Magnetische Ferrite mit Perminvarschleife. Ni-* u. *Ni–Zn-Ferrite* zeigen n. Hystereseschleifen. Fügt man diesen Oxydverbb. vor der Sinterung jedoch geringe Mengen von Manganoxyd u. Kobaltoxyd zu, so ergeben sich bei geeigneter Behandlung Hystereseschleifen mit eingeschnürten Flanken, wie sie von den sogenannten Perminvaren (Fe–Ni–Co-Legierungen) her bekannt sind. Diese Perminvarschleifen werden reversibel nur bei Aussteuerungen mit mittleren Magnetfeldern erhalten. Sie treten auch nur bei geeigneter Sinterbehandlung auf, u. zwar immer nur dann, wenn im Gefüge zwei Sorten von Kristalliten mit verschied. Größe entstehen. Bemerkenswert ist auch hier die Parallele zu den entsprechenden Metallegierungen. Diese Parallele setzt sich fort bei dem Einfl. der Abkühlung im Magnetfeld. Aus den Perminvarschleifen werden nach Abkühlen im Längsfeld Rechteckschleifen, nach Abkühlen im Querfeld Isopermschleifen mit niedriger Remanenz. (Naturwissenschaften **42.** 482. Sept. 1955. Karlsruhe, Siemens & Halske A. G., Wernerwerk für Bauelemente.) H. Fahlenbrach. 137

M. I. Temkin und **Ss. L. Kiperman,** *Über die magnetischen Eigenschaften und die Struktur von Eisen–Kohle-Katalysatoren.* Gegenüber der Kritik von Jewdokimow, Oseretzkowski u. Kobosew (C. **1955.** 9964) an den Unterss. der Vff. (Проблемы Кинетики и Катализа [Probleme der Kinetik u. Katalyse] **6.** [1949.] 206) wird eingewandt, daß nach den Unterss. beider Seiten die spezif. magnet. Susceptibilität des Fe auf Kohle wesentlich höher ist als bei paramagnet. Stoffen u. Fe hier in feinen Kristallen vorliegt, deren Dimensionen im Gebiet schneller Zunahme der Susceptibilität mit der Kristallgröße liegen. Der in der Kritik angenommene atomare, nichtkrist. Zustand des Fe ist nach den magnet. Eigg. nicht möglich. (Журнал Физической Химии [J. physik. Chem.] **27.** 753—60. Mai 1953.) R. K. MÜLLER. 137

T. R. McGuire, Louis N. Howard und **Samuel Smart,** *Magnetische Eigenschaften der Chromite.* Graph. Darst. der Abhängigkeit der magnet. Susceptibilität von der Temp. für $ZnCr_2O_4$, $MgCr_2O_4$ sowie für $NiCr_2O_4$, $MnCr_2O_4$ u. $CoCr_2O_4$, $CuCr_2O_4$. (Ceram. Age **60.** 22—24. Juli 1952. White Oak, Md., U. S. Naval Ordn. Labor.) H. ECKHARD. 137

J. P. Adams, *Ferromagnetische Eigenschaften der Mangan–Zink-Ferrite.* Zusammenstellung der magnet. Eigg. von Mn–Zn-Ferriten u. ihrer Anwendungen in Hochfrequenzgeräten, Vorteile gegenüber Cu- u. Mg–Zn-Ferriten, kurzer Hinweis auf die Anwendung von Ni–Zn-Ferriten für Frequenzen bis 50 MHz. (Ceram. Age **60.** 20—22. Juli 1952. New York, N. Y., Ferroxcube Corp. of Amer.) H. ECKHARD. 137

M. A. Gilleo, *Magnetische Eigenschaften eines Gadoliniumorthoferritkristalls.* (Sitzungsbericht.) (Physic. Rev. [2] **99.** 1641. 1/9. 1955. Bell Telephone Labors., Inc.) R. LEVI. 137

Emerson William Pugh und **J. E. Goldman,** *Magnetische Susceptibilität von metallischem Lithium.* (Sitzungsbericht.) (Physic. Rev. [2] **99.** 1641. 1/9. 1955. Carnegie Inst. of Technol.) R. LEVI. 137

J. M. Denney, *Magnetische Susceptibilität von Ti und substitutionellen Ti-Legierungen.* (Sitzungsbericht.) (Physic. Rev. [2] **99.** 1640. 1/9. 1955. California Inst. of Technol.) R. LEVI. 137

Anthony Arrott und **J. E. Goldman,** *Magnetische Susceptibilität von UO_2 zwischen 2°K und 300°K.* (Sitzungsbericht.) (Physic. Rev. [2] **99.** 1641. 1/9. 1955. Carnegie Inst. of Technol.) R. LEVI. 137

Robert Juza, Paul Schmidt, Arnold Schmeckenbecher und **Peter Jönck,** *Magnetochemischer Nachweis von Chlorgraphit.* 9. Mitt. *über magnetochemische Untersuchungen von Sorptionsvorgängen.* (8. vgl. C. **1950.** II. 146.) Ausgehend von älteren Versuchsergebnissen von JUZA, LÜBBE u. HEINLEIN (C. **1950.** I. 500), wonach bei der Bldg. von Bromgraphit der anomal hohe Diamagnetismus des Graphits abnimmt, wurde nach der gleichen Erscheinung bei der Bldg. von Chlorgraphit gesucht. Diese Bldg. tritt bei 1 at oder auch mit fl. Cl bei Zimmertemp. nur auf, wenn dem Cl eine kleine Menge Chlorwasserstoff zugegeben wird. Dadurch wird dann z. B. die Susceptibilität des Graphits von $-6{,}0\cdot10^{-6}$ auf $-0{,}5\cdot10^{-6}$ geändert. Auch ohne Zugabe von HCl gelang eine Bldg. von Chlorgraphit, gek. durch eine Erniedrigung des Diamagnetismus, wenn das zugegebene fl. Cl 150 Tage lang bei $-78°$ einwirkt. Dabei zeigte sich eine deutliche Abhängigkeit der Geschwindigkeit der Erniedrigung des Diamagnetismus von der Graphitkorngröße. Durch die Bldg. des Chlorgraphits bleibt das Graphitaussehen ungeändert. (Naturwissenschaften **42.** 124. 1. März-H. 1955. Kiel, Univ., Inst. für Anorgan. Chem.) H. FAHLENBRACH. 137

Robert Juza und **Paul Schmidt,** *Über die Änderung der magnetischen Susceptibilität der Aktivkohle bei der Sorption von Chlor, Brom oder Jod.* 10. Mitt. *über Magnetochemische Untersuchung von Sorptionsvorgängen.* (9. vgl. vorst. Ref.) In Fortsetzung früherer magnetochem. Unterss. von Sorptionsvorgängen (l. c.) wird jetzt die diamagnet. Susceptibilität aktivierter Zuckerkohle nach der Sorption von Cl, Br u. J mit einer GOUYschen magnet. Waage gemessen. Tensimetr. Unterss. zeigten, daß die Sorption mit der Molekülgröße abnimmt. Mit zunehmender Sorption der Halogene nimmt die Susceptibilität der Aktivkohle von einem Ausgangswert von $-1{,}2\cdot10^{-6}$ zunächst stark zu u. strebt von einer Konz. von ca. 0,1 g —At + Halogen/1 g At C an einen Grenzwert von ca. $-0{,}5\cdot10^{-6}$ zu. Für alle drei Halogene ist der Kurvenverlauf weitgehend gleich, wenn die Konz. in g-Atomen aufgetragen wird. Aus den magnet. Ergebnissen wird außer auf eine Sorption an der Oberfläche der Kohlekristalle auch auf eine Einlagerung der Halogene zwischen den Kohlenstoffkristallebenen geschlossen. Darüber hinaus sollen für Cl u. J die Einlagerungen durch Reaktionsprodd. mit der Aktivkohle begünstigt werden. (Chem. Ber. **89.** 428—34. 31/1. 1956.) H. FAHLENBRACH. 137

Yves Doucet, *Das ideale Verhalten von Elektrolytlösungen in geschmolzenen Salzen.* Es werden zunächst die theoret. Grundlagen–ideale Lsgg. u. RAOULTsches Gesetz, Kryoskopie in idealen organ. Lsgg., Kriterien des idealen Verh. u. Kryoskopie in Elektrolytlsgg. — diskutiert u. sodann ihre Anwendbarkeit auf Unterss. an geschmolzenen Salzen geprüft. Dabei zeigte sich, daß in manchen Fällen geschmolzene Salze die Rolle eines idealen Lösungsm. für gewisse Elektrolyte spielen, so z. B. $AgNO_3$ für KNO_3 u.

K_2SO_4. Wenn die Lsgg. sich nicht ideal verhalten, lassen sich das klass. Gesetz der unvollständigen Dissoziation von ARRHENIUS u. auch das OSTWALDsche Verdünnungsgesetz anwenden, wie am Beispiel der Dissoziation des Al in geschmolzenem Kryolith gezeigt wird. Schließlich zeigt ein Vgl. des Verh. von *KCl*, *LiCl*, KNO_3 u. K_2SO_4 in geschmolzenem $AgNO_3$, daß die Abweichungen vom idealen Verh. bei den Chloriden vermutlich mit Solvatationseffekten zusammenhängen. (Rev. sci. **91.** 19–27. Jan./Febr. 1953.) W. NIEMITZ. 139

José Lima-de-Faria, *Über ein Verfahren, in Lösungen makroskopische elektrische Ladungen in Zonen diskontinuierlichen elektrischen Feldes sichtbar zu machen.* Eine anomale Beweglichkeit von MnO_4-Ionen wird in einem Glasrohr mit konz. $KMnO_4$-Lsg. u. darübergeschichtetem dest. W. beobachtet, an das mit Anode in der Lsg. u. Kathode im dest. W. eine Spannung von 1500 V gelegt wird. Diese anomale Beweglichkeit läßt sich durch die Ausbldg. makroskop. elektr. Ladungen erklären. Vgll. mit der Funkenelektrolyse werden angestellt, wobei man sich an Stelle der Wasserschicht eine Luftschicht zu denken hat. Ein ähnlicher mit Bromphenolblau angestellter Vers. scheint sich auch nur durch die Annahme von elektr. Ladungen erklären zu lassen. (C. R. hebd. Séances Acad. Sci. **236.** 1961–62. 18/5. 1953.) A. BAUER. 139

F. K. Drescher-Kaden und **G. Böttcher,** *Erzwungene Ionenbewegungen einwertiger Metalle im Quarz.* Oberhalb 450° (Verss. bis 750°) lassen sich *Ag-* u. *Cu*-Ionen durch Anlegen eines elektr. Feldes durch *Quarz* (I) hindurch in Richtung der Hauptachse (u. nur in dieser) bewegen. Transport u. Abscheidung erfolgen nach dem FARADAYschen Gesetz. Die erste Abscheidung findet bei einer Spannung von 220 V außerhalb von I auf der Kathode (Ag, Cu oder Graphit) statt; die folgenden Abscheidungen gehen innerhalb von I vor sich, wobei äquidistante Metallflächen in I entstehen. Die in I erhaltenen Belegungen besitzen genau die gleiche geometr. Form wie die Anode (Ag bzw. Cu). Bei 330 V erfolgt keine Abscheidung im Kristallinnern. *Au* verhält sich völlig abweichend; *Ni* u. *Pt* konnten nicht zur Einwanderung in I gebracht werden. Mit Graphitelektroden ist bei 650° eine rauchquarzähnliche Färbung von I zu erreichen mit gleicher Absorptionskurve wie beim natürlichen Rauchquarz. (Naturwissenschaften **42.** 341–42. Juni 1955. Hamburg, Univ., Mineralog. Inst.) O. FUCHS. 141

Ju. W. Baimakow und **L. M. Jewlannikow,** *Über die elektrochemischen Eigenschaften von Nickel.* Beim Vakuumglühen von elektrolyt. Ni beobachtet man bei 450 u. 1100° je ein Maximum der H_2-Ausscheidung. Wird dieses Ni durch kathod. Polarisation in H_2SO_4-Lsg. erneut mit H_2 gesätt., so beobachtet man nur ein Maximum der H_2-Abscheidung bei 450–500°. Aus den Röntgenogrammen geht hervor, daß das bei tiefer Temp. entfernbare H entweder adsorbiert ist oder eine atomare Lsg. im Metall darstellt. Dieses H ist von keinem Einfl. auf das Kristallgitter u. auf die elektrochem. Eigg. des Ni. Aus den Elektrodenpotentialen ergibt sich eine hohe Passivität des elektrolyt. Ni, während das metallurg. (vakuumgeglühte) Ni aktiver ist. Das Röntgenogramm des metallurg. Ni stimmt mit dem des reinen Ni überein. Das bei hoher Temp. entweichende H liegt im Kristallgitter als chem. Verb. oder als feste Einbaulsg. vor. Die Bldg. der beständigen festen Lsg. in Ni mit gestörtem Kristallgitter ist wahrscheinlich nur bei gleichzeitiger Ausscheidung von Ni u. H_2 an der Kathode möglich. Die kathod. Sättigung des metallurg. Ni mit H liefert nur eine atomare H-Lösung. (Журнал Физической Химии [J. physik. Chem.] **25.** 483–94. April 1951. Leningrad, Polytechn. Kalinin-Inst.) O. LEBTAG. 142

A_4. Thermodynamik. Thermochemie.

Duncan MacRae, *Brønsteds Arbeitsprinzip und die Behandlung der elektromotorischen Kraft nach Gibbs.* Theoret. Betrachtungen. Vf. zeigt auf Grund eines Vgl. des „Arbeitsprinzips" von BRØNSTED mit dem Prinzip der maximalen Arbeit u. dem Energieprinzip der klass. Thermodynamik unter besonderer Berücksichtigung einer Abhandlung von GIBBS über „Modifizierungen von Gleichgewichtsbedingungen durch die EMK.", daß das Prinzip von BRØNSTED nicht im Widerspruch zur klass. Thermodynamik steht. (J. physic. Chem. **59.** 797–98. Aug. 1955. Bel Air, Md.) H. HOFMANN. 146

G. F. Hüttig, W. Simm und **G. Glawitsch,** *Zur Kinetik und Thermodynamik der Zermahlungsvorgänge.* 2. Mitt. *Die Anwendung radioaktiver Isotope.* (1. vgl. C. **1956.** 1811.) Vff. mahlen unter gleichen Bedingungen zwei Portionen Glas, von denen die eine mit ^{60}Co indiziert ist, u. teilen sie in sieben gleiche Siebfraktionen. Einzelne Fraktionen des nicht markierten Pulvers werden dann gegen die homogen markierten Fraktionen ausgetauscht u. die Verteilung der Aktivität über die nicht indizierten Fraktionen im Verlauf der weiteren Mahlung festgestellt. Aus den so gewonnenen Verteilungsfunktionen u. aus der Gültigkeit einer Rk. 1. Ordnung für den Mühlenangriff folgern Vff. die Gleichungen

u. Konstanten, welche den Mahlungsverlauf rational beschreiben. (Mh. Chem. **85.** 1124—32. 15/10. 1954. Graz, TH, Inst. für anorgan. u. physik. Chem.)
MAX SCHMIDT. 146

G. J. Baldwin, J. L. Shilts und **E. A. Coomes,** *Temperaturskala für Molybdän.* (Sitzungsbericht.) (Physic. Rev. [2] **99.** 1650. 1/9. 1955. Univ. of Notre Dame.)
R. STEIN. 146

C. A. Swenson, *Kompression der Alkalimetalle bis zu 10000 Atmosphären bei tiefer Temperatur.* Mittels der von BRIDGMAN (vgl. Proc. Amer. Acad. Arts Sci. **76.** [1945.] 1 u. früher) entwickelten Technik wurden die Gesamtkompressionen von *Li, Na, K, Rb* u. *Cs* bei 4,2° u. 77°K bis zu 10000 at gemessen. Gefunden wurde für *Cs* eine anomal langsame Abnahme der Kompressibilität mit dem Druck, die wahrscheinlich in Zusammenhang steht mit der bei Zimmertemp. u. bei 45000 atü beobachteten Verschmierung des Elektronenüberganges, sowie eine mögliche Umwandlung des Rb bei 77°K. Ein Vgl. dieser Daten mit den theoret. Werten von BARDEEN (vgl. J. chem. Physics **6.** [1938.] 364, 372) zeigt eine bessere Übereinstimmung als die, die man durch eine Extrapolation der Raumtemperaturdaten auf den absol. Nullpunkt erhält, obwohl die Übereinstimmung nur für Na befriedigend ist. Es wurden weiter angenäherte Dichten bei diesen Temperaturen erhalten; die Übereinstimmung mit noch nicht veröffentlichten Berechnungen von BROOKS ist mit Ausnahme von Li sehr gut. (Physic. Rev. [2] **99.** 423—30. 15/7. 1955. Cambridge, Mass., Inst. of Technol., Cryogen. Engng. Labor.)
C. GOTTFRIED. 148

R. J. Riddell jr. und **G. E. Uhlenbeck,** *Über die Theorie der Virialentwicklung der Zustandsgleichung für einatomige Gase.* Die Frage der Gaskondensation ist eng verknüpft mit dem asymptot. Verh. der Virialkoeffizienten B_m für $m \to \infty$, welches für den Modellfall starrelast. Kugeln streng bestimmt werden sollte, um das von KIRKWOOD u. Mitarbeitern (vgl. hierzu C. **1951.** I. 2258) durch Näherungsverf. erhaltene Ergebnis zu prüfen, wonach ein derartiges Gas einen Umwandlungspunkt beim 1,24fachen der größten Packungsdichte besitzen soll. Die Rechnung war nicht völlig durchführbar, doch stellt sie eine wesentliche Erweiterung der Theorie von MAYER für reale Gase dar (vgl. hierzu HUSIMI, C. **1951.** II. 2701). Der erste Schritt zur Lösung des Problems ist rein kombinator. Art u. unabhängig vom intermol. Kraftgesetz; dabei wird die Anzahl bestimmter Figurentypen von l Punkten u. k Linien bestimmt. Die asymptot. zu erwartende Gesamtzahl solcher Kombinationen konnte ermittelt werden. Im zweiten Schritt müssen Integralausdrücke abhängig von den intermol. Potentialen ausgewertet werden. Für reine Abstoßungskräfte werden asymptot. gültige Lösungen für $k = l$ u. $k = l + 1$ erhalten. Ferner werden Resultate für eindimensionale starre Ketten angegeben. (J. chem. Physics **21.** 2056—64. Nov. 1953. Berkeley, Calif., Univ. of California, Dep. of Phys. and Radiat. Labor.; Ann Arbor, Mich., Univ., Randall Labor. of Phys.) E. U. FRANCK. 149

G. Falk und **A. Mann,** *Zum Zähigkeitsverhalten von Ortho- und Parawasserstoff.* Bei der Unters. der Diskrepanz zwischen dem experimentellen Befund von BECKER u. STEHL (vgl. C. **1956.** 2379) u. der Theorie von HALPERN u. GWATHMEY (Physic. Rev. [2] **52.** [1937.] 944) gelangen Vff. zu dem Ergebnis, daß die Zähigkeit von H_2 mit dem quantenmechan. Austauscheffekt beim Stoß zwischen gleichen Moll. allein nicht erklärt werden kann. (Z. Physik **142.** 277—96. 1955. Aachen, TH, Inst. für theoret. Phys.)
G. KIRSCHSTEIN. 149

Gottfried Falk, *Zur Quantenmechanik des Mehrkörperproblems.* (Vgl. vorst. Ref.) Darlegung der mathemat. Grundlagen für die in der vorst. referierten Arbeit angewandte Berechnungsmethode. (Z. Physik **142.** 297—309. 1955.) G. KIRSCHSTEIN. 149

I. Prigogine, *Über die Theorie von flüssigem Helium.* Zusammenfassung der seit 1952 veröffentlichten Arbeiten des Vf. über das genannte Thema. (Advances Physics **1954.** April 1954. Bruxelles, Univ., Fac. des Sci.) G. KIRSCHSTEIN. 149

P. Van der Leeden, *Die Thermodynamik des λ-Punktes.* Der Dampfdruck u. die Verdampfungswärme von He werden unter der Voraussetzung abgeleitet, daß sich am λ-Punkt zwei Übergangslinien erster Ordnung mit gemeinsamer Tangente u. eine Übergangslinie 2. Ordnung schneiden. Gegenüber den experimentellen Daten bleiben geringfügige Differenzen bestehen. (Physica **21.** 561—64. Juli 1955.) G. KIRSCHSTEIN. 149

D. H. N. Wansink, K. W. Taconis, F. A. Staas und **J. Reuss,** *Das Strömen von Helium II durch enge Spalte.* Ist V das Vol., das pro Zeiteinheit den Spalt passiert, so gilt auch bei den von Vff. angewandten, gegenüber früheren Unterss. wesentlich erhöhten Drucken, daß die Druckdifferenz $\Delta_p = B \cdot V^{3,9}$ ist, wo B prop. $\varrho_s^{-4,4}$ u. ϱ_s die D. der superfluiden Phase ist. (Physica **21.** 596. Juli 1955.) G. KIRSCHSTEIN. 149

R. B. Dingle, *Ableitung der Geschwindigkeit des zweiten Schalls aus der Maxwellschen Transportgleichung.* (Proc. physic. Soc., Sect. A **65.** 374—76. 1/5. 1952. Cambridge, Royal Soc. Mond Labor.) G. KIRSCHSTEIN. 149

P. Van der Leeden, *Über Tripelpunkte.* Die Möglichkeiten des Zusammentreffens von mehr als 2 Übergangslinien in einem Punkt werden systemat. erörtert. (Physica **21.** 554—60. Juli 1955.) G. KIRSCHSTEIN. 150

Johan van Dranen, *Einige Bemerkungen über die Zustandsgleichung und die Energie von Quantenflüssigkeiten am kritischen Punkt.* Die schon früher vom Vf. (C. **1954.** 3170 u. 5946) aufgestellte Hypothese, daß bei der krit. Temp. die mittlere kinet. Energie, K_c, eines Stoffes gleich der mittleren potentiellen Energie, U_c, ist, wird an einigen Zustandsgleichungen der Form $(P + aV^nT^m)(V - bV^s) = RT$ annähernd bestätigt u. zur Ableitung einer entsprechenden Gleichung mit $n = 2$, $m = s = ^1/_3$ benutzt, die mit dieser Hypothese übereinstimmt. In der Beziehung $\ln(p/P_c) = k(1 - T_c/T)$, (p = Dampfdruck), ist k nach dem Theorem der übereinstimmenden Zustände eine Konstante (empir.: $k \simeq 6{,}9$). Die obige Hypothese liefert: $k = 7$. Aus den krit. Daten von ^4He, ^3He u. H_2 werden mittels der Hypothese die Nullpunktsenergien, Z_c, ermittelt, nachdem kinet. u. innere Energie statist. berechnet wurden. Die Werte (^3He, ^4He, H_2: $Z_c = 11$, 10, 21 cal/Mol) stimmen auf ca. 10% mit den unabhängig davon nach LONDON berechneten überein. (J. chem. Physics **21.** 2095—96. Nov. 1953. Amsterdam, Univ., Labor. for analyt. Chem.) E. U. FRANCK. 150

B. L. Timan, *Wärmekapazität von Gasen bei hohen Temperaturen.* Es wurde der Einfl. der therm. Ionisation auf die Wärmekapazität eines Gases bei hohen Tempp. untersucht. Vf. setzt $c_v = (dQ_1/dT) + (dQ_2/dT)$, wobei (dQ_1/dT) die Wärmemenge, die der Änderung der inneren Energie des Gases bei Erwärmung um 1° entspricht, u. (dQ_2/dT) die Wärmemenge, die auf die Ionisierung bei Erwärmung um 1° entfällt. Unter Berücksichtigung der inneren Energie $U = ^3/_2(n_1 + n_2 + n_3)kT$ (n_1, n_2, n_3 = Anzahl der Ionen, Elektronen u. Atome pro Volumeneinheit des Gases) erhält man: $c_v = ^3/_2(n_1 + n_3)k + c_v'$, wobei $c_v' = (^3/_2kT + J)\cdot(dn_1/dT) + ^3/_2kn_1$ (J = Energie für einmalige Ionisierung des Gases). c_v gibt die Wärmekapazität des nicht ionisierten Gases wieder, während c_v' durch die Ionisation bedingt ist. In der Annahme, daß bei Temperaturänderung die Feststellung des Ionisationsgleichgewichtes möglich ist, erhält man mit Anwendung des Massenwirkungsgesetzes die Anzahl der ionisierten Teilchen n_1 in der Volumeneinheit als Funktion der Temp. u. damit auch einen neuen Ausdruck für c_v', der wesentlich von T abhängt. Die Unters. der Abhängigkeit $\lg c_v'$ (c_v' in erg/cm³) = f(T) (in °K) für atomaren H ergab, daß c_v' bei ca. 10000°K mit der Wärmekapazität eines nicht ionisierten Gases vergleichbar ist, während es bei 20000°K ein Maximum erreicht, das fast 100mal höher liegt als die Wärmekapazität des nicht ionisierten Gases. Bei weiterer Temperaturerhöhung nimmt die Anzahl der ionisierten Teilchen wieder ab u. nähert sich bei 35000°K der Wärmekapazität eines nicht ionisierten Gases. Für Gase, deren Ionisationspotential niedriger als das von Wasserstoff ist, liegt $c_{v\,max}'$ auch bei niedrigeren Temperaturen. (Журнал Экспериментальной и Теоретической Физики [J. exp. theoret. Physik] **27.** 262—64. Aug. 1954. Dnjepropetrowsk, Bergbau-Inst.) A. v. KOTZEBUE. 151

N. A. Landija, *Berechnung von Hochtemperaturwärmekapazitäten anorganischer Verbindungen nach nur einem Wert der Tieftemperatur-Wärmekapazität.* Geht man von der vom Vf. früher (vgl. C. **1952.** 4413) aufgestellten Gleichung für die Berechnung der wahren mol. spezif. Wärme C_p anorgan. Stoffe aus, so ergibt sich für den Koeff. K der Ansatz $K = a/0{,}87\ T_{schm} = 1{,}15\ a/T_{schm}$ für alle Stoffe mit Ausnahme der Gasmoll. entwickelnden oder enthaltenden; ist $K < 0{,}34$, so nimmt man $K = 0{,}5$. Für alle Gasmoll. enthaltende oder diese beim Erhitzen oder Verwittern entwickelnde Stoffe gilt $K = (a - T_1)/(1{,}15\ a - T_1)$. Die nach dem vorgeschlagenen Verf. ermittelten C_p-Werte für ca. 200 Stoffe zeigen eine gute Übereinstimmung mit den Werten, die nach den in der Literatur angegebenen Gleichungen ermittelt werden. Für viele Verbb. ist das Verf. genauer als die Berechnung nach den DEBYE-Tabellen; sonst ist deren Genauigkeit ungefähr die gleiche. Für $T > 473$°K erhält man nach dem früheren Entropieverf. des Vf. (l. c.) bessere Werte als nach allen übrigen Verfahren. Unter tiefen Tempp. werden in der vorliegenden Arbeit 273—373°K verstanden. (Журнал Физической Химии [J. physik. Chem.] **27.** 624—30. Mai 1953. Tbilissi, Grus. Polytechn. Kirow-Inst.) O. LEBTAG. 151

R. D. Worley, M. W. Zemansky und **H. A. Boorse,** *Wärmekapazitäten von Vanadin und Tantal in der normalen und der supraleitenden Phase.* (Vgl. C. **1956.** 3499.) Messungen zwischen 1,7 u. 5°K ergeben für V u. Ta die Übergangstempp. 4,89 bzw. 4,38°K, die auf 0°K extrapolierten krit. Feldstärken $H_0 = 1340$ bzw. 860 Oe u. die Wärmekapazitäten in n. Zustand $C_n = \gamma\cdot T + 464(T/\Theta)^3$ bzw. in supraleitendem Zustand $C_s = AT + BT^2$. Für V ist $A = -1{,}97\cdot 10^{-3}$, $B = 1{,}69\cdot 10^{-3}$, $\gamma = 2{,}11\cdot 10^{-3}$, $\Theta = 273$°K, für Ta ist $A = -1{,}45\cdot 10^{-3}$, $B = 1{,}33\cdot 10^{-3}$, $\gamma = 1{,}30\cdot 10^{-3}$, $\Theta = 231$°K.

Die Ergebnisse werden ausführlich diskutiert, wobei sich zeigt, daß die vorhandenen Theorien eine quantitative Deutung noch nicht ermöglichen. (Physic. Rev. [2] **99.** 447–58. 15/7. 1955. New York, N. Y., Columbia Univ., Pupin Phys. Labor.) G. Kirschstein. 151

John L. Margrave, *Die Benutzung massenspektrometrischer Appearancepotentiale bei thermochemischen Berechnungen.* 1. Mitt. *Verträglichkeitsbeziehungen für Methan und substituierte Methane und die Bildungswärme von CH_3F.* Um massenspektrometr. Daten für thermochem. Berechnungen zu benutzen, verwendet Vf. eine Subtraktionsmeth., bei der die aus analogen Fragmentbildungs-Rkk. bestimmten Appearance-Potentiale eingesetzt u. thermochem. nicht genügend definierte Radikalionen eliminiert werden. Für die substituierten Methane CH_3X (X nacheinander = F, Cl, Br, J, NO_2, CN oder OH) wird die Reaktionswärme der Austausch-Rk. $CH_4 + X \rightarrow CH_3X + H$ nach dieser Meth. aus massenspektrometr. Daten berechnet u. mit den thermochem. ermittelten Werten verglichen (Tabelle). Die bemerkenswert gute Übereinstimmung der Werte ist Anlaß, die Bildungswärme von CH_3F aus massenspektrometr. Daten zu berechnen, wobei der Wert -59 ± 2 kcal/Mol erhalten wird. (J. chem. Physics **24.** 475–76. Febr. 1956. Madison, Wis., Univ. of Wisconsin, Dep. of Chem.) R. Conrad. 156

John L. Margrave, *Die Benutzung massenspektrometrischer Appearancepotentiale bei thermochemischen Berechnungen.* 2. Mitt. *Chlorfluormethane und die Dissoziationsenergie von Fluor.* (1. vgl. vorst. Ref.) Die vorst. beschriebene Subtraktionsmeth. der Appearance-Potentiale (AP) wird auf die Austausch-Rk. $CX_4 + Y = CX_3Y + X$ angewendet (X u. Y = Cl oder F). Die Reaktionswärme ergibt sich als Differenz der APP des CX_3-Ions aus CX_4 u. aus CX_3Y. Das Verf. wurde auf alle verfügbaren massenspektrometr. Daten der halogenierten Methane CF_4, CF_3Cl, CF_2Cl_2, $CFCl_3$ u. CCl_4 angewendet. Aus diesen, den anderweitig bestimmten Bildungswärmen der Fluor–Chlor-Methane u. dem spektroskop. Wert der Dissoziationsenergie von Cl_2 (58,02 kcal/Mol) lassen sich jeweils Werte für die Dissoziationsenergie des F_2-Mol. errechnen, die tabellar. zusammengestellt sind. Die starke Streuung der Werte kann verschied. Ursachen haben, die diskutiert werden. (J. chem. Physics **24.** 476–77. Febr. 1956.) R. Conrad. 156

Ja. K. Troschin, *Gasdynamische Analyse der nichtstationären Prozesse bei der Flammenfortpflanzung in Röhren.* Es wird gezeigt, daß für verschied. Grenzbedingungen die Verhältnisse der Flammenausbreitung in Rohren durch die Gleichung der sogenannten nichtstationären Adiabate der Verbrennung beschrieben werden. Die Vor- u. Nachteile dieser Gleichung gegenüber der Hugoniot-Gleichung werden erörtert. (Известия Академии Наук СССР, Отделение Технических Наук [Nachr. Akad. Wiss. UdSSR, Abt. techn. Wiss.] **1956.** Nr. 1. 80–98. Jan.) O. Lebtag. 157

W. A. Popow, *Photopyrometrische Bestimmung der Temperatur von sich bewegenden brennenden Teilchen.* Theoret. Begründung u. Beschreibung des modifizierten Neubert-Verf. zur photopyrometr. Best. der Temp. eines sich bewegenden brennenden Teilchens. Die Anwendungsgebiete, Vor- u. Nachteile sowie die Genauigkeit des Verf. werden erörtert. Die Anwendbarkeit des Verf. wird an frei fallenden brennenden Kohleteilchen gezeigt. (Известия Академии Наук СССР, Отделение Технических Наук [Nachr. Akad. Wiss. UdSSR, Abt. techn. Wiss.] **1956.** Nr. 1. 99–107. Jan. Energet. Krshishanowski-Inst. der Akad. der Wiss. der UdSSR.) O. Lebtag. 157

—, La Chimie des hautes températures, Paris 1954. Paris: Service des publications du C.N.R.S. 1955. (264 S. m. Abb.) 8°. fr. 2000,—.

Gustav Kortüm, Einführung in die chemische Thermodynamik. Unveränd. Neuaufl. Göttingen: Vandenhoeck & Ruprecht. 1956. (XI + 303 S. m. 85 Abb.) 8°. DM 22,—.

A_5. Kolloidchemie. Grenzschichtforschung.

Alfons Krause und **Maria Rychlewska,** *Über die Herstellung beständiger röntgenamorpher Gele von amphoteren Metallhydroxyden.* Die Herst. röntgenamorpher Metallhydroxydgele für Mischkatalysatoren kann erfolgen durch Fällung aus gesätt. NaCl-Lsg. (I). So erhaltenes $Fe(OH)_3$ bleibt, in 5n NaCl, 5n LiCl, 1n $CaCl_2$ bei 20° aufbewahrt, monatelang amorph. Auch die sonst sofort röntgenkristallin ausfallenden $Me(OH)_2$ (Me = Mg, Zn, Cd, Ni) zeigen im Pulverdiagramm verwaschene Linien, wenn sie aus I gefällt werden. Die Fällung von $Fe(OH)_3$ in Ggw. von Spuren As_2O_3 gibt ebenfalls ein stabiles Gel. Mit $Fe(OH)_3$ zusammen ausgefälltes $Co(OH)_2$ u. $Ni(OH)_2$ sind röntgenamorph. Vff. geben eine theoret. Deutung dieser Erscheinungen. (Roczniki Chem. [Ann. Soc. chim. Polonorum] **27.** 417–25. 1953. Poznań, Uniw., Zakł. Chem. Nieorgan.) F. Urban. 161

Carl E. Johnson, *Polyelektrolyte als Koagulationsmittel und Koagulierungshilfsmittel.* Vf. untersucht den Einfl. polyelektrolyt. Koagulierungsmittel auf einige charakterist., teils Ton, teils andere suspendierte Materialien enthaltende techn. Wassersorten. In Abhängigkeit von der Dosierung wurde die Koagulationsfähigkeit von Alaun, Na-Aluminat, Tonseife, anion. u. kation. Polyelektrolyte, sowie von mit Alkali behandelter Kartoffelstärke untersucht. Kurze Diskussion über mutmaßliche Reaktionsmechanismen u. die zweckmäßige Verwendung der einzelnen Koagulierungshilfsmittel für die verschied. Wassersorten. (Ind. Engng. Chem. **48.** 1080—83. Juni 1956. Chicago, Ill., Nat. Aluminat Corp.) D. ERTEL. 163

A. J. Payens, *Einfluß des Salzgehaltes auf den Spreitungsdruck von langkettigen schwachen Säuren.* Für vollständig ionisierte Substanzen als unimol. Zwischenschicht (Z.) zwischen Phasen verschied. Ionenstärke bewirkt die bei steigendem Salzgeh. der wss. Phase zunehmende Abschirmung der Ionen in Z. durch die entgegengesetzt geladenen in der Lsg. eine Erniedrigung des Oberflächenpotentiales u. somit eine Abnahme des Oberflächendruckes. Dagegen stellte Vf. für unimol. Schichten oberflächenakt. schwacher Elektrolyte einen Anstieg des Filmdruckes fest. Die Erniedrigung des Oberflächenpotentiales ist im Falle der letztgenannten Substanzen von einer Erhöhung des Ionisationsgrades für die Filmsubstanz, bzw. einer Vermehrung der Oberflächenladungen begleitet, wobei die elektrostat. Abstoßung zwischen den neuen Oberflächenladungen in ihrem Einfl. auf den Oberflächendruck überwiegt. Das Verh. langkettiger Säuren u. Amine bzgl. der Phasenkombination PAe./W. u. Luft/W. wurde experimentell untersucht; es wurde jedoch nur bei *Cetylphosphonsäure* u. *Stearylphosphonsäure* ein stabiler Film erhalten. Weiter wurde der Einfl. des Salzgeh. auf *Capron-* u. *Caprinsäure* untersucht, wobei die Konzentrationsabhängigkeit der Oberflächenspannung für die Lsg. dieser Säuren bei verschied. Ionenstärke bestimmt wurde. (Proc., Kon. nederl. Akad. Wetensch., Ser. B **57.** 529—33. Nov./Dez. 1954. Eindhoven, Philips Res. Labor.) D. FORST. 166

P. P. Pugatschewitsch und **O. A. Timofejewitschewa,** *Oberflächenspannung von Alkaliamalgamen in äußerst verdünntem Zustand.* Mit Hilfe der von den Vff. früher (C. **1953.** 1447) beschriebenen App. wurde die Oberflächenspannung σ von 280 Amalgamen von Na, K u. Cs untersucht, die $6 \cdot 10^{-8}$—0,13 Gew.-% gelöstes Metall enthielten. Auf den σ-Isothermen konnten keine Extrem- u. Knickpunkte festgestellt werden. Auch im Gebiet der äußerst starken Verdünnungen verminderten die Alkalimetalle nicht die Oberflächenspannung von Hg in Übereinstimmung mit der Regel der verallgemeinerten Momente von SSEMENTSCHENKO. Dies zeigt, daß die untersuchten Amalgame irrationale Systeme darstellen. Die experimentellen σ-Werte weichen von den aus der RESCHETNIKOW-Gleichung (Известия Сектора Физико-Химического Анализа [Ann. Secteur Analyse physico-chim.] **19.** [1949.] 165) errechneten Werten um ca. 0,1% ab. Die mit Hilfe dieser Gleichung errechneten Oberflächenaktivitäten von Na, K u. Cs in Amalgamen bei 22° nehmen in der Reihe Cs—K—Na ab. Die bei verschied. Tempp. experimentell ermittelten Werte von Cs nehmen mit fallender Temp. zu. Aus den Ergebnissen schließen Vff., daß die von SSEMENTSCHENKO aufgestellte mol. Theorie der Oberflächenerscheinungen auf die äußerst verd. Lsgg. von Metallen anwendbar ist. (Доклады Академии Наук СССР [Ber. Akad. Wiss. UdSSR] **104.** 98—100. 1/9. 1955. Kurnakow-Inst. für allg. u. anorgan. Chem. der Akad. der Wiss. der UdSSR.) O. LEBTAG. 166

F. C. Collins und **H. Raffel,** *Hydrodynamische Reibungs- und Diffusionskoeffizienten in idealen Flüssigkeiten.* 1. Mitt. *Die Stoßverteilung.* Vff. dehnen ihre früheren (C. **1956.** 8553) Näherungsberechnungen von Stoßverteilungen auf die der Reibungs- u. Diffusionskoeffizienten von Fll. aus. Für den speziellen Fall, daß das diffundierende Mol. verglichen mit seinen Nachbarn groß ist, ergibt sich die derart berechnete Stoßverteilung des Reibungskoeff. sowohl in guter Übereinstimmung mit dem STOKESschen Gesetz als auch mit der LANGEVIN-Gleichung. Dagegen ist für kleine diffundierende Moll. der berechnete Reibungskoeff. nicht unabhängig von der Geschwindigkeit des gegebenen Moleküls. Numer., auf Grund von aus Schallgeschwindigkeitsmessungen ermittelten mol. Parametern berechnete Diffusionskoeffizienten sind ca. 3mal so groß wie experimentell ermittelte Werte, wie aus dem entsprechenden Verh. bei der Viscositätskoeffizientenverteilung erwartet werden konnte. Obwohl im Fall kleiner Moll. das STOKESsche Gesetz für den Reibungskoeff. nicht erfüllt ist, gibt die STOKES-EINSTEINsche Gleichung den Fall der Selbstdiffusion befriedigend wieder. (J. chem. Physics **23.** 1454—60. Aug. 1955. Brooklyn, N. Y., Polytechn. Inst., Dep. of Chem.) W. NIEMITZ. 171

Ss. W. Awakjan und **N. F. Laschko,** *Einfluß einer erhöhten Strukturviscosität beim Kristallisationsprozeß von Doppeleutektica in ternären Systemen.* Durch Zusatz von 0,15 Gew.-% Agar wurde bei Zimmertemp. die Strukturviscosität erhöht u. an den Kryohydratsystemen KCl–$K_2Cr_2O_7$–H_2O u. KNO_3–$NaNO_3$–H_2O der Einfl. der erhöhten Strukturviscosität auf die Kristallisation der Eutektika untersucht. Im Unterschied zur

Unterkühlung zeigte die erhöhte Viscosität keine störende Wrkg. auf die Wahrscheinlichkeit der Bldg. von Kristallen beider Phasen des Eutektikums in der Anfangsphase der Kristallisation. Ebenso wie bei der Unterkühlung wurde durch die erhöhte Viscosität die Bldg. von Dendritformen der einen Phase des Eutektikums begünstigt. Die Beseitigung der Konzentrations- u. Wärmeströme war von keinem Einfl. auf die Kristallisation der Doppeleutektika aus der Lösung. (Журнал Физической Химии [J. physik. Chem.] **25.** 480—82. April 1951.) O. LEBTAG. 172

F. E. Bartell und **J. T. Smith,** *Veränderungen der Oberflächeneigenschaften von Gold und Silber, gezeigt an Kontaktwinkelmessungen.* Eine App. wird entwickelt zur Herst. von Oberflächen im Vakuum u. Messung der Kontaktwinkel $\delta_{advancing}$ (A) u. $\delta_{receding}$ (R) mit verschied. Fll. in einer gewünschten Atmosphäre, z. B. ohne Luftzutritt. Es wird ein sehr kleiner Wert für A (7 ± 1^0) von Wassertropfen an Au- u. Ag-Oberflächen in einer Wasserdampfatmosphäre gefunden, der möglicherweise bei noch reineren Oberflächen 0^0 werden kann. Die Veränderungen von A u. R, die verschied. Dämpfe, wie Bzl. (I), gereinigte Luft (II) u. Laboratoriumsluft (III), hervorrufen, werden unter genau festgelegten Bedingungen gemessen: II hat kaum einen Einfl., während III oder I ein Ansteigen von A u. R bis über 80^0 u. außerdem eine chem. Rk. an Ag-Oberflächen verursachen. Aus diesen Resultaten werden die Energieveränderungen, hervorgerufen durch die Adsorption von I an den Gold/W.- u. Gold/Dämpfen-Grenzflächen, abgeschätzt. Hysterese wurde bei den meisten Messungen von A u. R beobachtet, was durch geringe Veränderungen der Grenzflächenenergien mit der Zeit verursacht wird u. schon an Hg-Grenzflächen von anderen Autoren beobachtet wurde. (J. physic. Chem. **57.** 165—72. Febr. 1953. Ann Arbor, Mich., Univ., Dep. of Chem.) E. JÄGER. 175

E. L. Pace, W. T. Berg und **A. R. Siebert,** *Entropie von auf Titandioxyd (Anatas) adsorbiertem Krypton.* Durch calorimetr. Messungen des Wärmeinhaltes der Adsorptionsisothermen u. der Adsorptionswärme zwischen 12 u. 140° K wurde die Nullpunktsentropie von Kr, adsorbiert auf Anatas (TiO_2), bestimmt. Die Nullpunktsentropie für Kr bei Bedeckungsgraden von 0,13; 0,23 bzw. 0,40 beträgt $1,1 \pm 1,1$; $1,5 \pm 0,6$ bzw. $1,3 \pm 0,3$ cal · Grad^{-1}Mol^{-1}. Daraus folgt, daß zwischen Oberfläche des Adsorbens u. dem Gas das thermodynam. Gleichgewicht nicht erreicht wurde. Das experimentelle Verf. u. theoret. Überlegungen lassen vermuten, daß die Zufälligkeit der Bedeckung, die bei 50° K existiert, auch bei tieferen Tempp. erhalten bleibt. (J. Amer. chem. Soc. **78.** 1531—33. 20/4. 1956. Cleveland, O., Western Reserve Univ.) H. MÜLLER. 176

Hans Erbring, Hrsg., Kolloid-Tagung. Köln 1951. Vorträge u. Diskussionen, geh. auf d. 15. Hauptversammlg. (2. Nachkriegstag.) in Köln am 29/30. Sept. 1951. Darmstadt: Dr. D. Steinkopff. 1952. (227 S. m. 177 Abb.) 4° = Verhandlungsberichte d. Kolloid-Gesellschaft. Bd. 15 = Kolloid-Zeitschrift. Bd. 124—126. DM 30,—.

A_6. Strukturforschung.

Max Swerdlow, A. J. Dalton und **L. S. Birks,** *Elektronenmikroskopie.* Zusammenfassender Bericht über die Veröffentlichungen seit der letzten Übersicht (vgl. SWERDLOW, C. **1954.** 3409). Behandelt werden Technik u. Anwendungen der Elektronenmikroskopie, wobei biol. Materialien bes. berücksichtigt werden. — 264 Literaturzitate. (Analytic. Chem. **28.** 597—609. April 1956. Washington, D. C., Nat. Bur. of Stand.; Bethesda, Md., Nat. Inst. of Health; Washington, D. C., Naval Res. Labor.) W. KRÖNERT. 181

G. W. Spiwak und **T. N. Dombrowskaja,** *Elektronenoptische Untersuchungsmethode der Dynamik von thermischen Prozessen in undurchsichtigen Medien.* Die Ausbreitung von Temperaturwellen in festen Körpern kann dadurch sichtbar gemacht werden, daß in einem elektronenopt. Emissionsmikroskop der durch magnet. Inhomogenitäten in der Kathodenoberfläche verursachte Bildkontrast (vgl. C. **1954.** 8057) bei Überschreiten der CURIE-Temp. verschwindet. Der Kontrast kann dadurch verstärkt werden, daß man die im natürlichen Material an sich bereits vorhandenen magnet. Inhomogenitäten künstlich durch Aufbringen eines Musters aus magnet. andersartigem Material auf die Kathodenoberfläche vermehrt. Die Auslösung der abbildenden Sekundärelektronen aus der Kathodenoberfläche geschieht durch schrägen Beschuß mit langsamen Primärelektronen. (Доклады Академии Наук СССР [Ber. Akad. Wiss. UdSSR] **106.** 39—41. 1/1. 1956. Moskau, Lomonossow-Univ.) F. LENZ. 181

L. A. D'Asaro, *Benutzung des Feldemissionsmikroskops zur Untersuchung der Oberflächenzustände auf einer Legierung.* (Sitzungsbericht.) (Physic. Rev. [2] **100.** 1258. 15/11. 1955. Cornell Univ.) R. STEIN. 181

Benjamin Post und **Isidor Fankuchen,** *Röntgenstrahlenbeugung.* Zusammenfassender Bericht über die Literatur für den Zeitraum 1954—1955 (vgl. auch KAUFMAN u. FAN-

KUCHEN, C. **1954**. 3637). Die Übersicht gliedert sich in die Abschnitte: Apparaturen u. Technik; Identifizierung kristalliner Substanzen, Legierungen u. Elemente, anorgan. Verbb.; organ. Verbb., große Moll. u. Hochpolymere. — 78 Literaturzitate. (Analytic. Chem. **28**. 591—95. April 1956. Brooklyn, N. Y., Polytechn. Inst. of Brooklyn.) W. KRÖNERT. 181

Gilbert Barrère, *Beitrag zum Studium der Absorption der Röntgenstrahlen durch gebogene Kristalle in der Nähe des Braggschen Winkels.* (Vgl. C. **1955.** 10933.) Verss. mit dünnen gebogenen Quarzplatten zeigen, daß die Linien, die durch die Durchlässigkeit von unter dem BRAGGschen Winkel auffallenden Röntgenstrahlen entstehen, auch nach der Deformation auftreten, wenn bei der Biegung eine Störung des Kristalls vermieden wird. (C. R. hebd. Séances Acad. Sci. **238.** 2098—99. 24/5. 1954.) A. FAESSLER. 181

James D. Alexander und **Wayne A. Bowers,** *Effekt der Einbeziehung des Austauschs in die Thomas-Fermi-Behandlung der Moleküle.* (Sitzungsbericht.) (Physic. Rev. [2] **99.** 1627. 1/9. 1955. Univ. of North Carolina.) R. LEVI. 182

K. Suryanarayana Rao, *Höhere Mehrfachzustände in zweiatomigen Molekülen.* Ausgehend von HILL u. VAN VLECKs Meth. leitet Vf. Ausdrücke für die Rotationsenergieschwellen von Elektronenzuständen höherer Multiplizität (u. zwar 5-, 6- u. 7fach) von allg. Zwischenzuständen ab. (Indian J. Physics Proc. Indian Assoc. Cultivat. Sci. **26.** 254—61. Mai 1952. Waltair, Andhra Univ., Phys. Dep.) W. NIEMITZ. 182

Charles LeRoy Beckel, *Verbesserte Schwingungspotentiale für zweiatomige Moleküle.* Vf. gibt eine Meth. an, um befriedigende Schwingungspotentiale auch bei größeren Kernabständen r zu erhalten. Mit Hilfe der POESCHL-TELLER-Funktionen werden Näherungsgleichungen aufgestellt, zu denen eine Korrektur der Form $T \cdot \mathfrak{Tg}^{2\alpha r} \alpha \cdot (r - r_0)$ (T, α, r_0 = Parameter) addiert wird. Die Meth. wird auf verschied. Elektronenzustände von H_2, D_2 u. T_2 angewandt. Die resultierenden Funktionen geben gute Näherungen für das wahre Potential auch für große Kernabstände; erst in der Nähe des Dissoziationspotentials P weichen die Näherungspotentiale vom wahren ab; die erhaltenen Werte für P liegen unter den wahren Potentialen. (J. chem. Physics **24.** 553—58. März 1956. Baltimore, Md., Johns Hopkins Univ.) M. L. KLAAR. 182

Asoke Kumar Mukherjee, *Fluidität und freies Volumen in Flüssigkeiten.* Unter der Annahme, daß die Fluidität einer Fl. eine Funktion ihres freien Vol. ist, wird eine Theorie über die Art dieser Funktion aufgestellt. Für n. Bedingungen von Druck u. Temp. ergibt sich eine lineare Beziehung. Diese wird an Hand einer Reihe aus der Literatur entnommener Beispiele geprüft, Abweichungen in ihrem Zusammenhang mit Verhältnissen, die von n. Bedingungen abweichen, diskutiert. (J. Indian chem. Soc. **28.** **363**—**65.** Juli 1951. Calcutta, Jadavpur, Coll. of Engng. and Techn., Phys. Chem. Labor.) W. NIEMITZ. 186

Asoke Kumar Mukherjee, *Über die Beziehung zwischen Fluidität und Molekulargewicht in homologen Reihen. Eine Bemerkung.* An Hand theoret. Betrachtungen gelangt Vf. zu dem Ergebnis, daß die Fluiditäten Φ gewisser homologer Reihen bei gleichen α-T-Werten (α = therm. Ausdehnungskoeff.) vergleichbar sein müssen u. daß unter dieser Bedingung Φ eine Funktion des Mol.-Gew. ist. Durch Anwendung auf eine Reihe experimentell bekannter Daten von *1-Alkenen, n-Alkylcyclohexanen, n-Alkanen, n-Alkylbenzolen, n-Alkylcyclopentanen, 1-* u. *2-Alkylmercaptanen* wird gezeigt, daß die Funktion linear verläuft. (J. Indian chem. Soc. **28.** 395—98. Juli 1951.) W. NIEMITZ. 186

W. W. Tarassow und **Ja. Ss. Ssawitzkaja,** *Über die Heterodynamität von Silicatgläsern.* (Vgl. C. **1953.** **4650.**) Unter Heterodynamität verstehen Vff. das Vorliegen von Bindungen verschied. Elastizitätsgrades in einem Mol.-Komplex. Bei den Silicatgläsern werden Bindungen höherer Elastizität im Si–O-Gerüst, geringerer Elastizität zwischen diesem u. den Kationen angenommen, wobei den Kationen Schwingungen autonomer Vibratoren zugeschrieben werden. Wenn im Si–O-Gerüst O/Si von 2 auf 3 zunimmt, geht der Verzweigungsgrad zurück, bei O/Si = 3 liegt eine unendliche, im Raum ungeordnet gebogene Metasilicatkette vor. Aus den bei 63,74—162,5° K vorgenommene Messungen der spezif. Wärme wird auf das Vorliegen einer Kette $(SiO_3)_\infty$ im Na_2SiO_3-Glas geschlossen, deren charakterist. Temp. 1323° mit derjenigen für krist. Na_2SiO_3 (**I**) übereinstimmt, während sie für die Kationen als autonome Vibratoren für **I**-Glas 232° K, für krist. **I** 256° K beträgt. Die Ggw. von Metasilicatketten kann anomale mechan. u. therm. Eigg. der Glasfasern erklären, wenn man eine makromol. Orientierung der Ketten nach der Faserachse annimmt. (Журнал Физической Химии [J. physik. Chem.] **27.** 744—52. Mai 1953. Moskau, Chem.-technol. Mendelejew-Inst.) R. K. MÜLLER. 188

Edgar J. Bogan und **Harvey V. Moyer,** *Einfluß des Alterns von Bariumchloridlösungen auf die Teilchengröße von Bariumsulfat.* Durch Altern von $BaCl_2$-Lsgg. wird die Teilchengröße von damit gefälltem $BaSO_4$ erheblich gesteigert, wie aus mkr. Aufnahmen u. aus

Messungen der Sedimentationsgeschwindigkeit hervorgeht. Die Filtration einer frischen Lsg. durch Filtertiegel hat denselben Effekt wie einwöchiges Altern. Die Teilchengröße des $BaSO_4$-Nd. scheint eine Funktion der zu Beginn der Kristallisation vorhandenen Keime zu sein. Der Ursprung der Keime konnte nicht sicher festgestellt werden. Vff. vermuten eine Keimwrkg. von Aggregaten unvollständig gelösten $BaCl_2$. (Analytic. Chem. **28.** 473—76. April 1956. Columbus, O., Ohio State Univ., McPherson Chem. Labor.) H. MÜLLER. 190

F. Blaha, *Sechseckstrukturen in Einkristallen.* 1. Mitt. *Zur Ablagerung von Verunreinigungen in aus der Schmelze wachsenden Metallkristallen.* Unter Bezugnahme auf die experimentellen Ergebnisse, wie sie bei der Herst. von Einkristallen aus reinsten Ausgangsstoffen gewonnen wurden, wird eine theoret. Deutung versucht, ob die noch vorhandenen Verunreinigungen beim Wachstumsprozeß gemäß einer einfachen statist. Verteilung in das Kristallgitter eingebaut oder ob sie an bestimmten Stellen bevorzugt abgelagert werden. (Metall **9.** 390—94. Mai 1955. Wien.) F. VIER. 190

Shiguéo Oketani und **Sigemaro Nagakura,** *Elektronenbeugungsuntersuchung von Titan und seinen Oxyden.* Vff. untersuchten mittels Elektronenbeugung dünne, im Vakuum auf die (0 0 1)-Spaltfläche aufgedampfte Ti-Filme, u. zwar die Strukturen von krist. α-Ti, von Titanoxyden u. ihre gegenseitigen Orientierungen. Durch kurzes Erhitzen von α-Ti im Vakuum erhält man *TiO*, in CO-Atmosphäre oder in Luft TiO_2, u. zwar *Rutil* oder *Oktaedrit.* Einen monokristallinen Film von α-Ti erhält man, wenn die NaCl-Unterlage auf 460—530° erhitzt wird. Die verschied. Orientierungen sind zusammengestellt. Es wird darauf hingewiesen, daß man TiO_2, speziell in der Rutilform, leicht erhält. Ti_2O_3 wurde nicht beobachtet. (Nippon Kinzoku Gakkai-Si [J. Japan Inst. Metals] **19.** 160—64. Febr. 1955. [Orig.: japan.; Auszug: engl.]) C. GOTTFRIED. 195

Yasushige Fukano, *Änderung der Gitterkonstante von aufgedampftem Kaliumchlorid.* Die Gitterkonstante aufgedampfter KCl-Kristalle wurde mit einer Genauigkeit von 0,01% bestimmt; als Standard diente Au-Folie, deren Gitterkonstante gegen TlCl geeicht u. in Übereinstimmung mit dem Röntgenwert gefunden wurde. Die Elementardimensionen von KCl kurz nach der Aufdampfung sind um ca. 0,15% größer als die betreffenden Röntgenwerte, sofern die Größe der Kristalle 150 Å überschritt, u. nehmen ab, wenn die aufgedampften Proben der Luft ausgesetzt oder im Vakuum erhitzt wurden. Der niedrigste Wert der Gitterkonstante in diesen Verss. stimmt mit dem Röntgenwert innerhalb der Fehlergrenzen überein. (J. physic. Soc. Japan **10.** 420—24. Juni 1955. Nagoya, Univ., Fac. of Engng. [Orig.: japan.; Auszug: engl.]) G. RUBAN. 196

Adolf Götzberger, *Über die Kristallisation aufgedampfter Antimonschichten.* Sb schlägt sich beim Aufdampfen zunächst in einer stabilen, nichtmetall. Modifikation (explosibles Sb) nieder. Überschreitet die Schichtdicke 200 Å, so beginnt die Umwandlung in metall., hexagonal rhomboedr. kristallisierendes Sb. Die Temperaturabängigkeit der Umwandlung entspricht der Gleichung $v = A \exp. (-Q/R\,T)$ (Umwandlung 1. Art). Sehr dicke, rasch aufgedampfte Schichten (dicker als 2000 Å) wandeln sich nach einem anderen, sehr viel rascher von einem Punkt aus verlaufenden Mechanismus um, zu dessen Erklärung angenommen wird, daß eine Explosionswelle die Schicht durchläuft (Umwandlung 2. Art). Die Geschwindigkeit der Explosionswelle wird aus Filmaufnahmen abgeschätzt. Dampft man auf in Umwandlung 1. Art begriffenes Sb weiter auf, so erhält man Schichten sehr inhomogener Dicke. Beim Aufdampfen auf bereits völlig umgewandelte Schichten erhält man kleine Kriställchen u. regelmäßige Aufwachsfiguren, die offenbar in Beziehung zu den Keimstellen der Umwandlung stehen. (Z. Physik **142.** 182—200. 1955. München, Univ., I. Physikal. Inst.) H. C. WOLF. 196

L. G. Parratt, *Strukturuntersuchung an dünnen aufgedampften Kupferfilmen durch totale Reflexion von Röntgenstrahlen.* (Sitzungsbericht.) (Physic. Rev. [2] **99.** 1635. 1/9. 1955. Cornell Univ.) R. LEVI. 196

Ja. Je. Gegusin und **N. N. Owtscharenko,** *Untersuchung einiger physikalischer Prozesse an der Metalloberfläche bei hohen Temperaturen.* 1. Mitt. „*Natürliche Rauheit*" *der Oberfläche von Polykristallen.* Polykrist. Cu-Proben mit ca. 0,05% Beimengungen wurden poliert, im Vakuum von ca. 10^{-4} bis 10^{-5} mm geglüht u. im Metallmikroskop u. Mikrointerferometer untersucht. Die bei ca. 1000° geglühten Proben zeigten eine rauhe Oberfläche, die bei der polierten Probe fehlte. Die Höhe der Unebenheiten betrug bei den meisten Körnern ca. 10^{-5} cm. In den Frühstadien des Glühens (950°, 1—5 Min.) tritt die „natürliche Rauheit" noch nicht in Form von Stufen auf, sondern als einzelne Striche. Vff. nehmen an, daß die natürliche Rauheit dadurch entsteht, daß Rauheitszentren sich entwickeln. Kondensation u. Verdampfung spielen hierbei eine große Rolle. Die Kondensation der Dämpfe ist hierbei nur im Anfangsstadium von größerer Bedeutung.

(Известия Академии Наук СССР, Отделение Технических Наук [Nachr. Akad. Wiss. UdSSR, Abt. techn. Wiss.] **1956**. Nr. 1. 108—18. Jan. Charkow, Univ.)
O. LEBTAG. 196

Shigeto Yamaguchi, *Zur Abschätzung der Dicke der Beilby-Schicht.* Mit Oxydabdrücken verschieden bearbeiteter Metalloberflächen, die elektronenmkr. untersucht wurden, kann festgestellt werden, ob die durch Bearbeitung erzeugte BEILBY-Schicht dicker oder dünner als 150 Å ist. Im letzteren Falle reproduziert die Oxydhaut die Substratstruktur. Die Dicke der BEILBY-Schicht wird durch Elektronenbeugungsaufnahmen einer Stahlplatte mit keilförmigem Querschnitt aus der durch Bearbeitung bewirkten Phasenumwandlung zu 250 Å abgeschätzt. (Z. Physik **140.** 577—80. 1955. Tokyo, Sci. Res. Inst. Ltd.)
H. C. WOLF. 196

Ken-ichi Hirano, Yutaka Takagi und **Hideyo Maniwa,** *Ursprung der Guinier-Preston-Zonen in Legierungen.* An Hand der experimentellen Unterss. von HIRANO u. Mitarbeitern sowie der Ergebnisse von anderer Seite geben Vff. eine kurze zusammenfassende Übersicht über die beiden möglichen Mechanismen der GUINIER-PRESTON-Zonen in Legierungen. — 25 Literaturzitate. (J. physic. Soc. Japan **10.** 587—88. Juli 1955. Tokyo, Inst. of Technol., Dep. of Phys. [Auszug: engl.])
C. GOTTFRIED. 197

A. C. Damask und **A. S. Nowick,** *Mit der Ausfällung in einer Al–Ag-Legierung in Zusammenhang stehendes Maximum der inneren Reibung.* Ausführliche Darst. der C. **1956.** 947 referierten Arbeit. Ergänzend berichtet Vf. über gleichlaufende, nicht veröffentlichte Unterss. von SERAPHIM über die Suche nach einem Maximum der inneren Reibung in einer festen Lsg. von 5% Ag in Al (1,3 Atom-% Ag). Es wurde kein Maximum festgestellt. (J. appl. Physics **26.** 1165—72. Sept. 1955. Philadelphia, Pa., Frankford Arsenal, Pitman-Dunn Labor.)
C. GOTTFRIED. 197

H. Spengler, *Über das System Aluminium–Silicium.* Erörtert werden die Löslichkeit von Al in Si im festen Zustand, die Mikrostrukturen des Al–Si-Eutektikums u. seine Veredlung. — 41 Schrifttumsangaben. (Metall **9.** 181—86. März 1955. Stuttgart.)
J. PAHL. 197

Tuneyosi Okamoto und **Masafumi Suzuki,** *Elektronenmikroskopische Untersuchung der Ausfällung in einer Nickel–Silicium–Kupfer-Legierung.* Vff. untersuchten elektronenmkr. die Bedingungen einer übersätt. festen Lsg. einer *Ni–Si–Cu-Legierung* mit 2,20% Ni, 0,70% Si u. 0,03% Fe sowie den Alterungsprozeß der Legierung durch Messen der Änderungen in der Härte u. der elektr. Leitfähigkeit sowie mittels Röntgenbeugung. Alle Proben (Gruppen A u. B) wurden von 950° in W. abgeschreckt. A wurde bei 30 bis ca. 750° 60 Min. getempert, während B nach Kaltziehen ähnlich getempert wurde. Nach mechan. u. elektrolyt. Polieren wurden die Proben in einer 10%ig. wss. Lsg. von $(NH_4)_2S_2O_8$ angeätzt. Elektronenmkr. wurde festgestellt, daß bei B nach der anfänglichen Zunahme der Härte u. der Leitfähigkeit Ausfällungen nur innerhalb der Kristallkorngrenzen zu beobachten waren; in dem Stadium jedoch, in dem Härte u. Leitfähigkeit das Maximum erreichten, waren Ausfällungen auch innerhalb der Korngrenzen festzustellen. In keiner der beiden Gruppen war eine Ausfällung an der Zwillingsgrenzfläche sichtbar. Die Ausfällungen der Gruppe B hatten gegenüber denen der Gruppe A nicht nur eine höhere Korngröße, sondern traten auch in größerer Menge auf. Die Temperungstemp., bei der bei der Gruppe B das Maximum der Härte u. der Leitfähigkeit auftrat, lag ca. 50° tiefer als bei der Gruppe A. Aus den Beobachtungen kann geschlossen werden, daß die Ausfällung aus der übersätt. festen Lsg. durch die Kaltbearbeitung vor der Temperung gefördert wird. (Nippon Kinzoku Gakkai-Si [J. Japan Inst. Metals] **19.** 110—14. Febr. 1955. [Orig.: japan.; Auszug: engl.])
C. GOTTFRIED. 197

Ichiji Obinata und **Noboru Komatsu,** *Über die in Aluminiumlegierungen mit Eisen und Silicium auftretenden Phasen.* Durch Elektrolysieren von *Fe–Si–Al-Legierungen* wurden die Phasen, die mit Al im Gleichgewicht waren, extrahiert u. chem. u. röntgenograph. untersucht. Die Löslichkeit des Al in Si, die sich prim. ausscheidet, beträgt ca. 0,2 Gew.-% Al; die Gitterkonstante des abgetrennten Si beträgt a = 5,419 Å. In dem Syst. *Al–Fe* ist die Phase, die im Gleichgewicht mit Al ist, die Verb. $FeAl_3$. Unterhalb 500° nimmt die Löslichkeit des Al in $AlFe_3$ entsprechend der Menge Al zu u. ist proportional der Formel Fe_2Al_7. Pulveraufnahmen von Kristallen, die sich aus einer Al–Fe-Legierung mit 20% Fe abgeschieden hatten, zeigten nur die Interferenzen der rhomb. Phase $FeAl_3$. Interferenzen der Phase Fe_2Al_7 konnten nicht gefunden werden. In dem tern. Syst. Al–Fe–Si sind mit dem Al 2 Phasen im Gleichgewicht, u. zwar *α-FeSi* u. *β-FeSi*. Die Fe- u. Si-Gehh. in diesen Phasen sind für α-FeSi: 30,15—32,8% Fe u. 8,39—11,74% Si u. für β-FeSi: 23,52—25,75% Fe u. 15,77—18,92% Si. (Nippon Kinzoku Gakkai-Si [J. Japan Inst. Metals] **19.** 197—201. Febr. 1955. [Orig.: japan.; Auszug: engl.])
C. GOTTFRIED. 197

T'ing-Sui Kê (T. S. Kê), Yung Pao-Tsui und **Wang Yeh-Ning,** *Diffusion und Ausfällung von Kohlenstoff und Stickstoff aus fester Lösung in Eisen und Stahl.* Ausgehend von der bekannten Tatsache, daß die Blaubrüchigkeit u. Temperbrüchigkeit von Stahl in Zusammenhang mit Diffusions- u. Ausfällungsprozessen im Stahl stehen, versuchten Vff., dieses Problem mittels Messungen der inneren Spannungen zu untersuchen. Zur Verfügung standen eine Stahlprobe, die als Hauptverunreinigungen 0,04% O, 0,005% C, 0,004% N, 0,003% S, 0,0015% Ni, 0,001% Co, 0,0008% Cu, 0,00008% Zn u. weniger als 0,001% P u. Si enthielt, sowie ein handelsüblicher Fe-Draht mit 0,085% C, 0,23% Mn, 0,13% Si, 0,022% P. Nach Anlassen u. Ziehen wurden beide Proben zur Entfernung von C u. N bei 720° mit feuchtem H_2 behandelt. Die gewünschte Menge C wurde dann durch Erhitzen der Proben bei 720 oder 920° in einem Gemisch von trocknem H_2 u. Bzl. zugefügt. Zur Addition von N wurden die Proben bei 580° mit einem Gemisch von trocknem H_2 u. NH_3 behandelt. Nach Homogenisierung durch Erhitzen in trocknem H_2 wurden die Proben in kaltem W. abgeschreckt. Die Verss. ergaben, daß die Diffusion von C in α-Fe nicht durch die C-Konz., die legierenden Elemente u. das Stadium der Ausfällung in dem Fe beeinflußt wird. Die Diffusion von N in α-Fe wird dagegen durch den Zusatz legierender Elemente behindert, dagegen während des Anfangsstadiums der Ausfällung begünstigt. Weiter wurde das bereits früher beobachtete Maximum der inneren Reibung bei ca. 250° u. bei einer Frequenz von 1 Hz, das mit der Ausfällung von C oder N in kaltbearbeitetem α-Fe in Zusammenhang steht, erneut untersucht. Es wurde beobachtet, daß in Proben mit genügend hohem C- oder N-Geh. die innere Spannung, die von dem Abschrecken der Proben von hoher Temp. herrührt, auch Anlaß zu diesem Maximum der inneren Reibung gibt. Die weiteren Verss. ergaben, daß dieses Maximum mit den Erscheinungen der Spannungs- oder Abschreckungshärtung in Zusammenhang steht u. unter Bedingungen auftritt, die dem Erscheinen der Blaubrüchigkeit in Stahl entsprechen. Der C oder der N, der mit diesem Maximum der inneren Reibung in Zusammenhang steht, liegt in disperser atomarer Form vor. Es wird daher vermutet, daß die Blaubrüchigkeit von Stahl ein Prozeß der Spannungs- oder Abschreckungsalterung ist u. daß sie direkt in Verbindung steht mit der Abscheidung von C- oder N-Atomen aus der festen Lsg. in Spannungsgebieten oder Fehlstellen des Stahlgitters. Die Temperbrüchigkeit läßt sich wahrscheinlich durch die Ausfällung von Nitriden anstatt von Carbiden im Stahl erklären. (Acta Sci. sinica **4.** 263—76. Juni 1955. Peking, Acad. Sinica, Inst. of Metal Res. [Orig.: engl.]) C. GOTTFRIED. 197

W. Gruhl, *Über die Ausscheidung von Kupfer aus dem übersättigten Zinkmischkristall.* Unterss. des Verlaufs der Ausscheidung von Cu aus übersätt. Zn-Mischkristallen zeigen in Übereinstimmung mit der Berechnung, daß die Proben sich bei der Ausscheidung merklich ausdehnen. Die Härte ändert sich nicht, dagegen verringert sich der elektr. Widerstand. Zwischen 100 u. 250° scheidet sich die ε-Phase direkt ab, u. zwar bei 100° diskontinuierlich von den Korngrenzen ausgehend unter spontanem Zerfall des Mischkristalls in die Gleichgewichtsphasen. Bei 200° wird die autokatalyt. fortschreitende diskontinuierliche Ausscheidung durch die bei höherer Temp. einsetzende kontinuierliche zum Stillstand gebracht. Bei 250° wird eine von den Zwillingsgrenzen ausgehende Ausscheidung beobachtet, die federartig in die einzelnen Körner wächst. Sie ist dem kontinuierlichen Typ zuzuordnen. Die Aktivierungsenergie für die Ausscheidung beträgt 20600 cal/g-Atom. (Metall **9.** 353—57. Mai 1955. Aachen, TH.) F. VIER. 197

I. I. Kornilow, *Verfestigung von festen Nickellösungen bei hohen Temperaturen.* Auf Grund eigenen u. Literaturmaterials erörtert Vf. die Festigkeit von *Ni–Fe*, *Ni–Cr*, *Ni–Cr–Ti* u. *Ni–Cr–Ti–Al* bei Zimmertemp. u. zeigt, daß mit zunehmender Komplizierung der Zus. der festen Lsgg. u. mit Erreichung der Sättigung die Ni-Festigkeit zunimmt. Aus den Festigkeitswerten von reinem Ni sowie den Legierungen Ni + 20% Cr, Ni + 20% Cr + 3% Ti u. *Ni–Cr–W–Ti–Al* bei 20—900° folgt, daß die intensivste Festigkeitsabnahme mit steigender Temp. beim reinen Ni, die geringste Abnahme bei Ni–Cr–W–Ti–Al stattfindet. Das Raumdiagramm für die Abhängigkeit der Festigkeit von der Temp. u. der Zahl der Komponenten zeigt einen sehr starken Einfl. der Zus. der festen Lsg. auf die Festigkeit der Lösungsmittel, bedingt durch die Störung des Kristallgitters des Lösungsmittels. Je größer die Zahl der Komponenten der gelösten verschiedenartigen Atome ist, bei desto höherer Temp. bleibt die durch sie verursachte Verfestigung erhalten. (Известия Академии Наук СССР, Отделение Технических Наук [Nachr. Akad. Wiss. UdSSR, Abt. techn. Wiss.] **1956.** Nr. 1. 119—25. Jan. Inst. für Metallurgie der Akad. der Wiss. der UdSSR.) O. LEBTAG. 197

M. G. Losinski und **Ss. G. Fedotow,** *Besonderheiten der Mikrostruktur und Gesetzmäßigkeiten der Härteänderung von einigen Edelmetallen beim Erhitzen im Vakuum.* (Vgl. C. **1956.** 946.) Die Unters. wurde an vorher hoch ausgeglühten, glattpolierten Probescheiben (14,8 mm Durchmesser, 3 mm Dicke) aus den Metallen *Ir, Rh, Pt, Pd, Au* u. *Ag*, die im Heißvakuumofen bis zu 1300° bzw. bei Au u. Ag bis 900° erhitzt wurden, durchgeführt. An Hand von Gefügebildern werden die hierbei in Erscheinung tretenden Gefügebesonderheiten näher besprochen, wobei bes. auf die (beim gewöhnlichen Ätzen nicht wahrnehmbare) streifige Struktur innerhalb der Kristallkörner u. den beobachteten Zusammenhang zwischen Korngröße u. Schmelztemp. (je höher letztere, um so feinkörniger das Gefüge) hingewiesen wird. Die Ergebnisse der beim stufenweisen Erwärmen im Vakuum durchgeführten VICKERS-Härteprüfung u. der hierbei feststellbare, für jedes Metall charakterist. Härteabfall werden im Diagramm Härte–Temp. wiedergegeben. (Известия Академии Наук СССР, Отделение Технических Наук [Nachr. Akad. Wiss. UdSSR, Abt. techn. Wiss.] **1955**. Nr. 5. 109—13. Mai.) V. EHMCKE. 200

F. A. Lewis, G. E. Roberts und **A. R. Ubbelohde,** *Elektrolytische Kaltbearbeitung und innere Reibung in Palladium–Wasserstoff-Legierungen.* Drähte oder Streifen von Pd wurden elektrolyt. in einer 2%ig. NaF-Lsg. mit H_2 beladen, wobei Pd als Kathode u. ein Pt-Draht als Anode dienten. Die Absorption von H_2 war besser, wenn der Pd-Draht vor dem Beladen kurze Zeit als Anode benutzt wurde. Mittels eines Torsionspendels wurde die innere Reibung Q^{-1} gemessen. Beobachtet wurde nach der Beladung ein unmittelbar starkes Anwachsen von Q^{-1} u. ebenso nach Entfernen von einem Teil des H_2 durch Elektrolyse. Beim Altern fällt Q^{-1} bis zu einem Grenzwert ohne merkbaren Verlust an H_2. Die Abnahme von Q^{-1} gehorcht angenähert einem unimol. Geschwindigkeitsgesetz, wobei die Geschwindigkeitskonstante deutlich von der Korngröße des Metalls beeinflußt wird. Der Abfall ist am schnellsten in angelassenen Proben mit großen Korngrößen, wobei der Grenzwert nahezu auf den Wert des reinen Pd abfällt, trotz der Ggw. von noch 0,6 H/Pd. In feinkörnig beladenen Proben fällt Q^{-1} auf Grenzwerte, die größer sind als für das reine Metall. Die Beobachtungen lassen vermuten, daß eine Vielzahl von Relaxationsprozessen in der Legierung vorliegt. Die Elektrolyse erzeugt eine temporäre „Kaltbearbeitung", die von hoher innerer Reibung begleitet ist. Ausgeruhte Legierungen zeigen dagegen permanente Relaxationseffekte, die mit der anfänglichen Korngröße in Verbindung stehen. Orientierende Messungen des YOUNGschen Moduls ergaben, daß eine Änderung bei der Beladung zu gering war, um genau bestimmt werden zu können. Die Abnahme von E wurde zu 3,4% geschätzt. (Proc. Roy. Soc. [London], Ser. A **220**. 279—89. 8/12. 1953.) C. GOTTFRIED. 200

Elizabeth A. Jackman und **J. P. Roberts,** *Die Festigkeit von Korundeinkristallen und polykristallinem Korund.* Vff. bestimmten die Biegefestigkeit von Einkristallen von Korund sowie von dicht gesintertem Korundmaterial bis zu Tempp. von 1300°. Für das polykristalline Material wurde gefunden, daß die Festigkeit nahezu konstant bis zu 700° bleibt u. hierauf mit steigender Temp. abnimmt. Im Gegensatz hierzu zeigten die Festigkeit–Temp.-Kurven der Einkristalle ein ausgesprochenes Minimum, dessen Lage sich von Probe zu Probe änderte. Eine Beziehung zwischen der Kurve u. der kristallograph. Orientierung der Einkristalle konnte nicht festgestellt werden. Aus einem Vgl. der gemessenen Festigkeiten der Einkristalle u. des polykristallinen Al_2O_3 kann geschlossen werden, daß bei Zimmertemp. der Bruch des polykristallinen Materials hauptsächlich, aber nicht ganz, interkristallin erfolgt. Zwischen 300 u. 600° ist die Festigkeit der Kristalle in dem polykristallinen Material größer als in Einkristallen. Oberhalb 1000° ist der Bruch nur interkristallin. Eine Verbesserung der Hochtemperaturfestigkeit des gesinterten Korunds erreicht man vielleicht durch Zusatz von Substanzen, die die Eigg. der Kristallgrenzflächen ändern. (Philos. Mag. [7] **46**. 809—11. Juli 1955. Farnborough, Royal Aircraft Establ.) C. GOTTFRIED. 200

A₇. Gleichgewichte. Kinetik.

R. G. H. Prince, *Wechselbeziehung von Gleichgewichtszusammensetzungen in quaternären Systemen mit zwei flüssigen Phasen.* Vf. untersucht die Wechselbeziehungen, die zwischen den Gleichgewichtszuss. der 4 tern. Systeme u. denen des quaternären Syst. von 4 fl. Komponenten bestehen. Vf. beschränkt sich dabei auf Systeme, die bei Extraktionsprozessen vorkommen, vornehmlich solche, in denen eine Komponente mit 2 anderen teilweise, mit der dritten vollständig mischbar ist, wie z. B. Bzl.–CCl_4–Essigsäure–Wasser. Für solche „doppelt bin.-quaternären" Systeme konnten zwei allg. Beziehungen aufgestellt werden, in denen nur Größen der tern. Systeme vorkommen. Zur Beschreibung der quaternären Gleichgewichte benötigt man außerdem nur noch Sättigungsdaten des quaternären Syst., die experimentell leicht zugänglich sind u. in vielen Fällen auch mit guter Näherung durch Interpolation zwischen den tern. Sättigungskurven gewonnen werden können. Vf. weist nach, daß die geometr. Beziehung von BRANKER, HUNTER

u. NASH (J. physic. Chem. **44.** [1940.] 683) nicht allg. anwendbar ist u. nur für „einfach bin.-quaternäre" Systeme gilt, bei denen nur ein Komponentenpaar teilweise mischbar ist, wie z. B. Essigsäure–Chlf.–Aceton–Wasser. (Chem. Engng. Sci. **3.** 175–86. Aug. 1954. Newcastle upon Tyne, Univ. of Durham, King's Coll., Chem. Engng. Dep.)
F. UMLAND. 221

W. I. Anissimow, *Über die Abhängigkeit des Brechungsindex vom spezifischen Gewicht und der Konzentration der Komponenten für binäre flüssige Systeme.* Vf. schlägt eine Formel für die Beziehungen der Werte für Brechungsindex, D. u. Konz. eines bin. fl. Syst. zu den Werten von D. u. Brechungsindex der gleichen reinen Systeme vor. Die berechneten Brechungsindexwerte für 20 bin. Systeme zeigen eine gute Übereinstimmung mit den experimentellen Werten. Die vorgeschlagene Gleichung ist auch auf Systeme anwendbar, deren Brechungswerte Abweichungen von der Additivität aufweisen, darunter auch auf die wss. Lsgg. der Alkoholreihe, für welche in der Literatur die Anwendbarkeit der GLADSTONE-PULFRICH-Gleichung gezeigt wurde. Die Gleichung ermöglicht die Best. der Konz. eines Gemisches aus den Werten von D. u. Brechungsindex. (Журнал Физической Химии [J. physik. Chem.] **27.** 674–88. Mai 1953.)
O. LEBTAG. 221

Vittorio Carassiti, *Beitrag zu einer modernen Entwicklung des Begriffs „Koordination".* 3. Mitt. *Komplexe Nickel(II)-cyanide.* (2. vgl. BONINO, C. **1941.** II. 153.) Nach der Meth. der Molekülbahnen wird unter quantensymm. Gesichtspunkt das Problem der Koordination von 4 CN-Gruppen um ein Skelett aus einem Ni-Atom unter Bldg. des Komplexions $[Ni(CN)_4]^{2-}$ untersucht. Hierbei wird das C-Atom im angeregten Zustand ($1 s^2 2 s 2 p^3$) behandelt u. der tetrakoordinierte Komplex konstruiert, der in tetraedr. Symmetrie nicht stabil ist. Wenn λ^1 koordinierende Bahnen zu den N-Atomen sind u. von außen 3 Elektronen (A_{1g}, E_u) aufgenommen werden u. 1 Elektron abgegeben wird, erhält man 4 koordinierende Bahnen, für die Vervollständigung der Bindungsbahnen sind also 2 Fremdelektronen erforderlich; man gelangt zu tetragonaler ebener Symmetrie in der Gruppe D_{4h}. Dagegen ergibt sich für $[Ni(NH_3)_4]^{2+}$ tetraedr. Symmetrie (Gruppe T_d) mit Abgabe von 2 Elektronen, die auf 2 verschied. nichtkoordinierenden Bahnen des Ni 2 einsame Ladungen hinterlassen. (Gazz. chim. ital. **85.** 944–55. Aug. 1955. Bologna, Univ., Ist. chim G. Ciamician.)
R. K. MÜLLER. 223

George B. Hares, W. Conard Fernelius und **Bodie E. Douglas,** *Gleichgewichtskonstanten für die Komplexbildung von Metallionen mit Polyaminen.* Für einen Vgl. der relativen Stabilität von Komplexen mit Chelatringen von mehr als 5 Gliedern wurden die Bildungskonstanten der Komplexe von Cu^{2+}, Ni^{2+}, Co^{2+} u. Zn^{2+} mit einer Reihe von Polyaminen bei 0, 30 u. 50° bestimmt. Mit *1.4-Diaminobutan, N.N-Dimethyl-1.3-diaminopropan, N-Isopropyl-1.3-diaminopropan* u. *γ-Aminopropylmorpholin* wurden keine Komplexe erhalten, da schon vor einer meßbaren Koordination Ndd. auftraten. *3.3'-Diaminodipropylamin* (**I**), *1.3-Diaminopropan* (**II**) u. *β-Aminoäthylmorpholin* bilden im wesentlichen nur mit Cu stabile Komplexe, während *2.2-Dimethyl-1.3-diaminopropan* (**III**) u. *Histamin* (**IV**) mit allen 4 Metallen Komplexe liefern. Die Werte für $-\Delta F$ bei 30° sind für **I** mit Cu 19,7 (kcal/Mol^{-1}), Ni 12,6 u. Co 9,2; für **II** mit Cu 13,3; für **III** mit Cu 13,8, Ni 19,1, Co 6,8 u. Zn 7 u. für **IV** mit Ni 9,5 u. Co 7,4. Die Werte gelten für ein Verhältnis Ligand : Metall von 1 : 1, es werden aber auch höhere Komplexe gebildet. In allen Fällen sind die 6-gliedrigen Ringe wesentlich weniger stabil als die entsprechenden Fünfringe; 7-gliedrige Ringe werden gar nicht gebildet. Auch Substitution am Stickstoff setzt die Stabilität der Komplexe herab. (J. Amer. chem. Soc. **78.** 1816–18. 5/5. 1956. State College, Pa., Pennsylvania State Univ., Coll. of Chem. and Phys.)
H. MÜLLER. 223

Charles R. Bertsch, W. Conard Fernelius und **B. P. Block,** *Molaritätsquotienten für die Bildung von Komplexen zwischen Cadmiumionen und schwefelhaltigen Aminen.* In ähnlicher Weise, wie kürzlich beschrieben (vgl. GONICK u. Mitarbeiter, C. **1955.** 6716), werden auf Grund von p_H-Messungen die Molaritätsquotienten für die Bldg. von Komplexen zwischen Cd-Ionen u. folgenden S-haltigen Aminen: $CH_3SCH_2CH_2NH_2$, $S(CH_2 \cdot CH_2NH_2)_2$ u. $(-CH_2SCH_2CH_2NH_2)_2$ bestimmt u. die erhaltenen Werte mit den an Cu, Ni, Co u. Zn gefundenen verglichen. Gegenüber dem Zn zeichnen sich die Cd^{2+}-Komplexe mit Polyaminen, die ein heterokoordiniertes Atom enthalten, durch größere Stabilität aus im Gegensatz zur Stabilität bei den entsprechenden Komplexen mit n. Polyaminen. (J. physic. Chem. **60.** 384. März 1956. State College, Pa., Pennsylvania State Univ., Coll. of Chem. and Phys.)
W. NIEMITZ. 223

Wesley W. Wendlandt, *Thermogravimetrische Pyrolyse der Chelate von 8-Oxychinolin und 5.7-Dihalogenoxychinolin mit Scandium, Thorium und Uran(VI).* Vf. untersucht das thermogravimetr. Verh. von 8-Oxychinolin, 5.7-Dichlor- u. 5.7-Dibrom-8-Oxychinolin u. der entsprechenden Chelatkomplexe. Alle drei Metalle bilden Verbb. mit einem zusätzlichen Mol. des Komplexbildners. Nur die Komplexe des Th u. des U(VI) lassen sich davon befreien, ohne daß Zers. derselben eintritt. Beim Verglühen findet die Oxydbldg. zwischen 450 u. 600° statt. (Analytic. Chem. **28.** 499—501. April 1956. Lubbock, Tex., Texas Technol. Coll., Dep. of Chem.) H. MÜLLER. 223

Burl E. Bryant, *Potentiometrische Bestimmung der Bildungskonstanten von Acetylacetonaten durch Austauschreaktion.* Die Bildungskonstanten von *Cu-*, *Be-* u. *UO_2-Acetylacetonat* wurden potentiometr. durch Ersatz des Ni in Ni-Acetylacetonat durch Cu^{2+} bzw. Be^{2+} bzw. UO_2^{2+} bestimmt, indem in 100 ml 50%ig. wss. Dioxanlsg. ca. $1{,}2 \cdot 10^{-3}$ Mol Acetylaceton, $1 \cdot 10^{-3}$ Mol $(CH_3)_4NOH$ u. $5 \cdot 10^{-4}$ Mol $Ni(NO_3)_2$ gelöst u. diese Lsg. mit eingestellter $Cu(NO_3)_2$-Lsg. titriert wurde. Die Bildungskonstanten der Komplexe wurden für Ni^{2+} ($\log k_1 = 6{,}91$; $\log k_2 = 5{,}17$), für Cu^{2+} (9,55; 8,13), für Be^{2+} (9,16; 7,75) u. für UO_2^{2+} (9,32; 7,60) berechnet. (J. physic. Chem. **58.** 573. Juli 1954. State College, Pa., Pennsylvania State Coll., School of Chem. and Phys.) H.-G. MOSLÉ. 223

R. G. Pearson, R. E. Meeker und **F. Basolo,** *Mechanismus der basischen Hydrolyse von Kobalt(III)-Komplexen.* Für den Mechanismus der Rk. zwischen OH^- u. Co(III)-Komplexen mit leicht ersetzbaren Liganden wird im allg. entweder direkte nucleophile Substitution (S_N 2) oder Dissoziation von der konjugierten Phase des komplexen Ions (S_N 1 C B) angenommen. Zur Klärung dieser Frage untersuchten Vff. in Alkali das Verh. von komplexen Ionen mit nichtersetzbaren Protonen: $[Co(CN)_5Br]^{3-}$ u. $[Co(CN)_5J]^{3-}$ hydrolysieren in W. unabhängig vom p_H; für $[Co(py)_4Cl_2]^+$ (I), $[Co(\beta\text{-}pic)_4Cl_2]^+$ u. $[Co(\gamma\text{-}pic)_4Cl_2]^+$ (py = Pyridin, pic = Picolin) werden die Dissoziationskonstanten 1. Art bei 25° u. $p_H = 1-2$ bzw. 9,18 (8,5) angegeben u. mit *trans*-$[Co(en)_2Cl_2]Cl$ (en = Äthylendiamin) verglichen, für I werden ferner Darst., analyt. Zus., Einfl. von Hg^{2+} u. Dissoziation 2. Art besprochen. Erwähnt werden schließlich noch Darst. u. analyt. Zus. des *trans*-$[Co(dipy)_2Cl_2]Cl$ (dipy = Dipyridyl) u. des daraus mit $NaNO_2$ erhaltenen *trans*-$[Co(dipy)_2(NO_2)_2]Cl$, die sich indes beide als für kinet. Unterss. ungeeignet erwiesen. (J. inorg. Nuclear Chem. **1.** 341—42. Okt. 1955. Evanston, Ill., Northwestern Univ., Chem. Dep.) G. RUBAN. 225

I. Prigogine, *Über das Problem der Geschwindigkeit chemischer Reaktionen.* Vf. diskutiert die Möglichkeiten für die Anwendung der Thermodynamik irreversibler Vorgänge auf die Probleme der chem. Kinetik. (Cahiers de Physique **1954.** Nr. 52. 49—58. Nov. Bruxelles, Univ. Libre, Fac. des Sci.) M. SCHENK. 225

R. A. W. Haul, L. H. Stein und **J. W. L. de Villiers,** *Der Austausch von $^{13}CO_2$ zwischen Calcitkristallen und gasförmigem Kohlendioxyd.* (Vgl. C. **1952.** 342.) Calcitproben (100 mg Isländ. Doppelspat bzw. „Witcarb R") bekannter Oberfläche werden im Quarzgefäß in einer CO_2-Atmosphäre mit ca. 15% $^{13}CO_2$ auf Tempp. zwischen 300 u. 800° erhitzt. Dabei wird der CO_2-Druck stets größer als der entsprechende Dissoziationsdruck gehalten. Das Reaktionsgefäß ist direkt mit einem Massenspektrometer verbunden; der Austausch mit dem Kristall wird durch Messung des Absinkens des ^{13}C im CO_2-Gas verfolgt. Da, wie Vff. feststellen, durch Wasserdampf der Austausch gesteigert u. schon bei Raumtemp. deutlicher Austausch beobachtet wird, werden die Verss. unter sorgfältigem Ausschluß von Feuchtigkeit durchgeführt. Die Resultate zeigen einen auf Effekte der Oberfläche u. Korngrenzen zurückzuführenden schnellen Anfangsaustausch, dem ein langsamerer Austausch folgt. Aus der Änderung des prozentualen Austauschs mit der Zeit ermittelte Diffusionskoeff. für 600, 700 u. 800°: 2,37, 10,8 u. $41{,}7 \cdot 10^{-17}$ cm²/sec; daraus ergibt sich für $D_0 = 1{,}81 \cdot 10^{-10}$ cm²/sec; Aktivierungsenergie: 27,7 kcal/Mol (ca. $^2/_3$ der Zersetzungswärme von Calcit). Auf Grund der Versuchsergebnisse wird als Reaktionsmechanismus angenommen: Das CO_3^{2-}-Ion bricht in CO_2 u. O^{2-} auseinander. Ersteres wandert in Lücken benachbarter Netzebenen u. verbindet sich mit einem auf die gleiche Weise entstandenen O^{2-} wieder zu CO_3^{2-}. Dieser Vorgang ist wahrscheinlicher als die Wanderung des größeren CO_3^{2-}-Ions, vor allem, da die Ladungsverteilung im Gitter unverändert bleibt. (Nature [London] **171.** 619—20. 4/4. 1953. Pretoria, S. African Council for Sci. and Ind. Res., Nat. Chem. Res. Labor. u. Nat. Phys. Labor.) H. GEDSCHOLD. 225

Frederick R. Duke und **Frank R. Parchen,** *Die Kinetik des Ce(IV)–Ce(III)-Austausches in Perchlorsäure.* Der Austausch von Ce(IV)–Ce(III), bestimmt unter Verwendung von ^{144}Ce, ist 1. Ordnung in bezug auf Ce(III), 1. u. 2. Ordnung in bezug auf Ce(IV) u. komplexer Ordnung für $[H^+]$. Bei hohen Säurekonzz. wird die Abhängigkeit von Ce(IV) u. $[H^+]$ am besten beschrieben durch Annahme einer Rk. von Ce(III) mit den Teilchen $Ce(OH)_2^{2+}$, $Ce(OH)_3^+$ u. $[CeOCeOH]^{5+}$. Niedrige Werte für $[H^+]$ führen zur Bldg. stärker hydrolysierter Produkte. Innerhalb der Versuchsfehler ist eine katalyt. Beeinflussung des Austausches bei den herrschenden Reaktionsbedingungen auszuschließen. (J. Amer. chem. Soc. **78.** 1540—43. 20/4. 1956. Ames, Io., Iowa State Coll., Inst. for Atom. Res.) H. Müller. 225

K. U. Ingold und **W. A. Bryce**, *Massenspektrometrische Untersuchung der Wasserstoff–Sauerstoff- und der Methyl–Sauerstoff-Reaktion.* Vff. haben mit der früher beschriebenen Versuchsanordnung zum Studium freier Radikale (Ingold u. Lossing, C. **1954.** 3667; Lossing u. Tickner, C. **1953.** 5473) die Rkk. von H_2 u. von CH_3-Radikalen (**I**) aus der therm. Zers. von $Hg(CH_3)_2$ mit O_2 untersucht. Die Reaktionsteilnehmer wurden bei niedrigen Drucken einem He-Gasstrom zugemischt. In der Rk. $H_2 + O_2$ treten die Radikale OH u. HO_2, bei der Rk. zwischen **I** u. O_2 außerdem noch CH_3O, CH_3O_2, CH_2 u. wahrscheinlich CHO auf. Die Stoßausbeute der letzteren Rk. läßt sich roh auf 10^{-3} bis 10^{-4} schätzen. (J. chem. Physics **24.** 360—64. Febr. 1956. Vancouver, B. C., Univ. of Brit. Columbia, Dep. of Chem.) R. Conrad. 225

W. A. Schuschunow und **Ju. N. Baryschnikow**, *Kinetik der Reaktion von Calcium mit Stickstoff.* Die Rk. $3\,Ca + N_2 \rightarrow Ca_3N_2$ erfolgt schon bei 300° relativ rasch. Bis 420° verläuft sie autokatalyt. mit einer Induktionsperiode, deren reziproker Wert dem Anfangsdruck des N_2 proportional ist. Bei konstanter Grenzfläche zwischen der Ausgangsphase u. der neugebildeten Phase folgt die Rk. der Gleichung für Rkk. 1. Ordnung. Aus der Temperaturabhängigkeit der Reaktionsgeschwindigkeit ergibt sich eine Aktivierungsenergie von 23000 cal/Mol. Die Reaktionsgeschwindigkeit zeigt ein Maximum bei 450°, nimmt bei weiterer Temperatursteigerung ab, ist bei 550—600° prakt. gleich Null, erreicht bei 910° ein zweites (höheres) Maximum u. fällt dann rasch wieder ab. Die beiden Maxima werden auf Bldg. u. Zerfall von Zwischenprodd. in topochem. Rk. zurückgeführt. (Журнал Физической Химиии [J. physik. Chem.] **27.** 703—12. Mai 1953. Gorki, Wiss. Forschungsinst. für Chem.) R. K. Müller. 225

N. Ss. Akulow, *Über die Rolle der positiv-negativen Katalyse bei den Erscheinungen der Selbstentzündung von Gasgemischen.* (Vgl. C. **1954.** 4789.) Die bei einem bestimmten Druck reaktionsbeschleunigende, bei einem anderen verzögernde Wrkg. eines festen Katalysators (positiv-negative Katalyse) kann bei Gasgemischen zum Auftreten von 3 Grenzwerten der Selbstentzündung führen, die mit der Konkurrenz von Stößen zwischen 2 u. 3 Moll. in Zusammenhang gebracht werden. Als Beispiel werden die möglichen Rkk. zwischen H_2S u. O_2 bzw. den dabei gebildeten Radikalen HS, O, OH usw. behandelt, die in Reaktionsgleichungen (getrennt nach Rkk. im Raum u. an der Wand) u. Matrize dargestellt werden. Die abgeleitete Gleichung der 3 Grenzwerte enthält 4 empir. Konstanten: $a_0 - a_1c + a_2c^2 - a_3c^3 = 0$; $a_1\,a_2/a_0\,a_3 = \beta/\alpha > 9$ bei kleinen α; für die Best. der Konstanten genügen die Grenzpunkte M u. S der zweiten Phase. (Журнал Физической Химии [J. physik. Chem.] **27.** 771—74. Mai 1953. Moskau, Lomonossow-Univ.) R. K. Müller. 227

A_8. Präparative anorganische Chemie. Komplexchemie. Metallorganische Verbindungen.

F. Seel, *Die Chemie des Stickoxydions NO^+.* Übersicht. — 156 Literaturzitate. (Angew. Chem. **68.** 272—83. 21/4. 1956. Würzburg, Univ., Chem. Inst.) H. W. Levi. 243

T. W. Malkowa, *System Essigsäureanhydrid–Salpetersäure.* Im Syst. $(CH_3CO)_2O$ (**I**)–HNO_3 (**II**) wurde die Viscosität bei 0 u. 10°, D. bei 0° u. der Brechungsindex bei 0° bestimmt. Aus der Abweichung der Atomkonz. von der Additivität geht hervor, daß zwischen **I** u. **II** zwei Gleichgewichtsprozesse verlaufen: bei äquimol. Konzz. Bldg. von Acetylnitrat u. bei höheren **II**-Konzz. Bldg. von N_2O_5 (**III**). In der ersten Phase der Rk. spielt **I** die Rolle einer Base. Die genannten Prozesse verursachen auch Abweichungen der Brechungsisotherme von der Additivität. Aus den Viscositätswerten kann nur auf eine Bldg. von **III** geschlossen werden. Die Bldg. von **III** ist durch ein Maximum auf der Viscositätskurve bei 90 Mol-% **II**, auf dem Brechungsdiagramm durch ein Maximum bei 91 Mol-% **II** gekennzeichnet. Im Gegensatz zu der vielfach vertretenen Ansicht, wonach bei der Rk. zwischen **I** u. **II** zunächst **III** u. dann Acetylnitrat entsteht, sieht Vf. in den Versuchsergebnissen einen Beweis dafür, daß, je nach der Konz. von **I** u. **II**, entweder die umkehrbare Bldg. von Acetylnitrat vorherrscht oder die Bldg. von **III** durch Rk. zwischen **I** u. **II**. (Журнал Общей Химии [J. allg. Chem.] **24** (**86**). 1157—58. Juli 1954. Iwanowo, Chem.-technol. Inst.) O. Lebtag. 243

B. H. van Ruyven, *Erfahrungen bei der Untersuchung des Systems NaCl–Wasser im Zusammenhang mit der Hydratisierung der gebildeten Ionen.* (Vgl. C. **1956.** 4631.) Die Unters. des Syst. NaCl–W. offenbart keine Gründe dafür, daß ein sek. Wassermantel der Ionen vorliegt. Die für das Gleichgewicht zwischen hydratisierten Ionen u. nackten

Ionenpaaren bei 100° gefundene Gleichgewichtskonstante gilt für alle Tempp., für welche Kennwerte zur Verfügung stehen. Die gefundenen Kp.-Erhöhungen u. Gefrierpunktserniedrigungen der untersuchten NaCl-Lsgg. zeigen, daß die Regelwidrigkeit, die die mit verschied. Bestimmungsverff. ermittelten verschied. Ionisierungsgrade darstellen, aufgehoben wird, wenn man von einer bestimmten Ionenhydratisierung ausgeht u. daß die hydratisierten Ionen sich bei Kp.-Erhöhungen u. Gefrierpunktserniedrigungen auf die gleiche Weise wie die Ionenpaare verhalten. (Chem. Weekbl. **51.** 852—56. 26/11. 1955.) W. WESLY. 274

N. M. Ssokolow, *Untersuchung der Liquiduskurve in binären Systemen aus Natriumsalzen mit Natriumnitrat und -rhodanid.* Untersucht wurden die Systeme: *$NaNO_3$* (I)–*NaCNS* (II) u. *Na-Formiat, -Acetat, -Propionat, -Butyrat, -Isobutyrat, -Valerat, -Isovalerat* u. *-Capronat* mit I oder II. Es zeigte sich, daß die Liquiduskurven von I bzw. II in Ggw. der gleichen Fettsäure einander sehr ähnlich sind. Dies spricht dafür, daß in solchen Systemen bei der Kristallisation die gleichen Prozesse vor sich gehen. Bei geringem Paraffinmol. findet keine Komplexbldg. statt. Mit Zunahme der Zahl der C-Atome in den n. Radikalen tritt zunächst eine Komplexbldg. ein, die später verschwindet. Die Salze mit verzweigter Kette im Radikal bilden keine Verbindungen. Die Äste der prim. Kristallisation von Isovalerat, Valerat u. Capronat sind einander sehr ähnlich: mit steigenden I- oder II-Mengen steigt die Schmelzkurve bis zu einem Maximum an u. nimmt dann ab. Dies zeigt, daß eine Bldg. von einseitigen festen Lsgg. hier möglich ist. (Журнал Общей Химии [J. allg. Chem.] **24** (**86**). 1150—56. Juli 1954. Smolensk, Med. Inst.) O. LEBTAG. 274

Claude Pain, Clément Duval und **Jean Lecomte,** *Untersuchung von wasserfreiem, hydratisiertem und deuterisiertem Calciumsulfat mit Hilfe der Thermowaage und des infraroten Absorptionsspektrums.* Zwischen 2100 u. 3600 cm^{-1} wurden die infraroten Absorptionsspektren der folgenden Sulfate untersucht: *Gips* in Lamellenform (I), gepulvert (II), künstliches *$CaSO_4 \cdot 2\,H_2O$* (III), *$CaSO_4 \cdot 2\,D_2O$* (IV), *$CaSO_4 \cdot 1/2\,H_2O$* (V), *$CaSO_4 \cdot 1/2\,D_2O$* (VI), gemischtes Sulfat der Zus. *$CaSO_4 \cdot 1/2\,D_2O \cdot 3/2\,H_2O$* (VII), *wasserfreies $CaSO_4$* (durch Erhitzen des Dihydrates auf 300° [VIII], auf 800° [IX], auf 1005° [X]) u. natürlicher *Anhydrit*. Um definierte Verbb. zu erhalten, wurde **V** aus **III** in der CHEVENARDschen Thermowaage in gesätt. Wasserdampf bei 150° hergestellt. **IV** wurde durch Behandeln von **VIII** mittels 99%ig. schwerem W. dargestellt, **VI** analog wie **V** aus **IV**. **VII** wurde aus **VI** durch Zugabe von dest. leichtem W. erhalten. Die beobachteten Maxima treten in 2 Hauptabsorptionsgebieten A u. B auf. Im Gebiet B zeigten auch die „wasserfreien" Verbb. die Banden des gewöhnlichen W., die Verbb. **IV** u. **VI** auch die Banden des leichten Wassers. Die für H_2O u. D_2O charakterist. starken Banden des Gebietes B liegen nicht an der gleichen Stelle, je nachdem es sich einerseits um Verbb. mit 2 H_2O oder 2 D_2O oder anderseits um Verbb. mit 1/2 H_2O oder 1/2 D_2O handelt. In der Verb. **VII** nähern sich die relativen Maxima von H_2O u. von D_2O den charakterist. Lagen des Dihydrates u. des Dideuterisates. Im Gebiet A treten zum größten Teil die charakterist. Banden der Gruppe SO_4 auf. Die beobachteten Werte beider Gebiete sind tabellar. zusammengestellt. (C. R. hebd. Séances Acad. Sci. **237.** 238—40. 20/7. 1953.) C. GOTTFRIED. 283

Honoré Thibon und **Edouard Calvet,** *Thermokinetik der Wiederbewässerung der Zersetzungsprodukte des Hydrargillits.* Mikrocalorimetr. wurde bei 10, 25 u. 35° die Hydratisierung von $Al_2O_3 \cdot 0{,}47\,H_2O$ untersucht, das durch Erhitzen im Hochvakuum auf 205° während 20 Std. aus Hydrargillit erhalten worden war. Das Pulverdiagramm des entwässerten Prod. zeigte nur schwach eine meßbare Interferenz, entsprechend ca. 1,40 Å. Die Unters. der registrierten Kurven ergab, daß in allen 3 Fällen nach ca. 1 Std. ein exothermer Effekt auftritt, dessen Lage wenig von der Temp. abhängig ist. Auf diesen ersten Effekt folgt ein zweiter exothermer Effekt, dessen Geschwindigkeit sich stark mit der Temp. ändert: so tritt der Effekt bei 35° nach 3 Std., bei 25° schwächer nach 14 Std. auf, während er bei 10° nach 24 Std. noch nicht beobachtet werden konnte. Die Pulveraufnahmen ergaben, daß das Endprod. bei 10° nur wenig geregelte wasserfreie Tonerde u. eine amorphe Substanz enthielt, während die Endprodd. bei 25 u. 35° aus einem Gemisch von Bayerit u. wasserfreiem Al_2O_3 bestanden. Durch Integration der Kurven ergab sich, daß der erste therm. Effekt relativ schwach ist, u. zwar 15—16 cal pro g Al_2O_3. Bei 35° entspricht der zweite therm. Effekt einer Wärmefreimachung von ca. 130 cal pro g Al_2O_3. Es handelt sich bei diesem Effekt um eine chem. Rk., bei der *Bayerit* entsteht. (C. R. hebd. Séances Acad. Sci. **239.** 1133—35. 3/11. 1954.) C. GOTTFRIED. 294

Boris Imelik, *Die Wiederbewässerung der Tonerden und ihre Bedeutung für die Deutung der Adsorptionsisothermen des Wassers.* Vf. untersuchte die Wiederbewässerung von Al_2O_3, das auf Tempp. von 400—900° erhitzt worden war. In einer ersten Versuchsreihe wurden Suspensionen von Al_2O_3 in W. auf Tempp. von 37 oder 80° erwärmt. In diesen Fällen geht die Hydratation relativ schnell vor sich; die Struktur des Hydrates hängt von der Versuchstemp. ab. So wurden röntgenograph. bei einem auf 400° erhitzten u. in W. auf 37° erwärmten Al_2O_3 nach 3 Tagen sehr starke Interferenzen von *Hydrargillit* erhalten. Bei Erwärmung desselben Oxyds auf 80° könnte röntgenograph. *Böhmit* festgestellt werden. Ein auf 900° erhitztes Al_2O_3 zeigte je nach der Versuchstemp. nach einer Woche das Auftreten von Hydrargillit oder Böhmit. In einer zweiten Versuchsreihe wurden die Tonerden in geschlossenem Gefäß gesätt. Wasserdampf bei 37° ausgesetzt. Gegenüber der ersten Versuchsreihe verläuft in diesem Fall die Hydratation sehr viel langsamer. Die Versuchsergebnisse sind tabellar. zusammengestellt. Hier hängt die Geschwindigkeit der Hydratation sowie die Menge umgewandelten Oxydes stark von der Temp. ab, auf die Al_2O_3 zuvor erhitzt worden war. Es wird darauf hingewiesen, daß bei längerem Verweilen des Oxydes in dem Wasserdampf die Diagramme von α-Al_2O_3 u. der Hydrate zunehmend schärfer werden. (C. R. hebd. Séances Acad. Sci. **233.** 1284 bis 1286. 19/11. 1951.) C. Gottfried. 294

P. P. Budnikow und **M. I. Chigerowitsch,** *Über den Chemismus einer hydrothermalen Reaktion zwischen Ton und Kalk.* Die Berechnung der mittleren Reaktionsgeschwindigkeit zwischen Ton u. Kalk ergab bei 25° K = 0,00821 u. bei 100° K = 0,2236. Der Temperaturkoeff. der Geschwindigkeitskonstante betrug 1,55. Zwecks Beschleunigung der Rk. ist bei genügendem Feuchtigkeitsgeh. des Syst. eine bedeutende Erhöhung der Temp. erforderlich. Dazu wird der Ton u. Kalk in der Praxis mit Sattdampf von 7—8 atü, d. h. bei ca. 175°, im Autoklaven behandelt. Die Anwendung noch höherer Drucke u. Tempp. würde zu einer weiteren Intensivierung der Behandlung von Ton mit Kalk beitragen. (Доклады Академии Наук СССР [Ber. Akad. Wiss. UdSSR] [N. S.] **96.** 141—42. 1/5. 1954.) E. v. Pezold. 294

W. A. Gladuschtschenko und **A. G. Bergman,** *Komplexbildung und Austauschzersetzung in einem reziproken System aus Fluoriden und Sulfaten des Bleis und Natriums.* Die Oberfläche der Liquiduslinie eines reziproken Syst. Na, Pb || F, SO_4 setzt sich aus 7 Kristallisationsfeldern zusammen, von denen 4 auf die Komponenten entfallen u. 3 auf die Verbb.: $Na_2F_2 \cdot 2\,Na_2SO_4$, $Na_2SO_4 \cdot 2\,PbSO_4$ u. auf die 3fache Heteroverb. der angenommenen Zus.: $PbF_2 \cdot 3\,NaF \cdot 2\,PbSO_4$. Die Doppelverb. $Na_2F_2 \cdot 2\,Na_2SO_4$ erwies sich innerhalb des Syst. als durchaus beständig u. ihre Phase gehörte zum Bestand des 3fachen eutekt. Punktes E_{III} 410°. Ferner wurden die Grenzen des inneren Feldes bestimmt, das einer in der Soliduslinie des Doppelsyst. Na_2SO_4–$PbSO_4$ entstehenden Verb. der Zus. $Na_2SO_4 \cdot 2\,PbSO_4$ entspricht. Außerdem wurde ein 2. inneres Feld gezeigt, das einer 3fachen Heteroverb. entspricht, die vermutlich folgende Zus. hat: $PbF_2 \cdot 3\,NaF \cdot 2\,PbSO_4$. Das Quadrat des reziproken Syst. wird durch netzbildende Sekanten in 6 Phasendreiecke aufgeteilt. Jedem von ihnen entspricht ein 3facher, nichtvarianter Punkt: P_I 524°, P_{II} 420°, E_{III} 410°, E_{IV} 440°, E_V 490° u. Q 470°. Das reziproke Syst. Na, Pb || F, SO_4 ist ein prakt. Beispiel eines adiagonalen Syst. mit einem inneren Feld. (Журнал Общей Химии [J. allg. Chem.] **25** **(87).** 1651—58. Sept. 1955. Nowotscherkask, Polytechn. Inst.) A. v. Kotzebue. 328

André Boullé, Robert Jary und **Marthe Dominé-Bergès,** *Über die Oxyde des Urans mit verschiedener Zusammensetzung.* Ausgehend von den Unterss. von Faivre u. Chaudron (vgl. C. **1948.** II. 812), welche die Existenz homogener Phasen variabler Zus., wie $UO_2 \rightarrow UO_{2,33}$ (U_3O_7) angenommen hatten, stellten Vff. Pulverdiagramme von Verbb. her, die von 185—290° abgeschreckt waren, in welchen U_3O_7 als definierte Verb. auf Grund thermogravimetr. Messungen auftreten sollte. Es wurde beobachtet, daß man bei tiefer Temp. das Diagramm des kub. flächenzentrierten UO_2 erhält. Mit steigender Temp. verbreitern sich die Interferenzen u. man erhält Dublette, die für eine Pseudosymmetrie charakterist. sind. Danach kann man dem U_3O_7 eine tetragonale Struktur zuerteilen, die sich aus der Pseudosymmetrie eines flächenzentriert kub. Gitters herleiten läßt. Erhitzt man U_3O_7 im Vakuum auf bis zu 600° ansteigende Tempp., so erhält man UO_2 u. bei genügend langem Erhitzen eine neue Phase U_3O_8, die sich in dem Oxydgemisch allmählich anreichert. Aus dem Pulverdiagramm ist ersichtlich, daß diese Phase in dem Gemisch in beträchtlicher Menge vorhanden ist. Als Grenzen der Existenzbereiche der Gemische U_3O_7–U_3O_8 werden die Zuss. $UO_{2,33}$ u. $UO_{2,67}$ angenommen. Von verschied. Seiten wurde die untere Grenze des Existenzbereiches von U_3O_8 röntgenograph. an Prodd. untersucht, die bei der Red. von U_3O_8 durch H_2 bei 330° erhalten worden waren. Vff. haben jedoch festgestellt, daß zur Verfolgung der Rk. nur der Verbrauch an H_2 geeignet ist. Das beobachtete verbrauchte Vol. H_2 entsprach einer Red. zu UO_2; das auf diese Weise erhaltene Prod. reoxydiert sich jedoch sofort an der Luft, so daß eine gravimetr. Unters. des Endprod. keinen Sinn hat. Es wird noch mitgeteilt, daß in keinem Fall ein Zwischenprod. der Zus. U_2O_5 auftritt. Aus dem Spektr. des U_3O_8 muß auf eine rhomb. Struktur der Verb. geschlossen werden. (C. R. hebd. Séances Acad. Sci. **233.** 1281—84. 19/11. 1951.) C. GOTTFRIED. 339

R. E. Connick, L. G. Hepler, Z. Z. Hugus jr., J. W. Kury, W. M. Latimer und **Maak-Sang Tsao,** *Die Komplexbildung von Eisen(III) mit Fluoridionen in wässeriger Lösung: Freie Energien, Entropien und Enthalpien.* Das Potential des Fe(II)-Fe(III)-Halbelementes als Funktion der Fluoridkonz. wird bei 15, 25 u. 35° gemessen. Die Gleichgewichtskonstanten, die freie Energie u. die Änderungen von Enthalpie u. Entropie werden für eine Ionenstärke von $\mu = 0{,}5$ berechnet. Es ist für die Rkk.: $Fe^{3+} + HF \rightleftharpoons FeF^{2+} + H^+$ $\Delta F_{298} = -3{,}09$ u. $\Delta H = -0{,}65$ (kcal·Mol^{-1}); $FeF^{2+} + HF \rightleftharpoons FeF_2^+ + H^+$ $\Delta F = -1{,}38$ u. $\Delta H = -1{,}2$; $FeF_2^+ + HF \rightleftharpoons FeF_3 + H^+$ $\Delta F \sim 0{,}0$. (J. Amer. chem. Soc. **78.** 1827—29. 5/5. 1956. Berkeley, Calif., Univ. of California.) H. MÜLLER. 354

Ursula M. Martius, *Anfangsstufen der Nickeloxydation.* (Sitzungsbericht.) (Physic. Rev. [2] **99.** 1635. 1/9. 1955. Ontario Res. Found.) R. LEVI. 356

J. Pouradier, A. M. Venet und **H. Chateau,** *Einfluß der Temperatur auf die Stabilität von Bromsilberkomplexen.* Wie Vff. in einer früheren Arbeit (CHATEAU u. POURADIER, Sci. Ind. photogr. [2] **23.** [1952.] 225) dargelegt haben, beruht die Löslichkeit der Ag-Salze in alkal. Bromidlsgg. bei 24° auf der Bldg. der beiden Komplexe $(AgBr_3)^{2-}$ u. $(AgBr_5)^{4-}$. In der vorliegenden Arbeit haben Vff. ihre Unterss. auf den Temperaturbereich von 20—70° ausgedehnt. Diese Komplexe sind auch bei erhöhten Tempp. stabil. Eine Verb. mit mehr als 5 Br-Atomen konnte nicht festgestellt werden, dagegen ist in verd. KBr-Lsgg. die Existenz einer Bromsilberverb. mit weniger als 3 Br-Atomen wahrscheinlich. Die Temperaturabhängigkeit der Dissoziationskonstanten der beiden Komplexe ist gegeben durch die Gleichungen $\log K_{3-1} = -2767/T + 0{,}424$, $\log K_{5-1} = -4450/T + 5{,}840$. Für denselben Temperaturbereich wurden das Normalpotential der Ag-Elektrode zu $E^{Ag}_{0,t} = 7{,}76 \cdot 10^{-7}\,(t-25)^2 + 8{,}99 \cdot 10^{-9}\,(t-25)^3$ errechnet u. das Löslichkeitsprod. von AgBr bestimmt zu $\ln K_{AgBr} = F/RT\,(-0{,}72826 + 5{,}008 \cdot 10^{-4}\,(t-25) - 2{,}197 \cdot 10^{-6}\,(t-25)^2 - 8{,}99 \cdot 10^{-9}\,(t-25)^3$. Für die Dissoziationswärmen der beiden Komplexe gelangen Vff. zu folgenden Werten: $Q_{3-1} = -12{,}600$ cal, $Q_{5-1} = -20{,}400$ cal. Ausgehend von den Dissoziationskonstanten von $(AgBr_3)^{2-}$ u. $(AgBr_5)^{4-}$ u. dem Löslichkeitsprod. von AgBr kann die Löslichkeit s von Ag in alkal. Bromidlsgg. errechnet werden: $s = K_{AgBr}(Br^-)^2[1/K_{3-1} + (Br^-)^2/K_{5-1}]1/\gamma_{Br}$; γ_{Br} = Aktivitätskoeff. von Br. Bei KBr-Konzz. zwischen 0,3 u. 4,7 molal ist die Übereinstimmung zwischen berechneten u. gemessenen Werten für s befriedigend. — Der Einfl. der Änderung des Löslichkeitsprod. von AgBr u. der Dissoziationskonstanten von $(AgBr_5)^{4-}$ kompensieren sich fast völlig, so daß sich die Löslichkeit der Ag-Salze im Bereich der KBr-Konzz., bei denen der Komplex ausfällt, nur wenig mit der Temp. ändert. (J. Chim. physique Physico-Chim. biol. **51.** 375—84. Juli/Aug. 1954. Vincennes, Soc. Kodak-Pathé, Labor.) S. LANZ. 359

E. De Hovre, *Das Palladium.* Überblick über Vork. in der Natur, die wichtigsten chem., physikal. u. mechan. Eigg. des Metalls, seine Gewinnung u. industrielle Anwendung. (Ing. Chimiste [Bruxelles] **35.** 76—82. Juni 1953. Bruxelles.) W. KUPFER. 365

A_9. Mineralogische und geologische Chemie.

A. A. Beuss und **Ss. N. Fedortschuk,** *Über den Berylliumgehalt der Granitpegmatite.* Aus der vergleichenden Unters. über den Be-Geh. in *Pegmatiten* (**I**) mit einem Geh. an Be-Mineralien, in den **I**, die keine Mineralien der Seltenen Erden enthalten, u. in **I**, die Mineralien der Seltenen Erden enthalten, u. in **I**, die Mineralien der Seltenen Erden, jedoch keine Be-Mineralien enthalten, ergibt sich ein mittlerer Be-Geh. der **I** von 0,0020 Gew.-%. (Доклады Академии Наук СССР [Ber. Akad. Wiss. UdSSR] **104.** 108—11. 1/9. 1955. Labor. für Mineral. u. Geochem. der Seltenen Elemente der Akad. der Wiss. der UdSSR.) O. LEBTAG. 378

A. L. Sagjanski, *Über die geochemischen Besonderheiten der Verteilung des Zinks in Eisenerzen.* Auf ihren Zn-Geh. wurden 4 Eisenerzproben aus Westsibirien u. 2 Proben vom Ural untersucht. Wichtigste Erzmineralien der Sulfid-*Magnetit* (**I**)-Erze Westsibiriens sind: **I**, *Pyrrhotin* (**II**), *Marmatit* (**III**) u. *Pyrit* (**IV**). Am Ural sind es **IV** u. *Chalkopyrit.* **II** u. **III** kommen hier weniger vor. Der Zn-Geh. beträgt im Erz (in %) 0,2—2,60, im Sulfat 0,02—0,04, im Sulfid 0,12—2,30, im Silicat 0,02—0,13, in **I** 0,08 bis 0,28. Dem höchsten Zn-Geh. in der Probe entspricht die höchste Konz. in **I**. Dies hängt mit den genet. Besonderheiten der Zn-Konz. in den Sulfidgesteinen zusammen, die älter sind als **I**. Bei der Flotation des bis 0,07 mm zerkleinerten Eisenerzes aus

Westsibirien verbleiben im Konzentrat nach der magnet. Scheidung der Erze mit 2,2% Zn 0,26% Zn. Bei der Flotation des bis 200 Maschen zerkleinerten Erzes mit 1,5% Zn erreicht der Zn-Geh. des Konzentrates mindestens 0,1—0,15%. Hierin ist eine Bestätigung für die relativ hohe Zn-Konz. in den Sulfid-I-Erzen zu sehen. Wahrscheinlich liegt Zn hier als Ferrit vor, das neben Zn-Silicaten das Hochofenschmelzen der Zn-haltigen Eisenerze stark behindert. (Доклады Академии Наук СССР [Ber. Akad. Wiss. UdSSR] [N. S.] **99.** 285—87. 11/11. 1954. Moskau, Stalin-Inst. für Stahl.) O. LEBTAG. 378

R. Coulomb, *Verteilung der radioaktiven Elemente der Uran–Radium-Familie in den natürlichen Wässern.* Vf. bringt eine Reihe von U-Analysen von Wässern aus einer in Ausbeutung befindlichen U-Lagerstätte sowie von Wässern aus der weiteren Umgebung dieser Lagerstätte. Um eine Erklärung für die beobachtete große Streuung der gefunden U-Werte zu finden, untersuchte Vf. im Labor. eine Pyritpechblende mit 20% U aus dieser Lagerstätte. Zu diesem Zweck wurden 10 g Mineral auf Glaswolle in einem Filter mit W. begossen u. der U-Geh. dieses Waschwassers bestimmt; er betrug 71 mg U. Das Mineral wurde 10 Tage feucht gehalten u. auf gleiche Weise behandelt: gefunden 23 mg U, nach 15 Tagen 28 mg u. nach weiteren 10 Tagen 20 mg U. Die Probe wurde nun in 2 Teile geteilt, der eine Teil der Luft ausgesetzt, der andere Teil in einem Rohr mit feuchtem O_2 behandelt. Auswaschen des ersten Teils lieferte 1,2 mg U, des zweiten Teils 25 mg U. Aus diesen Ergebnissen ist zu ersehen, daß sich die Bldg. lösl. Prodd. fortgesetzt hat u. durch die Behandlung mit O_2 stark begünstigt worden ist. Der Grund hierfür ist Bldg. von H_2SO_4 aus dem Pyrit, die das Uranmineral angreift, wobei das leichtlösl. Uransulfat gebildet u. weggeführt wird. Das Mineral ist zunächst im Gleichgewicht; dieses Gleichgewicht wird aber in dem Augenblick gestört, wo chem. Angriff erfolgt, d. h. die unlösl. Sulfate bleiben am Bildungsort, die lösl. dagegen werden fortgeführt. Es kann daher bei Prospektionen auf radioakt. Elemente leicht vorkommen, daß die Radioaktivität in dem Gebiet beträchtlich ist, daß aber U überhaupt nicht mehr vorhanden ist. (Bull. Soc. franç. Minéralog. Cristallogr. **78.** 89—96. Jan./März 1955. Châtillon, Labor. de Minéral. du C. E. A.) C. GOTTFRIED. 378

Roy W. Drier, *Arsen und gediegenes Kupfer.* Anschliffe von gediegenem Cu wurden mit salzsaurer $FeCl_3$-Lsg. angeätzt. Dadurch traten die As-haltigen (bis 0,5% As) Partien schwarz hervor. As-haltiges Cu ist im Michigan-Kupfer-Distrikt sehr verbreitet. (Econ. Geol. **49.** 908—11. Dez. 1954. Houghton, Mich., Coll. Min. Technol.) W. BAUR. 380

J. M. Cotelo Neiva, A. Rimsky und **A. Sandréa,** *Über eine Varietät von zinnhaltigem Gahnit von Cabanas (Portugal).* Vff. untersuchten ein in braungelblichen Oktaedern vorkommendes Mineral in dem Kassiteritvork. von Cabanas, das äußerlich Pyrochlor oder Koppit gleicht. Die Oktaeder ähneln denen von Diamantkristallen; photometr. wurde eine Globalabsorption von ca. $^1/_3$ mit einem Transmissionsmaximum von 6/7 für Gelb gemessen. Die D. ist 4,47, der Brechungsindex 1,81 $\pm$0,003. In dünnen Schichten sind die Kristalle durchsichtig, ziemlich trübe u. enthalten selten auch Einschlüsse von Quarz. Die Doppelbrechung ist homogen von der Größenordnung 0,004—0,005. Auf dem FEDEROW-Tisch zeigt ein Schnitt, der unter 17° W gegen die (1 1 1)-Ebenen geneigt ist, eine einachsige Figur mit negativem Vorzeichen. Die Dispersion ist Null, die Auslöschung vollkommen bei einer Drehung des Tisches von 25—30°. Die chem. Analyse ergab folgende Werte: Al_2O_3 45(%), ZnO 32, SnO_2 13,5, Fe_2O_3 3, MgO 2, MnO 0,1, CaO 0,47, SiO_2 3. Das Pulverdiagramm stimmt fast vollkommen mit dem eines Gahnits überein; einige beobachtete Reflexe sind jedoch für eine Spinellstruktur verboten. Die chem. Analyse u. die Röntgenbeobachtungen ergeben in dem Gitter für den elektrostat. Ausgleich ein Fehlen von 13 O-Atomen. Es handelt sich um einen anomalen, Sn-haltigen Spinell, bedingt durch eine Überstruktur, der sich nicht im elektrostat. Gleichgewicht befindet u. opt. Anomalien hat. Die Überstruktur konnte durch eine Drehaufnahme um [1 0 0] bestätigt werden, durch die auch die für die Spinelle verbotenen Interferenzen erklärt werden. Vgl. mit einem Nigerit ergab, daß man das Mineral als ein Zwischenglied zwischen einem Gahnit u. einem Nigerit ansprechen muß. (Bull. Soc. franç. Minérolog. Cristallogr. **78.** 97—105. Jan./März 1955. Coïmbra, Univ., Labor. de Géol.; Paris, Sorbonne, Labor. de Minéral. et Muséum, Labor. de Minéral.) C. GOTTFRIED. 380

A. Schoep, W. Borchert und **K. Kohler,** *Der Likasit $Cu_{12}(OH)_{14}(NO_3)_4(PO_4)_2$ ein neues Mineral.* Vff. beschreiben ein neues Mineral, Likasit, das, aufgewachsen auf Cuprit, in der Kupferlagerstätte von Likasi, Belg. Kongo, vorkommt. Zusammen mit Likasit treten noch auf: gediegenes *Ag*, gediegenes *Cu*, *Buttgenbachit* u. *Brochantit.* Die Kristalle haben die Form kleiner rechteckiger, nach (0 0 1) abgeflachter Tafeln. Sie sind rhomb. mit (0 0 1) vorherrschend. Vollkommen spaltbar nach (0 0 1). Drehkristalldiagramme ergaben die Dimensionen a = 5,79, b = 6,72, c = 21,65 Å; a:b:c = 0,862:1:3, 222. Raumgruppe ist D_{2h}^9 — Pcma; Z = 1; D. 2,96—2,98. Die chem. Analyse ergab die folgenden Werte: Cu^{2+} 55,54(%); OH^- 16,50; NO_3^- 15,06; PO_4^{3-} 14,56. In einem Spaltblättchen konnten 2 Brechungsindices bestimmt werden: 1,61 parallel der a-Achse u. 1,69 parallel der b-Achse. Die Blättchen sind durchsichtig u. schön himmelblau; ihr Pleochroismus ist blaugrünlich parallel der a-Achse u. blauviolett parallel der b-Achse. Die Ebene der opt. Achsen ist parallel (0 0 1). (Bull. Soc. franç. Minéralog. Cristallogr. **78.** 84—88. Jan./März 1955. Gand, Univ.; München, TH.) C. Gottfried. 380

A. K. Banerji, *Über einen Disthen-Pegmatit bei Ghagidih, Singhbhum Dt., Bihar.* Der Pegmatitgang auf einer Verwerfungsebene im Quarzit ist magmat. Ursprungs. Auf die pegmatit. Phase mit *Disthen–Staurolith*-Mineralisation folgte eine pneumatolyt. Phase, in der *Topas, Turmalin* u. *Dumortierit* auf Kosten des Disthens gebildet wurden. Den Abschluß bildete eine hydrothermale Phase, in der *Muskovit* u. *Chlorit* die vorher gebildeten Mineralien teilweise verdrängten. *Rutil* läuft durch. (Sci. and Cult. **20.** 241—42. Nov. 1954. Calcutta, Presidency Coll., Dep. of Geol.) W. Baur. 380

B. M. Michailow, *Mineralogisch-petrographische Charakteristik der Verwitterungsrinde nach den Tonen der Tschegan-Stufe im nordöstlichen Teil der Turgai-Senke.* Wichtigstes gesteinsbildendes Mineral der untersuchten Tone ist der *Beidellit*, der in der Verwitterungszone durch *Kaolinit* ersetzt wird. Außerdem kommt ein weiteres Mineral vor, vermutlich *Montmorillonit.* Aus der eingehenden Unters. der endo- u. exothermen Effekte der in den verschied. Verwitterungszonen entnommenen Tonproben wird geschlossen, daß an einigen Stellen der Turgai-Senke zu dem Zeitpunkt, da der maritime Paläogen-Ton an die Oberfläche trat, solche Bedingungen eintraten, welche eine tiefgehende chem. Zers. des Gesteins begünstigten. Die Verwitterung führte zur Bldg. von Kaolinit. (Доклады Академии Наук СССР [Ber. Akad. Wiss. UdSSR] [N. S.] **98.** 645—47. 1/10. 1954. Allunions Wiss. Geol. Forschungsinst.) O. Lebtag. 382

W. A. Wachruschew, *Morphologische Besonderheiten einiger accessorischer Mineralien von Eruptivgesteinen und ihre Bedeutung für die Petrographie der Sedimentgesteine.* Alle untersuchten Granite, Adamellite, Gabbrodiorite u. Syenite aus der Gegend von Nowosibirsk, Temir-Tau u. Schalym enthalten neben regelmäßigen Kristallen oder stark xenomorphen Körnern von *Zirkon, Apatit* u. *Sphen* auch solche accessor. Mineralien, die in ihren abgerundeten Formen an die abgeschliffenen Körner von Sedimenten erinnern. (Доклады Академии Наук СССР [Ber. Akad. Wiss. UdSSR] [N. S.] **98.** 641—43. 1/10. 1954. Westsibir. Zweigstelle der Akad. der Wiss. der UdSSR.) O. Lebtag. 385

W. A. Wachramejewa, *Über die Genesis von Glauberit der Salzablagerungen der Kara-Bogas-Gol-Bucht.* Auf Grund des vorliegenden Materials wird gefolgert, daß die Betrachtung von *Glauberit* (I) als ausschließlich sek. Prod. der Rk. zwischen Sulfatsalzlaugen oder *Mirabilit* u. dem früher ausgefällten *Gips* unhaltbar ist. Für die I-Bldg. kommen in Frage: 1. Jahreszeitliche Bldg. von I-Kristallen aus der Salzsole der alten Kara-Bogas-Gol-Bucht; 2. Wachstum der I-Kristalle aus den Lsgg. in den Hohlräumen der I-Gesteine; 3. Bldg. der I-Kristalle aus Lsgg., welche die Bodenablagerungen durchtränken. (Доклады Академии Наук СССР [Ber. Akad. Wiss. UdSSR] [N. S.] **99.** 281—84. 11/11. 1954. Allunions Wiss. Inst. für Halurgie.) O. Lebtag. 393

N. T. Schabarowa, *Die organische Substanz der Meeresablagerungen.* Auf Grund des Literaturmaterials (22 Literaturangaben) kommt Vf. zum Ergebnis, daß die organ. Substanz der Meeresablagerungen in der Hauptsache aus *Bitumen*, veränderten *Eiweißstoffen* u. ihren Zerfallsprodd. besteht. Als Zwischenprodd. treten organ. Salze auf. Daneben sind noch die *Lignin–Humin-Stoffe* (unlösl. Teil) von Wichtigkeit. Die Ggw. von lebenden Bakterien in den Meeressedimenten macht das Vorliegen von Bakterieneiweiß in den Bodenablagerungen wahrscheinlich. (Успехи Современной Биологии [Fortschr. gegenwärt. Biol.] **37.** 203—08. März/April 1954.) O. Lebtag. 393

Je. D. Saitzewa, *Über die vertikale Verteilung biogener Elemente in den Grundwassern des Beringmeeres.* (Vgl. C. **1955.** 9522.) Alkalität u. Geh. an NH_4–N nehmen mit zunehmender Tiefe des Grundwassers zu, weniger stark der Geh. an Phosphat. Bei Si ist keine gesetzmäßige Zunahme mit der Tiefe zu beobachten. Je höher der Geh. an organ. Substanz in der festen Phase der Ablagerungen, desto höher ist der Geh. an biogenen Elementen in der Grundlösung. Die Zers. der organ. Substanz ist in den ersten 16 m der Ablagerungen nicht beendet, sondern verläuft mit allmählich abklingender Geschwindigkeit auch in der Tiefe. (Доклады Академии Наук СССР [Ber. Akad. Wiss. UdSSR] [N. S.] **99.** 289—91. 11/11. 1954. Inst. für Ozeanologie der Akad. der Wiss. der UdSSR.) O. Lebtag. 393

B. Allgemeine und theoretische organische Chemie.

R. D. Brown, *Die Berechnung der Atomselbstpolarisierbarkeiten und ähnlicher Größen in der Molekülzustandstheorie.* Vf. leitet für die Berechnung der π-Elektronendichte q_μ u. der Atomselbstpolarisierbarkeiten $\pi_{\mu\mu}$ in Anlehnung an COULSON u. LONGUET-HIGGINS (vgl. C. **1947.** E. 339) zwei Formeln ab: $q_\mu = \sum_j \nu_j [D_{\mu\mu}(x_j)/D'(x_j)]$ u. $\pi_{\mu\mu} = 1/\beta \sum_j \nu_j [D_{\mu\mu}(x_j)/\{D'(x_j)\}^3][D_{\mu\mu}(x_j) D''(x_j) - 2D'(x_j) D'_{\mu\mu}(x_j)]$, worin D(x) aus der Säkulardeterminanten des untersuchten Mol. durch Division durch β u. Substitution $(\alpha - e)/\beta = x$ folgt, $D' = dD/dx$, u. $D_{\mu\mu}$ durch Weglassen der Reihe μ u. der Zeile μ in D(x) erhalten wird. Die vorst. Gleichungen haben den Vorteil, daß sie die mit einer numer. Integration im allg. verbundene Unsicherheit vermeiden, u. daß es bei ihrer Lösung unwesentlich ist, ob irgendwelche besetzte oder unbesetzte Zustände mit positiven bzw. negativen Werten x_j vorhanden sind. (J. chem. Soc. [London] **1956.** 767—69. März. Carlton, Victoria, Univ. of Melbourne, Dep. of Chem.) K. FRENKLER. B 10

Gaston Berthier, *Berechnung bestimmter, für die theoretische Untersuchung aromatischer Kohlenwasserstoffe nützlicher Integrale.* Die Unters. der Elektronenstruktur aromat. KW-stoffe nach der MO-Meth. erfordert die Einführung u. die Lsg. von Überlappungsintegralen vom COULOMB- u. Resonanztyp. Es wird eine Tabelle gegeben, in der die Werte dieser Integrale als eine Funktion des Parameters ϱ enthalten sind. ϱ selbst gibt den Abstand zwischen zwei C-Atomen A u. B wieder. Es zeigt sich, daß für Werte von $\varrho = 10$ u. höher die Übereinstimmung zwischen dieser Meth. u. der SKLARschen Formel [1939] abnimmt. (J. Chim. physique Physico-Chim. biol. **50.** 194. März 1953. Paris, Inst. du Radium.) H. SURAWSKI. B 10

S. L. Emerman und **J. Meinwald,** *Das Ultraviolettabsorptionsspektrum von Cyclohexadien-(1.4)-carbonsäure-(1), eines Zwischenprodukts bei der Darstellung von Cyclohexadien-(1.4)-ylmethylketon.* Vff. untersuchten das UV-Spektr. von *Cyclohexadien-(1.4)-carbonsäure-(1)* (I). Das unkonjugierte I besitzt gegenüber der Cyclohexen-(1)-carbonsäure-(1) eine Maximumsverschiebung von +23 mμ, in gleicher Richtung, aber größer, als sie bei den entsprechenden Methylketonen (+ 13 mμ) auftritt. — *Cyclohexadien-(1.4)-carbonsäure-(1)* (I), $C_7H_8O_2$, F. 121—122° (Heptan), aus 7,5 g Propiolsäure u. 9,0 g Butadien im Pyrexrohr, 39 Std. bei 54°; [λ_{max}] 235 [mμ] ([ε] 2,500); 6,0 g (Ausbeute). — *Cyclohexadien-(1.4)-ylmethylketon,* Kp.$_6$ 71,5° aus 5,5 g I u. 2 Äquivalenten CH_3Li in Ae., n_D^{20} 1,5126, 245 (4,450); 4,7 g. — *trans-4.5-Dibromcyclohexen-(1)-carbonsäure-(1)*, $C_7H_8O_2Br_2$, F. 152—154° (CCl_4), aus I u. Br_2 in CCl_4; 212 (10,000). (J. org. Chemistry **21.** 375. März 1956. Ithaca, N. Y., Cornell Univ., Dep. of Chem.) M.-L. KLAAR. B 118

P. W. Sadler, *Absorptionsspektren von Indigofarbstoffen.* Vf. bestimmte die Absorptionsspektren von *Indigo* (I) in verschied. Lösungsmitteln, sowie von dessen 4.4'-; 5.5'-; 6.6'- u. 7.7'-disubstituierten Derivaten. Das Spektr. des I zeigt zwei Hauptmaxima $\lambda_1 = 605$ mμ ($\varepsilon_1 = 16580$) u. $\lambda_2 = 285$ mμ ($\varepsilon_2 = 25500$). Der Effekt der Substituenten auf λ_2 ist gering; die Effekte bei 5- oder 6-substituierten Verbb. auf λ_1 sind gleich groß u. entgegengesetzt, die Effekte auf λ_1 von Substituenten in 7- oder 4-Stellung erlauben keine Aussagen. Vf. diskutiert die Strukturen der angeregten Zustände, wie sie sich nach der V.B.-Meth. ergaben. — Es wurden untersucht: *5.5'-Dinitro-* [λ_1] 580 [mμ] (—), [λ_2] 290 [mμ]; *5.5'-Dimethyl-* 620 ([ε_1] 14340); 295 ([ε_2] 27150); *5.5'-Difluor-* 615 (17820), 300 (18500); *5.5'-Dichlor-* 620 (17950), 290 (35260); *5.5'-Dibrom-* 620 (18050); 290 (36250); *5.5'-Dijod-* 610, 295; *5.5'-Dimethoxy-* 645, 305; *6.6'-Dinitro-* 635, 290; *6.6'-Dimethyl-* 595 (8750), 285 (22000); *6.6'-Dijod-* 590 (19100), 290; *6.6'-Dibrom-* 590 (17300), 305 (29030); *6.6'-Dichlor-* 590 (14860), 305 (26370); *6.6'-Difluor-* 570 (12920), 295 (17020); *6.6'-Dimethoxy-* 570 (10480), 282,5 (22110); *4.4'-Dijod-* 620 (24640), 297,5 (33140); *4.4'-Dibrom-* 610 (25600), 292,5 (39330); *4.4'-Dichlor-* 610 (25590), 290 (39130); *4.4'-Bis-[trifluormethyl]-* 605 (8970), 295 (16200); *7.7'-Dijod-* 605 (14220), 300 (29370); *7.7'-Dibrom-* 605 (20770), 293,5 (41030); *7.7'-Dichlor-* 600 (20550), 291 (40020); *7.7'-Bis-[trifluormethyl]-* 580 (14470), 307,5 (22700) u. *7.7'-Difluorindigo* 560 (8640), 275 (46890). Von I werden λ_1 in Xylol, Tetralin, Chlf., Essigsäure, Anilin u. in fl. u. in Dampfzustand angegeben; die anderen Verbb. wurden in Tetrachloräthan gemessen. (J. org. Chemistry **21.** 316—18. März 1956. London, Middlesex Hosp.) M.-L. KLAAR. B 118

Pauline Ramart-Lucas und **Modeste Martynoff,** *Der Einfluß eines sterischen Effektes auf die Absorption von β-substituierten Derivaten des Benzofurans.* (Vgl. C. **1952.** 5063.) Vff. stellten durch UV-Absorptionsmessungen fest, daß das β-ständige C-Atom im *Benzofuran* (I) im Hinblick auf die Elektronenstruktur sich durchaus verschieden von dem α-ständigen C-Atom in I u. dem β-ständigen C-Atom im Indol verhält. Der Einfl. von β-ständigen Keto-, Oxim- u. Semicarbazongruppen auf das Spektr. von I ist viel geringer als der α-ständiger Gruppen: Die Ketogruppe ruft eine geringe, aber deutliche Verschiebung hervor, die Ketoximgruppe vergrößert die Absorptionsintensität. Die Semicarbazongruppe steigert die Intensität u. gibt eine bathochrome Verschiebung. Die Effekte können einer mehr oder weniger ausgeprägten Mesomerie zwischen dem Benzofurylrest u. den Gruppen zugeordnet werden. Befindet sich in I in β-Stellung eine Gruppe wie $(CH_3)_3C-C(=X)-$, so stimmen die Spektren mit denen überein, die sich durch Überlagerung der Spektren von Gruppe u. Kern bilden würden. Die Spektren unterscheiden sich in diesem ster. Effekt von denen in der Indolreihe. — Vff. geben folgende Spektren an: *Benzofuran, Äthyl-β-benzofurylketon, Methyl-α-benzofurylketon, Methyl-β-* u. *Methyl-α-benzofurylketoxim, Äthyl-β-, Methyl-β-* u. *Methyl-α-benzofurylketonsemicarbazon, tert.-Butyl-β-benzofurylketimin, Dihydrobenzofuran, tert.-Butyl-β-indolylketoxim* u. *β-Methylindol.* (C. R. hebd. Séances Acad. Sci. **233.** 1619—21. 19/12. 1951.) M.-L. Klaar. B 118

E. Schauenstein und **G. Perko,** *Untersuchungen über die Proteinstruktur.* 1. Mitt. *Die Triazine als Modellkörper für den „Peptenol"-Effekt.* Es werden die UV-Absorptionsspektren von *4-[p-Oxybenzyl]-* (**I**), *4-Benzyl-* (**II**) u. *4-Methyl-3.6-dioxo-1.2.4-triazin* (**III**) untersucht. **I** u. **II** zeigen bei p_H 1 im Gebiet von 4000 ν' gegenüber *l*-Tyrosin (**IV**) bzw. Phenylalanin (**V**) eine erhebliche Mehrabsorption mit einer steilen Grenzabsorption ab $\sim$ 4000 ν' mit einem abschätzbaren Maximum bei $\sim$ 4500 ν' u. $\log \varepsilon > 3$, während bei p_H 13 eine zeitlich sehr instabile Absorption mit einer starken Rotverschiebung um 300—400 ν' u. einem neuen, angedeuteten Maximum bei 4000 ν' auftritt, die ebenfalls gegenüber der Absorption von **IV** u. **V** bei p_H 13 angehoben ist u. schon nach wenigen Min. in die des Phenolats übergeht. Da **III** eine analoge p_H-abhängige Absorption zeigt, die mit der Differenzabsorption zwischen **I** u. **IV** bzw. zwischen **II** u. **V**, bes. im ersten Falle, gut übereinstimmt, wird sie als Eigenabsorption der CO—NH-Gruppierung des Triazinringes gedeutet. Da die CONH-Gruppe normalerweise kurzwelliger u. p_H-unabhängig absorbiert, wird eine Enolisierung zur Form $-C(\cdot O^{(-)})=N-$ als unmittelbares Vorstadium einer Ringöffnung angenommen. Die analoge Absorption von *Acetimidoäthyläther* (aus Acetonitril u. A. durch Einleiten von HCl über das Hydrochlorid) stützt diese Annahme. Die große Ähnlichkeit der Differenzkurven u. Frequenzlagen zwischen *Glycyltyrosinanhydrid, Leucyltyrosinanhydrid* bzw. *Seidenfibroin* u. **IV** mit den vorst. beschriebenen legt die Annahme einer gleichgerichteten Polarisierbarkeit der CONH-Gruppe in diesen Verbb. nahe, die allerdings nicht zu einer schnellen Ringsprengung durch das Alkali führt. (Z. Elektrochem., Ber. Bunsenges. physik. Chem. **57.** 927—34. 1953. Graz, Univ., Inst. für Theoret. u. Physikal. Chem.) R. Pasedag. B 118

Tom T. True, Nand Lal Singh und **Joseph W. Straley,** *Infrarotintensitätsmessungen an halogenierten Methanen.* (Sitzungsbericht.) (Physic. Rev. [2] **99.** 1624. 1/9. 1955. Univ. of North Carolina.) R. Levi. B 120

A. V. Stuart und **G. B. B. M. Sutherland,** *Der Einfluß der Wasserstoffbindung auf die Deformationsschwingungsfrequenzen der Hydroxylgruppe von Alkoholen.* Vff. untersuchten die Infrarotspektren von 26 aliphat. Alkoholen auf den Effekt der Wasserstoffbrückenbindung (vgl. auch C. **1955.** 4550). Die Spektren wurden a) in verd. nichtpolaren Lösungsmitteln (CCl_4 oder CS_2), b) im fl. u. c) im Dampfzustand gemessen. Der Grad der Assoziation wurde durch Beobachtung des bekannten Effektes der Wasserstoffbrückenbindung auf die OH-Schwingung nahe 3 μ verfolgt. Außerdem wurden Methanol, A. u. n-Hexanol, in denen das H-Atom der OH-Gruppe durch D ersetzt war, untersucht. Alle Alkohole besitzen eine breite diffuse Absorptionsbande mit einem Maximum nahe 650 cm^{-1}. Diese wird der nichtebenen Deformationsschwingung des H-Atoms der C—OH-Gruppe zugeordnet. Außerdem zeigen alle Alkohole eine breite Assoziationsbande mit zwei Maxima bei 1410 u. 1330 cm^{-1}, die der ebenen Deformationsschwingung des H-Atoms der C—OH-Gruppe zugeordnet wird. Die entsprechende monomere Bande variiert zwischen 1200—1330 cm^{-1} für H enthaltende u. zwischen 870—930 cm^{-1} für D enthaltende Alkohole. Die sehr schmale Assoziationsbande bei 1100 cm^{-1} für prim. u. sek. u. bei 1165 cm^{-1} für tert. Alkohole wird einer Gerüstschwingung, an der die C—O-Bindung beteiligt ist, u. die durch Brückenbindung beeinflußt wird, zugeordnet. Der Einfl. der Wasserstoffbrückenbindung auf die Deformationsschwingungen der OH-Gruppe scheint sehr komplex zu sein. Ster. Effekte, Rotationsisomerie u. Wechselwirkungen mit den C—H-Deformationsfrequenzen müssen berücksichtigt werden. — Von folgenden Alkoholen sind die Infrarotspektren abgebildet: *Methanol* u. *Methanol-d, A., n-Propanol, -Butanol, -Pentanol, -Hexanol, Butanol-(2), 2-Methylbutanol-(1)* u. *-butanol-(2).* Außerdem wurden folgende Alkohole untersucht: *Heptanol-(1), Octanol-(1), Nonanol-(1), Decanol-(1), 2-Methylpropanol-(1), -pentanol-(1), -heptanol-(1), -propanol-(2), -hexanol-(2), 2-Äthyl-* u. *5-Methylhexanol-(1), 3-Methylbutanol-(1)* u. *-butanol-(2), Propanol-(2), Butanol-(2), Pentanol-(2), Pentanol-(3), Heptanol-(4).* (J. chem. Physics **24.** 559—70. März 1956. Ann Arbor, Mich., Univ., Dep. of Phys.) M.-L. Klaar. B 120

Frank H. Seubold jr., *Anionische Hyperkonjugation. Die Infrarotspektren der Natriumalkylate.* Vf. untersucht die Infrarotspektren der *Na*-Verbb. des *Methyl-* (I), *Äthyl-* (II), *Isopropyl-* (III), *tert.-Butyl-* (IV), *n-Propyl-*, *sek.-Butyl-* u. *Deuteroisopropylalkohols* sowie der Alkohole selbst u. beweist an der Verschiebung der Infrarotabsorption im Bereich von 2500—3000 cm^{-1} das Vorliegen einer anion. Hyperkonjugation in den untersuchten Alkoholaten. Für das Auftreten des Effektes ist die Ggw. eines α-H-Atoms u. die abstoßende Kraft eines negativ geladenen O-Atoms erforderlich. Sowohl ein induktiver Effekt als auch der Einfl. des Lösungsm., ster. Hinderung u. ein Einfl. der Kristallstruktur der Alkoholate (die Unterss. werden an den festen Salzen durchgeführt) können zur Erklärung der beobachteten Frequenzverschiebungen nicht herangezogen werden. Die Größe dieser Verschiebung nimmt in der Reihenfolge **I**, **II**, **III** zu u. verschwindet beim **IV**. Die relative Acidität der Alkohole nimmt in der gleichen Reihenfolge ab. (J. org. Chemistry **21.** 156—60. 17/2. 1956. Evanston, Ill., Northwestern Univ., Dep. of Chem.) K. FRENKLER. B 120

Erwin Fishman und **H. G. Drickamer**, *Druckeffekte auf die Frequenz der O—H-Bande in Butanollösungen.* Vff. bestimmten die Infrarotspektren von verd. Lsgg. von *n-Butanol* im Bereich von 3 μ bei Drucken von 10—12000 at. Die scharfe O—H-Bande verschiebt sich bei Anwachsen des Druckes zu niedrigeren Frequenzen. Die Verschiebung $\Delta\nu$ der Frequenz gegenüber der Lage bei 1 at u. 25° in jedem Lösungsm. variiert beim maximalen Druck von 11 cm^{-1} bei 2.3-Dimethylbutan, 21 cm^{-1} bei n-Propylbromid, 24 cm^{-1} bei CS_2, 22 cm^{-1} bei Toluol zu 41 cm^{-1} bei n-Propyljodid. Die Frequenzverschiebung ist eine lineare Funktion des Quadrats der D. des Lösungsm. sowie der Polarisierbarkeit der Bindungen in seinen Moll., jedoch ist diese letzte Beziehung nicht quantitativ. Die Verschiebungen können erklärt werden durch VAN DER WAALsche Kräfte zwischen der O—H-Bindung u. dem Lösungsmittel. Der Druck verursacht ein Anwachsen der „Polymerisation" des Alkohols, das Vol. verringert sich auf Grund dieser Polymerisation um 4,64 cm^3/Mol im Bereich von 1—5820 at u. um 2,47 cm^3/Mol von 5820—11330 at. (J. chem. Physics **24.** 548—53. März 1956. Urbana, Ill., Univ., Dep. of Chem. and Chem. Engng.) M.-L. KLAAR. B 120

Nelson Fuson, Marie-Louise Josien und **James R. Lawson**, *Der Einfluß der Probenvorbereitung auf die Infrarotspektren mehrkerniger Kohlenwasserstoffe.* (Sitzungsbericht.) (Physic. Rev. [2] **99.** 1625. 1/9. 1955. Fisk Univ., u. Tennessee A & I State Univ.) R. LEVI. B 120

J. H. Goldstein, *Quadrupolkopplung und Bindungscharakter in den Vinylhalogeniden.* Vf. behandelt zuerst theoret. die Daten der Quadrupolkopplung aus Mikrowellenspektren zur Best. des Doppelbindungscharakters in ebenen Molekülen. Die theoret. Ergebnisse wurden auf *Vinylchlorid* (**I**) u. *Vinyljodid* (**II**) angewandt, wobei die Ergebnisse der Mikrowellenunterss. von GOLDSTEIN u. BRAGG (vgl. C. **1950.** II. 155) zugrunde gelegt wurden. Zunächst wurden aus diesen Daten die Trägheitsmomente I_b u. I_c berechnet u. für $I_a = I_c - I_b$ unter Annahme eines ebenen Mol. gesetzt. Als Strukturparameter wurden für **I** C—C = 1,38 Å; C—H = 1,08 Å; C—Cl = 1,69; ∢ C—C—H = 120° u. ∢ C—C—Cl = 120°, 122° u. 123° angenommen. Die beste Übereinstimmung mit den experimentellen Daten wurde mit dem Modell mit ∢ C—C—Cl = 123° erhalten. Hierauf wurde für alle 3 Modelle der Wert von δ, das ist der Bruchteil der Halogenelektronen, der zur Bldg. einer partiellen C—Cl-Doppelbindung vom Halogen abgegeben wird, bestimmt. Der beste Wert für δ ist 0,06 $\pm$ 0,004 mit einem Gesamtfehler $>$ 20%. Für **II** ergab sich für δ ein Wert von 0,03. Für **I** wird für $(e\ Q\ q)_{\text{Bindung}}$ ein verbesserter Wert von —72 MHz angegeben. Eine ausführliche Diskussion führte zu dem Ergebnis, daß der Doppelbindungsanteil von **I** 6% u. der von **II** 3% ist. (J. chem. Physics **24.** 106 bis 109. Jan. 1956. Emery Univ., Ga., Chem. Dep.) C. GOTTFRIED. B 121

H. N. Rexroad, D. W. Howgate, R. C. Gunton und **J. F. Ollom**, *Mikrowellenspektrum und Molekularstruktur von $(CH_3)_3SiJ$.* Vff. untersuchten das Mikrowellenspektr. von *Trimethyljodsilan* bei —78°. Sie geben die intensiveren Linien für die Übergänge J = 14 → 15; 15 → 16 u. 16 → 17 an, die zwischen 32834,2—32948,9 ($\pm$ 0,4) bzw. 35038,3—35145,9 ($\pm$ 0,4) bzw. 37210,6—37342,7 ($\pm$0,4) mc/sec liegen. Das Auftreten mehrerer Linien bei jedem Übergang rührt von verschied. Schwingungszuständen der Moll. her. Aus der Tatsache, daß entsprechende Linien bei jedem Übergang sich in eine harmon. Reihe ordnen, ergibt sich die Kreiselsymmetrie des Moleküls. Effekte von Zentrifugalverzerrung wurden nicht beobachtet. Für die Rotationskonstanten u. Struktur wurde ermittelt: B_0 = 1096,42 $\pm$ 0,02 [mc/sec] J_B 765,30·10^{-40} [g·cm^2] u. d_{SiJ} 2,46 $\pm$ 0,02 [Å]. (J. chem. Physics **24.** 625. März 1956. Morgantown, W. Va., West Virginia Univ., Dep. of Phys.) J. KNAUL. B 121

Nowhan Kwak, J. W. Simmons und **J. H. Goldstein**, *Mikrowellenspektrum von Propiolacton.* Es wurde das Mikrowellenspektr. zwischen 18—34 kMHz von *Propiolacton* untersucht. Es wurden im ganzen 8 Übergänge vom R-Typ mit niedrigem J beobachtet; die gemessenen u. berechneten Frequenzen sind tabellar. zusammengestellt. Aus dem Spektr. ergeben sich die folgenden Rotationskonstanten: a = 12408,76 (MHz); b = 5244,39 u. c = 3869,19. Mit Hilfe der von BREGMAN u. BAUER (vgl. J. Amer. chem. Soc. **77.** [1955.] 1955) angegebenen Strukturparameter wurden die 3 Trägheitsmomente berechnet; I_a 40,74 [At. E.·Å^2]; I_b 96,39; I_c 130,66. (J. chem. Physics **23.** 2450. Dez. 1955. Emery Univ., Ga.) C. GOTTFRIED. B 121

Victor W. Laurie, *Mikrowellenspektrum und Dipolmoment von Cyclopentadien.* Es wurde das Mikrowellenspektr. von *Cyclopentadien* zwischen 19500—24000 MHz u. 29000—30000 MHz untersucht. 15 Linien wurden beobachtet u. bestimmten Übergängen zugeordnet. Zentrifugalverzerrungseffekte sind bei den Linien niedriger J-Werte unwesentlich; die $12_{11,2} \rightarrow 12_{12,1}$-Linie zeigt jedoch Zunahme des Effekts mit höheren J-Werten. Die aus den drei 1 → 2-Übergängen erhaltenen Rotationskonstanten betragen: a = 8426,09 ± 0,10 [MHz]; b = 8225,54 ± 0,10; c = 4271,54 ± 0,10; K = (2b — a — c)/(a — c) = 0,90346; J_a = 59,989 (9) (amu A^2]; J_b = 61,452 (5) u. J_c = 118,336 (8). Diese Werte werden verglichen mit den nach der Elektronenbeugungsmeth. von SCHOMAKER u. PAULING (vgl. J. Amer. chem. Soc. **61.** [1939.] 1769) berechneten. Die relativen Übergangsintensitäten stehen mit der Symmetrie C_{2v} in Einklang. Das aus dem beobachteten STARK-Effekt der drei 1 → 2-Übergänge berechnete Dipolmoment von 0,416 ± 0,010 D wird als exakter Wert für den gasförmigen Grundschwingungszustand angenommen, da dieser nicht mit Fehlern aus Lösungsmitteleffekten, Unreinheiten oder Beiträgen angeregter Schwingungszustände behaftet ist. (J. chem. Physics **24.** 635—36. März 1956. Cambridge, Mass., Harvard Univ., Chem. Dep.) J. KNAUL. B 121

Milton Forst und **Hartmut Kallmann,** *Energieübertragung durch Stoß in flüssigen organischen Lösungen bei hoher Energie und Ultravioletterregung.* Eine Stoß-Energieübertragung erfolgt nach Vff., wenn eine organ. Lsg., wie *Anthracen* (**II**), *p-Terphenyl*(**III**) u. *9.10-Diphenylanthracen* (**IV**) in *Xylol* (**I**) oder *Cyclohexan*, durch UV oder energiereiche Strahlung erregt wird. *Naphthalin* (**V**) verhält sich in mancher Beziehung wie ein Lösungsm., wenn es in großer Konz. anwesend ist. Genau wie bei γ-Strahlenanregung findet eine Energieübertragung von **V** zu **II** u. **IV** u. von **I** zu **III**, aber nicht von **V** zu **III** statt. (Physic. Rev. [2] **94.** 503—07. 1/5. 1954. New York, N. Y., Univ., Phys. Dep.) E. HAHN. B 125.

Ryumyo Ito, *Messung der Photoionisation von Benzol und Äthylalkohol.* Mit Hilfe des UV-Zählrohres wurde die Photoionisation von Bzl. u. A. gemessen. Durch geeignete Anordnung der Lichtein- u. -austrittsöffnungen im Zählrohr war dafür gesorgt, daß kein Photoeffekt an dessen Innenwand eintrat. Lichtquelle, Monochromator u. offenes Zählrohr befanden sich in einer abgeschlossenen Kammer, die mit 5 Torr H_2 + ca. $5 \cdot 10^{-2}$ Torr des zu untersuchenden Dampfes gefüllt war. Auf diese Weise maß das Zählrohr direkt den Photoionisationsstrom des eingefüllten Dampfes, der mit der Lichtintensität verglichen wurde. Aus der spektralen Abhängigkeit der Photoionisation ergab sich eine Ionisationsschwelle (langwellige Grenze) von 9,2 V bei Bzl. in bester Übereinstimmung mit dem ebenso großen Ionisationspotential. Bei A. jedoch lag die Schwelle schon unter 8 V gegenüber einem Ionisationspotential von 11,3 V, wofür keine einfache Erklärung möglich ist. (J. physic. Soc. Japan **6.** 537—38. Nov./Dez. 1951. Tokyo, Univ. of Educat. Inst. for Opt. Res. [Orig.: engl.]) H. NIEHRS. B 131

K. Higasi, I. Omura und **H. Baba,** *Ionisationspotentiale von Xylolen und Picolinen.* Vff. bestimmten die ersten Ionisationspotentiale von *Bzl.* (9,52 ± 0,10), *Toluol* (9,20 ± 0,05), *o-* (8,96 ± 0,02), *m-* (9,01 ± 0,02), *p-Xylol* (8,86 ± 0,02), *Pyridin* (**I**, 9,76 ± 0,05), *α-* (9,66 ± 0,05), *β-* (9,71 ± 0,05) u. *γ-Picolin* (9,56 ± 0,05). Während der Ersatz einer CH-Gruppe durch ein N-Atom das Potential erhöht, wird es durch Einführung einer Methylgruppe erniedrigt. Letztes ist beim **I**-Syst. weniger ausgeprägt als beim Benzol. Dies deutet darauf hin, daß die ersten Ionisationspotentiale von Benzolderivv. im wesentlichen durch π-Elektronen bestimmt sind, während die der **I**-Derivv. aus den nichtbindenden Elektronen am N-Atom resultieren. Diese Annahme stimmt damit überein, daß die schwache UV-Absorption von **I** u. den Picolinen im Bereich längerer Wellenlängen einem n → π-Übergang zugeschrieben wird. (vgl. RUSH u. SPONER, C. **1956.** 8298.) (J. chem. Physics **24.** 623—24. März 1956. Sapporo, Hokkaido Univ., Res. Inst. of Appl. Electr.) J. KNAUL. B 131

Witold Tomassi und **Jan Mlodzki,** *Bestimmung der Dipolmomente von Äthanol, Aceton und Nitrobenzol bei Anwendung von wassergesättigtem Benzol als Lösungsmittel.* Die Meth. der Dipolmomentmessung an Lsgg. in wassergesätt. Lösungsmitteln (vgl. HURWIC, C. **1954.** 6910) wurde an *A.*, *Aceton* u. *Nitrobenzol* geprüft. Die Meth. erlaubt die Durchführung von Messungen in Ggw. von Luftfeuchtigkeit; für die obenst. Verbb. ergeben sich $\mu = 1,79$; 2,78 bzw. 3,98 D. (Roczniki Chem. [Ann. Soc. chim. Polonorum] **25.** 505—08. 1951. Warszawa, Politechn., Zakł. Chem. Fiz.) F. URBAN. B 132

V. Ramakrishna, *Dipolmomente der Derivate von Glucose, Galaktose und Lactose.* 2. Mitt. *Dioxan als Lösungsmittel.* (1. vgl. C. **1955.** 3337.) Die DK. von *Dioxan* wird bestimmt zu 2,217 bei 30° u. zu 2,180 bei 40°. Nach der Meth. der verd. Lsgg. werden die Dipolmomente folgender Stoffe bei 30° u. — in ( ) — bei 40° gemessen: *2.3.4.6-Tetraacetyl-D-glucose* 3,76 (3,77), *2.3.4.6-Tetraacetyl-β-acetyl-D-glucosid* 3,10 (3,18), *2.3.4.6-Tetraacetyl-α-methyl-D-glucosid* 2,48 (2,64), *2.3.4.6-Tetraacetyl-β-methyl-D-glucosid* 3,58 (3,64), *2.3.4.6-Tetramethyl-α-methyl-D-glucosid* 1,94 (1,99), *2.3.4.6-Tetramethyl-β-methyl-D-glucosid* 1,99 (2,04), *2.3.4.6-Tetraacetyl-β-acetyl-D-galaktosid* 2,63 (2,64), *Oktaacetat* von *β-D-Lactose* 3,47 (3,33) D. Die Unterschiede zu den in Bzl. gemessenen Dipolmomenten (vgl. l. c.) werden auf Wechselwrkg. mit Dioxan zurückgeführt. (Kolloid-Z. **133.** 4—7. Okt. 1953. Bangalore, Dep. of Gen. Chem.) K. L. WOLF. B 132

Richardo C. Pastor und **John Turkevich,** *Paramagnetische Absorption von Kaliumkomplexen der aromatischen Verbindungen.* Vff. untersuchen im 3 cm-Bereich die paramagnet. Absorption der Verbb., die durch Einw. von K auf *Naphthalin, Anthracen, Phenanthren, Pyren, Chrysen, Diphenyl, p-Terphenyl, p-Quaterphenyl, 1.3.5-Triphenylbenzol* u. *Benzophenon* in Dioxan erhalten werden. Zum Vgl. wird auch das freie Radikal *α.α-Diphenyl-β-pikrylhydrazyl* (I) untersucht. Die Intensität der Absorption ist abhängig von der Darst. u. hängt vom Ausmaß der Additions-Rk. ab. Die Werte für den g-Faktor, relativ zu I gemessen, sind für alle Verbb. die gleichen ($2,002 \pm 0,001$). Beim Kühlen der Proben mit fl. N_2 nimmt die Intensität der Resonanz gemäß dem CURIEschen Gesetz zu. Vff. zeigen, daß anscheinend eine lineare Beziehung zwischen der Weite der paramagnet. Absorptionsbande ΔH (relativ zu I) u. der chem. Resonanzenergie besteht, die zur Best. derselben nach der empir. Gleichung $\Delta E = 231 - 84\,\Delta H$ dienen könnte. Das beobachtete Phänomen scheint dadurch zustande zu kommen, daß das Radikal sein Elektron an die Elektronenwolke des aromat. Ringes unter Bldg. eines negativen Radikalions u. eines positiven Kaliumions abgibt. (J. chem. Physics **23.** 1731. Sept. 1955. Princetown, N. J., Univ., Frick Chem. Labor.) K. FRENKLER. B 137

Balu Venkataraman und **George K. Fraenkel,** *Paramagnetische Resonanz von methylsubstituierten p-Benzosemichinonen.* Nach Unters. der Vff. sind in alkal. alkoh. Lsg. von Hydrochinon bei Luftoxydation Radikale mittels paramagnet. Resonanzabsorption nachweisbar. Vff. berichten über die paramagnet. Spektren solcher Semichinonionen aus *p-Xylochinon, m-Xylochinon* u. des *p-Tolusemichinons.* Aus dem Resonanzlinienverlauf werden Rückschlüsse auf die Struktur gezogen. (J. chem. Physics **23.** 588—89. März 1955. New York, N. Y., Columbia Univ., Dep. of Chem.) K. REICHEL. B 137

John A. Rider, *Elektrochemische Polarisation in Isopropyläther.* Durch Messung der zeitlichen Änderung des Stromes bei angelegter Gleichspannung an ein mit *Isopropyläther* (I) beschicktes Elektrodensyst. werden die Polarisationseffekte in I untersucht. Die Befunde zeichnen sich dadurch aus, daß im Gegensatz zu denen bei rein dielektr. Fll. (Hexan) der Strom nur sehr langsam nach Anlegen der Gleichspannung asymptot. absinkt u. daß ein Rückstrom nach Spannungswegnahme nicht beobachtet wird. Unter der Voraussetzung, daß ein Teil der Leitfähigkeit Ladungsträgern mit geringerer als n. Beweglichkeit zugeordnet wird, stehen die Ergebnisse im Einklang mit theoret. Ansätzen von JAFFÉ [1933]. (J. chem. Physics **23.** 61—64. Jan. 1955. Baton Rouge, La., Louisiana State Univ.) E. MOISAR. B 138

G. Jander und **H. Klaus,** *Die Bestimmung des Ionenprodukts der wasserfreien Essigsäure aus Potentialmessungen.* Aus der EMK. einer Zelle, die eine Au-Elektrode in einer Capillare mit sehr reiner Essigsäure u. eine zweite, in *Diäthylanilin* verschied. Konzz. (wegen seiner bekanntlich vollständigen Dissoziation in Ionen bei großer Verdünnung in absol. Essigsäure) eintauchende Au-Elektrode enthielt, bestimmten Vff. das Ionenprod. der wasserfreien Essigsäure zu $c_H \cdot c_{Ac} = 0,95 \cdot 10^{-12}$ bei 20°. (J. inorg. Nuclear Chem. **1.** 334—39. Okt. 1955. Berlin-Charlottenburg, TU, Anorg.-chem. Inst.) G. RUBAN. B 139

Gerald C. Whitnack, Joan Reinhart und **E. St. Clair Gantz,** *Das polarographische Verhalten einiger Phthalsäurealkylester.* Das Verh. von *Dimethyl-* (I), *-äthyl-* (II), *-butyl-* u. *-octylphthalat* (III) bei der Polarographie wurde untersucht. In alkoh. Lsgg., die quaternäre Ammoniumsalze als Elektrolyt enthielten, wurden zwei scharf definierte Wellen erhalten. Der Reduktionsprozeß ist diffusionsbestimmt u. irreversibel für jede Welle. Der Einfl. des p_H (zwischen 2 u. 12) auf Diffusionsstrom u. Halbwellenpotential von I in 75% alkoh. Lsg. wurde untersucht. Als Diffusionskoeffizienten wurden bestimmt: II D $0,394 \cdot 10^{-5}$ [$cm^2 \cdot sec^{-1}$], III $0,238 \cdot 10^{-5}$, *Phthalid* (IV) $0,526 \cdot 10^{-5}$, *Phthalaldehyd* $0,169 \cdot 10^{-5}$. Zur Red. werden danach 4 Elektronen in der ersten, 2 Elektronen in der zweiten Stufe benötigt. IV wurde als Zwischenprod. gefunden. In neutraler u. alkal. Lsg.

sind die Diffusionsströme der ersten Stufe proportional der Konz. an Phthalsäureester. (Analytic. Chem. **27**. 359—62. März 1955. Inyokern, China Lake, Calif., U. S. Naval Ordnance Test Stat.) H.-J. Heinrich. B 142

Yasuyoshi Oshima, Motosuke Kikutani und **Kanehiro Umeda,** *Polarographische Untersuchungen über Flavonoide.* 1. Mitt. *Über das Polarogramm von Rutin.* Die Halbwellenpotentiale ($\pi_1/_2$) von 16 flavonoiden Verbb. wurden bestimmt. *Rutin* (I) zeigt $\pi_{1/2}$-Werte in Abhängigkeit von folgenden p_H: 3,2 V ($\pi_{1/2}$: —1,61), 6,0 V (—1,71), 7,2 V (—1,75) u. 9,0 V (—1,77), ferner genau lineare Beziehung zwischen Wellenhöhe u. Konz. (p_H 6,0). Die Best. von I in $3-5\cdot10^{-4}$ mol. Lsg. ist bei p_H 6 möglich, ebenso in Ggw. von *Quercetin* (II) bis zu I : II = 5 : 2. (J. agric. chem. Soc. Japan [Nippon Nôgeikagaku Kaishi] **27**. 98—102. März 1953. Fukuoka, Kyushu Univ., Fac. Agric., Biochem. Labor. [Orig.: japan., Auszug: engl.]) L. Schuler. B 142

George Calingaert und **Mieczyslaw Wojciechowski,** *Ein azeotropes Gemisch zwischen Paraffinkohlenwasserstoffen.* Theoret. Überlegungen führen Vff. zu der Annahme, daß auch zwischen isomeren Paraffinen azeotrope Gemische auftreten müßten, sobald die Dampfdrucke beider Komponenten genügend dicht beieinander liegen. Ein solches Komponentenpaar wurde im *2.2.3-Trimethylbutan* u. *2.4-Dimethylpentan* gefunden. Die Kpp. beider Verbb. liegen bei 760 mm nur um 0,4° auseinander; beide Verbb. unterscheiden sich jedoch soweit in der Struktur, daß ihre Verdampfungswärmen hinreichend genug differieren, um eine Kreuzung der beiden Dampfdruckkurven zu ergeben. Vff. finden, daß beide Verbb. bei 67,58° den gleichen Dampfdruck von 505,2 mm aufweisen. Eine 50%ig. Mischung beider hat unter dem gleichen Druck einen Kp. 67,71°, 0,13° über dem berechneten Kp. für die ideale Mischung. Es liegt somit ein Syst. mit negativer Azeotropie vor. Das Ergebnis dürfte auch für andere komplexe Mischungen von ähnlichen Verbb., wie sie z. B. im Petroleum vorliegen, von Bedeutung sein. (J. Amer. chem. Soc. **72**. 5310—11. Nov. 1950. Detroit, Mich., Ethyl Corp., Res. Labor.) K. Frenkler. B 150

Shashanka Shekhar Mitra, *Kritische Temperatur und Siedepunkt von n-Paraffinen.* (Vgl. C. **1954**. 8539.) Vf. zeigt, daß die Funktion $S = n(T_c - T_b)/10$ (n = Anzahl der C-Atome, T_c = krit. Temp., T_b = Kp.) für homologe Reihen additiven Charakter hat. Die Daten der Paraffinreihe von *Methan* bis *Nonadecan* können durch $S = 18{,}01n - 8{,}81$ recht gut wiedergegeben werden. Für die ersten Glieder der Reihe wurden die üblichen Abweichungen festgestellt. (J. chem. Physics **22**. 156. Jan. 1954. Allahabad, Allahabad Univ., Dep. of Phys.) I. Karutz. B 150

Eugene John Barber und **George H. Cady,** *Dampfdrucke von Perfluorpentanen.* Die Dampfdrucke von *n-C_5F_{12}*, *iso-C_5F_{12}*, *cyclo-C_5F_{10}* u. *cyclo-C_5HF_9* wurden bei verschied. Tempp. bestimmt, indem die Kpp. unter konstanten Drucken gemessen wurden. Es gilt die Gleichung $\log P_{mm} = A - B/T - C/T^2$. Die Konstanten A, B u. C sind für die verschied. untersuchten Verbb. angegeben. Aus den Dampfdruckdaten wurden die Kpp. bei Atmosphärendruck, die Verdampfungswärmen bei 25°, 40° u. beim Kp. u. der Löslichkeitsparameter bei 25° = $(\Delta E_V/V)^{1/2}$ (ΔE = Verdampfungsenergie, V = Vol.) ermittelt. (J. physic. Chem. **60**. 504—05. April 1956. Seattle, Wash., Univ. of Washington, Dep. of Chem.) H. W. Levi. B 150

J. H. Burgoyne und **H. Hirsch,** *Die Verbrennung von Methan bei höheren Temperaturen.* Vff. untersuchen die Verbrennung bei ca. 100° von *CH_4* (I)-Luft-Gemischen, die bis zu 5% I enthalten, wobei sie eine Durchflußapp. benutzen. Unter diesen Bedingungen tritt die Rk. in einigen msec ein; sie wird durch die Oberfläche wenig beeinflußt, aber durch I verzögert u. durch O_2 beschleunigt. Unterhalb 500—600° scheint eine Änderung der Reaktionskinetik aufzutreten, ebenso nimmt der Oberflächeneinfl. bei niedrigen Tempp. zu. Die Rk. verläuft über *Formaldehyd* (II) u. CO. Dies führt in den späteren Reaktionsstadien zu einer Ansammlung von CO, das schnell oxydiert oder zündet, wenn II u. I verbraucht sind. CO_2 scheint vor diesem Endstadium etwas aufzutreten, ebenso H_2. In Ggw. von H_2 wird die Oxydationstemp. des CO auf diejenige des H_2 herabgesetzt, aber bei Zusatz von I werden H_2 u. I zusammen oxydiert, während CO zurückbleibt, bis I verschwunden ist. *Äthan* verhindert ebenfalls die Verbrennung von I, ist aber weniger wirksam als die gleiche Menge I. Es ergibt sich, daß die Oxydation von I bei höheren Tempp. in zwei deutlichen Schritten vor sich geht: die Umwandlung in CO u. die Verbrennung des gebildeten CO. Das Ergebnis ist mit der Ansicht vereinbar, daß II ein wesentliches Zwischenstadium beim ersten Schritt darstellt. Bei höheren Tempp. ist die II-Ausbeute bei Reaktionsbeginn beträchtlich, bei mageren Gemischen wurde bis 30% gefunden. Beim Fortschreiten der Rk. verringert sich die proportionale Umwandlung zu II, aber seine Konz. steigt bis zu einem Maximum u. fällt dann ab. Bei fetteren Gemischen u. niedrigeren Tempp. schwankt die II-Konz. während der Rk. um einen konstanten Wert. Aus der C-Bilanz ergibt sich für die Rk. bei höherer Temp., daß ca. 5% des I als nicht identifiziertes Zwischenprod. im mittleren Teil der Rk. verschwinden, wobei Methanol oder Äthan vermutet werden kann. (Proc. Roy. Soc. [London], Ser. A **227.** 73—93. 21/12. 1954. London, Imperial Coll., Dep. of Chem. Engng. and Appl. Chem.)

H. FREIWALD. B 157

Walter Roth und **Theodore H. Rautenberg,** *Die Kinetik der CS_2–NO-Reaktion und der Mechanismus der Lichtemission bei der explosiven Reaktion.* Vff. untersuchen die Explosionsgrenzen des Syst. CS_2/NO u. finden eine annähernde Abhängigkeit log (P/T) = A/T + B^6 für Drucke >20 cm u. für Mischungsverhältnisse NO : CS_2 von 1—8. Die Neigung A nimmt bei geringeren Drucken rasch ab, was auf einen zunehmenden Einfl. der Oberflächen-Rk. bei diesen Drucken hindeutet. Verss., bei denen das Verhältnis Oberfläche : Vol. vergrößert wurde, zeigen, daß bei Oberflächenvergrößerung der Grenzdruck bei Drucken unterhalb 30 cm zunimmt. Die therm. Natur der Explosionsgrenze wird durch Zusätze von Inertgasen (He, Ar) zu dem Reaktionsgemisch 3 NO/CS_2 bestätigt; für eine gegebene Temp. gilt dabei $P_m = p_d + (k_m/k_n)^{1/3}P_n$ [mit P_m u. P_n = Explosionsgrenzdrucke für verd. bzw. unverd. Reaktionsgemische; p_d = Partialdruck des Inertgases; k_m u. k_n = therm. Diffusionsvermögen bei 273° K, bestimmt aus dem Wärmeleitvermögen der Gemische, das nach der Meth. von LINDSAY u. BROMLEY (C. **1951.** I. 12) berechnet wird]. Die von VAN LIEMPT u. DE VRIEND [1933] gefundene Entzündungstemp. von 1900° kann von Vff. nicht bestätigt werden; im allg. sind die von Vff. gefundenen Entzündungstempp. ~ 1000° niedriger. — Die Explosionen sind charakterisiert durch einen hellblauen Lichtblitz u. eine Druckabnahme, ferner wird eine Schwefelabscheidung beobachtet, die bei höherem CS_2-Geh. zunimmt. Die knapp unterhalb der Explosionsgrenze stattfindende langsame Rk. hat bei 750° u. einer Zus. 3 NO/CS_2 eine Reaktionsgeschwindigkeitskonstante von $7,7 \pm 0,2 \cdot 10^{-9}$ $mm^{-2} \cdot sec^{-1}$, die Rk. ist von 3. Ordnung (2. Ordnung in bezug auf NO, 1. Ordnung in bezug auf CS_2). Es liegen Anzeichen dafür vor, daß die Rk. keine Ketten-Rk. ist u. daß auch im Explosionsgebiet eine Abhängigkeit von 3. Ordnung besteht. Es kann gezeigt werden, daß unter diesen Umständen die Zus.-Druck-Explosionsgrenze bei einem Molenbruch NO = 2/3 ein Druckminimum aufweisen muß, was durch das Experiment bestätigt wird. Aus der Durchschnittsneigung A wird eine Aktivierungsenergie von 70 ± 5 kcal berechnet, die mit der Dissoziationswärme eines S-Atoms aus CS_2 (70—80 kcal) übereinstimmt. — Eine Aufnahme der Spektren von CS_2—NO- u. CS_2—O_2-Flammen im sichtbaren Gebiet zeigt in beiden Fällen zwei Kontinua (von 4900 Å zum Violett u. von 5500 Å zum Rot) mit Überlagerung durch schwache SO- u. stärkere S_2-Banden u. schließt damit eindeutig die Rkk. NO + O → NO_2^* u. NO_2^* → NO_2 + hν aus; ferner wird durch massenspektrometr. Analyse kein NO_2 unter den Reaktionsprodd. festgestellt. Das kurzwellige Kontinuum wird von Vff. einem aktivierten SO_2-Mol. (verbotener Triplett–Singulett-Übergang), das langwellige Kontinuum [in Analogie zu $CO_2(^3\pi)$] einem in einem angeregten Triplettzustand befindlichen $COS(^3\pi)$-Mol. zugeschrieben. (J. physic. Chem. **60.** 379—81. März 1956. Schenectady, N. Y., Gen. Electr. Res. Labor.) G. WINKLER. B 157

F. A. Matsen, *Elektronenaffinitäten, Methylaffinitäten und Ionisierungsenergien von kondensierten aromatischen Kohlenwasserstoffen.* Vf. berechnet die Elektronenaffinitäten von kondensierten aromat. KW-stoffen aus dem Halbwellenpotential u. dem absol. Potential der n. Kalomelelektrode. Die Werte werden mit denen, die aus der MO-Theorie folgen, sowie der Absorptionsfrequenz verglichen. Sie werden auch extrapoliert zur Arbeitsfunktion des Graphit. Analoge Beziehungen werden für die Ionisierungsenergien aufgestellt. Vf. zeigt außerdem, daß eine Beziehung zwischen der Elektronenaffinität u. der von SZWARC (vgl. LEVY u. SZWARC, C. **1955.** 1708) definierten Methylaffinität besteht. Die Resultate werden im Sinne der „self-sonsistent field"-Theorie von POPLE (Trans. Faraday Soc. **49.** [1953.] 1375) verglichen. Auf Grund der Ergebnisse ist es möglich, die Arbeitsfunktion für *Graphit* abzuschätzen. (J. chem. Physics **24.** 602—06. März 1956. Austin, Tex., Univ., Dep. of Chem. and Phys.) M.-L. KLAAR. B 182

G. W. Gray und **Brynmor Jones,** *Mesomorphie und chemische Konstitution.* 1. Mitt. *n-Alkoxynaphthoesäuren.* (Vorl. Mitt. vgl. C. **1953.** 5314.) Zur Unters. des Einfl. der Molekülbreite auf die Mesomorphie wurde das Verh. von 4- (I) u. 5-n-Alkoxynaphthoesäuren-(1) (II) u. 6- (III) u. 7-n-Alkoxynaphthoesäuren-(2) (IV) untersucht. Der Verbindungstyp III, dessen Moll. stabförmig sind, zeigt Mesomorphie, die anderen Verbindungstypen (I, II, IV) nicht. Bei den Verbb. II u. IV wird dieses Verh. auf die nicht stabförmige Gestalt der Moll. beim Verbindungstyp I auf die große Molekülbreite zurückgeführt. Daraus wird geschlossen, daß keine weiteren möglichen isomeren n-Alkoxynaphthoesäuren Mesomorphie zeigen dürften. Von dem Verbindungstyp III sind die niedrigen Homologen (Methyl bis Octyl-) nemat., die mittleren (Nonyl, Decyl, Dodecyl) zeigen beide Phasen, die höheren (Hexadecyl u. Octadecyl) rein smektisch. Die korr. FF., die Übergangspunkte smekt.-nemat., smekt.- u. nemat.-isotrop sind tabellar. angegeben. Wie bei den p–n-Alkoxybenzoesäuren nimmt der Bereich der nemat. Phase mit dem Auftreten der smekt. allmählich auf 0 ab. Die smekt. Phase des Nonylderiv. vom Typ. **III** ist monotrop. Die Konstanten oscillieren u. liegen je nach gerad- oder ungeradzahliger C-Atomanzahl der Alkylkette auf zwei Kurven. Die absol. Höhe des oberen Übergangspunktes wird als Kriterium der Stabilität einer Mesophase diskutiert u. Regelmäßigkeiten in der homologen Reihe **III** im Vgl. mit trans-p-n-Alkoxyzimtsäuren u. den zu **III** analogen Benzoesäurederivv. auf dieser Grundlage besprochen. Enantiotrope polymorphe Umwandlungspunkte von Heptyl-, Octyl- u. Nonyl-**III** werden angegeben. Butyl- u. Pentyl-**III** zeigen eine monotrope polymorphe Umwandlung. (J. chem. Soc. [London] **1954**. 683—86. Febr. Hull, Univ. Coll.) H. Bertsch. B 186

Ss. W. Gorbatschew und **Je. Ja. Mindowitsch,** *Untersuchungen des Verteilungsgleichgewichts von Pikrinsäure zwischen Wasser und Nitrobenzol.* 1. Mitt. Durch 2std. Schütteln von 50 ml W. u. 50 ml Nitrobenzol (**I**) in einem von W. konstanter Temp. umströmten 300 ml fassenden, mit Schliffstopfen versehenen Rohr wird die Verteilung von *Pikrinsäure* (**II**) zwischen W. u. **I** untersucht. Wenn die Gleichgewichtskonz. der **II** in CO_2-freiem W. c_1 (Mol/Liter), in **I** c_2 ist, dann gilt bei 20° für den Konzentrationsbereich $c = c_1 + c_2 = 0{,}04875$ bis 0,01219 die Beziehung $c_1^n = K \cdot c_2$ mit $n = 2{,}52$ u. $K = 1{,}068 \cdot 10^{-4}$. (Журнал Физической Химии [J. physik. Chem.] **27**. 1837—41. Dez. 1953. Moskau, Chem.-technol. Mendelejew-Inst.) R. K. Müller. B 221

Ss. W. Gorbatschew und **Je. Ja. Mindowitsch,** *Untersuchungen des Verteilungsgleichgewichts von Pikrinsäure zwischen Wasser und Nitrobenzol.* 2. Mitt. (1. vgl. vorst. Ref.) Die Unterss. der 1. Mitt. werden auf höhere Tempp. ausgedehnt. In der Beziehung $c_1^n = K \cdot c_2$ ist im Konzentrationsbereich $c = c_1 + c_2 = 0{,}609$ bis $4{,}875 \cdot 10^{-2}$ bei 40° $n = 2{,}42$; $K = 4{,}812 \cdot 10^{-4}$; bei 60° 2,20; $1{,}094 \cdot 10^{-3}$; bei 80° 2,09; $2{,}588 \cdot 10^{-3}$. Zwischen n u. der absol. Temp. T besteht die Beziehung $nT = 738 = B$. Ferner ist $K = K_1 e^{-\psi/BT}$ (Boltzmannsches Theorem); hierin ist K_1 eine neue Konstante, ψ die Änderung der potentiellen Energie der *Pikrinsäure* beim Übergang aus einer Phase in die andere. ψ wird unter Benutzung der Versuchsergebnisse graph. zu 9380 cal/Mol gefunden. Dann läßt sich eine Gleichung der Form $c_1^{B/T}/c_2 = K_1 e^{-A/T}$ aufstellen, die die Verteilung in Beziehung zur Temp. setzt; $A = \psi/R = 4690$. (Журнал Физической Химии [J. physik. Chem.] **27**. 1842—47. Dez. 1953.) R. K. Müller. B 221

Anton B. Burg, *Trimethylaminaddukte der Chlorsilane. $SiCl_4$* bildet mit $(CH_3)_3N$ bei —78° im Hochvakuum eine Verb. der Zus. $SiCl_4 \cdot (CH_3)_3N$. Der Dissoziationsdruck entspricht der Gleichung $\log_{10} p_{mm} = 12{,}62 - 2610/T$. Der bei —54,1° gemessene Wert weicht stark von dem errechneten ab, weil etwa bei dieser Temp. der feste Komplex teilweise in fl. $SiCl_4$ u. Amindampf übergeht. Auch *Trichlorsilan* bildet ein 1:1-Addukt mit $(CH_3)_3N$. Es entwickelt bei —30° einen meßbaren Druck, der bei 0° 18—23 mm beträgt u. bei Zimmertemp. sehr variabel ist. Die flüchtigen Anteile sind ein Gemisch von Chlorsilanen; das Amin wirkt also katalyt. auf die Disproportionierung des Trichlorsilans. Das 1:1-Addukt aus *Dichlorsilan* u. $(CH_3)_3N$ dissoziiert etwas weniger leicht, der Dissoziationsdruck wurde zwischen —9,5 u. +29,9° gemessen, er entspricht der Gleichung $\log_{10} p_{mm} = 11{,}559 - 3010/T$. Der feste Komplex dissoziiert sehr weitgehend in seine flüchtigen Komponenten. Beim Syst. SiH_3Cl–$(CH_3)_3N$ wurden die Ergebnisse von Emeléus u. Miller [1939] bestätigt. Eine Verb. aus SiH_4 u. $(CH_3)_3N$ konnte nicht erhalten werden. — Der Vgl. der Stabilitäten dieser Komplexe zeigt, daß der ster. Effekt des Chlors wichtiger ist als der elektronegative Effekt: nur $H_2SiCl_2 \cdot (CH_3)_3N$ u. $H_3SiCl \cdot (CH_3)_3N$ zeigen vergleichbare Stabilitäten. (J. Amer. chem. Soc. **76**. 2674—75. 20/5. 1954. Los Angeles, Calif., Univ. of Southern California, Dep. of Chem.)
Walter Simon. B 223

J. W. Smith, *Kinetik von Gasreaktionen unter Beteiligung von Methylradikalen.* Überblick über die Darst. u. Rkk. von Methylradikalen. Ausgehend von einer theoret. Betrachtung der Stoßtheorie wird die Entstehung der Methylradikale bei der therm. Zers. u. die Bldg. von Methan aus Methylradikalen an Hand der Kinetik der Zers. von *Quecksilberdimethyl* (**I**), bei der Photolyse von *Aceton* (**II**), der Photolyse von *D-haltigem Aceton* (**III**) u. bei der Zers. von *Cadmiumdimethyl* einschließlich der Folge-Rkk. beschrieben. Erwähnung findet die Beweglichkeit der Wasserstoffatome gegenüber Methylradikalen, die in der Reihenfolge: tert. H > sek. H > prim. H > H an Doppelbindungen = aromat. H abnimmt. (Sci. Progr. **41**. 648—59. Okt. 1953. London, Bedford Coll.)
J. Kleinwächter. B 225

A. I. Titow und **A. N. Baryschnikowa,** *Mechanismus der Nitrierung aromatischer Verbindungen mit Salpetersäure.* 3. Mitt. *Nitrierung von Benzol mit verdünnter Salpetersäure.* (2. vgl. Журнал Общей Химии [J. allg. Chem.] **19** (**81**). [1949.] 517.) Entsprechend der früher entwickelten Theorie führt die Nitrierung von Bzl. mit verd. HNO_3) (D. <1,2) zu annähernd gleichen Mengen von *1.3.5-Trinitrobenzol* (**I**), *Pikrinsäure* (**II**

u. *Nitrobenzol* (III), wobei prakt. NO_2 allein das nitrierende Agens ist. Bei höherer Konz. der HNO_3 entsteht mehr u. mehr III.

Versuche: Zu 20 ml Bzl. + 20 ml HNO_3 (D. 1,1) + 10 g KNO_3 werden 0,2 g Trioxymethylen gegeben (zur schnelleren Bldg. von Stickoxyden); nach 10std. Erhitzen im Rohr auf 135° werden aus 2 Verss. 0,48 g I, 0,52 g II u. 0,62 g III erhalten; werden Bzl., HNO_3 (D. 1,1) u. KNO_3 in Ggw. von NH_4NO_3 (zur Beseitigung von Stickoxyden) im Rohr auf 120° erhitzt, so wird Bzl. unverändert zurückgewonnen. Analog verlaufen die Rkk. in Lsg. (Eisessig). (Журнал Общей Химии [J. allg. Chem.] **22** (**84**). 1335—38. Aug. 1952.) R. KNOBLOCH. B 225

Robert P. Zelinski und **Myron Jursich**, *Pinakolinumlagerung von symm.-p.p'-Dialkoxybenzopinakonen.* Vff. beschreiben die Darst. von vier *symm.-p.p'-Dialkoxybenzopinakonen* (mit Alkoxy = *n-Propoxy, n-Butoxy, n-Amyloxy* u. *Isoamyloxy*) aus den entsprechenden p-Alkoxybenzophenonen durch bimol. Red. mit Mg/J_2 oder Zn/Essigsäure. Das Wanderungsvermögen der vier Alkoxyphenylgruppen wird ohne Isolierung der Pinakoline nach der Meth. von BAILAR [1930] bestimmt; die Werte liegen zwischen 93 u. 95% u. sind mit den Werten für p-Methoxy- u. p-Äthoxyphenyl vergleichbar, d. h. die Größe der Alkoxygruppen hat keinen wesentlichen Einfl. auf das Wanderungsvermögen.

Versuche: *p-n-Propoxybenzophenon* (I), F. 62—63,5° (A.), durch tropfenweise Zugabe von n-Propylphenyläther zu Benzoylchlorid u. $AlCl_3$ in CS_2 bei < 30° unter Rühren (Meth. A); 59% (Ausbeute). — *p-n-Butoxybenzophenon* (II), $Kp._5$ 210—219°, F. 34—36°, aus n-Butylphenyläther nach Meth. A; 60%. — *p-n-Amyloxybenzophenon* (III), $C_{18}H_{20}O_2$, $Kp._2$ 211—212°, F. 35—36,5°, aus n-Amylphenyläther nach Meth. A; 36%; ferner durch 9std. Kochen von n-Amylbromid (-jodid) mit $NaOC_2H_5$ u. p-Oxybenzophenon in absol. A. (Meth. B); 51%. — *p-Isoamyloxybenzophenon* (IV), $Kp._2$ 209 bis 210°, nach Meth. B; 56%. — Die nachst. *symm.-p.p'-Dialkoxybenzopinakone* wurden aus den entsprechenden p-Alkoxybenzophenonen dargestellt durch Red. mit Mg/J_2 in Ae./Bzl. (Meth. A') oder durch 7tägiges Stehenlassen mit Zn/Essigsäure bei Zimmertemp. (Meth. B'): *-Di-n-propoxy-*, $C_{32}H_{34}O_4$, F. 146—147°, aus I nach Meth. A'; 62%; nach Meth. B'; 78%; *-Di-n-butoxy-*, $C_{34}H_{38}O_4$, F. 146—147°, aus II nach A'; 54%; nach B'; 62%; *-Di-n-amyloxy-*, $C_{36}H_{42}O_4$, F. 120—121,5°, aus III nach A'; 42%; nach B'; 42%; *-Diisoamyloxybenzopinakon*, $C_{36}H_{42}O_4$, F. 127—129°, aus IV nach A'; 52%; nach B'; 35%. (J. Amer. chem. Soc. **78**. 1015—16. 5/3. 1956. Chicago, Ill., De Paul Univ., Dep. of Chem.) G. WINKLER. B 225

Erling Grovenstein jr. und **U. V. Henderson jr.**, *Decarboxylierung.* 3. Mitt. *Kinetik und Mechanismus der Bromodecarboxylierung von 3.5-Dibrom-2-oxy- und 3.5-Dibrom-4-oxybenzoesäure.* (2. vgl. C. **1956**. 3532.) Unter Bromodecarboxylierung ist der direkte Ersatz einer Carboxylgruppe durch Br zu verstehen. Vff. untersuchten die Kinetik der Bromierung von *3.5-Dibrom-2-oxybenzoesäure* (I) [F. 228—230° (Acetonitril), durch Bromierung von Salicylsäure in Eisessig], *3.5-Dibrom-4-oxybenzoesäure* (II) [$C_7H_4O_3Br_2$, F. 275—276° (Chlf.), durch Bromierung von p-Oxybenzoesäure in Eisessig; 55% Ausbeute], sowie der entsprechenden Phenole *2.4-Dibrom-* (III) u. *2.6-Dibromphenol* (IV) in 70—80%ig. Essigsäure bei 20°. Bei konstanter H^+- u. Br^--Konz. ist die Geschwindigkeit der Bromierung dieser Verbb. zu Tribromphenolen der stöchiometr. Konz. der Reaktionspartner proportional. Die auf diese Weise bestimmten Reaktionsgeschwindigkeitskonstanten 2. Ordnung ändern sich mit der H^+- u. Br^--Konz. stark. Setzt man in Rechnung, daß ein großer Teil des Br_2 durch Br^- in die nicht reaktionsfähigen Br_3^- übergeführt wird, so erhält man korr. Geschwindigkeitskonstanten k*, die bei gleichbleibender Ionenstärke mit zunehmender Br^--Konz. abnehmen. Die Abnahme von k* ist bei IV sehr klein, für II jedoch ist k* umgekehrt proportional der Br^--Konz., falls diese 0,04 mol. oder größer ist; k* für I liegt zwischen diesen beiden. Diese Abhängigkeit von k* von der Br^-- als auch von der H^+-Konz. wird durch einen Reaktionsmechanismus erklärt, bei dem ein Angriff von Br_2 unter Bldg. reaktionsfähiger Cyclohexadienonderivv. als Zwischenprodd. erfolgt. Diese Zwischenprodd. werden durch Br^- teilweise in Ausgangsmaterial übergeführt oder geben unter CO_2-Abspaltung (bzw. H^+ im Falle von III u. IV) Tribromphenole. Die Zerlegung nebenst. Zwischenprodd. durch Br^- unter Rückbldg. von Ausgangsmaterial tritt bei II sehr stark, bei IV kaum ein. Analog wird der kinet. Verlauf der Jodierung von Phenol u. Anilin bei Konzz. über 0,01 mol. interpretiert u. mol. Jod als jodierendes Agens angesehen, nicht aber J^+, H_2OJ^+ oder Acetylhypojodit. (J. Amer. chem. Soc. **78**. 569—78. 5/2. 1956. Atlanta, Ga., Inst. of Technol., School of Chem.)

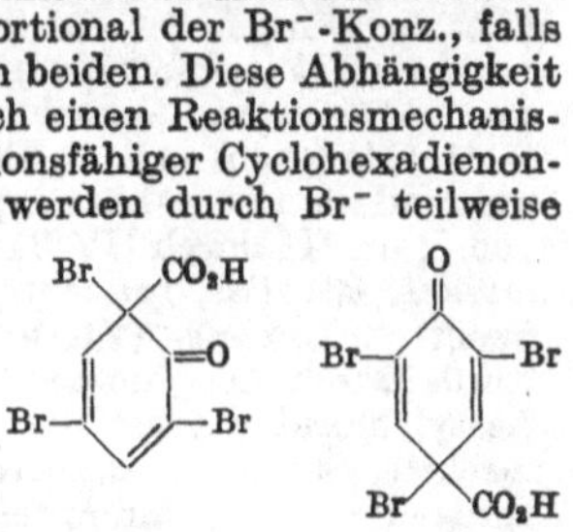

H. BERTSCH. B 225

S. Carlton Dickerman, Karl Weiß und **Arthur K. Ingberman,** *Durch Kupfer(I)-chlorid katalysierte 2.4-Dichlorphenylierung von Benzol in wässerigem Aceton. Der Mechanismus der Meerwein-Reaktion.* Vff. erhalten bei der Einw. von 2.4-Dichlorbenzoldiazoniumchlorid (I) auf Bzl. in wss. Aceton in Ggw. von $CuCl_2$ nach MEERWEIN *2.4-Dichlorbiphenyl* ($C_{12}H_8Cl_2$; 29% Ausbeute), 18% *1.3-Dichlorbenzol* (II) u. 5% *1.2.4-Trichlorbenzol* (III). I in wss. Aceton allein liefert nach SANDMEYER in Ggw. von $CuCl_2$ 48% II, 26% III u. 49% *Chloraceton* (IV). Das CuCl wird bei diesen Verss. nach der Gleichung $CH_3COCH_3 + 2\,CuCl_2 \rightarrow 2\,CuCl + ClCH_2COCH_3 + HCl$ im Reaktionsgemisch gebildet (vgl. KOCHI, J. Amer. chem. Soc. **77.** [1955.] 5274). Eine Katalyse durch Cu-Salze ergibt sich aus der Tatsache, daß I in 70%ig. wss. Aceton ohne $CuCl_2$-Zusatz weniger als 10% der theoret. N_2-Menge entwickelt; dabei wird *1.5-Bis-[2.4-dichlorphenyl]-3-acetylformazan* gebildet. Für CuCl als wirksamer Katalysator spricht der Zusammenhang zwischen der Geschwindigkeit der N_2-Entw. u. der Bildungsgeschwindigkeit von CuCl. Für die MEERWEIN-Rk. (sowohl mit aliphat. wie mit aromat. ungesätt. Verbb.) als auch für die SANDMEYER-Rk. ist nach Vff. ein einziger Radikalmechanismus anzunehmen. — Die Phenylierung von Chlorbenzol gelingt unter vorst. Reaktionsbedingungen nur mit einer Ausbeute von 2%, was von Vff. mit dem elektrophilen Charakter des Arylradikals u. der Beständigkeit des Diazoniumions gegenüber einer ion. Zers. zu dem entsprechenden Phenol in Verbindung gebracht wird. (J. org. Chemistry **21.** 380—81. März 1956. New York, N. Y., Univ., W. H. Nichols Chem. Labor.)

G. WINKLER. B 225

Harlan L. Goering, Douglas I. Relyea und **Donald W. Larsen,** *Die Stereochemie der Radikaladdition.* 3. Mitt. *Die Radikaladdition von Schwefelwasserstoff, Thiophenol und Thioessigsäure an 1-Chlorcyclohexen.* (2. vgl. C. **1956.** 3262.) Vff. untersuchten die Radikaladdition von H_2S, Thiophenol (I) u. Thiolessigsäure (II) an 1-Chlorcyclohexen (III), die sich durch UV-Bestrahlung leicht starten läßt u. durch 1:1-Addition 1.2-disubstituierte Cyclohexane ergibt. trans-Addition gibt dabei cis-1.2-disubstituierte Cyclohexane, cis-Addition die trans-Verbindungen. Wegen der größeren solvolyt. Reaktionsfähigkeit der trans-Isomeren läßt sich die Zus. bin. Gemische der geometr. Isomeren durch selektive Solvolyse bestimmen. Die Addition von H_2S ist radikal, denn sie wird durch UV-Bestrahlung oder durch Peroxyde vorangetrieben u. unterbleibt im Dunkeln unter den angewandten Bedingungen. Die Addition von H_2S an III verläuft in fl. Phase bei -80 bis -60^0 schnell u. ergibt als 1:1-Addukt *2-Chlorcyclohexylmercaptan* (IV) neben *Bis-[2-chlorcyclohexyl]-sulfid* (V; durch Addition von IV an III), das durch Oxydation zum Sulfon identifiziert wurde, u. eventuell *3.3'-Dichlor-1.1'-bis-cyclohexen-(2)-yl.* Die konfigurationelle Zus. von IV wurde durch Solvolyse in 80%ig. A. bei 100⁰ bestimmt. Diese Unterss. ergaben einen Anteil des trans-Isomeren (**IVa**) von 10—15%. Die Elementaranalyse u. das Infrarotspektr. bestätigten, daß das 1:1-Addukt ein bin. Gemisch ist. Die Solvolysegeschwindigkeit während der ersten 5% des Umsatzes stimmt mit der an reinem **IVa** gemessenen überein. Reines **IVa** wurde durch Rk. von Cyclohexensulfid u. HCl, reines cis-Isomeres (**IVb**) durch 20std. Solvolyse von IV in 80%ig. A. erhalten. Die Gesamtmengenbilanz schließt eine Zers. von **IVa** oder **IVb** während der Rk. oder Isolierung aus. Auch die bevorzugte Umsetzung eines der beiden Isomeren zu V kann ausgeschlossen werden. Die Addition von I an III wird ebenfalls durch UV-Bestrahlung gefördert u. ergibt neben *cis-2-Chlorcyclohexylphenylsulfid* (**VIa**) 0—6% des *trans-Isomeren* (**VIb**). Reines **VIb** wurde durch die stereospezif. Addition von Benzolsulfenylchlorid an Cyclohexen dargestellt. Auch die Rk. von *trans-2-Oxycyclohexylphenylsulfid* mit PCl_5 ergab **VIb**, während reines **VIa** analog **IVb** erhalten wurde. Das Radikaladditionsprod. ist nach Analyse u. Spektr. das bin. Gemisch von **VIa** u. **VIb**, die Unters. der Zus. erfolgte wie bei **IV**. Das radikal. Additionsprod. kann nicht *1-Chlorcyclohexylphenylsulfid* (**VII**) sein, da **VII** oberhalb 120⁰ HCl abspaltet, während das Additionsprod. zwischen 125 u. 140⁰ dest. werden konnte. Die Addition von I an III verläuft langsam auch im Dunkeln; sie ist ebenfalls radikal., da 94,2% **VIa** gebildet wird, während als ion. Additionsprod. **VII** zu erwarten wäre. — Die Förderung der Addition von II an III durch UV-Bestrahlung, Ascaridol oder Peroxyd zeigt, daß auch diese Rk. radikal. ist. Das Infrarotspektr. des 1:1-Adduktes entspricht der Überlagerung der Spektren von *cis-* (**VIIIa**) u. *trans-2-Chlorcyclohexylthiolacetat* (**VIIIb**). Reines **VIIIa** wurde durch Acetylierung von **IVb**, reines **VIIIb** durch Rk. von Cyclohexensulfid mit Acetylchlorid dargestellt. Nach Ausarbeitung einer Methodik konnte auch hier die raschere Solvolyse des trans-Iomeren zur Best. der Zus. des 1:1-Adduktes herangezogen werden. Der Anteil an **VIIIb** ist wesentlich höher als die Menge an trans-Isomeren bei der Addition von H_2S bzw. I. — Die hier untersuchten Additionen sind weniger stereospezif. als die Addition von HBr. Obwohl die cis-Isomeren therm. weniger stabil sind, überwiegt in allen Fällen ihre Bldg. durch trans-Addition. Die Stereospezifität der

Addition nimmt in der Reihe I > H_2S > II ab. Die Interpretation der Ergebnisse erfolgt im Sinne der 2. Mitt. (l. c.); die Stereospezifität der Radikaladdition hängt von der Lebensdauer intermediär gebildeter Radikale ab.

Versuche: *cis-2-Chlorcyclohexylmercaptan* (**IVb**), $C_6H_{11}ClS$, $Kp._{12}$ 90—91°, aus dem Additionsprod. von H_2S an **III** (UV-Belichtung), durch 20std. Kochen mit 80%ig. Alkohol. — *cis-2-Chlorcyclohexyl-2.4-dinitrophenylsulfid*, $C_{12}H_{13}O_4N_2ClS$, F. 155,4 bis 156° (A.–Essigsäure), aus dem Na-Salz von **IVb** u. 2.4-Dinitrochlorbenzol. — *cis-2-Chlorcyclohexyl-2.4-dinitrophenylsulfon*, $C_{12}H_{13}O_6N_2ClS$, F. 138—138,8° (wss. Essigsäure), durch Oxydation vorst. Verb. mit 30%ig. H_2O_2 in Essigsäure. — *trans-2-Chlorcyclohexylmercaptan* (**IVa**), $C_6H_{11}ClS$, $Kp._8$ 75,5—76°, aus Cyclohexensulfid u. HCl; n_D^{22} 1,5175; 34% (Ausbeute). — *cis-2-Chlorcyclohexylphenylsulfid* (**VIa**), $C_{12}H_{15}ClS$, $Kp._1$ 133 bis 135°, analog **IVb** aus dem 1:1-Addukt von I u. **III**; n_D^{25} 1,5845. — *cis-2-Chlorcyclohexylphenylsulfon*, $C_{12}H_{15}O_2ClS$, F. 119—119,5° (wss. Essigsäure), durch Oxydation von **VIa** zu Essigsäure mit 30%ig. H_2O_2. — *trans-2-Chlorcyclohexylphenylsulfid* (**VIb**), $C_{12}H_{15}ClS$, $Kp._1$ 123—124°, a) durch Zugabe von Benzolsulfenylchlorid ($Kp._5$ 69—71°) in CCl_4 zu Cyclohexen in CCl_4 unter Rühren in 30 Min. u. Stehen über Nacht; n_D^{25} 1,5802; 38%; b) aus Cyclohexenoxyd u. Thiophenol u. Zugabe des erhaltenen *trans-2-Oxycyclohexylphenylsulfids* [$Kp._1$ 130—132°, 47%] in Ae. zu einer Ae.-Suspension von PCl_5. — *trans-2-Chlorcyclohexylphenylsulfon*, $C_{12}H_{15}O_2ClS$, F. 82—82,8° (wss. Essigsäure), durch Oxydation von **VIb** in Essigsäure mit 30%ig. H_2O_2. — *trans-2-Chlorcyclohexylthiolacetat* (**VIIIb**), $C_8H_{13}OClS$, $Kp._{12}$ 120—121°, aus Cyclohexensulfid u. Acetylchlorid; n_D^{25} 1,5187, $D.^{25}_4$ 1,1638; 39%. — *cis-2-Chlorcyclohexylthiolacetat* (**VIIIa**), $C_8H_{13}OClS$, $Kp._1$ 93—93,6°, durch Acetylierung von **IVb** mit Acetanhydrid in Pyridin; n_D^{25} 1,582. — *Bis-[2-chlorcyclohexyl]-sulfon*, $C_{12}H_{20}O_2Cl_2S$, F. 150—168° (wss. Essigsäure), durch Oxydation der bei 170—173°/1 Torr sd. Anteile des Reaktionsgemisches von **III** u. H_2S unter UV-Belichtung (J. Amer. chem. Soc. **78**. 348—53. 20/1. 1956.) H. BERTSCH. B 225

David Davidson und **Marvin Karten**, *Die Pyrolyse von Amiden.* Die Entstehung der im Anfangsstadium der therm. Dehydratisierung eines Amides zu dem entsprechenden Nitril auftretenden Prodd. (NH_3, Imid, Carbonsäure) läßt sich nach Vff. erklären durch die Annahme einer bimol. Desaminierung des Amids zu dem Isoimid RC(NH)OCOR (prim. Schritt). Das Isoimid kann dann entweder zu Nitril u. Carbonsäure zers. werden oder sich reversibel zum Imid umlagern. Die entstehende Carbonsäure liefert mit NH_3 das Amid zurück u. ein Mol W.; dies wird bestätigt z. B. durch den Zusatz von Benzoesäure zu Acetamid u. die resultierende Bldg. von Benzamid. Die gebildeten Imide können entweder direkt in dem Pyrolysat durch Zugabe von W. isoliert werden oder durch eine Farb-Rk. mit einer 0,05mol. KOH-Lsg. in Pyridin–Methanol (1:1), welche die Indicatoren Alizaringelb R u. Bromthymolblau enthält, nachgewiesen werden. Ferner wird von Vff. gezeigt, daß die beobachtete Reaktivität teilweise pyrolysierter Amide gegenüber Anilin einer Katalyse durch die im Pyrolysat vorhandene Carbonsäure zuzuschreiben ist.

Versuche: *Dipropionamid*, F. 154°, durch ½—2std. Kochen von 1 g Propionamid u. Ausfällung mit W.; 22—49 mg (Ausbeute); *Diisobutyramid*, F. 174°, aus 1 g Butyramid wie vorst.; 12 mg; *Diacetamid*, Kp. 114°, F. 81°, durch ½std. Kochen von 34,5 g Acetamid mit Acetanhydrid u. NH_4Cl; 21,5 g. — *Aceto-p-toluidid*, F. 146°, durch 15 Min. Kochen von p-Toluidin mit Acetamid in Ggw. katalyt. Mengen Essigsäure; 67%. (J. Amer. chem. Soc. **78**. 1066—68. 5/3. 1956. Brooklyn, N. Y., Brooklyn Coll., Chem. Dep.) G. WINKLER. B 225

A. W. Karjakin und **W. A. Nikitin**, *Spektraluntersuchung der Photooxydation organischer Verbindungen.* Wenn durch eine 25%ig. Lsg. von *Benzaldehyd* (I) in CCl_4 1 Std. O_2 unter Bestrahlung mit Licht von $\lambda < 4000$ Å durchgeleitet wird, sind im Ultrarotspektr. die den aliphat. C–H-Schwingungen entsprechenden Banden geschwächt, die O–H- u. O–O-Banden (6920, 875 cm^{-1}) treten auf, ferner die Bande der Wasserstoffbindung OH···O (6250 cm^{-1}), nicht aber die C–O–OH-Bande (837 cm^{-1}); die Banden des Benzolrings sind unverändert, die C=O-Bande ist von 1750 nach 1680 cm^{-1} verschoben. Es wird angenommen, daß das zunächst gebildete Hydroperoxyd rasch mit **I** reagiert u. ein Oxyperoxyd $C_6H_5C(=O)OOCH(OH)C_6H_5$ bildet, das zu 2 Mol Benzoesäure zerfällt. Diese ist nach 24 Std. neben **I** allein erkennbar. *Cumol* zeigt nach 15 Std. schwache Banden des Hydroperoxyds, *Toluol* wird nicht, *Äthylbenzol* kaum beeinflußt; *Myrcen* (schon nach 4 Std.) u. ein Gemisch von α- u. *β-Pinen* zeigen OOH- u. C=O-Banden. (Журнал Физической Химии [J. physik. Chem.] **27**. 1867—76. Dez. 1953.) R. K. MÜLLER. B 226

Charles Kemball, *Deuterierung und Austausch bei Äthylen an evaporierten Metallkatalysatoren bei tiefen Temperaturen.* Vf. bestimmt massenspektrometr. die Menge der bei der Rk. zwischen *Äthylen* (**I**) u. D_2 an entgasten *W-*, *Ni-*, *Rh-* u. *Fe*-Filmen bei -100^0 gebildeten verschied. deuterierten Produkte. Es zeigt sich, daß der Austausch u. die Deuterierung des **I** eng zusammenhängende Prozesse sind u. unter den Versuchsbedingungen die Geschwindigkeiten beider Rkk. ziemlich groß sind. Sie betragen für die Deuterierung bei -100^0 (Rh = 1) für Ni $1{,}1 \cdot 10^{-1}$, Fe $4 \cdot 10^{-2}$ u. W $5 \cdot 10^{-2}$. Obwohl die Temperaturkontrolle für eine genaue Best. nicht ausreichte, konnte die Aktivierungsenergie für die Rk. an W zu 5—6 kcal zwischen -120 u. -100^0 u. an den übrigen Metallen zu 7 kcal geschätzt werden. An Ni waren beide Rkk. unabhängig vom **I**-Druck u. proportional der Quadratwurzel des D_2-Druckes. Die Menge der einzelnen verschieden deuterierten Prodd. bei der Rk. an W unterscheidet sich wesentlich von der an anderen Metallfilmen erhaltenen, steht aber in Einklang mit dem Verh. des W beim katalyt. Austausch des Äthans mit D_2. Vf. entwickelt eine allg. Theorie, die unabhängig von den verschied. zur Gesamt-Rk. beitragenden Reaktionsmechanismen die Anteile der bei der Rk. entstehenden verschied. Deuteroäthane sowie die Stellung der D-Atome in diesen Verbb. voraussagt. (J. chem. Soc. [London] **1956**. 735—43. März. Belfast, Queen's Univ.) K. FRENKLER. B 227

A. A. Dobrinskaja, M. B. Neiman und **N. K. Rudnewski,** *Untersuchung der Entflammungsbedingungen von Gasgemischen.* 26. Mitt. *Einfluß von Methylamin auf die Kaltflammenoxydation von Butan und Buten-(2).* (25. vgl. Журнал Физической Химии [J. physik. Chem.] **27.** [1953.] 1622; 23. vgl. C. **1955.** 2386.) Ein Zusatz von Methylamin bei 290 mm Gesamtdruck verlängert im Temperaturgebiet 295—300° die Induktionsperiode nach $\tau = \tau_0/(1 - 0{,}022\,y)$ (y = Konz. des Methylamins), setzt die Geschwindigkeit der Zunahme der Konzz. an Peroxyden während der Induktionsperiode herab u. führt zur Bldg. größerer Mengen Formaldehyd bei der Kaltflammenoxydation von *Butan* u. *Buten-(2)*. (Журнал Физической Химии [J. physik. Chem.] **27.** 1784—91. Dez. 1953. Moskau, Inst. für chem. Physik der Akad. der Wiss. der UdSSR.) R. K. MÜLLER. B 227

M. I. Gerber und **M. B. Neiman,** *Untersuchung der Entflammungsbedingungen von Gasgemischen.* 27. Mitt. *Kinetik der Ansammlung von Peroxyden und Aldehyden bei der Oxydation von Pentan.* (26. vgl. vorst. Ref.) Während der Induktionsperiode der Kaltflammenoxydation (270°) von *Pentan* nimmt die Konz. der Aldehyde u. organ. Peroxyde mit der Zeit nach einem Exponentialgesetz zu. Zusätze von Hexadien-(2.4) hemmen die Bldg. der Zwischenprodd. u. verlängern die Induktionsperiode. Dabei wird anscheinend die Geschwindigkeit der Entstehung von akt. Zentren erhöht, gleichzeitig aber der Autokatalysefaktor herabgesetzt. (Журнал Физической Химии [J. physik. Chem.] **27.** 1792—96. Dez. 1953.) R. K. MÜLLER. B 227

D. E. Pearson und **H. W. Pope,** *Der Unterdrückungs–Katalysator-Effekt (Swamping Catalyst Effect) bei der Bromierung von Acetophenon.* Vff. erhalten bei der Bromierung von Acetophenon (**II**) in Ggw. eines großen Überschusses an $AlCl_3$ in guter Ausbeute *m-Bromacetophenon*, frei von Phenacylbromid (**I**; mit katalyt. Mengen $AlCl_3$ wird ausschließlich **I** erhalten). Zur Erklärung wird von Vff. a) eine Unterdrückung der Methylenaktivität durch Komplexbldg. zwischen Carbonylgruppe u. Katalysator u. b) eine Zunahme der Substitutionsaktivität des Br_2, ebenfalls durch Vorliegen von Komplexbldg. mit $AlCl_3$, angenommen.

V e r s u c h e: *m-Bromacetophenon*, $Kp._3$ 94—95°, F. 7—8°, durch tropfenweise Zugabe von 0,28 Mol **II** zu 0,84 Mol $AlCl_3$ u. Zugabe von 0,28 Mol Br_2 bei Zimmertemp. innerhalb 10 Min., n_D^{25} 1,5740; 59,4% (Ausbeute; daneben 10% **II** zurück); *Oxim*, F. 100—101°. (J. org. Chemistry **21.** 381. März 1956. Nashville, Tenn., Vanderbilt Univ., Dep. of Chem.) G. WINKLER. B 227

Ja. T. Eiduss und **N. I. Jerschow,** *Über die katalytische Hydrokondensation von Kohlenoxyd mit Olefinen.* 10. Mitt. *Beziehung des Cyclohexens zur Hydrokondensationskatalyse.* (9. vgl. Известия Академии Наук СССР, Отделение Химических Наук [Nachr. Akad. Wiss. UdSSR, Abt. chem. Wiss.] **1952.** 1075; 8. vgl. C. **1956.** 8047.) Unter den Reaktionsbedingungen — 190°, atmosphär. Druck — liefert ein Gemisch von Cyclohexen (**I**), CO u. H_2 beim Überleiten im dampf-gasförmigen Zustand über den Katalysator *Bzl.*, *Cyclohexan* (**II**), *1-Methylcyclohexen-(1)* (**III**) u. *1.2-Dimethylcyclohexen-(1)* (**IV**). **II** entsteht aus **I** in einer Hydrierungs-Rk., aber auch durch Disproportionierung nach $2\,C_6H_{10} \rightarrow C_6H_6 + 2\,C_6H_{12}$. **III** u. **IV** bilden sich aus **I** u. CH_2-Radikalen. Außer den angegebenen Prodd. befinden sich im Katalysat niedrigsd. aliphat. KW-stoffe, die nicht näher untersucht werden. (Известия Академии Наук СССР, Отделение Химических Наук [Nachr. Akad. Wiss. UdSSR, Abt. chem. Wiss.] **1953.** 704—12. Juli/Aug. Inst. für Organ. Chem. der Akad. der Wiss. der UdSSR.) R. KNOBLOCH. B 227

C. Präparative organische Chemie. Naturstoffe.

Paul Fleury, *Einige nichtklassische Gesichtspunkte bei der oxydativen Einwirkung von Perjodsäure auf organische Verbindungen.* Übersicht über die klass. MALAPRADE-Rk. u. ihre Grenzen, ihre Ausdehnung auf α-Oxyaldehyde, -ketone u. -säuren, die „Superoxydation" von Verbb. mit akt. H-Atomen, den Einfl. des p_H-Wertes u. des Lichtes. — 33 Literaturangaben. (Bull. Soc. Chim. France, Mém. [5] **1955.** 1126—35. Sept. Paris, Fac. de Pharm., Labor. de Chim. Biol.) H. J. BESTMANN. 460

W. I. Ssawuschkina, Ss. W. Ssjawzillo und **A. P. Terentjew** (unter experimenteller Mitarbeit von **Je. M. Shernowskaja, N. A. Palamartschuk** und **L. M. Chartschewnikowa),** *Synthese von ^{14}C-kernmarkiertem Benzol und Toluol.* Es wird zur Synth. von $^{14}C_{(1)}$-kernmarkiertem *Toluol* 1.5-Dibrompentan mit $CH_3{}^{14}COOC_2H_5$ nach GRIGNARD zu *$^{14}C_{(1)}$-1-Methylcyclohexanol-(1)* umgesetzt, welches zu *$^{14}C_{(1)}$-1-Methylcyclohexen-(1)* dehydratisiert u. schließlich zu *$^{14}C_{(1)}$-Toluol* dehydriert wird. Durch Oxydation vorst. Verb. mit $KMnO_4$ entsteht *$^{14}C_{(1)}$-Benzoesäure,* aus der durch Decarboxylierung *^{14}C-Benzol* erhalten wird.

Versuche: *$^{14}C_{(1)}$-1-Methylcyclohexanol-(1),* $Kp._{20}$ 60—61°, man läßt zu Mg in sd. absol. Ae. langsam 1.5-Dibrompentan u. nach 3 Std. $CH_3{}^{14}COOC_2H_5$ tropfen. Nach 3 Std. zers. man unter Eiskühlung mit 20%ig. H_2SO_4; $D.^{20}_4$ 0,9194; n_D^{20} 1,4558; 40% (Ausbeute). — *$^{14}C_{(1)}$-1-Methylcyclohexen-(1),* man kocht vorst. Verb. mit wss. Oxalsäure 8 Std. unter Rühren (110—120° Badtemp.); $D.^{20}_4$ 0,809; n_D^{20} 1,4502; 70,8—87,8%. *$^{14}C_{(1)}$-Toluol,* man dehydriert vorst. Verb. im katalyt. Ofen über Pt-Kohle bei einer Durchsatzgeschwindigkeit von 0,5 ml Substanz/ml Katalysator im schwachen H_2-Strom bei 300°; $D.^{20}_4$ 0,8660; n_D^{20} 1,4955; 89,3—96%. — *$^{14}C_{(1)}$-Benzoesäure,* F. 122°, man läßt zu einem Gemisch vorst. Verb. u. W. während 20 Std. langsam $KMnO_4$-Lsg. zutropfen; 66—72%. — *^{14}C-Benzol,* man läßt eine Mischung von vorst. Verb., Chinolin u. CuO 6—7 Std. sd., wobei das entstehende Bzl. abdest.; $D.^{20}_4$ 0,874; n_D^{20} 1,5030; 66—70%; 21—25% (Ausbeute, bezogen auf die Radioaktivität des Essigesters). — Katalyt. Ofen u. App. zur Decarboxylierung werden beschrieben (Skizzen). (Доклады Академии Наук СССР [Ber. Akad. Wiss. UdSSR] **102.** 1139—42. 21/6. 1955.) CH. WEISKE. 480

A. I. Sacharowa, G. D. Iljina und **G. M. Muraschow,** *Synthese verzweigter Triacetylenkohlenwasserstoffe. Gewinnung von 2.2.5.5.8.8.11.11-Oktamethyldodecatriin-(3.6.9).* Es wird aus tert.-Butylacetylen u. 2.5-Dichlor-2.5-dimethylhexin-(3) in Ggw. von Cu_2Cl_2 u. $HgCl_2$ *2.2.5.5.8.8.11.11-Oktamethyldodecatriin-(3.6.9)* (I) dargestellt. Bei der Ozonisierung von I entstehen *Trimethylessigsäure* u. *Dimethylmalonsäure.* $KMnO_4$ greift I auch bei 48std. Kochen nicht an. In Ggw. von $PdCl_2$ läßt sich I zu *2.2.5.5.8.8.11.11-Oktamethyldodecan* hydrieren. Das RAMAN-Spektr. von I wurde aufgenommen (Frequenzangabe).

Versuche: *2.2.5.5.8.8.11.11-Oktamethyldodecatrien-(3.6.9)* (I), $C_{20}H_{30}$, F. 47°, $Kp._{0,064}$ 62—64°, man läßt zu einer C_2H_5MgBr-Lsg. unter Kühlung langsam tert. Butylacetylen tropfen, läßt 36 Std. stehen u. kocht, bis die C_2H_6-Entw. aufhört. Dann läßt man auf Zimmertemp. abkühlen, fügt Cu_2Cl_2 u. $HgCl_2$ zu, läßt unter Kühlung 2.5-Dichlor-2.5-dimethylhexin-(3) zutropfen, läßt 36 Std. stehen, kocht 4 Std. u. zers. mit verd. HCl; $D.^{50}_4$ 0,7715; n_D^{50} 1,4295; 60% (Ausbeute). Bei der Ozonolyse entstehen *Trimethylessigsäure* [F. 34—35°; *Ag-Salz,* $C_5H_9O_2Ag$] u. *Dimethylmalonsäure* [$C_5H_8O_4$, F. 187° (Ae.); *Ag-Salz,* $C_5H_6O_4Ag_2$]. — *2.2.5.5.8.8.11.11-Oktamethyldodecan,* $C_{20}H_{42}$, F. 37—38° (Methanol), man hydriert I in A. in Ggw. von $PdCl_2$ (auf $CaCO_3$). (Журнал Общей Химии [J. allg. Chem.] **25** (**87**). 1968—71. Sept. 1955. Leningrad, Univ.) CH. WEISKE. 530

W. Gerrard und **M. F. Lappert,** *Spaltung gemischter Äther durch Bortrichlorid.* (Vgl. C. **1953.** 4507.) Die Ätherspaltung mit BCl_3 verläuft nach $R-O-R' + BCl_3 \rightarrow R-Cl + R'-O-BCl_2$. Dabei wird der KW-stoffrest als R—Cl abgespalten, der in dem Komplex $RR'O \cdot BCl_3$ weniger elektrophil ist u. am leichtesten das Kation in $R^+[R'-O-BCl_3]^-$ bilden kann. So verläuft z. B. die Rk. mit n-Butyl-sek.-butyläther (I) unter Bldg. von *sek.-Butylchlorid* (**VI**) u. *Dichlorborsäure* (**II**)*-n-Butylester* (**IV**). Der Mechanismus wird mit dem der Ätherspaltung mit HJ (vgl. LIPPERT [1893], SILVA [1876], GRAEBE [1866]) verglichen, wo der anion. Angriff des J^- auf das Kation $[RR'O \cdot H]^+$ zur Spaltung führt.

Versuche: Aus Äthyl-n-octyläther, $C_{10}H_{22}O$, mit 2 (Mol) BCl_3 bei —10°; 89% (Ausbeute). *Dichlorborsäure* (**II**)*-Äthylester* (**III**), $C_2H_5OCl_2B$, Kp. 78—80°, u. 80% *n-Octylchlorid,* $C_8H_{17}Cl$, $Kp._8$ 58—60°, $n_D^{18,5}$ 1,4300. — Aus n-Butylisobutyläther mit 1 BCl_3 bei —80°, dann 1½ Std. bei 20° 98% eines Gemisches von *tert.-* u. *Isobutylchlorid,* C_4H_9Cl, Kp. 50—65°, n_D^{20} 1,3880, u. 73% **II**-*n-Butylester* (**IV**), $C_4H_9OCl_2B$, $Kp._{12}$ 35—38° (gibt bei 40std. Erhitzen auf 110° *n-Butylchlorid,* Kp. 76—78°, n_D^{24} 1,3968); bzw. mit $^1/_3$ BCl_3

bei -80^0, dann 1 Std. bei 20^0 ein Gemisch von *tert.-*, *n-* u. *Isobutylchlorid* u. 92% *Borsäure* (**V**)*-Tri-n-butylester*, $C_{12}H_{27}O_3B$, $Kp._{0,5}$ 71^0, $Kp._{10}$ $105-106^0$, n_D^{25} 1,4030 (→ *n-Butanol*, Kp. 117^0, n_D^{20} 1,3993). — Aus **I** mit $>1\,BCl_3$ bei -10^0, dann 12 Std. bei 20^0 92% eines Gemisches von *n-* u. *sek.-Butylchlorid* u. 96% B_2O_3; mit $1\,BCl_3$ bei -80^0, dann 1 Std. bei -10^0 *sek.-Butylchlorid* (**VI**), Kp. $66-68^0$, n_D^{24} 1,3964, u. 92% **IV**. — Aus n-Butyl-tert.-butyläther u. $1\,BCl_3$ bei -80^0, dann 1 Std. bei 20^0 81% *tert.-Butylchlorid* (**VII**), Kp. 50 bis 51^0, n_D^{20} 1,3860, u. 82% **IV**. — Aus Isobutyl-sek.-butyläther mit $1\,BCl_3$ bei -80^0, dann 10 Min. bei 20^0 **VI** u. **II**-*Isobutylester* (**VIII**), $Kp._{20}$ $32-34^0$, n_D^{20} 1,4087, $D._4^{20}$ 1,042 (→ *Isobutanol*, Kp. $105-106^0$, n_D^{21} 1,4148). — Aus Isobutyl-tert.-butyläther mit $1\,BCl_3$ bei -80^0, dann Dest. bei 0^0 im Vakuum 80% **VII** u. **VIII**. — Aus sek.-Butyl-tert.-butyläther mit $\frac{1}{2}BCl_3$ bei -80^0, dann $1\frac{1}{2}$ Std. bei 20^0 ein Gemisch von **VI** u. **VII** u. 87% **V**-*Tri-sek.-butylester*, $Kp._{10}$ 82^0, n_D^{20} 1,3970 (→ *sek.-Butanol*). — Analog aus sek.-Octyläthyläther oder Phenäthyläthyläther **III** u. *sek.-Octylchlorid* bzw. *Phenäthylchlorid*. — *Anisol-BCl₃-Komplex*, $C_7H_8OCl_3B$, aus Anisol mit $1\,BCl_3$ bei -80^0; gibt mit W. *Anisol*, Kp. 154^0, n_D^{19} 1,5182); beim Erwärmen auf 20^0 eine purpurrote Fl., aus dieser nach 40 Min. bei 20^0/20 mm **II**-*Phenylester* u. dessen Disproportionierungsprodd. *Diphenylchlorborat* u. **V**-*Triphenylester*, $C_{18}H_{15}O_3B$, $Kp._{0,2}$ $160-170^0$. — *Phenetol-BCl₃-Komplex*, $C_8H_{10}\cdot OCl_3B$, aus Phenetol u. BCl_3 bei -80^0; gibt mit W. *Phenetol*, Kp. 170^0, n_D^{19} 1,5083; nach 15 Std. bei 20^0 (purpurrote Fl.), dann bei 20^0/15 mm *Diphenylchlorborat* u. **V**-*Triphenylester*, $Kp._{0,4}$ 178^0. (J. chem. Soc. [London] **1952**. 1486—90. April. London, Northern Polytechnic.) F. J. MEYER. 560

A. A. Petrow, *Einwirkung von Chloramiden auf Chloropren in wässeriger und alkoholischer Lösung.* Durch Einw. einer wss. Chlorharnstofflsg. auf Chloropren bilden sich außer Anlagerungsprodd. von Cl_2 u. anderen nicht untersuchten Prodd. *1.3-Dichlorbuten-(3)-ol-(2)* (**I**) u. *3.4-Dichlorbuten-(2)-ol-(1)* (**II**) im Verhältnis 1 : 2,6. Beide liefern die entsprechenden *Acetate* u. durch Anlagerung von Br_2 die *Dibromide*. Zum Nachw. der Stellung der OH-Gruppe in **I** wird sein Dibromid zum entsprechenden *Keton* oxydiert, das bei der Red. *Methyläthylketon* gibt. Aus **I** entsteht durch Behandeln mit Alkalihydroxyd das früher beschriebene *Chloroprenoxyd* [*3-Chlor-1.2-oxidobuten-(3)*], in Übereinstimmung mit der Konstitution. Aus **II** entsteht bei der Oxydation *Chloressigsäure*; bei der Einw. von Zn in wss. A. werden 2 Cl abgespalten; beides spricht für die angenommene Konstitution. Bei der Rk. von Chloropren mit Benzolsulfodichloramid (**III**) in Methyl-, Äthyl- oder Butylalkohol werden die **I** u. **II** entsprechenden *Alkyläther* im Verhältnis 1 : 4 neben *Dichloriden* des *Chloroprens* u. *1.2-Dichlorbutadien-(1.3)* gebildet; in sehr geringer Menge findet sich unter den Reaktionsprodd. im Falle Alkyl = C_2H_5 ein ungesätt. Keton, das als *Chlormethylvinylketon* angesehen u. aus einem 3. Anlagerungsprod. von C_2H_5OCl an Chloropren, 3.4-Dichlor-3-äthoxybuten-(1), durch Hydrolyse beim Aufarbeiten entstanden sein muß. Die Konst. der **I**-Alkyläther wird durch Behandeln mit alkoh. Alkalihydroxyd bewiesen, wobei die früher beschriebenen *3-Chlor-2-alkoxybutadiene-(1.3)* (*Chloralkoxyprene*) gebildet werden, deren Konst. seinerzeit mittels der Umwandlungen $\xrightarrow{\text{verd. } H_2SO_4}$ *3-Chlor-2-oxobuten-(3)* $\xrightarrow{Br_2}$ *3-Chlor-3.4-dibrombutanon-(2)* $\xrightarrow{H_2}$ *Methyläthylketon* sichergestellt wurde. Die Konst. der **II**-Alkyläther folgt aus nachst. Reaktionen. Durch Oxydation bildet sich z. B. aus **II**-Äthyläther viel *Chloressigsäure* u. wenig *Äthoxyessigsäure*. Beim Behandeln mit Zn-Staub in wss. A. erfolgt energ. Rk., wobei hauptsächlich *Butadien-(2.3)-ol-(1)-äthyläther* erhalten wird; Nebenprodd. sind der *Äthyläther* von *γ-Chlorcrotonalkohol* u. *Chloropren*. Unter Bezugnahme auf frühere Arbeiten wird auf den Unterschied in der Anlagerungsweise von HOCl u. ihren Estern einerseits u. HOBr u. den Estern der HOJ andererseits hingewiesen.

V e r s u c h e : Man schüttelt 177 g Chloropren 1 Std. mit gekühlter, mit H_2SO_4 angesäuerter (2% H_2SO_4) Chlorharnstofflsg. (aus 60 g Harnstoff in 450 ml W. + 60 g $CuCO_3$ durch Einleiten von 50 g Cl_2 bei -10 bis 0^0); das von der wss. Schicht abgetrennte Öl wird im Vakuum fraktioniert; es enthält u. a. 15,1 g *1.2.4-Trichlorbuten-(2)* (*1.4-Dichlorid* von *Chloropren*), $C_4H_5Cl_3$, $Kp._{10}$ $67-69^0$; n_D^{15} 1,5145, 9,7 g *1.3-Dichlorbuten-(3)-ol-(2)* (**I**), $C_4H_6OCl_2$, das mit W. aus der Fraktion vom $Kp._{20}$ $70-80^0$ extrahierbar ist, $Kp._{20}$ $75{,}5-76^0$; $D._4^{20}$ 1,3126; n_D^{20} 1,4916 u. 26,5 g *3.4-Dichlorbuten-(2)-ol-(1)* (**II**), $C_4H_6OCl_2$, $Kp._{20}$ $114{,}5-115^0$; $D._4^{20}$ 1,3323; n_D^{20} 1,5100. — *Acetat* von **I**, $C_6H_8O_2Cl_2$, $Kp._{20}$ $89-89{,}5^0$; $D._4^{20}$ 1,2443; n_D^{20} 1,4650. — *Acetat* von **II**, $C_6H_8O_2Cl_2$, $Kp._{20}$ 116,5 bis 117^0; $D._4^{20}$ 1,2646; n_D^{20} 1,4822. — *1.3-Dichlor-3.4-dibrombutanol-(2)*, $C_4H_6OCl_2Br_2$, $Kp._{10}$ $134{,}5-136^0$; durch Bromieren von **I** in Chlf.; $D._4^{20}$ 2,1002; n_D^{20} 1,5701. — *3.4-Dichlor-2.3-dibrombutanol-(1)*, $C_4H_6OCl_2Br_2$, $Kp._{10}$ $142{,}5-143^0$; $D._4^{20}$ 2,0973; n_D^{20} 1,5740. — *1.3-Dichlor-3.4-dibrom-2-oxobutan*, $C_4H_4OCl_2Br_2$, $Kp._{10}$ $124-125^0$; durch Behandeln vorvorst. Verb. mit $Na_2Cr_2O_7$ in $CH_3CO_2H + H_2SO_4$ (beide 80%ig.) bei $15-25^0$; $D._4^{20}$ 2,0991; n_D^{20} 1,5600; 88% (Ausbeute). Das hieraus durch Red. mit Zn u. CH_3CO_2H erhaltene *Methyläthylketon* wird mit Wasserdampf übergetrieben u. als *p-Nitrophenylhydrazon* (F. 122—124°) identifiziert. — *3-Chlor-1.2-oxidobuten-(3)*, Kp. 109—111°; durch Zutropfen von **I** zu erhitzter (150°) 80%ig. KOH-Lsg.; n_D^{20} 1,4594; 80%. — In eine Lsg. von 132 g Chloropren in 300 ml Methanol werden unter Rühren anteilweise bei 4—6° 126 g **III** (90%ig.) eingetragen, nach 1 Std. die flüchtigen Prodd. mit Wasserdampf übergetrieben u. fraktioniert; die bei 50—60°/20 mm sd. Fraktion wird zur Befreiung von *Dichloriden* mit 10%ig. alkoh. KOH bei Zimmertemp. bis zur beständigen alkal. Rk. behandelt u. zur weiteren Reinigung ½ Std. mit Zn-Staub in wss.-alkal. Lsg. gekocht; hierdurch wird **I**-*Methyläther*, $C_5H_8OCl_2$, $Kp._{20}$ 58—59°; $D.^{20}_4$ 1,1710; n_D^{20} 1,4612, erhalten; die bei 78—83°/20 mm sd. Fraktion gibt bei weiterem Fraktionieren **II**-*Methyläther*, $C_5H_8OCl_2$, $Kp._{20}$ 80—81°; $D.^{20}_4$ 1,2177; n_D^{20} 1,4788; insgesamt werden unter Berücksichtigung von Zwischenfraktionen ca. 80 g **I** + **II**-Methyläther im Verhältnis 1 : 3,5 gewonnen. — *3-Chlor-2-methoxybutadien-(1.3)* (*Chlormethoxypren*); $Kp._{85}$ 58—59,5°; durch ½std. Kochen von **I**-Methyläther (7,8 g) mit 25%ig. alkoh. KOH; $D.^{20}_4$ 1,0681; n_D^{20} 1,4732; 4 g. — *Butadien-(2.3)-ol-(1)-methyläther*, C_5H_8O, $Kp._{755-760}$ 87,5 bis 87,8°; man tropft **II**-Methyläther zu Zn-Staub in sd. 70%ig. A. u. dest. gleichzeitig das Gemisch der Reaktionsprodd. unter Anwendung einer Fraktionierkolonne ab; $D.^{20}_4$ 0,8327; n_D^{20} 1,4395; 40% neben etwas *Chloropren* u. anderen nicht untersuchten Produkten. — **I**-*Äthyläther*, $C_6H_{10}OCl_2$, $Kp._{20}$ 67,5—68°; neben **II**-Äthyläther aus Chloropren u. **III** in 98%ig. A.; $D.^{20}_4$ 1,1297; n_D^{20} 1,4562; die Ausbeute von **I** + **II**-Äthyläther beträgt 50% (auf 90%ig. **III** bezogen) im Verhältnis 1 : 4; weitere Nebenprodd. sind wenig *1.2-Dichlorbutadien-(1.3)*, $C_4H_4Cl_2$, $D.^{15}_4$ 1,1993; n_D^{15} 1,5078, *Chlormethylvinylketon* (?) u. *Dichloride* des *Chloroprens*. — **II**-*Äthyläther*, $C_6H_{10}OCl_2$, $Kp._{20}$ 90—90,5°; $D.^{20}_4$ 1,1683; n_D^{20} 1,4734. — *3-Chlor-2-äthoxybutadien-(1.3)*, C_6H_9OCl, $Kp._{85}$ 74—75°; $D.^{20}_4$ 1,0155; n_D^{20} 1,4652. — *3.4-Dichlor-2.3-dibrombutanol-(1)-äthyläther*, $C_6H_{10}OCl_2Br_2$ $Kp._{10}$ 127—129°; durch Bromieren von **II**-Äthyläther in Chlf.; Reaktionsdauer mehrere Tage; $D.^{20}_4$ 1,8134; n_D^{20} 1,5312; 55%. — *Butadien-(2.3)-ol-(1)-äthyläther*, $C_6H_{10}O$, $Kp._{755-760}$ 107,5—107,8°; aus **II**-Äthyläther u. Zn analog Vorst.; $D.^{20}_4$ 0,8228; n_D^{20} 1,4389; 42% neben wenig *Chloropren* u. 6% des *Äthyläthers* von *γ-Chlorcrotonalkohol*, $C_6H_{11}OCl$, $Kp._{25}$ 52—54°; $D.^{20}_4$ 0,9843; n_D^{20} 1,4405. — **II**-*Butyläther*, $C_8H_{14}OCl_2$, $Kp._{20}$ 119 bis 120°; aus Chloropren u. **III** in Butylalkohol; $D.^{20}_4$ 1,0883; n_D^{20} 1,4672; die Nebenprodd., bes. **I**-Butyläther, werden nicht rein gewonnen. — *Butadien-(2.3)-ol-(1)-butyläther*, $C_8H_{14}O$, $Kp._{755-760}$ 153,5—154°; aus vorst. Verb. u. Zn; $D.^{20}_4$ 0,8270; n_D^{20} 1,4432; 45% neben 13% des *Butyläthers* von *γ-Chlorcrotonalkohol*, $C_8H_{15}OCl$, $Kp._{25}$ 86—92°; $D.^{20}_4$ 0,9656; n_D^{20} 1,4432. (Журнал Общей Химии [J. allg. Chem.] **22** (84). 1516—28. Sept. 1952. Leningrad, Inst. für Flugzeuggerätebau.) R. KNOBLOCH. 560

W. Langenbeck und **M. Bollow**, *Eine neue Glycerinsynthese.* Wenn man Formaldehyd u. Nitromethan in Methanol in Ggw. von NaOH zur Rk. bringt, bildet sich in fast quantitativer Ausbeute *2-Nitropropandiol-(1.3)*. Daraus läßt sich durch Hydrierung in Ggw. von Ni–Mg–Mischformiat-Kontakten in alkoh. Lsg. *2-Aminopropandiol-(1.3)* (**III**) herstellen, aus welchem Vff. über das *Hydrochlorid* des *2-Aminopropandiol-(1.3)-diacetats* (**I**) durch Rk. mit $NaNO_2$ *Diacetylglycerin* (**II**; *Diacetin*) in einer Ausbeute von 40% erhalten konnten. **I** wurde aus dem Hydrochlorid von **III** mit Acetanhydrid bzw. aus Nitropropandioldiacetat durch Hydrierung gewonnen. **II** wurde zur Charakterisierung auch in *Triacetin* übergeführt. (Naturwissenschaften **42**. 389—90. Juli 1955. Rostock, Inst. für Katalyseforsch.) R. MATTNER. 580

Evans B. Reid, Robert B. Fortenbaugh und **Helen R. Patterson**, *Die Oxydation von Tetronsäuren.* 1. Mitt. *Strukturelle Voraussetzungen für die Bildung von 1.2-Diketonen.* Vff. untersuchten die Oxydation von 3- u. 5-substituierten u. 3.5-disubstituierten Tetronsäuren. Für die Bldg. von *α-Diketonen* durch Oxydation von Tetronsäuren ist das Vorhandensein von Methylenwasserstoff unbedingte Voraussetzung, da die Möglichkeit zur Enolbldg. gegeben sein muß. Ist $C_{(3)}$ der Tetronsäure außerdem monosubstituiert, so werden unabhängig von einer Substitution in 5-Stellung α-Diketone gebildet. Ist $C_{(3)}$ nicht substituiert, so ist für die Bldg. von α-Diketonen Monosubstitution an $C_{(5)}$ notwendig. Bei der Oxydation von 5-Methyltetronsäure (**I**) entstehen *Butandion-(2.3)* (**VII**), *Butanol-(2)-on-(3)* u. CO_2, durch Oxydation von 5.5-Dimethyltetronsäure *Aceton* u. CO_2. Analog wurden aus 3-Methyl- bzw. 3-Äthyltetronsäure (**III**) **VII** bzw. *Pentandion-(2.3)* (**VIII**), *Butanol-(1)-on-(2)* bzw. *Pentanol-(1)-on-(2)* (**IX**) u. CO_2, aus 3.3-Dimethyltetronsäure (**IV**) *Dimethylmalonsäure, Isobuttersäure, 1-Oxy-3-methylbutanon-(2), HCOOH* u. CO_2 gebildet. 3.5-Dimethyltetronsäure (**V**) liefert durch Oxydation **VIII**, *Pentanol-(2)-on-(3)* (**II**) u. CO_2, 3.5.5-Trimethyltetronsäure (**VI**), *4-Methylpentandion-(2.3)* u. CO_2. Trägt die Tetronsäure also in 3-Stellung einen Substituenten, so ist unabhängig von 5-Substituenten das Gesamtergebnis der Oxydation: Decarboxylierung, Red. von $C_{(5)}$ u. Oxydation von $C_{(3)}$. Im Falle der Monosubstitution in 5-Stellung erfolgt die Oxydation an

$C_{(5)}$ die Red. in 3-Stellung. Das durch Hydrolyse aus **III** erhaltene **IX** ergab durch Oxydation kein **VIII**; auch das analog aus **V** gebildete **II** ließ sich nicht zu **VIII** oxydieren. Durch Hydrolyse u. folgende Oxydation von **I** wurde ebenfalls kein **VII** erhalten. Die Bldg. der α-Diketone durch Hydrolyse der Tetronsäuren u. Oxydation der entstehenden Ketole ist daher auszuschließen; vielmehr muß eine Oxydation der Tetronsäuren vor der Hydrolyse des Lactonringes angenommen werden. Das unterschiedliche Oxydationsverh. von Tetronsäuren mit Substituenten in 3-Stellung u. ohne wird an Hand der Resonanzmöglichkeiten diskutiert. Der weitgehende Abbau von **II** wird auf die Ausbldg. resonanzstabilisierter Formen, nach Hydroxylierung in 3-Stellung, zurückgeführt, die leichter weiteroxydiert als decarboxyliert werden.

Versuche: *3-Äthyltetronsäure* (**III**), F. 127—128° (W.), durch Bromierung von α-Äthylacetessigester in Eiswasser u. 12std. Erhitzen des erhaltenen Gemisches von α- u. *γ-Bromester* ($Kp._2$ 62—66°; 73%) auf 100° in Ggw. von HBr; 51% (Ausbeute). — *3.3-Dimethyltetronsäure* (**IV**), $Kp._{760}$ 207—212°, durch Zutropfen von α.α-Dimethyl-γ-acetoxyacetessigester zu konz. H_2SO_4 unter Rühren unterhalb 8°, 48std. Stehen im Eisschrank, Ausgießen auf Eis u. 2std. Stehen bei Raumtemp.; 89,4%. *Oxim*, $C_6H_9O_3N$, F. 132—134°. — *3.5-Dimethyltetronsäure* (**V**), F. 121—122,5° (W.), aus α-Propionylpropionsäureäthylester durch Bromierung u. Erhitzen des *Bromesters* ($Kp._{0,5-1}$ 52,5 bis 62°; 56%) auf 160° unter Abdest. von Äthylbromid; 76%. — *5-Methyltetronsäure* (**I**), F. 117—119°. — *5.5-Dimethyltetronsäure*, $C_6H_8O_3$, F. 144—146° (Bzl.); 50%; gibt durch Chromsäureoxydation *Aceton* (*Dinitrophenylhydrazon*, F. 126°). — *3.5.5-Trimethyltetronsäure* (**VI**), $C_7H_{10}O_3$, F. 137—139° (Bzl.), durch Alkylierung von Isobutyrylessigsäureäthylester mit CH_3J u. Na-Äthylat, Zutropfen von Br_2 in CCl_4 zu einer Lsg. des erhaltenen *α-Isobutyrylpropionsäureäthylesters* ($Kp._{16}$ 92°; 91,5%) in CCl_4 unter Rühren unterhalb 5°, Stehen über Nacht bei Raumtemp., langsame Zugabe des *γ-Bromesters* ($C_9H_{15}O_3Br$, $Kp._4$ 88—90°; 95%) zu wss. $Ba(OH)_2$-Lsg., 1std. Schütteln, 7tägiges Stehen bei Raumtemp. u. Ausfällen mit HCl; 58%. — *α-Ketoisovaleraldehyd*, F. 95—96°, durch Bromierung von **IV** zu *5-Brom-3.3-dimethyltetronsäure* u. Dampfdest.; 22%. *Phenylosazon*, F. 113—114° (orangefarbene Kristalle), mit Phenylhydrazin in Essigsäure. — *Pentanol-(1)-on-(2)* (**IX**), $Kp._{760}$ 152°, a) aus Di-n-propyl-Cd u. Chloracetylchlorid u. 41std. Kochen des erhaltenen *1-Chlorpentanons-(2)* ($Kp._5$ 47°; 20%) in absol. CH_3OH-Na-Formiat; 15%; b) durch 35std. Kochen von **III** in n-H_2SO_4 unter N_2; gibt durch Chromsäureoxydation *Buttersäure* (*p-Toluidid*, F. 72°), u. *Ameisensäure* (*p-Bromphenacylderiv.*, F. 139°). *2.4-Dinitrophenylosazon*, F. 234° (Zers.; orangerote Kristalle aus Toluol). *Phenylhydrazon*, $C_{11}H_{16}ON_2$, F. 70°. — *Pentandion-(2.3)* (**VIII**), Kp. 105—111°, a) durch Zutropfen wss. Chromsäurelsg. zu **V** in sd. verd. H_2SO_4; 28,4%; b) durch Kochen von **V** in H_2SO_4; c) durch Chromsäureoxydation von **III**; 43%. *Dioxim*, F. 172—172,5°. *Disemicarbazon*, F. 254—255°. — *Butandion-(2.3)* (**VII**), durch Chromsäureoxydation von **I**. *2.4-Dinitrophenylosazon*, F. 317° (orangefarbene Kristalle). *Disemicarbazon*, F. 277°. — *4-Methylpentandion-(2.3)*, durch Chromsäureoxydation von **VI**; 50%. *Phenylosazon*, F. 114°. *Dioxim*, F. 155°. — *Dimethylmalonsäure*, $C_5H_8O_4$, F. 193—194° (Zers., Ae.-Ligroin), durch Oxydation von **IV**. Daneben *Isobuttersäure* (*p-Toluidid*, F. 103°) u. *3-Methylbutanol-(1)-on-(2)*. (J. org. Chemistry **15**. 572—82. Mai 1950. Baltimore, Md., Johns Hopkins Univ., u. Middlebury, Vt., Middlebury Coll., Chem. Labors.)

H. BERTSCH. 720

Luigi Canonica und **Tullio Bacchetti,** *Über eine neue Methode zur Darstellung ungesättigter Ester.* Bei der Kondensation von gesätt. oder ungesätt. Aldehyden mit K-Monoäthylmalonat entstehen *Äthylester von Monocarbonsäuren* mit einer oder zwei zur Carboxylgruppe konjugierten Doppelbindungen, z. B. *Crotonsäureäthylester* (**I**). Als Nebenprodd. können dabei *β-Alkylglutarsäureester* auftreten. Bei der analogen Kondensation mit Zimtaldehyd wird die freie Carboxylgruppe nicht eliminiert, u. es entsteht *Cinnamylidenmalonsäuremonoäthylester.*

Versuche: *Crotonsäureäthylester* (**I**), Kp. 136—138,5°, aus 80 g K-Monoäthylmalonat u. 25 g Acetaldehyd in Pyridin in Ggw. von Pyridinhydrochlorid (6—8 Std. auf dem Wasserbad); $D.^{18}_4$ 0,9210; 68% (Ausbeute), daneben 5,2 g *β-Methylglutarsäureäthylester*, Kp. 234° (→ *β-Methylglutarsäure*, F. 87°). — *Nonen-(2)-säureäthylester*, mit Önanthaldehyd analog **I**; 60%, daneben *β-n-Hexylglutarsäure*, F. 38° (Bzl./PAe.; durch Verseifung des entstehenden *Äthylesters*, $Kp._3$ 130—180°). — *Sorbinsäureäthylester*, $Kp._{15}$ 80—82°, analog **I** aus 15,8 g Crotonaldehyd; $D.^{16}_4$ 0,9403; 15,9 g. — *Cinnamylidenmalonsäuremonoäthylester*, $C_{14}H_{14}O_4$, F. 115° (Bzl.-PAe.), aus K-Monoäthylmalonat u. Zimtaldehyd in Pyridin in Ggw. von H_2SO_4 (4 Std. auf dem Wasserbad). Liefert bei der Verseifung mit 3%ig. NaOH bei Zimmertemp. die *freie Säure* in 71%ig. Ausbeute. (Gazz. chim. ital. **83**. 1043—46. Dez. 1953. Milano, Univ., Ist. di Chim.)

WALTER SIMON. 810

Ju. W. Swetkin und **Ju. N. Forosstjan,** *Zur Reaktion von Keten mit stickstoffhaltigen Basen.* 1. Mitt. *Acetylierung von Harnstoffderivaten mit Keten.* Thioharnstoff u. Nitroharnstoff werden mit Keten in organ. Lösungsmitteln (Bzl., Toluol, CCl_4, Dioxan) in Ggw. von Spuren W. oder Essigsäure zu *Acetylthioharnstoff* u. *N-Acetyl-N'-nitroharnstoff* mit 90—96%ig. Ausbeute acetyliert. Verss., Phenylharnstoff zu acetylieren, mißlangen.

V e r s u c h e: *Acetylthioharnstoff*, F. 164—165° (50%ig. Essigsäure), man leitet in eine Lsg. von 8 g Thioharnstoff in 30 ml Toluol in Ggw. von 0,1 ml W. oder Essigsäure 3 Std. Keten bei 18—20° u. Normaldruck ein, wobei die Temp. auf 42° ansteigt; 12 g (Ausbeute). — *N-Acetyl-N'-nitroharnstoff*, $C_3H_5O_4N_3$, F. 115—116° (Zers.; Aceton), man acetyliert analog Vorst. 5,5 g Nitroharnstoff in 2 Std.; 7,5 g. (Журнал Общей Химии [J. allg. Chem.] **25** (**87**). 1966—68. Sept. 1955. Kischinew, Univ.) CH. WEISKE. 880

Giuseppe Illari, *Die Reaktion aliphatischer Aldehyde mit Tetrachlorkohlenstoff in Gegenwart von wasserfreiem Aluminiumchlorid.* Bei der Rk. von Trioxymethylen, Acetaldehyd oder Isobutyraldehyd mit CCl_4 in Ggw. von wasserfreiem $AlCl_3$ entsteht *Phosgen,* das nach dieser Meth. laboratoriumsmäßig hergestellt werden kann. Bei dieser Rk., die über ein Additionsprod. aus den monomeren Aldehyden u. $AlCl_3$ führt, findet eine intermol. Verschiebung von Chloratomen statt, deren vermutlicher Mechanismus diskutiert wird. Die Rk. gelingt nicht mit Benzaldehyd u. scheint auf aliphat. Aldehyde beschränkt zu sein.

V e r s u c h e: *Diphenylharnstoff*, $C_{13}H_{12}ON_2$, F. 234°, aus äquimol. Mengen Trioxymethylen u. $AlCl_3$ mit überschüssigem CCl_4 durch Erhitzen auf dem Wasserbad u. Einleiten des entstehenden $COCl_2$ in wss. Anilin; aus A. Nadeln. — *Phosgen*, aus Trioxymethylen, $AlCl_3$ u. CCl_4 unter Rückfluß (App. vgl. Original), oder analog unter Verwendung von Acetaldehyd oder Isobutyraldehyd. — *symm.-Dichlordimethyläther*, $C_2H_4OCl_2$, Kp. 105°, aus Trioxymethylen u. $AlCl_3$ durch Erwärmen ohne Lösungsm. auf dem Ölbad, neben CH_2Cl_2. (Gazz. chim. ital. **81.** 439—50. Juni 1951. Parma, Univ., Ist. di Chim. gen.) WALTER SIMON. 880

R. Schwyzer, B. Iselin, W. Rittel und **P. Sieber,** *Synthesen cyclischer Polypeptide. c-Tetraglycyl und c-Hexaglycyl.* 7. Mitt. *über aktivierte Ester.* (6. vgl. ISELIN u. SCHWYZER, C. **1956.** 7205.) Das aus N-Tritylglycincyanmethylester gewonnene *Tri-* (**IV**) bzw. *Tetraglycincyanmethylesterhydrochlorid* oder S-Triglycyl- (**III**) bzw. -Tetraglycylthioglykolsäurehydrobromid, das aus N-Carbobenzoxy (Cbo)-tetraglycin erhalten wurde, liefern bei der Cyclisierung in heißem Pyridin nach dem Verdünnungsprinzip *c-Hexaglycyl* (**I**) bzw. *c-Tetraglycyl* (**II**). Die partielle Verseifung von **I** u. **II** führt zu *Glycin, Di-, Tri-, Tetra-, Penta-* u. *Hexaglycin.* Die Infrarotspektren von **I, II** u. Dioxopiperazin werden diskutiert. Triglycinmethylesterhydrochlorid ließ sich nicht cyclisieren. Die Abspaltung des Tritylrestes erfolgte in sd. Acetonitril mit HCl, während in Aceton u. bei rascher HCl-Zugabe bei Raumtemp. *N-Trityltri-* bzw. *-tetraglycincyanmethylesterhydrochlorid* auskristallisieren.

V e r s u c h e: *Cbo-tetraglycinmethylester*, $C_{17}H_{22}O_7N_4$, F. 214,5° (CH_3OH), durch 24std. Stehen von Diglycylglycinmethylesterhydrochlorid u. Cbo-glycincyanmethylester in absol. Tetrahydrofuran mit $(C_2H_5)_3N$ u. Eisessig bei Raumtemp.; 80% (Ausbeute). — *Cbo-tetraglycin*, durch 15 Min. Rühren vorst. Verb. mit wss.-methanol. n-NaOH; 74%. — *Cbo-tetraglycylthioglykolsäure* (**V**), $C_{18}H_{22}O_8N_4S$, durch 10 Min. Stehen vorst. Verb. in Dimethylformamid mit $(C_2H_5)_3N$ u. Chrloameisensäureäthylester bei —10°, ½std. Stehen mit $(C_2H_5)_3N$ u. Thioglykolsäure in Dimethylformamid bei Raumtemp. u. Eingießen in 2n HCl; Körner aus Eisessig; 54%. — *Tritylglycincyanmethylester*, F. 90,5—91° (CH_3OH) durch 40 Min. Behandeln von Tritylglycin mit $(C_2H_5)_3N$ u. Chloracetonitril bei 40—45°; prismat., schwere Kristalle; 98%. — *Trityldiglycin*, F. 168° (Aceton–Ae.), aus vorst. Verb., mit $(C_2H_5)_3N$ u. Glycinäthylesterhydrochlorid in Ggw. von Eisessig in Tetrahydrofuran bei 60° in ½ Std. über den *Äthylester* (F. 159°; 99%); $\sim$ 100%. *Cyanmethylester*, F. 157,5° (Bzl.), verfilzte Kristallnadeln; 96%. — *Trityltriglycin*, F. 115° u. nach Wiederverfestigung bei 138° neuer F. bei 205° (Zers.), über den *Äthylester* (F. 185,5—186° [A.], Kristallnadeln; 90%); 97%. *Cyanmethylester*, F. 135,5—136° (Aceton–Ae.); 84%. — *Triglycincyanmethylesterhydrochlorid* (**IV**), F. 159—160°, durch Versetzen vorst. Cyanmethylesters in sd. Acetonitril mit 1,2n HCl in Essigester; 96%. — *Trityltetraglycin*, in 2¾ Std. über den *Äthylester* (F. 180,5° [Zers.; CH_3OH–W.]; 79%), der 1 Std. in Dioxan mit 2n NaOH bei Raumtemp. verseift wurde; 96%. *Cyanmethylester*, F. 172,5—173,5° (CH_3OH u. Essigester–Ae.), 4½ Std. bei 57—58°; 79%. — *Tetraglycincyanmethylesterhydrochlorid*, F. 155,5—156,5°; 98%. — *c-Hexaglycyl* (**I**), $(C_6H_9O_3N_3)_2$, F. $>$ 300° (Zers.), a) durch 10std. Eintropfen von **III** in Dimethylformamid in Pyridin bei 60° in Ggw. von Eisessig u. 1std. Erhitzen; lange, schmale Prismen; 69%; b) durch 5std. Eintropfen von **IV** in Dimethylformamid in Pyridin bei 95° in Ggw. von Eisessig; 36%. Andere Kondensationsmittel gaben nachst. Ausbeuten: Tributylamin 23%, Kollidin 5%, Essigester–

$(C_2H_5)_3N$ 5%. — *c-Tetraglycyl* (II), $C_8H_{12}O_4N_4$, a) analog I nach b) nach 12 std. Erhitzen; 12,5%; b) durch 1 std. Erhitzen von V in Eisessig–HBr auf 30—40°, Verdampfen u. analog I nach b); 12,7%. (Helv. chim. Acta **39.** 872—83. 2/5. 1956 Basel, CIBA-A.G., Forschungslaborr., Pharmazeut. Abt.) R. PASEDAG. 950

Daniel Grafstein, *Reaktionen von Allylsilanen mit Jod.* Bei der stark exothermen Rk. zwischen J_2 u. Allylsilanen, die an das Si-Atom gebundene Äthoxygruppen enthalten, entsteht bei 0° kein Jodsilan, sondern *Äthyljodid* (I; n_D^{25} 1,5062—1,5089 → *Anilid,* F. 103,5—104°), *Allyljodid* (II; Kp. 101—102°, $D.^{25}_4$ 1,837) u. ein *polymeres Siloxan.* So gaben Allyläthoxydimethylsilan 81% I u. 76% II; Allyldiäthoxymethylsilan 77% I u. 67% II; Allyldiäthoxyphenylsilan 88% I u. 67% II; Methallyltriäthoxysilan 49% I. Allyltrimethylsilan gab quantitativ ein azeotrop. Gemisch aus II u. *Hexamethyldisiloxan* vom $Kp._{740}$ 95°. Diallyldiäthoxysilan reagierte lebhaft mit J_2, während mit Diäthoxymethylphenylsilan, Diäthoxydimethylsilan, Äthylsilicat u. m-Trifluormethylbenzyltrimethylsilan keine Rk. eintrat. Diese Spaltung der Alkyl—O-Bindung u. das Ausbleiben der Bldg. eines Äthoxyjodsilans wird mit der Annahme einer elektron. Wechselwrkg. zwischen dem Äther-O u. dem Si-Atom erklärt. (J. Amer. chem. Soc. **77.** 6650—51. 20/12. 1955. Pittsburgh, Pa., Westinghouse Res. Labors.) J. ROCH. 980

A. D. Petrow, W. A. Ponomarenko und **W. I. Bolkow,** *Synthese und Eigenschaften von α- und γ-Methylallylsilanen.* Bei der Rk. von Crotyl-MgBr (I) mit Triäthylchlorsilan nach GRIGNARD-WURTZ entsteht unter Allylumlagerung ein Gemisch aus *Triäthyl-α-* u. *-γ-methylallylsilan.* Dieses gibt bei der Hydrierung in Ggw. von RANEY-Ni ein Gemisch aus *Triäthyl-sek.-butylsilan* u. *Triäthyl-n-butylsilan* (9 : 1), die sich durch Dest. nicht trennen ließen; ihr Geh. wurde aus dem RAMAN-Spektr. ermittelt. In analoger Weise gibt I mit $SiCl_4$ ein Gemisch aus *Trichlor-α-* u. *-γ-methylallylsilan.* Durch Red. des Gemisches mit LiH erhält man *α-* bzw. *γ-Methylallylsilan,* die durch Dest. getrennt werden. Bei der Rk. von I mit Methyldichlorsilan entsteht hauptsächlich *α-Methylallylmethylchlorsilan,* das mit LiH zu *α-Methylallylmethylsilan* red. wird. Bei der Rk. von Chlormethyltrichlorsilan (aus Trichlormethylsilan durch Chlorierung) mit CH_3MgJ werden *Trimethylchlormethylsilan* u. *Trimethyljodmethylsilan* (2 : 1) erhalten. Trimethylsilylmethyl-MgCl reagiert mit Crotylbromid unter Bldg. eines Gemisches aus hauptsächlich *Trimethylpenten-(3)-ylsilan* u. wenig *Trimethyl-[2-methylbuten-(3)-yl]-silan* sowie *1.2-Bis-[trimethylsilyl]-äthan.*

V e r s u c h : *Crotylbromid,* C_4H_7Br, Kp. 85—102°, durch Sättigen einer Lsg. von 336 g Divinyl in 155 g Eisessig bei —10° mit HBr-Gas; 563 g (Ausbeute). — Gemisch aus *Triäthyl-α-* u. *-γ-methylallylsilan,* $C_{10}H_{22}Si$, $Kp._{750}$ 185—188°, zu 14 g Mg in Ae. werden 10 g Crotylbromid u. nach Beginn der Rk. im Laufe von 3½ Std. 62 g Triäthylchlorsilan + 40 g Crotylbromid gegeben, nach Abdestillieren des Ae. wird 6 Std. auf dem Wasserbad erhitzt; $D.^{20}_4$ 0,7990, n_D^{20} 1,4504; 22 g. — Gemisch aus *Triäthyl-sek.-* u. *n-butylsilan,* $Kp._{748,3}$ 190,5—191,5°, durch Hydrierung vorst. Gemischs in Ggw. von RANEY-Ni bei 180° u. 80 at; $D.^{20}_4$ 0,7848, n_D^{20} 1,4383. — Gemisch aus *Trichlor-α-* u. *-γ-methylallylsilan,* $C_4H_7Cl_3Si$, $Kp._{757,3}$ 137—138°, aus I (200 g Crotylbromid u. 72 g Mg) u. 500 g $SiCl_4$ in Ae., Abdampfen des Ae. u. 5 std. Erhitzen auf dem Wasserbad; $D.^{20}_4$ 1,2013, n_D^{20} 1,4524. — *α-Methylallylsilan,* $C_4H_{10}Si$, $Kp._{750}$ 43°, durch Red. von 47 g vorst. Gemisches mit 18,2 g LiH in 70 ml Isoamyläther; $D.^{20}_4$ 0,6846, n_D^{20} 1,4050. Daneben als höhersd. Fraktion *γ-Methylallylsilan,* $C_4H_{10}Si$, $Kp._{752}$ 56,0—57,3°, $D.^{20}_4$ 0,7042, n_D^{20} 1,4178; insgesamt 11,3 g. — *α-Methylallylmethylchlorsilan,* Kp. 105,8 bis 108,8°, aus I (135 g Crotylbromid u. 40 g Mg) u. 206 g Methyldichlorsilan in Ae.; $D.^{20}_4$ 0,8025, $n_D^{20,8}$ 1,4259; 118 g. — *α-Methylallylmethylsilan,* $Kp._{749}$ 70—71°, durch Red. vorst. Verb. mit LiH in Isoamyläther; $D.^{20}_4$ 0,7165, n_D^{20} 1,4162. — *Chlormethyltrichlorsilan,* Kp. 110°, durch Chlorierung von 532 g CH_3SiCl_3 unter UV-Bestrahlung; 227 g. — *Trimethylchlormethylsilan,* $Kp._{752}$ 97°; zu CH_3MgJ (299,5 g CH_3J, 48,3 g Mg, 0,6 Liter Ae.) werden 96 g vorst. Verb. gegeben, das Gemisch wird 7 Std. auf dem Wasserbad erwärmt; n_D^{20} 1,4172; 32 g. Daneben als höhersd. Fraktion *Trimethyljodmethylsilan,* Kp. 139,5°; n_D^{20} 1,4895; 28,5 g. — Gemisch aus *Trimethylpenten-(3)-ylsilan* u. *Trimethyl-[2-methylbuten-(3)-yl]-silan* (95 : 5 nach RAMAN-Spektr.), $Kp._{756,5}$ 139,8°, zu der aus 32 g Trimethylchlormethylsilan u. 6,5 g Mg in 100 ml Ae. erhaltenen GRIGNARD-Lsg. werden 36 g Crotylbromid gegeben; $D.^{20}_4$ 0,7466, n_D^{20} 1,4235. Als höhersd. Fraktion *1.2-Bis-[trimethylsilyl]-äthan,* Kp. 150°, $D.^{20}_4$ 0,7566, n_D^{20} 1,4200. (Известия Академии Наук СССР, Отделение Химических Наук [Nachr. Akad. Wiss. UdSSR, Abt. chem. Wiss.] **1954.** 504—10. Mai/Juni. Zelinsky-Inst. für Organ. Chem. der Akad. der Wiss. der UdSSR.) H. RAUBACH. 980

C. J. Wilkins, *Reaktionen von Hexachlordisilan mit Ammoniumhalogeniden und Trimethylaminhydrohalogeniden.* Vf. fand, daß bei der Umsetzung von *Hexachlordisilan* (I), mit Ammoniumhalogeniden oder NH_3 in annähernd gleichen Anteilen $SiCl_4$ u. $SiHCl_3$ (II) neben SiN-Kondensationsprodd. entstehen. Demgegenüber beschleunigen Trimethylaminhydrohalogenide oder die freie Base den Zerfall von I nach n $Si_2Cl_6 \rightarrow (SiCl_2)_n$ + n $SiCl_4$. Entsprechend reagiert NH_4Cl mit *Äthylpentachlordisilan* unter Bldg. von **II** u. *Äthyltrichlorsilan* (**III**), während *Diäthyltetrachlordisilan* (hergestellt aus Äthyl-MgBr u. I) mit NH_4Cl **II**, **III**, Diäthyldichlorsilan u. Äthyldichlorsilan liefert, womit die teils symm., teils unsymm. Konst. des Ausgangsprod. bewiesen ist.

Versuche: *Polymeres* $(SiCl_2)_n$, aus **I** u. Trimethylamin bzw. seinem Hydrochlorid bei 15° bzw. 80—100° neben $SiCl_4$; löst sich in verd. Alkali unter H_2-Entw.; wird durch NH_3 in SiO_2 übergeführt, entzündet sich an der Luft unterhalb 100°, oft auch bei Kontakt mit Wasser. — *Diäthyldichlorsilan*, Kp. 128—130°, entsteht in geringer Menge beim Kochen von Diäthyltetrachlordisilan mit Trimethylaminhydrochlorid. — *Äthylpentachlordisilan*, $C_2H_5Cl_5Si_2$, Kp. 182—184°, aus Äthyl-MgBr (von 0,13 g-Atom Mg) u. **I** (0,11 Mol) in Äther. — *Diäthyltetrachlordisilan*, $C_4H_{10}Cl_4Si_2$, Kp. 206—209°, Darst. wie bei der vorst. Verb., jedoch mit 0,50 g-Atom Mg u. 0,22 Mol **I**. (J. chem. Soc. [London] **1953**. 3409—12. Nov. Christchurch, New Zealand, Canterbury Univ. Coll.)

M. WEIST. 980

W. Gerrard und **B. D. Shepherd**, *Bildung von Sulfiten, Phosphiten und Phosphaten von Alkoholen, die eine Arylgruppe enthalten.* Bei der Rk. mit $SOCl_2$ u. Pyridin (**I**) in Ae. bei —10° werden *2-Phenyläthanol* (**II**), *3-Phenylpropanol* (**III**), *1.3-Diphenylpropanol-(2)* (**IV**), *1-Phenylpropanol-(2)* (**V**), *1.2-Diphenyläthanol* (**VI**), *Benzylalkohol* (**VII**) in die entsprechenden *Sulfite* $(RO)_2SO$ übergeführt, während aus *1-Phenyläthanol* (**IX**) u. *1-Naphthyl-(2')-äthanol* (**X**) daneben die entsprechenden *Chloride RCl* entstehen. Bei —78° liefern auch **IX** u. **X** die Sulfite, während *Diphenylmethanol* (**XII**) auch bei dieser Temp. Chlorid liefert. Mit $POCl_3$ u. **I** werden aus **II**, **III**, **IV**, **V** die entsprechenden *Phosphate* $(RO)_3PO$ erhalten, aus den α-Arylalkoholen **VI**, **VII**, **IX**, **X**, **XII** dagegen vorwiegend die Chloride. Die *Phosphite* $(RO)_3P$ dieser α-Arylalkohole [die wie die der andern Alkohole (**II**, **III**, **IV**, **V**) mit PCl_3 u. **I** erhalten werden] lassen sich mit HCl leicht unter Bldg. von $P(OH)_3$ u. der Chloride spalten, während bei den β- bzw. γ-Arylalkylphosphiten mit HCl nur eine Aralkylgruppe abgespalten wird unter Bldg. des Chlorids u. *Phosphorigsäurediaralkylestern* $(RO)_2POH$. Im Falle von **IV** ist die Phosphitbldg. durch ster. Hinderung erschwert, u. bei der Spaltung mit HCl scheint als Zwischenstufe eine *Verb.* $P(OR)_3 \cdot 3\,HCl$ zu existieren.

Versuche: Rkk. mit $SOCl_2$: Zu 0,05 Mol Alkohol u. 0,05 Mol **I** in Ae. werden bei —10° (—78°) 0,025 Mol $SOCl_2$ in Ae. tropfenweise hinzugefügt. Nach 1 Std. wird von I-*Hydrochlorid* (**XVI**) filtriert, dessen Menge ein Maß für die Sulfitbldg. ist (ber. 5,77 g). — *Diaralkylsulfite* $(RO)_2SO$: *R = 2-Phenyläthyl*, $C_{16}H_{18}O_3S$, Kp.$_{0,5}$ 162—165°, n_D^{15} 1,5510, aus **II** neben 5,5 (5,6) g **XVI**; nach Dest. 89 (85,7)% [Ausbeute bei —10° (bei —78°)]. — *R = 3-Phenylpropyl*, $C_{18}H_{22}O_3S$, Kp.$_{0,3}$ 185—190°, n_D^{18} 1,5423, aus **III** neben 5,65 (5,5) g **XVI**; 90,0 (85,0)%. — *R = 1.3-Diphenylpropyl-(2)*, $C_{30}H_{30}O_3S$, aus **IV** neben 5,36 (5,33) g **XVI**; 11,18 (10,95) g nicht ganz reines Produkt. — *R = 1-Methyl-2-phenyläthyl*, $C_{18}H_{22}\cdot O_3S$, Kp.$_{0,1}$ 158—160°, $n_D^{21,5}$ 1,5351, $D.^{20}_4$ 1,1104, α_D^{16} +5,00° (l = 1), aus **V** (α_D^{16} —10,60°) neben 5,61 (6,09) bzw. (in Pentan bei —10°) 5,64 g **XVI**; 82,6 (86,6) bzw. 92,2%; Hydrolyse durch Wasserdampfdest. mit 20%ig. KOH unter Bldg. von **V**, Kp.$_{10}$ 96°, α_D^{16} —9,92° (l = 1). — *R = 1.2-Diphenyläthyl*, $C_{28}H_{26}O_3S$, F. 96—99° (Ligroin), aus **VI** neben 5,39 (5,75) g **XVI**; 10,47 (10,1) g. — *R = Benzyl*, $C_{14}H_{14}O_3S$, Kp.$_{0,4}$ 152°, n_D^{25} 1,5590, aus **VII** neben 5,5 (5,55) g **XVI**; 81 (87)%. — *R = 1-Phenyläthyl*, $C_{16}H_{18}O_3S$, aus **IX** neben 5,6 g **XVI** (bei —78°; bei —10° entsteht vorwiegend das nachst. Chlorid, vgl. GERRARD, C. **1945**. I. 530); 6,77 g unreines Prod.; bildet mit HCl (2½ Std. Einleiten bei —10°) oder mit 1 Mol $SOCl_2$ (2 Std. bei —10°, SO_2 entweicht) 82 bzw. 85% Chlorid. *1-Chlor-1-phenyläthan*, C_8H_9Cl, Kp.$_9$ 67°, n_D^{17} 1,5277, das auch aus **IX** mit HCl (2 Std. Einleiten bei —10°) entsteht; 92%. — *R = 1-[Naphthyl-(2')]-äthyl*, $C_{24}H_{22}O_3S$, viscoser, goldfarbener Rückstand, aus **X** neben 5,9 g **XVI** (bei —78°); 9 g; bei —10° wird neben 3,7 g **XVI** u. unreinem **X** *1-Chlor-1-[naphthyl-(2')]-äthan*, $C_{12}H_{11}Cl$, F. 62—63° (PAe.), Kp.$_{0,1}$ 95°, 30%, erhalten. — *Chlordiphenylmethan*, $C_{13}H_{11}Cl$, Kp.$_{0,2}$ 96°, aus **XII** neben 3,46 (5,15) g **XVI** u. dem nachst. Äther; 35,1 (bzw. 11)%. *Bis-diphenylmethyläther*, $C_{26}H_{22}O$, Kp.$_{0,1}$ 185°, F. 108—109° (Ligroin), bei vorst. Rk.; 24% (bzw. 1,05 g). — Rkk. mit PCl_3: Zur Lsg. von 0,1 Mol des Alkohols u. 0,1 Mol **I** in Ae. werden bei —10 (bzw. —78)° 0,034 Mol PCl_3 in Ae. gegeben. Nach 1 Std. wird vom **XVI** (ber. 11,55 g) filtriert u. die Dest. versucht. — *Triaralkylphosphite* $(RO)_3P$: *R = 2-Phenyläthyl* (**XVII**), $C_{24}H_{27}\cdot O_3P$, Kp.$_{0,05}$ 162—171°, n_D^{25} 1,5550, aus **II** neben 11,57 (11,96) g **XVI**; nach Dest. 80,8 (86,3)%. — *R = 3-Phenylpropyl* (**XVIII**), $C_{27}H_{33}O_3P$, Kp.$_{0,05}$ 195—200°, n_D^{18} 1,5480, aus **III** neben 11,27 (12,42) g **XVI**; 85,4 (76,0)%. — *R = 1-Benzyl-2-phenyläthyl* (**XI**), $C_{45}H_{45}\cdot O_3P$, Zers. bei 120—180°/0,2 mm (unter Bldg. von *1.3-Diphenylpropen*, Kp.$_{0,01}$ 88°,

n_D^{19} 1,5933, bromiert zu *1.2-Dibrom-1.3-diphenylpropan*, $C_{15}H_{14}Br_2$, F. 109—110⁰), aus **IV** neben **XVI** (nach 1 Std. bei —10⁰ erst 85%, daher 3 Std. bei 15⁰ (91,5%) u. nach Einengen 98%, bzw. nach 16 Std. bei 15⁰ 97%); 22,5 g. — *R* = *1-Benzyläthyl* (**VIII**), $C_{27}H_{33}$·O_3P, Kp.$_{0,05}$ 181⁰, n_D^{19} 1,5364, α_D^{21} +21,12⁰ (l = 1), aus **V** (α_D^{16} +26,72⁰) neben 11,3 (11,6) g **XVI**; 88,3 (83)%; Hydrolyse mit wss. KOH führt zu **V** (α_D^{16} +26,32⁰). — *R* = *1.2-Diphenyläthyl*, $C_{42}H_{39}O_3P$, Zers. bei 165⁰/0,0005 mm [unter Bldg. von *Stilben*, $C_{14}H_{12}$, F. 122—124⁰ (Ligroin)], unreine Fl. mit n_D^{26} 1,5870, aus **VI** neben 11,35 (11,15) g **XVI**; 20,7 (20,7) g nach 1std. Erhitzen auf 80⁰/0,1 mm. — *R* = *Benzyl*, $C_{21}H_{21}O_3P$, Kp.$_{0,02}$ 185⁰, n_D^{14} 1,5749, aus **VII** neben 11,33 (11,9) g **XVI**; 89,3 (76,6)%. — *R* = *1-Phenyläthyl* (**XIV**), $C_{24}H_{27}O_3P$, n_D^{21} 1,5440, D.$^0_4$ 1,117, Zers. bei 120—130⁰/0,05 mm (unter Bldg. von *Styrol*, Kp.$_{10}$ 33—35⁰, n_D^{14} 1,5482), aus **IX** neben 11,45 (11,85) g **XVI**; 13,05 (12,6) g. — *R* = *1-[Naphthyl-(2')]-äthyl* (**XV**), $C_{36}H_{33}O_3P$, gelbliche halbfeste Substanz, aus **X** neben 11,4 g **XVI** (nur bei —10⁰); 18,1 g. — *R* = *Diphenylmethyl* (**XIII**), $C_{39}H_{33}O_3P$, F. 65—66⁰, wachsartig aus **XII** neben 11,4 g **XVI** (—10⁰); 19,8 g. — *Aralkylchloride RCl* u. *Phosphorigsäurediaralkylester* $(RO)_2P$-*OH*, durch Einleiten von HCl in die Phosphite bei —10⁰, dann Destillation. *R* = *2-Phenyläthyl*, C_8H_9Cl, Kp.$_{10}$ 75⁰, 76%, u. $C_{16}H_{19}O_3P$, Kp.$_{0,005}$ 147⁰, n_D^{26} 1,5429, 95,6%, aus **XVII**. — *R* = *3-Phenylpropyl*, $C_9H_{11}Cl$, Kp.$_{10}$ 90⁰, 72%, u. $C_{18}H_{23}O_3P$, Kp.$_{0,2}$ 186⁰, n_D^{14} 1,5382, 85% (bei 15⁰ 91%), aus **XVIII**. — *R* = *1-Benzyl-2-phenyläthyl*, $C_{30}H_{31}O_3P$, F. 77—79⁰ (PAe.), durch 5std. Behandeln nachst. Verb. mit HCl; **XI**-*Tris-HCl-Verb.*, $C_{45}H_{45}O_3P \cdot 3\,HCl$, Nd. beim Einleiten von HCl in die äther. Lsg. von **XI**. — *R* = *1-Benzyläthyl*, Kp.$_{15}$ 80⁰, n_D^{16} 1,5213, α_D^{16} —22,6⁰ (l = 1), 64,5%, u. $C_{18}H_{23}O_3P$, Kp.$_{0,02}$ 147⁰, n_D^{20} 1,5291, α_D^{20} +21,68⁰, 92,4%, aus **VIII**. — *Aralkylchloride RCl* neben $P(OH)_3$ durch Einleiten von HCl bei —10⁰ in die äther. Lsg. der Phosphite. *R* = *1-Phenyläthyl*, C_8H_9Cl, Kp.$_{10}$ 69⁰, n_D^{16} 1,5300, aus **XIV**; 94%. — *R* = *1-[Naphthyl-(2')]-äthyl*, $C_{12}H_{11}Cl$, Kp.$_{0,03}$ 82⁰, aus **XV**; 76,3%. — *R* = *Diphenylmethyl*, $C_{13}H_{11}Cl$, Kp.$_{0,05}$ 88—90⁰, n_D^{20} 1,5962, aus **XIII**; 91,2%. — Rkk. mit $POCl_3$: Zu 0,02 Mol Alkohol u. 0,02 Mol **I** in Ae. werden 0,0066 Mol $POCl_3$ in Ae. bei —10⁰ zugegeben. Mit **II**, **III**, **IV**, **V**, **VI**, **VII**, **IX**, **X**, **XII** werden nach 23 Std. Ndd. von 2,28; 2,3; 1,6; 1,7; 4,4; 3,07; 3,02; 3,9 g Gewicht erhalten (für **XVI** 2,31 g). — Bei Zugabe von 0,034 Mol $POCl_3$ in Ae. zu 0,1 Mol der Alkohole u. 0,1 Mol **I** in Ae. bei —10⁰ befinden sich nach der notierten Zeit die angegebenen %-Mengen des eingesetzten Cl bzw. P im Nd. (Cl_p, P_p) bzw. im Filtrat (Cl_f, P_f). Aus **II** nach 8 Tagen 10,88 g Nd. (für **XVI** ber. 11,55); Cl_p 92,7%, P_f 100%; aus dem Filtrat durch Dest. *Tri-[2-phenyläthyl]-phosphat*, $C_{24}H_{27}O_4P$, Kp.$_{0,0005}$ 192—195⁰; n_D^{24} 1,5498; D.$^{20}_4$ 1,148; 77%. — Aus **III** nach 9 Tagen 10,75 g Nd.; Cl_p 92,2%, P_f 100%; aus dem Filtrat durch Dest. *Tri-[3-phenylpropyl]-phosphat*, $C_{27}H_{33}O_4P$, Kp.$_{0,001}$ 220⁰; n_D^{24} 1,5404; D.$^{20}_4$ 1,103; 62%. — Aus **IV** nach 24 Tagen 10,44 g Nd.; Cl_p 90%; Cl_f 7%; P_f 100%. — Aus **V** (α_D^{16} +26,72⁰) nach 21 Tagen 10,85 g Nd.; Cl_p 92,5%; P_f 100%; nach Eindampfen des Filtrats u. Behandeln des Rückstandes mit 20%ig. KOH (31 Std. bei 90⁰) wird **V** [Kp.$_{23}$ 112—114⁰; n_D^{28} 1,5200; α_D^{32} +21,6⁰ (l = 1)] erhalten. — Aus **VI** nach 18 Std. 14,02 g Nd.; Cl_p 75,2%; Cl_f 23,2%; P_p 97,5%; nach 11 Tagen Nd. 12,54 g, enthält ebenfalls P. — Aus **VII** nach 16 Std. 14,82 g Nd.; Cl_p 64,0%; Cl_f 26,0%; P_p 92%; P_f 7,6%; Dest. des Filtrats liefert *Benzylchlorid*, C_7H_7Cl, Kp.$_{19}$ 71—72⁰, n_D^{19} 1,5384, u. **VII**. — Aus **IX** nach 16 Std. 12,47 g Nd.; Cl_p 57,3%; P_p 88%; P_f 12%; nach Eindampfen des Filtrats (0,05 mm bei 80⁰) verbleibt unreines *Tri-[1-phenyläthyl]-phosphat*, $C_{24}H_{27}$·O_4P, während die flüchtigen Anteile *1-Chlor-1-phenyläthan*, **IX** u. **I** enthalten (Dest.). — Aus **X** nach 18 Std. 14,05 g Nd.; Cl_p 65,4%; Cl_f 33,9%; P_p 100%; aus dem Filtrat durch Dest. *1-Chlor-1-[naphthyl-(2')]-äthan*, $C_{12}H_{11}Cl$, F. 65—66⁰ (PAe.), u. etwas *Naphthyl-(2)-äthylen*. — Aus **XII** nach 18 Std. 19 g Nd.; Cl_p 79,4%; Cl_f 20,4%; P_p 100%; aus dem Filtrat werden durch Dest. *Diphenylmethylchlorid*, $C_{13}H_{11}Cl$, Kp.$_{0,05}$ 88—92⁰, n_D^{20} 1,5962, u. *Bis-diphenylmethyläther*, F. 107—108⁰, Kp.$_{0,03}$ 170⁰, 29,1%, erhalten. (J. chem. Soc. [London] **1953**. 2069—74. Juli. London, Northern Polytechnic.) F. J. MEYER. 1070

Marshall Kulka, *Derivate der Chlorbenzol-2.4-disulfonsäure*. Zur Unters. auf ihre insekticide Wrkg. wurden verschied. *Chlorbenzol-2.4-disulfonsäureester*, substituierte *Chlorbenzol-2.4-disulfone*, $ClC_6H_3(SO_2R)_2$, u. *Chlorbenzol-2.4-disulfonamide* aus *Chlorbenzol-2.4-disulfochlorid* (**I**) dargestellt u. die Eigg. sowie Rkk. mit denen verwandter Derivv. der *p-Chlorbenzolsulfonsäure* u. *Phenoxybenzol-4.4'-disulfonsäure* verglichen. — **I** wird auch bei 160⁰ von Cl_2 nicht angegriffen. Die Diester werden aus **I** in Ggw. von NaOH gebildet, in Ggw. organ. Basen dagegen nur in geringen Mengen; aus **I**, Äthylenchlorhydrin u. Pyridin entstehen *Äthylendichlorid* u. *Chlorbenzol-2.4-disulfonsäure* (**II**). **II**-Diallyl-, -Di-1.1.1-trichlor-3-nitropropyl-(2)- u. -Di-1.1.1-trichlor-2-methylpropyl-(2)-ester konnten nicht erhalten werden. *Chlorbenzol-2.4-disulfinsäure* (**III**) ist im Gegensatz zu p-Chlorbenzolsulfinsäure u. Phenoxybenzol-4.4'-disulfinsäure (**V**) gut in W. lösl. u. entwickelt mit verd. Mineralsäure in der Wärme SO_2; mit HCHO entsteht kein Chlorbenzol-2.4-bis-[oxymethylsulfon]. Im Gegensatz zu p-Chlor- u. p-Nitrobenzolsulfonylchlorid geht I mit Anisol, Veratrol u. m-Dimethoxybenzol in Ggw. von $ZnCl_2$ keine FRIEDEL-CRAFTS-Rk. ein unter Bldg. der entsprechenden Diarylchlorbenzol-2.4-disulfone. Da I mit wss. N_2H_4 je nach den Bedingungen das II-*Dihydrazid* oder III bildet, wird das Hydrazid Zwischenprod. sein bei der Red. von Arylsulfonylhalogeniden zu den entsprechenden Sulfinsäuren.

Versuche: *Chlorbenzol-2.4-disulfochlorid* (I), F. 89—90° (CCl_4), aus p-Chlorbenzolsulfochlorid (VI) u. Chlorsulfonsäure durch 20std. Erhitzen auf 130°, Gießen auf Eis u. Extraktion mit Bzl.; 69% (Ausbeute). — *Chlorbenzol-2.4-disulfonsäure* (II)-*Diäthylester*, $C_{10}H_{13}O_6ClS_2$, F. 72—73°, aus I in Bzl. u. absol. A. mit festem NaOH (5 Std. bei 15—20°); Nadeln aus A. u. Bzl./PAe.; 30%. — *Dimethylester*, $C_8H_9O_6ClS_2$, F. 118—119°, wie vorst. mit absol. Methanol; 55%. — *Bis-[2-chloräthyl]-ester*, $C_{10}H_{11}O_6Cl_3S_2$, F. 72—73°, aus Äthylenchlorhydrin (2 Std. bei 20—30°); Prismen aus Methanol; 75%. — *Phenoxybenzol-4.4'-disulfonsäure* (IV)-*Bis-[2-chloräthyl]-ester*, $C_{16}H_{16}O_7Cl_2S_2$, F. 82—83°, aus Phenoxybenzol-4.4'-disulfochlorid (VII) wie vorst.; Prismen aus Bzl./Methanol; 75%. — II-*Bis-[p-chlorphenyl]-ester*, $C_{18}H_{11}O_6Cl_3S_2$, F. 141—142°, aus I in Bzl. u. p-Chlorphenol in wss. NaOH (5 Std. Rühren bei 25—35°); Prismen aus Bzl./Methanol; 92%. — II-*Bis-[p-nitrophenyl]-ester*, $C_{18}H_{11}O_{10}N_2ClS_2$, F. 147—148°, aus p-Nitrophenol wie vorst. (18 Std.); Prismen aus Bzl.; 75%. — II-*Bis-[chinolyl-(8)]-ester*, $C_{24}H_{15}O_6N_2ClS_2$, F. 174—175°, wie vorst. aus 8-Oxychinolin; Prismen aus Aceton; 82%. — IV-*Bis-[p-chlorphenyl]-ester*, $C_{24}H_{16}O_7Cl_2S_2$, F. 104—105°, wie vorst. aus VII u. p-Chlorphenol; Prismen aus Methanol; 80%. — *p-Chlorbenzolsulfonsäurechinolyl-(8)-ester*, $C_{15}H_{10}O_3NClS$, F. 120—121°, aus VI u. 8-Oxychinolin wie vorst.; Nadeln aus Methanol; 70%. — *Chlorbenzol-2.4-disulfinsäure* (III), aus I in Bzl. u. Na_2SO_3-Lsg. (5 Std. bei 50—60°); HCl-saures Gemisch mit Ae. extrahieren; nicht kristallisierbares Öl. — *Chlorbenzol-2.4-bis-[methylsulfon]*, $C_8H_9O_4 \cdot ClS_2$, F. 174—175°, durch 2tägiges Erhitzen von roher III u. Chloressigsäure in schwach sodaalkal. Lsg.; Nadeln aus A.; 70%. — *Chlorbenzol-2.4-bis-[chlormethylsulfon]*, $C_8H_7O_4 \cdot Cl_3S_2$, F. 137—138° (CH_3OH), wie vorst. aus Dichloressigsäure; 25%. — *Phenoxybenzol-4.4'-bis-[chlormethylsulfon]*, $C_{14}H_{12}O_5Cl_2S_2$, F. 139—140°, aus V u. Dichloressigsäure; Nadeln aus Methanol; 50%. — *Phenoxybenzol-4.4'-bis-[methylsulfon]*, $C_{14}H_{14}O_5S_2$, F. 182 bis 183°, wie vorst. aus Chloressigsäure; Prismen aus Methanol; 75%. — *p-Chlorphenyloxymethylsulfon*, $C_7H_7O_3ClS$, F. 111—112° (Bzl.), aus p-Chlorbenzolsulfinsäure u. 40%ig. Formaldehyd; 90%; kein Urethan mit Phenylisocyanat. — *Phenoxybenzol-4.4'-bis-[oxymethylsulfon]*, $C_{14}H_{14}O_7S_2$, F. 151—153° (Zers.; verd. HCHO), aus V u. HCHO; 90%. — *3.4-Dimethoxy-4'-chlordiphenylsulfon*, $C_{14}H_{13}O_4ClS$, F. 140—141°, durch Erhitzen von VI u. Veratrol bei Ggw. von $ZnCl_2$ auf 120—130°, Ausziehen mit Bzl. u. fraktionierte Dest.; aus A. Nadeln; 7%; daneben nachst. Verb. (28%). — *p-Chlorbenzolsulfonsäure-o-methoxyphenylester*, $C_{13}H_{11}O_4ClS$, F. 99—100°, aus VI u. Guajakol; aus A. Nadeln; 70%. — *4-Methoxy-4'-chlordiphenylsulfon*, $C_{13}H_{11}O_3ClS$, F. 70—71°, wie vorst. aus VI u. Anisol; Prismen aus Methanol; 15%. — *p-Chlorphenyl-[p.p'-dichlorbenzhydryl]-sulfon*, $C_{19}H_{13}O_2 \cdot Cl_3S$, F. 105—106°, aus je 5 g p-Chlorbenzolsulfinsäure u. p.p'-Dichlorbenzhydrol in CH_3COOH + wenig HCl (4 Std. am Rückfluß); Nadeln aus Bzl./Methanol; 6,1 g. — *1-N.N.N'.N'-Pentachlorbenzol-2.4-disulfonamid*, $C_6H_3O_4N_2Cl_5S_2$, F. 148—149° (Chlf.), aus Chlorbenzol-2.4-disulfonamid in wss. NaOH u. Chlf. durch Einleiten von Cl_2 bei 25 bis 30°; 64%; in Xylol sehr reaktionsfähig, u. explodiert beim Erwärmen. — *N.N.N'.N'-Tetramethyl-1-chlorbenzol-2.4-disulfonamid*, $C_{10}H_{15}O_4N_2ClS_2$, F. 132—133° (CH_3OH), aus I u. 40%ig. wss. Dimethylamin (2 Std. erhitzen); 60%. — *N.N'-Bis-[pyridyl-(2)]-1-chlorbenzol-2.4-disulfonamid*, $C_{16}H_{13}O_4N_4ClS_2$, F. 280° (Zers.), aus I u. 2-Aminopyridin in Bzl. (30 Min. Rückfluß); 80%. — *N-[Pyridyl-(2)]-p-chlorbenzolsulfonamid*, $C_{11}H_9O_2N_2 \cdot ClS$, F. 193—194°, wie vorst. aus VI; Nadeln aus Methanol; 80%. — *N.N'-Bis-[2-oxyäthyl]-1-chlorbenzol-2.4-disulfonamid*, $C_{10}H_{15}O_6N_2ClS_2$, F. 127—128°, wie vorst. aus I u. Äthanolamin in Chlf.; Nadeln aus Bzl./Methanol; 35%. — *Chlorbenzol-2.4-disulfonyl-N.N'-bis-[tetrahydrochinolin]*, $C_{24}H_{23}O_4N_2ClS_2$, F. 116—117°, wie vorst. aus I u. 1.2.3.4-Tetrahydrochinolin; rosafarbene Prismen aus Bzl.; 54%. — *N-[p-Chlorphenylsulfonyl]-1.2.3.4-tetrahydrochinolin*, $C_{15}H_{14}O_2NClS$, F. 94—95°, wie vorst. aus VI; Nadeln aus Methanol; 60%. — *Chlorbenzol-2.4-disulfonyl-bis-hydrazid*, $C_6H_9O_4N_4ClS_2$, F. 133° (Zers.), aus I in Bzl. u. 85%ig. Hydrazinhydrat in W. (2 Std. bei 10°); Kristalle aus Pyridin/Äther; 80%. Bei Anwendung von mehr $N_2H_4 \cdot H_2O$ u. mehrstd. Stehen bei n. Temp., nachherigem Ansäuern u. Ausäthern des Filtrats wird III erhalten. — *p-Chlorphenylsulfonylhydrazid*, $C_6H_7O_2N_2ClS$, F. 117—118° (Zers.), aus VI u. Hydrazin nach vorst. Verf.; Nadeln aus Bzl.; 92%. (Canad. J. Chem. **32**. 598—605. Juni 1954. Guelph, Ontario, Dominion Rubber Comp. Ltd., Res. Labors.) W. ZIEGLER. 1090

A. Recordati, J. S. Lawendel und **W. Riguzzi**, *Neue Untersuchungen über synthetische Thiosemicarbazone.* Im Verlauf der Unterss. über neue Chemotherapeutica werden die *Thiosemicarbazone* von *Veratrumaldehyd*, F. 195—196° (korr.) von *p-Äthyl-*

sulfonylbenzaldehyd, F. 234° (korr.), u. die Bis-thiosemicarbazone von *Terephthalaldehyd*, F. 269° (korr.) u. von *Isophthalaldehyd*, F. 175° (korr.) bereitet. (Farmaco [Pavia] **6.** 216–17. März/April 1951. Correggio, „Dr. Recordati", Labor. Ric.) G. Platzer. 1110

G. Cavallini und **F. Ravenna**, *Weitere chemische Untersuchungen über Thiosemicarbazone.* 2. Mitt. (1. vgl. Farmaco [Pavia] **5.** [1950.] 50.) Zur Unters. auf ihre tuberkulostat. Wrkg. werden eine Reihe von *o-* bzw. *p-substituierten Benzaldehydthiosemicarbazonen* dargestellt.

V e r s u c h e: *Äthyl-p-formylphenylsulfon*, $C_9H_{10}O_3S$, F. 107–108° (50%ig. A.), aus 40 g Äthyl-p-tolylsulfon mit CrO_3 in Eisessig–Acetanhydrid in Ggw. von konz. H_2SO_4 über das *Acetaldiacetat*, F. 113–115°; 18 g (Ausbeute). — *n-Butyl-p-tolylsulfon*, Kp.$_3$ 180°, aus 215 g Na-p-Toluolsulfinat u. 175 g n-Butylbromid in sd. A.; 132 g. — *n-Butyl-p-formylphenylsulfon*, Öl, aus vorst. Verb. analog vorvorst. Verb.; 35%. — *p-Formylphenoxyessigsäure*, F. 192–195°, aus Na-p-Oxybenzaldehyd u. Na-Chloracetat; 40%. — *o-Formylphenoxyessigsäure*, F. 133–135° (W.), aus Na-Salicylaldehyd u. Na-Chloracetat; 20%. — B e n z a l d e h y d t h i o s e m i c a r b a z o n e, aus dem entsprechenden Aldehyd in 95%ig. A. mit Thiosemicarbazid in W.: *p-Äthylsulfonyl-*, $C_{10}H_{13}O_2N_3S_2$, F. 240° (Zers.). — *p-n-Butylsulfonyl-(Mg 504)*, $C_{12}H_{17}O_2N_3S_2$, F. 193–195°. — *p-Amidosulfonyl-*, $C_8H_{10}O_2N_4S_2$, F. 240° (Zers.). — *p-Oxy-*, $C_8H_9ON_3S$, F. 230° (Zers.). — *p-Carboxymethoxy-*, $C_{10}H_{11}O_3N_3S$, F. 220° (Zers.). — *p-Acetoxy-(Mg 511)*, $C_{10}H_{11}O_2N_3S$, F. 216 bis 218°. — *o-Oxy-*, $C_8H_9ON_3S$, F. 230° (Zers.). — *o-Carboxymethoxy-(Mg 509)*, $C_{10}H_{11}\cdot O_3N_3S$, F. 213–214°. — *o-Acetoxy-(Mg 510)*, $C_{10}H_{11}O_2N_3S$, F. 192–194°. (Farmaco [Pavia] **6.** 145–49. März/April 1951. Milano, Maggioni & C., S. p. A., Labor. Ric.)
G. Platzer. 1120

Isamu Tachi, Nobukiyo Urano und **Yoshio Mizokawa**, *Untersuchungen über die Herstellung von Vanillin aus Sägemehl.* 1. Mitt. Nach dem Verf. von Freudenberg-Lautsch mit Na-m-Nitrobenzolsulfonat wurden im Durchschnitt 2% (maximal 4,1%) vom Sägemehl an *Vanillin* erhalten, nach Irwin-Peal 1–1,5%. Bei Zusatz wechselnder Mengen SeO_2 wurde, unabhängig von der Menge de SeO_2, die Ausbeute nach Freudenberg auf 4,5% erhöbt, nicht dagegen beim Verf. nach Irwin. (J. agric. chem. Soc. Japan [Nippon Nôgeikagaku Kaishi] **27.** 62–65. März 1953. Kyoto, Univ., Fac. Agric., Labor. agric. Chem. [Orig.: japan., Auszug: engl.]) L. Schuler. 1140

J. P. Brown und **E. B. McCall**, *Einige chlorierte Oxyphenoxyessigsäuren.* Die Synth. von *4-Chlor-2-oxy-* (**VII**) u. *2.4-Dichlor-6-oxyphenoxyessigsäure* (**XIII**) wird beschrieben; die Verbb. spielen als Stoffwechselprodd. der Bodenbakterien eine Rolle. Im Verlauf der Unterss. wurden außerdem *5-Chlor-2-oxy-* (**IX**), *3.5-Dichlor-2-oxy-* u. *2-Chlor-4-oxyphenoxyessigsäure* (**VI**) dargestellt. — **VII** konnte nicht aus 2-Amino-4-chlorphenoxyessigsäure u. auch nicht aus 2-Acetyl-4-chlorphenoxyessigsäure gewonnen werden.

V e r s u c h e: *4-Chlor-2-nitrophenoxyessigsäure* (**I**), $C_8H_6O_5NCl$, F. 173–175°, aus 10 g 4-Chlorphenoxyessigsäure u. konz. HNO_3 (2 Std. bei 90°); blaßgelbe Nadeln aus wss. Methanol; 7 g (Ausbeute). — *6-Chlor-3.4-dihydro-3-oxobenzoxazin*, $C_8H_6O_2NCl$, F. 217 bis 218°, aus 1 g **I** durch Red. mit Dithionit (10 Min. bei 90°); Ausfällen durch Ansäuern auf p_H 4; Nadeln aus A.; 0,67 g. — *2-Nitro-4-chlorphenoxy-N.N-dimethylacetamid*, $C_{10}\cdot H_{11}O_4N_2Cl$, F. 100–101°: 5 g **I** 8 Std. mit $SOCl_2$ in Bzl. kochen, dann Zugabe von 4 g Dimethylamin; blaßgelbe Nadeln aus Methanol; 4,7 g. — *2-Amino-4-chlorphenoxy-N.N-dimethylacetamid*, $C_{10}H_{13}O_2N_2Cl$, F. 121°, aus 3,9 g vorst. Verb. durch Red. mit Fe + CH_3COOH bei 80°; blaßgelbe Nadeln aus Methanol, rötlichgelbe Prismen aus Bzl.; 0,8 g. — *2-Acetyl-4-chlorphenoxyessigsäure*, $C_{10}H_9O_4Cl$, F. 177–178°, 2,8 g 5-Chlor-2-oxyacetophenon u. 4,7 g Chloressigsäure (**VIII**) (4 Std. in NaOH kochen); graue Platten aus Toluol, grauweiße Nadeln aus wss. Methanol; 1,8 g. — *5-Chlor-2-oxyphenoxyessigsäure* (**IX**, $C_8H_7O_4Cl$, F. 157°, aus 14,8 g 4-Chlorbrenzcatechin u. 3,7 g **VIII**-Äthylester in Ggw. von Na-Alkoholat; lange glänzende Nadeln aus W., die bei 100° Kristallwasser abgeben; 3 g. *Methyläther*, $C_9H_9O_4Cl$, F. 143–145° aus 0,4 g vorst. Verb. u. Dimethylsulfat in NaOH; blaßgelbe Nadeln aus wss. Methanol; 0,3 g. — *4-Chlorguajacol*, F. 36–37°, durch Red. von 3 g 4-Nitroguajacol mit H_2 an Pd-Kohle bei n. Temp. u. Druck zu *4-Aminoguajacol*, als Hydrochlorid, das diazotiert u. mit CuCl chloriert wird; braunes Öl, das bei 20° krist.; 1 g. — *5-Chlor-2-methoxyphenoxyessigsäure*, F. 141–143°: 0,2 g vorst. Verb. u. 0,7 g **VIII** in NaOH (2 Std. bei 95°); Nadeln aus Bzl., die mit dem obigen Prod. ident. sind; 0,2 g. — *2-Oxy-5-nitrophenoxyessigsäure* (**II**), $C_8H_7O_6N$, F. 191°: 1,7 g 4-Nitroguajacol u. 2,9 g **VIII** 18 Std. in NaOH kochen; lange, blaßgelbe Nadeln aus wss. Methanol; 0,6 g. — *2-Methoxy-5-nitrophenoxyessigsäure* (**III**), $C_9H_9O_6N$, F. 182–185°: 8,4 g 4-Nitroguajacol u. 14,2 g **VIII** 8 Std. in NaOH kochen; glänzende, blaßgelbe Prismen aus wss. Methanol; 9,4 g. — **IX**, auch durch Red. von 0,5 g **II** mit H_2 an $PdCl_2$ bei n. Temp. u. Druck zur *Aminosäure*, Diazotierung u. Chlorierung mit CuCl; Nadeln aus W. u. wss.

Methanol; 0,11 g. *Methyläther*, auch aus 0,55 g **III** wie vorst. Verb.; 0,39 g. — *5-Amino-2-methoxyphenoxyessigsäure*, $C_9H_{11}O_4N$, F. 232°, als Zwischenprod. bei der Synth. vorst. Verb.; aus W. gelbrote Prismen. — *5-Chlorguajacol*, F. 16—17°, aus 4 g 5-Nitroguajacol wie 4-Chlorguajacol; schuppige Prismen nach längerem Stehen bei 0°; 1,2 g. — *4-Chlor-2-methoxyphenoxyessigsäure*, $C_9H_9O_4Cl$, F. 135—136°, aus 1,5 g vorst. Verb. u. **VIII**; Nadeln aus Bzl. oder wss. Methanol; 0,7 g. — *4-Chlor-2-oxyphenoxyessigsäure* (**VII**), $C_8H_7O_4Cl$, F. 110° bei langsamem, 124—130° bei schnellem Erhitzen, aus 0,2 g vorst. Verb. durch Kochen mit 48%ig. HBr; Nadeln aus W.; 0,1 g. — *2-Methoxy-4-nitrophenoxyessigsäureäthylester*, $C_{11}H_{13}O_6N$, F. 88—91°: 2 g 5-Nitroguajacol u. 1,5 g **VIII**-Äthylester 32 Std. mit $NaOCH_3$ kochen; blaßgelbe Nadeln aus Methanol; 0,5 g. — *2.4-Dichlor-6-oxyphenoxyessigsäure* (**XIII**), $C_8H_6O_4Cl_2$, F. zwischen 130 u. 155°, je nach Schnelligkeit der Erwärmung, aus 3,75 g 3.5-Dichlorbrenzcatechin u. **VIII**-Äthylester; glänzende Nadeln aus W.; 0,55 g. *Methyläther* (**XII**), F. 174—176°. — *2.4-Dichlor-6-nitrophenol*, F. 122—124°, aus 29 g Dichlorphenol u. konz. HNO_3 bei 30—40°; 32,6 g. — *2-Acetamido-4.6-dichlorphenol*, $C_8H_7O_2NCl_2$, F. 138—140°, aus 13,7 g vorst. Verb. durch Red. mit Dithionit bei 90° u. Acetylierung der dabei entstehenden *Aminoverb.*; Nadeln aus wss. A.; 8 g. — *2-Acetamido-4.6-dichloranisol*, $C_9H_9O_2NCl_2$, F. 112—114°, aus 8,3 g vorst. Verb. mit CH_3J in Aceton u. K_2CO_3; große Platten aus PAe.; 4 g. — *2-Amino-4.6-dichloranisol*, F. 16°, aus 3,8 g vorst. Verb. durch Kochen mit 20%ig. HCl; es entsteht zuerst das *Hydrochlorid* (F. 196°, Nadeln), das alkalisiert wird; 2,8 g. — *4.6-Dichlorguajacol*, $C_7H_6 \cdot O_2Cl_2$, F. 63—64°, aus 6,1 g vorst. Verb. durch Diazotieren u. Einleiten von Wasserdampf in Ggw. von $CuSO_4$; Nadeln aus PAe.; 1,7 g. — *3.5-Dichlor-2-methoxyphenoxyessigsäure*, $C_9H_8O_4Cl_2$, F. 106—107°, aus 10,5 g vorst. Verb. u. **VIII**; Nadeln aus Toluol; 0,5 g. — *3.5-Dichlor-2-oxyphenoxyessigsäure*, $C_8H_6O_4Cl_2$, F. 154°, aus 0,2 g vorst. Verb. durch 1 std. Kochen mit 48%ig. HBr; Nadeln aus W.; 0,12 g. — *2-Acetamido-3.5-dichlorphenol*, F. 190—193°: 12 g 2.4-Dichloranilin in NaOH + Aceton 5 Std. mit $Na_2S_2O_8$ behandeln; das entstehende *2-Amino-3.5-dichlorphenol* wird acetyliert; blaßgelbe Platten aus wss. Methanol: 0,4 g. — *2-[N-Methylacetamido]-3.5-dichloranisol* (**XI**), $C_{10}H_{11}O_2NCl_2$, F. 107—109°, aus 9,3 g vorst. Verb. durch Methylieren mit CH_3J in Aceton + K_2CO_3; Prismen aus PAe. oder wss. Methanol. — *3-Chlorguajacol* (**X**), $C_7H_7O_2Cl$, F. 54°, durch 10 Min. Erhitzen von 9 g 5-Chlorvanillinsäure in Glycerin mit Cu-Bronze auf 250—260°; Nadeln aus PAe.; 1,7 g. — *Trichlorguajacol*, $C_7H_5O_2Cl_3$, F. 102—104°, aus vorst. Verb. durch Kochen mit viel SO_2Cl_2 in Bzl.; 5%. — **X**-*Phenoxyessigsäurederiv.*, F. 130°, Nadeln aus Toluol; 82%. — *3.5-Dichlorguajacol* (**IV**), $C_7H_6O_2Cl_2$, F. 64—65°, a) aus 5 g 5-Chlorvanillinsäure u. NaN_3 in H_2SO_4 u. Chlf. bei 45°; das entstehende *5-Amino-3-chlorguajacol* wird acetyliert zu *5-Acetamido-3-chlorguajacol* ($C_9H_{10}O_3NCl$, F. 165°, rosafarbene Blättchen aus W.; 3 g); Behandlung mit $BaCl_2$, Diazotierung u. Chlorierung mit CuCl liefert **IV**; blaßgelbe Nadeln aus PAe.; 0,38 g; b) *2.4.6-Trichlornitrobenzol* u. $NaOCH_3$ werden in sd. Methanol kondensiert; 3.7 g des entstehenden *3.5-Dichlor-6-nitroanisols* ($C_7H_5O_3NCl_2$, F. 70—72°, blaßgelbe Kuben aus A.; 40%), wird in A. mit RANEY-Ni red.; es entstehen 3,2 g *2-Amino-3.5-dichloranisol* (**V**) als dunkles Öl; Acetylierung führt zu *2-Acetamido-3.5-dichloranisol* ($C_9H_9O_2NCl_2$, F. 169—171,5°, Nadeln aus Toluol), das sich mit CH_3J zu **XI** umsetzt; aus 3,7 g **V** wird durch Diazotieren u. Verkochen der Diazoniumlsg. **IV** erhalten; 0,4 g. — *2.4-Dichlor-6-methoxyphenoxyessigsäure* (**XII**), $C_9H_8O_4Cl_2$, aus 0,6 g **IV** u. **VIII**; 0,7 g. — **XIII**, aus 0,2 g **XII** 3 std. Kochen mit 48% ig. HBr; Nadeln aus W.; 0,05 g. — *2-Chlor-4-oxyphenoxyessigsäure* (**VI**) (unter Mitarbeit von SALAMAN u. SURTEES), $C_8H_7O_4Cl$, F. 146—147°: a) 12,5 g 2-Chlorphenoxyessigsäure 5 Min. mit konz. HNO_3 kochen; es entsteht *2-Chlor-4-nitrophenoxyessigsäure* (F. 179—181°, blaßgelbe Prismen aus wss. A.; 10 g), deren *Methylester* (F. 124°, blaßgelbe Prismen) mit H_2 in Ggw. von Pd zum *4-Amino-2-chlorphenoxyessigsäuremethylester* ($C_9H_{10}O_3NCl$, F. 69°, Nadeln aus PAe.) red. wird. 1 g dieser Verb. wird diazotiert u. die Diazoniumsalzlsg. zu **VI** verkocht; sandfarbene Prismen aus W.; 9,5 g. Behandlung der Diazoniumlsg. mit CuCl führt zu *2.4-Dichlorphenoxyessigsäure*, F. 138—139°. **VI**-*Methyläther* (**XIV**), $C_9H_9O_4Cl$, F. 136 bis 138°, Prismen aus Toluol; b) 30 g p-Methoxyphenol werden mit SO_2Cl_2 in Chlf. chloriert, das entstandene *Chlorphenol* ($C_7H_7O_2Cl$, Kp.$_{15}$ 108°, F. 46—47°, Prismen aus PAe.; 2 g) wird zu **XIV** (2,4 g) umgesetzt; Kochen von 0,3 g mit 48%ig. HBr ergibt **VI**; 0,13 g. (J. chem. Soc. [London] **1955**. 3681—87. Nov. Ruabon, Wrexham, Denbighshire, Monsanto Chem. Ltd., Nickell Labors.) U. BAUMANN. 1250

Robert A. Benkeser und **Henry R. Krysiak**, *Die Spaltbarkeit einiger Trimethylarylsilane durch Salzsäure*. Vff. beschreiben eine Anordnung, mit der die bei der Spaltung von Trimethylarylsilanen mit HCl in Eisessig auftretenden Prodd. volumetr. u. durch Titration bestimmt werden können. Wird der Benzolkern des Trimethylphenylsilans mit einem zweiten Substituenten versehen, so nimmt die Spaltbarkeit in der folgenden Reihenfolge ab: p-methoxyphenyl u. p-dimethylaminophenyl > p-tolyl > m-methoxyphenyl > m-tolyl > phenyl > p-chlorphenyl > m-chlorphenyl > m-dimethylaminophenyl.

Versuche: Die Darst. der Silane erfolgte meist nach bekannten Methoden. *Trimethyl-p-methoxyphenylsilan*, Kp.$_{747}$ 220,5°, n_D^{20} 1,5033, D.$^{20}_{4}$ 0,9398. — *Trimethyl-m-dimethylaminophenylsilan*, Kp.$_{8}$ 109—110°, n_D^{20} 1,5265. — *Trimethyl-m-tolylsilan*, Kp.$_{747}$ 188°, n_D^{20} 1,4930. — *Trimethyl-m-methoxyphenylsilan*, Kp.$_{751}$ 216°, n_D^{20} 1,5020, D.$^{20}_{4}$ 0,9383; aus der GRIGNARD-Verb. des m-Bromanisols u. Trimethylchlorsilan in Ae. bei folgendem 24std. Erhitzen der eingeengten Lösung. — *Trimethyl-m-chlorphenylsilan*, Kp.$_{22}$ 100,5°, n_D^{20} 1,5099, n_D^{25} 1,5070; aus Butyllithium u. m-Chlorbrombenzol in Ae. bei Zufügung von Trimethylchlorsilan. — *Trimethyl-p-tolylsilan*, Kp.$_{745}$ 192°, n_D^{20} 1,4915. — *Trimethyl-p-dimethylaminophenylsilan*, Kp.$_{20}$ 136°, n_D^{20} 1,5344. — Die prozentuale Spaltung in Trimethylarylchlorsilane nach 1 Std. durch HCl in Eisessig bei 112—114° ist tabellar. u. graph. dargestellt. (J. Amer. chem. Soc. **75**. 4528—31. 20/9. 1953. Lafayette, Ind., Purdue Univ., Dep. of Chem.) M. WEIST. 1380

C. R. Morgan, H. A. Hoffmann und **F. E. Granchelli,** *Synthese von 3.5-Dibromphenylsilanen.* Aus *1.3.5-Tribrombenzol* (I) u. *n-Butyllithium* (II) hergestelltes *3.5-Dibromphenyllithium* wurde unter abgewandelten Versuchsbedingungen mit $SiCl_4$, Dimethyldichlorsilan u. Methyltrichlorsilan zur Rk. gebracht. Dabei entstanden *Tetrakis-[3.5-dibromphenyl]-silan, Dimethyl-bis-[3.5-dibromphenyl]-silan, Methyl-tris-[3.5-dibromphenyl]-silan, Methyl-bis-[3.5-dibromphenyl]-chlorsilan* (**III**) (neben *Pentabromterphenyl*) u. *Methyl-[3.5-dibromphenyl]-dichlorsilan* (**IV**). In Vorverss. wurden optimale Reaktionsbedingungen zur Bldg. von 3.5-Dibromphenyllithium aus **I** u. **II** festgelegt u. als günstigste Reaktionszeit in Ae. 1 Min. ermittelt.

Versuche: *3.5-Dibromphenyllithium*, $Br_2C_6H_3Li$, aus **I** u. **II** in Ae. oder PAe.; der wss. Auszug enthält *3.5-Dibrombenzoesäure*, F. 215—216°, aus dem Ae. *Tetrabromdiphenylketon* (?), F. (nach Umkristallisieren aus Dioxan–W. u. Chromatographie der Benzollsg.) 208,5—209°. — *Tetrakis-[3.5-dibromphenyl]-silan*, $C_{24}H_{12}Br_8Si$, F. 298—302° (aus Bzl.), aus **I** in Ae. u. **II** in PAe. bei 25°, dem nach 1 Min. $SiCl_4$ zugesetzt wurde; 43% (Ausbeute). — *Dimethyl-bis-[3.5-dibromphenyl]-silan*, $C_{14}H_{12}Br_4Si$, F. 113—114° (aus A.), aus **I** u. **II** mit $(CH_3)_2SiCl_2$; 75%. — *Methyl-bis-[3.5-dibromphenyl]-chlorsilan* (**III**), $C_{13}H_9ClBr_4Si$, F. 109—110° (aus PAe.), zu vorgelegtem Methyltrichlorsilan in Ae. wird **II** in PAe. u. dann **I** in Ae. zugegeben u. das Reaktionsgemisch im Vakuum fraktioniert; 18%; daneben entsteht *Pentabromterphenyl* (?), $C_{18}H_9Br_5$, F. 247,5—248° (aus Dioxan–W.). — *Methyl-tris-[3.5-dibromphenyl]-silan*, $C_{19}H_{12}Br_6Si$, F. 214—215° (aus Bzl.), aus **I** u. **II** in Ae., Reaktionsprod. mit CH_3SiCl_3 umgesetzt; 76%. — *Methyl-[3.5-dibromphenyl]-dichlorsilan* (**IV**), $C_7H_6Cl_2Br_2Si$, F. 44—45°, **II** in Ae. wird mit **I** in Ae. gemischt u. sofort mit Methyltrichlorsilan unter Kühlung umgesetzt, beide Rkk. abwechselnd in kleinen Portionen; durch Vakuumdest. wird neben **IV** u. a. noch **III** abgetrennt. (J. Amer. chem. Soc. **75**. 4602—04. 20/9. 1953. Cambridge, Mass., Arthur D. Little, Inc.) M. WEIST. 1380

Oliver Grummitt und **Zoltan Mandel,** *Einige strukturelle und geometrische Isomere von 1-Cyclohexylbutadien-(1.3).* Vff. beschreiben die Darst. der vier isomeren konjugierten Diene *trans-1-Cyclohexylbutadien-(1.3)* (**I**), *1-Cyclohexylidenbuten-(2)* (**II**), *1-[1-Cyclohexenyl]-buten-(1)* (**III**) u. *1-Butylidencyclohexen-(2)* (**IV**) u. vergleichen ihre Stabilität. — **I** u. **II** werden durch Pyrolyse von 1-Cyclohexyl-3-acetoxybuten-(1) (**V**) bei 475° im Molverhältnis 4:1 erhalten. **I** wird unter den angewandten Reaktionsbedingungen bei 475° nicht isomerisiert; vor der Zers. von **V** tritt eine Allylumlagerung zu *1-Cyclohexyl-1-acetoxybuten-(2)* ein. Es gelingt Vff. nicht, **I** photochem. oder therm. (mit oder ohne Zusatz von J_2) in die cis-Verb. (**VI**) überzuführen; wie aus den Molekülmodellen ersichtlich, liegt bei **VI** eine ster. Resonanzhinderung der Butadienseitenkette vor, die eine Stabilitätsdifferenz von vermutlich 5,5 kcal/Mol zwischen **I** u. **VI** zur Folge hat. Die therm. Isomerisierung von **I** bei 600° liefert **II** u. **III**. Berechnete Hydrierungswärmen geben unter Annahme gleicher Resonanzenergie für alle Verbb. eine Reihenfolge zunehmender Stabilität **II** < **I**/**VI** < **III**. — Die Struktur der vorst. Diene wird durch UV- u. Infrarotabsorptionsspektren, oxydativen Abbau u. teilweise durch unabhängige Synth. sichergestellt; das ident. C-Gerüst der Verbb. **I**—**IV** wird durch katalyt. Hydrierung zu *1-Cyclohexylbutan* bewiesen.

Versuche: *1-Cyclohexylbuten-(2)-ol-(1)*, Kp.$_{4}$ 89—90,5°, n_D^{20} 1,4808. — *1-Cyclohexyl-1-acetoxybuten-(2)*, Kp.$_{5}$ 100—101°, aus vorst. Verb. mit Acetanhydrid in Pyridin, n_D^{20} 1,4628, 90% (Ausbeute); gibt bei Pyrolyse bei 475—480° unter N_2 bei 30 mm Druck *trans-1-Cyclohexylbutadien-(1.3)* (**I**, Kp.$_{8}$ 64°, D.$^{20}_{4}$ 0,8346, n_D^{20} 1,4925, 36,9%; gibt bei Ozonisierung in Methylenchlorid *Cyclohexancarbonsäure*, 65%, *Anilid*, F. 139—141°) u. *1-Cyclohexylidenbuten-(2)* (**II**, $C_{10}H_{16}$, Kp.$_{8}$ 75°, D.$^{20}_{4}$ 0,8559, n_D^{20} 1,5145, 7,2%; gibt bei Ozonisierung wie vorst. 62% Essigsäure; gibt bei Oxydation mit wss. $KMnO_4$ 13% Cyclohexanon; *Kupplungsprod. von* **II** mit 2.4-Dinitrobenzoldiazoniumchlorid, $C_{22}H_{20}O_8N_8$, Zers. bei 170°). — *1-[1-Cyclohexenyl]-buten-(1)* (**III**), $C_{10}H_{16}$, Kp.$_8$ 76°, durch therm. Isomerisierung von **I** bei 600° u. 40 mm N_2 (Kontaktzeit $^1/_2$ Sek.), D.$^{20}_4$ 0,8538, n_D^{20} 1,5030, isoliert als *Maleinanhydridaddukt* ($C_{14}H_{18}O_3$, F. 61,0—61,5°; gibt beim Erhitzen auf 320° mit 10%ig. Pd-Kohle unter N_2 *2-Äthylnaphthalin* [*Pikrat*, F. 75—76°, 7%]), 14 bis 16% (daneben 21—24% **II** u. 60—65% **I** zurück), ferner durch therm. Isomerisierung von **II** wie vorst., 45% (daneben 10% **I** u. 45% **II** zurück), ferner durch Pyrolyse von **VII** (vgl. unten) bei 475°, 19%. — *1-[1-Cyclohexenyl]-butanon-(1)*, Kp.$_7$ 91,5—93,5°, durch 2std. Umsetzung von Cyclohexen u. n-Butylchlorid mit $AlCl_3$ in CS_2 bei 0°, n_D^{14} 1,4875, n_D^{20} 1,4847, 54,5%; Reinigung über das *Semicarbazon*, F. 169—171°. — *1-[1-Cyclohexenyl]-butanol-(1)*, $C_{10}H_{18}O$, Kp.$_{1,5}$ 86,5—87,5°, durch Red. vorst. Verb. mit $LiAlH_4$ in Ae., n_D^{20} 1,4792, 81,5%; gibt bei Hydrierung über PtO_2 bei 30 lbs./sq. in. *1-Cyclohexylbutanol-(1)*, Kp.$_3$ 80—81°, n_D^{20} 1,4655. — *1-[1-Cyclohexenyl]-1-acetoxybutan* (**VII**), $C_{12}H_{20}O_2$, Kp.$_1$ 78—79°, aus vorst. Verb. mit Acetanhydrid, 77,5%; gibt bei katalyt. Hydrierung wie vorst. *1-Cyclohexyl-1-acetoxybutan*, $C_{12}H_{22}O_2$, Kp.$_2$ 85—86,5°, n_D^{20} 1,4494; gibt bei Pyrolyse bei 475° wie vorst. 19% **III**, daneben *1-Butylidencyclohexen-(2)* (**IV**), $C_{10}H_{16}$, Kp.$_8$ 68°, D.$^{20}_4$ 0,8471, n_D^{20} 1,4973, 13,3%. — *1-Cyclohexylbutan*, Kp. 178—180°, durch katalyt. Hydrierung von **I**—**IV** in absol. Methanol über 10%ig. Pd-Kohle bei 30 lbs./sq. in., n_D^{20} 1,4415—1,4430. (J. Amer. chem. Soc. **78**. 1054—60. 5/3. 1956. Cleveland, O., Western Reserve Univ., Dep. of Chem.) G. WINKLER. 1810

Hans-Werner Wanzlick und **Eberhard Peiler**, *Chlorierungsprodukte des Cyclopentanons*. 2. Mitt. *Eine neue Reduktinsäuresynthese*. (1. vgl. C. **1956**. 1005.) Bei der Addition von Cl_2 an 2-Chlorcyclopenten-(1)-on-(3) (**I**) erhielten Vff. *2.2.3-Trichlorcyclopentanon* (**II**), das sich mit Benzaldehyd (**III**) zu *2.2.3-Trichlor-5-benzalcyclopentanon* kondensiert. Bei milder Hydrolyse von **II** läßt sich *3-Chlorcyclopentandion-(1.2)* (**IV**) als *Enol* fassen, bei energ. Hydrolyse liefert **II** direkt *Reduktinsäure* (vgl. HESSE u. Mitarbeiter, Liebigs Ann. Chem. **592**. [1955.] 137). **IV** konnte auch durch Oxydation von 2-Chlorcyclopentanon-(1) (**V**) mit SeO_2 dargestellt u. mit **III** in *3-Chlor-5-benzalcyclopentadion-(1.2)* übergeführt werden. — Bei einer bisher nicht reproduzierbaren Cyclopentanonchlorierung konnte *2.4-Dichlorcyclopenten-(1)-on-(3)* (**VI**) erhalten werden, das vermutlich durch HCl-Abspaltung aus dem noch nicht gefaßten 2.2.5-Trichlorcyclopentanon-(1) entsteht. **VI** kondensiert sich mit **III** zu *4-[α-Oxybenzyl]-2.4-dichlorcyclopenten-(1)-on-(3)*, addiert p-Toluolsulfinsäure (**VII**) zu *[3-Oxo-2.4-dichlorcyclopentyl]-p-tolylsulfon* u. wird zu **IV** hydrolysiert.

V e r s u c h e: *2.2.3-Trichlorcyclopentanon-(1)* (**II**), $C_5H_5OCl_3$, Kp.$_{15}$ 109—111°, aus **I** u. Cl_2 in CCl_4 unter Rückfluß u. Rühren; D.$^{18}_4$ 1,479, n_D^{25} 1,5158; 54,9% (Ausbeute). — *2.2.3-Trichlor-5-benzalcyclopentanon-(1)*, $C_{12}H_9OCl_3$, F. 123° (A.), aus **II** u. **III** in Ggw. von HCl-Gas unter Kühlung u. 3tägigem Stehen bei n. Temp.; 16%. — *3-Chlorcyclopentandion-(1.2)* (**IV**), $C_5H_5O_2Cl$, F. 138° (Chlf./W.), a) aus **II** + W., 4 Std. auf sd. Wasserbad, dann Stehen bei 0°; 54,9%; b) durch Zutropfen (70 Min.) einer wss. Lsg. von SeO_2 zu **V** in CH_3OH u. 7std. Rühren bei n. Temp.; 19,7%; c) aus **VI** durch 3std. wss. Hydrolyse bei 80° u. Stehen über Nacht; 79,3%. — *3-Chlor-5-benzalcyclopentandion-(1.2)*, $C_{12}H_9O_2Cl$, F. ca. 205° (Zers.; A.), wie oben; rote Enol-Rk.; 84,1%. — *Reduktinsäure*, F. ca. 209° (Zers.), durch 6std. saure (H_2SO_4) Hydrolyse von **II** am Rückfluß unter CO_2, Sättigen mit $(NH_4)_2SO_4$ u. 12std. Ätherextraktion, 36,6%. — *2.4-Dichlorcyclopenten-(1)-on-(3)* (**VI**), $C_5H_4OCl_2$, F. 13°, Kp.$_{10}$ 117,5—118,5°, Kp.$_{14}$ 123—124°, D.$^{18}_4$ 1,430; n_D^{18} 1,5382. — *4-[α-Oxybenzyl]-2.4-dichlorcyclopenten-(1)-on-(3)*, $C_{12}H_{10}O_2Cl_2$, F. 153° (70%ig. A.), wie oben; 40%. — *[3-Oxo-2-chlorcyclopentyl]-p-tolylsulfon*, $C_{12}H_{13}O_3ClS$, F. 143° (A.), aus **I** u. dem Na-Salz von **VII** in CH_3COOH; 71,9%. — *[3-Oxo-2.4-dichlorcyclopentyl]-p-tolylsulfon*, $C_{12}H_{12}O_3Cl_2S$, F. ca. 150° (Zers.; Bzl./PAe.), aus **VI** wie vorst.; 43,6%. (Chem. Ber. **89**. 1046—49. 1956. Berlin-Charlottenburg, TU, Organ.-chem. Inst.) J. RICHTER. 1950

Carlo Runti und **Enrichetta Dominitz**, *Über Biphenylyldulcin*. Das prakt. geschmacklose Biphenylanaloge von Dulcin, *p'-Äthoxy-p-biphenylylharnstoff* (**I**), wurde aus *4-Äthoxy-4'-acetamidobiphenyl* (**II**; „*Biphenylphenacetin*") synthetisiert, das aus Benzidin über *4-Oxy-4'-aminobiphenyl* u. *4-Oxy-4'-acetamidobiphenyl* in bekannter Weise gewonnen wurde. Die aus **II** erhaltene *freie Base* (**III**) gab mit KOCN **I**. Ein Vers. zur Darst. von **I** aus dem aus **III** mit Äthylchlorcarbonat erhältlichen *p'-Äthoxy-p-biphenylylcarbaminsäureäthylester* mit NH_3 mißlang. Die Darst. von *Bis-[p'-äthoxy-p-biphenylyl]-harnstoff* gelang durch Schmelzen von **III** mit Harnstoff.

V e r s u c h e: *4-Äthoxy-4'-aminobiphenyl* (**III**), $C_{14}H_{15}ON$, F. 135—136° (A.), aus **II** u. konz. HCl in 95%ig. A. ($4^1/_2$ Std. kochen); über das *Hydrochlorid*, F. ca. 280° (Zers.; Erweichen bei 200°; A.); 90% (Ausbeute). — *4'-Äthoxybiphenylylharnstoff* (**I**; „*Biphenyldulcin*"), $C_{15}H_{16}O_2N_2$, F. 170° (Methylalkohol), aus **III** in wenig Eisessig mit KOCN. —

Bis-[p'-äthoxy-p-biphenylyl]-harnstoff, $C_{29}H_{28}O_3N_2 \cdot 2\,H_2O$, F. 313° (wss. Pyridin), aus III u. Harnstoff (2 Std. bei 130—140°). — *4'-Äthoxybiphenylyl-(4)-carbaminsäureäthylester*, $C_{17}H_{19}O_3N$, F. 146° (A.), aus III mit Dimethylanilin in absol. A. u. Chlorkohlensäureäthylester (1/2 Std. kochen); 72%. (Gazz. chim. ital. **85.** 309—13. April 1955. Trieste, Univ., Ist. di Chim.) B. STIEB. 2480

Henry Gilman und **Katashi Oita**, *Einige biphenylyl-(2)-substituierte Organosiliciumverbindungen.* Zur Unters. des Einfl. der ster. Hinderung bei Organosiliciumverbb. wurden *biphenylsubstituierte Si-Verbb.* dargestellt. *Tri-[biphenylyl-(2)]-phenylsilan* konnte nicht aus Biphenylyl-(2)-lithium (I) u. Phenyltrichlorsilan gewonnen werden — es entstand dabei lediglich *Di-[biphenylyl-(2)]-phenylsilanol* —, wohl aber aus Phenyllithium u. Tri-[biphenylyl-(2)]-chlorsilan (II). Der Vers., *Tetra-[biphenylyl-(2)]-silan* aus I u. II darzustellen, führte nur zu *Biphenyl* (IV); auch konnte *Hexa-[biphenylyl-(2)]-disilan* weder aus I u. Hexadichlorsilan noch aus II u. Na erhalten werden; bei beiden Verbb. müßten wegen behinderter freier Drehbarkeit Rotationsisomere auftreten. Die ausgesprochene Reaktionsträgheit der restlichen funktionellen Substituenten am Si, z. B. die nur schwer durchzuführende Hydrolyse u. $LiAlH_4$-Red. der SiCl-Bindung in II zeigen die abschirmende Wrkg. der Biphenylylgruppen.

Versuche (alle Verss. mit Li-Verbb. unter N_2): *[Biphenylyl-(2)]-lithium* (I), aus Li u. 2-Brombiphenyl in absol. Ae.; 99% (Ausbeute). — *[Biphenylyl-(2)]-triphenylsilan*, $C_{30}H_{24}Si$, F. 137—137,5° (PAe.), aus I u. Triphenylchlorsilan in Ae. (4 Std. bei Zimmertemp.); mit 2n HCl hydrolysieren; 12%; daneben *Triphenylsilanol*, F. 152—155°; 16%, u. *Biphenyl* (IV), F. 67—69°; 13%, getrennt durch fraktionierte Kristallisation aus PAe., Chromatographie oder Molekulardestillation. — *Di-[biphenylyl-(2)]-diphenylsilan*, $C_{36}H_{28}Si$, F. 137—137,5° (PAe.), aus I u. Diphenyldichlorsilan in Ae., 1 Woche kochen, mit verd. KOH hydrolysieren; Ae.-Schicht abgetrennt, dest., mit PAe. versetzt, an Al_2O_3 chromatographiert; mit PAe., Chlf., Methanol eluiert; 7,1%; daneben IV; 16%. — *Tri-[biphenylyl-(2)]-phenylsilan*, $C_{42}H_{32}Si$, F. 184° (Toluol oder Xylol), aus Phenyllithium u. II in Ae., Bzl. u. Xylol, mehrere Tage gekocht, mit 2n HCl hydrolysiert; 22%. — *Di-[biphenylyl-(2)]-phenylsilanol*, $C_{30}H_{24}OSi$, F. 115—116° (PAe.), aus I u. Phenyltrichlorsilan in Ae., 13 Tage gekocht, mit 2n HCl hydrolysiert, organ. Phase dest., in Bzl. chromatographiert, mit Bzl., Chlf. u. Methanol eluiert; 10%. — *Tri-[biphenylyl-(2)]chlorsilan* (II), $C_{36}H_{27}ClSi$, F. 241° (PAe.), aus I u. $SiCl_4$ in Ae., 48 Std. gekocht, Ae. abdest., Xylol zugefügt u. erhitzt, mit W. hydrolysiert; 51%. — *Tri-[biphenylyl-(2)]-silan* (III), $C_{36}H_{28}Si$, F. 169,5—170,5° (Aceton + Bzl.), aus II u. $LiAlH_4$, a) in Äthylenglykoldimethyläther 15 Std. gekocht, mit Essigester zers., filtriert, Rückstand mit Aceton extrahiert; krist.; 71%; b) in Tetrahydrofuran 8 Std. gekocht, weiter wie vorst.; 21%. — *Tri-[biphenylyl-(2)]-silanol*, $C_{36}H_{28}OSi$, F. 184—185,5°, a) II wird mit 1,2n methanol. KOH 24 Std. in Bzl. erhitzt; Lösungsm. abdest. u. chromatographiert, das Chromatogramm mit Methanol extrahiert; 41%; b) II mit N-Dimethylformamid 72 Std. gekocht; 69,1%; c) III 24 Std. mit KOH in Piperidin gekocht, mit n-HCl angesäuert u. wie unter a) aufgearbeitet; 9,6%. — *Tetra-[biphenylyl-(2)]-dichlorsilan*, $C_{48}H_{36}Cl_2Si_2$, F. 221—222° (Xylol), Hexachlordisilan u. I 9 Std. auf 160° erhitzt, in Bzl. gelöst, mit 2n HCl hydrolysiert, Rückstand von Benzolphase mit PAe. digeriert. (J. org. Chemistry **20.** 862—70. Juli 1955. Ames, Io., Iowa State Coll., Chem. Labor.) A. ZAPPEL. 2580

Charles R. Hauser und **Jacque K. Lindsay**, *Beispiel einer Umlagerung mit ortho-Substitution beim quaternären Ammoniumion des Eisendicyclopentadienyl durch Kaliumamid.* Vff. führen die beim Benzyltrimethylammoniumion beobachtete Umlagerung mit ortho-Substitution (vgl. KANTOR u. HAUSER, C. **1954.** 8332) auch beim „Ferrocenyltrimethylammoniumion" (Ferrocenyl analog Benzyl mit $CH_2NR_3^+$-Gruppe) mittels Kaliumamid in fl. Ammoniak durch.

Versuche: *Ferrocenyl-(2)-dimethylamin* (I), $C_{13}H_{15}NFe$, Kp.$_{0,45}$ 91—92°, aus Ferrocen nach SCHMIDLE u. MANSFIELD (C. **1956.** 692); 51% (Ausbeute). *Pikrat*, $C_{19}H_{20} \cdot O_7N_4Fe$, F. 162—163° (Zers.), rote Nadeln. — *Ferrocenyl-(2)-trimethylammoniumjodid* (II), $C_{14}H_{20}NJFe$, Zers. bei 220°, durch Methylierung von I mit CH_3J; 95%, gelbe Kristalle. — *2-Methylferrocenyl-(3)-dimethylamin*, $C_{14}H_{19}NFe$, Kp.$_{0,3}$ 101—103°, durch 2std. Einw. von KNH_2 in fl. Ammoniak auf II; 60%. *Pikrat*, $C_{20}H_{22}O_7N_4Fe$, F. 179—180°, grüngelbe Blättchen. (J. org. Chemistry **21.** 382—83. März 1956. Durham, N. C., Duke Univ., Dep. of Chem.) K. FRENKLER. 2580

A. M. Chaletzki, **M. B. Kolessowa** und **R. M. Metrikina**, *Synthese und Untersuchung von 2-Phenylindandion-(1.3).* Benzalphthalid geht unter der Einw. von Na-Äthylat quantitativ in das isomere *2-Phenylindandion-(1.3)* über, welches im Tiervers. gerinnungsfördernde Wrkg. auf das Blut ohne Toxizität u. Nebenwirkungen aufweist.

Versuche: *Benzalphthalid*, F. 96—98°, aus 110 g Phthalsäureanhydrid, 100 g Phenylessigsäure u. 2,5 g Na-Acetat, 2 Std. erhitzen unter Abdest. des W.; 78% (Aus-

beute). — *2-Phenylindandion-(1.3)*, $C_{15}H_{10}O_2$, F. 145°, aus 22 g vorst. Verb. in 150 ml A. durch Zusatz von 50 ml 6%ig. Na-Äthylatlsg.; 100%. (Журнал Общей Химии [J. allg. Chem.] **26** (**88**). 760—61. März 1956. Leningrad, Chem.-pharmaz. Inst.)
A. NOWAK. 2650

Pierre H. Payot, *Einige Derivate des 5-Oxynaphthyl-(1)-amins.* Durch Umsetzung von 5-Acetamidonaphthol-(1) (**I**) mit n-Hexylbromid bzw. Äthyljodid nach CLAISEN werden *1-Acetamido-5-n-hexoxy-* (**II**) bzw. *-5-äthoxynaphthalin* erhalten. Hydrolyse von **II** liefert das entsprechende *Amin,* das mit Chlorameisensäureäthylester (**III**) acyliert wird. 5-Oxynaphthyl-(1)-amin (**IV**) liefert mit **III** analog die *Diacylverbindung.*

Versuche: *1-Acetamido-5-n-hexoxynaphthalin* (**II**), $C_{18}H_{23}O_2N$, F. 157—158° (96%ig. A.), durch 10std. Kochen von **I** in Methyläthylketon mit n-Hexylbromid unter Zusatz von wasserfreiem K_2CO_3, Behandeln der abfiltrierten anorgan. Salze mit Essigester u. Einengen; hexagonale Plättchen; 85% roh (Ausbeute). — *1-Acetamido-5-äthoxynaphthalin,* $C_{14}H_{15}O_2N$, F. 204—205° (96%ig. A.), analog **II** durch $4^1/_2$std. Kochen von **I** mit C_2H_5J in Aceton, Einengen, Aufnehmen in Essigester u. Hochvakuumsublimation bei 120—150°; kurze Prismen; 71% roh. Daneben 20% unumgesetztes **I** (F. 176 bis 177°). — *1-Amino-5-n-hexoxynaphthalin, Hydrochlorid,* $C_{16}H_{22}ONCl$, F. 190—196° (Zers.; Aceton/W. + wenig 2n HCl), durch 2std. Kochen von **II** in konz. HCl u. 96%ig. A.; lange feine Nadeln; 97%. *Freie Base,* $C_{16}H_{21}ON$, Kp.$_{0,02}$ 90—100° (Badtemp.), durch Einengen der Mutterlaugen des Hydrochlorids, Versetzen mit fester Soda, Extraktion des schwarzen Öls mit Essigester u. Einengen der neutralisierten Lösung. — *1-Carbäthoxyamino-5-n-hexoxynaphthalin,* $C_{19}H_{25}O_3N$, F. 84—85° (Methanol), durch $2^1/_2$std. Rühren vorst. Hydrochlorids mit K_2CO_3 u. **III** in Aceton u. wenig W. bei Raumtemp., Filtration u. Einengen; Prismen; 92%. — *1-Carbäthoxyoxy-5-carbäthoxyaminonaphthalin,* $C_{16}H_{17}O_5N$, F. 173—174° (A.), durch Zugeben von **III** in Aceton zu **IV**, K_2CO_3 u. wss. Aceton unter Rühren, 4std. Weiterrühren bei Raumtemp., Filtration, Einengen, Aufnehmen des violetten Rückstandes in Essigester u. Einengen; tetragonale Plättchen; 66%. (J. org. Chemistry **21.** 582—83. Mai 1956. Basel, Univ., Dep. of Chem.)
W. GEHRMANN. 2700

Samuel Coffey und **V. Boyd,** *Reduktion von Anthrachinon und anderen polycyclischen Chinonen mit Aluminiumalkoholaten (Meerwein-Pondorf-Reagens).* Durch Al-Alkoholate werden Derivv. von *Anthrachinon* (**II**) zu solchen von *Anthracen* (**III**), *9.10-Dioxy-* (**IV**) oder *9.10-Dihydro-9.10-dioxyanthracen* (**V**) je nach den angewendeten Alkoholaten u. den Versuchsbedingungen reduziert. Aus *Nitroanthrachinonen* entstehen zunächst *Aminoanthrachinone,* die mit den Oxydationsprodd. der Alkoholate weiterreagieren können. So bildet sich aus *1-Amino-2-methylanthrachinon* (**VI**) *2.4-Dimethyl-3-azabenzanthron* (**VII**). *1.5-Dichloranthrachinon* (**VIII**) ließ sich nur bis zur **V**-Stufe reduzieren. Aus *Anthanthron* bzw. *Flavanthron* entstehen *Anthanthren* bzw. *Flavanthren.*

Versuche: *Al-Alkoholate,* aus 5 g Al-Spänen u. 100 ml des über CaO oder CaC_2 getrockneten Alkohols durch Kochen in Ggw. einer Spur $HgCl_2$ u. 1 ml CCl_4 über Nacht; direkt verwendet. — Red. von 10 g **II**: a) durch 48std. Kochen in Al-Isopropylatlsg. (**IX**), einengen u. in 3%ig. NaOH gießen; Filtrat (**A**); Rückstand mit alkal. $Na_2S_2O_4$-Lsg. verrühren u. mit Bzl. extrahieren (**B**); **A** [Lsg. von *9.10-Dioxyanthracen* (**IV**)] wird schnell oxydiert durch Luft zu **II**; aus **B** 4,4 g *9.10-Dihydro-9.10-dioxyanthracen* (**V**), $C_{14}H_{12}O_2$; *Diacetat,* $C_{18}H_{16}O_4$, F. 157° (A.). *Dibenzoat,* $C_{28}H_{20}O_4$, F. 145° (A.); b) wie a) in Al-n-Butylatlsg.; es wurde nur **IV** erhalten; c) wie a) in Al-sek.-Butylatlsg.; 4,2 g *Anthracen* (**III**), $C_{14}H_{10}$, F. 218°, aus dem Benzolextrakt u. 3,6 g **II** (aus **IV**) aus der Dithionitlsg.; d) Al-Isobutylatlsg. 1 g **III**, Rest **IV**; e) in Al-Cyclohexylatlsg. (**I**), in W. gießen, mit Bzl. klären u. filtrieren; Benzolextrakt des Rückstandes mit Dampf dest. gibt 6,8 g **III**; f) in Al-Äthylatlsg. entsteht nur **IV**. — Bei **IV** statt **II** mit **IX** keine Red.; aus **IV** bzw. **V** u. **I** 100% **III**. — *trans-1.5-Dichlor-9.10-dihydro-9.10-dioxyanthracen,* $C_{14}H_{10}O_2Cl_2$, F. 220—224° (Bzl.), aus 14 g **VIII** u. **IX** wie a), Filterrückstand mit warmer Dithionitlsg. ausschütteln; 4,5 g. *Diacetylderiv.*, $C_{18}H_{14}O_4Cl_2$, F. 247—248° (Bzl.); aus 14 g **VIII** u. **I** 6 g *cis-Verb.*, F. 205,9°. — *1-Chlor-9.10-dihydro-9.10-dioxyanthracen,* $C_{14}H_{11}O_2Cl$, F. 178°, aus 10 g 1-Chloranthrachinon u. **IX** wie a); Nadeln; 5,6 g. *Diacetat,* $C_{18}H_{15}O_4Cl$, F. 160°, aus A. Nadeln; ähnlich mit **I**. — *2.4-Dimethyl-3-azabenzanthron* (**VII**), $C_{18}H_{13}ON$, F. 254°, aus 10 g **VI** u. **IX** wie a), Rückstand in W. gießen u. Nd. mit Bzl. extrahieren; aus Eindampfrückstand **VI** mit Dithionitlsg. entfernen; fast farblose Kristalle aus Essigester; 7,6 g; auch aus **VI**, Isopropanol, Aceton u. 33%ig. NaOH durch Kochen über Nacht. — Aus 2-Methyl-1-nitroanthrachinon u. **IX VI**, mit 3facher Menge **IX VII**. — 1-Nitro- u. 1-Aminoanthrachinon geben schwer trennbare Gemische. — *Anthanthren,* $C_{22}H_{12}$, F. 258°, aus 6 g Anthanthron u. **I** (48 Std.) u. Benzolextraktion des Nd.; 1,5 g. — Analog *Flavanthren,* $C_{28}H_{12}N_2$, aus Flavanthron. (J. chem. Soc.

[London] **1954.** 2468—70. Juli. Manchester, Imp. Chem. Ind. Ltd., Dyestuff Div., Res. Dep.) K. LEHMSTEDT. 2800

S. M. Mukherji, V. S. Gaind und **P. N. Rao,** *Friedel-Crafts-Reaktion bei ungesättigten Ketonen und Estern. 3. Mitt. Ein neuer Weg zu Benzo-[c]-phenanthrenderivaten.* (2. vgl. C. **1956.** 4991.) *2-Allyltetralon-(1)* wird mit Bzl. in Ggw. von $AlCl_3$ zu *2-[β-Methyl-β-phenyläthyl]-tetralon-(1)* (I) kondensiert, das nach Red. zum *Alkohol* (**IV**) zu *5-Methyl-5.6.6a.6b.7.8-hexahydrobenzo-[c]-phenanthren* (**II**) cyclisiert u. zu *5-Methylbenzo-[c]-phenanthren* (**III**) dehydriert wird. Analog führt die Kondensation von Toluol zur *2.5-Dimethylverbindung.*

V e r s u c h e: *2-Allyltetralon-(1),* $C_{13}H_{14}O$, Kp.$_5$ 144—150°, aus 2-Oxymethyltetralon-(1) u. C_2H_5ONa in Bzl. (über Nacht stehen), dann mit sd. Allyljodid (6 Std.) u. Hydrolyse des gebildeten *2-Allyl-2-formyltetralon-(1),* Kp.$_1$ 134—138°, mit 5%ig. NaOH (3 Std. bei 50—55°); campherähnlich riechendes Öl; n_D^{30} 1,5511; 82% (Ausbeute). *Semicarbazon,* $C_{14}H_{17}ON_3$, F. 183—184° (A.). — *2-[β-Methyl-β-phenyläthyl]-tetralon-(1)* (**I**), $C_{19}H_{20}O$, Kp.$_1$ 190°, aus vorst. Verb., Bzl. u. $AlCl_3$; n_D^{30} 1,5759; 82%; bildet kein Semicarbazon. — *2-[β-Methyl-β-phenyläthyl]-tetralol-(1)* (**IV**), $C_{19}H_{22}O$, Kp.$_4$ 210—215°, aus **I** u. Al-Isopropylat in Isopropanol; $n_D^{31,5}$ 1,5908; 86%. — *5-Methyl-5.6.6a.12b.7.8-hexahydrobenzo-[c]-phenanthren* (**II**), $C_{19}H_{20}$, Kp.$_2$ 195° (Bad), aus **IV** bei 0° mit konz. H_2SO_4 (3 Std.); harzige Fl.; n_D^{31} 1,5994; 70%. — *5-Methylbenzo-[c]-phenanthren* (**III**), $C_{19}H_{14}$, F. 71—72°, aus 1 g **II** mit 30%ig. Pd-Kohle (4 Std. bei 300—320°); nach Sublimation im Vakuum Nädelchen aus A.; 0,6 g. *Pikrat,* $C_{25}H_{17}O_7N_3$, F. 135—136°, aus A. zinnoberrote Nadeln. — *2-[β-Methyl-β-(p-tolyl)-äthyl]-tetralon-(1),* $C_{20}H_{22}O$, Kp.$_{13-14}$ 240°, mit Toluol analog **I**; n_D^{25} 1,5718; 64%. 1 g gibt mit $KMnO_4$ u. wss. KOH 0,8 g Gemisch aus *Phthalsäure* u. *Terephthalsäure* (*Dimethylester,* F. 140°). *2.4-Dinitrophenylhydrazon,* $C_{26}H_{26}O_4N_4$, F. 192—193°, tieforangefarbene Nadeln aus Essigester. — *2-[β-Methyl-β-(p-tolyl)-äthyl]-tetralol-(1),* $C_{20}H_{24}O$, Kp.$_1$ 180—182°, aus vorst. Verb. analog **I**; zähes Öl; n_D^{25} 1,5789; 81%. — *2.5-Dimethyl-5.6.6a.12b.7.8-hexahydrobenzo-[c]-phenanthren,* $C_{20}H_{22}$, Kp.$_{3-4}$ 180—185°, aus vorst. Verb. analog **II**; n_D^{27} 1,5884; 66%. — *2.5-Dimethylbenzo-[c]-phenanthren,* $C_{20}H_{16}$, F. 91—92° (A.), aus vorst. Verb. analog **III**; Kp.$_2$ 190—195°, blaßgelbes zähes Öl; 61,5%. *Pikrat,* $C_{20}H_{16}\cdot C_6H_3O_7N_3$, F. 146—147°, aus A., tieforangefarbene Nadeln. (J. org. Chemistry **19.** 328—32. März 1954. Hoshiarpur, Punjab Univ., Dep. of Chem.; Calcutta, Indian Assoc. for Cultiv. of Sci., Dep. of Org. Chem.)

K. LEHMSTEDT. 2950

Renato Andrisano und **Benedetto Tornetta,** *Über einige Mannich-Basen von Furfural- und Methylfurfuralaceton.* Aus Furfural- (I) u. Methylfurfuralaceton (**II**) werden mit verschied. Aminen u. CH_2O einige MANNICH-*Basen* dargestellt, die in vitro eine antibakterielle Wrkg. zeigen.

V e r s u c h e: 4-Alkylamino-1-furfuralbutanon-(2)-hydrochloride, aus **I,** Paraformaldehyd u. dem Hydrochlorid des entsprechenden Amins in sd. A.; 30—40% (Ausbeute): *4-Dimethylamino-,* $C_{11}H_{15}O_2N\cdot HCl$, F. 185°, aus A. Prismen. — *4-Äthylamino-,* $C_{11}H_{15}O_2N\cdot HCl$, F. 166°, aus A. Nadeln. — *4-Diäthylamino-,* $C_{13}H_{19}O_2N\cdot HCl$, F. 170°, aus A.–Aceton Prismen. — *4-n-Propylamino-,* $C_{12}H_{17}O_2N\cdot HCl$, F. 154°, aus A. Nadeln. — *4-Isopropylamino-,* $C_{12}H_{17}O_2N\cdot HCl$, F. 155°, aus A. Nadeln. — *4-Piperidino-,* $C_{14}H_{19}O_2N$, F. 192°, aus A. Schuppen. — *4-Morpholino-,* $C_{13}H_{17}O_3N\cdot HCl$, F. 181°, aus A. Prismen. — *Bis-[1-furfural-2-oxobutyl-(4)]-methylaminhydrochlorid,* $C_{19}H_{21}O_4N\cdot HCl$, F. 170°, aus **I,** CH_2O u. Methylamin; aus A. Prismen. — *1.4-Bis-[1-furfural-2-oxobutyl-(4)]-piperazindihydrochlorid,* $C_{22}H_{26}O_4N_2\cdot 2\,HCl$, F. $>$300°, aus **I,** CH_2O u. Piperazin; aus A.–W. Prismen. — *1.4-Bis-[1-(5-methylfurfural)-2-oxobutyl-(4)]-piperazindihydrochlorid,* $C_{24}H_{30}O_4N_2\cdot 2\,HCl$, F. $>$300°, aus **II** analog vorst. Verb.; aus A.–W. Nadeln. — 4-Alkylamino-1-[5-methylfurfural]-butanon-(2)-hydrochloride, aus **II,** CH_2O u. dem entsprechenden Amin: *4-Methylamino-,* sehr geringe Ausbeute. — *4-Dimethylamino-,* $C_{12}H_{17}O_2N\cdot HCl$, F. 164°, aus A. Prismen. — *4-Äthylamino-,* $C_{12}H_{17}O_2N\cdot HCl$, F. 156°, aus Aceton Nadeln. — *4-Diäthylamino-,* $C_{14}H_{21}O_2N\cdot HCl$, F. 168°, aus Aceton Prismen. — *4-n-Propylamino-,* sehr geringe Ausbeute. — *4-Isopropylamino-,* $C_{13}H_{19}O_2N\cdot HCl$, F. 166°, aus A. Nadeln. — *4-Piperidino-,* $C_{15}H_{21}O_2N\cdot HCl$, F. 175°, aus A. Prismen. — *4-Morpholino-,* $C_{14}H_{19}O_3N\cdot HCl$, F. 180°, aus A. Prismen. (Gazz. chim. ital. **85.** 400—03. April 1955. Catania, Univ., Ist. di Chim. farmac. e tossicol.) B. STIEB. 3061

G. Modena und **R. Passerini,** *Neue Furanfarbstoffe: Azoverbindungen aus Bis-[arylaminoformylacetyl]-furanen.* Furoesäuremethylester (I) läßt sich mit Essigsäureanhydrid u. $SnCl_4$ in *5-Acetylfuroesäuremethylester* überführen, bei dessen Oxydation mit Hypochlorit *Furan-2.5-dicarbonsäure* entsteht. Deren *Dichlorid* läßt sich durch Rk. mit Acetoacetanilid in Ggw. von Na-Äthylat u. Umsetzung des rohen Prod. mit alkoh. NH_3 in *2.5-Bis-[anilinoformylacetyl]-furan* überführen. In analoger Weise wird *2.5-Bis-*

[*β-naphthylaminoformylacetyl*]*-furan* erhalten. Bei der Kupplung mit Diazoniumsalzlsgg. werden *2.5-Bis-*[*α-arylaminoformyl-α-arylazoacetyl*]*-furane* gewonnen, die Baumwolle u. Rayon waschmittel-, säure- u. alkaliecht, aber wenig Cl- u. lichtecht mit gelber bis gelbbrauner Farbe färben.

Versuche: *5-Acetylfuroesäuremethylester*, F. 112—113°, aus **I** (Kp.$_{760}$ 183°) mit Acetanhydrid in Ggw. von $SnCl_4$ (12 Std.); Prismen aus A.; 50—55% (Ausbeute). — *Furan-2.5-dicarbonsäure*, F. >350°, aus vorst. Verb. durch Oxydation mit Hypochlorit; 80—85%. *Dichlorid*, F. 80°, mit PCl_5 in Bzl.; 85%. — *2.5-Bis-*[*anilinoformylacetyl*]*-furan*, $C_{22}H_{18}O_5N_2$, F. 213—214°, aus vorst. Dichlorid u. Acetoacetanilid in Ae. in Ggw. von Na-Äthylat (12 Std. bei 10°) u. 2std. Erwärmen des gebildeten *2.5-Bis-*[*α-(anilinoformyl)-acetoacetyl*]*-furans* mit konz. NH_3 in A. auf 60°; aus A. Nädelchen. — *2.5-Bis-*[*β-naphthylaminoformylacetyl*]*-furan*, $C_{30}H_{22}O_5N_2$, F. 265—266° (Pyridin), analog vorst. Verb., aber mit Acetoacetyl-β-naphthylamid; über *2.5-Bis-*[*α-(β-naphthylaminoformyl)-acetoacetyl*]*-furan*. — 2.5-Bis-[α-anilinoformyl-α-arylazoacetyl]-furane, aus vorvorst. Verb. in wss.-alkoh. NaOH mit dem entsprechenden diazotierten Amin; Kristallisation aus Nitrobenzol: *-α-benzolazo-*, $C_{34}H_{26}O_5N_6$, F. 258—259°, kanariengelb (Färbung auf Baumwolle oder Rayon). — *-α-p-toluolazo-*, $C_{36}H_{30}O_5N_6$, F. 263—264°, rein gelb. — *-α-(p-methoxybenzolazo)-*, $C_{36}H_{30}O_7N_6$, F. 251—252°, orangefarben. — *-α-(p-nitrobenzolazo)-*, $C_{34}H_{24}O_9N_8$, F. 306—207°, gelbbraun. — *-α-(p-chlorbenzolazo)-*, $C_{34}H_{24}O_5N_6Cl_2$, F. 275—276°, leuchtend gelb. — *-α-(2.5-dichlorbenzolazo)-*, $C_{34}H_{22}O_5N_6Cl_4$, F. 301—302°, citronengelb. — 2.5-Bis-[α-(β-naphtylaminoformyl)-α-arylazoacetyl]-furane, analog vorst. Verbb.: *-α-benzolazo-*, $C_{42}H_{30}O_5N_6$, F. 277—278°, gelb. — *-α-(p-methoxybenzolazo)-*, $C_{44}H_{34}O_7N_6$, F. 270—271°, leuchtend gelb. — *-α-(p-nitrobenzolazo)-*, $C_{42}H_{28}O_9N_8$, F. 298—299°, braungelb. — *-α-(o-chlorbenzolazo)-*, $C_{42}H_{28}O_5N_6Cl_2$, F. 265—266°, orangegelb. — *-α-(p-chlorbenzolazo)-*, $C_{42}H_{28}O_5N_6Cl_2$, F. 281—282°, orangegelb. — *-α-(2.5-dichlorbenzolazo)-*, $C_{42}H_{26}O_5N_6Cl_4$, F. 271—272°, ockergelb. — Die UV-Absorptionsmaxima der Azoverbb. sind angegeben. (Boll. sci. Fac. Chim. ind. Bologna **13**. 72—75. 1955. Bologna, Univ., Ist. di Chim. ind.) WALTER SIMON. 3061

Gosta Brunnstrom, *Die alkalische Oxydation von β-Naphthol.* Die alkal. Oxydation von β-Naphthol (720 g mit 100 g NaOH vermahlen u. 7 Tage auf 60—70° unter Luftzutritt erwärmt) ergab bei 40—60% ig. Umsatz ein Gemisch, dessen Aufarbeitung nachst. Verbb. lieferte: *Dinaphtho-*[*2.1;1'.2'*]*-furandion-(5.6)* (**I**), $C_{20}H_{10}O_3$, F. 253—254° (aus Toluol braune Nadeln); 75 g (Ausbeute). — *8H-Indeno-*[*2.1*]*-naphtho-*[*1.2*]*-furanon-(8)* (**II**), $C_{19}H_{10}O_2$, F. 291—292° (aus Toluol Blättchen); 1 g. — *8H-Indeno-*[*2.1*]*-naphtho-*[*1.2*]*-furanol-(8)* (**III**), $C_{19}H_{12}O_2$, F. 237—239° (aus A. Nadeln); <1 g. — Unbekanntes Prod. vom F. 319—321° (Toluol); 3 g. — *Dinaphtho-*[*2.1; 2'.3'*]*-furandion-(8.13)*, $C_{20}H_{10}O_3$, F. 272—273° (aus Toluol bronzefarbene Blättchen); 3 g. — *1.1'-Bi-β-naphthol*, F. 218°; 150 g. — *4-*[*2-Carboxyphenyl*]*-5.6-benzocumarin*, $C_{20}H_{12}O_4$, F. 277—278°; 30 g. — *Säure* $C_{22}H_{18}O_6$, F. 240—241°; 25 g. *Methylesterlacton*, $C_{23}H_{18}O_5$, F. 163°. — *Säure* $C_{22}H_{16}O_6$, F. 240—250° (aus Toluol Nadeln). — *Säure* $C_{20}H_{14}O_5$, F. 213—214° (aus Toluol Nadeln). — *Säure* $C_{20}H_{14}O_5$, F. 259—262° (aus Toluol Nadeln). — Vff. leiten die Struktur von **I** ab aus der Zn-Staub-Dest. → *Naphthalin* u. *Dinaphtho-*[*2.1;1'.2'*]*-furan* ($C_{20}H_{12}O$, F. 135—140°), aus der Oxydation → *o.o'-Oxalyldibenzoesäure*, aus der KOH-Schmelze → *β-Naphthol, Phthalsäure, α-*[*2-Oxynaphthyl-(1)*] *o-toluylsäure* [**IV**; $C_{18}H_{14}O_3$, F. 174—175° (aus verd. A. Nadeln)] u. 2 unbekannte Verbb., F. 206—208° (aus Toluol violettbraune Nadeln) u. F. 244° (aus Toluol Nadeln), aus der reduktiven Acetylierung → *Diacetat* $C_{24}H_{16}O_5$, F. 181—182°, u. aus der Umsetzung mit o-Phenylendiamin → *Azin* $C_{26}H_{14}ON_2$, F. 261—262° (CH_3OH). — Die KOH-Schmelze von **II** ergab *Benzoesäure*, *β-Naphthol* u. **IV**; **II** ließ sich durch Red. mit Na-Amalgam in **III**, **III** durch CrO_3-Oxydation in **II** überführen. (J. Amer. chem. Soc. **77**. 2463—65. 5/5. 1955. Bound Brook, N. J., Amer. Cyanamid Co.) B. WITT. 3061

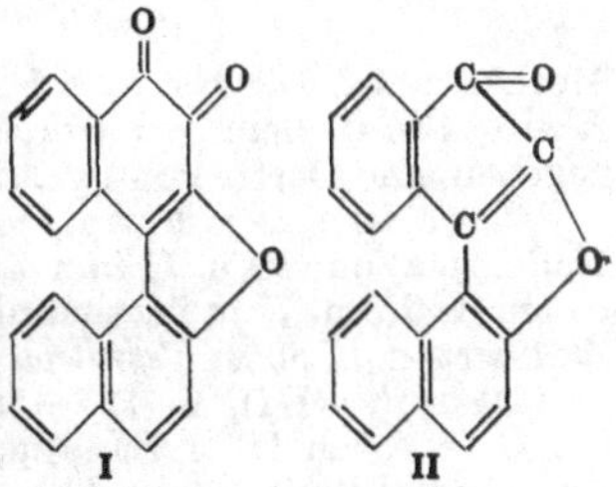

I II

B. B. Corson, H. E. Tiefenthal, G. R. Atwood, W. J. Heintzelman und **W. L. Reilly**, *3-tert.-Butylthionaphthen.* Durch Alkylierung von Thionaphthen mit Isobutylen bei 125° in Ggw. von 100%ig. H_3PO_4 wird in guter Ausbeute *3-tert.-Butylthionaphthen* erhalten, das sich mit RANEY-Ni zu *α-tert.-Butyläthylbenzol* (**III**) desulfurieren läßt, wobei als Nebenprod. *α-tert.-Butylstyrol* (**I**) erhalten wird, das sich zu **III** hydrieren läßt. **I** wird auch durch Dehydratisierung von 2-Phenyl-3.3-dimethylbutanol-(2) (**II**) dargestellt. Die Infrarotspektren von **I** u. **III** sind graph. wiedergegeben.

Versuche: *3-tert.-Butylthionaphthen*, $C_{12}H_{14}S$, Kp.$_{20}$ 149°, durch Einleiten von Isobutylen in 99,99%ig. Thionaphthen (E. 31,309 ± 0,005° korr.) u. 100%ig. H_3PO_4 bei

125° unter Rühren, Ae.-Extraktion u. Einengen; $D.^{25}_4$ 1,0578, n_D^{25} 1,5871; 75% (Ausbeute). — *α-tert.-Butyläthylbenzol* (III), $C_{12}H_{18}$, $Kp._{20}$ 91—94°, $Kp._{10}$ 79—80°, a) durch 1std. Kochen von vorst. Verb. mit RANEY-Ni in absol. A. u. Heißfiltration; 85%; b) durch katalyt. Hydrierung von I an ADAMS-Pt-Katalysator; 80%; $D.^{25}_4$ 0,8667, n_D^{25} 1,4915. *Acetamidoderiv.* (*4-Acetamido-α-tert.-butyläthylbenzol*), $C_{14}H_{21}ON$, F. u. Misch-F. 146,5 bis 147,5° (wss. A.). Daneben nach a) 5—10% *α-tert.-Butylstyrol* (I), $Kp._{10}$ 75°, E. —21,16°, $D.^{25}_4$ 0,8733, n_D^{25} 1,4992 (wurde auch erhalten durch Überleiten von II über aktiviertes Al_2O_3 bei 175°/150 mm; 70%). — *2-Phenyl-3.3-dimethylbutanol-(2)* (II), $Kp._{20}$ 128°, a) durch langsames Zugeben von Acetophenon in Ae. zu tert.-Butyl-MgCl in Ae. unter Rühren, Zers. mit gesätt. wss. NH_4Cl u. Einengen der Ae.-Lsg.; 9% (ließ sich nicht in ein p-Nitro- bzw. 2.4-Dinitrobenzoat überführen); b) durch Zugeben von Pinakolin in Ae. zu sd. äther. Phenyl-Li unter Rühren in 1 Std., 1std. Nachrühren, 65std. Stehen, Versetzen mit A. u. W. u. Einengen der Ae.-Lsg.; $D.^{25}_4$0,9705, n_D^{25} 1,5157; 78% (roh). (J. org. Chemistry **21**. 584—86. Mai 1956. Pittsburgh, Pa., Mellon Inst.)

W. GEHRMANN. 3071

Jan Thesing und **Hans Mayer,** *Beiträge zur Chemie des Indols. 5. Mitt. Die Umsetzung von Gramin und verwandten Verbindungen mit aromatischen Aminen. Über die Hofmann-Martius-Umlagerung beim Methylphenylskatylamin.* (4. vgl. C. **1954**. 9748.) Vff. untersuchen Rkk., die zur Bldg. von *Methylphenylskatylamin* (I) führen sollten. Nachdem bei der MANNICH-Rk. von Indol, Formaldehyd u. Methylanilin (II) statt I unter C-Alkylierung *N-Methyl-p-skatylanilin* (III) entstanden war (vgl. l. c.), wurde zur Darst. von I die Rk. von *Gramin* (IV) u. seinen quaternären Salzen mit II herangezogen. Bei 3std. Erhitzen von IV mit II auf 150° in Ggw. von Na_2CO_3 entstand III. Bei Verwendung von *Dimethylanilin* (VII) statt II entstand unter gleichen Bedingungen *N.N-Dimethyl-p-skatylanilin* (V), das durch Vgl. mit durch Red. von 3-[p-Dimethylaminobenzoyl]-indol mit $LiAlH_4$ dargestelltem V identifiziert wurde. Bei Zimmertemp. tritt zwischen Gramin-methomethylsulfat (VI) u. II in Methanol keine Rk. ein. Beim Erhitzen von VI mit II bzw. mit VII in alkoh. Lsg. entstehen III bzw. V. Dagegen wird bei Zimmertemp. bei Zugabe von 2n NaOH zu einer wss. Lsg. von VI u. dem Acetat von II quantitativ I gebildet. Aus I entsteht mit Methyljodid in Methanol bei Ggw. von Na-Methylat *Methylskatyläther*. Aus I entsteht in essigsaurer Lsg. neben Zersetzungsprodd. III. Bei Ggw. von II ist die Ausbeute an III abhängig von der Konz. von II. Vff. schließen daraus auf eine intermol. Rk. im Sinne einer HOFMANN-MARTIUS-Umlagerung, wobei sie für den Übergang I → III in saurem Medium folgenden Mechanismus annehmen: Aus I unter Anlagerung eines Protons Bldg. eines instabilen Kations, das in II u. die mesomeren Kationen **a** u. **b** zerfällt. Die Skatylierung von II kann entweder durch **a** durch S_N-Rk. oder durch **b** in einer MICHAEL-Addition erfolgen.

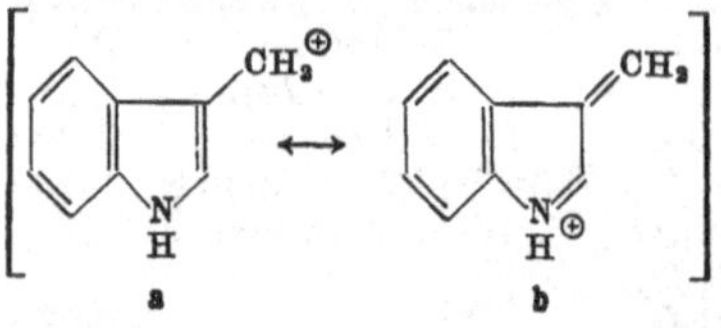

Die Bldg. von V aus 3-Oxymethylindol in alkoh. Lsg. u. VII in Eisessig verläuft nach dem gleichen Mechanismus. Die Rk. von I mit Methyljodid in Aceton führt bei Zimmertemp. zu dem *Hydrojodid* u. dem *Jodmethylat* von V. Ein möglicher Mechanismus der Rk. wird angegeben. Die Darst. von I gelang auch aus Indol, Formaldehyd u. II in A. oder Methanol.

Versuche: *Methylphenylskatylamin* (I), $C_{16}H_{16}N_2$, F. 90—91° (aus Cyclohexan Nadeln), a) aus VI u. II in n-Essigsäure mit 2n NaOH bei Raumtemp.; 97% (Ausbeute); b) aus Indol u. II in Methanol durch Zugabe von 40%ig. Formalin u. 1std. Rühren bei Zimmertemp.; 80%. *Trinitrobenzolat*, F. 121—122° (Zers.; Cyclohexan-Bzl.). — *N-Methyl-p-skatylanilin* (III), F. 127—128° (Methanol), a) durch Zutropfen von Indol u. 40%ig. CH_2O in A. zu II in Eisessig, 12std. Stehen, Verdünnen mit W., Ansäuern mit HCl, Ausschütteln mit Ae. u. Alkalisieren; 45,8%; b) durch Lösen von I in Eisessig, Zugabe von W. u. II u. Aufarbeiten wie bei a); 25,7%; c) durch Zutropfen von I in A. zu II in Eisessig bei 5°; 70%; d) durch 3std. Erhitzen von IV mit II u. Na_2CO_3 auf 150° unter N_2; 97,5% (roh); e) durch 2std. Kochen von VI mit II in A.; 35,4%. *Monoacetylderiv.*, F. 155—156°. — *N.N-Dimethyl-p-skatylanilin* (V), F. 143—144° (A.), a) aus IV u. VII wie vorst. d); 45,5%; b) aus VI u. VII wie vorst. e); 80% (roh); c) aus I mit VII wie vorst. c); 100%-(roh); d) aus N-Phenyl-N-skatylhydroxylamin wie c); 91,5% (roh); e) wie c) aus 3-Oxymethylindol; ~100% (roh); f) aus 7,08 g I in Aceton mit 9 cm³ CH_3J bei 15° in 20 Std. als Gemisch von Hydrojodid u. Jodmethylat (2,37 g), daraus 0,32 g V u. 1,1 g *Jodmethylat*, F. 206—207° (Sintern ab 200°; W.). — *Methylskatyläther*, F. 98 bis 99,5° (Cyclohexan–PAe.), a) durch Eintragen von I in methanol. $NaOCH_3$-Lsg. bei 0°, Versetzen mit CH_3J, Stehen über Nacht, Gießen in W. u. Ae.-Extraktion; 43,5%; b) durch Alkalisieren einer methanol. Lsg. von VI mit 2n NaOH. (Chem. Ber. **87**. 1084—92. 1954. Darmstadt, TH, Inst. für organ. Chem.)

G. PAULIG. 3081

R. J. S. Beer, B. E. Jennings und **Alexander Robertson,** *Die Chemie von Bakterien.* 3. Mitt. *Ein Indolylpyrrylmethen aus Violacein.* (2. vgl. C. **1950.** II. 1351.) Acetylviolacein (**I**) wird mit HJ zu einer einsäurigen *Base* (**II**), $C_{13}H_{10}O_2N_2$, abgebaut, die ein nichtbas. *Triacetylderiv.* u. einen *Monomethyläther* gibt, der ein *Diacetylderiv.* liefert. Dieses bildet wie **II** farbige Salze. Auf Grund der UV-Absorptionsspektren von *Modellverbb.* wird **II** die Konst. eines [*5-Oxyindolyl-*(*3*)]-[*3-* oder *4-oxypyrryl-*(*2*)]*-methens* zugeschrieben, dessen Gerüst in Violacein enthalten zu sein scheint.

Versuche: [*5-Oxyindolyl-*(*3*)]-[*3-* oder *4-oxypyrryl-*(*2*)]*-methen* (**II**), *Hydrat,* $C_{13}H_{10}O_2N_2 \cdot H_2O$, F. >320°, aus dem Hydrochlorid blaßgelbe Nadeln. *Hydrochlorid,* $C_{13}H_{10}O_2N_2 \cdot HCl$, F. >320°, aus 2 g **I** mit HJ (D. 1,7) u. CH_3COOH (1½ Std. kochen), über das tiefbronzefarbene krist. *Hydrojodid* (F. >320°; 0,125 g); aus A.–konz. HCl tiefrote Nadeln; 0,1 g (Ausbeute). *Perchlorat,* $C_{13}H_{10}O_2N_2 \cdot HClO_4$, F. >320°, aus A. dunkelrote Nadeln. *Triacetylderiv.*, $C_{19}H_{16}O_5N_2$, F. >320° (*Pyridinsolvat,* $C_{19}H_{16}O_5N_2 \cdot C_5H_5N$, F. ca. 223—226°, gelbe Nadeln aus verd. Pyridin). *Na-Salz,* gelbe Mikrokristalle. *Monomethyläther, Hydrochlorid,* $C_{14}H_{12}O_2N_2 \cdot HCl$, F. >320°, aus alkoh. HCl tiefrote Nadeln. *Perchlorat,* $C_{14}H_{12}O_2N_2 \cdot HClO_4$, F. >320°, aus A. tiefrote Nadeln. *Diacetylderiv.*, $C_{18}H_{16}O_4N_2$, F. ca. 300° (Zers.), aus A. gelbe Nadeln. — *5-Oxy-2-methylindolaldehyd-*(*3*) (**III**), $C_{10}H_9O_2N$, F. 275° (Zers.), aus 2 g 5-Oxy-2-methylindol (**IV**) in Ae. mit HCN u. HCl bei —5°, dann über Nacht bei 0°, über das *Aldiminhydrochlorid* Nadeln aus CH_3OH; 1 g. *2.4-Dinitrophenylhydrazon,* $C_{16}H_{13}O_5N_5$, F. 291° (Zers.), tiefrote Nadeln aus CH_3COOH. — *2-Äthoxycarbonyl-5-methoxyindolaldehyd-*(*3*) (**V**), $C_{13}H_{13}O_4N$, F. 240°, aus 3 g 2-Äthoxycarbonyl-5-methoxyindol analog **III**; blaßgelbe Nadeln aus A.; 1,7 g. — Methenhydrochloride: [*Pyrryl-*(*2*)]-[*2-methylindolyl-*(*3*)]-, aus 2-Methylindol u. Pyrrolaldehyd-(2) (**VI**) in A. in Ggw. von HCl; rote Nadeln; unbeständig. — [*Pyrryl-*(*2*)]-[*5-oxy-2-methylindolyl-*(*3*)]-, aus **IV** u. **VI**; unbeständig. — [*Pyrryl-*(*2*)]-[*3-methylindolyl*]-, aus **VI** u. 3-Methylindol; rot. — [*4-Äthoxycarbonyl-3-oxy-5-methylpyrryl-*(*2*)]-[*5-oxy-2-methylindolyl-*(*3*)]-, $C_{18}H_{18}O_4N_2 \cdot HCl$, F. 232—234° (Zers.), a) aus 0,2 g **III** u. 3-Äthoxycarbonyl-4-oxy-2-methylpyrrol (**VII**); hellrote Nadeln aus alkoh. HCl; 0,28 g; b) aus **IV** u. 4-Äthoxycarbonyl-3-oxy-5-methylpyrrolaldehyd-(2). *Methylätherperchlorat,* $C_{19}H_{20}O_4N_2 \cdot HClO_4$, F. 228°, rote Nadeln. *Triacetylderiv.*, $C_{24}H_{24}O_7N_2$, F. 210—212°, aus Bzl. rechteckige gelbe Prismen. — [*4-Äthoxycarbonyl-3.5-dimethylpyrryl-*(*2*)]-[*5-oxy-2-methylindolyl-*(*3*)]-, $C_{19}H_{20}O_3N_2 \cdot HCl$, aus **III** u. 3-Äthoxycarbonyl-2.4-dimethylpyrrol; hellrote Nadeln, nicht umkristallisierbar. — [*4-Äthoxycarbonyl-2-oxy-5-methylpyrryl-*(*2*)]-[*2-äthoxycarbonyl-5-methoxyindolyl-*(*3*)]-, (Base), $C_{21}H_{22}O_6N_2$, F. 272—274°, aus 0,2 g **V** u. 0,17 g 3-Äthoxycarbonyl-5-oxy-2-methylpyrrol (**VIII**); blaßorangefarbene Prismen aus A.; 0,35 g (auch in Ggw. von Piperidin). — [*4-Äthoxycarbonyl-3-oxy-5-methylpyrryl-*(*2*)]-[*2-äthoxycarbonyl-5-methoxyindolyl-*(*3*)], $C_{21}H_{22}O_6N_2 \cdot HCl$, F. 198—200° (Zers.), aus 0,2 g **V** u. 0,17 g **VII**; orangefarbene Nadeln; 0,3 g. — [*4-Brom-3.5-dimethylpyrryl-*(*2*)]-[*5-oxy-2-methylindolyl-*(*3*)]-, $C_{16}H_{15}ON_2Br \cdot HCl$, F. 282° (Zers.), aus 0,2 g 4-Brom-3.5-dimethylpyrrolaldehyd-(2) u. 0,15 g **IV**; nicht umkristallisierbare orangefarbene Nadeln; 0,3 g. — [*5-Brom-2.4-dimethylpyrryl-*(*3*)]-[*5-oxy-2-methylindolyl-*(*3*)]-, $C_{16}H_{15}ON_2Br \cdot HCl$, F. 171°, aus 0,4 g 5-Brom-2.4-dimethylpyrrolaldehyd-(3) u. 0,3 g **IV**; tiefrote Prismen; 0,15 g. — *Bis-*[*5-oxy-2-methylindolyl-*(*3*)]-, $C_{19}H_{16}O_2N_2 \cdot HCl$, F. 320°, a) aus je 0,2 g **III** u. **IV**; rote Nadeln aus A.; 0,38 g; b) aus **III** mit **VIII**, **VIII**-Acetat, 4-Äthoxycarbonyl-2-oxypyrrol, 2-Acetoxy-3-acetyl-4-äthoxycarbonylpyrrol, 3-Acetoxy-4-äthoxycarbonyl-2-oxypyrrol oder 2-Oxypyrrol; c) aus **IV** u. 4-Äthoxycarbonyl-2-oxy-5-methylpyrrolaldehyd-(3). — [*3-Äthoxycarbonyl-5-oxy-4-methylpyrryl-*(*2*)]-[*5-oxy-2-methylindolyl-*(*3*)]-, (Base), $C_{18}H_{18}O_4N_2$, F. 189°, durch 4std. Kochen von je 0,3 g **IV** u. 2-Brommethyl-3-äthoxycarbonyl-5-oxy-4-methylpyrrol in CH_3OH; rote Platten aus CH_3OH; 0,15 g. — *p-Dimethylaminophenyl-*[*4-äthoxycarbonyl-3-oxy-5-methylpyrryl-*(*2*)]-, $C_{17}H_{20}O_3N_2 \cdot HCl$, F. 162 bis 164°, aus p-Dimethylaminobenzaldehyd (**IX**) u. **VII**; aus alkoh. HCl violette Nadeln. — *p-Dimethylaminophenyl-*[*4-äthoxycarbonyl-2-oxy-5-methylpyrryl-*(*3*)]-, $C_{17}H_{20}O_3N_2 \cdot HCl$, F. 207—209°, aus 0,5 g **VIII** u. 0,44 g **IX**; orangefarbene Prismen aus alkoh. HCl; 0,8 g. — [*4-Äthoxycarbonyl-3-oxy-5-methylpyrryl-*(*2*)]*-p-oxyphenylmethen,* $C_{15}H_{15}O_4N$, F. 278° (Zers.), aus 0,7 g p-Oxybenzaldehyd (**X**) u. 0,9 g **VII**; hellgelbe Nadelbüschel; 1,3 g. *Diacetylderiv.*, $C_{19}H_{19}O_6N$, F. 212—214°, aus A. rechteckige gelbe Platten. *p-Methyloxyphenylverb.*, $C_{16}H_{17}O_4N$, F. 220°, a) mit $(CH_3)_2SO_4$ u. NaOH; aus A. gelbe Platten; b) analog der Oxyverb. mit p-Anisaldehyd. — [*4-Äthoxycarbonyl-2-oxy-5-methylpyrryl-*(*3*)]*-p-oxyphenylmethen,* $C_{15}H_{15}O_4N$, F. 224—226°, aus 0,7 g **X** u. 0,9 g **VIII**; gelbe Nadeln aus A.; 1,4 g. *p-Methoxyphenylverb.*, $C_{16}H_{17}O_4N$, F. 194°, aus A. gelbe Würfel. (J. chem. Soc. [London] **1954.** 2679—85. Aug. Liverpool, Univ.) K. LEHMSTEDT. 3081

William Bradley und **Jeffrey V. Butcher,** *Ringschluß von Benzamidoderivaten von Dianthrachinonyl-*(*1.1'*)*-amin zu Derivaten von 1.2;7.8-Diphthaloylcarbazol.* *4.4'-*, *4.5'-* u. *5.5'-Dibenzamidodianthrachinonyl-*(*1.1'*)*-amin* (**I**) werden durch konz. H_2SO_4 (**II**) in die

Dibenzamidoderivv. von *1.2;7.8-Diphthaloylcarbazol* (**III**) übergeführt. Die Konst. der Verbb. wird durch ihre Absorptionsspektren bewiesen. (Vgl. C. **1955.** 2894.)

Versuche: *1-Benzamido-5-chloranthrachinon* (**IV**) $C_{21}H_{12}O_3NCl$ F. 218° goldgelbe Nadeln aus C_6H_5Cl. — *5.5'-Dibenzamidodianthrachinonyl-(1.1')-amin* (**I**), $C_{42}H_{25}O_6N_3$, F. >360°, aus **IV**, 1-Amino-5-benzamidoanthrachinon [**V**; $C_{21}H_{14}O_3N_2$, F. 249° (C_6H_5Cl)], $CuCl_2$, CH_3COONa u. Soda in $C_6H_5NO_2$; dunkelrote Nadeln aus C_6H_5Cl (SOXHLET); in konz. H_2SO_4 grün, + 40%ig. CH_2O blau; in Pyridin rot, + methanol. KOH gelbbraun. — *3'.6''-Dibenzamido-1.2;7.8-diphthaloylcarbazol* (**VI**), $C_{42}H_{23}O_6N_3$, aus **I** u. konz. H_2SO_4 bei 30—35°, Behandlung des orangefarbenen Prod. mit wss. $Na_2Cr_2O_7$, dann $NaHSO_3$ u. Kristallisation aus 1.2.4-Trichlorbenzol; in H_2SO_4 blau, + HCHO-Lsg. nach einigen Min. grauviolett; 0,54 g geben mit vorher auf 240° erhitzter sirupöser H_3PO_4 (D. 1,75) in 7 Std. bei 180—190° nach Zugabe zu W. 0,38 g *3'.6''-Diamino-1.2;7.8-diphthaloylcarbazol*; aus 1.2.4-Trichlorbenzol rötlich-orangefarben; 1,2 g diazotiert (ONO·SO_3H) u. mit H_3PO_2 red. zu 1,1 g *1.2;7.8-Diphthaloylcarbazol* (**III**), $C_{28}H_{13}O_4N$, orangegelbe Nadeln durch Vakuumsublimation. — *4.5'-Dibenzamidodianthrachinonyl-(1.1')-amin*, $C_{42}H_{25}O_6N_3$, aus 1-Benzamido-4-chloranthrachinon (**VII**; $C_{21}H_{12}O_3NCl$, aus C_6H_5Cl goldgelbe Nadeln, F. 238°) u. **V** wie **I**; aus $C_6H_5NO_2$ oder o-Dichlorbenzol Körnchen mit Bronzeglanz; in H_2SO_4 olivgrün, + HCHO-Lsg. blaugrün; in Pyridin weinrot, + 1 Tropfen methanol. KOH grau. — *3.6''-Dibenzamido-1.2;7.8-diphthaloylcarbazol*, $C_{42}H_{23}O_6N_3$, a) aus vorst. Verb. in H_2SO_4 + 20% SO_3 (7 Std.; 20—25°), in W. + $NaClO_3$ gießen u. erhitzen; b) nur in 98%ig. H_2SO_4; rotbraunes Pulver; in H_2SO_4 bläulichrot, + HCHO-Lsg. in einigen Min. grau; 0,88 g wie **VI** zu 0,61 g *Diamin* verseift, 0,6 g davon zu 0,55 g **III** entaminiert. — *4.4'-Dibenzamidodianthrachinonyl-(1.1')-amin*, $C_{42}H_{25}O_6N_3$, a) aus **VII** u. 1-Amino-4-benzamidoanthrachinon (**II**) dunkle Nadeln, grün mit Purpurglanz aus $C_6H_5NO_2$; b) aus Dianthrachinonyl-(1.1')-amin ($C_{28}H_{15}O_4N$, aus 1-Aminoanthrachinon u. 1-Chloranthrachinon) durch Nitrierung zur *Dinitroverb.* ($C_{28}H_{13}O_8N_3$, aus $C_6H_5NO_2$ orangefarbene Nadeln), Red. mit NaS zur *Diaminoverb.* ($C_{28}H_{17}O_4N_3$, aus o-Dichlorbenzol fast schwarze Platten) u. Benzoylierung. — *3.6-Dibenzamido-1.2;7.8-diphthaloylcarbazol*, $C_{42}H_{23}O_6N_3$, aus vorst. Verb. in H_2SO_4 bei 25—30° u. Zugabe zu wss. $NaClO_3$ oder nur in H_2SO_4; dunkelblaugrüne Nadeln aus Dimethylphthalat; gibt **III** wie **VI**. — Mit H_3PO_4 wie bei **VI** geben **V** (1/2 Std. bei 170°) 0,324 (g) (statt 0,326) *Benzoesäure* (Ätherextrakt sublimiert); **IV** bzw. **II** (1/2 Std. bei 180°), 0,404 (0,414) bzw. 0,437 (0,439); **I** (7.Std. bei 180—190°) 0,148 (0,162). (J. chem. Soc. [London] **1954.** 2311—14. Juli. Leeds, Univ., Clothworker's Res. Labor.) K. LEHMSTEDT. 3081

B. A. Porai-Koschitz und **G. M. Charcharowa**, *Synthese und Eigenschaften einiger Benzimidazolderivate. Reaktion von o-Phenylendiamin mit einigen Carbonsäuren.* Es wird die Aktivität einiger aliphat., aliphat.-aromat. u. aromat. Carbonsäuren bei der Kondensation mit o-Phenylendiamin (**I**) unter Druck zu *Benzimidazolderivv.* in Abhängigkeit von der HCl-Konz. untersucht, indem die Ausbeuten bei Anwendung von 10, 15, 20, 25, 30 u. 35%ig. HCl bestimmt werden. Dabei wird festgestellt, daß bei niederen HCl-Konzz. die Reaktionsfähigkeit der aromat. Säure < aliphat. < aliphat.-aromat. ist u. stark von der Struktur abhängt (m-Aminobenzoesäure reagiert besser als p-Aminobenzoesäure). Optimale Ausbeuten werden bei einer für jede Carbonsäure individuellen HCl-Konz erzielt Die HCl-Konz. liegt hierbei umso höher, je größer der Dissoziationsgrad der Säure ist. Die Versuchsdaten werden tabellar. wiedergegeben. p-Nitrobenzoesäure u. Anissäure zers. sich u. Anthranilsäure reagiert nicht unter diesen Bedingungen.

Versuche: Darst. der Benzimidazolderivv.: Man erhitzt **I** u. die entsprechende Carbonsäure mit HCl 5 Std. bei 150—160° im Rohr. *2-[p-Aminophenyl]-*, F. 237—239° (A.), aus p-Aminobenzoesäure mit 35%ig. HCl; 38—40% (Ausbeute); *Dihydrochlorid*, $C_{13}H_{13}N_3Cl_2$. *2-[m-Aminophenyl]-*, F. 252—253° (A.), aus m-Aminobenzoesäure mit 20%ig. HCl; 90%; *Dihydrochlorid*, Zers. bei 294—300°; seidigglänzende Nadeln. *2-Phenyl-*, F. 290°, aus Benzoesäure mit 25%ig. HCl; 90%. *2-[Pyridyl-(2)]-*, F. 245—246°, aus Nicotinsäure mit 20—30%ig. HCl; 80%. *2-[α-Oxybenzyl]-*, F. 207 bis 208°, aus Mandelsäure mit 25—30%ig. HCl; 98%. *2-Benzyl-*, F. 187°, aus Phenylessigsäure mit 20%ig. HCl; 89%; *Hydrobromid*, Blättchen. *2-[p-Chlorphenyl]-*, aus p-Chlorbenzoesäure mit 30%ig. HCl; 70%. *2-Methyl-*, F. 174—175°, aus Essigsäure mit 15%ig. HCl; 78—80%. *[β-Phenyläthyl]-*, aus Hydrozimtsäure mit 15%ig. HCl; 89%. *2-[p-Methoxyphenyl]-*, $C_{14}H_{12}ON_2$, F. 263—270°, man erhitzt **I** mit Anissäure 1 Std. auf 180°; aus A. farblose Blättchen. (Журнал Общей Химии [J. allg. Chem.] **25** (**87**). 2138—43. Okt. 1955. Leningrad, Technolog. Lensowjet-Inst.) CH. WEISKE. 3122

L. Ssekeresch und **G. Fodor**, *Kondensation von meso-halogenierten 1.3-Dioxoverbindungen mit Harnstoff.* Meso-Brombenzoylacetaldehyd (**I**) reagiert mit Harnstoff unter Bldg. von *2-Amino-5-benzoyloxazol* (**II**), das ein *Monohydrochlorid* u. ein *Acetylderiv.* (**III**) gibt. Bei der Einw. von NaOH auf **II** entsteht unter Ringöffnung das *Na-Enolat* von *1-Phenyl-3-ureidopropandion-(1.2)*, das beim Ansäuern *2.5-Dioxy-6-phenylpyrimidin* (**IV**) gibt. **III** liefert beim Behandeln mit KOH das *K-Enolat* von *1-Phenyl-3-acetureidopropandion-(1.2)* (**V**), aus dem **V** durch Ansäuern erhalten wird. Die Struktur von **V** wird durch Rk. mit o-Phenylendiamin zum entsprechenden *Chinoxalinderiv.* u. durch Oxydation mit HJO_4 bewiesen, wobei *Hydantoin* u. *Benzoesäure* erhalten werden. Bei der katalyt. Hydrierung von **II** wird eine *Verb.* $C_{10}H_{14}ON_2$ (vermutlich *2-Amino-5-benzyloxazolidin* oder *N-[3-Phenylpropyl]-harnstoff*) erhalten.

Versuche: Versetzt man eine Lsg. von 1,4 g Hexamethylentetramin in 15 ml absol. Chlf. mit einer Lsg. von 2,3 g μ-Bromformylacetophenon (**I**) in 35 ml absol. Chlf., so entsteht eine *Verb.* $C_6H_{12}N_4 \cdot HBr$, F. 190—191°; 1,5 g (Ausbeute). — *2-Amino-5-benzoyloxazol* (**II**), $C_{10}H_8O_2N_2$, F. 208—210°, aus 12 g **I** u. 8 g Harnstoff in 250 ml Aceton, 40 Min. Kochen, Einengen auf $^1/_5$ des Vol. u. Verdünnen mit 1 Liter W., gelbe Kristalle aus A.; 8,3 g. *Hydrochlorid*, $C_{10}H_9O_2N_2Cl$, F. 198—200° (A.). *Acetylderiv.* (**III**), $C_{12}H_{10}\cdot O_3N_2$, F. 189—191°, durch 1 std. Kochen von **II** mit $(CH_3CO)_2O$. Die katalyt. Hydrierung von **II** in A. unter Zusatz von wenig alkoh. HCl gibt eine *Verb.* $C_{10}H_{14}ON_2$ (*2-Amino-5-benzyloxazolidin* oder *N-[3-Phenylpropyl]-harnstoff*), F. 146—148° (Essigester), bleibt nach 9 std. Kochen mit 20%ig. HCl oder nach 3 std. Kochen mit 20%ig. KOH unverändert; entsteht auch bei der Hydrierung von **V**. *1-Phenyl-3-ureidopropandion-(1.2)*, *Na-Salz*, $C_{10}H_9O_3N_2Na$, durch Lösen von **II** in 5%ig. NaOH; gelb. — *2.5-Dioxy-6-phenylpyrimidin* (**IV**), $C_{10}H_8O_2N_2$, Zers. bei 320°, durch Lösen von **II** in 2 n KOH u. Ansäuern mit konz. HCl, gelbe Kristalle aus Eisessig. *Diacetylderiv.*, $C_{14}H_{12}O_4N_2$, F. 83—84°, durch 2 std. Kochen von **IV** in $(CH_3CO)_2O$, aus Aceton/W. dunkelgelbe Kristalle. **IV**-*5-Benzyläther*, $C_{17}H_{14}O_2N_2$, F. 198—200°, durch 8 std. Kochen einer Suspension von 2 ml Benzylchlorid u. 1,5 g des Na-Salzes von 1-Phenyl-3-ureidopropandion-(1.2) in 10 ml Xylol; daneben **IV**. Geht beim Verseifen mit HBr in Eisessig in **IV** über. —*1-Phenyl-3-acetylureidopropandion-(1.2)*, *K-Salz*, $C_{12}H_{11}O_4N_2K$, aus **III** mit alkoh. wss. KOH, gelb. — Beim Ansäuern der wss. Lsg. vorst. K-Salzes entsteht *1-Phenyl-3-[acetylureido]-propandion-(1.2)* (**V**), $C_{12}H_{12}O_4N_2$, F. 230° (Zers.), glänzende gelblichgrüne Blättchen aus Methanol. Versetzt man eine Suspension von 0,5 g **V** in 15 ml Dioxan mit einer Lsg. von 0,45 g HJO_4 in 3 ml W. u. neutralisiert nach 15 Min. mit 2 n KOH, so erhält man 40 mg *Hydantoin*, $C_3H_4O_2N_2$, F. 218—221°, u. *Benzoesäure*. — *2-Phenyl-3-[acetylureidomethyl]-chinoxalin*, $C_{18}H_{16}O_2N_4$, F. 268—270°, aus **V** u. o-Phenylendiamin in verd. A. Nädelchen. (Известия Академии Наук СССР, Отделение Химических Наук [Nachr. Akad. Wiss. UdSSR, Abt. chem. Wiss.] **1953.** 996—1002. Nov./Dez. Szeged, Univ., Inst. für Organ. Chem.) H.-R. HENSEL. 3132

Je. W. Wladsimirskaja und **N. M. Turkewitsch**, *Synthese von Thiazolidonderivaten, die biologisches Interesse besitzen.* 2. Mitt. *Aus Thibon erhaltene Thiazolidindion-(2.4)-hydrazon-(2)-derivate.* (1. vgl. C. **1956.** 10945.) Beim Erhitzen von Thibon (p-Acetylaminobenzaldehydthiosemicarbazon) mit Chloressigsäure in Essigsäure erhält man *Thiazolidindion-(2.4)-p-acetylaminobenzylidenhydrazon-(2)* (**I**). Analog werden aus Thibon, Chloressigsäure u. Anis-, o-Chlorbenz- u. Zimtaldehyd in Eisessig *5-Anisyliden-*, *5-o-Chlorbenzyliden-* u. *5-Cinnamyliden-***I** dargestellt. Mit Benz- u. Salicylaldehyd entstehen dagegen *5.5' Benzyliden-* bzw. *5.5'-Salicyliden-bis-[thiazolidindion-(2.4)-p-acetylaminobenzylidenhydrazon-(2)]*.

Versuche: *Thiazolidindion-(2.4)-p-acetylaminobenzylidenhydrazon-(2)* (**I**), $C_{12}\cdot H_{12}O_2N_4S$, F. 294° (Zers.; Eisessig); man kocht 2,5 g Thibon, 1,17 g Chloressigsäure u. 22 ml Eisessig 2 Std. u. verd. mit Na-Acetatlsg.; citronengelb; 2,7 g (Ausbeute). — Folgende Thiazolidindion(2.4)-p-acetylaminobenzylidenhydrazone-(2): *5-Anisyliden-*, $C_{20}H_{18}O_3N_4S$, F. >230° (Zers.; Eisessig); man kocht 5 g Thibon, 2,35 g Chloressigsäure, 20 ml Eisessig u. 25—27 mMol Anisaldehyd 30 Min. u. gibt Na-Acetatlsg. zu; 81%. *5-o-Chlorbenzyliden-*, $C_{19}H_{15}O_2N_4ClS$, F. >230° (Zers.); 89%. *5-Cinnamyliden-*, $C_{21}H_{18}O_2N_4S$, F. ~190° (Zers.); 85%. *5-p-Acetylaminobenzyliden-*, $C_{21}H_{19}O_3N_5S$, F. >275° (aus Nitrobenzol + PAe.); 82%. — *5.5'-Benzyliden-bis-[thiazolidindion-(2.4)-p-acetylaminobenzylidenhydrazon-(2)]*, $C_{31}H_{28}O_4N_8S_2$, F. 263°; 80%. — *5.5'-Salicyliden-bis-[thiazolidindion-(2.4)-p-acetylaminobenzylidenhydrazon-(2)]*, $C_{31}\cdot H_{28}O_5N_8S_2$, F. >230° (Zers.); 86%. (Журнал Общей Химии [J. allg. Chem.] **25** (**87**). 2150—54. Okt. 1955. Lwow, Med. Inst.) O. POLLAK v. EMHOFEN. 3142

A. I. Kiprianow und **W. A. Portnjagina**, *Kondensation von o-Aminophenylmercaptanen mit Ketonen.* Es wird durch Kondensation von Ketonen, Diketonen u. Acetessigester (**I**) mit o-Aminothiophenol (**II**), N-Methyl-o-aminothiophenol (**III**) u. 5-Nitro-2-aminothiophenol (**IV**) eine Reihe von *2.2-di-* bzw. *2.2.3-trisubstituierten Benzthiazolinderiv.* dargestellt. Die 2.2-disubstituierten Benzthiazoline werden bei 250—260° unter Bldg. von *2-Alkylbenzthiazolen* zerlegt. 2.2-Dimethyl- u. 2-Methyl-2-phenylbenzthiazolin geben so *2-Methylbenzthiazol* u. *Methan* bzw. *Benzol*. Bei der Einw. von alkoh.

Lauge oder konz. Säure bilden sich unter Ringspaltung die entsprechenden o-Aminothiophenole zurück. Mittels ammoniakal. $AgNO_3$-Lsg. werden von den 2.2-disubstituierten Benzothiazolinen Ag-Derivv., u. durch Benzoylierung, Acetylierung u. Alkylierung einige 2.2.3-trisubstituierte Benzthiazoline dargestellt. Die Einw. von **I** auf **II, III** u. **IV** führt zu den entsprechenden *2-Methyl-2-carbäthoxymethylderivv.*, die beim Verseifen mit verd. Lauge u. bei der Dest. in *2.2-Dimethylbenzthiazoline* übergehen.

Versuche: *2.2-Dimethylbenzthiazolin* (**V**), $C_9H_{11}NS$, Kp.$_5$ 142—143°, F. 45°; man erhitzt **II** mit Aceton 1 Std. im Rohr auf 100°; 84% (Ausbeute). *Ag-Deriv.*, C_9H_{10}·NSAg, F. 256—260°. *3-Benzoylderiv.*, $C_{16}H_{15}ONS$, F. 156—157° (A.). **V** gibt mit CH_3J *2.2.3-Trimethylbenzthiazolin*, $C_{10}H_{13}NS$, Kp.$_{10}$ 140°, u. wird beim Erhitzen auf 250° unter Bldg. von *2-Methylbenzthiazol* (*Pikrat*, F. 148—149°) zerlegt. — *2.2-Di-n-propylbenzthiazolin*, $C_{13}H_{19}NS$, Kp.$_5$ 186—188°, durch 1std. Erhitzen von Di-n-propylketon u. **II** auf 100°; 47%. *Ag-Deriv.*, $C_{13}H_{18}NSAg$, Zers. bei 310°. — *2-Methyl-2-phenylbenzthiazolin* (**VI**), $C_{14}H_{13}NS$, Kp.$_{20}$ 252—253°, aus **II** u. Acetophenon (3 Std. bei 130°); 65%. *Ag-Deriv.*, $C_{14}H_{12}NSAg$, Zers. bei 264°. **VI** gibt beim Erhitzen auf 250—260° *Bzl.* u. *2-Methylbenzthiazol.* — *2.2-Tetramethylenbenzthiazolin*, $C_{11}H_{13}NS$, F. 55°, aus **II** u. Cyclopentanon (1 Std. bei 100°); seidig glänzende Nadeln aus 70%ig. A.; 63%. *Ag-Deriv.*, $C_{11}H_{12}NSAg$, Zers. bei 212°. *3-Benzoylderiv.*, $C_{18}H_{17}ONS$, F. 154—155°, seidige Nadeln. — *2.2-Pentamethylenbenzthiazolin*, $C_{12}H_{15}NS$, F. 111—112°, aus **II** u. Cyclohexanon analog Vorst.; Nadeln aus A.; 73%. *Ag-Deriv.*, $C_{12}H_{14}NSAg$, Zers. bei 225°. *3-Benzoylderiv.*, $C_{19}H_{19}ONS$, F. 114°; aus 70%ig. A. Nadeln. — *2.2'-Bis-[äthylen]-dibenzthiazol*, $C_{18}H_{18}$·N_2S_2, F. 233—234°, aus Cyclohexandion-(1.4) u. **II**; Nadeln aus Eisessig; 63%. *Di-Ag-Deriv.*, $C_{18}H_{16}N_2S_2Ag_2$, bis 300° beständig. *Dibenzoylderiv.*, $C_{32}H_{26}O_2N_2S_2$, F. 226—227° (Eisessig). — *2.2.3-Trimethylbenzthiazolin*, $C_{10}H_{13}NS$, Kp.$_{10}$ 140°, aus **III** u. Aceton gelbes Öl; 84%. Gibt beim Kochen mit alkoh. Lauge oder konz. HCl **III**. — *Bis-[2-methylbenzthiazolinyl-(2)]-methan*, $C_{17}H_{18}N_2S_2$, Kp.$_8$ 125—127°, aus Acetylaceton u. **II** (3 Std. bei 100°); gelbes Öl; 64%. — *2.2-Diäthyl-3-methylbenzthiazolin*, $C_{12}H_{17}NS$, Kp.$_8$ 140—142°, aus **III** u. Diäthylketon (6 Std. bei 110° im Rohr); 63%. — *2.3-Dimethyl-2-n-propylbenzthiazolin*, $C_{12}H_{17}NS$, Kp.$_{10}$ F. 145—147°, aus **III** u. Methyl-n-propylketon (3 Std. bei 100°); gelbes Öl; 73%. — *2.2-Di-n-propyl-3-methylbenzthiazolin*, $C_{14}H_{21}NS$, Kp.$_7$ 140—142°, aus **III** u. Di-n-propylketon (6 Std. bei 110°); 50%. — *2.2-Tetramethylen-3-methylbenzthiazolin*, $C_{12}H_{15}NS$, Kp.$_{13}$ 178—180°, aus **III** u. Cyclopentanon (4 Std. bei 100°); gelbes Öl; 83%. — *2.2-Pentamethylen-3-methylbenzthiazolin*, $C_{13}H_{17}NS$, F. 35° (A.), Kp.$_{10}$ 166—168°, aus **III** u. Cyclohexanon (1 Std. bei 100°); 73%. — *2.3-Dimethyl-2-phenylbenzthiazolin*, $C_{15}H_{15}NS$, F. 68° (A.), aus **III** u. Acetophenon (2 Std. bei 150°); 50%. — *2.3-Dimethyl-2-[o-methylbenzyl]-benzthiazolin*, $C_{17}H_{19}NS$, Kp.$_8$ 145—150° (an anderer Stelle Kp.$_8$ 85—87°), aus **III** u. o-Tolylaceton (2 Std. bei 110°); gelbes Öl; 50%. — *2.3-Dimethyl-2-[p-methylbenzyl]-benzthiazolin*, $C_{17}H_{19}NS$, Kp.$_8$ 150—153°, aus **III** u. p-Tolylaceton analog Vorst.; 50%. — *3.3'-Dimethyl-2.2'-bis-[äthylen]-dibenzthiazol*, $C_{20}H_{22}N_2S_2$, F. 220° (A.), aus **III** u. Cyclohexandion-(1.4) (1 Std. bei 100°); 80%. — *Bis-[2.3-dimethylbenzthiazolinyl-(2)]-methan*, $C_{19}H_{22}N_2S_2$, Kp.$_{10}$ 150—155°, aus **III** u. Acetylaceton (5 Std. bei 100°); gelbes Öl; 40%. — *2.2-Dimethyl-6-nitrobenzthiazolin* (**VII**), $C_9H_{10}O_2N_2S$, F. 130—131°, aus **IV** u. Aceton bei Zimmertemp., dann ½ Std. bei 100°; orangegelbe Nadeln aus 50%ig. A.; 83%. *Ag-Deriv.*, $C_9H_9O_2N_2SAg$, Zers. über 300°. *3-Acetylderiv.*, $C_{11}H_{12}O_3N_2S$, F. 127—128°, aus A. gelbe Blättchen, gibt mit konz. HCl **IV**. — *2.2-Tetramethylen-6-nitrobenzthiazolin*, $C_{11}H_{12}O_2N_2S$, F. 144—145°, aus **IV** u. Cyclopentanon (15 Min. bei 100°); gelbe Nadeln aus 50%ig. A.; 60%. *Ag-Deriv.*, $C_{11}H_{11}O_2N_2SAg$, Zers. bei 230°. *3-Acetylderiv.*, $C_{13}H_{14}O_3N_2S$, F. 107—108°, gelbe Kristalle. — *2-Methyl-2-carbäthoxymethylbenzthiazolin*, $C_{12}H_{15}O_2NS$, Kp.$_{15}$ 190—192°, aus **II** u. **I** (3 Std. bei 100°); gelbes Öl; 77%. *Ag-Deriv.*, $C_{12}H_{14}O_2NSAg$, Zers. bei 227°. *3-Benzoylderiv.*, $C_{19}H_{19}O_3NS$, F. 155—156°; aus A. seidige Nadeln. — *2.3-Dimethyl-2-carbäthoxymethylbenzthiazolin*, $C_{13}H_{17}O_2NS$, Kp.$_{25}$ 180—182°, dickes, gelbes Öl; 51%. — *2-Methyl-2-carbäthoxymethyl-6-nitrobenzthiazolin*, $C_{12}H_{14}O_4N_2S$, F. 95°, aus **IV** u. **I** (30 Min. bei 100°); braune Kristalle aus A.; 60%. *Ag-Deriv.*, $C_{12}H_{13}O_4N_2SAg$, Zers. bei 194—195°; gelbes Pulver. (Журнал Общей Химии [J. allg. Chem.] **25** (**87**). 2257—65. Nov. 1955. Kiew, Univ.) CH. WEISKE. 3142

John D. Commerford und **Hugh B. Donahoe**, *N-[ω-Bromalkyl]-saccharine und N.N'-Undekamethylendisaccharin.* Durch Rk. von Saccharin-Na (**I**) mit α.ω-Dibromalkanen (C_2—C_{10}) in Ggw. von wenig Dimethylformamid werden in wechselnder Ausbeute *N-[ω-Bromalkyl]-saccharine* dargestellt, die niedrige FF. besitzen. Als höherschm. Nebenprodd. werden die entsprechenden *Polymethylendisaccharine* erhalten, die bei **I**-Überschuß als Hauptprodd. entstehen.

Versuche (FF. korr.): N-[ω-Bromalkyl]-saccharine, aus **I** + Dimethylformamid u. dem entsprechenden Polymethylendibromid durch 3std. Erhitzen auf 160—170°, Kaltfiltration, Eingießen in W., Ae.-Extraktion, Abdestillieren von unumgesetztem Dibromid, Lösen des Rückstandes in Ae., Einengen u. Kristallisieren aus PAe. u. Isopropylalkohol: *N-[2-Bromäthyl]-*, $C_9H_8O_3NBrS$, F. 96°; 97% (Ausbeute). — *N-[3-Brompropyl]-*, $C_{10}H_{10}O_3NBrS$, F. 92,5°; 61%. — *N-[4-Brombutyl]-*, $C_{11}H_{12}O_3NBrS$, F. 71—72°; 70%. — *N-[5-Brompentyl]-*, $C_{12}H_{14}O_3NBrS$, F. 53,5°; 33%. — *N-[6-Bromhexyl]-*, $C_{13}H_{16}O_3NBrS$, F. 70,5—71°; 46%. — *N-[7-Bromheptyl]-*, $C_{14}H_{18}O_3NBrS$, F. 47,5—48°; 64%. — *N-[8-Bromoctyl]-*, $C_{15}H_{20}O_3NBrS$, F. 54°; 59%. — *N-[9-Bromnonyl]-*, $C_{16}H_{22}O_3NBrS$, F. 28°; 62%. — *N-[10-Bromdecyl]-*, $C_{17}H_{24}O_3NBrS$, F. 43—44°; 83%. — *N.N'-Undekamethylendisaccharin*, $C_{25}H_{30}O_6N_2S_2$, F. 68° (Aceton/A.), durch 1std. Kochen von I in Dimethylformamid mit 1.11-Dibromundecan, Kaltfiltration, Eingießen in W. u. Dekantieren; 42%. (J. org. Chemistry **21.** 583—84. Mai 1956. St. Louis, Mo., St. Louis Univ., Dep. of Chem.) W. Gehrmann. 3142

Ellis K. Fields, *Addition von 1.3.4-Thiadiazoldithiol-(2.5) an Olefine.* Durch Anlagerung von Olefinen an 2.5-Dimercapto-1.3.4-thiadiazol (**I**) werden in guter Ausbeute *mono-* u. *dialkylierte* **I**-*Thioäther* dargestellt. Styrol gibt das anomale peroxydkatalysierte Additionsprod.; aus Octen-(1) (**VI**) konnte dagegen auch in Ggw. von Peroxyden u. bei Lichtzutritt bzw. mit Äthansulfonsäure nur das n. Addukt erhalten werden. Bis-[2-mercapto-1.3.4-thiadiazolyl-(5)]-disulfid setzte sich bei 10—12std. Einw. bei 120° mit oder ohne tert.-Butylhydroperoxyd (**V**) nicht mit **VI**, Octadecen-(1) bzw. Acrylsäure-2-äthylhexylester um. Die Infrarotspektren wurden zur Identifizierung der dargestellten Verbb. mitbenutzt.

Versuche: 1.3.4-Thiadiazole: *2.5-Dimercapto-* (**I**), F. 168° (Zers.; A.), aus Hydrazin u. CS_2 unter Durchleiten von N_2; Kristalle. — *2-[β-Phenäthylmercapto]-5-mercapto-* (**II**), F. u. Misch-F. 103° (Bzl./PAe.), a) durch Rühren von **I** mit Styrol bei 110—130° bis zur vollständigen Lsg. u. 1std. Weiterrühren; 92% (Ausbeute); b) durch 5std. Kochen von **I**-Mono-K-Salz (aus **I** in 95%ig. A. u. alkoh. KOH) mit 2-Bromäthylbenzol u. Eingießen in W.; 80%. — *2.5-Bis-[β-phenäthylmercapto]-* (**III**), analog **II** nach a), 10—24std. Weiterrühren, Lösen in Ae., Einengen u. 16std. Evakuieren bei 120°/0,1 mm; n_D^{20} 1,6742; 60%. — *2-[β-Methyl-β-phenäthylmercapto]-5-mercapto-*, F. 122° (Bzl./PAe.), aus **I** u. α-Methylstyrol analog **II** nach a); 66%. — *2.5-Bis-[β-methyl-β-phenäthylmercapto]-*, analog **III**; n_D^{20} 1,6750; 88%. — *2-[n-Octyl-(2)-mercapto]-5-mercapto-* (**IV**), a) aus **I** u. **VI** wie **II** nach a.), Aufnehmen in 10%ig. Sodalsg. u. Ansäuern mit verd. HCl; 52%; b) aus 2-Bromoctan wie **II** nach b); gelbes viscoses Öl, n_D^{20} 1,6223; 94%. — *2-[n-Octyl-(1)-mercapto]-5-mercapto-*, F. 75°, aus 1-Bromoctan wie **II** nach b); 92%. — *2-[n-Octadecyl-(2)-mercapto]-5-mercapto-* (?), F. 72—74° (Bzl./PAe.), aus Octadecen-(1); 52%. Gibt bei 3std. Rühren mit überschüssiger Monochloressigsäure in 5%ig. Sodalsg. bei 80° u. Ansäuern *2-[n-Octadecyl-(2)-mercapto]-1.3.4-thiadiazolyl-(5)-mercaptoessigsäure* (?), F. 76—78° (PAe.), sintert bei 62°; 92%. — *2-[n-Octadecyl-(1)-mercapto]-5-mercapto-*, F. 97° (Bzl./PAe.), aus 1-Bromoctadecan; 85%. Gibt analog vorst. Verb. *2-[n-Octadecyl-(1)-mercapto]-1.3.4-thiadiazolyl-(5)-mercaptoessigsäure*, F. 96° (PAe.); 90%. — **I**-Addukte: *α-Pinen-* [1:2 (Verhältnis **I**:Olefin)], n_D^{20} 1,5998; 67%. — *dl-Limonen-* [1:1], n_D^{20} 1,5991; 91%. — *Benzalaceton-* [1:1], F. 117° (Bzl./PAe.); 95%. [1:2], Glas; 94%. — *Acrylsäure-* [1:1], F. 138° (Bzl./PAe.); 95%. — *Acrylsäure-2-äthylhexylester-* [1:2]; ~100%. — Bei 144std. Stehen von **I** u. Styrol (+0,01% tert.-Butylbrenzcatechin) in peroxydfreiem Dioxan bei 25° unter Lichtausschluß konnte keine Änderung der Acidität festgestellt werden, Ggw. von 1 Mol-% tert.-Butylhydroperoxyd (**V**) u. Lichtzutritt führte zu 44%ig. Umsatz. — **IV**, a) durch 4std. Erhitzen von **I**, **VI** u. wenig **V** in Dioxan auf 100°, Nachgeben von **V**, Einengen u. Filtration; b) durch Hineindestillieren von peroxydfreiem **VI** über Na in **I**, 26std. Erhitzen auf 100° im Rohr, Verdünnen mit Bzl./PAe. u. Einengen des Filtrats; 31%; c) durch ~8 std. Erhitzen von **I**, **VI** u. Äthansulfonsäure unter N_2 u. Rühren auf 100° bis zur vollständigen Lsg., Verdünnen mit Bzl., Einengen u. Behandeln mit n-Heptan; 60%; d) durch Zugeben von **V** u. **I** in Dioxan zu **VI** bei 100° in 2 Std., Eingießen in Bzl. u. Einengen; n_D^{20} 1,6224. Daneben bei a) als feste gelbe M. ein Gemisch von unumgesetztem **I** u. *Polysulfiden.* (J. org. Chemistry **21.** 497—99. Mai 1956. Whiting, Ind., Standard Oil Co., Res. Dep.) W. Gehrmann. 3173

W. Bencze und **H. Schmid**, *Über die Konstitution des Visamminols.* (Vorl. Mitt.) Vff. schlagen für die aus den Samen von *Ammi visnaga L.* isolierte *krist. Verb.* $C_{15}H_{16}O_5$ [**I**; F. 160—160,5°, $[\alpha]_D$ +93±3° (Chlf.; vgl. Smith, Pucci u. Bywater, C. **1953.** 2163] den Namen „*Visamminol*" vor. Durch Abbau u. Vgl. der UV-Spektren von **I** u. seinen Derivv. wird die Struktur als *2-Methyl-5-oxy-2'-[tert.-oxyisopropyl]-2'.3'-dihydrofurano-[4'.5':6.7]-chromon* festgelegt. **I** liefert ein *Diacetat* (F. 147,5—148,5°) u. mit K_2CO_3 u. Dimethylsulfat in Aceton den *Monomethyläther* ($C_{16}H_{18}O_5$, F. 142—142,5°;

mit $FeCl_3$ keine Farb-Rk., keine GIBBSsche Rk., mit KOH in Cellosolve Rotorangefärbung); mit CrO_3 entsteht *Aceton* (Nachw. als *p-Nitrophenylhydrazon*). Aus **I** entsteht mit p-Toluolsulfonsäure in sd. Bzl. *2-Methyl-5-oxy-2'-isopropylfurano-[4'.5' : 6.7]-chromon* (**II**; $C_{15}H_{14}O_4$, F. 120—121°; positive GIBBSsche Rk., mit $FeCl_3$ blaugrüne Färbung. *Methyläther*, $C_{16}H_{16}O_4$, F. 108—109°; keine Rk. mit $FeCl_3$, mit KOH rote Färbung). Erhitzen von **II** mit 2—8%ig. KOH im N_2-Strom liefert neben Aceton *2-Isopropyl-4.6-dioxycumaron* (**III**; $C_{11}H_{12}O_3$, F. 175°; keine Rk. mit $FeCl_3$, blauviolette GIBBSsche Rk.). **I** gab bei der KOH–NaOH-Schmelze *Phloroglucin*. Bei der Ozonolyse lieferte **II** *Essig-* u. *Isobuttersäure*, **III** Isobuttersäure u. *Phloroglucinaldehyd*, welche papierchromatograph. getrennt u. nachgewiesen wurden. — UV-Spektren vgl. Original. (Experientia [Basel] **10**. 12—14. 15/1. 1954. Zürich, Univ., Chem. Inst.) E. HANSCHKE. 3211

R. J. McConnel, V. Petrow und **B. Sturgeon**, *Einige basische Ester von Xanthenyl-(9)-essigsäure*. Durch Kondensation von Xanthydrol (I) mit Alkylmalonsäuren werden *α-Xanthenyl-(9)-propionsäure*, *-buttersäure* u. *β-phenylpropionsäure* erhalten, die mit Dialkylaminoäthylhalogeniden in Propanol-(2) oder als *Säurechloride* mit den bas. Alkoholen in Bzl. verestert werden. Die Quaternisierung mit CH_3Br erfolgt in Aceton bei —10°, die mit anderen Alkylbromiden im Rohr bei 100°. Die durch Red. von 2- u. 4-Methyl- sowie 2-Methoxyxanthon mit Na/A. erhaltenen *Xanthene* geben über die Li-Derivv. mit CO_2 die entsprechenden *Xanthen-9-carbonsäuren*, deren CrO_3-Oxydation die ursprünglichen Xanthone zurückliefert, u. die verestert u. quaternisiert werden.

Versuche: *α-Xanthenyl-(9)-propionsäure*, $C_{16}H_{14}O_3$, F. 122° (PAe.), durch 2std. Erhitzen von **I** u. Methylmalonsäure in Pyridin auf 60°, 30 Min. auf 80° u. 1std. Kochen; Platten. — *α-Xanthenyl-(9)-buttersäure*, $C_{17}H_{16}O_3$, F. 114—116° (PAe.), Würfel. — *β-Phenyl-α-xanthenyl-(9)-propionsäure*, $C_{22}H_{18}O_3$, F. 165° (PAe.), Platten. — *α-Xanthenyl-(9)-buttersäure-2-diäthylaminoäthylester, Hydrochlorid*, $C_{23}H_{29}O_3N \cdot HCl$, F. 166° (A.–Ae.), durch 4std. Kochen von 5 g vorvorst. Säure mit 2-Diäthylaminoäthylchlorid in Propanol-(2), Einengen, Ausäthern u. Ausfällen mit äthanol. HCl; Platten; 5 g (Ausbeute). *Brommethylathemihydrat*, $C_{24}H_{32}O_3NBr \cdot \frac{1}{2}H_2O$, F. 158° [Propanol-(2)–Ae.], Nadeln. — *β-Phenyl-α-xanthenyl-(9)-propionsäure-2-diäthylaminoäthylester, Hydrochloridhemihydrat*, $C_{27}H_{31}O_3N \cdot HCl \cdot \frac{1}{2}H_2O$, F. 169° ($CH_3OH$–Äthylacetat), durch 45 Min. Kochen von 5 g vorvorst. Säure mit $SOCl_2$ in Bzl.; Einengen, 4std. Kochen mit 2-Diäthylaminoäthanol in Bzl., Zus. mit Na_2CO_3 u. Fällen mit äthanol. HCl; Nadeln; 5,3 g. *Brommethylhemihydrat*, $C_{29}H_{34}O_3NBr \cdot \frac{1}{2}H_2O$, F. 177—180° [Propanol-(2)–Ae.]. — *2-Methylxanthen* (**II**), $C_{14}H_{12}O$, F. 98° (wss. A. u. PAe.), durch Zugeben von Na zu 3,g 2-Methylxanthon in sd. A.; Platten; 2,1 g. — *4-Methylxanthen*, F. 40° (A.), prismat. Stäbchen. — *2-Methoxyxanthen*, $C_{14}H_{12}O_2$, F. 70° (PAe.), Nadeln. — *2-Methylxanthen-9-carbonsäure*, $C_{15}H_{12}O_3$, F. 198—199° (Bzl.–PAe.), durch 3std. Kochen von 25 g **II** mit Butyl-Li in Ae. unter N_2, Gießen auf festes CO_2 u. Stehen über Nacht; Nadeln; 20,5 g. — *4-Methylxanthen-9-carbonsäure*, F. 202—203° (Bzl.), Nadeln. — *2-Methoxyxanthen-9-carbonsäure*, $C_{15}H_{12}O_4$, F. 203—204° (Bzl. u. A.), Nadeln. — *2-Methylxanthen-9-carbonsäure-β-diäthylaminoäthylester*, $C_{21}H_{25}O_3N$, Kp.$_{0,2}$ 160°, hellgelbes Öl. *Brommethylat*, $C_{22}H_{28}O_3NBr$, F. 137—138° [Propanol-(2)–Ae.], hygroskop. Platten. *Bromäthylathydrat*, $C_{23}H_{30}O_3NBr \cdot H_2O$, F. 153—154°. — *4-Methylxanthen-9-carbonsäure-β-diäthylaminoäthylester*, $C_{21}H_{25}O_3N$, Kp.$_{0,1}$ 152°. *Brommethylat*, $C_{22}H_{28}O_3NBr$, F. 182 bis 183°, Würfel. — *Diäthyl-2-[2-methoxyxanthenyl-(9)-formyl]-äthyl-methylammoniumbromid*, $C_{22}H_{28}O_4NBr$, F. 172—173°, Prismen. — Xanthen-9-essigsäureester: *-β-dimethylaminoäthylester, Hydrochlorid*, $C_{19}H_{21}O_3N \cdot HCl$, F. 158°. *Brommethylat*, $C_{20}H_{24}O_3NBr$, F. 225°. *Bromäthylathemihydrat*, $C_{21}H_{26}O_3NBr \cdot \frac{1}{2}H_2O$, F. 135°. *Brom-n-propylat*, $C_{22}H_{28}O_3NBr$, F. 125°. *Bromisopropylathydrat*, $C_{22}H_{28}O_3NBr \cdot H_2O$, F. 145°. — *-β-diäthylaminoäthylester, Hydrochlorid*, $C_{21}H_{25}O_3N \cdot HCl$, F. 140°. *Brommethylat*, $C_{22}H_{28} \cdot O_3NBr$, F. 158°. *Bromäthylat*, $C_{23}H_{30}O_3NBr$, F. 125°. *Brom-n-propylathemihydrat*, $C_{24}H_{32}O_3NBr \cdot \frac{1}{2}H_2O$, F. 130°. *Bromisopropylathemihydrat*, $C_{24}H_{32}O_3NBr \cdot \frac{1}{2}H_2O$, F. 165°. — *-β-di-[n-propyl]-aminoäthylester*, $C_{23}H_{29}O_3N$, Kp.$_{0,05}$ 160°. *Brommethylat*, $C_{24}H_{32}O_3NBr$, F. 138—139°. *Bromäthylat*, $C_{25}H_{34}O_3NBr$, F. 158°. *Brom-n-propylat*, $C_{26}H_{36}O_3NBr$, F. 113—115°. — *-β-diisopropylaminoäthylester, Hydrochloridhemihydrat*, $C_{23}H_{29}O_3N \cdot HCl \cdot \frac{1}{2}H_2O$, F. 130°. — *-β-piperidinoäthylester, Hydrochlorid*, $C_{22}H_{25}O_3N \cdot HCl$, F. 168°. *Brommethylatdihydrat*, $C_{23}H_{28}O_3NBr \cdot 2H_2O$, F. 98°. — *-β-morpholinoäthylester, Hydrochlorid*, $C_{21}H_{23}O_4N \cdot HCl$, F. 158°. *Brommethylat*, $C_{22}H_{26}O_4NBr$, F. 195°. — *-β-diäthylamino-α-propylester*, $C_{22}H_{27}O_3N$, Kp.$_{0,1}$ 180°. *Brommethylat*, $C_{23}H_{30}O_3NBr$, F. 148°. — *-γ-diäthylamino-n-propylester*, $C_{22}H_{27}O_3N$, Kp.$_{0,3}$ 180°. *Brommethylat*, $C_{23}H_{30}O_3NBr$, F. 98—101°. — *-β-piperidino-n-propylester, Hydrochlorid*, $C_{23}H_{27}O_3N \cdot HCl$, F. 197°. *Brommethylathydrat*, $C_{24}H_{30}O_3NBr \cdot H_2O$, F. 93—94°. (J. chem. Soc. [London] **1956**. 812—14. April. London, Brit. Drug House, Chem. Res. Labors.) R. PASEDAG. 3211

W. J. van der Burg, *Die Darstellung von unsubstituierten Amidrazonen.* Unsubstituierte *Amidrazone* der *Isonicotin-, Nicotin-, Picolin-, 6-Methylpicolin-* u. *Benzoesäure* werden aus den Nitrilen über die Thioamide durch Umsetzung mit Hydrazinhydrat erhalten (vgl. Dedichen, C. **1937.** I. 86 u. Curtius u. Dedichen, J. prakt. Chem. **50.** [1894.] 253; **52.** [1895.] 272). Ein Nebenprod. der Rk. wurde als *2.5-Di-[pyridyl-(4)]-1.3.4-thiodiazol* isoliert. Zur Charakterisierung der Amidrazone wurden die N^1-Benzylidenverbb. u. durch Diazotierung die Tetrazole gebildet. Die tuberkulostat. Wirksamkeit ist in vitro ähnlich wie die von INH. Die entsprechenden Tetrazole sind unwirksam.

Versuche: Folgende Amidrazone wurden durch 4 Min. Erhitzen des entsprechenden Thioamids mit Hydrazinhydrat in A., Abkühlen, Waschen mit absol. A. u. Hexan hergestellt: *Isonicotinsäureamidrazon,* $C_6H_8N_4$, F. 126—127°, schwachgelbe Prismen aus A.–Hexan; 42,3%. — *Nicotinsäureamidrazon,* $C_6H_8N_4 \cdot H_2O$, F. 74—75°, farblose Nadeln aus Bzl.–H_2O; 0,22%. — *Picolinsäureamidrazon,* $C_6H_8N_4$, F. 97—98°, farblose Nadeln aus absol. A.–Hexan; 66%. — *6-Methylpicolinsäureamidrazon,* $C_7H_{10}N_4$, F. 115—116°, farblose Blättchen aus absol. A.; 70%. — *Benzamidrazon,* $C_7H_9N_3$, F. 78 bis 79° (absol. A.–Ae.) durch 5 Min. langes Erhitzen von Benzoesäurethioamid u. Hydrazinhydrat in A., Eindampfen der gelben Lsg., Extraktion mit Ae., Versetzen mit Petroläther. — *2.5-Di-[pyridyl-(4)]-1.3.4-thiadiazol,* $C_{12}H_8N_4S$, F. 244—246° (aus A.), aus der rotbraunen Mutterlauge des Isonicotinsäureamidrazons, farblose Blättchen. — Folgende N^1-Benzylidenverbb. wurden durch Schütteln der wss. Lsgg. der Amidrazone mit Benzaldehyd erhalten: *N^1-Benzalisonicotinsäureamidrazon,* $C_{13}H_{12}N_4$, F. 149,5—155° (60%ig. A.); *N^1-Benzalnicotinsäureamidrazon,* $C_{13}H_{12}N_4$, F. 140—141° (A.–Hexan); *N^1-Benzalpicolinsäureamidrazon,* $C_{13}H_{12}N_4$, F. 112—113° (A.); *N^1-Benzal-6-methylpicolinsäureamidrazon,* $C_{14}H_{14}N_4$, F. 102—103° (50%ig. A.); *N^1-Benzalbenzamidrazon,* $C_{14}H_{13}N_3$, F. 135—136° (50%ig. A.). Folgende 5-Pyridyltetrazole wurden durch Diazotieren der Amidrazone in verd. HCl mit 10%ig. Nitritlsg. u. Neutralisieren erhalten: *5-[Pyridyl-(4)]-tetrazol,* $C_6H_5N_5$, F. 268—269° (W.); 50%; *5-[Pyridyl-(3)]-tetrazol,* $C_6H_5N_5$, F. 245—247° (W.); 35%; *5-[Pyridyl-(2)]-tetrazol,* $C_6H_5N_5$, F. 217—219° (W.); 61%. (Recueil Trav. chim. Pays-Bas **74.** 257—62. April 1955. Oss, N. V. Organon, Res. Labors.)

W. Walther. 3231

Edwin Płażek und **Helena Kozdrojówna,** *Untersuchungen über die Oxydation von Chinolin und β-Picolin mit Salpetersäure.* Während heiße HNO_3 (D. 1,45) drucklos ohne Wrkg. ist, oxydiert sie unter Druck bei ca. 180° Chinolin zu *Nicotinsäure* (**I**; F. 232 bis 233°) mit 32%ig. Ausbeute. Hg, Cu, Se, Cr_2O_3, MnO_2, V_2O_5 sind dabei ohne katalyt. Wirkung. Aus β-Picolin erhält man unter denselben Bedingungen u. bei Anwendung von $Hg(NO_3)_2$ als Katalysator **I** u. *Isonicotinsäure* mit insgesamt 60%ig. Ausbeute. Die prakt. Schwierigkeit der Meth. liegt bei der Wahl eines gegen HNO_3 beständigen Autoklavenmaterials. (Roczniki Chem. [Ann. Soc. chim. Polonorum] **25.** 509—13. 1951. Wrocław [Breslau], Univ., Politechn., Zakł. Chem. Organ.) F. Urban. 3231

Ervin Colton, *Chinolinderivate von einwertigem Jod.* Es wird über die Darst. von Derivv. aus einwertig positivem Jod mit Chinolin u. verschied. Carbonsäuren berichtet. Die Verbb. wurden aus den Ag-Salzen der betreffenden Säuren in Chlf. nach folgendem Schema erhalten: $ArCOOAg + J_2 + C_9H_7N \rightarrow ArCOOJ \cdot C_9H_7N + AgJ$. Die Salze sind sämtlich hellgelb bis goldfarben.

Versuche: Monochinolinjodsalze: *p-Brombenzoat,* Zers. bei 139 bis 143°; 68% (Ausbeute). — *Benzoat,* Zers. bei 141—150°; 73,4%. — *m-Chlorbenzoat,* Zers. bei 121—124°; 60,8%. — *p-Chlorbenzoat,* Zers. bei 136—141°; 76,8%. — *o-Chlorbenzoat,* Zers. bei 129—133°; 38,4%. — *o-Jodbenzoat,* Zers. bei 110—113°; 43,1%. —, *m-Jodbenzoat,* Zers. bei 125—133°; 75,3%. — *o-Nitrobenzoat,* Zers. bei 122—127°; 71,1%. — *m-Nitrobenzoat,* Rosafärbung bei 160°, Zers. bei 181°; 23,8%. (J. Amer. chem. Soc. **77.** 6190—91. 5/12. 1955. Atlanta, Ga., Inst. of Technol., School of Chem.) H. Goebel. 3231

M. S. Gibson, *Darstellung einiger Isochinolinderivate.* Die Kondensation von o-Tolyl-MgBr (**II**) mit Propylenoxyd (**I**) liefert nur geringe Ausbeuten an *o-[2-Oxypropyl]-toluol.* Durch Reformatski-Rk. von o-Toluylaldehyd mit α-Brompropionsäureäthylester (**III**), Dehydratation, Hydrolyse, Red. zu *α-Methyl-β-[o-tolyl]-propionsäure* u. Hofmannschen Abbau des Amids wird *o-[2-Aminopropyl]-toluol* erhalten. Andere *Phenäthylamine* werden durch katalyt. Hydrierung der entsprechenden Benzylcyanide hergestellt. *2-[o-Tolyl]-propylamin* wird durch direkte Methylierung von o-Xylylcyanid (**IV**) mit CH_3J u. KNH_2 in fl. NH_3 u. Red. gewonnen. Die Phenäthylamine werden in die *Formylderivv.* übergeführt, die mit P_2O_5 zu den *Dihydroisochinolinen* cyclisiert werden. Die durch Dehydrierung erhaltenen *Isochinoline* werden als *Pikrate* charakterisiert. *3-Methylisochinolin* wird ebenfalls durch Bischler-Napieralski-Rk. hergestellt.

Versuche: *o-[2-Oxypropyl]-toluol,* $C_{10}H_{14}O$, $Kp._{16}$ 139—142°, durch 12std. Stehen von **I** u. **II** in Ae., Zugeben von HCl, Ausäthern, Best. bei 125—150°/17 mm,

45 Min. langes Erhitzen mit Phthalsäureanhydrid/Pyridin auf dem Wasserbad → *Hydrogenphthalat* [$C_{18}H_{18}O_4$, F. 127—129° (Ae.), Würfel], das 20 Min. mit 10%ig. NaOH erwärmt wird; n_D^{25} 1,5260. — *o-Toluylaldehyd*, Kp.$_{15}$ 94—96°, durch 6 std. Kochen von **II** (aus 107 g o-Bromtoluol) mit Orthoameisensäuretriäthylester in Ae., Zers. mit 10%ig. H_2SO_4 u. Dampfdest.; 42 g (Ausbeute). — *β-Oxy-α-methyl-β-[o-tolyl]-propionsäureäthylester*, $C_{13}H_{18}O_3$, Kp.$_{16}$ 160—162°, durch 2 std. Kochen von 11,2 g vorst. Verb. mit **III** u. Zn in absol. Bzl. u. Zers. mit H_2SO_4; n_D^{14} 1,5082; 11 g. — *α-Methyl-β-[o-tolyl]-acrylsäureäthylester*, $C_{13}H_{16}O_2$, Kp.$_{15}$ 127—129°, durch Zugeben von P_2O_5 zu 11 g vorst. Verb. in sd. Bzl. in 2 Std., 1 std. Kochen u. Extraktion mit Bzl.; n_D^{14} 1,5361; 6 g. *Freie Säure*, $C_{11}H_{12}O_2$, F. 99—100° (W.), aus 5,8 g Ester mit äthanol. KOH; Nadeln; 4,3 g. — *α-Methyl-β-[o-tolyl]-propionsäure*, $C_{11}H_{14}O_2$, Kp.$_{0,12}$ 112—114°, durch 90 Min. Hydrieren von 4 g vorst. Säure in Ggw. von Pd/$BaSO_4$; n_D^{14} 1,5211; 3,8 g. *Amid*, $C_{11}H_{15}ON$, F. 112° (wss. A.), Platten. — *o-[2-Aminopropyl]-toluol, Hydrochlorid*, $C_{10}H_{16}NCl$, F. 166—167° (Ae.-A.), durch 1 std. Erhitzen von 10 g vorst. Amids mit NaOCl auf 70—80°, 5 std. Erhitzen mit NaOH auf dem Wasserbad, Ausäthern u. Sättigen mit HCl; Nadeln; 3,8 g. *Pikrat*, $C_{16}H_{18}O_7N_4$, F. 162—163° (wss. A.); gelbe Nadeln. — *3.4-Dihydro-3.5-dimethylisochinolin, Pikrat*, $C_{17}H_{16}O_7N_4$, F. 166—168° (Aceton), durch 4 std. Erhitzen vorst. Base (aus 3,4 g Hydrochlorid) mit 95%ig. HCOOH auf 140—150° u. 30—40 Min. Kochen des *Formylderiv.* in Tetralin mit P_2O_5; gelbe Nadeln; 900 mg. — *3.5-Dimethylisochinolin, Pikrat*, $C_{17}H_{14}O_7N_4$, F. 219—220° (A.), durch 30 Min. langes Erhitzen vorst. Base (aus 400 mg Pikrat) mit Pd-Kohle auf 220°; hellgelbe Nadeln; 350 mg. — *α-[o-Tolyl]-propionitril* (**V**), $C_{10}H_{11}N$, Kp.$_{20}$ 150—152°, durch Zugeben von CH_3J in Ae. zu 20 g **IV**, KNH_2 u. fl. NH_3, Abdampfen, Zugeben von A. u. W.; 15 g. — *α-[o-Tolyl]-propionamid*, $C_{10}H_{13}ON$, F. 125 bis 126° (wss. A.), Nadeln. — *α-Phenylpropionitril*, C_9H_9N, Kp.$_{13}$ 114—116°, analog **V** aus 20 g Benzylcyanid; 16 g. — *β-[o-Tolyl]-propylamin*, Kp.$_{15}$ 117—120°, durch Sättigen von 9 g **V** in A. mit NH_3 u. Hydrieren bei 100°/80—100 at in Ggw. von RANEY-Ni; 8 g. *Pikrat*, $C_{16}H_{18}O_7N_4$, F. 175—176° (wss. CH_3OH), gelbe Nadeln. — *4.5-Dimethylisochinolin, Pikrat*, F. 234—235° (Aceton), aus 6 g vorst. Amins; gelbe Nadeln; 800 mg. — *2.3-Dimethylbenzylcyanid*, $C_{10}H_{11}N$, F. 55—56° (Ae.), Kp.$_{17}$ 136—144°, durch 4 std. Kochen von 21 g 2.3-Dimethylbenzylchlorid u. KCN in wss. A.; 14 g. — *2.3-Dimethylphenylessigsäure*, $C_{10}H_{12}O_2$, F. 113—114° (wss. A.), mit sd. wss.-äthanol. KOH in 6 Std. aus 0,4 g vorst. Verb.; Platten; 0,4 g. — *2.3-Dimethylphenäthylamin*, Kp.$_{17}$ 116—118°, aus 8 g vorvorst. Verb.; 7 g. *Pikrat*, $C_{16}H_{18}O_7N_4$, F. 219—220° (Zers.; wss. A.), gelbe Nadeln. *3.5-Dinitrobenzoat*, $C_{17}H_{19}O_6N_3$, F. 182—183° (wss. A.), Nadeln. — *5.6-Dimethyl-3.4-dihydroisochinolin, Pikrat*, F. 199—200° (A.), aus 5 g vorst. Amins; gelbe Plättchen; 1,5 g. — *5.6-Dimethylisochinolin, Pikrat*, F. 246° (Zers.; A.), aus 1,1 g vorst. Verb.; hellgelbe Nadeln; 950 mg. — *2.4-Dimethylphenäthylamin*, Kp.$_{16}$ 116—122°, aus 12 g 2.4-Dimethylbenzylcyanid; 10 g. *Hydrochlorid*, $C_{10}H_{16}NCl$, F. 172—173° (Äthylacetat—A.), Nadeln. *3.5-Dinitrobenzoat*, $C_{17}H_{19}O_6N_3$, F. 181—182° (wss. A.), Nadeln. — *3.4-Dihydro-5.7-dimethylisochinolin, Pikrat*, F. 222—224° (A.), aus vorst. Base 5 g; gelbe Nadeln; 1,1 g. — *5.7-Dimethylisochinolin, Pikrat*, F. 261—262° (Zers.; A.), aus 750 mg vorst. Verb.; gelbe Nadeln; 650 mg. — *2.5-Dimethylphenäthylamin*, Kp.$_{13}$ 110—112°, aus 11 g 2.5-Dimethylbenzylcyanid; 9 g. *Pikrat*, $C_{16}H_{18}O_7N_4$, F. 169—170° (wss. A.), gelbe Nadeln. *Hydrogenoxalat*, $C_{12}H_{17}O_4N$, F. 199—200° (wss. A.), Nadeln. — *3.4-Dihydro-5.8-dimethylisochinolin, Pikrat*, F. 182—183° (Aceton), aus 5 g vorst. Base; gelbe Säulen; 1,4 g. — *5.8-Dimethylisochinolin, Pikrat*, F. 231—233° (Zers.; A.), aus 850 mg vorst. Verb.; gelbe Nadeln; 720 mg. — *2'-Formylamidopropylbenzol*, $C_{10}H_{13}ON$, Kp.$_{0,12}$ 119—121°, durch Zugeben von 10 g Phenylaceton zu NH_4-Formiat bei 165°; 4 std. Erhitzen auf 185—190°, Gießen in W. u. Ausziehen mit Bzl.; 7 g. — *3.4-Dihydro-3-methylisochinolin, Pikrat*, $C_{16}H_{14}O_7N_4$, F. 139—141° (A.), aus 4 g vorst. Verb.; gelbe Plättchen; 1 g. — *3-Methylisochinolin, Pikrat*, $C_{16}H_{12}O_7N_4$, F. 197—198° (A.), aus 500 mg vorst. Verb.; gelbe Nadeln; 430 mg. (J. chem. Soc. [London] **1956**. 808—12. April. Oxford, Dyson Perrins Labor.) R. PASEDAG. 3231

F. Hein und **F. Melichar**, *Synthese des 2.5-Bis-[α-pyridyl]-pyrrols und einiger Komplexverbindungen des zugehörigen 2.5-Bis-[α-pyridyl]-3.4-dicarbäthoxypyrrols.* Es wurde das in komplexchem. Hinsicht interessante, zu *2.5-Bis-[α-pyridyl]-pyrrol* decarboxylierbare *2.5-Bis-[α-pyridyl]-3.5-dicarbäthoxypyrrol* dargestellt u. mehrere *Metallkomplexe* untersucht. Die mit $CuBr_2$ u. $FeCl_3$ erhaltenen Komplexe enthalten noch Halogen, während die aus den entsprechenden Acetaten dargestellten Co^{2+}-, Ni^{2+}- u. Cu^{2+}-*Komplexe* reine Innerkomplexe darstellen. Der Fe^{3+}-*Komplex* scheint ein Zweikernkomplex zu sein.

Versuche: *Picolinsäure*, F. 136° (Dioxan), aus α-Picolin durch Oxydation mit $KMnO_4$ in sd. wss. H_2SO_4 u. Reinigen über das *Cu-Salz. Äthylester*, Kp.$_{13}$ 122°. — *α-Pyridoylessigsäureäthylester*, aus 50 g vorst. Äthylester mit Essigsäureäthylester u. $NaOC_2H_5$;

30 g (Ausbeute), als *Na-Salz*. — *Di-α-pyridoylbernsteinsäurediäthylester*, F. 137°(CH_3OH oder A.), aus vorst. Na-Salz mit J_2 in Dioxan; 65%. Gibt mit alkoh. NH_3 *Picolinsäureamid*, F. 108° (PAe. oder A.). — *2.5-Bis-[α-pyridyl]-3.4-dicarbäthoxypyrrol*, $C_{20}H_{19}O_4N_3$, F. 109,5°, aus vorst. Verb. mit NH_4-Acetat in Eisessig; Kristallschüppchen aus verd. Methanol; fast quantitativ. *Pikrat*, $C_{26}H_{22}O_{11}N_6$, F. 184° (A.), gelbe Nadeln. *Cu-Komplex*, $C_{20}H_{19}O_4N_3\cdot CuBr$, grüne Nadeln. *$Fe^{3+}$-Komplex*, $C_{20}H_{19}O_4N_3FeCl_3$, moosgrüne Nadeln. *Ni^{2+}-Komplex*, $C_{40}H_{36}O_8N_6Ni$, F. 200°, hellgelbgrüne Nadeln. *Co^{2+}-Komplex*, $C_{40}H_{36}O_8N_6Co$, F. 216°, Kp.₃ 280°, samtbraune Nadeln. *Cu^{2+}-Komplex*, $C_{40}H_{36}O_8N_6Cu$ hellgrüne Nadeln. — *2.5-Bis-[α-pyridyl]-pyrrol-3.4-dicarbonsäure*, $C_{16}H_{11}O_4N_3$, F. 238° aus vorst. Verb. mit halbkonz. HCl oder H_2SO_4; gelb; fast quantitativ. *Ba-Salz*, $C_{16}H_9O_4N_3Ba$, weiße Blättchen. *Ag-Salz*, gelbe Nädelchen. *Hydrochlorid*, $C_{16}H_{11}N_3O_4\cdot HCl$, F. 285°. *Anhydrid*, $C_{16}H_9O_3N_3$, F. 287° (Dioxan). — *2.5-Bis-[α-pyridyl]-pyrrol*, $C_{14}H_{11}N_3$, F. 97,5°, aus vorst. Verb. mit $Ba(OH)_2$ unter N_2 bei 400°; Nadeln aus 60% ig. A.; 30%. *Pikrat*, F. 279°, gelbe Nadeln. (Pharmazie **9.** 455—60. Juni 1954. Jena, Friedrich-Schiller-Univ., Inst. für anorg. Chem.) H. R. SCHÜTTE. 3231

Wilson M. Whaley, Morton Meadow und Charles N. Robinson, *Stickstoffisologe von Benzo-[a]-pyren*. Zur Unters. ihrer carcinogenen u. carcinolyt. Eigg. werden *Pyreno-[1.2:b]-* (*Pyrenalin*; vgl. VOLLMANN u. Mitarbeiter, Liebigs Ann. Chem. **531.** [1937.] 1) u. *-[2.1:b]-pyridin* aus 1- bzw. 2-Aminopyren nach SKRAUP hergestellt. *Pyreno-[2.1:c]-pyridin* wird über *1-[β-Formamidoäthyl]-pyren* gewonnen. Die Synth. von Pyreno-[1.2:c]-pyridin u. Benzo-[j]-pyrido-[2.3.4.5:1 mn]-phenanthridin gelang nicht.

Versuche: *Pyreno-[2.1:b]-pyridin*, $C_{19}H_{11}N$, F. 188,5—191°, aus 2-Aminopyren·HCl, Glycerin, As_2O_5 u. konz. H_2SO_4 (45 Min. bei 145°); rostfarbene Nadeln aus Essigester; 22% (Ausbeute). — *1-[β-Nitrovinyl]-pyren*, $C_{18}H_{11}O_2N$, F. 195,5—196° (Bzl.), aus Pyrenaldehyd-(1) (**I**), NH_4-Acetat u CH_3NO_2 in sd. Eisessig (2 Std.); orangerot; 94%. — *1-[β-Aminoäthyl]-pyrenhydrochlorid*, $C_{18}H_{16}NCl$, F. 265—270° (Zers.; A.), durch Red. vorst. Verb. mit $LiAlH_4$ in Ae. im SOXHLET; fast 100%. — *N-Formylderiv.*, $C_{19}H_{15}ON$, F. 120—122° (Bzl.). — *9.10-Dihydropyreno-[2.1:c]-pyridin*, $C_{19}H_{13}N$, F. 158 bis 161° (Zers.), durch ½std. Kochen vorst. Formylderiv. mit P_2O_5 in p-Cymol; aus Cyclohexan gelbe Kristalle; 25%. — *Pyreno-[2.1:c]-pyridin*, $C_{19}H_{11}N$, F. 175,5—176,5°, durch 6std. Kochen vorst. Verb. mit 20% ig. Pd-Kohle in α-Methylnaphthalin unter N_2; nach Sublimation bei 180—200° (Bad)/2—5 μ aus Essigester gelbe Blättchen; 56%. — *1-Nitro-2-[2-nitrophenyl]-naphthalin*, $C_{16}H_{10}O_4N_2$, F. 185—186° (Essigester), aus 1-Nitro-2-bromnaphthalin u. o-Nitrobrombenzol bei 225° mit Cu-Bronze (1 Std.), dann 20 Min. bei 230°. — *2-[2-Aminophenyl]-α-naphthylamin*, $C_{16}H_{14}N_2$, F. 118—119,5°, aus vorst. Verb. in A.-Triäthylamin unter 3 at H_2 über RANEY-Ni (90 Min.); Blättchen aus wss. A.; 75%. *Dihydrochlorid*, F. 158—160° (absol. A.-Ae.). — *Pyrenaldehyd-(1)-thiosemicarbazon*, $C_{18}H_{13}N_3S$, F. 249—252° (Zers.), aus **I**, Thiosemicarbazid u. CH_3COONa in sd. A.; aus Essigester, dann absol. A., gelbe Nädelchen; 81%. (J. org. Chemistry **19.** 973—77. Juni 1954. Knoxville, Tenn., Univ., Dep. of Chem.) K. LEHMSTEDT. 3231

Francis H. Case und James A. Brennan, *Substituierte 1.10-Phenanthroline*. 7. Mitt. *Synthese gewisser Phenanthroline zum Nachweis von Cu(I)*. (6. vgl. C. **1956.** 5010.) Zur möglichen Verwendung als Reagentien auf Cu(I) werden *2.4-Dimethyl-*, *2.4.7.9-*, *2.3.8.9-* u. *2.5.6.9-Tetramethyl-* u. *2.9-Dimethyl-4.7-diphenyl-1.10-phenanthrolin* synthetisiert.

Versuche: Chinoline: *2.3-Dimethyl-8-nitro-* (**I**), $C_{11}H_{10}O_2N_2$, F. 144—145° (CH_3OH), durch 2std. Kochen von o-Nitranilin u. Tiglinaldehyd in konz. HCl mit As_2O_5 u. $ZnCl_2$; 11,4% (Ausbeute). — *8-Amino-2.3-dimethyl-* (**II**), $C_{11}H_{12}N_2$, F. 105 bis 106° (PAe.), aus **I** durch katalyt. Red.; 76,5%. — *2-Methyl-8-nitro-4-phenyl-* (**III**), $C_{16}H_{12}O_2N_2$, F. 136—137° (CH_3OH), mit Phenylpropenylketon (**IV**) analog **I**; 10,1%. — *2.5.7-Trimethyl-8-nitro-*, $C_{12}H_{12}O_2N_2$, F. 181—182° (Bzl.), aus 21 g 4.5-Dimethyl-2-nitranilin, As_2O_5 u. wss. H_2SO_4 mit Crotonaldehyddiacetat (**V**) $<140°$, dann 2 Std. kochen; 19,5 g. — *8-Amino-2.5.6-trimethyl-* (**VI**), $C_{12}H_{14}N_2$, F. 80—81° (PAe.), aus vorst. Verb. analog **II**; 74,1%. — 1.10-Phenanthroline: *2.4-Dimethyl-*, $C_{14}H_{12}N_2$, F. 123 bis 124° (PAe.), aus 8-Amino-2.4-dimethylchinolin in wss. H_2SO_4 u. As_2O_5 mit Glycerin bei 100°, dann 2 Std. bei 140°; 42,5%. — *2.4.7.9-Tetramethyl-*, $C_{16}H_{16}N_2$, F. 199—200° (Bzl.), analog vorst. Verb., aber mit 4-Oxypentanon-(2); 23,5%. — *2.3.8.9-Tetramethyl-*, $C_{16}H_{16}N_2$, F. 225—226° (Bzl.), aus **II** analog **I**; 7,6%. — *2.5.6.9-Tetramethyl-*, $C_{16}H_{16}N_2$, F. 171—172° (A.-W.), analog **I** mit **VI** u. **V**; *Dihydrat* (aus feuchtem Bzl.) wird bei 80° entwässert; 17,2%. — *2.9-Dimethyl-4.7-diphenyl-*, $C_{26}H_{20}N_2$, F. 282—283° (Bzl.), aus **III** durch katalyt. Red. zu *8-Amino-2-methyl-4-phenylchinolin* u. Rk. in 85% ig. H_3PO_4 mit **IV** (½ Std. bei 120°), dann mit As_2O_5 (2 Std. bei 120°); 17,8%. — Die Infrarotabsorptionsmaxima der *Cu-Komplexe* der Phenanthroline sind angegeben. (J. org. Chemistry **19.** 919—22. Juni 1954. Philadelphia, Pa., Temple Univ., Chem. Dep.)

K. LEHMSTEDT. 3231

M. S. Gibson, *Die Pyrolyse von 1-Benzylbenzotriazol und einiger Homologe.* Das aus Benzotriazol (I) oder aus o-Chlornitrobenzol (IV) u. Benzylamin (V) über *N-[o-Nitrophenyl]-benzylamin* (II) u. das *Diamin* gewonnene *1-Benzylbenzotriazol* (III) liefert bei der Pyrolyse unter N_2 mit Cu-Pulver bei 350—400° neben *Toluol* (?) *Phenanthridin*, das als *Pikrat* isoliert wurde. 1-[4-Methylbenzyl]- bzw. 1-[2-Methylbenzyl]-benzotriazol, das nicht aus 2-Methyl-N-[o-nitrophenyl]-benzylamin zugänglich war, liefern *6-* bzw. *8-Methylphenanthridin* neben wahrscheinlich *o-* u. *p-Xylol.*

Versuche: Benzotriazole: *1-Benzyl-* (III), F. 115—116° (CH_3OH), a) durch 3std. Erhitzen von I mit $NaOC_2H_5$ u. Benzylchlorid in A. auf dem Wasserbad; Prismen; b) durch Zugeben von $SnCl_2$ in konz. HCl zu 16 g II in Essigsäure bei 100°, Alkalisieren mit NaOH, Abfiltrieren, Extraktion mit A. u. Behandeln mit $HCl/NaNO_2$ bei 0—5°; 1 g (Ausbeute). — *1-[2-Methylbenzyl]-*, $C_{14}H_{13}N_3$, F. 84—85° (CH_3OH), aus 10 g I u. 2-Methylbenzylchlorid; Würfel; 15 g. — *1-[4-Methylbenzyl]-*, F. 106—107° (CH_3OH), aus 10 g I u. 4-Methylbenzylchlorid; Nadeln; 14 g. — *Phenanthridin, Pikrat,* $C_{19}H_{12}O_7N_4$, F. 244—245° (W.), durch 5—6std. Erhitzen von III mit Cu-Pulver auf 350—400° unter N_2; gelbe Nadeln. — *8-Methylphenanthridin, Pikrat,* $C_{20}H_{14}O_7N_4$, F. 253—254° (W.), gelbe Nadeln; 400 mg aus 10 g. Daneben *o-Xylol* (Kp. 142—146°). — *6-Methylphenanthridin, Pikrat,* F. 245—246° (W.), gelbe Nadeln; 350 mg aus 10 g. Daneben *p-Xylol* (Kp. 140—145°). — *N-[o-Nitrophenyl]-benzylamin* (II), F. 74—75°, durch 2std. Erhitzen von 16 g **IV**, **V** u. K_2CO_3 auf 150° u. Extraktion mit sd. A.; orangefarbene Prismen; 18 g. — *2-Methylbenzylamin,* $Kp._{15}$ 80—82°, durch Hydrierung von 20 g o-Tolunitril in mit NH_3 gesätt. A. bei 100°/120 at in Ggw. von Raney-Ni; 15 g. — *4-Methylbenzylamin,* $Kp._{15}$ 82—83°, aus 20 g p-Tolunitril; 16 g. — *2-Methyl-N-[o-nitrophenyl]-benzylamin,* $C_{14}H_{14}O_2N_2$, F. 103—104° (A.), aus 16 g **IV** in 2 Std. bei 160—165°; orangefarbene Prismen; 18 g. *Acetylderiv.,* $C_{16}H_{16}O_3N_2$, F. 124—125° (wss. A.); Platten. (J. chem. Soc. [London] **1956.** 1076—78. April. Oxford, Dyson Perrins Labor.)

R. Pasedag. 3231

Gennady M. Kosolapoff, *Heterocyclische Organophosphorverbindungen.* 1. Mitt. *Pentamethylenphosphinsäure.* Die Rk. von N.N-Diäthylamidophosphoryldichlorid (I) mit Pentamethylen-bis-MgBr (II) liefert *Pentamethylenphosphinsäure-N N-diäthylamid* neben viel polymerem Material. Das Amid läßt sich zur *freien Säure* verseifen, die über das *Chlorid* u. den *n-Butylester* gereinigt wird. Bei der Rk. von II mit Dibutylphosphit entstehen nur *polymere Phosphinsäuren.*

Versuche: *Pentamethylenphosphinsäure,* $C_5H_{11}O_2P$, F. 128—129°, aus I u. II in Ae., Hydrolyse des entstandenen *N.N-Diäthylamids,* $Kp._1$ 85—105°, mit konz. HCl, Entfernung von Mg^{2+} u. Diäthylamin mit Dowex 50–X 8, Fällung der Polyphosphinsäuren mit Ba^{2+}, dann von Ba^{2+} mit H_2SO_4, Überführung in sd. Bzl. mit PCl_5 in das *Säurechlorid,* Kp_{30} 151—152°, dann mit n-Butanol in Ggw. von Na-Butylat in den *Butylester,* Dest. u. Hydrolyse mit sd. konz. HCl; aus Bzl.–Hexan Nadeln; 10,2% (Ausbeute), die direkte Reinigung des Amids oder des Chlorids verläuft unter großen Verlusten. *n-Butylester,* $C_9H_{19}O_2P$, $Kp._1$ 80°, aus der reinen Säure; n_D^{30} 1,4405; $D.^{30}_4$ 0,9771. (J. Amer. chem. Soc. **77.** 6658—59. 20/12. 1955. Auburn, Ala., Polytechn. Inst., Ross Chem. Labor.)

F. J. Meyer. 3241

Vincent C. Barry, J. G. Belton, J. F. O'Sullivan und **Dermot Twomey,** *Die Oxydation von Derivaten des o-Phenylendiamins.* 1. Mitt. *Durch Oxydation von 2-Aminodiphenylaminhydrochlorid erhaltene isomere Phenazinfarbstoffe.* Die Oxydation von 2-Aminodiphenylaminhydrochlorid (I) mit p-Benzochinon (IV) führt zu einem Gemisch von *Anilinoaposafranin* (III; *2-Anilino-3.5-dihydro-3-imino-5-phenylphenazin*) u. *2-Amino-3.5-dihydro-5-phenyl-3-phenyliminophenazin* (II). Daneben wurde *Aposafranon* isoliert. II u. III sind ident. mit den Prodd. der Oxydation von I mit $FeCl_3$. Die oxydative Kondensation von N-Cyclohexyl-o-phenylendiamin mit $FeCl_3$ oder IV liefert nur *2-Amino-5-cyclohexyl-3-cyclohexylimino-3.5-dihydrophenazin.* III zeigt mit konz. H_2SO_4 eine braunrote, II eine grünbraune Färbung, III gibt mit Acetanhydrid eine rotbraune, rasch dunkel werdende Lsg., während aus II ein *Monoacetylderiv.* entsteht. Der Abbau von III sowie von II mit alkoh. H_2SO_4 im Rohr führt zu *Anilino-* (V) u. *Oxyaposafranon* (VI). Im letzteren Falle erklärt sich die Bldg. von V — wie gezeigt wurde — durch Rk. von VI mit Anilin (VIII). Aus III entstehen mit 1-Fluor-2.4-dinitrobenzol (VII) dunkle Nadeln, II reagiert nicht. Es läßt sich aber im Gegensatz zu III zu einem blauen Pulver diazotieren u. mit Nitrosobenzol zu dunkelgrünen Kristallen umsetzen. Während aus III beim Erwärmen mit Aceton orangegelbes, grüngelb fluorescierendes *5.2'-Dihydro-2'.2'-dimethyl-5.1'-diphenylglyoxalino-[5'.4':2.3]-*

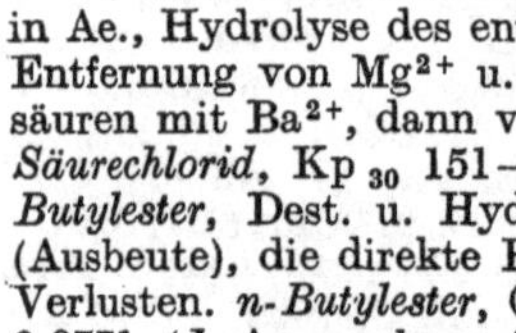

III

phenazin entsteht, das sich auch bei der Oxydation von **I** in Acetonlsg. bildet, liefert **II** wenig lösl. u. nicht fluorescierende Produkte. Die Bromierung von **III** bzw. **II** führt zur *1.4.N³-Tribrom-* bzw. *1.4-Dibrombase*, deren Abbau im Rohr dasselbe *2-Anilino-3.5-dihydro-1.4-dioxy-3-oxo-5-phenylphenazin* liefert, das wahrscheinlich ein *1-Acetylderiv.* gibt. Bei der Oxydation von 2-Aminodiphenylamin mit **IV** entstehen andere gefärbte Prodd. als bei der Oxydation von **I**.

Versuche: *2-Amino-3.5-dihydro-5-phenyl-3-phenyliminophenazin* (**II**), $C_{24}H_{18}N_4$, F. 257—259°, a) durch 1std. Rühren von 7 g **I** mit wss. $FeCl_3$, Behandeln mit alkoh. NaOH u. Chromatographie aus Bzl. → *Benzolsolvat* ($C_{24}H_{18}N_4$ 1/2 C_6H_6); dunkelrote Kristalle; 0,3 g (Ausbeute); b) durch 2std. Rühren von 11 g **I** in W. mit **IV** bei 60° u. Überführen des Hydrochlorids (4,4 g) in die Base. *2.4-Dinitrophenylderiv.*, *Hydrat*, $C_{30}H_{20}O_4N_6 \cdot H_2O$, F. 270—272° (Dioxan), durch 4std. Kochen mit **VII** in A. in Ggw. von Na-Acetat; dunkelgrüne Kristalle. *Acetylderiv.*, $C_{26}H_{20}ON_4$, F. 310° (Zers.; Bzl.), braunes Pulver. *Methomethylsulfat*, $C_{26}H_{24}O_4N_4S$, F. 302—304° (Zers.; A.), grasgrüne Nadeln. *Hydrochloridhydrat*, $C_{24}H_{18}N_4 \cdot HCl \cdot H_2O$, F. >350°, grünschimmernde Nadeln. — *2-Anilino-3.5-dihydro-3-imino-5-phenylphenazin* (**III**), neben **II** nach a) (1,8 g) oder b) (4 g); rote Kristalle. — *2.10-Dihydro-2-oxo-10-phenylphenazin* (*Aposafranon*), F. 248 bis 249°, neben **II** nach b); braune Nadeln; <1%. — *2-Amino-5-cyclohexyl-3-cyclohexylimino-3.5-dihydrophenazin*, $C_{24}H_{30}N_4$, F. 224—226°, a) mit $FeCl_3$ als *Benzolsolvat* ($C_{24}H_{30} \cdot N_4 \cdot 1/4\ C_6H_6$, F. 216—218°, orangerotes Pulver); b) mit **IV**; 4,6 g aus 7,5 g. — *Anilinoaposafranon* (**V**), $C_{24}H_{17}ON_3$, F. 258—260° (Zers.), a) durch 4std. Erhitzen von 5 g **III** oder **II** mit 10%ig. alkoh. H_2SO_4 im Rohr auf 180°, Kochen mit 10%ig. wss. NaOH u. Chromatographie; ~50 mg; b) durch 3½std. Erhitzen von 150 mg **VI** mit A., **VIII** u. 10%ig. H_2SO_4 auf 180—200°; dunkelrote glitzernde Nadeln; 75 mg. — *Oxyaposafranon* (**VI**), $C_{18}H_{12}O_2N_2$, F. 280° (Zers.; A.), aus dem alkal. Filtrat von **V** nach a) durch Ansäuern mit Essigsäure; orangerote Nadeln; 20 mg. — Diazotierung von **II** mit H_3PO_2/$NaNO_2$ bzw. HCl/$NaNO_2$ → *blaues Pulver*. — 5-Phenyl-3.5-dihydrophenazine: *1.4-Dibrom-2-anilino-3-bromimino-*, *Benzolsolvat*, $C_{24}H_{15}N_4Br_3 \cdot C_6H_6$ F. >360° (Bzl.-PAe.), a) durch Rühren von **III** in CCl_4 mit Br_2 u. Behandeln mit alkoh. NaOH; rotes Pulver; b) analog durch Kochen mit N-Bromsuccinimid. — *1.4-Dibrom-2-amino-3-phenylimino-*, *Benzolsolvat*, $C_{24}H_{16}N_4Br_2 \cdot 1/2\ C_6H_6$, F. 242—244° (Bzl.), dunkelrote Nadeln. — *2-Anilino-1.4-dioxy-3-oxo-*, $C_{24}H_{17}O_3N_3$, analog **V** nach a) aus 5 g Hydrobromid vorst. bzw. vorvorst. Verb.; aus A. braunrote Kristalle; 50 mg. *Monoacetat*, $C_{26}H_{19}O_4N_3$, F. 230° (CH_3OH), braunrote Nadeln. — *5.2'-Dihydro-2'.2'-dimethyl-5.1'-diphenylglyoxalino-[5'.4':2.3]-phenazin*, *Benzolsolvat*, $C_{27}H_{22}N_4 \cdot 1/2\ C_6H_6$, F. 236—237°, a) durch Oxydation von 4 g **I** in 50%ig. wss. Aceton mit **IV** u. Extraktion aus dem Nd. mit sd. Bzl.; orangegelbe Nadeln; 2 g; b) durch 15 Min. langes Erhitzen von 1 g **III** in Aceton in Ggw. von sirupöser H_3PO_4 auf dem Wasserbad, Alkalisieren u. Extraktion mit Bzl.; 0,2 g. (J. chem. Soc. [London] **1956**. 888—93. April. Dublin, Trinity Coll., Labors. of the Med. Res. Council of Ireland.) R. PASEDAG. 3272

Vincent C. Barry, J. G. Belton, J. F. O'Sullivan und **Dermot Twomey**, *Die Oxydation von Derivaten des o-Phenylendiamins.* 2. Mitt. *Aus N-Alkyl-, N-Cycloalkyl-, N-Alkylphenyl- und N-Alkoxyphenyl-o-phenylendiaminhydrochloriden erhaltene Phenazinfarbstoffe.* (1. vgl. vorst. Ref.) Die Oxydation von N-Alkylphenyl- oder N-Alkoxyphenyl-o-phenylendiaminhydrochloriden liefert *5-Aryl-2-arylamino-3-imino-* (**A**) u. *2-Amino-5-aryl-3-arylimino-3.5-dihydrophenazine* (**B**). Die **A** entstehen bevorzugt bei Verwendung von $FeCl_3$, die **B** bevorzugt mit p-Benzochinon (**I**). Lediglich N-[o-Äthoxyphenyl]-o-phenylendiamin liefert nur die **A**-Verb., während das N-[p-Äthoxyphenyl]-isomere mit **I** nur die **B**-Verb. u. mit $FeCl_3$ einen Fe-Komplex der **A**-Reihe gibt. Aus N-Alkyl- oder N-Cycloalkyl-o-phenylendiaminhydrochloriden werden nur die **B** entsprechenden Verbb. erhalten. Die **A** u. **B** werden über die *Hydrochloride* isoliert u. als *Pikrate* charakterisiert. Bei den durch $FeCl_3$-Oxydation von N-Methyl-, N-[n-Heptyl]- u. N-Cyclohexyl-o-phenylendiamin erhaltenen u. von BARRY u. Mitarbeitern (Proc. Roy. Irish Acad., Sect. B **55**. [1953.] 157) als Verbb. der **A**-Reihe beschriebenen Prodd. handelt es sich um solche der **B**-Reihe. Die als Ausgangsstoffe durch Rk. von o-Chlornitrobenzol (**II**) mit Anilinen in Nitrobenzol bzw. mit Aminen in Pyridin gewonnenen *o-Nitroaniline* werden mit Fe/wss. A. in Ggw. von Essigsäure, mit RANEY-Ni u. N_2H_4 oder mit ADAMS-Katalysator red., wobei *N-[p-Isobutoxyphenyl]-o-nitroanilin* u. das entsprechende o-Phenylendiamin nicht kristallin erhalten werden konnten. — Die **B** besitzen stärkere tuberkulostat. Eigg. als die **A**.

Versuche: o-Nitroaniline: *N-[p-n-Propoxyphenyl]-*, $C_{15}H_{16}O_3N_2$, F. 43° (CH_3OH), durch 20std. Erhitzen von 20,6 g 4-n-Propoxyanilin u. **II** in Pyridin im Rohr auf 200°; gelbe Nadeln; 11 g (Ausbeute). — *N-Allyl-*, $C_9H_{10}O_2N_2$, Kp.$_{12}$ 174—175°, rotes Öl. — *N-[n-Propyl]-* (**III**), $C_9H_{12}O_2N_2$, Kp.$_{12}$ 170—172°, rotes Öl. — *N-Cyclopentyl-*, $C_{11}H_{14}O_2N_2$, Kp.$_2$ 161—169°, hellgelbes Öl. — *N-[o-Äthoxyphenyl]-*, $C_{14}H_{14}O_3N_2$, Kp.$_2$ 202 bis 208°, dunkelrotes Öl. — *N-[p-Isopropoxyphenyl]-*, F. 79—80° (PAe.), orangefarbene Prismen. — *N-[p-Isobutoxyphenyl]-*, rotes zersetzliches Öl. — *N-[p-sek.-Butoxyphenyl]-*, rotes zersetzliches Öl. — o-Phenylendiamine: *N-Allyl-*, leicht oxydables Öl. — *N-[n-Propyl]-*, a) aus vorst. Verb.; b) aus **III**; unstabiles Öl. *2.4-Dinitrophenylderiv.*, $C_{15}H_{16}O_4N_4$, F. 109—110° (A.), rote Nadeln. — *N-Cyclopentyl-*, Kp.$_2$ 132—138°. *2.4-Dinitrophenylderiv.*, $C_{17}H_{18}O_4N_4$, F. 127—128° (A.), orangefarbene Nadeln. — *N-[o-Äthoxyphenyl]-*, $C_{14}H_{16}ON_2 \cdot {}^1/_4 H_2O$, F. 79—80° (PAe.), Platten. — *N-[p-n-Propoxyphenyl]-*, $C_{15}H_{18}ON_2$, F. 76° (PAe.), Platten. — *N-[p-Isopropoxyphenyl]-*, F. 74—75° (wss. A.), Nadeln. — *N-[p-sek.-Butoxyphenyl]-*, $C_{16}H_{20}ON_2$, F. 57—59° (PAe.), Nadeln. — 3.5-Dihydro-3-iminophenazine (**A**): *5-[p-Tolyl]-2-[p-tolylamino]-*, $C_{26}H_{22}N_4$, F. 282—285° (Bzl.), braun. — *5-[o-Methoxyphenyl]-2-[o-methoxyphenylamino]-*, $C_{26}H_{22}O_2N_4 \cdot {}^1/_4 C_6H_6$, F. 216—219° (Bzl.), ziegelrot. — *5-[p-Methoxyphenyl]-2-[p-methoxyphenylamino]-*, $C_{26}H_{22}O_2N_4$, F. 283—285° (Bzl.), orangefarben. — *5-[o-Äthoxyphenyl]-2-[o-äthoxyphenylamino]-*, $C_{28}H_{26}O_2N_4 \cdot {}^1/_4 C_6H_6$, F. 140—142° (Bzl.), dunkelrote Platten. — *5-[p-n-Propoxyphenyl]-2-[p-n-propoxyphenylamino]-*, $C_{30}H_{30}O_2N_4$, F. 230° (Bzl.), dunkelrote Nadeln. — *5-[p-Isopropoxyphenyl]-2-[p-isopropoxyphenylamino]-*, F. 186—188° (A.), dunkelrote Nadeln. — *5-[p-sek.-Butoxyphenyl]-2-[p-sek.-butoxyphenylamino]-*, $C_{32}H_{34}O_2N_4$, F. 120—123° (CH_3OH), ziegelrote Nadeln. — *5-[p-Isobutoxyphenyl]-2-[p-isobutoxyphenylamino]-*, F. 135—137° (A.), braunrote Nadeln. — 2-Amino-3.5-dihydrophenazine (**B**): *5-Methyl-3-methylimino-*, $C_{14}H_{14}N_4$, F. 176—178° (Bzl.–PAe.), rote Nadeln. — *5-Allyl-3-allylimino-*, *Pikrathydrat*, $C_{24}H_{21}O_7N_7 \cdot H_2O$, F. 160° (Zers.; CH_3OH), dunkelrote Nadeln. — *5-[n-Propyl]-3-[n-propylimino]-*, *Tetrahydrochloriddihydrat*, $C_{18}H_{22}N_4 \cdot 4\,HCl \cdot 2\,H_2O$, dunkelbraun. — *5-Cyclopentyl-3-cyclopentylimino-*, $C_{22}H_{26}N_4$, F. 170—171° (PAe.), braunrot. — *5-[n-Heptyl]-3-[n-heptylimino]-*, *Dihydrochlorid*, $C_{26}H_{38}N_4 \cdot 2\,HCl$, F. 300°, dunkelrote Nadeln. — *5-[p-Tolyl]-3-[p-tolylimino]-*, $C_{26}H_{22}N_4$, F. 243—245° (Bzl.), dunkelrote Nadeln. — *5-[o-Methoxyphenyl]-3-[o-methoxyphenylimino]-*, $C_{26}H_{22}O_2N_4 \cdot {}^1/_4 C_6H_6$, F. 227—229° (Bzl.), dunkelrot. — *5-[p-Methoxyphenyl]-3-[p-methoxyphenylimino]-*, $C_{26}H_{22}O_2N_4 \cdot {}^1/_4 C_6H_6$, F. 228—230° (Bzl.), dunkelrote Nadeln. *Methomethylsulfat*, $C_{26}H_{22}O_2N_4 \cdot (CH_3)_2SO_4$, F. 300° (Zers.; A.), grasgrüne Nadeln. *Monoacetylderiv.*, $C_{28}H_{24}O_3N_4$, F. 295° (Zers.; Bzl.), dunkelbraune Nadeln. — *5-[p-Äthoxyphenyl]-3-[p-äthoxyphenylimino]-*, $C_{28}H_{26}O_2N_4$, F. 225—227° (Bzl.), dunkelrote Nadeln. — *5-[p-n-Propoxyphenyl]-3-[p-n-propoxyphenylimino]-*, $C_{30}H_{30}O_2N_4$, F. 194—196° (Bzl.), dunkelrote Nadeln. — *5-[p-Isopropoxyphenyl]-3-[p-isopropoxyphenylimino]-*, F. 215 bis 216° (Bzl.), dunkelrote Nadeln. — *5-[p-sek.-Butoxyphenyl]-3-[p-sek.-butoxyphenylimino]-*, $C_{32}H_{34}O_2N_4$, F. 183—185° (A.), dunkelrote Nadeln. — *5-[p-Isobutoxyphenyl]-3-[p-isobutoxyphenylimino]-*, F. 176—178° (A.), dunkelrote Nadeln. (J. chem. Soc. [London] **1956**. 893—95. April.) R. PASEDAG. 3272

Vincent C. Barry, J. G. Belton, J. F. O'Sullivan und **Dermot Twomey**, *Die Oxydation von Derivaten des o-Phenylendiamins.* 3. Mitt. *Durch Oxydation von chlorierten 2-Aminodiphenylaminhydrochloriden erhaltene isomere Phenazinfarbstoffe und Aposafranone.* (2. vgl. vorst. Ref.) Während die Oxydation von 2-Amino-5-chlordiphenylaminhydrochlorid (**IV**) sowohl mit $FeCl_3$ als auch mit p-Benzochinon (**I**) *2-Amino-7-chlor-3.5-dihydro-5-phenyl-3-phenyliminophenazin* (Typ **A**) liefert, entsteht aus der 4-Chlorverb. mit **I** nur sehr wenig des *8-Chlorphenazins*, dagegen mit $FeCl_3$ *2-Anilino-8-chlor-3.5-dihydro-3-imino-5-phenylphenazin* (Typ **B**). Die $FeCl_3$-Oxydation der entsprechenden 4.5-Dichlor- u. 4.2'.4'-Trichlorverbb. führt nur zu den Isomeren vom Typ **A**, die der 4.4'-Dichlor- (**II**) u. 4'-Chlorverbb. (**III**) zu Gemischen, in denen im Falle von **II** Typ **A**, im Falle von **III** Typ **B** überwiegt, u. die der 6-Chlorverb. zu *2-Anilino-1.6-dichlor-3.5-dihydro-3-imino-5-phenylphenazin.* Aus letzterem wird mittels sirupöser H_3PO_4 ein gelbgrün fluorescierendes *Glyoxalinophenazin* erhalten. Bei der Oxydation mit **I** wurde nur aus **II** die **A**-Verb. u. aus **III** das Gemisch mit vorwiegendem **A**-Geh. isoliert. In allen Fällen der **I**-Oxydation außer bei **IV** entstehen als Hauptprodd. *chlorierte Aposafranone.* — Die Verbb. vom Typ **A** besitzen höhere tuberkulostat. Wrkg. als die vom Typ **B**.

Versuche: Phenazine: *2-Amino-5-[p-chlorphenyl]-3-[p-chlorphenylimino]-3.5-dihydro-*, $C_{24}H_{16}N_4Cl_2$, F. 255—257° (Bzl.), a) durch 3std. Rühren von 5 g **III** in wss. A. (1 : 2) mit 10%ig. wss. $FeCl_3$, Behandeln des Nd. mit alkoh. NaOH u. Chromatographie; dunkelrote Platten; 0,25 g (Ausbeute); b) durch 3std. Erhitzen von 10 g **III** in wss. A. mit **I** auf 80° u. weiter wie nach a); 1,3 g. — *2-[p-Chloranilino]-5-[p-chlorphenyl]-3.5-dihydro-3-imino-*, F. 280—283° (Zers.; Bzl.), neben vorst. Verb. nach a) bzw. b); ziegelrotes Pulver; 3,5 bzw. 0,3 g. — *10-[p-Chlorphenyl]-2.10-dihydro-2-oxo-*, $C_{18}H_{11}$-

ON_2Cl, F. 241—242° (Bzl.), neben vorst. Verb. durch Alkalisieren des Filtrats; dunkelrote Nadeln; 4%. — *2.10-Dihydro-2-oxo-10-phenyl-(Aposafranon)*, durch 15 Min. langes Kochen von 5 g N-[2.4-Dinitrophenyl]-N'-phenyl-o-phenylendiamin mit Benzoesäure; 1,1 g. — *2-Amino-7-chlor-3.5-dihydro-5-phenyl-3-phenylimino-*, $C_{24}H_{17}N_4Cl$, F. 264—265° (Bzl.), aus **IV** a) mit $FeCl_3$; rote Nadeln; 20%; b) mit **I**; 20%. — *2-Anilino-8-chlor-3.5-dihydro-3-imino-5-phenyl-*, $C_{24}H_{17}N_4Cl$, F. 186—187° (Bzl.), mit $FeCl_3$; dunkelrote Nadeln; 20%. — *8-Chlor-3.5-dihydro-3-oxo-5-phenyl-*, $C_{18}H_{11}ON_2Cl$, F. 308—310° (Bzl.), mit **I**; rotbraune Kristalle. — *2-Amino-8-chlor-3.5-dihydro-5-phenyl-3-phenylimino-*, F. 243—245° (Bzl.), neben vorst. Verb.; dunkelrote Nadeln; 2%. — *2-Anilino-1.6-dichlor-3.5-dihydro-3-imino-5-phenyl-*, $C_{24}H_{16}N_4Cl_2 \cdot {}^1/_4\, C_6H_6$, F. > 320° (Bzl.), mit $FeCl_3$; rotbraune Kristalle. — *1-Chlor-8.10-dihydro-8-oxo-10-phenyl-*, F. 267—268° (Bzl.), mit **I**; braunrote Nadeln; 60%. — *2-Amino-7.8-dichlor-3.5-dihydro-5-phenyl-3-phenylimino-*, $C_{24}H_{16}N_4Cl_2$, F. 261 bis 263° (Bzl.), mit $FeCl_3$; rote Nadeln; 25%. — *8-Chlor-5-[p-chlorphenyl]-2-[p-chlorphenylamino]-3.5-dihydro-3-imino-*, $C_{24}H_{15}N_4Cl_3$, F. > 330° (Bzl.), aus **II** mit $FeCl_3$; orangefarbenes Pulver; 15%. — *2-Amino-8-chlor-5-[p-chlorphenyl]-3-[p-chlorphenylimino]-3.5-dihydro-*, $C_{24}H_{15}N_4Cl_3 \cdot {}^1/_4\, C_6H_6$, F. 279—282° (Bzl.), a) neben vorst. Verb.; 65%; b) aus **II** mit **I**; dunkelrote Nadeln. — *8-Chlor-5-[p-chlorphenyl]-3.5-dihydro-3-oxo-*, $C_{18}H_{10}ON_2Cl_2$, F. 237—239° (Bzl.), neben vorst. Verb. nach b); dunkelrote Nadeln. — *2-Amino-8-chlor-5-[2.4-dichlorphenyl]-3-[2.4-dichlorphenylimino]-3.5-dihydro-*, $C_{24}H_{13}N_4Cl_5 \cdot {}^1/_4\, C_6H_6$, F. 236—237° (Bzl.), mit $FeCl_3$; dunkelrote Kristalle. — *8-Chlor-5-[2.4-dichlorphenyl]-3.5-dihydro-3-oxo-*, $C_{18}H_9ON_2Cl_3$, F. 215—217° (Bzl.), mit **I**; dunkelrote Nadeln; 20%. (J. chem. Soc. [London] **1956**. 896—99. April.)
R. PASEDAG. 3272

J. O. Halford und **Bernard Weissmann**, *Die isomeren 4-Azabicyclo-[5.3.0]-decane und 1.2-Bis-[β-aminoäthyl]-cyclopentane.* Die Darst. von *cis-* (cis-**I**) u. *trans-4-Azabicyclo-[5.3.0]-decan* (trans-**I**) durch reduktive Cyclisierung der entsprechenden *Cyclopentan-1.2-diacetonitrile* (**II**) wird beschrieben. *cis*-**II** wird aus cis-Cyclopentandiessigsäure über das *Diamid* erhalten. *trans*-**II** wird besser aus trans-Cyclopentan-1.2-dicarbonsäure (**III**) durch Red. mit $LiAlH_4$ zum *Dialkohol*, Rk. mit $SOCl_2$ zum *Dichlorid*, dann mit NaJ zum *Dijodid* u. Umsetzung mit NaCN dargestellt. Bei der Cyclisierung von **II** entstehen als Nebenprodd. die entsprechenden *1.2-Bis-[β-aminoäthyl]-cyclopentane.* Zum Strukturbeweis von **I** werden die in starker NaOH unlösl. *p-Toluolsulfonylderivv.* dargestellt. *cis*-**I** gibt mit HNO_2 ein gelbes Öl u. läßt sich mit 40%ig. Pt-Asbest bei 400° nicht dehydrieren.

V e r s u c h e: *cis-Cyclopentan-1.2-diacetamid*, $C_9H_{16}O_2N_2$, F. 249—250° (Zers.; W.), aus cis-Cyclopentan-1.2-diessigsäure über das mit $SOCl_2$ hergestellte *Säurechlorid* u. Rk. desselben in Aceton mit 28%ig. wss. NH_3; 75% (Ausbeute), daneben *cis-Cyclopentan-1-acetamid-2-essigsäure*, $C_9H_{15}NO_3$, F. 200—201° (W.). — *trans-Cyclopentan-1.2-diacetamid*, $C_9H_{16}O_2N_2$, F. 257—258° (Zers.), aus trans-Cyclopentan-1.2-diessigsäure analog vorst. Verbindung. — *cis-Cyclopentan-1.2-diacetonitril* (cis-**II**), $C_9H_{12}N_2$, Kp.$_{0,3}$ 116 bis 118°, aus vorvorst. Verb. mit NaCl u. $POCl_3$ (20 Min. bei 110° u. 5 Min. bei 200°); n_D^{25} 1,4768; $D.^{25}_4$ 1,016; 85%. — *trans-1.2-Bis-[oxymethyl]-cyclopentan*, $C_7H_{14}O_2$, Kp.$_{0,6}$ 117—118°, aus 6,8 g **III** (F. 160—161°) mit $LiAlH_4$ in Ae.; n_D^{25} 1,4480; 4,4 g. — *trans-1.2-Bis-[chlormethyl]-cyclopentan*, $C_7H_{12}Cl_2$, Kp.$_{13}$ 96—96,5°, aus 6,8 g vorst. Verb. mit $SOCl_2$ (90 Min. bei Zimmertemp. u. 2 Std. auf dem Dampfbad); n_D^{25} 1,4859; $D.^{25}_4$ 1,145; 6,7 g. — *trans-Cyclopentan-1.2-diacetonitril* (trans-**II**), Kp.$_{0,3}$ 109,5°, aus 9,1 g vorst. Verb. mit NaJ in Essigsäure unter N_2 (20 Std. bis fast zum Kp. erhitzen) u. Rk. des rohen *Dijodids* (17,9 g) mit NaCN in 60%ig. wss. A. (22 Std. am Rückfluß); n_D^{25} 1,4713; $D.^{25}_4$ 1,009; 5,2 g. — *cis-4-Azabicyclo-[5.3.0]-decan* (*cis*-**I**), $C_9H_{17}N$, Kp.$_{20}$ 93—95°, aus 5,9 g cis-**II** in NH_3-gesätt. A. über RANEY-Ni unter 120 atü H_2 (1 Std. bei 115°); n_D^{25} 1,4889; $D.^{25}_4$ 0,9330. *Pikrat*, $C_{15}H_{20}O_7N_4$, F. 169—170° (A.). *Hydrochlorid*, $C_9H_{18}NCl$, F. 270—271° (A.). *N-[p-Toluolsulfonyl]-deriv.*, $C_{16}H_{23}O_2NS$, F. 101—101,5° (PAe.). — *cis-1.2-Bis-[β-aminoäthyl]-cyclopentan*, $C_9H_{20}N_2$, Kp.$_{23}$ 142—144°, als Nebenprod. bei der Darst. von cis-**I**. *Dihydrochlorid*, $C_9H_{22}Cl_2N_2$, F. 216—217° (A.-Aceton). — *trans-4-Azabicyclo-[5.3.0]-decan* (trans-**I**), Kp.$_{23}$ 94—101°, aus 4,5 g trans-**II** analog cis-**I**; 1,0 g. *Pikrat*, $C_{15}H_{20}O_7N_4$, F. 150—151°; helle, gelbe Platten. *N-[p-Toluolsulfonyl]-deriv.*, $C_{16}H_{23}O_2NS$, F. 72—72,5° (PAe.). — *trans-1.2-Bis-[β-aminoäthyl]-cyclopentan*, Kp.$_{23}$ 138 bis 142°, Nebenprod. bei der Darst. von trans-**I**. (J. org. Chemistry **17**. 1276—80. Sept. 1952. Ann Arbor, Mich., Univ., Chem. Dep.) H.-M. BARCHET. 3370

J. Ratuský, A. Reiser und **F. Šorm**, *Chinolizinalkaloide.* 5. Mitt. *Dipolmomente und Konfigurationen des (±)-3-Lupinins und (±)-3-Epilupinins.* Inhaltlich ident. mit der C. **1955**. 4839 referierten Arbeit. (Collect. czechoslov. chem. Commun. **20**. 798—803. Aug. 1955. [Orig.: engl.]) W. BARZ. 3500

N. F. Prosskurnina und **W. W. Schpanow,** *Zur Struktur des Gentianins. Gentianin* läßt sich nicht über sein d-weinsaures Salz in opt. Antipoden zerlegen u. weist nach erneuter Unters. keine C-Methylgruppe auf. Sein UV-Spektr. zeigt ein Maximum bei 1715 cm^{-1}, was für das Vorhandensein eines γ-Lactonringes spricht. Demnach ist ihm entgegen der in Доклады Академии Наук СССР [Ber. Akad. Wiss. UdSSR] **66.** [1949.] 437 geäußerten Ansicht die nebenst. Formel zuzuschreiben. (Журнал Общей Химии [J. allg. Chem.] **26** (**88**). 936. März 1956. Moskau, Chem.-Pharm. Ordshonikidse-Forschungsinst.) A. NOWAK. 3500

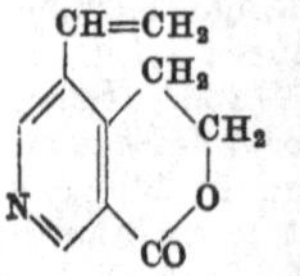

P. Malatesta, *Über N-dichloracetylierte Derivate von Ephedrin und Pseudoephedrin.* Zwecks Prüfung auf eine gegebenenfalls antibakterielle Wirksamkeit werden *N-dichloracetylierte Derivv.* von *l-* u. *dl-Ephedrin* u. von *d-* u. *dl-Pseudoephedrin* dargestellt.

Versuche: *N-Dichloracetyl-l-ephedrin* [*N-Dichloracetyl-l-erythro-1-phenyl-2-methylaminopropanol-(1)*], $C_{12}H_{15}NO_2Cl_2$, F. 121° (Bzl.–PAe.), durch 12std. Behandeln von *l*-Ephedrin (F. 117°) mit Äthyldichloracetat bei Raumtemp.; $[\alpha]_D^{20}$ −10,5° (c = 2; 50%ig. A.). *Hydrochlorid,* $C_{12}H_{15}NO_2Cl_2 \cdot HCl$, F. 210−211°; $[\alpha]_D^{20}$ −19,2° (c = 2; 50%ig. A.)]. *rac.-Verb.*, $C_{12}H_{15}NO_2Cl_2$, F. 90−95°, analog aus 5 g dl-Ephedrin (4 Std. bei 60°); 3,5 g (Ausbeute). [*Hydrochlorid,* $C_{12}H_{15}NO_2Cl_2 \cdot HCl$, F. 190−192°]. — *N-Dichloracetyl-d-pseudoephedrin*[*N-Dichloracetyl-d-threo-1-phenyl-2-methylaminopropanol-(1)*], amorph, aus d-Pseudoephedrin (2 Std. bei 70°) [*Hydrochlorid,* $C_{12}H_{15}NO_2Cl_2 \cdot HCl$, F. 169 bis 170°; $[\alpha]_D^{20}$ +60,8° (c = 1; W.)]. *rac.-Verb.*, $C_{12}H_{15}NO_2Cl_2$, F. 121°, aus rac.-Pseudoephedrin bei 70° (3 Std.) [*Hydrochlorid,* $C_{12}H_{15}NO_2Cl_2 \cdot HCl$, F. 190−192°]. (Farmaco [Pavia] **6.** 142−44. März/April 1951. Roma, Univ., Ist. di Chim. Pharm. e Toss.) G. PLATZER. 3500

Walter A. Jacobs und **S. W. Pelletier,** *Die Veratrinalkaloide.* 36. Mitt. *Eine mögliche Gerüststruktur für Veracevin, Cevin, Germin und Protoverin.* (35. vgl. PELLETIER u. JACOBS, C. **1956.** 5014.) Die früheren experimentellen Ergebnisse über die tert. Polyoxyveratrinbasen *Veracevin* (Vorstufe von *Cevin*), *Germin* u. *Protoverin* wurden noch einmal überprüft, mit neu festgestellten Daten verglichen, u. daraus wurde eine modifizierte Steroidstruktur **I** eines *Perhydrobenzofluorens* abgeleitet. Sie ähnelt den neuerdings für *Jervin* u. *Veratramin* aufgestellten Formeln, die ebenfalls einen 5-gliedrigen Ring C besitzen u. in denen die Ringe A, B u. D 6-gliedrig sind. In **I** werden die Ringe E u. F durch Vereinigung der steroidalen Isooctylseitenkette mit dem N-Atom gebildet u. ergeben einen am Ring D anellierten Oktahydropicolinteil, der aber nicht mit der Oktahydropicolinstruktur der steroiden tert. Basen *Solanidin, Rubijervin* u. *Isorubijervin* ident. ist. Die UV-Absorptionsspektren der unten beschriebenen Hydrierungsprodd. werden mit denen der übrigen Verbb. verglichen u. bestätigen die von Vff. angenommene Struktur.

I

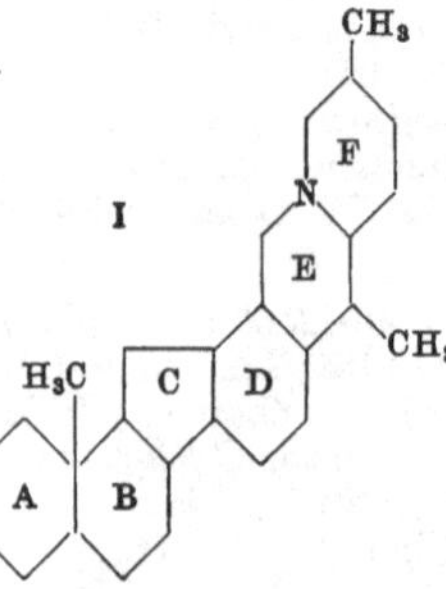

Versuche (FF. korr.): *Oktahydroderiv. der* $C_{26}H_{25}N$*-Base*, $C_{26}H_{33}N$, F. 145−146° (Sintern bei 139°), durch Hydrierung von 40 mg der durch Dehydrierung des Cevins mit Se erhaltenen Base $C_{26}H_{25}N$ (vgl. CRAIG u. JACOBS, C. **1942.** I. 50. 51) mit PtO_2 in Essigsäure, Eindampfen der filtrierten Lsg. im Vakuum, Lösen in Bzl., Klären mit Norit u. nochmaliges Verdampfen; aus A. u. Ae./A. hexagonale Blättchen; 21 mg (Ausbeute). — *Tetrahydroderiv. des* $C_{22}H_{20}$*-KW-stoffes*, $C_{22}H_{24}$, F. 156,8−160,5°, durch 25std. Hydrierung von 35 mg durch Dehydrierung des Jervins erhaltenen Cyclopentenobenzofluorens mit PtO_2; H_2-Aufnahme nach 25 Std. ca. 2 Mol; nach einer weiteren Nacht; nach dem Erwärmen mit Hilfe von Bzl. filtrieren; aus A. glänzende Mikroblättchen; 25 mg. (J. org. Chemistry **18.** 765−73. Juni 1953. New York, N. Y., Rockefeller Inst. for Med. Res., Labors.) E. FRANCK. 3500

E. Schlittler, C. A. Burckhardt und **E. Gellért,** *Die Kalischmelze des Alkaloids Ibogain.* Vom *Ibogain* (**I**), einem der 3 Hauptalkaloide aus *Tabernanthe Iboga,* sind bekannt: Zus. $C_{20}H_{26}ON_2$, eine $-OCH_3$-, eine $C-CH_3$-Gruppe, ein akt. H-Atom. Zinkstaubdest. u. Selendehydrierung waren erfolglos. Die Kalischmelze lieferte je eine saure, bas. u. neutrale Fraktion. Die Säurefraktion enthielt 2 nicht näher untersuchte, sehr labile *Indolderivv.* in geringer Menge. Der größere bas. Anteil ließ sich über die Oxalate in 2 Fraktionen **B** u. **C** zerlegen. Beide haben die unveränderte Zus. $C_{20}H_{26}ON_2$, aber an Stelle der $-OCH_3$- eine $-NCH_3$-Gruppe. **B** u. **C** waren nicht kristallin erhältlich, von **B** sind krist. bekannt: *Oxalat, Hydrochlorid, Jodmethylat* u. *3.5-Dinitrobenzoat;* von **C** nur das *Hydrochlorid.* Die Neutralfraktion der Kalischmelze lieferte eine Substanz

$C_{12}H_{15}ON$, die ebenfalls keine $-OCH_3$-, dafür eine $-NCH_3$-Gruppe enthielt u. zusätzlich 2 $C-CH_3$-Gruppen u. eine positive (nicht typ.) $FeCl_3$-Rk. gab. Es handelt sich dabei wahrscheinlich um *1.2-Dimethyl-3-äthyl-5-oxyindol* (**II**), das auch durch erneute Kalischmelze der Base **B** erhalten wurde; **B** ist also offenbar Zwischenstufe des Abbaus. Synthet. **II** war mit der isolierten Verb. identisch. **I** ist also ein Indolalkaloid u. wahrscheinlich ein *Tetrahydro-β-carbolinderivat.* Mit Pt fand in Eisessig bei Raumtemp. keine H_2-Aufnahme durch **I** statt, der Rest $C_{11}H_{19}N$ weist also keine Doppelbindungen auf. **I** dürfte die nebenst. Partialformel zukommen. — Vgl. der UV-Spektren von Carbazolen, Indolen u. einigen Alkaloiden.

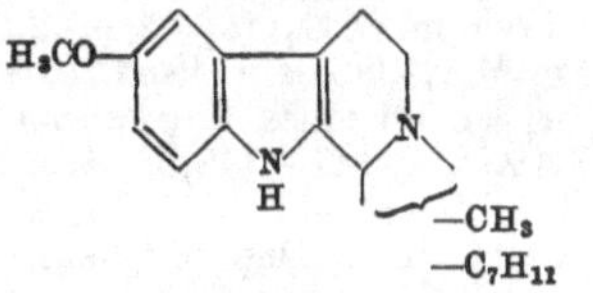

Versuche: *Ibogain* (**I**), $C_{20}H_{26}ON_2$, F. 150—152°, prismat. Nadeln aus A.; Reinigung: Kochen der wss.-essigsauren Lsg. mit Tierkohle, filtrieren, alkalisieren, erschöpfend ausäthern. — Kalischmelze: 10 g **I** bei 260° in KOH/NaOH-Schmelze einrühren, Temp. langsam auf 360° erhöhen; Schmelze wird in W. gelöst, NH_4Cl zugegeben u. alkal. Lsg. mehrmals ausgeäthert: a) *Saure Bestandteile*: Die wss. Lsg. wird kongosauer gemacht (HCl) u. ausgeäthert; Extrakt wird mit verd. Sodalsg. u. mit verd. NaOH ausgeschüttelt; keine starken Säuren faßbar; Fraktion der schwachen Säuren ergab ein *gelbes Öl*, $Kp._{0,035}$ ca. 130°, bei Erkalten krist., Buttersäuregeruch, unrein, gibt sehr intensive purpurweinrote EHRLICH-Rk. (Zusatz von Nitrit bewirkt Violettfärbung); b) *Bas. Bestandteile*: Aus Ätherextrakt mit 2%ig. Essigsäure die starken u. mit 2n HCl die schwachen Basen ausgeschüttelt; die essigsaure Lsg. wird mit K_2CO_3 alkalisiert u. ausgeäthert; der getrocknete Extrakt hinterließ grauroten, schaumigen Rückstand, Dest. bei 180—200°/0,04 Torr ergab 1,9 g bas. Öl; dieses wurde in Ae. gelöst u. mit äther. Oxalsäure gefällt; der amorphe Nd. wurde aus W. umkrist., ergibt Oxalate der Basen **B** (1,1 g) u. **C** (Oxalat leicht wasserlösl.). **B**-*Oxalat*, $C_{20}H_{26}ON_2 \cdot C_2H_2O_4 \cdot H_2O$, durch mehrfaches Umkristallisieren aus W. u. Trocknen; daraus durch scharfes Trocknen $C_{20}H_{26}ON_2 \cdot C_2H_2O_4$. **B**-*Hydrochlorid*, $C_{20}H_{26}ON_2 \cdot HCl$, Zersetzungspunkt ca. 200°, feine Nadeln aus W., aus freier Base **B** in Methanol mit konz. HCl. **B**-*3.5-Dinitrobenzoat*, $C_{20}H_{26}ON_2$, $C_7H_4O_6N_2 \cdot H_2O$, F. 115—118°, tiefrote Nadeln aus Methanol, aus Base **B** mit methanol. Lsg. der Säure gefällt. **B**-*Jodmethylat*, $C_{20}H_{26}ON_2 \cdot CH_3J$; Zersetzungspunkt 251° (Methanol), durch 2std. Kochen von **B** mit überschüssigem CH_3J in Methanol. — Base **C**, *Hydrochlorid*, $C_{20}H_{26}ON_2 \cdot HCl \cdot {}^1/_2\, H_2O$, Zersetzungspunkt 240° (Methanol), Blättchen aus HCl, aus der wss. Mutterlauge der **B**-Oxalatkristalle durch Alkalisieren u. Ausäthern; Extrakt hinterläßt gelbliches Öl, Dest. bei 180 bis 190°/0,03 Torr u. Lösen in heißer 2n HCl; c) *Neutrale Bestandteile*, $C_{12}H_{15}ON$, F. 149 bis 150° (Ae.–PAe.); die gereinigte Ätherlsg. von b) hinterläßt 450 mg Rückstand, Dest. bei 120—130°/0,03 Torr ergibt rötliches Öl, z. T. kristallin erstarrend, nach 2. Dest. u. Umkristallisation aus Ae.–PAe. farblose Nadeln mit positiver EHRLICH- u. Fichtenspan-Rk., die nach 5maliger Umkristallisation verschwinden. *Pikrat*, $C_{12}H_{15}ON \cdot C_6H_3O_7N_3$, Zersetzungspunkt 115—118°, rote Nadeln aus Ligroin, aus benzol. Lsg. mit Lsg. der Säure in Bzl. gefällt. — *1.2-Dimethyl-3-äthyl-5-methoxyindol*, $C_{13}H_{17}ON$, F. 62—64°, Blättchen aus Ae.–PAe., aus 40 g p-Methoxy-N-methylphenylhydrazin u. 30 g Methyl-n-propylketon, 16 Std. bei 100°, Entfernung des W. bei 50°/13 Torr, Zusatz von 20 g $ZnCl_2$, Erhitzen auf 130°/13 Torr (45 Min.) u. Erhöhung der Temp. bis 230°; Hauptfraktion (18 g) $Kp._{13}$ 170—175°, gelbliches Öl, erstarrend. — *1.2-Dimethyl-3-äthyl-5-oxyindol* (**II**), $C_{12}H_{15}ON$, F. 150—152°, Nadeln aus Ae.–PAe., aus 1,2 g vorst. Verb. durch Spaltung mit 50%ig. HBr in sd. Eisessig (2 Std. Rückfluß unter N_2), alkalisieren u. erschöpfend ausäthern; der gereinigte u. getrocknete Ae.-Extrakt wurde im Vakuum vom Ae. befreit; 1,45 g dunkelrotes Öl; Dest. bei 0,04—0,03 Torr: 80—105°, farbloser, öliger Vorlauf; 2 Fraktionen 105—120° (0,34 g), 120—160° (0,45 g), kristallisieren in der Kälte. Nach Umkristallisation aus Ae.–PAe. zusammen 150 mg. Ätherspaltung vorst. Verb. mit $AlCl_3$ u. mit Pyridinhydrochlorid ohne Erfolg. **II** u. Neutralprod. aus Kalischmelze des **I** sind nach UV-Spektr. u. Misch-F. identisch. (Helv. chim. Acta **36**. 1337—44. 15/10. 1953. Basel, Univ., Organ.-chem. Anstalt, u. CIBA-AG., Pharm. Abt.)
G. SEELIGER. 3500

J. G. Smith und **George F. Wright**, *Die aus (—)-Menthol erhaltenen diastereomeren Menthylchloride.* Aus (—)-Menthol (**I**) erhielten Vff. durch Einw. von $ZnCl_2$ in 37%ig. HCl (LUCAS-Reagens) bei 35° (—)-*Menthylchlorid* (**II**) in hoher Ausbeute u. opt. Reinheit. Erhöhung der Temp., der $ZnCl_2$- oder der HCl-Konz., Ersatz von $ZnCl_2$ durch $CdCl_2$ oder $FeCl_3$, sowie von HCl durch PCl_3 verringerten die opt. Reinheit u. die Ausbeute. Ersatz des W. in der LUCAS-Lsg. durch Ae. setzte nur die Ausbeute herab (auf $^1/_{10}$). Vff. nahmen für die Rk. die intermediäre Bldg. eines Menthoxytrichlorozinkations an, das nach intraion. Platzwechsel O/Cl in **II** u. $ZnCl_2$ + H_2O zerfällt, u. diskutieren auf dieser Basis die Rk. von **I** mit PCl_5, $AlCl_3$ bzw. $FeCl_3$ (vgl. HÜCKEL u. Mitarbeiter, Liebigs Ann. Chem. **543.** [1940.] 191 u. früher). Die Struktur von **II** wurde durch Überführung in *p-Menthancarbonsäure-(3)* bewiesen.

Versuche (FF. korr.): *(—)-Menthylchlorid* (**II**), $Kp._{21}$ 101—101,5°, F. —20,1 bis —16,5°, aus **I** mit 3 mol. Überschuß von $ZnCl_2$ in 37%ig. HCl bei 35° (5 Std.); $D.^{20}_{4}$ 0,936; n_D^{20} 1,4637; $[\alpha]_D^{20}$ —45,0°; 93,6% (Ausbeute). — *p-Menthancarbonsäure-(3)*, F. 62,0—64,0° (nach Sublimation bei 60°/10 mm), aus der aus **II** erhaltenen GRIGNARD-*Verb.* mit CO_2; $[\alpha]_D^{20}$ —42,6° (c = 8,16; A.); 29%, daneben *Menthen*, $Kp._{141}$ 106—112°; n_D^{20} 1,4395, ein *Prod. vom* $Kp._{15}$ *170—180°*; n_D^{20} 1,4822 (wahrscheinlich *Bimenthyl*), u. ein unreines *Diastereomeres*, $Kp._{0,2}$ 125—130°; n_D^{20} 1,4653; $[\alpha]_D^{20}$ —18,2°; 31,7%. *Amid*, F. 147—148,5° (wss. A.), mit $SOCl_2$ (2 Std.) über das *Chlorid*, dann mit wss. NH_3; $[\alpha]_D^{20}$ —50,4° (c = 6,73; A.); 89%. (J. org. Chemistry **17.** 1116—21. Aug. 1952. Toronto, Can., Univ., Dep. of Chem.) W. LINDENBERG. 3600

Giovanna Minardi, *Über das α-Brompernitrosoketocineol.* Beim Umsatz von opt.-inakt. α-Bromketocineoloxim (**I**) mit HNO_2 in äquimol. Verhältnis wurden in annähernd gleicher Menge *α-Brompernitrosoketocineol* (**II**) u. *α-Bromketocineolnitrimin* (**III**) erhalten. Bei HNO_2-Überschuß bildete sich **III** in größerer Menge. **II** ließ sich durch direkte Bromierung von Pernitrosoketocineol nicht darstellen, da dieses im Gegensatz zur entsprechenden Verb. des Camphers mit HBr in *N_2O* u. *Cineol* zerfällt. Dagegen reagiert α-Bromketocineol (**IV**) mit Hydroxylamin zu **I. II** gibt keine Färbung mit Diphenylamin + H_2SO_4 u. reagiert mit Hydroxylamin zu **I. III** geht beim Kochen mit W. über das *Ketimin* in **IV** über. Bei wiederholtem Umkristallisieren wandelt sich **II** teilweise in **III** um.

Versuche: *α-Bromketocineolnitrimin* (**III**), $C_{10}H_{15}O_3N_2Br$, F. 95°, aus **I** in Ae. mit wss. $NaNO_2$ u. n-H_2SO_4; aus PAe. hexagonale Plättchen. Gibt mit sd. W. **IV**, F. 90°. — *α-Brompernitrosoketocineol* (**II**), $C_{10}H_{15}O_3N_2Br$, F. 75°, aus der Mutterlauge von **III**; aus PAe. Nadeln. (Gazz. chim. ital. **85.** 646—50. Mai/Juni 1955. Genova, Univ., Ist. di Chim. farmac. e tossicol.) H.-E. TOUSSAINT. 3600

A. Bailey, *Chromatographisches Verhalten von Ligninen.* Das chromatograph. Verh. von Ligninen, welche aus verschied. Laub- u. Nadelhölzern gewonnen wurden, wurde mit Hilfe von Ringchromatogrammen untersucht (Lösungsm. 1.4-Dioxan; Entwickler Butylacetat). Ringförmige Adsorptionszonen waren sowohl im gewöhnlichen als auch im UV-Licht zu erkennen. Aus den Chromatogrammen ist zu entnehmen, daß Lignin aus mehreren, chromatograph. heterogenen Bestandteilen besteht, die sich sowohl durch ihre Fluorescenz als auch durch ihre Mengenverhältnisse unterscheiden. Die chem. Eigg. des Lignins sind von seinem botan. Ursprung abhängig u. werden zusätzlich von den Herstellungsverff. beeinflußt. Ferner ist anzunehmen, daß seine Eigg. im einzelnen noch davon abhängig sind, ob es aus Früh-, Spät-, Kern- oder Splintholz usw. stammt. (Paper Ind. **32.** 395—98. Juli 1950. Washington, D. C., Univ.) S. HÜTTIG. 3950

Otto Goldschmid, *Wässerige Hydrolyse von Lignin.* 1. Mitt. *Papierchromatographische Trennung der monomeren Ligninabbauprodukte.* Zur Unters. gelangten Holzmehl von *Tsuga heterophylla* sowie BRAUNsches Lignin der gleichen Holzart. Die Hydrolyse mit W. (1:10) wird 45 Min. bei 175° durchgeführt. Nach erschöpfender Extraktion mit Ae. wird der Ae.-Extrakt zur Trockne eingeengt u. durch Behandeln mit 16%ig. Na-Bisulfitlsg. in einen lösl. u. einen unlösl. Anteil getrennt. Ersterer wird papierchromatograph. zerlegt. Als Fließmittel dienen sowohl die organ. als auch die wss. Phase eines Gemisches von Bzl.–Ligroin–Methanol–W. (50:50:1:50). Besprüht wird mit Phloroglucin-HCl oder Benzidin–Essigsäure oder diazotierter Sulfanilsäure. Die R_F-Werte u. Farb-Rkk. von *5-Oxymethylfurfurol* (**I**), *p-Cumaraldehyd* (**II**), *Coniferylaldehyd* (**III**), *Vanillin* (**IV**) u. *Vanilloylmethylketon* (**V**) werden mitgeteilt. Gefunden werden in den Hydrolysaten beider Untersuchungsobjekte **III, II, IV, V,** *Guajacylaceton,* verschied. *Zucker, Furfurol* u. **I,** außerdem noch verschied. andere, nichtidentifizierte Substanzen u. wahrscheinlich *1-Oxy-1-[3-methoxy-4-oxyphenyl]-propanon-(2).* **III** wurde in wesentlich höherer Ausbeute als die anderen Abbauprodd. erhalten. Das nach der Hydrolyse verbliebene Lignin gibt die gleiche starke Färbung mit Phloroglucin–HCl wie das ursprüngliche Holz. Das UV-Spektr. der neben den Abbauprodd. erhaltenen alkoh. lösl. Ligninfraktion spricht für das Vorliegen erheblicher Konjugation in den Seitenketten. (Tappi **38.** 728—32. Dez. 1955. Shelton, Wash., Rayonier Inc., Res. Div.) V. JACOPIAN. 3950

Karl Kratzl und **Werner Schweers,** *Über die papierchromatographische Trennung der monomeren Äthanolyseprodukte des Lignins.* 3. Mitt. (2. vgl. C. **1955.** 10526.) Im Anschluß an die Unters. von Phenylpropanderivv. mit Guajacylgruppierung wird auch das papierchromatograph. Verh. von *1-Äthoxy-1-[4-oxy-3-methoxyphenyl]-propanon-(2)* (**I**; R_f-Wert mit dem l. c. benutzten Lösungsm. 0,68) sowie von analogen Verbb. mit Syringagruppierung, nämlich *α-Äthoxypropiosyringon* (**II**; 0,63), *Syringoylacetyl* (**III**; 0,44), *Syringylaceton* (0,33), *Syringaaldehyd* (**IV**, 0,22), *α-Oxypropiosyringon* (0,06) u. *1-Äthoxy-1-[4-oxy-3.5-dimethoxyphenyl]-propanon-(2)* (**V**; 0,61), u. von Verbb. mit p-Oxyphenylgruppierung [R_f-Werte mit Bzn. [Kp. 100—110°)/Di-n-butyläther/W. 6:1:1 u. Anfärbung mit diazotierter Sulfanilsäure), nämlich *4-Oxy-α-äthoxypropiophenon* (**VI**; 0,45), *4-Oxybenzoylacetyl* (**VII**; 0,38), *4-Oxyphenylaceton* (**VIII**; 0,20), *4-Oxybenzaldehyd* (0,19), *4-α-Dioxypropiophenon* (0,05) u. *1-Äthoxy-1-[4-oxyphenyl]-propanon-(2)* (**IX**; 0,42), untersucht. In Fichtenholzäthanolysat konnten Vff. **I** nicht nachweisen. In Äthanolysaten von Buchenholz, Buchenholz-Salzsäurelignin, -Cuproxamlignin u. techn. -Sulfitablauge (chinolingefällt u. dialysiert) konnten neben *α-Äthoxypropiovanillon* u. *Vanilloylacetyl*, **II**, **III** u. **IV** papierchromatograph. sicher nachgewiesen werden. Für die weiteren Bausteine war die Auftrennung zur sicheren Identifizierung nicht ausreichend. Im Äthanolyseöl eines nach FREUDENBERG u. GEHRKE (C. **1952.** 204) dargestellten Dehydrierungspolymerisats aus 4-Oxyzimtalkohol konnten **VI** u. **VIII** nachgewiesen werden, während der Nachw. der übrigen 4-Oxyphenylpropanderivv. unsicher ist. Weitere, noch nicht identifizierte Prodd. wurden bei R_f 0,68, 0,63, 0,35 u. 0,04 erhalten. — Für **V**, **VI** u. **IX** werden die Synthesen beschrieben u. für **VII** u. **VIII** einfachere Synthesen ausgearbeitet.

V e r s u c h e (Kpp. als Badtempp. angegeben): *1-[4-Acetoxy-3.5-dimethoxyphenyl]-propanon-(2)*, $C_{13}H_{16}O_5$, F. 89,5—90° (Nadeln aus Ae./PAe.), aus Syringylaceton in 10%ig. NaOH mit Acetanhydrid bei —5°; 79% (Ausbeute). — *1-Brom-1-[4-acetoxy-3.5-dimethoxyphenyl]-propanon-(2)*, aus 1,3 g vorst. Verb. in absol. Ae. mit Br_2; unbeständiges gelbes Öl; 1,7 g. — *1-Äthoxy-1-[4-acetoxy-3.5-dimethoxyphenyl]-propanon-(2)*, $C_{15}H_{20}O_6$, $Kp._{0,01}$ 130—150°, durch 9std. Kochen von 1,7 g vorst. Öls in absol. A. mit Ag-Acetat u. Einengen im Vakuum unter CO_2; hellgelbes Öl; 0,75 g. — *1-Äthoxy-1-[4-oxy-3.5-dimethoxyphenyl]-propanon-(2)* (**V**), $C_{13}H_{18}O_5$, $Kp._{0,1}$ 150—170°, durch 3std. Stehen vorst. Verb. in absol. A. mit Na bei Zimmertemp.; gelbes Öl; 45%. — *4-Oxy-α-acetoxypropiophenon*, $Kp._{0,001}$ 130—150°, durch 12std. Erhitzen von α-Brom-4-oxypropiophenon mit Na-Acetat u. Eisessig auf dem sd. Wasserbad; 79%. — *4-Oxy-α-äthoxypropiophenon* (**VI**), $C_{11}H_{14}O_3$, $Kp._{0,001}$ 120—130°, durch 10std. Kochen von 2 g vorst. Verb. in 3%ig. absol. alkoh. HCl, Einengen im Vakuum unter CO_2 u. nach Dest. Reinigung durch Schütteln der Lsg. in Ae. mit $NaHSO_3$-Lsg.; 0,6 g. — *4-Oxybenzoylacetyl* (**VII**), F. 92—93,5° (Bzn./Bzl.), $Kp._{0,001}$ 120—130°, durch 2std. Erhitzen von 4-α-Dioxypropiophenon mit $CuSO_4$, Pyridin u. W. auf dem sd. Wasserbad; 39,4%. — *4-Methoxyphenylaceton*, $Kp._{10}$ 134—136° (Dampftemp.), durch $Pb(CH_3COO)_4$-Oxydation von Anethol in Eisessig bei 35°, Eingießen in Ae., 2std. Kochen unter schnellem Rühren des nach Filtrieren u. Einengen verbliebenen öligen Rückstandes mit 20%ig. H_2SO_4 u. Reinigung über die Bisulfitverb.; gelbes Öl; 42,5%. — *4-Oxyphenylaceton* (**VIII**), $Kp._{0,5}$ 130—150°, durch Spaltung vorst. Verb. nach LE BRACIDEC [1922]; gelbes, rasch erstarrendes Öl; 27,7%. *Semicarbazon*, F. 213°. — *1-Äthoxy-1-[4-oxyphenyl]-propanon-(2)* (**IX**), $C_{11}H_{14}O_3$, F. 82—84° (Ae./PAe.), $Kp._{0,001}$ 130—150°, analog **V** aus **VIII** über *4-Acetoxyphenylaceton* (F. 42—43°; 69%), *1-Brom-1-[4-acetoxyphenyl]-propanon-(2)* (gelbes unbeständiges Öl) u. *1-Äthoxy-1-[4-acetoxyphenyl]-propanon-(2)* ($C_{13}H_{16}O_4$, $Kp._{0,001}$ 130—135°; 2,5 g Ausbeute aus 4,0 g Acetat); 42%. (Chem. Ber. **89.** 186—92. 1956. Wien, Univ., I. Chem. Labor.) K. PRCHAL. 3950

Walter J. Gensler und Shih Yi Wang, *Podophyllinsäure-„Trihydrat“*. Die bei der Hydrolyse von Pikropodophyllin (**II**) entstandene *Podophyllinsäure* (**I**) krist. aus einem 2-Phasengemisch von Chlf. u. W., das Prod. wurde bislang als *„Trihydrat“* (**Ia**) angesehen (vgl. BORSCHE u. NIEMANN, Liebigs Ann. Chem. **494.** [1932.] 126). Vff. stellten fest, daß **I** nicht als Hydrat krist., sondern in einer nichtstöchiometr. Kombination mit Chlf., die beim Trocknen bei 110° das Chlf. verliert.

V e r s u c h e: *Podophyllinsäure* (**I**), $C_{22}H_{24}O_9$, F. 203—208° (Zers.), aus **Ia** bei 110° $[\alpha]_D^{25}$ —96° (c = 0,864 in A.); wird durch wss. $NaHCO_3$ nicht lactonisiert, mit sd. wss. Nd. von **II** [?; F. 212—214° (Zers.); aus dem wss. Filtrat mit Chlf. **Ia**]. *„Trihydrat“* (**Ia**), $C_{22}H_{24}O_9 \cdot 0{,}329\ CHCl_3$, FF. je nach Erhitzungsgeschwindigkeit 153,5—154,5° (Zers.; ca. 5°/Min.), 190—196° (Zers.; Schrumpfung bei 150°; ca. 1°/Min.) 203° (bei noch langsameren Erhitzen), nach BORSCHE u. NIEMANN (l. c.); 3mal aus W. u. Chlf. umkrist.; in anderen Verss. mit 0,11 bzw. 0,176 $CHCl_3$. (J. org. Chemistry **21.** 261. 17/2. 1956. Boston, Mass., Univ., Chem. Dep.) E. FRANCK. 3950

Wilhelm Theilheimer, Synthetische Methoden der organischen Chemie. Jahrbuch. Mit Titeln u. Generalregister der Bde. 6—10. Mit deutschem Registerschlüssel. Basel, New York: Karger. 1956. (XVI + 746 S.) 8°. Fr. 107,—.

Raymond Quelet, Précis de chimie. Tome 3. Chimie organique. 2e édition. Paris: Presses universitaires de France. 1956. (495—778 S. m. Abb.) 16°. fr. 1344,—.

Hans Beyer, *Lehrbuch der organischen Chemie*. 3. u. 4. Aufl. Leipzig: S. Hirzel Verlag. 1955. (XVII + 690 S m. 34 Abb.) DM 22,50. — (1. Aufl. 1953; vgl. C. **1954**. 3716.)

Die 3. u. 4. Auflage ist vollständig neu bearbeitet worden, verschied. theoret. Kapitel sind neu hinzugekommen. Auch auf dem Gebiet der präparativen Chemie hat eine erhebliche Erweiterung auf aktuelle Gebiete stattgefunden, so daß das Lehrbuch dem heutigen Stand des Wissens angepaßt ist. Es hat in der Fachwelt gute Resonanz gefunden (vgl. MICHEEL, Angew. Chemie **67**. [1955], 634). M. PFLÜCKE. 450

Lettré-Inhoffen-Tschesche, *Über Sterine, Gallensäuren und verwandte Naturstoffe*. 2. Auflage, Erster Band: Bearb. von HANS LETTRÉ u. RUDOLF TSCHESCHE, unter Mitarbeit von HANS FERNHOLZ. (Sammlung chemischer u. chemisch-technischer Beiträge, herausgegeben von R. Pummerer, Neue Folge Nr. 29a.) Stuttgart: Ferdinand Enke Verlag. 1954. (VIII + 445 S. m. 4 Abb. u. 85 Tab.) DM 85,—.

Dieses von ersten Fachleuten geschriebene Standardwerk ist in der gesamten Fachwelt sehr begrüßt worden (vgl. JUCKER, Angew. Chemie **68**. [1956.] 227). Das Werk ist wie folgt eingeteilt: *Sterine u. Gallensäuren*: Konstitutionsaufklärung des Cholesterins u. der Gallensäuren; Stereochemie der Sterine u. Gallensäuren; Totalsynth. des Cholesterins; Sterine; Gallensäuren; Substanzen, die nach ihrer Konst. zwischen Sterine u. Gallensäuren einzureihen sind. *VitaminD u. Bestrahlungsprodd. antirachit. Provitamine*: Das natürliche Vitamin D; Rachitis u. Licht, Vorstufen antirachit. Vitamine; Vorgänge bei der photochem. Umwandlung der Provitamine; Beziehungen zwischen Konst. u. physiol. Wirksamkeit der Bestrahlungsprodd.; Darst. u. Eigg. der Bestrahlungsprodukte; *Die neutralen Saponine (Spirostanol-Glykoside)*: Glykoside; Aglykone der neutralen Saponine (Spirostanole); Ermittlung des Ringsyst. u. die Stellung der Hydroxylgruppe an C_3; Aufbau der Seitenkette; Konstitutionsermittlung der Aglykone; Beziehungen zwischen Saponinbldg., Vegetationsperiode u. Alter der Pflanzen; Überführung von Sapogeninen in Hormone der Steroidreihe. *Sterinalkaloide*: Solanum- u. Veratrumalkaloide; Holarrhenaalkaloide. *Herzgifte*: Herzgiftglykoside u. Ester mit Suberylarginin; Konstitutionsermittlung der Aglykone des Cardenolidtyps; Konstitutionsermittlung der Aglykone des Bufadienolidtyps; Diginin; synthet. Verss. auf dem Gebiet der Herzgifte; Physiologie u. Pharmakologie der tier. u. pflanzlichen Herzgifte; biol. u. chem. Wertbestimmung. M. PFLÜCKE. 3700

D. Makromolekulare Chemie.

Masao Nakamura und **Selby M. Skinner**, *Temperatureffekt beim Dehnungsverhalten von Polyäthylen.* Durch Einklemmen eines Thermoelementes zwischen 2 geschmolzene Filme aus *Polyäthylen* (**I**, Verwendung von Alathon) konnten die beim Dehnen von **I** auftretenden Temperaturänderungen gemessen werden. Bei einer Dehnung von 50—150% fällt t zunächst um ca. 0,1° ab, anschließend steigt t etwas an. Der Temperaturanstieg hängt von der Dehnungsgeschwindigkeit ab u. beträgt z. B. im Mittel 11,0° (maximal 12,5°) für 2 in./Min. bzw. 18,2° (maximal 23,0°) für 10 in./Minute. (J. Polymer Sci. **18**. 423—24. Nov. 1955. Cleveland, O., Case Inst. of Technol., Dep. of Chem. and Chem. Engng.) O. FUCHS. 4010

K. Theile und **P. Colomb**, *Die chemischen und physikalischen Eigenschaften von Äthoxyharzen in Abhängigkeit von ihren Kombinationspartnern.* Überblick über eine Reihe von Kombinationen mit *Äthoxyharzen* (I) u. über die Abhängigkeit ihrer Eigg. vom Chemismus. Kombinationspartner sind Fettsäuren, Phenolharze, Aminoplaste, Amine, Polyamide u. Isocyanate, die durch Rk. mit den Äthoxy- u. Hydroxylgruppen oder beiden Gruppen Vernetzungen bewirken. I mit Phenolharzen in Einbrennlacken zeigen die besten Beständigkeiten. Die Laugenbeständigkeit u. die Wasser- u. Säureempfindlichkeit der mit Aminen gehärteten Lacke werden erklärt. (Chimia [Zürich] **9**. 104—10. 16/5. 1955. Wallisellen-Zürich, Siegfried Keller u. Co.) H. KORBANKA. 4010

W. Kern, W. Herold und **B. Scherhag**, *Polyvinylsulfonsäure als Katalysator hydrolytischer Reaktionen.* Die *Polyvinylsulfonsäure* (I), $-CH_2-CH(SO_3H)-CH_2-CH\cdot(SO_3H)-$, ist eine starke polyvalente Säure, die einerseits als Modellsubstanz für makromol. Schwefelsäureester von Polysacchariden u. als lösl. Modell für Ionenaustauscher dienen kann. I läßt sich am besten durch Polymerisation des Na-Salzes der Vinylsulfonsäure erhalten (Initiierung durch Peroxyde, UV- oder γ-Strahlen). Die Überführung des Natriumsalzes von I in die freie Säure läßt sich durch einen Ionenaustauscher erreichen. Die katalyt. Wrkg. von I bei der Rohrzuckerinversion ist ebenso stark wie die einer äquivalentkonz. Schwefelsäure, bei der Hydrolyse von Peptiden u. Proteinen dagegen 3—5mal so hoch. (Makromolekulare Chem. **17**. 231—40. März 1956. Mainz, Univ., Organ.-chem. Inst.) S. NEUE. 4010

Rolf C. Schulz, *Polymere Acroleine.* 1. Mitt. *Untersuchungen über die Polymerisation des Acroleins.* Vf. bespricht einleitend die in der Literatur beschriebenen Strukturannahmen für polymeres *Acrolein* (I). Mit Sicherheit ist danach nicht festzustellen, ob es sich bei diesen Prodd. tatsächlich um makromol. Stoffe handelt, da ihre Unlöslichkeit keinen Beweis für ein hohes Mol.-Gew. darstellt. Handelt es sich jedoch um makromol. Stoffe, dürfte ihre Unlöslichkeit auf einer räumlichen Vernetzung oder — ähnlich dem Polyacrylonitril — einer starken Polarität der Seitengruppen beruhen. Vf. findet, daß sich I sowohl mit radikal. Initiatoren wie Azo-bis-isobutyronitril (24 Std. bei 50° u. 50%ig. Umsatz), Benzoylperoxyd (5 Std. bei 60° u. 30%ig. Umsatz, bei 100° explosionsartiger Verlauf, 35 Tage bei 0° u. 4%ig. Umsatz), tert.-Butylhydroperoxyd, jedoch nicht Bis-[tert.-butyl]-peroxyd, oder $^1/_{10}$mol. H_2O_2 bzw. $K_2S_2O_8$ mit $^1/_{10}$mol. $(NH_4)_2Fe(SO_4)_2$-Lsg. (Zimmertemp., sofort bei 15—50%ig. Umsatz), mit anion. Initiatoren wie 0,1%ig. methanol. K_2CO_3-Lsg. (5—20 Min. bei 30—40°) oder 1%ig. äther. Trityl-Na-Lsg. (auch bei 0° explosionsartiger Verlauf, der jedoch durch Verdünnung mit Ae. zu mäßigen ist u. je nach Konz. zu 20—50%ig. Umsatz führt) bzw. mit kation. Initiatoren wie 5%ig. BF_3-Ätherat (2 Std. bei 20° bzw. 10 Std. bei 0° u. Fällen mit Ae.) oder H_2SO_4-Ätherat (ähnlich dem BF_3-Ätherat) polymerisieren läßt. $AlBr_3$ beiwirkt keine Polymerisation. Die so erhaltenen Polymerisate unterscheiden sich hinsichtlich ihres Aussehens, ihrer Löslichkeiten sowie ihrer therm. Beständigkeit, was auf strukturelle Unterschiede zurückzuführen sein dürfte. Ultrarotspektren unterschiedlich dargestellter Polyacroleine sowie des Spontanpolymerisats, des *Disacryls*, zeigen alle eine starke Absorption zwischen 9 u. 11 μ, die im wesentlichen durch die Absorption polarer Bindungen zustande kommt. Auf Grund der Analysenwerte kann es sich hierbei nur um C—O—C-Bindungen handeln. Die bei 5,8 μ auftretenden Banden sind der C=O-Gruppe zuzuordnen; da diese aber nur geringe Extinktion aufweist, ist zu folgern, daß nur wenige freie Aldehydgruppen vorhanden sind. Die bei 2,9 μ vorliegende Bande entspricht OH-Gruppen, die auf absorbiertes oder inkludiertes W., Aldehydhydratgruppen oder alkoh. OH-Gruppen zurückzuführen sein dürfte. Ferner zeigen die Spektren Banden zwischen 6,8 u. 7,5 μ (Deformationsschwingungen aliphat. C—H-Bindungen) u. Banden oberhalb 3 μ (Valenzschwingungen aliphat C—H-Bindungen). Damit zeigt das Spektr. die Elemente der von SCHERLIN u. Mitarbeitern (C. **1939.** I. 1971) sowie von SCHULZ u. WAGNER (Angew. Chem. **62.** [1950.] 105. 112) aufgestellten Strukturformeln für polymeres I, eine eindeutige Zuordnung zu einer bestimmten Formel ist jedoch nicht möglich. Da die Reaktionsmöglichkeiten von I (Ringbldg., Aldolisierung, Disproportionierung, 1.2- u. 1.4-Addition) sehr vielfältig sind, dürften neben der n. Vinylpolymerisation auch andere Rkk. ablaufen, deren Anteiligkeit am Polymerisationsgeschehen durch die verschied. Initiatoren auch verschieden beeinflußt werden dürfte. Während die Eigg. der durch spontane, radikal. u. anion. Polymerisation gebildeten Prodd. den bereits bekannten Polyacroleinen entsprechen, stellen die durch BF_3-Ätherat u. H_2O_2–Fe^{2+} dargestellten Polymeren Verbb. mit neuen Eigg. dar. (Makromolekulare Chem. **17.** 62—73. Dez. 1955. Mainz, Univ., Organ.-chem. Inst.) W. RUSKE. 4010

Suryya Kumar Das und **Santi R. Palit,** *Eine vorläufige Bemerkung zur direkten Bestimmung der Melvilleschen Φ-Konstante bei der Copolymerisation.* Vff. geben einige von PALIT abgeleitete Gleichungen an, mit deren Hilfe es leicht möglich ist, folgende charakterist. Größen der Copolymerisation zu bestimmen (die Indices 1 u. 2 beziehen sich auf die beiden Monomeren, t = Abbruch, p = Wachstum): $\delta_1 = \sqrt{k_{t_{11}}}/k_{p_{11}}$; $\delta_2 = \sqrt{k_{t_{22}}}/k_{p_{22}}$; $\Phi = k_{t_{12}}/\sqrt{k_{t_{11}} \cdot k_{t_{22}}}$; $\beta = k_{tM_{12}}/k_{p_{12}} + k_{tM_{21}}/k_{p_{21}}$. Für das Copolymerisat aus *Styrol* u. *Methylmethacrylat* (polymerisiert bei 60° mit Azodiisobuttersäurenitril) wurden so erhalten: $\delta_1 = 25$, $\delta_2 = 6{,}8$, $\Phi = 10{,}4$, $\beta = 27{,}8 \cdot 10^{-5}$. (Chem. and Ind. **1954.** 129—30. 30/1. Calcutta, Indien, Ind. Assoc. for the Cultivation of Sci.) O. FUCHS. 4010

W. Kern, R. Munk und **K. H. Schmidt,** *Lineare Polyester mit Carboxylendgruppen und deren Bestimmung.* „Saure" Polyester (Polyesterdicarbonsäuren, I) erhält man durch 24std. Umsetzung der alkoh. Polyester mit Bernsteinsäureanhydrid in sd. Bzl. ohne Abbau. Durch Titration in Bzl. mit n/50 methanol. Natronlauge u. Phenolphthalein als Indicator wurden die COOH-Gruppen bestimmt. Die Umsetzung von I mit Phenylisocyanat (II) in Tetrahydrofuran oder Bzl. führt zu Kettenverlängerung, mit II o h n e Verdünnung dagegen zu kettenanalogen Carbonsäureaniliden (unter Anwendung von wasserfreiem Pyridin als Katalysator). Die Endgruppenbest. erfolgt nach Hydrolyse photometrisch. Für die daraus berechneten Kettengliederzahlen n_e ist im Bereich $n_e < 300$ die Viscositätszahl $Z_\eta = 0{,}73 \cdot 10^{-4}\, n_e$, für $1500 < n_e < 5000$ $Z_\eta = 3{,}2 \cdot 10^{-4}\, n_e^{0,70}$. (Makromolekulare Chem. **17.** 219—30. März 1956. Mainz, Univ., Organ.-chem. Inst.) S. NEUE. 4010

S. Fordham, *Silicone.* Kurze Zusammenfassung über die Chemie der Silicone u. deren prakt. Anwendung (Okt. 1953). — Keine Literaturangaben. (J. Roy. Inst. Chem. **78.** 73—75. Febr. 1954.) L. KLENK. 4010

Daniel E. Kane, *Die Beziehung zwischen der Dielektrizitätskonstanten und der Wasserdampfzugänglichkeit von Cellulose.* Die DK. von verschied. Cellulosen (Baumwollinters, hydrolysierte Cellulose, zwei regenerierte Cellulosen, zwei gebleichte Holzpulpen) wird nach einem Immersionsverf. bei 10000 Cyclen pro Sek. u. 30° gemessen. Der Zusammenhang zwischen Wasserzugänglichkeit u. DK. ist zwischen 35 u. 85% linear. Die DK. zugänglicher Cellulose ergibt sich durch Extrapolation zu 9, diejenige von unzugänglicher zu 4. Die DK. der Cellulose wird als eine Komposition von Anteilen beider verstanden. Die Größe der DK. der kristallinen Cellulose hängt von der Kristallitgröße ab. Die DK. der zugänglichen Cellulose variiert von der mesomorphen bis zum völlig amorphen Bereich. Anisotropie u. Grenzflächenpolarisation konnten nicht erfaßt werden. (J. Polymer Sci. **18.** 405—10. Nov. 1955. Appleton, Lawrence Coll.) K. L. WOLF. 4050

S. M. Neale und **G. R. Williamson,** *Spezifisches Volumen von Cellulose in wässerigen Lösungen anorganischer Salze.* Das spezif. Vol. von *Cellulose* wurde in wss. Lsgg. von Ammonium-, Natrium- u. Kaliumchlorid über den ganzen Löslichkeitsbereich der Salze bestimmt. Die Kurve des spezif. Vol. gegen die Konz. des Salzes hatte in jedem Falle ein Maximum. Folgender Vorschlag wird zur Erklärung des Maximums gemacht: Das W. hat in den ersten Stadien der Wasserabsorption in Cellulose unter der Einw. komprimierender Kräfte eine größere D. als gewöhnliches Wasser. Durch die Zugabe von Salz entstehen polare Zentren, die die Wasseratmosphäre desorganisieren u. so die D. der absorbierten Wasserschicht herabsetzen. Das spezif. Vol. der Cellulose wächst daher mit wachsender Salzkonz. solange, bis in dem Syst. die Erfordernisse der Hydratation der Ionen nicht mehr erfüllt werden. Weitere Zugabe von Salz führt dann zur direkten Bindung der Salzionen an die Cellulose u. das spezif. Vol. fällt wieder ab. (Nature [London] **171.** 842. 9/5. 1953. Manchester, Coll. of Technol.) A. MÖHRING. 4050

R. Gerbaux, *Einige Aspekte der Substitutionsreaktionen in der Cellulosechemie.* Vf. gibt eine zusammenfassende Darst. derjenigen Substitutions-Rkk. an *Cellulosefasern,* die ohne Beeinflussung des makromol. Skelettes verlaufen. Unter den die Substitutions-Rk. beeinflussenden Faktoren werden drei große Gruppen unterschieden: 1. Die Struktur der Cellulose, deren kristalline u. amorphe Gebiete für die Reagentien verschieden zugänglich sind, Unterschiede der Reaktionsfähigkeit von prim. u. sek. OH-Gruppen u. deren Sperrung durch H-Brücken. 2. Der Reaktionsverlauf, der je nach der Größe des Verhältnisses von Diffusionsgeschwindigkeit zur Reaktionsgeschwindigkeit in drei Typen eingeteilt werden, die Vf. als uniforme, progressive u. als Oberflächen-Rkk. bezeichnet. Dabei hängt der Typus, nach dem eine bestimmte Rk. verläuft, noch vom Reaktionsmedium u. der Vorbehandlung der Fasern ab. 3. Der ster. u. chem. Einfl. des Reagens selbst. Zur Erläuterung wird die Einführung folgender Gruppen in die Celluloseketten behandelt: NO_3-, Methyl-, Acetyl-, Carbamyl-, Carboxymethyl-, Triphenylmethyl- u. p-Toluolsulfonylgruppe. (Ind. chim. belge **19.** 803—12. Aug. 1954.) H. STEFFENS. 4050

Fanny Boyer-Kawenoki, *Über die Bindung des Diäthyldiphenylharnstoffs an Cellulosenitrat.* (Vgl. C. **1953.** 2774.) Vf. führt Verss. durch, bei denen einmal eine 3,66 bis 21,32%ig. Lsg. von *Diäthyldiphenylharnstoff* (**I**) in Cyclohexan bei 25° auf 5 g festes *Cellulosenitrat* (**II**) 15 Tage lang einwirkt, während im zweiten Vers. **II** bei 45° in einer 45—50%ig. **I**-Cyclohexanlsg. dispergiert wird. Durch Cyclohexanzusatz wird dann die **I**-Konz. vermindert, wobei das darauf wieder ausgefällte **II** bei 25° noch 15 Tage lang mit der **I**-Lsg. in Berührung bleibt. Aus dem 1. Vers. geht hervor, daß die Bindung des **I** an **II** nur sehr gering ist, solange die **I**-Konz. unterhalb 13% liegt; bei höheren Konzz. wird die Bindung stärker u. **II** scheidet sich als Gel ab. Der 2. Vers. läßt den Schluß zu, daß eine mol. Additionsverb. der Form [2 Mol **II** · 1 Mol **I**]$_n$ gebildet wird, da die Bindung des **I** an **II** bei geringeren **I**-Konzz. (3,6—11%) eine Unstetigkeit zeigt u. erst oberhalb 11% proportional der Konz. der **I**-Lsg. ansteigt. Die Ergebnisse zeigen, daß die Rk. zwischen **I** u. **II** nur vollständiger verläuft u. zur Bldg. einer Verb. führt, wenn **II** in fein verteilter Form in die sehr konz. **I**-Lsg. bei erhöhter Temp. eingeführt wird. (C. R. hebd. Séances Acad. Sci. **236.** 2315—17. 15/6. 1953.) P. FAHRNLAENDER. 4050

Sidney W. Benson und **R. Srinivasan,** *Die Temperaturabhängigkeit der Sorption von polaren Gasen an Proteinen.* Bei der Sorption von HCl, BF_3 u. CH_3NH_2 an feste Proteine wird ein Protein–Gas-Komplex von extrem niedrigem Dampfdruck (ca. 10^{-5} mm) bei Zimmertemp. gebildet, dessen Zus., bes. mit HCl, innerhalb $\pm 5\%$ für eine große Zahl von Proteinen, unabhängig von dem Probeursprung, der Ggw. von W. u. der Teilchengröße, reproduzierbar ist. Es wurde eine Beziehung zwischen Zus. der Komplexe u. der Zahl der sauren u. bas. Gruppen in den Proteinen festgestellt. Bei *Eialbumin, β-Lactoglobulin, Lactalbumin, Zinkinsulin, Fibrin, Casein* u. *Rinderplasmaalbumin* ändert sich die gebundene Menge BF_3 mit der Temperatur. In den ersten 4 Fällen nimmt die Menge bei 80° auf Null ab. (J. Amer. chem. Soc. **77.** 6371—72. 5/12. 1955. Los Angeles, Calif., Univ. of Southern California, Dep. of Chem.) K. HEYNS. 4070

P. Desnuelle, *Die allgemeine Chemie von Aminosäuren und Peptiden.* Nach einer Übersicht über die in der Natur vorkommenden Aminosäuren (AS) (Stand 1951) werden die wichtigsten chem. Eigg. der AS erörtert: Verteilungschromatographie, sowie Trennung der AS in opt. Antipoden durch Enzyme u. die Synth. isotoper AS; Trennungsmethoden u. Strukturaufklärung von Peptiden; Hydrolyse der Peptidbindung unter besonderer Berücksichtigung der unterschiedlichen Stabilität der verschied. Bindungen in Abhängigkeit von den daran beteiligten AS; chem. u. enzymat. Peptidsynthesen. (Proteins **1.** 87–180. 1953.) K. HEYNS. 4070

M. L. Anson, *Die Denaturierung von Proteinen.* (Vortrag.) Vf. führt in der Einleitung aus, daß seit seinem Bericht in den „Advances in Protein Chemistry“ [1945] keine grundlegend neuen Erkenntnisse gewonnen wurden. Berichtet wird eingehend über: 1. Möglichkeiten, um die Denaturierung zu bewirken, 2. Mittel, um die Denaturierung zu inhibieren, 3. Unterschiede im Verh. der Proteine nach u. vor der Denaturierung, 4. Reversibilität der Denaturierung, 5. energet. Verhältnisse bei der Denaturierung u. 6. nichtdenaturierbare Proteine. (Inst. int. Chim. Solvay, Cons. Chim. **1953.** 201–46. Edgewater, Lever Brothers Comp., Res. u. Development Div.) K. HEYNS. 4070

V. Desreux und **E. Fredericq,** *Fraktionierung und Reinigung von Proteinen.* Übersicht über die Gewinnung von Eiweiß aus biol. Material u. seine Fraktionierung nach allg. Faktoren, wie elektr. Ladung u. Löslichkeit. Für die Methoden der Fraktionierung durch Elektrophorese, Adsorption, Verteilung u. Zentrifugierung werden Beispiele angeführt. Die Kriterien der Reinheit eines Proteins, wie spezif., biol. Aktivität, Löslichkeitskurve u. Endgruppenbest. werden erläutert u. der Begriff der Reinheit in der Eiweißchemie krit. betrachtet. (Inst. int. Chim. Solvay, Cons. Chim. **1953.** 171–99. Liège, Univ., Inst. de Chim. physic.) K. HEYNS. 4070

G. R. Tristram, *Aminosäurezusammensetzung von Proteinen.* Nach einer krit. Übersicht über die Verff. zur Best. der Zus. von Proteinen wird tabellar. die Aminosäurezus. zahlreicher Proteine mitgeteilt. Einige aus diesen Tabellen hervorgehende Zusammenhänge werden diskutiert. (Proteins **1.** 181–233. 1953.) K. HEYNS. 4070

K. Linderström-Lang, *Eiweißabbau durch Enzyme.* Vf. stellt umfangreiche kinet. Betrachtungen über den Eiweißabbau durch Enzyme u. alle damit verbundenen Reaktionsmöglichkeiten, wie Proteolyse von Peptidringen u. offenen Ketten, Einfl. einer irreversiblen Initial-Rk. zwischen Eiweiß u. Enzym auf die übrigen Peptidbindungen, der Abbau als eine Reihe aufeinander folgender Rkk., die Abhängigkeit des Abbaugrades von den Wechselbeziehungen zweier benachbarter Peptidbindungen, die Resynth. u. Austausch-Rkk. während des Abbaues an. Anschließend wird an einigen Beispielen des Abbaues u. der Transformation von Eiweiß durch Enzyme die experimentellen Erfahrungen auf der Grundlage der oben angestellten Betrachtungen diskutiert. (Inst. int. Chim. Solvay, Cons. Chim. **1953.** 247–96. Kopenhagen, Carlsberg-Labor.) K. HEYNS. 4070

Linus Pauling und **Robert B. Corey,** *Zur Struktur des Federkiel-Keratins.* Es wird vorgeschlagen, daß die Struktur aus zueinander parallelen Schichten des Plissee Modells (C. 2302 Nr. 3) besteht, zwischen denen je eine Doppelschicht aus zueinander parallelen α-Schrauben (Schraubenmodell C.Z. 302 Nr. 1) mit 3,7 Resten pro Windung eingelagert sind. Mit Hilfe dieses Strukturvorschlages läßt sich die Lage der meisten von COREY u. WYCKOFF (J. biol. Chemistry **114.** [1936.] 407) u. von BEAR (J. Amer. chem. Soc. **66.** [1944.] 2043) beobachteten Reflexe erklären. Auch mit den qualitativ geschätzten Intensitäten der fünf beobachteten äquatorialen Reflexe stehen die auf Grund der Atomlagen des Plissee-Modells u. der α-Schraube (vgl. nachst. Ref.) berechneten Intensitäten nicht in Widerspruch. (Proc. nat. Acad. Sci. USA **37.** 256–61. 15/5. 1951. Pasadena, Calif., California Inst. of Technol., Gates and Crellin Labors. of Chem.) K. DORNBERGER. 4070

Linus Pauling und **Robert B. Corey,** *Zur Struktur von Haar, Muskel und verwandten Proteinen.* Als *α-Keratin*-Struktur wird eine dichte Packung zueinander paralleler α-Schrauben (C.Z. 302 Nr. 1) vorgeschlagen, die bei Dehnung in Schichten des Plissee-Modells übergehen könnten. Bei Annahme von Schrauben mit 3,7 Resten pro Windung ergeben sich Intensitäten der äquatorialen Reflexe, die mit den von LOTMAR u. PICKEN (Helv. chim. Acta **25.** [1942.] 538) u. von HERZOG u. JANCKE (Naturwissenschaften **14.** [1936.] 1223) beobachteten nicht in Widerspruch stehen. Die Evidenz für die Deutung der *β-Keratin*-Struktur mit Hilfe des Plissee-Modells (C.Z. 302 Nr. 3) wird von Vff. als hauptsächlich indirekt bezeichnet. Ein möglicher Mechanismus des Dehnungsvorganges wird angegeben. (Proc. nat. Acad. Sci. USA **37.** 261–71. 15/5. 1951. Pasadena, Calif., California Inst. of Technol., Gates and Crellin Labors. of Chem.) K. DORNBERGER. 4070

Tomoichi Kusunoki, *Weitere Untersuchungen über die Bindung von Farbstoffen durch Proteine.* Vf. untersucht die Bindung von Farbstoffen an Proteine bei höheren Farbstoffkonzz. u. den Einfl. der Denaturierung der Proteine auf ihr Farbstoffbindevermögen. Es wurden die Farbstoffe *Bromphenolblau* (**I**), *Toluidinblau* (**II**), *Methylenblau* (**III**) u. *Rosanilinhydrochlorid* (**IV**) sowie die Proteine *Rinderserumalbumin* (**V**), *Rinderserum-γ-globulin* (**VI**) u. das Bence-Jones-*Protein* (**VII**) aus dem Harn von Patienten mit Knochenmarkgeschwülsten untersucht. **V** u. **VI** binden bei hoher Farbstoffkonz. kein **II** u. **III**. Nach Alkalibehandlung der Proteine bindet nur denaturiertes **VI** merklich **II**, **III** u. auch **IV**. **I** wurde nur von nativem **V** u. denaturiertem **VI** gebunden. **VII** bindet auch **IV**. Das Bindevermögen nimmt nach Erhitzen ab, ohne daß die Löslichkeit beeinflußt wird. (J. Biochemistry [Tokyo] **40.** 277—85. Mai 1953. Tokyo, Univ., Dep. of Biochem. [Orig.: engl.]) K. Heyns. 4070

E. Biologische Chemie. Physiologie. Medizin.

E_1. Allgemeine Biologie und Biochemie.

R. B. Woodward, *Neuere Entwicklungen in der Chemie der Naturstoffe.* (Vortrag.) Es werden die biogenet. Aufbauprinzipien verschied. Naturstoffe an Beispielen gezeigt. Mit Hilfe der „theoret. Biochemie" wird ein allg. Schema über den Aufbau der Alkaloide angegeben. An dem einfach gebauten Alkaloid *Hygrin* wird die Rolle dreier wichtiger Komponenten für den Alkaloidaufbau erläutert: *bas. Stickstoffatom* u. *Aldehydgruppe,* die meistens von natürlichen Aminosäuren oder deren Verwandten stammen u. ein *kationoides Kohlenstoffatom,* das Elektronen abgeben kann. Verschied. Gruppierungen innerhalb des Mol. können die Aktivierung des C-Atoms bewirken. Anschließend wird gezeigt, daß der Aufbau des *Laudanosins, Canadins* u. *Yohimbins* nach denselben Prinzipien erfolgt ist u. auch der Aufbau so verschiedenartiger Alkaloide wie des *Cinchonins* u. *Strychnins* nach demselben Schema erklärt werden kann, wenn man außerdem annimmt, daß der sauerstofftragende carbocycl. Ring oxydativ gespalten wird. *Ringspaltung,* verbunden mit den drei übrigen Reaktionsmerkmalen, erklärt auch den Aufbau des *Emetins, Corynantheins* u. *Alstonins.* Am Beispiel des *Ajmalins,* dessen Strukturformel noch nicht geklärt war, wird gezeigt, wie der Aufbau des Mol. nach den angegebenen Grundprinzipien zu denken ist, so daß zum Schluß eine vollständige Strukturformel für *Ajmalin* vorgeschlagen werden kann. Zwischenverbb. werden spektroskop. identifiziert u. mit den Abbauprodd. des *Aymalins* verglichen. So kann mit biogenet. Überlegungen mit den oben angegebenen Fundamentalprinzipien die Struktur einzelner Alkaloide bestimmt werden. — Bei der Biogenese der Pilzstoffwechselprodd. wird an mehreren Beispielen wie dem *Terramycin,* gezeigt, daß ihr Aufbau durch Cyclisation offenkettiger Carbonylverbb. erfolgt. Der Aufbau des *Erythromycins* erfolgt deutlich aus Propionsäureeinheiten, die ebenfalls beim Aufbau der Antibiotica *Magnamycin, Pikromycin* u. *Narbomycin* eine Rolle spielen. (Angew. Chem. **68.** 13—20. 7/1. 1956. Cambridge, Mass., Harvard-Univ.) E. Franck. 4100

Adolf Janoschek, *Die quantenbiologische Analyse.* Als mathemat. wirklich brauchbare Formulierung des Reaktionsablaufs nach der Zeit wird der Ansatz von Glocker [1922] hervorgehoben. Vf. vereint in einem neuen Ansatz diesen Einfl. der Zeit mit der Dosiswrkg. zu einem *Massenwirkungsgesetz für die Biologie* u. zeigt an Beispielen, wie genau ihm biol. Vorgänge folgen. (Zbl. Bakteriol., Parasitenkunde, Infektionskrankh. Hyg., I. Abt., Orig. **164.** 204—11. Nov. 1955.) O. Deschle. 4100

Albrecht Egelhaaf, *Quantitativer Vergleich der Fluorescenzmuster der Eier dreier Genotypen von Ephestia kühniella.* In der quantitativen Verteilung der fluorescierenden Stoffe weisen die Eier der drei Genotypen, bes. hinsichtlich des Geh. an *Isoxanthopterin* beträchtliche Unterschiede auf. Das Fluorescenzmuster des Eies gleicht also in wesentlichen Zügen dem des Imaginalauges. Damit werden genabhängige Unterschiede des Pterinstoffwechsels an geringem Material schon im Ei nachweisbar u. sind der genet. Analyse im frühesten Stadium der Entw. zugänglich. (Naturwissenschaften **43.** 165—66. April 1956. Tübingen, Max-Planck-Inst. für Biol., Abt. Kühn.) H. Aman. 4130

Mario Altamirano, Walter L. Schleyer, Christopher W. Coates und **David Nachmansohn,** *Elektrische Aktivität in elektrischen Geweben.* 1. Mitt. *Der Unterschied zwischen tertiären und quartären Stickstoffverbindungen in bezug auf ihre chemischen und elektrischen Aktivitäten.* Es wurden 1. die Ruhe- u. Aktionspotentiale von isolierten elektr. Zellen (electroplax) von *Electrophorus electricus* mit intracellulären Elektroden registriert u. ihre Veränderungen durch Verbb., die spezif. mit dem *Acetylcholin* (**I**)-Syst. reagieren, untersucht u. 2. die *Acetylcholinesteraseaktivität* (**II**) in den intakten elektr. Zellen mit Hilfe der manometr. Meth. von Warburg unter Verwendung von Äthylmonochloracetat als Substrat bei 24° u. p_H 7 bestimmt. *Carbamylcholin* (III), *Dekamethonium* (IV) u. *Procain* (V) bewirken keine wesentliche Veränderung, *Eserin* (VI), *Diisopropylfluorphosphat* (VII), *Prostigmin* (VIII) u. sein tert. Analogon (IX) eine starke Senkung der II. Die quaternären Verbb. I, III, IV u. VII u. die tert. Verb. *Dimethylaminoäthylacetat* (X) blockieren den Aktionsstrom (A) u. depolarisieren gleichzeitig die Membran der elektr. Zelle. Die tert. Verbb. V, VI u. IX u. die quaternäre Verb. *d-Tubocurarin* (XI) blockieren den A ohne Depolarisation (D). V, VI, IX u. XI wirken antagonist. auf die durch III verursachte D. Vff. vermuten, daß die nicht depolarisierenden Verbb. die Ausbreitung des A blockieren, weil sie mit I um den gleichen Receptor konkurrieren u. daß die Bindung einer Substanz an den I-Receptor nicht unbedingt eine D zu bewirken braucht. Diese soll von einer Veränderung des Receptors herrühren, die die Bindung einer spezif. chem. Struktur, deren wichtigstes Merkmal die Anwesenheit einer methylierten quaternären N-Gruppe ist, begleitet. Die Ergebnisse werden im Zusammenhang mit den früheren Beobachtungen an den Fermentsystemen in Lsg. diskutiert. (Biochim. biophysica Acta [Amsterdam] **16.** 268—82. Febr. 1955. New York, N. Y., New York Zool. Soc., Columbia Univ., Coll. of Phys. and Surg., Dep. of Neurol.) L. LEICHTER. 4150

J. St. L. Philpot und **J. E. Stanier,** *Elektrophoretische Wanderung der Inhaltstoffe unversehrter Leberzellkerne.* Vff. homogenisieren Rattenleber in Saccharose mit NaCl-Zusatz oder in Glycerin mit $CaCl_2$-Zusatz bei p_H 6,9. Bei Potentialgradienten von 10 V/cm u. mehr bewegt sich der Kerninhalt zur Anode, so daß der Kern teils hell teils dunkel erscheint. Nach Abschalten des Stromes gehen die Inhaltstoffe wieder in die Ausgangsstellung zurück. Mit ansteigendem Potentialgradienten (50 V/cm) wird dieser Vorgang jedoch reversibel. Vff. erklären dieses Phänomen durch die gegensätzliche Aufladung der der Kernkomponenten bei Stromschluß, wobei die negative Ladung der Inhaltstoffe auf dem Übergewicht der Nucleinsäuren im Nucleoprotein über die Histone beruht. (Nature [London] **174.** 651—52. 2/10. 1954. Harwell, Med. Res. Council, Radiobiol. Res. Unit, Atomic Energy Res. Establishment.) R. LENSCHAU. 4150

Stephen Zamenhof, Gertrude Griboff und **Nicasio Marullo,** *Versuche über die Widerstandsfähigkeit von Desoxyribonucleinsäuren gegen physikalische und chemische Faktoren.* Vff. untersuchen, ob die von ihnen aus menschlicher Milz oder Kälberbrustdrüsen hergestellte *Desoxyribonucleinsäure* (I) während der Isolierung geschädigt oder noch mit der in der lebenden Zelle vorkommenden ident. ist. Vff. erhitzen verschied. Proben 1 Std. lang auf Tempp. zwischen 20 u. 100°, kühlen auf 23° ab u. bestimmen die Viscosität. Es zeigt sich, daß bis zu Tempp. von 80° keine Viscositätsdifferenzen aufgetreten sind, falls die I in Standardpuffer suspendiert worden ist. Der Einfl. von Ionenstärke, Entwässerung, Desoxyribonucleidase, HCHO, Fe^{2+}, H_2O_2 u. verschied. Protein denaturierender Substanzen ist nicht spezifisch. Vff. halten die Hitzeempfindlichkeit für das sicherste Merkmal der Schädigung des I-Moleküls. — 51 Literaturangaben. (Biochim. biophysica Acta [Amsterdam] **13.** 459—70. April 1954. New York, N. Y., Columbia Univ., Dep. of Pediatr., Coll. of Phys. and Surg.) R. LENSCHAU. 4150

Maurice H. Bernstein und **Daniel Mazia,** *Das Desoxyribonucleoprotein des Seeigelspermas.* 2. Mitt. *Eigenschaften.* (1. vgl. C. **1953.** 9189.) Die Unters. von undissoziiertem *Desoxyribonucleoprotein* (I) aus dem Sperma des Seeigels, *Strongylocentrotus purpuratus*, ergab: Löslichkeit von I in dest. W., Ausfällung durch physiol. NaCl-Lsg., meist Unlöslichkeit in Salzlsgg. von 0,01—0,1 mol., Löslichkeit von undissoziiertem I unter Dissoziation in starken Salzlsgg., wie 0,34 mol. $(NH_4)_2SO_4$ u. 1,1 mol. NaH_2PO_4. Diese Erscheinung ist wahrscheinlich hauptsächlich durch die Ionenstärke bedingt. Der isoelektr. Punkt von nichtdissoziiertem I liegt im p_H-Gebiet von 2,3—2,7. A.-Fällung von I gibt einen leichten, flaumigen Nd. u. zeigt damit eine merkliche Verminderung der Asymmetrie im Vgl. mit dem durch A.-Fällung starker Salzlsgg. erhaltenen faserigen I-Nd. an. Die erhöhte I-Viscosität in starken Salzlsgg. weist ebenfalls auf eine Dissoziation in *Nucleinsäure* u. Proteinkomponente durch die Wrkg. der hohen Salzkonz. hin. Elektronenmkr. Aufnahmen der undissoziierten I-Teilchen ergeben eine Länge von ca. 4300 Å u. eine Breite von 250—300 Å. (Biochim. biophysica Acta [Amsterdam] **11.** 59—68. Mai 1953. Berkeley, Calif., Univ. of California, Dep. of Zool.) K. MAIER. 4150

Evelyn E. B. Smith und **G. T. Mills,** *Nucleotidkomponenten der weiblichen Brustdrüse.* Vff. untersuchen die Brustdrüsen von Meerschweinchen auf ihren Nucleotidgeh., indem sie die mit Perchlorsäure extrahierte, neutralisierte u. auf p_H 9 gepufferte Lsg. mit der Dowex-Kolonne fraktionieren u. papierchromat. identifizieren. Folgende Substanzen werden isoliert: *Adenosinmono-, -di-* u. *-triphosphat, Uridin-5-monophosphat, Uridindiphosphatglucose* (I), *Uridindiphosphatgalaktose, Guanin* u. *-diphosphat, Cytosin.* Da der I-Geh. ungefähr das 3fache der unter gleichen Versuchsbedingungen aus Leberzellen isolierten I-Menge beträgt, nehmen Vff. an, daß I als Coenzym der Glucose/

Galaktose-Transformierung bei der Synth. von Galaktose in den Brustdrüsen dient. (Biochim. biophysica Acta [Amsterdam] **13.** 587—88. April 1954. Univ. of Glasgow, Scotland, Dep. of Biochem.) R. LENSCHAU. 4150

Viktor Schwartz, *Nucleolenformwechsel und Cyclen der Ribosenucleinsäure in der vegetativen Entwicklung von Paramecium bursatia.* Es wird der Nucleolenformwechsel in der vegetativen Teilung des Makronucleus von *Paramecium bursatia* beschrieben u. bes. das Schicksal der *Ribonucleinsäure* (**I**) verfolgt; die **I** der Nucleolen ist in einem kurz dauernden Stadium nach der Nucleolenauflsg. mit Methylgrün-Pyronin nicht nachweisbar. Sie erscheint mit Beginn der Makronucleusstreckung, ebenfalls kurzfristig, diffus im ganzen Makronucleus. Anschließend tritt sie an zahllose Granula gebunden auf u. erscheint vorübergehend in der Makronucleusmembran, dann wird sie auf die Nucleolen konzentriert. Während der vegetativen Phase zwischen 2 Teilungen wechselt der **I**-Geh. der Makronucleusmembran mehrmals cyclisch. Die Bedeutung der sich hierin ausdrückenden Kerncytoplasmabeziehung wird auf Grund von Indizien im Durchtritt von **I** aus den Nucleolen des Makronucleus ins Cytoplasma gesehen. (Biol. Zbl. **75.** 1—16. 1956. Tübingen, Max-Planck-Inst. für Biol.) H. GOEBEL. 4150

Harriet G. Heilweil und **Quentin Van Winkle,** *Untersuchungen über die Wechselwirkung von Desoxyribonucleinsäure mit Acriflavin.* Die Wechselwrkg. hochmol. Kälberthymus-*Desoxyribonucleinsäure* (**I**) mit dem fluorescierenden kation. Farbstoff *Acriflavin* (**II**) wurde im Konzentrationsbereich, wo lösl. Komplexe reversibel gebildet werden, untersucht. Best. des Umfanges der Bindung erfolgte innerhalb eines weiten Bereiches von Gleichgewichtskonzz. von ungebundenem **II** nach der Verteilungsmethode. Die Bindungsstellen für **II** am **I**-Mol. sind im Hinblick auf ihre Bindungskonstanten heterogen. Die Bindungskurven lassen sich durch eine Gleichung mit 2 Konstanten beschreiben. Die maximale, für die Komplexbldg. mit **II**/**I**-Phosphatgruppe verfügbare Zahl von Bindungszentren beträgt ca. 0,5 bei p_H 7 u. Ionenstärke 0,002. Es wurde eine Meth. zur Behandlung von Daten der Fluorescenzlöschung entwickelt, die die bei makromol. Wechselwirkungen beteiligten Gleichgewichte berücksichtigt, u. hiermit Werte für k_1, die Gleichgewichtskonstante der 1. **I**–**II**-Assoziation, erhalten, die mit dem Ergebnis der hiervon unabhängigen Verteilungsanalyse übereinstimmten. k_1 nimmt erwartungsgemäß mit zunehmender Ionenstärke u. abnehmendem p_H ab, jedoch sind weitere sek. Bindungskräfte beteiligt. Die Enthalpieänderungen sind ziemlich groß u. negativ. Die entsprechenden Änderungen der Standardentropie sind null, d. h. vermutlich findet bei der Wechselwrkg. mit **II** keine wesentliche Änderung der makromol. Struktur von **I** statt. (J. physic. Chem. **59.** 939—43. Sept. 1955. Columbus, O., Ohio State Univ., Dep. of Chem.) K. MAIER. 4150

Ilse Lasnitzki, R. E. F. Matthews und **J. D. Smith,** *Einbau von 8-Azaguanin in Nucleinsäuren.* Vff. isolieren nach Behandlung mit *8-Azaguanin* (**I**) aus alkal. Ribonucleinsäurehydrolysaten von Bact. coli, Staphylococcus aureus, Leber u. Milz von n. u. krebskranken (subcutan bzw. Ascitestumor) Mäusen eine Komponente mit den Eigg. von *8-Azaguanylsäure* (**II**). Der höchste **I**-Geh. findet sich im Staphylococcus, während in der Leber der Tiere mit Ascitestumor kein **I** nachgewiesen wird. Vff. beweisen chromatograph., daß **II** nicht in die Desoxyribonucleinsäuren der untersuchten Objekte eingebaut wird. (Nature [London] **173.** 346—48. 20/2. 1954. Cambridge, Molteno Inst., Agric. Res. Council Plant Virus Res. Unit., Strangeways Res. Labor.)
R. LENSCHAU. 4160

I. Indovina und **C. Pattavina,** *Gesamtpentosen und Desoxypentose im Blut von an chronischer Leukämie erkrankten Patienten.* Es wird die Wrkg. des *Methyl-bis-[β-chloräthyl]-amins* (**I**) auf leukäm. Zellen geprüft. Zu diesem Zweck wird der Pentosespiegel im Blut untersucht. Er ist bei Patienten mit myeloider Leukämie das 10—20fache des n.; nach **I**-Gabe (0,1 mg/kg, 20—30 mg insgesamt) verringert er sich unmittelbar bevor eine Verringerung der Leukocyten beobachtet wird, u. zwar infolge der Einw. von **I** auf die Ribonucleinsäure. Bei lymphat. Leukämie sind die Erscheinungen analog, aber nicht so ausgeprägt. Die Desoxyribonucleinsäure ist um das 1000—2000fache erhöht u. nimmt bei abnehmender Leukocytenmenge noch weiter zu. (Boll. Soc. ital. Biol. sperim. **29.** 764—67. April 1953. Palermo, Univ., Ist. di Clinica Med. Gener.)
O. POLLAK V. EMHOFEN. 4160

W. I. Gorodysski, I. W. Wesselaja und **O. N. Rosstowzewa,** *Über den Gehalt an Kupfer, Zink, Cadmium und Nickel in Muskeln und Geschwülsten.* An 50 Ratten mit Impftumoren u. an Schenkelmuskeln von 50 gesunden Ratten wird polarograph. festgestellt, daß die Tumoren weit mehr Zn, Cu u. Cd enthalten (0,32; 12,20 bzw. 2,60 mg/100 g) als das n. Gewebe, was auf die Alkalose in den Tumoren u. die dadurch bedingte Ablagerung der schwerlösl. Metallverbb. zurückgeführt wird. Gleichzeitig erfolgt im

Tumor eine erhöhte Bindung von Sulfhydrylgruppen. Ni ist im n. Muskelgewebe nicht feststellbar, im Tumor nur in Spuren. (Вопросы Медицинской Химии [Fragen med. Chem.] **2.** 17—18. Jan./Febr. 1956. Kiew, Wiss. Röntgen-Radiol. u. Onkol. Forschungs-Inst., Chem. Labor.) E. RENTZ. 4160

Karl Höhn, *Pflanzliche Krebsdisposition, Wuchsstoffspiegel und Blühwilligkeit.* Bei jungen Tomaten- u. *Bryophyllum daigremontianum*-Pflanzen nimmt die Krebsdisposition von den älteren unteren Knoten nach den oberen jüngeren zu. Eine Beeinflussung des Dispositionsgrades älteren Gewebes durch *β-Indolylessigsäure* (**I**) oder Infiltration eines Gemisches aus *B. daigremontianum*-Brutknospengewebesaft u. **I** gelang nicht. Die Abhängigkeit der hohen Krebsdisposition jungen Gewebes des vegetativen Sproßbereiches von natürlichem Wuchstoffgeh. wurde durch künstliche Verminderung des Auxinspiegels durch UV-Bestrahlung, Verdunkelung u. Zurückdrängung mit *2.3.5-Trijodbenzoesäure* (**II**) nachgewiesen. Bei *Helianthus annuus, Kalanchoe blossfeldiana* u. *Solanum lycopersicum* erfolgte auf diese Weise eine Herabsetzung der Krebsdisposition. Geringe UV- u. **II**-Dosen bewirkten eine Stimulierung des Tumorwachstums. Bei Sonnenblumen- u. Tomatenpflanzen geht der Grad der Krebsdisposition beim Übergang von der vegetativen zur reproduktiven Phase zurück (Rückgang des Wuchsstoffspiegels). Diese Deutung spricht für die Beziehung zwischen hohem Auxinspiegel u. Blühhemmung bzw. niedrigem u. Blühwilligkeit. Die Krebsverss. erfolgten durch Nadelstichinfektion mit *Pseudomonas* (= *Agrobacterium*) *tumefaciens*, Stamm *Chrysanthemum frutescens*. (Naturwissenschaften **42.** 373—74. Juni 1955. Mainz, Univ., Bot. Inst.) K. MAIER. 4160

Kai Setälä, Heikki Setälä und **Paul Holsti,** *Eine neue physiologisch-chemisch genau definierte Gruppe von Mitteln, die auf der Mäusehaut Tumoren erzeugen* (*cocarcinogene Stoffe*). Vff. besprechen die Eigg. bestimmter Stoffe, die als Träger der eigentlichen *Carcinogene* benutzt werden, die carcinogenen Eigg. dieser Stoffe zu erhöhen oder zu hemmen. Es handelt sich um nonpolar-polare Substanzen, lipophil-hydrophile Prodd., wie Reinigungsmittel u. Hochpolymere, bes. Carbowachse. Einige scheinen morpholog. bestimmte Tumortypen zu erzeugen. Im einzelnen werden *Span 20* (*Sorbitmonolaurinsäureester*) u. *Tween 60* besprochen. Der Wirkungsmechanismus scheint ein unspezif. Phänomen zu sein. (Science [Washington] **120.** 1075—76. 24/12. 1954. Helsinki, Univ., Dep. of Pathol.) G. WELTZIEN. 4160

Joseph C. Arcos, Marthe Arcos, N. P. Buu-Hoi und **Antoine Lacassagne,** *Indices freier Valenzen, Adsorbierbarkeit und cancerogene Wirksamkeit polycyclischer Kohlenwasserstoffe.* Vff. berechnen für eine Reihe polycycl. KW-stoffe die Summe der Indices für freie Valenzen (ΣI) u. die mol. Oberfläche (Projektion) aus Messungen bei 1,14 Å (—C=C—) u. 1,85 Å (=C—). Das Verhältnis ΣI/Oberfläche gilt als Maß für die Adsorbierbarkeit. Sie fanden für *Chrysen* 20,032 (ΣI); 76,3 (Oberfläche), 0,2625 (ΣI/Oberfläche). — *1.2-Benzanthracen* 19,630; 77,0; 0,2548. — *3.4-Benzopyren* 21,670; 80,7; 0,2685. — *1.2-Benzopyren* 20,594; 80,9; 0,2547. — *Anthanthren* 21,270; 87,3; 0,2437. — *Coronen* 21,914; 90,5; 0,2419. — *1.2;7.8-Dibenzanthracen* 23,724; 91,3; 0,2600. — *3.4;7.8-Dibenzophenathren* 23,828; 91,4; 0,2610. — *1.2;5.6-Dibenzanthracen* 23,704; 91,6; 0,2587. — *1.2;3.4-Dibenzophenathren* 23,587; 91,7; 0,2570. — *1.2;3.4-Dibenzanthracen* 23,660; 92,3; 0,2564. — *1.2;3.4-Dibenzopyren* 24,180; 95,2; 0,2540. — *Naphtho-[2'.3':3.4]-pyren* 24,362; 95,3; 0,2567. — *3.4;9.10-Dibenzopyren* 24,238; 96,8; 0,2504. — *1.2;6.7-Dibenzopyren* 24,086; 97,4; 0,2473. — *3.4;8.9-Dibenzopyren* 24,238; 97,9; 0,2478. — *15.16-Benzodehydrocholanthren* 24,238; 98,4; 0,2466. — *1.2;4.5-Dibenzopyren* 24,176; 98,4; 0,2458. — *Ovalen* 26,682; 117,5; 0,2270. — Daraus ist ersichtlich, daß oberhalb einer gewissen Mol.-Größe bei den untersuchten Verbb. ΣI/Oberfläche wieder abnimmt, was auch für die cancerogene Aktivität zutrifft. Die cancerogene Wrkg. kann daher nicht nur Faktoren der ster. Hinderung, sondern auch der Adsorptionsfähigkeit durch sek. Valenzkräfte zugeschrieben werden. (C. R. hebd. Séances Acad. Sci. **241.** 836—39. 3/10. 1955.) P. LOCH. 4160

Harry Shay und **David C. H. Sun,** *Klinische Studien über Triäthylenthiophosphoramid in der Behandlung inoperabler Tumoren.* 47 inoperable Fälle von Brust-, Ovarial-, Lungen-, Kehlkopf-, Speiseröhren-, Magen-, Dünndarm-, Colon-, Sigmoides-, Rectum-, Prostata-, Schilddrüsen-, Leber-, Gallengangkrebs u. Melanom werden mit *Triäthylenthiophosphoramid* (**I**) behandelt. Die Ergebnisse sind bei Brust- u. Ovarialkrebs ermutigend, bei den übrigen Fällen unterschiedlich. Es scheint möglich zu sein, die als Nebenwrkg. der **I**-Applikation auftretenden Schädigungen des Rückenmarks durch vorsichtige Dosierung weitgehend zu vermeiden. — 22 Literaturangaben. (Cancer [Philadelphia] **8.** 498—511. Mai/Juni 1955. Philadelphia, Pa., Temple Univ., School. of Med., Samuel S. Fels Res. Inst. and Temple Univ. Hosp.) H. LAMP. 4160

K. Lapis und **L. Németh,** *Die Wirkung von kombinierter Cortison—BCM-Behandlung bei Rattencarcinom.* Da nach früheren Unterss. *1.6-Bis-äthylamino-1.6-desoxy-D-mannitdihydrochlorid* (I) die Entw. verschied. Tiergeschwülste hemmt u. das Blutbild günstig beeinflußt, andererseits chron. *Cortison* (II)-Behandlung ebenfalls tumorhemmend wirkt, wurde versucht, die beiden Effekte durch eine kombinierte Therapie zu summieren u. die knochenmarkschädigende Wrkg. von I durch den Leuko- u. Erythropoese förderndeN Einfl. von II zu kompensieren. Verss. mit Guerin-T-8-Carcinomratten, die II (täglich 5 mg/Tier subcutan), I (10—15 mg/kg intravenös) bzw. I + II 15—20 Tage erhielten, ergaben, daß die Kombination I + II die leukopen. I-Wrkg. nicht verhindert, jedoch summiert sich der geschwulsthemmende Effekt. I setzt jedoch die lymphogenen, bes. die hämatogenen Metastasen erheblich herab u. verhindert die hämatogene Metastasenbldg. durch II. (Naturwissenschaften **43.** 21. Jan. 1956. Budapest, Onkol. Inst.)
K. Maier. 4160

C. Chester Stock, Donald A. Clarke, H. Christine Reilly, C. P. Rhoads und **Sonja M. Buckley,** *Azaserin, eine neue geschwulsthemmende Substanz. Untersuchungen am Crocker Mäusesarkom 180.* Das aus dem rohen Filtrat der Streptomyceskultur Parke-Davis Nr. 04926 gewonnene Antibioticum *Azaserin,* ein substituiertes *L-Serin* in krist. Form, zeigt sich beim Crocker-Mäusesarkom wirksam bis zu einer Verdünnung von 1—2 mg/kg/Tag. Die D- u. DL-Isomeren haben diese Wrkg. nicht. Zwischen der geringsten wirksamen Dosis u. der höchsten verträglichen Menge besteht eine 8fache Spanne, was für eine therapeut. Anwendung · günstig ist. Die Einw. auf menschliche Tumoren ist noch nicht geklärt. (Nature [London] **173.** 71—72. 9/1. 1954.) G. Weltzien. 4160

K. Peters, *Die Steigerung der Colchicinwirkung am Mäuseascites-Tumor durch Megaphen.* Nachdem frühere Verss. ergeben hatten, daß bei *Vicia faba* u. Ehrlichschem Mäuseascitestumor der Bestrahlungseffekt durch *Megaphen* (I) gesteigert wird, wurde die I-Wrkg. in Kombination mit *Colchicin* (II) an mit Ascitestumorzellen geimpften Mäusen untersucht (0,5 mg I/20 g Körpergewicht, subcutan; anschließend 2 γ II intraperitoneal). Die nach kleinen II-Dosen eintretende Mitoseanregung (relativer Anstieg der Prophasen) wird durch die zusätzliche I-Wrkg. in die für größere II-Dosen charakterist. Metaphasehemmung umgewandelt. Die Absterberate war bei Tieren, die I u. II erhalten hatten, signifikant erhöht. Die Wirkungssteigerung des II-Effektes durch I geht demnach der Toxizitätszunahme parallel. (Naturwissenschaften **42.** 376. Juni 1955. Tübingen, Univ., Frauenklin.) K. Maier. 4160

G. Lacroix, Tecnica biologica ed Istochimica. Pavia: R. Cortina. 1956. (221 S. m. 61 Abb. u. 6 Taf.) 8°. L. 3000,—.

E$_2$. Enzymologie. Gärung.

J. R. Postgate, *Vorkommen von Cytochrom in einem obligaten Anaerobier. Sulfatreduzierende Bakterien,* die auch unter Luftabschluß nur in Ggw. von H_2 wachsen, enthalten nach spektroskop. Unterss. ein dem *Cytochrom c* ähnliches Pigment u. einen weiteren reversibel oxydierbaren Farbstoff mit einer Bande bei 630 mμ. Cytochromoxydase ist nicht vorhanden. (Biochem. J. **56.** XI—XII. Febr. 1954. Teddington, Chem. Res. Labor.) G. Reinisch. 4210

L. L. Eisenbrandt und **L. S. Schanker,** *Die Wirkung von Natriumdehydrocholat auf die Sauerstoffaufnahme von Rattengeweben.* Unterss. an den Geweben der Leber, Niere, Jejunum u. Großhirnrinde der Ratte ergaben, daß die O_2-Aufnahme mit steigender Konz. an *Na-Dehydrocholat* im Substrat abnimmt. (J. Pharmacol. exp. Therapeut. **108.** 42—45. Mai 1953. Kansas City, Miss., Univ., School of Pharmacy, Dep. of Pharm.)
H. Findeisen. 4210

Ira Ringler und **Samuel L. Leonard,** *Der Einfluß von Hormonen auf den Coenzym A-Gehalt der Rattenleber.* Es wurde der *Coenzym-A*-Geh. der Leber hypophysektomierter Ratten nach Gaben von *Cortison* (I), *Tyroxin* (II), *Wachstumshormon* (III), *Ca-Pantothenat* (IV) bestimmt. Werte: (Lipman-Einheiten/g Gewebe). Kontrollen: 215, hypophysektomierte Tiere ohne Behandlung 94, nach I (2 mg) 124, I (5 mg) 123, II (150 γ) 124 III (0,375 mg) 108, III (1,5 mg) 176, III + I 128, III + II 163, III + I + II 178, IV (5 mg) 139, III + IV 164 (Mittelwerte aus 6—18 Tieren. Bei Kombinationsgaben von Hormonen stets die niederste angegebene Dosis). Es zeigte sich keinerlei Synergismus bei der Kombination mehrerer Hormone. Bei n. Ratten erniedrigt III den Coenzym-A-Geh. der Leber. (Endocrinology **55.** 363—65. Sept. 1954. Ithaka, N. Y., Cornell Univ., Dep. of Biochem. and Nutrit. and Dep. of Zoology.) V. Braun. 4210

Dan A. Richert und **W. W. Westerfeld,** *Einige Beziehungen von Diätprotein, Molybdän, Riboflavin und Calorien zu der Leber- und Darm-Xanthinoxydase.* Schon früher wurden Beziehungen zwischen der Aktivität von *Xanthinoxydase* (I) u. zugeführtem

Protein u. Riboflavin berichtet. Das Fehlen von Riboflavin (**II**) u. (oder) Molybdän bei der Fütterung von Ratten mit Diätprotein ist innerhalb von 2 Wochen ohne Wrkg. auf **I**. Ein Mo-Mangel bei An- oder Abwesenheit von **II** führt zur prakt. völligen **I**-Inaktivität (Darm), während **II**-Mangel in Ggw. von Mo die Hälfte der Vollwirksamkeit ergibt. Die Oxydase–Dehydrogenase-Aktivität wird weder im Darm noch im Magen durch **II** oder Mo-Mangel verändert. Die Verminderung der Caseindiät auf 23% der ad libitum-Aufnahme ist ohne Einfl. auf **I**. Der **I**-Spiegel der Leber hängt in erster Linie vom Proteingeh. der Diät ab. Der **I**-Geh. des Darmes wird bes. durch die Mo-Zufuhr bestimmt; er erreicht dagegen bei sehr geringer Proteinzufuhr selbst bei großem Mo-Überschuß nur unterdurchschnittliche Normalwerte. Demnach ist der **I**-Geh. des Darmes mehr von der Mo-Zufuhr, der der Leber von der Proteinaufnahme abhängig. (Proc. Soc. exp. Biol. Med. **83**. 726—29. Aug./Sept. 1953. State Univ. of New York, Med. Coll., at Syracuse, Dep. of Biochem.) G. FAUST. 4210

R. M. Fink, Charles McGaughey, Richard E. Cline und **Kay Fink,** *Die in vitro-Umwandlung intermediärer Pyrimidinreduktionsprodukte.* Mit Hilfe der früher beschriebenen empfindlichen papierchromatograph. Meth. (FINK u. Mitarbeiter, Federat. Proc. **13**. [1954.] 207) wurde nachgewiesen, daß bei Incubation von Rattenleberschnitten mit *Thymin* (**I**) langsam *β-Aminoisobuttersäure* (**II**), jedoch weder *Dihydrothymin* (**III**) noch *β-Ureidobuttersäure* (**IV**) gebildet werden. Bei Zusatz von **III** u. **IV** als Substrat erfolgt hieraus rasch Bldg. von **II**. Die Überführung von **IV** in **II** verlief unter den gewählten Bedingungen irreversibel, während eine gegenseitige Umwandlung von **III** u. **IV** nachweisbar war. Mit **II** als Substrat konnte im Incubationsgemisch **I** festgestellt werden. **II**-*Amid* wurde bei diesen Rkk. nicht verwertet. Für die Reihe *Uracil* (**V**), *Dihydrouracil*, *β-Ureidopropionsäure* u. *β-Alanin* (**VI**) ergaben sich die entsprechenden Befunde, wobei lediglich die Umwandlung von **V** in **VI** nicht eindeutig nachweisbar war.

Versuche (FF. korr): *β-Ureidobuttersäure* (**IV**), $C_5H_{10}O_3N_2$, F. 120—121° (CH_3OH), 1. durch Erhitzen von **III** mit verd. NaOH zum Sieden; 71% (Ausbeute); 2. aus KNCO u. **II** durch 1 std. Erhitzen auf 80° u. Verrühren mit Dowex 50-X (H-Form; kalt); 27%. — *β-Ureidopropionsäure*, $C_4H_8O_3N_2$, F. 163—164°; analog aus Dihydro-**V**; 92%, u. **VI**; 43%. — *β-Aminoisobutyramidhydrochlorid*, $C_4H_{11}ON_2Cl$, F. 161—162° (angesäuerte CH_3OH–Ae.), aus α-Cyanpropionsäureäthylester u. wss. NH_3 u. Hydrierung des α-Cyanpropionamids; 71%. (J. biol. Chemistry **218**. 1—7. Jan. 1956. Los Angeles, Univ. of California, School of Med., Depp. of Physiol Chem. and Biophys.; Long Beach, Calif., Veterans Admin. Hosp., Investigative Med. Serv.) K. MAIER. 4210

Kay Fink, *Die Ausscheidung von Pyrimidinreduktionsprodukten durch die Ratte.* (Vgl. vorst. Ref.) Die früher beschriebene papierchromatograph. Meth. (FINK u. Mitarbeiter, Federat. Proc. **13**. [1954.] 207; vorst. Ref.) zum Nachw. von *Dihydropyrimidinen* (**I**) u. *β-Ureidosäuren* (**II**) wurde zur Best. dieser Verbb. in Rattenurin weiter entwickelt. Der Urin von Ratten, die intraperitoneal *Pyrimidine* (**III**) u. verschied. **III**-Reduktionsprodd. erhielten, wurde auf Ggw. von **III**, **I**, **II**, β-Aminosäuren (**IV**) u. **IV**-Amide geprüft. Auf Grund der nachgewiesenen Ausscheidungsprodd. ergaben sich hieraus für die Umwandlung von *Thymin* (**V**) u. *Dihydrothymin* (**VI**) in *β-Aminoisobuttersäure* (**VII**) folgende Beziehungen: **V** ← **VI** ⇌ *β-Ureidoisobuttersäure* → **VII**. In der *Uracil* (**VIII**)-Reihe war in vivo nur die Rk. *Dihydrouracil* (**IX**) → *β-Ureidopropionsäure* (**X**) eindeutig nachweisbar. Das Fehlen nachweisbarer Mengen *β-Alanin* (**XI**) nach Zuführung von **VIII**, **IX** u. **X** beruht vielleicht z. T. auf einer schnelleren Umwandlung von **XI** im Vgl. zu der von **VII**. Eine Beteiligung von **IV**-Amiden an diesen Rkk. war nicht feststellbar. (J. biol. Chemistry **218**. 9—14. Jan. 1956. Long Beach, Veterans Admin. Hosp., Investigative Med. Serv.; Los Angeles, Calif., Univ. of California, School of Med., Dep. of Biophys.) K. MAIER. 4210

Norberto J. Palleroni und **Michael Doudoroff,** *Mannoseisomerase aus Pseudomonas saccharophila.* Vff. züchten auf einem Phosphatpuffergemisch (0,033 mol., p_H 6,8), $MgSO_4$ (0,05%), NH_4Cl (0,1%), Fe^{III}–NH_4-Citrat (0,01%), $CaCl_2$ (0,001%) u. *D-Fructose* (**I**, 0,25%) enthaltenden Substrat bei 30° Pseudomonas saccharophila-Kulturen u. isolieren aus deren zellfreien Extrakten in Tris-HCl-Pufferlsg. (0,1 mol., p_H 7,4) mit Geh. an Glutathion (**II**, 0,01 mol.) durch fraktionierte Fällung mit gesätt. $(NH_4)_2SO_4$-Lsg., mehrfache Dialyse gegen Leitfähigkeitswasser bzw. 10^{-3} mol. Versen (= Äthylendiamintetraessigsäure, p_H 7,4) u. Adsorption an Ca-Phosphatgel das Enzym *Isomerase* (**III**). Es ist ihne Ggw. hitzebeständiger, dissoziierbarer Cofaktoren oder von Metallionen wirksam u. wird durch Schwermetalle (Hg, Zn, Ni) inaktiviert. Einw. von *p-Chlormercuribenzoat* ($7{,}5 \cdot 10^{-5}$ mol., 30 Min.) erniedrigt die **III**-Wirksamkeit um 50%; **II** hebt diese Inhibition wieder auf. Auch Ferricyanid (nicht Ferrocyanid) wirkt inhibierend, während Jodacetat ($5 \cdot 10^{-4}$ mol.) ohne Einfl. ist. Bei Abwesenheit von Versen oder **II**

zeigen Sulfhydrylverbb. (Cystein), Chelate u. verschied. Anionen ($P_2O_7^{4-}$, Cl^-, Br^-, NO_3^-, $HCOO^-$, $C_2O_4^{2-}$) stimulierende Wirkungen auf **III**, dagegen sind PO_4^{3-}, Citrat u. CN^- weniger wirksam. **II**, Cl^- oder Versen besitzen auf **III** in Glycylglycinpuffer keine Wrkg., in Boratpuffer wird die Aktivität wegen Bldg. von Zuckerboratkomplexen abgeschwächt. Das p_H-Optimum von **III** beträgt ca. 7,5 (Tris- u. Phosphatpuffer). Die Bldg. von **I** aus *Mannose* (**IV**, 0,1 mol.) durch Einw. von **III** wird durch *Glucose* um 45% erniedrigt, *Mannit* u. *Ribose* beeinflussen die Isomerisation nicht. **III** ist streng spezif. im Hinblick auf die strukturelle Konfiguration an den ersten 5 C-Atomen der entsprechenden Kohlenhydrate. Es katalysiert nur die Rkk. *D-Lyxose* ⇌ *D-Xylulose*, *D-Rhamnose* ⇌ *D-Rhamnulose* u. *D-Glycero-D-mannoheptose* ⇌ *Sedoheptulose*. Aus Gleichgewichtsmessungen geht hervor, daß die **III**-Rk. nach *Mannopyranose* ⇌ *Fructofuranose* ⇌ *Fructopyranose* verläuft, wobei 71% **IV** in **I** umgewandelt werden. (J. biol. Chemistry **218**. 535—48. Jan. 1956. Berkeley, Calif., Univ., Dep. of Bacteriol.)

P. FAHRNLAENDER. 4210

William L. Byrne und **Henry A. Lardy**, *Durch Muskelaldolase gebildete Pentosephosphate.* Kaninchen-*Muskelaldolase* katalysiert die Kondensation von Glykolaldehyd u. Dioxyacetonphosphat (**I**) zu d-Xylulose-1-phosphat u. von Glykolaldehydphosphat u. **I** zu d-Xylulose-1.5-diphosphat. Die Struktur wurde durch Papierchromatographie, opt. Aktivität u. chem. Eigg. bestimmt. Es werden die Bedingungen zur Trennung von Orthophosphat, Diosephosphat, Triosephosphat, Xylulose-1-phosphat, Fructosediphosphat u. Xylulosediphosphat mit Dowex-1-Chlorid beschrieben. Eine mögliche Biosynth. der *Ribose* über *Xylulose* wird diskutiert. *Xylulosephenylosazon*, F. 161—163°. — *Xylulosephenylosotriazol*, F. 87,5—88,5°, $[\alpha]_D^{23}$ $-30,9 \pm 3°$. (Biochim. biophysica Acta [Amsterdam] **14**. 495—501. Aug. 1954. Madison, Wis., Univ., Dep. of Biochem. and Inst. for Enzyme Res.) H.-R. SCHÜTTE. 4210

Ta-Cheng Tung, Kuo-Huang Ling, William L. Byrne und **Henry A. Lardy**, *Substratspezifität von Muskelaldolase.* Die Unterss. wurden mit mehrfach umkrist. *Kaninchenmuskelaldolase* (**I**) ausgeführt. *d-Glycerinaldehyd-3-phosphat* (**II**) wird viel schneller von **I** mit *Dioxyacetonphosphat* (**III**) kondensiert als *l*-**II**. **I** spaltet *Tagatose-1.6-diphosphat*, das eine cis-Konfiguration am C_3 u. C_4 besitzt, viel langsamer als *d-Fructose-1.6-diphosphat* oder *l-Sorbose-1.6-diphosphat*, die dort eine trans-Konfiguration besitzen. *d-Fructose-* bzw. *l-Sorbose-1-phosphat* werden viel langsamer gespalten als die entsprechenden Diphosphate. *Hexose-6-monophosphate* werden nicht gespalten. *Glykolaldehyd* u. *Glykolaldehyd-2-phosphat* kondensieren sich in Ggw. von **I** mit **III** zu phosphorylierten Pentosen.

Versuche: *d-Fructose-1-phosphat*, durch Hydrierung von 2.3:4.5-Diisopropyliden-d-fructopyranose-1-phenylphosphat in Methanol–Eisessig mit Platinoxyd als Katalysator; 68%. — *d-Tagatose-1.6-diphosphat*, aus d-Tagatose-6-phosphat u. ATP unter Anwendung teilweise gereinigter Phosphohexokinase u. Isolierung als Ba-Salz. (Biochim. biophysica Acta [Amsterdam] **14**. 488—94. Aug. 1954. Madison, Wis., Univ., Inst. for Enzyme Res.) H.-R. SCHÜTTE. 4210

O. F. Schwarz, H. Eibl, W. Zischka und **O. Hoffmann-Ostenhof**, *Die Wirkung von Toxinen auf Fermente.* 2. Mitt. *Über den Einfluß von Diphtherietoxin auf den Lactat- und Pyruvatstoffwechsel in Meerschweinchengeweben.* (1. vgl. EIBL u. Mitarbeiter, C. **1953**. 8627.) Vff. hatten gezeigt, daß die Herabsetzung der Atmung von Gewebehomogenaten nach Intoxifikation mit Diphtherie nicht auf eine Beeinflussung des Citronensäurecyclus zurückzuführen ist, u. untersuchten den Effekt des Toxins auf die Glykolyse. Sie stellten in intoxifizierten Gewebehomogenaten eine geringere Verwertung, teilweise sogar eine Vermehrung von zugesetztem Lactat, dagegen ohne erkennbaren Zusammenhang damit einen gesteigerten Umsatz von Pyruvat u. keine Beeinflussung der Milchsäuredehydrogenaseaktivität fest. Dies ist der erste Fall der Beobachtung der Beeinflussung eines Stoffwechselsyst. durch Diphtherietoxin in vitro. (Mh. Chem. **82**. 391—94; S.-B. österr. Akad. Wiss., math.-naturwiss. Kl., Abt. IIb **160**. 391—94. 1951. Wien, Univ., I. Chem. Labor.) W. ZILLIG. 4210

W. Zischka, H. Eibl, O. F. Schwarz und **O. Hoffmann-Ostenhof**, *Die Wirkung von Toxinen auf Fermente.* 3. Mitt. *Der Gehalt an Lactat und Pyruvat in Geweben und im Blut diphtherievergifteter Meerschweinchen.* (Kurze Mitt.) (2. vgl. vorst. Ref.) Vff. stellen fest, daß nach Diphtherieintoxifikation von Meerschweinchen der Lactatgeh. in verschied. Geweben deutlich erhöht ist. Der parallel dazu ermittelte, ca. um $^1/_{10}$ geringere Pyruvatgeh. zeigt kein einheitliches, in keinem Fall ein korrespondierendes Verh., vielleicht schwach abfallende Tendenz. Die gesamte Milchsäure liegt in der physiol. Rechtsform vor, so daß anomaler Abbau von Glucose über Methylglyoxal ausgeschlossen erscheint. Mit der Lactatvermehrung gehen morpholog. Veränderungen einher. Die in vitro erzielten, gleichsinnigen, in der 2. Mitt. (vgl. vorst. Ref.) dargestellten Ergebnisse schließen die Annahme, daß es sich hier um Folgeerscheinungen einer Hypoxämie handle, nach Ansicht der Vff. aus. (Mh. Chem. **82.** 571—74. 1951.) W. ZILLIG. 4210

Joseph Larner und **C. M. McNickle,** *Die Verdauung von Stärke im Magen-Darmtrakt.* 1. Mitt. *Die Wirkung von Oligo-1.6-glucosidase auf verzweigte Saccharide.* Vff. incubieren Extrakte von Eingeweiden des Schweins, erhalten durch Behandlung derselben mit dest. W. bei 3°, Zentrifugieren u. Dialyse (4—6 Std.) gegen 0,85%ig. NaCl-Lsg. (zur Entfernung von *anorgan. Phosphat* u. Ausschluß von Phosphorylierungs-Rkk.) nach Zusatz von *Isomaltose* (**I**; 2 mg) bzw. *Panose* (**II**; 15 mg) oder *α-Amylasedextrinen* (**III**; 0,199 mg, aus Einw. von Speichel auf *Amylopektin* [1.25½ Std.: Abbaugrad 44%; 2. 16 Std.] 5,7%; 30°) mit *Oligo-1.6-glucosidase* (**IV**; 58 E. für **I**; 177 E. für **II** u. 216 E. für **III**; 30°). Es wird ein rasches Ansteigen des Reduktionsvermögens im Substrat beobachtet, entsprechend einer 98,5—103%ig. Hydrolyse von **I** (nach 210 Min.) bzw. **III** (nach 30 Min.) oder einer 87,5%ig. Spaltung von **II** (nach 180 Min.). Die Hydrolysenprodd. *Glucose* (**V**) u. *Maltose* (**VI**) werden auf papierchromatograph. Wege nachgewiesen. Ihre Bldg. zeigt, daß **V** die α-1.6-Bindungen angreift. Die Ggw. von *Maltase* (**VII**) in den Extrakten verursacht bei vollständiger Hydrolyse die Bldg. von **V** aus **VI**, während **III** nur **V** liefert. Die durch Spaltung von **I**, **II** oder **III** entstandene **V** wird nach Incubation der Darmextrakte mit *Hexokinasezwischenferment* (190 E./ml) auf Grund der Red. von zugefügtem *Triphosphonucleotid* (**VIII**) auf mikroenzymat. Wege identifiziert, wobei gleichzeitig eine lineare Beziehung zwischen dem Anteil der red. **VIII**-Menge u. der einwirkenden **IV**-Konz. erhalten wird. Ein Verf. zur Reinigung von **IV**, bei dem die Eingeweideextrakte einer erschöpfenden Extraktion mit gesätt. $(NH_4)_2SO_4$-Lsg. bei 0°, Dialyse gegen 0,85%ig. NaCl-Lsg. u. [nach Absorption der gefällten Proteine an γ-$Al(OH)_3$ u. Ca-Phosphatgel] Behandlung mit 95%ig. A. (0—5°) unterworfen werden, führt zu einer 8—10fachen Steigerung der **IV**-Aktivität. *Amylo-1.6-glucosidase,* die sich neben **IV** in den rohen Extrakten vorfindet, unterscheidet sich von derselben durch Einw. (unter **V**-Abspaltung) auf *Muskelphosphorylase-Grenzdextrin* u. *Glykogen* u. greift **I**, **II** oder **III** im Gegensatz zu **IV** nicht an. Eine Trennung zwischen **IV** u. **VII** gelingt nur partiell durch selektive Absorption an γ-$Al(OH)_3$ u. Ca-Phosphatgel, wobei das Wirksamkeitsverhältnis beider Enzyme von 1:6,5 auf 1:18,5 (für **IV**) ansteigt. Rohe **IV**-Präpp. sind bei +3° ca. 3 Wochen lang, gereinigte im gefrorenen Zustand unbegrenzt haltbar. Die Maximalaktivität von **IV** wird [in Glycylglycinpuffer (mit **I** als Substrat)] zwischen p_H 6,2 u. 6,4 erreicht. Zusammen mit **VII** ermöglicht **IV** die vollständige Hydrolyse von **III** u. Verdauung von Stärke in den Eingeweiden. (J. biol. Chemistry **215.** 723—36. Aug. 1955. Urbana, Ill., Univ., Noyes Labor. of Chem., Div. of Biochem.)
P. FAHRNLAENDER. 4210

E. Boschi und **A. Gaspari,** *Die Inaktivierung von Hyaluronidase in vivo durch Ultraschall.* Bei chines. Tusche, die intradermal Kaninchen injiziert wurde, zeigte sich eine markante Inhibierung der *Hyaluronidase,* wenn die Tiere 1—4 Min. Ultraschallwellen ausgesetzt waren. Aus den Messungen geht hervor, daß die Antienzymwrkg. ganz analog der der Nebennierenhormone verläuft u. daher auf „stress"-Wrkg. zurückzuführen ist. (Boll. Soc. ital. Biol. sperim. **29.** 555—57. April 1953. Padua, Ospedale civile, Reparto Traumatol. INAIL.) O. POLLAK V. EMHOFEN. 4210

J. Katz, S. Abraham, R. Hill und **I. L. Chaikoff,** *Das Vorkommen und der Mechanismus der Hexosemonophosphat-Nebenreaktion in Leberschnitten von Ratten.* Vff. incubieren Leberschnitte von kohlenhydratreich ernährten Ratten in RINGER-Bicarbonatpufferlsg. (p_H 7,3) unter aeroben Bedingungen (95% O_2, 5% CO_2) 3 Std. bei 37° mit je 55 μMol einheitlich markierter *^{14}C-Glucose* (**Ia**), *$^{14}C_{(1)}$-Glucose* (**Ib**) u. *$^{14}C_{(6)}$Glucose* (**Ic**), in Ggw. eines Gemisches von je 50 μMol Na-Acetat (**II**), -Lactat (**III**) u. -Gluconat (**IV**) u. bestimmen den ^{14}C-Geh. der aus dem Substrat isolierten *Glucose* (**I**) durch Abbau mit Leuconostoc mesenteroides, wobei $C_{(1)}$ als CO_2, $C_{(2,3)}$ als A. u. $C_{(4,5,6)}$ als **III** erhalten werden [Gärungssubstrat mit 0,4 mMol **Ia**, 0,5mol. Phosphatpufferlsg. (p_H 6,0), anaerobe Bedingungen (N_2), Versuchsdauer 1 Std.]. Ferner wird der Abbau von **Ia**, **Ib** u. **Ic** in Leberschnittpräpp. untersucht. Die $^{14}CO_2$-Ausbeuten aus **Ia** u. **Ib** sind ca. gleich groß (2—13%) u. 3mal höher als die aus **Ic** (0,7—4,5%). Die Ggw. von **II**, **III** u. **IV** erniedrigt die CO_2-Ausbeuten aus **Ia** u. **Ic** erheblich, besitzt dagegen keinen Einfl. auf die aus **Ib**. Es werden mathemat. Beziehungen zur Berechnung des Ausmaßes des *Glucose* (**I**)-Stoffwechsels in Rattenleberschnitten unter Zugrundelegung des EMBDEN-MEYERHOFF-KREBS-Schemas u. der Hexosemonophosphat-Rk. aufgestellt. Dabei wird gefunden, daß in den Leberpräpp. 83—98% der aus **I** gebildeten CO_2 glykolyt. gebildet u. 61—94% der insgesamt verbrauchten **I** glykolyt. abgebaut wird. Bei Ggw. von **II**, **III** u. **IV** wird eine größere Menge **I** über Hexosemonophosphat umgesetzt. Die Reaktionsprodd. aus **Ia**, **Ib** u. **Ic** sind untereinander ähnlich u. bestehen, wie aus chromatograph. Unterss. hervorgeht, aus *Glutamin-*, *Asparaginsäure*, *Glucosylalanin*, *Glutamin* u. *Alanin*. In weiteren Verss. werden Leberschnitte mit $^{14}C_{(1)}$*Ribose* (**V**; 3 μMol) incubiert. Es läßt sich zeigen, daß sie **V** in **I** umwandeln u. demnach eine akt. *Ribokinase* enthalten. Die aus **V** gebildete **I** weist eine gleichmäßige Verteilung von ^{14}C in $C_{(1)}$ u. $C_{(3)}$ auf, während die übrigen C-Atome inakt. sind. Daraus geht hervor, daß die durch Decarboxylierung von 6-Phosphogluconat gebildete Pentose in der Rattenleber wieder zu **I** resynthetisiert wird. (J. biol. Chemistry **214**. 853—68. Juni 1955. Berkeley, Calif., Univ. of California, School of Med., Dep. of Physiol.) P. FAHRNLAENDER. 4210

Ronald R. Novales und **Howard A. Bern**, *Vergleichende Untersuchung von drei männlichen sauren Genitalphosphatasen.* Es wurden drei *saure Phosphatasen* des männlichen Genitalapp. verglichen: Plasma menschlichen Samens (durch Verdünnen von Plasma mit W. 1:2000; **I**), Präputialdrüse von Ratten (Zentrifugieren von 0,5%ig. wss. Homogenat sekretionsfreier Drüsen; **II**) u. Samendrüsen von Meerschweinchen (**III**). Die Präpp. zeigten nach 2—3 Tagen Aufbewahrung bei 4° keine Aktivitätsunterschiede gegenüber eingefrorenen. Die p_H-Optima von **I**, **II** u. **III** liegen zwischen 5,5 u. 6,5. Bemerkenswert ist die p_H-Verschiebung zu niedrigeren Werten mit abnehmender Substratkonzentration. Die MICHAELIS-Konstanten wurden nach LINEWEAVER u. BURK zu 10^{-5} bis $5 \cdot 10^{-5}$ berechnet. Mg^{2+}, Mn^{2+}, Ca^{2+} u. Zn^{2+} hemmen die drei Enzyme schwach. Die Hemmung ist schlecht reproduzierbar. Molybdat, Wolframat, Fluorid, L-Tartrat u. Oxalat hemmen **I**, **II** u. **III** in gleichem Maße. Incubation der Enzympräpp. mit 40%ig. A. führt zur völligen Inaktivierung, 0,5%ig. Formalin hemmt nur schwach. Rinderserumalbumin aktiviert **I** u. **III** gleich stark, **II** bedeutend schwächer. (Proc. Soc. exp. Biol. Med. **84**. 25—28. Okt. 1953. Berkeley, Calif., Univ., Dep. of Zoology.) G. FAUST. 4210

Ikuzo Uritani, **Takashi Akazawa** und **Miyoko Uritani**, *Zunahme der Atmung im Gewebe Schwarzfäule-befallener Süßkartoffeln.* (Vgl. C. **1955**. 1074.) Von Schwarzfäule (Ceratostomella fimbriata) befallene Süßkartoffelgewebe weisen eine erhöhte Atmung auf. Verschied. Substanzen wurden aus solchem Gewebe isoliert u. ihre Wrkg. auf die oxydative Phosphorylierung von Mitochondrien-artigen Teilchen aus Mungbohnen u. Süßkartoffeln untersucht. *Ipomeamaron* unterdrückt wie 2.4-Dinitrophenol merklich die gekoppelte Phosphorylierung, ohne die O_2-Aufnahme zu ändern. *Umbelliferon* u. *Scopoletin* zeigen keine derartige Wirkung. *Chlorogensäure* (**I**) hemmt die oxydative Phosphorylierung nur bei den Teilchen aus Süßkartoffeln, wobei die O_2-Aufnahme erhöht ist. Ebenso wirkt eine Fraktion (180°/3 mm) aus dem befallenen Gewebe. Vermutlich handelt es sich um die Wrkg. von Oxydationsprodukten der **I**, die unter dem Einfl. von Polyphenoloxydase im Süßkartoffelgewebe entstehen. Die erhöhte Aktivität von *Adenosintriphosphatase* im befallenen Gewebe scheint für die von der Phosphorylierung entkoppelte Atmung mit verantwortlich zu sein. (Nature [London] **174**. 1060. 4/12. 1954. Nagoya, Univ., Fac. of Agric., Labor. of Biol. Chem.) A. DILLMANN. 4210

George Gomori und **Hélio B. Coutinho**, *Selektive Inaktivierung von Esterase durch Alkohol.* Während der Unterss. über die Verteilung von *Esterasen* in den Organen des Hundes wurden zwei verschied. Fixierungsmittel angewandt: 1. ein Gemisch gleicher Teile von absol. Aceton u. 95%ig. A.; 2. 10%ig. Formalin. Dabei wurden deutliche Unterschiede der Präpp. hinsichtlich der Enzymaktivität gefunden. Während durch Aceton (absol. oder 90%ig) wie auch Formalin keine Schädigung zu finden war, wurden die Esterasen mit wenigen Ausnahmen durch Alkoholbehandlung inaktiviert. Die Frage ist, ob es verschied. (gegen A. resistente u. empfindliche) Enzyme gibt, oder ob das Enzym in verschied. Zellen unterschiedlich angegriffen wird. Es wurde gefunden, daß A. als Fixierungsmittel Aliesterase selektiv zerstört, jedoch die Cholinesterasse nur unwesentlich. (Proc. Soc. exp. Biol. Med. **83**. 809—11. Aug./Sept. 1953. Chicago, Ill., Univ. of Chicago, Dep. of Med.) G. FAUST. 4210

Sidney A. Bernhard, *Ein einfaches Modell der Molekülspezifität in Enzym–Substrat-Systemen.* 1. Mitt. *Theorie und Anwendungen auf das System Acetylcholinesterase–Substrat.* Es wird ein Modell der *Enzym* (**I**)–*Substrat*-Spezifität diskutiert, das angenäherte Berechnungen der relativen Bindungsenergien von Substraten als Funktion der stereochem. u. Elektronenkonfiguration erlaubt. Die Berechnungen beruhen auf folgenden Annahmen: 1. Die relativen Geschwindigkeiten **I**-katalysierter Spaltungen sind denen der einfachen homogenen Lösungskatalyse gleich, wenn die Zersetzungsmechanismen gleich sind, d. h. **I** wirkt beim Zersetzungsvorgang „unspezifisch". 2. Die Bindungsenergie ist eine Funktion des Grades der Komplementärstruktur des Substrates zur Struktur des entsprechenden **I**-Bereiches. 3. Die relativen Bindungsenergien von Substraten werden experimentell aus dem Parameter KM (= [E][S]/[ES]), wobei KM eine Gleichgewichtskonstante (MICHAELIS-Konstante) ist, d. h. nicht von der Geschwindigkeit der ES-Spaltung beeinflußt wird. Es werden Berechnungen der Substratspezifität bei Rkk. mit *Acetylcholinesterase* angegeben. Der wesentliche Beitrag zur Gesamtbindungsenergie rührt von LONDON-Dispersionskräften, Ladungswechselwirkungen u. einer schwachen chem. Bindung her. Die beiden ersten Faktoren werden quantitativ behandelt. (J. Amer. chem. Soc. **77.** 1966—72. 5/4. 1955. Pasadena, Calif., California Inst. of Technol., Gates and Grellin Labors. of Chem.) K. MAIER. 4210

Sidney A. Bernhard, *Ein einfaches Modell der Molekülspezifität in Enzym–Substrat-Systemen. 2. Mitt. Korrelation zwischen Michaelis-Konstante und Hemmungskonstante.* (1. vgl. vorst. Ref.) Es wird die enzymkatalysierte Hydrolyse der beiden Substrate *RX* u. RX' beschrieben. Das Verhältnis der Hydrolysegeschwindigkeiten unterscheidet sich nach $k \gg k'$. *RX'* hemmt kompetitiv die *RX*-Hydrolyse, so daß die Hemmungskonstante K'_I gemessen werden kann. Die Konstanten $K'_I = [E][I]/[EI]$ u. $K'_M = [E][S']/[ES']$ sind für *Trypsin* (I)–*Benzoyl-L-argininamid* (II; kompetitive Hemmung der I-katalysierten Hydrolyse von *Benzoyl-L-argininäthylester* durch II), wo I = S', prakt. gleich ($3{,}3 \pm 0{,}2 \cdot 10^{-3}$ u. $3{,}1 \pm 0{,}2 \cdot 10^{-3}$ mol.). K'A schließt im Gegensatz zu K'_I die Zersetzungsgeschwindigkeit des Enzym–Substrat-Komplexes ein. Die numer. Übereinstimmung beider Konstanten beinhaltet, daß die Geschwindigkeit (k'_2) der Dissoziation des Komplexes zu freiem Enzym u. Reaktionspartner wesentlich > die Geschwindigkeit (k'_3) der Zers. des Komplexes ist. Gleiches gilt für das Syst. *α-Chymotrypsin–Acetyl-L-phenylalaninamid.* (J. Amer. chem. Soc. **77.** 1973—74. 5/4. 1955. Cambridge, England, Univ., Dep. of Colloid Sci.) K. MAIER. 4210

George B. Koelle, *Die Lokalisation der spezifischen Cholinesterase in der Retina.* Vf. bestätigt die Beobachtung von HEBB, daß der Sehnerv frei von spezif. *Cholinesterase* (I) ist. Doch bestehen beträchtliche Differenzen über die Verteilung von I in der Retina zwischen seinen Ergebnissen u. denen anderer Autoren. Vf. erörtert deshalb die histochem. Meth. für den Nachw. von I. Er fand bei Einhaltung einer Modifikation der Meth. an der Katzenretina, daß das Vork. von I prakt. auf die Amacrinzellen beschräckt war. (Pharmacol. Rev. **6.** 47—48. März 1954. Philadelphia, Pa., Univ., Dep. of Pharmacol., Graduate School of Med.) K. BÖHM. 4210

E. V. Rowsell, *Ammoniak und Acetylcholin isolierter Hirnrindenschnitte nach elektrischen Stromstößen.* Nach Anwendung elektr. Impulse ist in *Glucose*-Lsg. keine Änderung des Geh. an NH_3 feststellbar, während der Geh. an *Acetylcholin* (I) abnimmt, unter *Eserin*-Zusatz jedoch ein *Cholinester* gebildet wird u. zunimmt, der in seinen Rkk. dem freien I entspricht. (Biochem. J. **57.** 666—73. Aug. 1954. London, Maudsley Hosp., Inst. of Psych., Dep. of Biochem.) D. ZEMKE. 4210

A. Narayanaswami und **H. McIlwain,** *Elektrische Stromstöße und der Stoffwechsel zellfreier Hirnpräparate.* Im Gegensatz zu Hirnschnitten erfolgen in zellfreien Suspensionen nach elektr. Stromstößen geringe oder keine Änderungen der O_2-Aufnahme u. der *Phosphorsäure*-Veresterung, während *Kreatinphosphokinase* je nach benutzter Elektrode (*Mo, Au* oder *Ag*) schwächer oder stärker gehemmt wird. (Biochem. J. **57.** 663—66. Aug. 1954. London, Maudsley Hosp., Inst. of Psych., Dep. of Biochem.)
D. ZEMKE. 4210

A. N. Davison, *Umsetzung von Schradan und Parathion durch ein Enzymsystem aus Rattenleber. Schradan* (I; *Oktamethylpyrophosphoramid*) u. *Parathion* (II; *O.O-Diäthyl-O-p-nitrophenylpyrophosphorothionat*) werden in der Säugetierleber zu Hemmstoffen für Cholinesterase umgesetzt. Die Umwandlung findet nur statt, wenn Lebermikrosomen zusammen mit der überstehenden Lsg. in Ggw. von Nicotinamid, Mg^{2+} u. Diphosphopyridinnucleotid (III) vorhanden sind. Triphosphopyridinnucleotid (IV) ist weniger wirksam als III; red. IV (Einsatz von IV + Glucose-6-phosphat) erhöht den Umsatz von I, nicht aber den von II. (Nature [London] **174.** 1056. 4/12. 1954. Carshalton, Surrey, Serum Inst., Med. Res. Council Unit for Res. in Toxicol.) A. DILLMANN. 4210

Herbert A. Ravin, Kwan-Chung Tsou und **Arnold M. Seligman,** *Colorimetrische Bestimmung und histochemischer Nachweis der Serumcholinesterase.* Vff. benutzten als spezif., durch andere esterspaltende Fermente, auch die Cholinesterase des Zentralnervensyst., nichtgespaltene Substrate für *Serumcholinesterase* (I), *β-Carbonaphthoxychinolinjodid* bzw. *6-Brom-2-carbonaphthoxyjodid*, die durch Spaltung in *β*-Naphthol bzw. sein 6-Bromderiv. übergeführt werden. Diese können sowohl quantitativ-colorimetr. in Lsg. als auch in Gewebeschnitten durch Kuppeln mit tetrazotiertem Di-o-anisidin als blaue Azofarbstoffe nachgewiesen werden. Die quantitativen Daten bestätigen das vorliegende Material. Vff. weisen bes. auf die Möglichkeit der I-Best. in der Leber zu diagnost. Zwecken bei Lebererkrankungen hin. Histochem. ließ sich im Gegensatz zu früheren, als fehlerhaft erkannten Ergebnissen anderer Autoren zeigen, daß I nicht im Zellkern, sondern im Plasma, vorwiegend an der Peripherie der Zelle lokalisiert ist.

(J. biol. Chemistry **191.** 843—57. Aug. 1951. Boston, Mass., Harvard Med. School Dep. of Surg.) W. ZILLIG. 4210

Athos Ottolenghi, Frederick Bernheim und **Karl M. Wilbur,** *Die Hemmung von gewissen Enzymen der Mitochondrien durch Fettsäuren, die durch ultraviolettes Licht oder Ascorbinsäure oxydiert sind.* Ungesätt. Fettsäuren können durch UV-Licht oder katalyt. Wirkungen, z. B. von *Ascorbinsäure* (**I**) oxydiert werden; die oxydierten Fettsäuren hemmen gewisse Oxydationsenzyme. UV-Bestrahlung von Mitochondrien (Rattenleber) führt zur Oxydation von Lipoiden, die direkt proportional zur Bestrahlungsdauer ist. *Bernsteinsäureoxydase* (**II**) u. *Cholinoxydase* (**III**) werden in direktem Verhältnis zum Ausmaß der Lipoidoxydation gehemmt. Incubation von bestrahlten Mitochondrien mit red. Glutathion führt zu einer teilweisen (>33%) Wiederherst. der **II.** — Incubation von Mitochondrien mit **I** führt zu einer Hemmung von **II, III** u. *Aminoxydase* (**IV**), die direkt proportional der Lipoidoxydation ist (wie bei der UV-Bestrahlung). Mit **I** incubierte Leberschnitte zeigen eine verstärkte Lipoidoxydation u. eine Verminderung der **II.** — **II** wurde durch UV-bestrahlten *Linolensäuremethylester* (**V**) u. dessen in W. lösl. Oxydationsprodd. gehemmt. Der nichtoxydierte Ester hat nur wenig Wirkung. **V** sowie Linolsäuremethylester, die in gleichem Ausmaß durch UV-Bestrahlung oxydiert waren, hatten die gleiche Hemmungswrkg. gegen **II.** — Vff. schließen, daß die Wrkg. der UV-Bestrahlung auf die Zellen teilweise durch die Oxydationsprodd. der Lipoidbestandteile vermittelt wird. (Arch. Biochem. Biophysics **56.** 157—64. Mai 1955. Durham, N. C., Duke Univ., Dep. of Physiol. and Pharmacol. and Dep. of Zoology.) A. HESSE. 4210

Daniel Steinberg und **Donald S. Fredrickson,** *Hemmung der Lipidsynthese durch α-Phenyl-n-buttersäure und verwandte Verbindungen.* $1\cdot10^{-3}$ Mol *α-Phenyl-n-buttersäure* (**I**) erniedrigte die Umwandlung von Acetat-$^{14}C_{(1)}$ in Cholesterin u. Fettsäuren in Rattenleberschnitten. Die Umwandlung von *Acetat* (**II**) in Aceto-**II** wurde in fast demselben Maße gehemmt, während die Oxydation zu CO_2 allg. weniger stark gehemmt wurde. Endogene O_2-Aufnahme konnte relativ ungeschwächt in **I**-Ggw. vor sich gehen. Einzelne, dem **I** strukturell verwandte Verbb., hemmten ebenfalls die **II**-Umwandlung in Lipide. (Proc. Soc. exp. Biol. Med. **90.** 232—36. Okt. 1955. Bethesda, Md., Nat. Inst. of Health, Nat. Heart Inst., Labor. of Cellular Physiol. and Metabolism.)
H. PATZSCH. 4210

Harvey L. Tookey und **A. K. Balls,** *Pflanzen-Phospholipase D.* 1. Mitt. *Untersuchungen an Baumwollsamen und Kohl-Phospholipase D.* Aus Baumwollsamen wurde eine *Phospholipase D,* die aus Phospholipiden Äthanolamin u. Cholin freisetzt, als stabiles, trockenes, scheinbar wasserlösl. Prod. erhalten. Es ist gegenüber Phosphatidyläthanolamin 86mal aktiver als Baumwollsamenmehl. Ein ähnliches Enzym wurde aus Kohlblättern isoliert; es ist im rohen Extrakt von einem dialysierbaren Hemmstoff begleitet, der aber das Ferment aus Baumwollsamen nicht beeinflußt. Beide Enzyme haben ein p_H-Optimum bei 5—6 u. werden durch NaCl aktiviert. Die therm. Stabilität u. die Wrkg. von Ae. auf die Aktivität wurden untersucht. (J. biol. Chemistry **218.** 213—24. Jan. 1956. Lafayette, Ind., Purdue Univ., Dep. of Biochem.)
A. DILLMANN. 4210

G. Popják und **Alisa Tietz,** *Biosynthese von Fettsäuren in zellfreien Präparaten.* 2. Mitt. *Synthese von Fettsäuren aus Acetat durch ein aus Rattenbrustdrüse hergestelltes lösliches Enzymsystem.* (Vgl. C. **1955.** 5571.) Aus Homogenisaten der Brustdrüsen lactierender Ratten wurde durch fraktioniertes Zentrifugieren ein lösl. Enzymsyst. (**I**) erhalten, das aus *Acetat* (**II**) kurz- u. langkettige *Fettsäuren* (**III**) synthetisiert. Die Mitochondrien- u. Mikrosomenfraktion der Brustdrüsenhomogenisate sind für die **III**-Synth. nicht erforderlich. Der lösl. Überstand war hinsichtlich der **III**-Synth. meist wirksamer als das Gesamthomogensiat. Im lösl. **I** reichte *Adenosintriphosphat* (**IV**) zur Aktivierung der Synth. aus **II** aus, wobei **IV** durch *Adenosindiphosphat* ersetzt werden konnte. Die **III**-Synth. erfuhr in Ggw. von **IV** durch *Oxalacetat* (**V**), *α-Oxoglutarat* (**VI**) u. in schwächerem Maße durch *Succinat* eine merkliche Steigerung. Eine bes. starke Stimulierung bewirkte *Malonat* (**VII**). Eine Kombination von **VI** u. **VII** rief maximal 30fache Zunahmen des ^{14}C-**II**-Einbaues in **III** hervor. Anaerobe Incubation hemmte die Synth. nur in Ggw. von **V.** In Ggw. von **VI** + **VII** wurde anaerob keine Hemmung beobachtet. Hg^{2+} u. *Arsenat* hemmten die **III**-Synth. fast vollständig, *Cyanid* u. *2.4-Dinitrophenol* zu 30—70%, während *Azid* u. *Fluorid* ohne Wrkg. waren. (Biochem. J. **60.** 147—55. Mai 1955. London, Nat. Inst. for Med. Res.) K. MAIER. 4210

Alisa Tietz und **G. Popják,** *Die Biosynthese von Fettsäuren in zellfreien Präparaten.* 3. Mitt. *Coenzym-A-abhängige Reaktionen in einem löslichen Enzymsystem der Brustdrüsen.* (2. vgl. vorst. Ref.) Ein lösl. Enzymsyst. (**V**) aus Brustdrüsen lactierender Ratten (Darst. l. c.), daß bei Zusatz von *Adenosintriphosphat* (**I**) aus *Acetat* (**II**), *Fettsäuren* (**III**) synthetisiert, enthielt ca. 50 γ *Coenzym A* (**IV**)/cm³. Die Aktivierung von **II** u. anderen n. **III** mittels **IV** in **V** ergab sich aus der Bldg. von *Hydroxamsäure*, von denen einige (*Acethydroxamsäure* [**VI**], *Butyrohydroxamsäure*, *Myristohydroxamsäure*, *Palmitohydroxamsäure*, *Stearohydroxamsäure*) papierchromatograph. identifiziert wurden. **II** wurde bevorzugt aktiviert. **I** war beim Aktivierungsvorgang durch *Adenosindiphosphat* ersetzbar. **V** enthielt endogene Substrate, aus denen unter geeigneten Bedingungen *Acetyl*-**IV**- u. höhere *Acyl*-**IV**-Verbb. gebildet wurden. Die Ggw. eines *Brenztraubensäureoxydase*-Syst. in **V** wurde aus der Bldg. von **VI** aus *Pyruvat* in Ggw. von **I** gefolgert. Bei Kopplung mit dem arylaminacetylierenden Enzym (A_{60}) von CHOU u. LIPMANN (J. biol. Chemistry **196.** [1952.] 89) aus Taubenleberacetonpulver konnte **V** als Acetyldonator für die Acetylierung von *Sulfanilamid* dienen. *α-Oxoglutarat* u. *Malonat*, die die **III**-Synth. aus **II** in **V** stark stimulierten, waren auf die *Acetyl*–**IV**-Bldg. ohne Einfluß. Hg^{2+} hemmte die **III**-Synth. aus **II** durch Aufhebung der Acetyl–**IV**-Synthese. *Arsenat* rief nur eine mäßige Blockierung der Acetyl–**IV**-Bldg. hervor, hemmt jedoch stark die **III**-Synthese. Entfernung von **IV** u. *Diphosphopyridinnucleotid* (**VII**) aus **V** durch Behandlung mit Dowex-1-Ionenaustauschharz hob die **III**-Bldg. aus **II** auf; Zusatz von erhitztem **V** oder von **IV** u. **VII** bewirkte vollständige Reaktivierung. Zusatz eines Überschusses von **IV** u. **VII** zu frischem **V** oder Dowex-1-behandeltem **V** steigerte beträchtlich den **II**-Einbau in **III**. Die Ergebnisse stimmen mit der früher gemachten Annahme von POPJÁK überein, wonach die biol. **III**-Bldg. durch stufenweisen Aufbau aus **II** über kurzkettige **III** nach der Gesamt-Rk.: $Acyl_{2n}$–**IV** + Acetyl–**IV** ⇌ $Acyl_{(2n+2)}$–**IV** + **IV** verläuft. (Biochem. J. **60.** 155—65. Mai 1955. London, Nat. Inst. for Med. Res., and Hammersmith Hosp., M. R. C. Exp. Radiopathol. Res. Unit.) K. MAIER. 4210

C. V. Ramakrishnan, *Reinigung von Lipase aus Aspergillus niger.* Unter Anknüpfung an frühere Unterss. mit lipolyt. stark akt. Stämmen von Aspergillus niger wird über Verss. zur Trennung der lipolyt. von der esterat. Wrkg. berichtet. Darst. eines akt. Nd. durch Aussalzen mit $(NH_4)_2SO_4$, der in dest. W. gelöst u. gegen dest. W. dialysiert wird, dann Verdünnung u. Zusatz von $Al(OH)_3$-Gel; nach dem Rühren in der Kälte wird zentrifugiert; es werden getrennt untersucht die klare Lsg. sowie das mit $^1/_{50}$mol. Phosphatpuffer (p_H 4,8) homogenisierte Gel. Die hydrolysierende Fähigkeit wird einmal gegenüber frisch hergestelltem Erdnußöl ermittelt (lipolyt. Kraft), zum andern gegenüber Äthylbutyrat (esterat. Kraft). Es zeigt sich, daß durch die Behandlung zwar eine Anreicherung der Fermentwrkg. nicht aber eine Differenzierung zwischen Lipase u. Esterase erfolgt ist u. daß beide Fraktionen sehr instabil sind. (Naturwissenschaften **41.** 16—17. Jan. 1954. Calcutta, India, Bose Inst.) K. TÄUFEL. 4210

Osamu Hayaishi, Yoshio Sato, William B. Jakoby und **Edward F. Stohlman,** *Reversible enzymatische Oxydation von Gallensäuren.* Aus den (nach HAYAISHI, C. **1954.** 570 gewonnenen) Zellen eines vorläufig als Escherichia coli angesprochenen Organismus, der in Ggw. von Cholsäure gewachsen war, konnte eine mit *Diphosphopyridinnucleotid* (**I**) verbundene *Dehydrogenase* erhalten werden, welche die reversible Dehydrierung von *3-Oxycholansäure* (*Lithocholsäure*; **II**) katalysiert. Die Rk. ist reversibel: **II** + I^+ ⇌ *3-Ketocholansäure* + **I**-H + H^+. **I** kann nicht durch Triphosphopyridinnucleotid ersetzt werden. Durch das Enzym wird weder Androsteron noch Tetrahydrocortison oxydiert. Da aber auch *3α-Oxybisnor-* u. *3α-Oxynorcholansäure* in gleicher Geschwindigkeit wie **II** oxydiert werden, scheint die Dehydrogenase spezif. gegen Steroide mit einer COOH-Gruppe in der Seitenkette zu wirken. (Arch. Biochem. Biophysics **56.** 554—55. Juni 1955. Bethesda, Md., Nat. Inst. of Arthritis and Metabolic Dis.; Nat. Inst. of Health.) A. HESSE. 4210

W. D. McElroy und **Arda A. Green,** *Enzymatische Eigenschaften der bakteriellen Luciferase.* Die aus Bakterien (Achromobacter fischeri) hergestellte *Luciferase* (**I**) benötigt für die Erzeugung der Luminescenz red. *Riboflavinphosphat* (**II**), einen aliphat. Aldehyd (**III**) mit langer C-Kette u. O_2. Wenn nichtred. **II** verwendet wird, wird die Katalyse der lichtaussendenden Rk. auch durch red. *Diphosphopyridinnucleotid* (**IV**) oder *Triphosphopyridinnucleotid* unterstützt. — Die Red. von **II** wird, wenn ein **III** zugesetzt wird, auch durch verschied. Farbstoffe, z. B. *Safranin T*, *Indigotrisulfonat* oder *Rosindulin 2G* gefördert. In Abwesenheit eines **III** sowie von red. **II** katalysiert **I** die Red. von Methylenblau, verschied. Chinonen u. Ferricyanid durch red. **IV**. Wird Ferricyanid zu einem n. Reaktionsgemisch zugefügt, so wird Licht erst ausgesendet, wenn das Ferricyanid red. ist. Wegen der Autoxydation von red. **II** wird die Oxydation von **IV** durch **I** rasch in Ggw. von **II** katalysiert. — Die Kinetik der von **II** ausgehenden Lichtemission zeigt, daß zwei Moll. von red. **II** sich mit der **I** vereinigen. — Zwischen Lichtintensität u. **I**-Konz. besteht bei Verwendung von red. **II** Proportionalität, bei Verwendung von red. **IV** dagegen eine nichtlineare Beziehung. Das letzte beruht wahrscheinlich auf der stärkeren Autoxydation von red. **II**, das bei niedriger **I**-Konz. aus red. **IV** u. **II** gebildet wird. — Bei gereinigter **I** hängt die Lichtemission von der **IV**-Menge ab. Bei Verwendung von geeigneten Verdünnungen von *Dodecylaldehyd* kann man zeigen, daß das gesamte ausgesendete Licht von der **IV**-Konz. abhängt; **IV** wird offenbar zur Säure oxydiert, was aber bei den kleinen Umsätzen nicht nachgewiesen werden konnte. — *Hefealkoholdehydrogenase* katalysiert in Ggw. von red. **II** die Red. des langkettigen **IV** zu dem entsprechenden Alkohol. — Möglicherweise tritt **IV** mit red. **II** zu einem Zwischenprod. zusammen. (Arch. Biochem. Biophysics **56.** 240—55. Mai 1955. Baltimore, Md., Johns Hopkins Univ., McCollum-Pratt Inst. and Dep. of Biol.) A. Hesse. 4210

James H. Weir, Frederick I. Tsuji und **Aurin M. Chase,** *Der isoelektrische Punkt der Luciferase von Cypridina.* Die aus Cypridina hilgendorfii hergestellte u. auf 46fache Aktivität gereinigte *Luciferase* zeigt einen isoelektr. Punkt bei p_H 3,28. (Arch. Biochem. Biophysics **56.** 235—39. Mai 1955. Princeton, N. J., Princeton Univ., Biol. Labor.)
A. Hesse. 4210

E₃. Mikrobiologie. Bakteriologie. Immunologie.

Dale Gross und **Harold Tarver,** *Untersuchungen über Äthionin.* 4. Mitt. *Der Äthionineinbau in das Protein von Tetrahymena.* (3. vgl. Levine u. Tarver, C. **1952.** 4327.) Wächst *Tetrahymena pyriformis* in Ggw. von unmarkiertem *Methionin* u. *L-Äthionin* (**I**) mit ^{14}C-markierter Äthylgruppe (aus $^{14}C_{(1)}$-Äthyljodid u. S-Benzyl-L-homocystein), so wird ^{14}C von den Proteinen aufgenommen, u. zwar hauptsächlich als **I**, jedoch finden sich bei der Säulenchromatographie an Dowex 50 X 8 auch markierte *Asparaginsäure* u. *Glutaminsäure.* Die nach Partialhydrolyse des Proteins anfallenden Peptide enthalten ^{14}C hauptsächlich in Form von **I**. Vff. nehmen daher an, daß Tetrahymena ein **I**-haltiges Protein synthetisiert u. daß es sich bei diesem Ersatz n. Metabolite durch anomale um eine allg. Erscheinung handelt, die auch an Nucleotiden u. Nucleinsäure beobachtet werden konnte. (J. biol. Chemistry **217.** 169—82. Nov. 1955. Berkeley, Calif., Univ., School of Med., Dep of. phys. Chem.) E. Schwerdtfeger. 4320

G. Cimino, *Wirkung der K-Antivitamine auf die Synthese von Vitaminen durch den Lactobacillus arabinosus.* Es wird die Veränderung des Stoffwechsels einiger Faktoren des B-Komplexes in L. arabinosus bei der Einw. von *2-Chlor-1.4-naphthochinon* (**I**) u. *2.3-Dichlor-1.4-naphthochinon* (**II**; in einer 0,1%ig. Acetonlsg.) untersucht. Nach 24std. Incubationszeit bei 37° wird die Wrkg. auf die Entw. der Bakterien u. die Best. von *Thiamin, Riboflavin* u. *Folsäure* durchgeführt. 20 μg **I** wirken bakteriostatisch. Erheblich ist nur die Thiaminsynth. erhöht (500% bei 10 μg **I**/ml bzw. 2 μg **II**/ml gegenüber Kontrollverss.). Die Synthesen von Folsäure u. Riboflavin sind gering. (Boll. Soc. ital. Biol. sperim. **29.** 664—67. April 1953. Catania, Univ., Ist. di Patol. Gen.)
O. Pollak v. Emhofen. 4320

A. M. James und **P. J. Barry,** *Die Wirkung bakteriostatischer Agentien auf die elektrokinetischen Eigenschaften von Aerobacter aerogenes.* Durch Zusatz von *Proflavin* (**I**; *2.8-Diaminoacridinsulfat*) wird die elektrophoret. Beweglichkeit von Aerobacter aerogenes proportional der **I**-Konz. verringert. Oberhalb einer Konz. von ca. 325 mg **I**/Liter tritt Flockung auf. Die mit **I** vorbehandelten, dann abzentrifugierten u. in **I**-freiem Medium resuspendierten Zellen haben die gleiche Beweglichkeit wie unbehandelte Zellen, was darauf hinweist, daß die **I**-Bindung an die Zellen nur locker ist u. keine irreversiblen Veränderungen an der Bakterienoberfläche hinterläßt. — Das vergleichsweise einheitliche Verh. der einzelnen Zellindividuen bzgl. der Wanderungsgeschwindigkeit im elektr. Feld wird durch höhere **I**-Konzz. zu einem breiten Spektr. auseinandergezogen, das bei an **I** adaptierte Zellen auch nach Weiterzüchtung in **I**-freiem Milieu erhalten bleibt, selbst in Kulturen, die aus einem einzigen Keim stammten. — Diese Veränderungen der Populationseigg. werden auf Faktoren zurückgeführt, die für die Synth. neuen Oberflächenmaterials verantwortlich sind u. durch **I** beeinflußt werden können. (Biochim. biophysica Acta [Amsterdam] **15.** 186—93. Okt. 1954. London, Chelsea Polyt., Dep. of Chem.)
H. Hennersdorf. 4330

J. H. B. Lowick und **A. M. James,** *Die Wirkung bakteriostatischer Agentien auf die elektrokinetischen Eigenschaften von Aerobacter aerogenes.* 2. Mitt. *Kristallviolett.* (1. vgl. vorst. Ref.) Es wird über die Wrkg. von *Kristallviolett* (**I**) auf die elektrophoret. Beweglichkeit von Aerobacter aerogenes berichtet. Mit steigender Konz. trat eine herabgesetzte elektrophoret. Beweglichkeit auf; bei Konz. von über 300 mg/Liter eine Ausflockung. Im **I**-Medium gewachsene Zellen zeigten in der ersten Subkultur ein verändertes elektrokinet. Verhalten. (Biochim. biophysica Acta [Amsterdam] **17.** 424—33. Juli 1955. London, Chelsea Polyt., Dep. of Chem.) H. Hennersdorf. 4330

P. Ambrosioni, R. Ponzoni und **S. Masoni,** *Farmidril — ein Desinfektionsmittel auf der Basis eines aromatischen Guanidinderivates.* Die Wrkg. von *Farmidril* (*2.4-Diguani-*

dinophenyldodecylätherdihydrochlorid) wurde auf seine Wrkg. gegen verschied. gramnegative u. -positive Keime untersucht. Mycobacterium tuberculosis wird durch 0,5%ig. Lsg. in 60 Min., Milzbrandsporen werden in 8 Std. inaktiviert. Die Konz. gegen andere Keime liegen zwischen 0,1% (Coli) u. 0,005% (Ruhr). (Nuovi Ann. Igiene Microbiol. **5.** 321—32. Sept./Okt. 1954. Modena, Ist. di Igiene.) G. Gerber. 4330

R. Machiki, *Verhalten von Coliphagen (C_{50}-Stamm) gegen einige biochemisch wichtige Verbindungen.* Der Stamm C_{50} von *B. coli* wird aus Faeces gezüchtet u. der *Bakteriophage* (B-c) durch Züchtung auf Bouillon verstärkt; die Einfll. von *Harnstoff* (**I**), *Thioharnstoff* (**II**), *Urethan* (**III**), H_2O_2 u. *Methylenblau* (**IV**) werden bzgl. Konz., Einwirkungsdauer u. B-c-Menge untersucht. **IV** inaktiviert den B-c am stärksten, dann folgen H_2O_2, **II**, **I** u. **III**. Bei einer bestimmten höheren Konz. bei Fortsetzung der Behandlung für längere Zeit nach der Inaktivierung wird der B-c abgetötet. Unterhalb einer gewissen Konz. jeder der obigen Verbb. besteht zwischen Konz. u. Phagenmenge keine Beziehung; bei relativ hoher Konz. wird die zur Inaktivierung nötige Zeit, der Konz. parallel, abgekürzt; z. B. werden alle B-c in 25%ig. **I**-Lsg. in 8 Std. inaktiviert (lassen sich aber wieder verstärken), in 48 Std. bei 20%ig., in 96 Std. bei 15%ig., in 240 Std. bei 10%ig. **I**-Lösung. $<$ 5%ig. **I**-Lsg. erzeugt keine Inaktivierung. Nach 240 Std. sind in 10—25%ig. **I** alle B-c abgetötet. Bei 10—25% **I** wird die Inaktivierungszeit (InZ) parallel der B-c-Menge abgekürzt. Mit H_2O_2 u. **IV** wird bei jeder Konz. die InZ parallel der B-c.-Menge abgekürzt. — 10 Tabellen u. Diagramme. 24 Literaturangaben. (Tokyo Jikeikai med. J. **69.** 75—87. 1/4. 1954. [Orig.: japan.]) L. Schuler. 4331

Albert P. Doerschuk, J. R. D. McCormick, Joseph J. Goodman, Stephen A. Szumski, John A. Growich, Philip A. Miller, Barbara A. Bitler, Elmer R. Jensen, Milton A. Petty und **Allen S. Phelps,** *Der Halogenidstoffwechsel von Streptomyces aureofaciens-Mutanten. Die Biosynthese von 7-Chlor-, 7-Chlor-(36)- und 7-Bromtetracyclin und Tetracyclin.* Von 2 Klassen experimenteller Mutanten von Streptomyces aureofaciens Dugger ist eine Klasse, z. B. Mutante BC-41, in großem Umfang bei der Bldg. von *7-Chlortetracyclin* (**I**) unabhängig von der Cl^--Konzentration. Bei der 2. Klasse, z. B. Mutante S-580 u. S-1055, wird Abhängigkeit von der Cl^--Konz. beobachtet. Die **I**-Bldg. durch BC-41 wird kaum durch Br^- gehemmt, während die **I**-Bldg. durch S-580 u. S-1055 durch Br^- gehemmt wird. Es handelt sich um kompetitive Hemmungen. Bei Hemmung durch Br^- oder Rhodanid u. bei Halogenmangel wird Tetracyclin gebildet. Nur BC-41 verwendet Br^- zur Bldg. von *7-Bromtetracyclin* (**II**). Von **I** u. **II** werden physikal. Eigg., Löslichkeiten u. UV-Spektren angegeben; **I**-HCl, F. 210° (Zers.) u. **II**-HCl, F. 235° (Zers.). Durch Zugabe von $^{36}Cl^-$ zur Mutante BC-41 wurde reines, krist. 7-^{36}Chlortetracyclin-HCl in einer Gesamtausbeute von 53% dargestellt. (J. Amer. chem. Soc. **78.** 1508—09. 5/4. 1956. Pearl River, N. Y., Amer. Cyanamid Comp., Lederle Labor. Div., Chem. Proc. Improv. Dep.)
F. Lingens. 4340

Herbert E. Carter, Carl P. Schaffner und **David Gottlieb,** *Lävomycin*, 1. Mitt. *Isolierung und chemische Untersuchung. Lävomycin* (**I**), $C_{27}H_{38}N_6O_{12}$, F. 222—224°, wurde aus der Kulturbrühe u. aus dem lysierten Mycel eines nicht identifizierten Streptomycetenstammes durch Extraktion bei p_H 8 mit Äthylacetat u. Fällung im Konzentrat mit überschüssigem n-Hexan als eine gegen grampositive u. -negative Bakterien wirksame Substanz isoliert. Die Reinigung erfolgte durch 54stufige Gegenstromverteilung im Syst. Methanol–Bzl.–W. (5 : 5 : 1) bei einem Verteilungskoeff. von 0,95. Aus der Fraktion 39 krist. mit Isopropanol weiße Prismen, die zur weiteren Reinigung in Chlf. gelöst über Kieselsäure chromatographiert werden. $[\alpha]_D^{25}$ —290° (2%, Aceton), $[\alpha]_D^{25}$ —323° (1%, Chlf.), UV-Absorptionsmaxima bei 318 u. 243 mμ. Das Infrarotspektr. läßt auf ein Mol. mit Peptidtypus schließen. Milde alkal. Hydrolyse führt zu *Lävomycinsäure* (F. 155 bis 160°). Kräftige alkal. u. saure Hydrolyse ergeben eine flüchtige Base, eine flüchtige Säure, einen fluorescierenden Farbstoff u. mindestens 4 ninhydrinpositive Komponenten. Nach den physikal. u. chem. Eigg. gehört **I** zur Gruppe der Antibiotica, die eine aromat. Gruppe an eine Peptidhälfte gebunden enthalten. Die biol. Wirksamkeit variiert je nach Bakterienorganismus zwischen 1 u. 100 γ/ml. 44 mg/kg intravenös an die Maus verabreicht, wirken tödlich. (Arch. Biochem. Biophysics **53.** 282—93. Nov. 1954. Urbana, Ill., Univ. of Illinois, Dep. of Chem. and Horticult.) H. Endrass. 4340

D. Dougall und **E. P. Abraham,** *Xanthomycin A.* Aus der Kulturbrühe eines in Malaya gefundenen Streptomycetenstammes wurde eine orangerote bas. Substanz (**I**) isoliert, die gegen Bakterien wirksam ist u. auf die Maus hochgradig tox. wirkt. Ihre Eigg. weisen auf eine Ähnlichkeit mit *Xanthomycin A* hin. Nach dem Ausschütteln mit Chlf. im alkal. p_H-Bereich u. hieraus mit W. in saurem Bereich wurde **I** durch Gegenstromverteilung zwischen Trichloräthylen u. Citratpuffer bei p_H 5,95 gereinigt. Vorläufige Formel: $C_{22}H_{29-31}N_3O_7 \cdot 2\,H_2O$, UV-Absorptionsmaximum bei 288 u. 455 mμ, 2 bas. Gruppen mit pK-Werten von 3,0 u. 7,3. Hydrochlorid $[\alpha]_D^{20}$ +100 (in W.), UV-Absorptionsmaximum bei 265 mμ. Mindesthemmkonz. von I gegen Staphylococcus aureus 0,002 γ/ml. (Nature [London] **176.** 256. 6/8. 1955. Oxford, Univ., Sir William Dunn School of Pathol.) H. ENDRASS. 4340

R. E. Strange und **F. A. Dark,** *Die Zusammensetzung der Sporenhüllen von Bacillus megatherium, B. subtilis und B. cereus.* Aus *B. megatherium-* u. *B. subtilis*-Sporen durch Zerkleinerung u. Zentrifugieren (1400 g) isolierte, mit mol. $NaHCO_3$, W. u. n HCl gewaschene Sporenhüllen enthalten einen unlösl. *Hexosamin–Peptid-Komplex* (I) charakterist. Zus. (vgl. C. **1955.** 381). Spuren I finden sich auch in den Sporenhüllen von *B. cereus.* I wird in lösl. Form frei, maximal zwischen p_H 5 u. 8, wenn die Sporenhüllen in dest. W. oder Pufferlsgg. suspendiert werden. Die Freisetzung wird durch *Lysozym* (II) beschleunigt, jedoch liegt I dann in modifizierter Form vor. Trypsin, Pepsin u. Lipase waren prakt. ohne Wrkg., der Effekt von Rohpräpp. von Ficin, Papain u. alkal. Phosphatase wahrscheinlich nicht auf Spaltung von Peptidbindungen durch Proteinasen, sondern auf vorhandenes II zurückzuführen. Ruhende Sporen wurden von II nicht angegriffen. Die Zus. von I ist der des in *Micrococcus lysodeikticus*-Zellen vorhandenen Mucopolysaccharids ähnlich. Bei der Behandlung von I mit II nahmen das Reduktionsvermögen u. der Geh. an Acetylhexosamin zu. (Biochem. J. **62.** 459—65. März 1956. Porton, Wiltshire, Ministry of Supply. Microbiol. Res. Dep.) K. MAIER. 4350

J. Asselineau und **E. Lederer,** *Über die Konstitution des „Cordfaktors" aus menschlichen Tuberkelbacillen.* Nach chromatograph. Reinigung wurde der „Cordfaktor" eines streptomycinresistenten H 37-Rv-Stammes als fast farbloses, bei 42—44° schmelzendes Wachs, $[\alpha]_J$ +30° erhalten. Die Analyse stimmt auf die Bruttoformel $C_{95}H_{189}O_9N \pm 5\ CH_2 \pm O$. Nach alkal. Verseifung erhält man 1 Mol *Mykolsäure,* $C_{87}H_{174}O_4 \pm 5\ CH_2$. Das Vorhandensein einer Zuckerkomponente wurde durch Farb-Rkk. bewiesen. Die Ergebnisse sind eine Bestätigung der Angaben von NOLL u. BLOCH (C. **1956.** 2501), welche 1 Mol Mykolsäure u. 1 Mol D-Glucose im Cordfaktor eines anderen menschlichen Stammes nachgewiesen haben. Ein dritter, niedrigmol. Bestandteil, der ein tert. N-Atom enthält, konnte nicht identifiziert werden. (Biochim. biophysica Acta [Amsterdam] **17.** 161—68. Juni 1955. Paris, Inst. de Biol. Physico-Chim.) H. GOEBEL. 4350

W. A. Collier und **V. A. H. Tiggelman-v. Krugten,** *Die hemmende Wirkung eines hochmolekularen Keratinhydrolysates auf die Haemagglutination durch Escherichia coli und Pflanzenextrakte.* Zu den Verss. wurde ein hochmol. Keratinhydrolysat Detoxin (I), das neben Aminosäuren polypeptidartig gebundenes Cystin enthält, u. Hühnerblut verwendet. I ist imstande, die Haemagglutination (Ha.) von Hühnererythrocyten durch Escherichia coli zu hemmen, indem die Bindung des schädlichen Agens an die Membranen der Erythrocyten durch I unmöglich gemacht wird. Es wurden weiter Verss. mit 18 Pflanzenextrakten durchgeführt, deren Ha. durch I noch in großer Verdünnung gehemmt wird. Auch die Ha. beim Blut von Meerschweinchen, Hammel, Mensch O, A, B durch Pflanzenextrakte wird durch I aufgehoben. (Arzneimittel-Forsch. **6.** 134—36. März 1956. Paramaribo, Bakter. Labor.) H. GIENUS. 4370

D. A. L. Davies, W. T. J. Morgan und **B. R. Record,** *Immunchemische Untersuchungen.* 15. Mitt. *Das spezifische Polysaccharid im dominanten O-Körperantigen der Shigella dysenteriae.* (14. vgl. GIBBONS u. MORGAN, C. **1956.** 1070.) 3 verschied. Polysaccharide wurden rein dargestellt. 1. *Polysaccharid-Hapten* („*degraded*"), $[\alpha]_D^{20}$ +98°, N 1,9% aus dem isolierten Proteinpolysaccharidkomplex durch vorsichtige Säurehydrolyse gewonnen, enthält *Acetylglucosamin* 27,5%, *Rhamnose* 33%, *Galaktose* 27%. P = O. Mol.-Gew. ca. 26000. Nicht tox., nicht antigen, aber stark pyrogen. 2. „*undegraded*" *Polysaccharid,* $[\alpha]_D^{20}$ +94°, N 2,2%, mit Diäthylenglykol aus Bakterien extrahiert, enthält im Gegensatz zu 1. einige *Aminosäuren.* Mol.-Gew. ca. 1 Million. Wenig tox. (1 Maus-LD 50 = 400μg), schwach antigen, weniger pyrogen als das Lipopolysaccharid u. das komplette Proteinpolysaccharidphosphorilpoid-Antigen. 3. Lipopolysaccharid $[\alpha]_D^{20}$ +94°, N 2,2%, ein Phenolextrakt aus dem Proteinpolysaccharidkomplex, enthält 7% in Chlf. lösl., in Ae. unlösl. *Phosphorlipoid.* Mol.-Gew. hoch. Sehr tox. (1 Maus-LD 50 = 80 μg) u. stark pyrogen. Kräftiges Forssmanantigen, bei Kaninchen für Agglutinin- u. Präcipitinbldg. wenig antigen. (Biochem. J. **60.** 290—303. Juni 1955. London, Lister Inst. of Prevent. Med. u. Porton, Wilts., Microbiol. Res. Dep.) E. FISCHOEDER. 4370

G. Schramm, G. Schumacher und **W. Zillig,** *Über die Struktur des Tabakmosaikvirus.* 3. Mitt. *Der Zerfall in alkalischer Lösung.* (2. vgl. C. **1948.** I. 1027.) Bei p_H 10,3 zerfallen ca. 70% Tabakmosaikvirus in *Ribonucleinsäure* u. ein *Protein* (II). Dieser Zerfall erfolgt in Stufen. Es kann aus dem Virus ein Teil des II, das um den zentralen *Nucleinsäure* (I)-Faden aufgereiht ist, ausgebrochen werden. Solche Stücke scheinen noch infektiös zu sein. Der zentrale I-Faden hat nach elektronenmkr. Bildern eine Dicke von 34 Å.

II-Bruchstücke haben eine Dicke von 70 Å u. einen Durchmesser wie der des Virus. Sie scheinen auf einem zentralen Loch auf den I-Faden aufgereiht zu sein. Auch elektrophoret. zeigt die Spaltung das intermediäre Auftreten von komplexeren Bruchstücken. Nach 24 Std. bei p_H 10,3 findet sich nur noch *A Protein*, I u. unverändertes Virus. (Z. Naturforsch. **10 b.** 481—92. Sept. 1955. Tübingen, Max-Planck-Inst. für Virusforsch.) G. GERBER 4374

Gerhard Schramm und **Wolfram Zillig.** *Über die Struktur des Tabakmosaikvirus.* 4. Mitt. *Die Reaggregation des nucleinsäurefreien Proteins.* (3. vgl. vorst. Ref.) Nach alkal. Spaltung des Tabakmosaikvirus läßt sich das entstehende *A Protein* (I; Mol.-Gew. 870000) bei neutralen p_H wieder reaggregieren. Dabei durchläuft es verschied. Stufen von Mol.-Gew. 260000 u. 890000, d. h. daß jeweils 3 Partikel zusammentreten, die sich zu nochmals 3 in eine Scheibe von 50—100/150 Å zusammenlagern. Diese Scheiben können je nach p_H-Wert Stäbchen verschied. Länge, ähnlich dem ursprünglichen Virus, bilden. I ähnelt serolog. u. chem. dem aus kranken Tabakpflanzen isolierten *X Protein* u. hat wie dieses eine starke Thermolabilität. (Z. Naturforsch. **10 b.** 493—99. Sept. 1955. Tübingen, Max-Planck-Inst. für Virusforsch.) G. GERBER. 4374

Fritz Reindel und **Walter Bienenfeld,** *Unterschiede in der qualitativen Zusammensetzung der Proteine und Peptide von Blattpreßsäften gesunder und rollviruskranker Kartoffelpflanzen.* Vff. zeigten mittels Papierelektrophorese, daß sich aus Blattpreßsäften 7 Wochen alter, gesunder Kartoffelpflanzen 7, durch Benzidin färbbare Komponenten isolieren lassen. Pflanzen, die durch Blattrollvirus infiziert sind, weisen 8 solcher Komponenten auf (diagnost. Sicherheit = 90%). Die zusätzliche Komponente ist P-haltiges Oligopeptid, dessen 8 Aminosäuren papierchromatograph. identifiziert wurden. Glykokoll konnte als NH_2-endständige Aminosäure der Peptidkette festgestellt werden (Meth. nach SANGER: Biochem. J. **39.** [1945.] 507). (Hoppe-Seyler's Z. physiol. Chem. **303.** 262—71. 1956. München, TH, Chem. Inst. Weihenstephan.) R. RITTER. 4374

Georges Barski und **Jacques Maurin,** *Die Wirkung von Penicillin, Streptomycin, Aureomycin und Chloromycetin in vitro auf die Viren der Lymphogranulomatose–Psittacose-Gruppe.* 2—2½std. Verweilen von Viren (Psittacose, NICOLAS-FAVRE-Krankheit) in Lsgg. mit *Penicillin, Streptomycin* bzw. *Aureomycin* (10 u. 100 γ/cm^3) hat keinen Einfl. auf die Pathogenität, wie durch intracerebrale Überimpfung an Mäusen festgestellt wurde. Eine leichte Einbuße der pathogenen Wirksamkeit wurde beim Virus der NICOLAS-FAVRE-Krankheit nur nach Einw. von *Chloromycetin* gesehen. — Es ist also möglich, den Einfl. von Bakterien, die als Verunreinigungen von Virus-haltigem Material vorkommen durch die genannten Antibiotica auszuschalten. (Ann. Inst. Pasteur **78.** 759—63. Juni 1950. Inst. Pasteur, Service des Virus.) P. LOCH. 4374

J. Hirtz und **R. Camand,** *Das Verhalten dreier Typen von Maul- und Klauenseucheviren bei der Elektrophorese in Stärke.* Die Lymphe wurde in Stärke u. Phosphatpuffer, p_H 7,6, bzw. Veronalacetat, p_H 7,5, bei 220 V u. 15 mA getrennt. Die Virusstämme O_2, A_7 u. C wandern in der Gegend der β-Globulinfraktion u. zeigen einen sehr breiten teilweise zweigipfligen Verlauf. Zwischen den Maul- u. Klauensäuche-Stämmen finden sich Unterschiede. (Rev. Immunol. Thérap. antimicrobienne **18.** 206—13. 1954. Lyon, Inst. Français de la fièvre aphteuse.) G. GERBER. 4374

Robert Rustigian, Paul Johnston und **Helen Reihart,** *Infektion von Affennierengewebekulturen mit virusähnlichen Körpern.* Bei Gewebekulturen zur Adaption von Denguevirus an Affennierengewebe fiel die Bldg. von Syncytien u. Vacuolen in einzelnen unbeimpften Kulturen auf. Diese Eigg. ließen sich auf andere Zellen übertragen, Diese Agentien, die aus dem Nierengewebe stammen, bildeten auf bakteriolog. Nährböden keine Kulturen u. gingen durch Selasfilter. Es fand sich keine Intereferenz mit Poliomyelitisvirus. Es wird ein noch unbekanntes virusähnliches Agens vermutet. (Proc. Soc. exp. Biol. Med. **88.** 8—16. Jan. 1955. Chicago, Ill., Univ., Dep. of Microbiol.) G. GERBER. 4374

Tsuru Wada, *Untersuchungen über Ergosterinquellen.* 3. Mitt. *Die Ergosterinproduktion von Aspergillus Sydowi.* (2. vgl. J. sci. Res. Inst. [Tokyo] **25.** [1948.] 31.) Vf. fand im Mycel von Aspergillus Sydowi größere Mengen von *Ergosterin.* Besonders hoch war der Geh. in 2 von den 13 untersuchten Stämmen (Nr. 642 u. Nr. 225) mit 1,5—2,0% der Trockensubstanz. Da sich das Sterin aus der Fettfraktion leicht u. rein abtrennen läßt, können diese Stämme zur Beschaffung des Ausgangsmaterials für die Herst. von *Vitamin D* dienen. (Abstr. Kagaku-Kenkyu-Jo Hōkoku [Rep. sci. Res. Inst.] **20.** 8. 1950. [Orig.: engl.]) P. LOCH. 4380

Ezz Eldin M. Taha und **M. Mokhtar Sharabash,** *Verwertung von Xanthin durch Schimmelpilze.* 27 verschied. Schimmelpilzarten wurden unter gleichen Bedingungen in einem CZAPEK-DOX-Nährmedium, in dem $NaNO_3$ durch eine N-äquivalente Menge *Xanthin* (I) als einzige N-Quelle ersetzt worden war, 8 Tage bei 28° bebrütet. Ein Vgl.

der anschließend bestimmten Trockengewichte der Mycelien ergab, daß viele Schimmelpilze fähig waren, ihren N-Bedarf aus I zu decken u. n. Wachstum zeigten. In einigen Fällen konnte die Ggw. von *Xanthinoxydase* nachgewiesen werden. (Nature [London] **177.** 622—23. 31/3. 1956. Cairo, Nat. Res. Council of Egypt, Microbiol. and Enzyme Chem. Dep.) S. HOTHORN. 4380

Shoji Wakita, *Biochemische Untersuchung über Collybia velutipes.* 1. Mitt. *Über die Beziehung zwischen dem Funguswachstum und der Änderung der Zusammensetzung des Mediums und des Mycels.* Das vorher 7 Tage auf Malzauszug bei 24° gezogene Mycel von *Collybia velutipes* wird auf PFEFFERs Medium (PM) übertragen u. 60 Tage bei derselben Temp. bebrütet u. in 10tägigen Zwischenzeiten werden p_H, Abnahme an NH_4NO_3 (I) u. Saccharose (II) im Medium, Trockengew., Gesamt-N, Rohfett u. Heißwasserauszug (III) bestimmt. Nach 20 Tagen sind im Medium 85% II u. 39% I, nach 50 Tagen 94,4% II u. 59% I verbraucht. p_H nimmt zunächst ab, dann wieder zu, im Mycel nimmt der Gesamt-N zu, III nimmt bis zu einem Maximum bei 50 Tagen (43,40%) zu, dann wieder ab. Alle 20 Tage wird PM erneuert, die Absorption von II nimmt langsam ab, I wird in der ganzen Zeit nur wenig absorbiert, II/I ist nach den ersten 20 Tagen 10,61, den zweiten 9,10 u. den dritten 3,84. In den Mycelzellen besteht also ein „junges" u. ein reiferes Stadium. — 3 Diagramme. (J. agric. chem. Soc. Japan [Nippon Nôgeikagaku Kaishi] **28.** 429—31. Juni 1954. Yokohama, Nat. Univ. [Orig.: japan., Auszug: engl.]) L. SCHULER. 4380

Shoji Wakita, *Biochemische Untersuchung über Collybia velutipes.* 2. Mitt. *Einfluß des Verhältnisses Saccharose/$NaNO_3$ auf das Mycelwachstum und die Fruchtbildung des Fungus.* (1. vgl. vorst. Ref.) Die aus Malzauszuglsg. (5° Ballg.) bei p_H 6,5 bei 24° gezogenen Mycelia werden auf CZAPEKs Medium, p_H 6,5, überführt u. mit verschied. Konzz. an Saccharose (I) u. $NaNO_3$ (II) bei 24° 30 Tage bebrütet, zur Befruchtungsförderung bei 15—18° gehalten u. nach 20 Tagen das Wachstum u. die Fructifizierung verglichen. Bei großen Mengen an I sowohl als II u. bei geringen an I wie II sind Wachstum u. Fructification gut. Das optimale C/N für Mycelwachstum ist 85—90, für die Fungusfructifizierung ca. 300—600. Die fructifizierten Pilze sind auf Media von p_H 6,7—6,9, die nicht fructifizierten auf solchen von p_H 7,3—7,6. Für die Fructifizierung auf synthet. Medien scheint p_H 6,7—6,9 vorteilhaft. — 6 Diagramme. (J. agric. chem. Soc. Japan [Nippon Nôgeikagaku Kaishi] **28.** 577—80. Juli 1954. Yokohama, Nat. Univ. [Orig.: japan., Auszug: engl.]) L. SCHULER. 4380

Shōji Wakita, *Biochemische Untersuchung über Collybia velutipes.* 3. Mitt. *Einfluß von Aminosäuren und Vitaminen auf das Mycelwachstum.* (2. vgl. vorst. Ref.) *Collybia velutipes* wächst u. fructifiziert kräftig auf Malzauszugmedium, aber schwach auf einem synthet. Nährboden. Von den 25 Aminosäuren in HENNEBERGs synthet. fl. Medium fördert keine in bes. Maße das Wachstum, am günstigsten scheinen l-Alanin, l-Leucin, l-Lysin, Cystein, dl-Norleucin, dl-Serin, l-Histidin, dl-Valin, l-Phenylalanin, dl-Norvalin, l-Cystin, Isoleucin, l-Glutaminsäure, dl-Tryptophan, Prolin u. dl-Asparagin. Bei Zusatz von Vitamin B_1 (13 γ bis 1600 γ) u. 13—104 γ Vitamin B_2 je 25 cm^3 Medium zeigt sich kräftiges Wachstum, u. das Trockengewicht steigt trotz geringerem Verbrauch an Glucose im Medium. Über 1600 γ B_1/25 cm^3 Medium scheinen die Fructifikation zu verhindern. — 4 Tabellen. (J. ragic. chem. Soc. Japan [Nippon Nôgeikagaku Kaishi] **28.** 707 bis 711. Sept. 1954. Yokohama, Nat. Univ. [Orig.: japan., Auszug: engl.]) L. SCHULER. 4380

W. M. Farrow, Calvin Hanna und **F. W. Schueler,** *Die fungistatische Aktivität einiger Azomethine.* 13 organ. Verbb., *Azomethine* (I), die Komponenten u. verwandte Verbb. wurden in Sabouraud-Agar auf fungistat. Wirksamkeit gegenüber verschied. pathogenen Pilzen, Trichophyton mentagrophytes, Blastomyces dermatitidis, Histoplasma capsulatum, Candida albicans, Sporotrichum schenkii u. Aspergillus amstelodami, getestet. Die Aldehydkomponente von I wirkte auf die Testorganismen tox. als die übrigen I-Komponenten. Das Azomethin *3.4-Methylendioxybenzyliden-4-carboxyanilin* (II) u. der entsprechende Aldehyd, *Piperonal* (III), besitzen hohe in vitro-Aktivität bei geringer Toxizität (Maus). Untersuchte Verbb.: II, III, *3.4-Methylendioxy-6-äthoxybenzyliden-4-carboxyanilin, Vanillin, Piperonylsäure, 3.4-Methylendioxybenzylidenanilin, 3.4-Dimethoxybenzaldehyd, 3.4-Methylendioxybenzylanilinhydrochlorid, 3.4-Dimethoxybenzoesäure, Anilinhydrochlorid, 2-Oxy-5-chlorbenzyliden-4-carboxyanilin, 2-Oxybenzyliden-4-carboxyanilin, p-Aminobenzoesäure.* (J. Amer. pharmac. Assoc., sci. Edit. **43.** 370—72. Juni 1954. Terre Haute, Ind., Commercial Solvents Corp., Res. Div.) K. MAIER. 4380

Katherine A. Ludwig, F. Joseph Murray, J. Knox Smith, Charles R. Thompson und **Harold W. Werner,** *Laboratoriumsuntersuchungen mit β-Diäthylaminoäthylfencholat, einem neuen Fungicid. β-Diäthylaminoäthylfencholat* (I; *β-Diäthylaminoäthyl-1-methyl-3-isopropylcyclopentancarboxylat, Hydrochlorid: MRD-112*), hemmt in Konzz. von 0,1 bis 0,5 mg/ml in vitro das Wachstum von 6 pathogenen Pilzarten. Vergleichende Unterss.

mit *Diphenylpyralin, Gliotoxin, Diamthazol, Nitrofurfurylmethyläther* u. *Cu-3-Phenylsalicylat* zeigen, daß I eine gleiche oder stärkere fungicide Wrkg. hat. Durch Injektion einer 1 bzw. 2%ig. wss. Lsg. von I wurde bei Ratten bzw. Mäusen eine Nekrose hervorgerufen. Eine Salbe mit 5% I-Geh. ruft ein schwaches Ödem in der Hornhaut des Auges bei Ratten, jedoch keine Hautreizungen am Rücken der Tiere hervor. Die akute DL beträgt bei Mäusen bei intravenöser Injektion 72 ± 5,1 mg/kg. Hunde u. Affen, die täglich Dosen von 10—30 mg I/kg erhalten, zeigen keine Zeichen einer systemat. Toxizität. (Antibiotics and Chemotherapy **4**. 56—61. Jan. 1954. Cincinnati, O., The Wm. S. Merrell Comp., Res. Labors., Dep. of Microbiology and Pharmacology.) H. KOCKERT. 4380

M. K. Rout, B. Padhi und **N. K. Das,** *Verwendung von Quecksilberthiazolen als fungistatische Substanzen.* 13 neue *2-substituierte Amino-4.5-dimethylthiazole* (vgl. C. **1954**. 7643 u. J. Indian chem. Soc. **31**. [1954.] 257) wurden nach besonderer Vorbehandlung mit Quecksilberacetat in Essigsäure zu Quecksilberthiazolverbb. umgewandelt. Die Quecksilberthiazole (I) hatten nebenst. Struktur. Die Keimhemmung der I auf *Alternaria polanduii* war viel stärker als die der Thiazole ohne Quecksilber. (Nature [London] **174**. 516. 11/9. 1954. Orissa, Ravensh. Coll., Dep. of Chem. and Botany.) H. HENNERSDORF. 4380

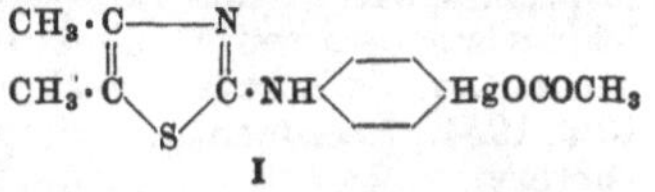

I

Paul Creac'h, *Über das Vorkommen von Citronensäure in Meeresalgen.* Vf. fand mit dem $BaCl_2$-Verf. nach PEYNAUD (Ann. Chim. Analyt. **28**. [1946.] 127) in Chlorophyces 0,006—0,145, in Rodophyces 0,024—0,747 u. in Pheophyces 0,020—1,470% auf Trockensubstanz *Citronensäure* (I). Die I-Werte in verschied. Geweben einer Alge sind nicht gleich, sie sind in jüngeren Geweben höher als in älteren u. stehen nicht mit p_H-Wert, Aschegeh. u. Alkalität der Asche in Zusammenhang. (C. R. hebd. Séances Acad. Sci. **235**. 1043—45. 3/11. 1952.) F. KRUSEN. 4380

Erich Thilo, Herbert Grunze, Joachim Hämmerling und **Günther Werz,** *Über Isolierung und Identifizierung der Polyphosphate aus Acetabularia mediterranea.* Es wurde die Frage untersucht, ob die in den Grana des Cytoplasma der Grünalge Acetabularia mediterranea mit Ba^{2+} bzw. Pb^{2+} bei p_H 2 ausfällbare Substanz echte anorgan. Polyphosphate oder organ. P-haltige Verbb. darstellen. — Trichloressigsäureextrakte der Alge wurden mit NaOH auf p_H 2,5 gestellt u. 10%ig. $BaCl_2$ zugesetzt. Die Fällung ($Nd._1$) wurde abzentrifugiert u. der Überstand mit NaOH versetzt. Dabei entstand im Bereich von p_H 2,5—8 eine zweite Fällung ($Nd._2$). Die Ndd. wurden in W. suspendiert u. mit Wofatit (Na-Form) behandelt, wodurch sie in die Na-Salze übergeführt wurden u. in Lsg. gingen. Diese Form wurde gewählt, da die freien Polyphosphorsäuren leicht zersetzlich sind. Die erhaltenen Lsgg. wurden in der vorliegenden Form, z. T. auch nach Hydrolyse, papierchromatographiert. Es wurde keine Wanderung beobachtet. Hieraus u. aus der Art der Hydrolyseprodd. wird eindeutig festgestellt, daß $Nd._1$ nur *hochmolekulares Polyphosphat* $MeH_2P_nO_{3n+1}$ mit $n > 10$ enthält. Bei der Papierchromatographie der Lsg. von $Nd._2$ wurde eine Substanz organ. Natur mit geringem P-Geh. erhalten, nach Umsatz mit Na-Wofatit außerdem Monophosphat. — Das Polyphosphat dürfte in Acetabularia als gemeinsames Anion sämtlicher in der Alge vorkommenden Kationen vorliegen, daneben vielleicht in leicht hydrolysierbarer Form an organ. Substanz gebunden sein. Die Polyphosphate werden als akt. Glieder des P-Stoffwechsels (Energiedonatoren) angesehen. (Z. Naturforsch. **11 b**. 266—70. Mai 1956. Berlin, Deutsche Akad. der Wiss. zu Berlin, Inst. für Anorg. Chem.; Wilhelmshaven, Max-Planck-Inst. f. Meeresbiologie.) H. STRUCK. 4380

Francis Haxo, Colm O'hEocha und **Phyllis Norris,** *Vergleich chromatographisch getrennter Phycoerythrine und Phycocyanine.* Die Chromoproteine des Gallenfarbstoffs von Rot- u. Blaugrünalgen werden dargestellt u. dabei einige bisher unbekannte Chromoproteine entdeckt. Beide Algenarten enthalten einen blauen Farbstoff, dessen einziges Absorptionsmaximum bei 650 mμ liegt. In den Extrakten von Phormidium ectocarpi u. Phormidium fragile werden Phycoerythrine (I) mit zwei Maxima gefunden. — Beim Arbeiten im neutralen Gebiet unterscheidet sich das I der Rotalge Porphyridium cruentum nur spektrometr. von R-I u. C-I. Im alkal. Milieu ändert sich das I-Spektr., u. das Phycocyanin (II) wird zerstört. Die kleinste Fraktion dieser Alge enthält Allo-II u. R-II. (Arch. Biochem. Biophysics **54**. 162—73. Jan. 1955. La Jolla, Calif., Univ. of California, Marine Bot. Div., Scripps Inst. of Oceanography.) R. LENSCHAU. 4380

E₄. Pflanzenchemie. Pflanzenphysiologie. Pflanzenpathologie.

A. Eichinger, *Zum Antagonismus von Calcium und Magnesium.* Mit Gesamt-Ca-Bestimmungen in der Asche, qualitativem Mg- u. Ca-Nachw. in Preßsaft oder wss. Extrakt von Pflanzen oder Pflanzenteilen (Objektträgermeth.) u. durch histol. Unterss. beobachtete Vf. den Antagonismus zwischen Ca u. Mg, bes. in 3 Familien: Knöterich (Polygonaceae, Melden (Chenopodiaceae) u. Nelkem (Caryophyllaceae). Die Preßsäfte enthielten wenig oder kein Ca, dagegen reichlich Mg; die Asche enthielt beträchtliche Mengen Ca, das histol. als Oxalat gefunden wurde. Vf. schließt daraus, daß diese Pflanzen Ca durch Oxalsäureproduktion inaktivieren. Bei einer Anzahl anderer Pflanzenarten von kalkarmen Böden wurde in den Preßsäften viel Ca u. wenig Mg gefunden. Im Gegensatz zu den Mg-reichen Preßsäften lieferten sie ,,unsaubere" $MgNH_4PO_4$-Fällungen. (Z. Pflanzenernähr., Düng., Bodenkunde **70** **(115)**. 249—53. 1955. Bayreuth.) H. CARLS. 4410

Alan E. Joyce, *Einige Polyene von Brassica rutabaga.* Die Pigmente des Wurzelgewebes von Brassica rutabaga werden extrahiert u. identifiziert. Die Maxima der Absorptionsspektren der 12 Lycopenisomeren liegen im Bereich von 420—450 mμ. Vf. schlägt zur besseren Nominierung die nach Streichung der vorderen Zahl übriggebliebenen Ziffern als Zusatz zum Wort Poly–cis–lycopen vor. (Nature [London] **173.** 311—12. 13/2. 1954. Aberdeen, Greyhope Road, Minist. of Food, Res. Establishments, Exp. Factory.) R. LENSCHAU. 4420

W. J. Rabourn, F. W. Quackenbush und **J. W. Porter,** *Isolierung und Eigenschaften von Phytoin.* Das in der Frucht des Lycopersicon von PORTER u. ZSCHEILE (Arch. Biochemistry **10.** [1946.] 547) entdeckte *Phytoin* (I) ist ein nicht krist. farbloses Polyen. Die Isolierung von I aus Tomatenpaste u. Karottenöl sowie die chromatograph. Reinigung an Aluminiumoxyd u. Magnesiumoxyd aus Hexanlsg. wird beschrieben. I wurde im UV- u. Infrarotgebiet spektrophotograph. untersucht; λ_{max} 286 mμ, Absorptionsindex 85. Verss., I zu kristallisieren, schlugen fehl. I autoxydiert sehr leicht u. nimmt bis zu 8 Sauerstoffatome auf. I zeigt sehr schwache CARR-PRICE-Rk. u. sehr deutlichen LIEBERMANN-BURCHARD-Test. *Perhydro*-I bildet mit Thioharnstoff (II) nadelförmige Additionsprodd. vom F. des II. I soll wegen seiner cis-Konfiguration keine Addukte mit II bilden. (Arch. Biochem. Biophysics **48.** 267—74. Febr. 1954. Lafayette, Ind. Purdue Univ., Dep. of Agricult. Chem.) H. GEHM. 4420

Y. S. Lewis, C. T. Dwarakanath und **D. S. Johar,** *Säuren und Zucker in der Kamrakhfrucht.* Die Früchte der süßen (sauren) Varietät von *Averrhoa carambola Linn.* (Kamrakhfrucht) enthalten 3,83 (4,60)% reduzierende Zucker, 0,16 (0,51) % *Oxalsäure* u. 0,06 (0) % *Apfelsäure.* Die titrierbare Acidität 41 (98) ml 0,1 n NaOH/100 g Frucht. (Current Sci. **23.** 54—55. Febr. 1954. Mysore, Indien, Cent. Food. Inst., Tech. Res.) G. WELTZIEN. 4420

W. Strubell, *Über das Vorkommen von Diacetyl in den Früchten von Pinus silvestris.* Gemahlene Früchte von Pinus silvestris sind mit 20 %ig. H_2SO_4 unter Rückfluß 3 Std. gekocht worden. Das folgende Destillat wurde mit Soda neutralisiert u. mit NaCl gesättigt. Im neuen Destillat war *Diacetyl* u. a. durch Rk. mit Hydroxylamin u. Ni-Salz zu Dimethylglyoxim u. durch Addition an Benzylhydroxylamin nach SCHEIBER nachweisbar. (Chem. Techn. **7.** 87. Febr. 1955. Leipzig.) H. GUDE. 4420

K. M. Dshemuchadse und **G. A. Schalnewa,** *Jahreszeitliche Veränderungen der Catechine der Teepflanze.* (Vgl. C. **1956.** 8116.) Der Gerbstoff (I)-Geh. der jungen Triebe steigt am Vegetationsbeginn (April, Mai) an, erreicht Mitte des Jahres (Juli, August) ein Maximum u. sinkt danach wieder ab. Die einzelnen I-Fraktionen verändern sich im Verlauf der Vegetation. Sie wurden papierchromatograph. quantitativ untersucht. Die Gallocatechine, bes. *l-Epigallocatechingallat* (II), sind ständig vorherrschend. Die I-Synth. verläuft zur Jahresmitte in Übereinstimmung mit dem intensiven Wachstum am intensivsten, wobei bes. Gallester des Catechins, vor allem II, entstehen. II besitzt eine große biol. Bedeutung für die Pflanze u. ist bestimmend für die Qualität des Tees. Im Mai bzw. September enthält das Teeblatt (in mg/g Trockensubstanz): 17,7 bzw. 17,7 *l-Epigallocatechin,* 10 bzw. 12,1 *dl-Gallocatechin* + *l-Epicatechin* + *dl-Catechin,* 49,6 bzw. 68,3 I, 10,6 bzw. 13,2 *l-Epicatechingallat.* (Доклады Академии Наук СССР [Ber. Akad. Wiss. UdSSR] **105.** 1034—35. 11/12. 1955. Biochem. Bach-Inst. der Akad. der Wiss. der UdSSR.) REINHARD HÜTTENRAUCH. 4420

H. Baum, G. A. Gilbert und **N. D. Scott,** *Oxydation als Quelle von ,,Anomalien" bei der Amylose.* Es wurde vermutet, daß der unvollständige Abbau von *Amylose* (I) verschiedenster Herkunft (Kartoffel, Sago, Mais, Tapioka) durch reine β-Amylase oder Phosphorylase auf die Ggw. anomaler (nichtreduzierender) Gruppen in I zurückzuführen ist. Vff. unterwarfen daher aus frischer Kartoffelstärke unter Ausschluß von O_2 hergestellte I verschied. Vorbehandlungen: Durchleiten von O_2 durch I-Lsg., die 0,5 mol. NaOH enthält; eine weitere I-Probe wurde in 0,01 mol. Phosphatpuffer (p_H 7,1) wie vorst. behandelt. Die 3 Proben wurden unter vergleichbaren Bedingungen der Einw. durch *Phosphorylase* unterworfen. Der Abbau erreichte beim Ausgangsprod. 92,8 %, bei dem in alkal. Lsg. mit O_2 behandeltem Prod. 80,7 % u. bei dem in neutraler Lsg. mit O_2 behandelten Prod. 67,4 % des theoret. Wertes. — Die Verss. zeigen, daß mol. O_2 Veränderungen an I hervorbringen kann, der den enzymat. Abbau behindert, u. daß solche Abweichungen in nativer I nicht vorhanden sind. (Nature [London] **177.** 889. 12/5. 1956. Birmingham, Univ., Dep. of Chem.) P. Fahrnlaender. 4420

Yasutane Chiba, *Die beiden Komponenten des kristallinen Chlorophyllipoproteins.* Vf. isoliert Chloroplasten der Blätter von Trifolium repens L. u. erhält schließlich aus 55%ig. Picolinlsg. grüne Kristalle vom *Chlorophyllipoprotein* (I). Bei der chromatograph. Analyse werden 2 Komponenten identifiziert, die in einer mit Filterpapier als Adsorbend beschickten Säule getrennt werden. Die obere blaugrüne Zone u. die untere gelbgrüne Zone gehören ihren Absorptionsspektren zufolge (663 u. 422 mμ bzw. 636 u. 447 mμ) zur Chlorophyll-a- bzw. -b-Reihe. Beide werden krist. u. sind ident. mit den entsprechenden Kristallen von Hordeum vulgare L., Spinacea oleracea L. u. Nicotiana tabacum L. Da sich die Kristallformen jedoch nicht gleichen, vermutet Vf., daß die Proteinkomponenten beider Formen voneinander differieren. (Arch. Biochem. Biophysics **54.** 83—92. Jan. 1955. Fukuoka, Japan, Kyushu Univ., Dep. of Biol., Fac. of Sci.) R. Lenschau. 4420

Artturi I. Virtanen und Sigrid Kari, *4-Oxypiperidin-2-carbonsäure in grünen Pflanzen.* Aus verschied. Acacia-Arten wurde neben 5-Oxypiperidin-2-carbonsäure noch eine weitere Aminosäure erhalten, die als *4-Oxypiperidin-2-carbonsäure* identifiziert wurde. Das Vork. in anderen Pflanzen wird erwähnt.

V e r s u c h e: *4-Oxypiperidin-2-carbonsäure,* $C_6H_{11}O_3N$, wird bei 250° braun, Zers. bei 270°, aus alkoh. Extrakt aus Acacia pentadena, nach Adsorption an Amberlite IR 120 u. Dowex 50, fraktionierter Elution mit 1,5n HCl, Zerstörung der α-Aminosäuren mit N-Oxyden, kristallisiert in Flocken beim Einengen nach nochmaliger Adsorption an Amberlite IR 120. Red. mit HJ u. P liefert *Piperidin-2-carbonsäure,* Oxydation mit $KMnO_4$ neben 2 nicht weiter untersuchten Verbb. *Asparaginsäure* u. wenig *Glycin.* (Acta chem. scand. **9.** 170—71. 1955. Helsinki, Biochem. Inst., Labor. of the Foundation of Chem. Res.) A. Dillmann. 4420

Masami Shimokoriyama und Shizuo Hattori, *Über die Carthaminbildung in den Blüten von Carthamus tinctoris.* Vff. extrahieren gelbe Blütenblätter mit A., trocknen im Vakuum u. erhalten ein gelbes Pulver. Die Suspension in Standardpuffer bei p_H 6 färbt sich auf Zusatz von H_2O_2 sofort rot, was die Ggw. sowohl eines Farbstoffaktors, als auch eines oxydierenden Enzyms beweist. Vff. nehmen an, daß in den gelben Blütenblättern nach dem Aufspringen der Knospen der Leukofarbstoff *Dihydrocarthamin* als Vorstufe vorhanden ist, der durch Peroxydase oder Polyphenoloxydase zu *Carthamin* oxydiert wird. (Arch. Biochem. Biophysics **54.** 93—101. Jan. 1955. Tokyo, Japan, Univ., Fac. of Sci., Botan. Inst., Hongo.) R. Lenschau. 4420

Z. Čekan und V. Herout, *Über Pflanzenstoffe.* 4. Mitt. *Die Isolierung von 5-Oxy-3.6.7.3'.4'-pentamethoxyflavon aus Wermut (Artemisia absinthum L.).* Inhaltlich ident. mit der C. **1956.** 3339 referierten Arbeit. (Collect. czechoslov. chem. Commun. **21.** 79—83. Febr. 1956. [Orig.: dtsch.]) W. Barz. 4420

René Paris, *Über ein Flavonosid der Blüten von Opuntia vulgaris Miller.* Aus den Blüten von Opuntia vulgaris, die in Nordafrika gegen Diarrhoe benutzt werden, hat Vf. durch Extraktion mit Äthylacetat einen als „*Opuntiaflavonosid*" (I) bezeichneten Körper isoliert (aus verd. A. blaßgelbe Nadeln, F. 182—184°, $[\alpha]_D$ —12° [in A.], Ausbeute ca. 2%). I gibt zahlreiche, für Flavonderivv. charakterist. Farbreaktionen. Die durch Red. erhaltene Rotfärbung geht nicht in Amyl- oder Octylalkohol. Fehlingsche Lsg. wird reduziert. Es handelt sich also um ein Heterosid. Bei 4std. Erhitzen einer 1%ig. Lsg. in 3%ig. H_2SO_4 werden 51% des Aglucons erhalten. Dieses Genin enthält eine Methoxygruppe u. drei OH-Gruppen (Acetylierung in Pyridin). Demnach liegt also ein Trioxymethoxyflavonol vor. Die Alkalischmelze liefert ein Phenol, welches die Rkk. des Phloroglucins gibt, u. eine Phenolcarbonsäure (wahrscheinlich Protocatechusäure). Der aus dem Filtrat erhaltene Zucker $[\alpha]_D$ ca. +48°) gibt ein Osazon vom F. 206° (Glucosazon?). I ist wenig tox. (die Maus verträgt subcutan ohne Schaden 1 g/kg), der Hund intravenös 5 mg/kg), ruft nur eine schwache Hypotension hervor u. hemmt in einer Verdünnung 1:2500 die peristalt. Bewegungen des isolierten Kaninchendarmes fast ganz. Wie andere Flavonderivv. vermindert I die Capillarpermeabilität (Trypanblautechnik), seine Aktivität gleicht wenigstens der des Rutosids. (C. R. hebd. Séances Acad. Sci. **233.** 90—92. 2/7. 1951.) E. Hanschke. 4420

Karl Egle und Herta Munding, *Ausbildung und Funktion von Hämoglobin in den Wurzelknöllchen von Leguminosen.* Vff. diskutieren ausführlich die bisher erschienenen Veröffentlichungen über Ausbldg. u. Funktion von *Leghämoglobin* (I). Eigene Verss. mit Leguminosen, deren Wurzeln verschied. belüftet bzw. mit N_2 umspült wurden, zeigten keine Abhängigkeit des I-Geh. vom O_2-Partialdruck. Der Vgl. der Spektren von Pyridinextrakten aus Wurzelknöllchen mit reiner Pyridinhämochromogenlsg. ergab im sichtbaren Bereich keine Unterschiede, aber bei 380 mμ ein Absorptionsminimum für die Extrakte, während das Spektr. der reinen Vergleichssubstanz nach kürzeren Wellenlängen hin kontinuierlich abfällt. (Biol. Zbl. **73.** 577—602. 1954. Frankfurt/M., Univ., Bot. Inst.) A. DILLMANN. 4420

H. Sasaki, *Untersuchung über die Synthese von Vitamin C durch keimende Samen.* 1. Mitt. *Über den Vitamin-C-Gehalt von Bohnenarten und die Vitamin-C-Synthese bei der Keimung.* Die Gewichtszunahme (2 g/Tag) von grünen *Bohnen* (Yaenari-sasage) zeigt am 5. Tag eine auffallende Änderung (0,2—0,3 g/Tag). Die keimende Bohne baut *Vitamin C* (I) auf: am 5. Tag erreichte I in red. Form 0,71 mg, in oxydierter 1,54 mg, je Bohne (im Mittel aus 25). Der Reduktionswert des Nicht-I (insgesamt) ist 2,4 mg%, wobei im zeitlichen Verlauf die red. u. die oxydierte Form einander entgegengesetzte Tendenz zeigen. — 1 Schema der angewandten analyt. Verfahren. 6 Tabellen. (Tokyo Jikeikai med. J. **67.** 99—102. 20/2. 1953. [Orig.: japan.]) L. SCHULER. 4425

H. Sasaki, *Untersuchung über die Synthese von Vitamin C durch keimende Samen* 2. Mitt. *Der Einfluß von Mangan und Vorstufen auf die Synthese von Vitamin C bei der Keimung von grünen Erbsen und die Schwankungen anderer (nicht Vitamin C-) reduzierender Substanzen.* (1. vgl. vorst. Ref.) Bei Zusatz von Mn^{2+} (0,002% $MnSO_4$) zu KNOOPscher Lsg. erfolgt die zeitliche Gewichtszunahme keimender grüner Bohnen rascher, noch etwas mehr bei zusätzlicher Gabe von *d-Glucose* (0,5%). Der Mn-Zusatz fördert sowohl die Bldg. der red. als auch der oxydierten Form von I erheblich. d-Glucose wird in der Keimperiode der grünen Bohnen nicht als I-Vorstufe angesehen. Die reduzierneden Stoffe außer I nehmen zeitlich parallel der Gewichtszunahme der Samen in der Keimzeit zu. Dabei ist die Tendenz der red. u. der oxydierten Form entgegengesetzt, bei gleichbleibender Gesamtkonzentration. — 12 Tabellen. (Tokyo Jikeikai med. J. **67.** 103—11. 20/2. 1953. [Orig.: japan.]) L. SCHULER. 4425

W. Bublitz, *Über die keimhemmende Wirkung der Fichtenstreu.* Genaue Beschreibung der Ausführung der Verss., mit Hilfe von Kiefern- u. Fichtensamen die oberen Streulagen eines bodenpflanzenlosen Fichtenreinbestandes auf ihren Geh. an keimungsakt. Substanzen zu untersuchen. Es wurde festgestellt, daß die Hemmung der Samenkeimung keine Funktion des p_H ist, sondern abhängig ist von der Konz. eines Hemmungsfaktors in dem Nadelstreuextrakt. (Naturwissenschaften **40.** 275—76. Mai 1953. Köln-Merheim, Madaus & Co., Bot. Abt.) G. SCHULZE. 4455

K. Kumar und **R. K. Sahay,** *Die Wirkung der Schwefeldüngung auf den Kohlenhydratstoffwechsel der Zwiebel.* Mit von 100—200 lbs. *S*/acre zunehmender Gabe von gemahlenem S stiegen die reduzierenden Zucker (I) an. Bei 400 lbs. S/acre sank der Geh. wieder. Bei jeder nachfolgenden Ernte war der Geh. an I höher. Die nicht reduzierenden Zucker zeigten dagegen eine Abnahme. Der Geh. an Gesamtzucker zeigt bei der 1. u. 2. Ernte eine Zunahme bis zur Gabe von 200 lbs. S, bei der 3. u. 4. Ernte nur bis zur Gabe von 100 lbs. (Sci. and Cult. **20.** 601—02. Juni 1955. Banaras, Hindu-Univ., Coll. of Agricult. Plant Physiol. soc.) A. JACOB. 4460

J. P. McCollum, *Wirkungen des Lichts auf die Bildung von Carotinoiden in Tomatenfrüchten.* Bis zum Verschwinden des Chlorophylls (I) hat die Belichtung sich entwickelnder u. reifender Tomatenfrüchte fördernde Wrkg. auf die Bldg. von *Carotin.* Unbelichtete Früchte bauen in Abwesenheit von atmosphär. O_2 weder I ab, noch synthetisieren sie *Carotinoide.* Der für diese Rkk. anscheinend benötigte O_2 kann also auch durch Photosynth. zur Verfügung gestellt werden. (Food Res. **19.** 182—89. März/April 1954. Urbana, Ill., Univ. of Illinois, Coll. of Agric., Dep. of Horticultur.) A. DILLMANN. 4460

Otto Warburg und **Günter Krippahl,** *Über die funktionelle Carboxylgruppe des Chlorophylls.* Durch Züchtung bei geringer Lichtintensität läßt sich Chlorella mit geringerem Chlorophyllgeh. gewinnen. Hierbei ist die Menge der durch NaF austreibbaren CO_2 proportional der Lichtintensität — ein Beweis, daß dieses tatsächlich aus dem Chlorophyll stammt. Erhitzen, Gefriertrocknen oder Ggw. von HCN hemmen die CO_2-Austreibung. Unter Berücksichtigung der Unterss. von GEWITZ u. VOELKER, die vor u. nach CO_2-Austreibung keinen Unterschied im Chlorin e fanden, kommen Vff. zu dem Schluß, daß Chlorophyll neben dem $Carboxyl_{(11)}$ auch noch in $C_{(10)}$ eine Carboxylgruppe enthält. (Z. Naturforsch. **11 b.** 179—80. März 1956. Berlin-Dahlem, MPI für Zellphysiol.) I. GNICHTEL. 4460

H. Kautsky, *Einige neuere Ergebnisse der Fluorescenzmessungen an Pflanzen.* Die gesetzmäßigen zeitlichen Änderungen der Fluorescenzintensität des *Chlorophylls* (I) sind eine elementare Eig. der grünen Pflanze. Die Intensität der I-Fluorescenzlöschung ist ein Maß für die Verwertung der durch I absorbierten Lichtenergie, für deren Ausnutzung am Belichtungsbeginn 2 Energieacceptoren, *A* u. B_0, zur Verfügung stehen. In einer Folge von

Licht- u. Dunkel-Rkk. bildet sich ein stationärer Lichtzustand aus, wobei zu jedem Zeitpunkt A u. B_0 sich in Dunkel-Rkk. zurückzubilden vermögen (A- u. B-Kreislauf). Der sich innerhalb 3 Sek. entwickelnde Teil der Fluorescenzintensität–Zeit-Kurve von *Ulva lactuca* zeigt in Luft die Merkmale einer n. Fluorescenzkurve, während in N_2 (Kurve *II*) infolge des O_2-Ausschlusses nur die Rkk. des B-Kreislaufes zum Ausdruck kommen. Mit frischen, sehr verd. Spinatgrana-Suspensionen (p_H 6—7, Belichtungsintensität $1{,}37 \cdot 10^3$ erg/cm², sec., 0°) wurde eine n. Fluorescenzkurve erhalten, die gleichzeitig den A- u. B-Kreislauf widerspiegelt. Intermittierende Belichtung einer Chlorella-Suspension (N_2) ergab eine Kurvenschar, die eine Aufspaltung der oben beschriebenen Kurve *II* in ihre Licht- u. Dunkel-Rkk. bedeutet, wobei als neues Merkmal der 1. Fluorescenzanstieg als Beginn der Kurve auftritt, der sich über einer gewissen Untergrundfluorescenz erhebt u. nicht vom Ordinatennullpunkt ausgeht. Auf Grund der eigenen Messungen wie derjenigen von WITT (Z. physik. Chem. **4.** [1955.] 120) nimmt Vf. an, daß im Chloroplasten **I** vor O_2 geschützt sein muß, weil ihm O_2 sonst vorzeitig Anregungsenergie entziehen würde. (Z. Naturforsch. **11 b.** 116—17. Febr. 1956. Marburg, Univ., Inst. für Siliciumchem.)
K. MAIER. 4460

Hans Roggo, *Über den Einfluß des Tabakrauches auf die osmotischen Zustandsgrößen und das Wachstum von Erbsenkeimlingen.* Bericht über Unterss. am Stengel von Pisum sativum in Reinluft u. Rauchluft. Unter dem Einfl. des Tabakrauches wird das Längenwachstum gehemmt u. das Dickenwachstum gefördert. Best. folgender Größen: osmot. Wert bei Grenzplasmolyse, Saugkraft des Zellinhaltes in Epidermis- u. Rindenzellen, Durchschnittssaugkraft der Zelle in den Internodien des Erbsenstengels, Saugkraft des Zellinhaltes im n. Zustand der Zelle, Turgordruck. Die osmot. Zustandsgrößen sind in den verdickten Rauchluftstengeln größer als in den Reinluftpflanzen. — Diskussion der Ergebnisse. (Bull. Soc. fribourg. Sci. natur. **44.** 117—86. 1954. Freiburg/Schweiz, Univ., Botan. Inst.) H. DOSSMANN. 4485

Lynn K. Porter und **D. W. Thorne,** *Wechselbeziehung von Kohlendioxyd und Bicarbonationen beim Hervorrufen von Pflanzenchlorosen.* In Nährlsgg. mit 10 m-Äquivalent $NaHCO_3$ je Liter führte Luft zu einer Abnahme von *Chlorophyll*-Geh. u. Wachstum. Wurde das p_H der Lsg. konstant gehalten, so nahm mit zunehmenden Konzz. von $NaHCO_3$ u. CO_2 die Intensität der Chlorose zu u. das Wachstum von Tomaten u. Bohnen ab. Bei einer $NaHCO_3$-Konz. von 10 m-Äquivalent je Liter nahm die Chlorose, wenn das p_H der Nährlsg. von 8,3—7,3 durch Veränderung des CO_2 im Luftstrom verändert wurde, mit abnehmendem p_H langsam ab. Zunehmende Konzz. von $NaHCO_3$ bei konstantem p_H der Nährlsg. führten zu zunehmenden Konzz. von Fe in Stamm u. Blättern von Tomatenpflanzen u. wirkten in ähnlicher Richtung bei Bohnen. Das HCO_3-Ion ist eine direkte Ursache für die Chlorose in manchen Pflanzen. Diese Wrkg. kann wenigstens teilweise vermindert werden, indem man das p_H des Mediums durch Zunahme von CO_2 im Luftstrom senkt. (Soil Sci. **79.** 373—82. Mai 1955. Utah State Agricult. College.)
A. JACOB. 4490

Winston W. Jones, *Biurettoxizität bei der Besprühung der Citrusblätter mit Harnstoff.* Zur besseren N-Versorgung von Äpfeln werden die Blätter mit *Harnstoff* (**I**) besprüht. Bei Citrus hatte diese Behandlung ein irreversibles Vergilben der Blätter zur Folge (Yellow-tip). Da **I** leicht hart wird, kommt er für Sprühzwecke in verschied. Zubereitungen in den Handel, z. B. in Tablettenform. Vf. beobachtete, daß kristalliner **I** die Wrkg. der Handelspräpp. nicht zeigte, u. konnte nachweisen, daß bei der Herst. von Tabletten durch Erwärmen 0,5—2,5% der Trockensubstanz *Biuret* (**II**) entstehen. Vf. stellte daher im Gewächshaus an jungen Citronenbäumen Verss. mit Lsgg. von kristallinem **I** (2%), **I**-Tabletten (2%), **II** (0,2%) sowie **II** (0,2%) u. kristallinem **I** (2%) an. Sowohl in „Spray"-Verss. als auch bei der Anwendung im Boden (50 ml der Lsgg. auf 1 gal) bedingten alle Lsgg., die **II** enthielten, also auch die Handels-**I**-Präpp., Vergilben, der kristalline **I** dagegen nicht. Bes. schwere Schäden verursachten **I** u. **II** kombiniert. **II** kann also als die Ursache des Vergilbens angesehen werden. (Science [Washington] **120.** 499—500. 24/9. 1954. Riverside, Calif., Univ. of California, Citrus Exp. Stat., Dep. of Horticulture.) HANS THIELE. 4495

Philippe Decourt, Georges Anguera und **Guy Deysson,** *Untersuchungen über die narkobiotischen Wirkungen auf die Wurzelzellen von Pflanzen.* Bei Unterss. über die narkobiot. Wrkg. auf Wurzelzellen an Pisum sativum L. u. Allium cepa L. wurden analoge Ergebnisse wie bei anderem biol. Material gefunden. Auch hier erwies sich *Chlorpromazin* als die wirksamste Substanz. Gleichzeitig erwies sich dieser Vers. als ein neuer, einfacher quantitativer Test dieser speziellen pharmakodynam. Wrkg., indem er die mitot. Aktivität in allen Phasen inhibiert. (C. R. Séances Acad. Sci. **238.** 1535—37. 5/4. 1954.)
G. WELTZIEN. 4495

E5. Tierchemie. Tierphysiologie. Tierpathologie.

Bernard Weissmann, Maurice M. Rapport, Alfred Linker und **Karl Meyer,** *Isolierung der Aldobionsäure von Nabelschnurhyaluronsäure.* Das der *Hyaluronsäure* zugrunde liegende desacetylierte Disaccharid konnte durch enzymat. Abbau mit Hyaluronidase u. anschließende saure Hydrolyse (n H_2SO_4, 2 Std. 99°; Ausbeute 61%) oder durch Säure allein (3 Std.; Ausbeute 37%) krist. erhalten werden (vgl. Nature [London] **168.** [1951.] 996): *Hyalobiuronsäure (Glucuronidoglucosamin),* $C_{12}H_{21}O_{11}N$, Zers. bei 200°, krist. durch Umfällen aus n/5 HCl mit Na_2CO_3 in Wetzsteinen, Prismen oder Nadeln, die sich röntgenograph. nicht unterscheiden; $[\alpha]_D^{24}$ +30,5° (c = 2,0; 0,1n HCl) bzw. $[\alpha]_D^{23}$ +22,5° (c = 2,0; n HCl), R_F 0,13 in aufsteigendem Papierchromatogramm (Butanol/Eisessig/W. 38 : 12 : 50); unlösl. in Eisessig, CH_3OH, A. u. Pyridin, kaum lösl. in kaltem W., wenig lösl. in heißem W., verd. HCl u. Bicarbonatlsg.; pK_1 2,6, pK_2 7,1. Strukturbeweisend ist der positive Ausfall des ELSON-MORGAN-Testes mit allerdings nur 58% des Farbwertes einer äquimol. Menge Glucosamin. — Die gleiche Säure wird auch durch 3std. saure Hydrolyse (65% Ausbeute) aus ihrem krist. Heptaacetylmethylester (J. Amer. chem. Soc. **74.** [1952.] 4725) zurückerhalten. (J. biol. Chemistry **205.** 205—11. Nov. 1953. New York, N. Y., Columbia Univ., Dep. of Med., Coll. of Physic. and Surg.) H. GIBIAN. 4520

Jean Roche, Raymond Michel, Jacques Nunez und **Gabrielle Lacombe,** *Über das Vorkommen von N-endständigen jodhaltigen Aminosäuren im Schweinethyreoglobulin.* 1. Mitt. Mit der EDMANschen Phenylthiohydantoin (I)-Meth. (sowie im Fall des *Tyrosins* (II) mit der SANGERschen Dinitrofluorbenzol-Meth.) konnten Vff. im *Schweinethyreoglobulin* (**III**) **I**, *3.5-Dijod-***I** u. *Thyroxin* (**IV**) als N-endständige *Aminosäuren* (**V**) nachweisen. Die Trennung der **I**-Derivv. der J-haltigen **V** erfolgte papierchromatograph. in einem Gemisch aus Anisol u. Heptan (1 : 1, V/V) u. die Sichtbarmachung nach BOWDEN u. MACLAGAN (C. **1956.** 171). Das N-endständige Dijod-**II** ist im **III** stärker vertreten (6% des Gesamtjod) als **IV** (3,6% des Gesamtjods). Das Verhältnis von N-endständigem **IV** : N-endständigem Dijod-**II** (0,6) ist höher als das entsprechende Verhältnis der Gesamtreste von **IV** u. Dijod-**II** im Protein (ca. 0,3). Die Tatsache, daß *3-Monojod-***II** u. *3.5.3'-Trijod-***II** nicht aufgefunden werden konnten, ist nach Ansicht der Vff. nicht beweisend für ihre Abwesenheit, da sie sich, etwa infolge zu geringer Menge, dem Nachw. entzogen haben könnten. Die Bedeutungen der Ergebnisse für die Biosynth. der J-haltigen **V** u. des **III** werden diskutiert. (Bull. Soc. Chim. biol. **37.** 219—27. 1955. Paris, Coll. de France, Labor. de Biochim. gén. et comp.) K. NEHRING. 4520

Jean Roche, Raymond Michel und **Jacques Nunez,** *Über die N-endständigen Aminosäuren des Schweinethyreoglobulins.* 2. Mitt. (1. vgl. vorst. Ref.) Vff. untersuchen elektrophoret. u. in der Ultrazentrifuge einheitliches *Schweinethyreoglobulin* (**I**) mit den Methoden nach EDMAN durch Bldg. der Phenylthiohydantoine u. deren direkte papierchromatograph. Identifizierung oder nach Rückbldg. der entsprechenden *Aminosäure* (**II**) sowie nach der SANGERschen Dinitrofluorbenzol-Meth. auf N-endständige Aminosäuren. Die Unterschiede der Ergebnisse beider Methoden werden diskutiert. Als N-endständige Reste wurden außer den in der 1. Mitt. erwähnten gefunden: *Glutaminsäure, Serin* (10,8%), *Glycin* (3,7%), *Alanin* (**III**) (4,4%), *Leucin* (12,8%) sowie geringe Mengen *Threonin* u. *Valin* (1,45% der **II**-Reste von **I**). Aus der größeren Anzahl verschied. N-endständiger **II** schließen Vff. auf einen Aufbau von **I** aus zahlreichen Polypeptidketten. Das Auftreten von N-endständigem **III** bestätigt die Ansicht der Vff., daß die Bldg. des N-endständigen *Thyroxins* durch Kondensation von 2 Mol *Dijodtyrosin* unter Abspaltung eines **III**-Restes erfolgen kann. (Bull. Soc. Chim. biol. **37.** 229—38. 1955.) K. NEHRING. 4520

Ch. Wunderly, R. Steiger und **H. R. Böhringer,** *Neue mehrfache Untersuchungen am gleichen Kammerwasser menschlicher Augen.* Das Kammerwasser hat ein spezif. Gewicht von 1,006 im Mittel, gemessen mit der Meth. des fallenden Tropfens in einem Gemisch von *Xylol* u. *Chlorbenzol,* u. enthält 8—27 mg% *Protein* in ähnlicher Zus. wie das Serum. (Experientia [Basel] **10.** 432—33. 15/10. 1954. Zürich, Univ., Med. u. Augenklinik.) D. ZEMKE. 4520

R. P. Hansen, F. B. Shorland und **N. June Cooke,** *Die verzweigtkettigen Fettsäuren des Ochsenfettes.* 2. Mitt. *Die Isolierung von 15-Methylhexadecansäure.* (1. vgl. C. **1955.** 1542.) In Spuren von 0,06% der Totalfettsäuren wurde aus hydriertem Ochsennierenfett die C_{17}-verzweigtkettige *15-Methylhexadecansäure* isoliert. Verseifungsäquivalent 270,4; Jodwert 0,0; F. 60,2—60,4°. (Biochem. J. **61.** 141—43. Sept. 1955. Wellington, New Zealand, Dep. of Sci. and Ind. Res. Labor.) H. BENISCHKE. 4520

A. Leaf, *Über den Mechanismus des Flüssigkeitsaustausches im Gewebe in vitro.* Zur Kontrolle der Vorgänge bei der Gewebeschwellung wurde der Austausch von W., Na,

Cl u. K in Schnitten von Nierenrinde, Leber, Hirnrinde bei Hühnchen u. Ratten mit folgendem Ergebnis untersucht: Die während des Schwellungsprozesses ins Gewebe eindringende Fl. besteht nicht allein aus Wasser. Es ist vielmehr eine Lsg., die mit dem Medium ungefähr isoton. ist. Die in das Gewebe eindringende Menge Na ist ein Maß für den Ionenaustausch mit intracellulärem K u. für das eingedrungene NaCl. Die bestehende Abhängigkeit des Flüssigkeitsaustausches vom Gewebsstoffwechsel wird dadurch erklärt, daß zum Ansteigen der Ionenkonz. im Gewebe Stoffwechselenergie verbraucht wird. Es besteht nach den Verss. ein osmot. Gleichgewicht zwischen intra- u. extracellulärer Fl. des Gewebes. (Biochem. J. **62.** 241—48. Febr. 1956. Oxford, Univ., Med. Res. Dep. of Biochem.) H. GOHR. 4550

L. F. Signorini und **F. Kircheis,** *Über die Schutzwirkung einiger Aminosäuren auf die Komplementinaktivierung.* 10 u. 20% ig. *Glykokoll*-Lsg. vermag die Inaktivierung des Komplements bei 56° zu hemmen, *Alanin* hat diese Fähigkeit nicht. (Nuovi Ann. Igiene Microbiol. **5.** 130. März/April 1954. Firenze, Ist. di Igi.) G. GERBER. 4551

C. H. A. Walton und **H. W. Bottomley,** *Aspirinallergie.* Klin. Bericht über das Auftreten von *Aspirin*-Allergie bei Asthmatikern. (Canad. med. Assoc. J. **64.** 187—90. März 1951. Winnipeg, Clinic.) P. LOCH. 4551

C. H. A. Walton und **H. W. Bottomley,** *Aspirinallergie.* Französ. Fassung der vorst. referierten Arbeit. (Canad. med. Assoc. J. **64.** 190—92. März 1951.) P. LOCH. 4551

Z. Stary und **R. Cindi,** *Über den Gehalt der Milchproteine an Galaktose und Hexosamin.* Die Molkenproteine der Kuhmilch enthalten neben 5% *Hexosen* auch 0,5—1,0% *Hexosamin.* In den Colostrumproteinen ist das Mengenverhältnis dieser Kohlenhydrate umgekehrt. Im *Casein* liegt als Kohlenhydrat nur *Galaktose* vor. (Naturwissenschaften **43.** 179—80. April 1956. Istanbul, Univ., Inst. für Biochem.) H. GUDE. 4555

Richard Kuhn und **R. Brossmer,** *Isolierung einer niedermolekularen, durch Influenzavirus spaltbaren Substanz aus Milch.* Werden nach Entrahmung Kuhmilch, Frauenmilch, Frauen-, Kuh-, Schaf-, Ziegen- oder Schweinecolostrum dialysiert, dann enthält die Außen-Fl. eine gegen verd. Säuren u. Alkalien äußerst empfindliche, EHRLICH-, BIAL- u. Anilinhydrogenphthalat-positive Substanz (I) ($R_{Lactose}$-Wert 0,46; Pyridin : Essigester : Eisessig : W. 5 : 5 : 1 : 3). I, die aus Kuhcolostrum chromatograph. einheitlich erhalten wurde, ist eine N-haltige einbas., S- u. P-freie Säure; Äquivalentgewicht (WILLSTÄTTER-SCHUDEL) 705, $[\alpha]_D^{20}$ 20° (W.). CrO_3-Oxydation gibt 2 Mol Na-Acetat. Die beiden CH_3CO-Gruppen haften an N bzw. O (Ultrarotspektr.). Einw. kalter 0,02n-NaOH bzw. $Ba(OH)_2$ liefert die Mono-(N)-acetylverb. (Äquivalentgewicht 588). Kalte 0,01n HCl spaltet in 1 Mol *Lactose* (III), 1 Mol Essigsäure u. 1 Mol *Lactaminsäure* (II), F. 178—179° (Zers.), Prismen. Die aus Mucoproteinen des Kuhcolostrums erhaltene II-Methoxyverb. (C. **1954.** 6743) ist ein leicht verseifbarer *Methylester,* dessen Verseifungsprod., F. 178—179° (Zers.) mit der aus I erhaltenen N-haltigen Spaltsäure II ident. ist; $[\alpha]_D^{21}$ —31 bis —32° (W.), $R_{Lactose}$-Wert 0,75. I ist demnach *O-Acetyllactaminsäurelactose.* Wie hochmol. Mucoproteine bzw. Mucopolysaccharide wird auch die niedermol. I durch Influenzavirus-B-Lee (durch Adsorption an Erythrocyten gereinigt) bei p_H 6 leicht unter Freiwerden von III gespalten. Das „*receptor destroying enzyme*" (*RDE*) der Choleravibrionen spaltet I hydrolyt. zu II bzw. *O-Acetyl*-II. (Angew. Chem. **68.** 211—12. 21/3. 1956. Heidelberg, Max-Planck-Inst. für Med. Forsch., Inst. für Chem.) K. MAIER. 4555

W. L. Glen, R. Barber, H. M. McConkey und **G. A. Grant,** *Isolierung von β-Dihydroequilin und α-Dihydroequilenin aus dem Harn trächtiger Stuten.* Vff. berichten über die Isolierung größerer Mengen von reinem *β-Dihydroequilin* (I) aus 2 verschied. *Östrogen*-Konzentraten, die aus dem Harn trächtiger Stuten nach dem 6. u. 9. Monat erhalten wurden. *α-Dihydroequilin* wurde nicht gefunden. Der Befund von HIRSCHMANN u. WINTERSTEINER (C. **1938.** II. 1421) konnte durch die Isolierung größerer Mengen *β-Dihydroequilenin* (II) bestätigt werden. Daneben wurden auch geringe Mengen von *α-Dihydroequilenin* gewonnen. Die Gewinnung der Östrogenkonzentrate erfolgte durch Extraktion von Harn trächtiger Stuten, wobei nahezu ketonfreie Östrogene durch Gegenstromverteilung erhalten wurden. Diese wurden 1 Std. bei p_H 1 auf dem Wasserbad hydrolysiert, vom ketonhaltigen Material befreit (Separierung nach GIRARD) u. eine phenol. ketonfreie Fraktion durch Extraktion mit NaOH isoliert. Die Trennung der östrogenen Diole erfolgte nach der chromatograph. Meth. von CAROL, HAENNI u. BANES (C. **1951.** II. 384). — Ausbeute: 3 g krist. I, F. 205—206°, 1 g II, F. 216—217°, aus einem Konzentrat entsprechend 100 g Na-Östronsulfat. (Nature [London] **177.** 753. 21/4. 1956. Montreal, Ayerst, McKenna & Harrison Ltd., Res. Labor.) B. GÖRLICH. 4559

Heinrich Wrba und **Hans Querner,** *Auslösung spezifischer Wachstumsvorgänge bei Zahnkarpfen durch ein androgenes Steroidhormon.* Die durch *Dehydroisoandrosteron*-

acetat (I) bei neugeborenen Zahnkärpflingen hervorgerufenen Zellwucherungen werden histolog. untersucht. — 8 Tage alte Tiere wurden in 500 ml W., dem 0,1—0,5 mg I zugesetzt waren, 4—28 Tage gehalten. Bis zu 100 Tagen nach Absetzen der Hormonbehandlung wurden die Tiere beobachtet. Außer den Kontrolltieren wurden auch solche untersucht, die mit *Methyltestosteron, Testosteronpropionat, Östradiol, Progesteron, Cortisonacetat* u. *Desoxycorticosteronacetat* behandelt worden waren. — Schon nach 4tägiger Behandlung mit I treten Wucherungen in Kopf, Leber, Niere u. den ableitenden Harnwegen auf. Bei allen anderen Kontrolltieren sind diese nicht zu beobachten. Diese Wucherungen werden als Folge eines Wachstumsreizes durch das Hormon auf das embryonale gefäßbildende Mesenchym gedeutet. (Z. Naturforsch. **11b.** 270—72. Mai 1956. Heidelberg, Univ., Inst. für experim. Krebsforschung.) H. STRUCK. 4559

H. Spencer Hoyt, Toland Doud und **Robert S. Hoyt,** *Umkehr der anabolischen Wirkung von Testosteron.* Nach langdauernder Verabfolgung von *Testeron* an Küken stellen Vff. eine Umkehr des bekannten anabol. Effektes fest, die sich in einer Verzögerung des Wachstums im allg. u. im einzelnen an Leber, Niere, an einer teilweisen Inhibierung der Schilddrüse, totaler Atrophie der Gonaden u. starker Wachstumshemmung der Milz äußert. Knochenwachstum u. -reife sind verzögert. (Proc. Soc. exp. Biol. Med. **76.** 748. April 1951. San Francisco, Calif., Stanford Univ., School of Med.; Monterey, Calif., Monterey Hosp.) W. ZILLIG. 4559

Hanns Maier-Hüser, Hubert Clauser, Pierre Fromageot und **Roger Plongeron,** *Darstellung von Ochsenhypophysenhinterlappenhormonen.* 1. Mitt. *Oxytocin.* Es wird eine Meth. zur Extraktion u. ausreichenden Trennung von *Oxytocin* (I) neben *Vasopressin* (**II**) angegeben. Die endgültige Reinigung von I erfolgt durch Gegenstromverteilung. I u. **II** werden in der Hitze aus einem mit Aceton getrockneten Hypophysenhinterlappenpulver (18 g) mit 1800 ml verd. Essigsäure nach der Meth. von KAMM u. Mitarbeitern (J. Amer. chem. Soc. **50.** [1928.] 573) extrahiert (p_H-Wert der Lsg. 3,8—4,0). Nacheinander werden in der Kälte 50,50 u. 100 g Silicagel unter jeweils $1^1/_2$std. Schütteln hinzugegeben, das Gel wird filtriert u. mit 300 ml 0,05%ig. kalter Essigsäure (**III**) gewaschen (1. Adsorption). Die Filtrate u. Wasch-Fll. werden nochmals mit Silica behandelt (2. Adsorption). Das Gel der 1. Adsorption wird sofort mit 1200 ml 0,5%ig. **III** eluiert, 4 Std. gekocht u. das Eluat abgekühlt. Das Silicagel wird dann nochmals mit verd. **III** gewaschen u. eluiert. Die Gele der 1. u. 2. Adsorption werden vereinigt u. wie oben eluiert. Sie enthalten ca. 80% **II.** Zu den vereinigten **III**-Eluaten (ca. 3300 ml) fügt man 50 mg 2.2'-Dipyridil hinzu u. konz. die Lsg. auf 800 ml im Sprayverf. bei einer Temp. unterhalb 6—8°. Die konz. Lsg. wird mit Ae. ausgezogen, der restliche Ae. im Vakuum bei Zimmertemp. entfernt, die Lsg. bei niedriger Temp. auf 70—100 ml eingedampft, 3mal mit je 50 ml H_2O verd., auf 0° abgekühlt u. 3mal mit 50 ml sek.-Octylalkohol extrahiert. Die wss. Phase wird in der Kälte mit NH_3 auf einen p_H-Wert von 7,6—7,8 gebracht u. sofort 5mal mit H_2O gesätt. Butylalkohol extrahiert. Der Extrakt wird auf —70° gekühlt u. zentrifugiert. Die erstarrte wss. Phase wird zur wss. Phase der 1. Butylalkoholextraktion gegeben, wonach die Gesamtlsg. in der gleichen Weise extrahiert, gekühlt u. zentrifugiert wird. Die vereinigten Butylalkoholextrakte werden auf 50 ml unter N_2 im Vakuum bei niedriger Temp. eingedampft, zu dem 5—6fachen Vol. an Octylalkohol gegeben, abgekühlt u. 6mal mit 50 ml kalter 0,1%ig. **III** extrahiert. Die **III**-Extrakte werden 3mal mit 50 ml Chlf. extrahiert, u. das restliche Chlf. wird im N_2-Strom unter Vakuum entfernt. Das nach der Lyophilisation erhaltene Endprod. stellt ein hellgelbes hygroskop. Pulver dar, das 100—200 I.E. I u. 4—6 I.E. **II** enthält. 40—50% (Ausbeute, bezogen auf die in den Drüsen ursprünglich vorhandene Menge). (Biochim. biophysica Acta [Amsterdam] **11.** 252—57. Juni 1953. Paris, Fac. des Sci., Labor. de Chim. biol. et Labors. de Rech. des Establ. Roussel.) H. KOCKERT. 4560

P. Mary Cotes und **F. G. Young,** *Versuche zum Nachweis des Wachstumshormons in Blut- und Harnproben während der Schwangerschaft oder Lactation.* Im Blut stillender Frauen bzw. im Harn schwangerer oder stillender Frauen sowie im Blut einer schwangeren Ziege konnte kein Wachstumshormon nachgewiesen werden. (Biochem. J. **49.** LIX—LX. Sept. 1951. Cambridge, Univ., Biochem. Labor.) H. P. FIEDLER. 4560

Kurt Schreier und **Hans-Georg Sattelberg,** *Der Einfluß von adrenocorticotropem Hormon (ACTH) auf den Aminosäurenstoffwechsel.* Bei Behandlung von Nephrosen mit *ACTH* tritt Besserung ein. Vff. untersuchten deshalb die Wrkg. von ACTH auf den Aminosäurestoffwechsel u. einige damit im Zusammenhang stehende Faktoren an einem Fall schwerer Nephrose. Gesamt-N, Albumin- u. Harnsäureausscheidung steigen parallel zur Erhöhung des 17-Ketosteroidspiegels im Urin an. Der Aminosäurespiegel von 7 mikrobiol. getesteten Aminosäuren im Serum u. die Ausscheidung von 10 untersuchten Aminosäuren im Harn sind signifikant erhöht. Arginin u. Histidin bleiben konstant, vielleicht, weil der Überschuß durch Arginase bzw. Histidinase sehr schnell abgefangen wird. ACTH beeinflußt also den Protein- u. Aminosäurenstoffwechsel gleichsinnig wie die Nephrose. Seine bessernde Wrkg. beruht vielleicht auf Gegenregulationen bzw. seinem Einfl. auf den Mineralstoffwechsel. (Klin. Wschr. **29.** 672—673. 15/10. 1951. Heidelberg, Univ., Kinderklinik.) W. ZILLIG. 4560

Valentin Köhler, *Die Wirkung des Adrenocorticotropins auf die Lipophoren der Pfrille (Phoxinus laevis).* Vf. untersuchte die Wrkg. von *ACTH* auf die Expansion der Melanophoren hypophys.- bzw. adrenalektomierter Frösche auf die Ausbldg. des Hochzeitskleids bei Pfrillen u. ihre Hemmung durch Monojodessigsäure, ferner auf die Sensibilisierung der Lipophoren, die durch sonst inakt. Dosen verschied. Stoffe, z. B. Histamin, Cystein, Adrenalin, Noradrenalin, Desoxycorticosteronacetat, Arsenhepatrad u. TYRODE-Lsg. **I** expandiert wurden. (Naturwissenschaften **39.** 554. Dez. 1952. Würzburg, Univ., Physiol. Inst.) W. ZILLIG. 4560

M. V. Mussett und **W. L. M. Perry,** *Der zweite internationale Standard für Corticotrophin.* Zwei an verschied. Stätten nach der Meth. von ASTWOOD u. Mitarbeitern (J. Amer. chem. Soc. **73.** [1951.] 2969) hergestellte, nicht der Reinigung mit Oxycellulose unterworfene Proben von *Corticotrophin* wurden gemischt u. 12 Laboratorien in 5 verschied. Ländern zur Testung überreicht. Der neue Standard ist 1,14mal akt. als der erste (1950). 1 I.E. = 0,88 mg des neuen Standardpräparates. (Bull. Organisat. mond. Santé **14.** 543—55. 1956. London, Nat. Inst. für Med. Res., Dep. of Biol. Standards.) P. LOCH. 4560

I. Indovina, E. Savagnone und **T. Indovina,** *Erste Untersuchungen über die durch Adrenocorticotropin induzierten Veränderungen der Siderämie in Beziehung zum Gehalt an Harnsäure, Kreatinin und Eosinophilen des Blutes.* 8 Patienten wird *Adrenocorticotropin* (**I**) injiziert u. die Siderämie nach 1, 2 u. 4 Std. verfolgt, wozu der Geh. an Eosinophilen gemessen wird. In 5 Fällen war der Eosinophilentest positiv u. das Verhältnis Harnsäure : Kreatinin sank rasch, entweder durch Harnsäureabnahme oder Kreatininzunahme. In den übrigen 3 Fällen änderte sich das Verhältnis bei gleichbleibendem Eosinophilengeh. nicht. Ganz unabhängig davon steigt oder fällt der Fe-Geh. des Blutes von Fall zu Fall. Vff. ziehen aus den Unterss. den Schluß, daß das Verhältnis Harnsäure : Kreatinin angibt, wieweit der Patient auf **I**-Gabe anspricht. (Boll. Soc. ital. Biol. sperim. **29.** 775—78. April 1953. Palermo, Univ., Ist. di Clinica Med. Gener.) O. POLLAK V. EMHOFEN. 4560

Geoffrey E. Loxton und **David Le Vay,** *Einfluß von Cortison auf Gewebspotentiale beim Menschen.* Vff. stellten fest, daß in Parallele zur Änderung der Entfärbungszeit von Redoxindicatoren das Elektrodenpotential im Unterhautbindegewebe nach *Cortison*-Gabe signifikant sinkt, nach oraler Verabfolgung innerhalb von 2 Stunden. Den gleichen Effekt rufen schneller *Glutathion* u. *Ascorbinsäure* hervor, bei dieser in Übereinstimmung mit dem Befund, daß nach Cortisongabe das Gleichgewcht zwischen oxydierter u. red. Form zu Gunsten der ersten verschoben wird. (Nature [London] **171.** 524. 21/3. 1953. Woolwich Group. of Hosp.) W. ZILLIG. 4561

R. Meier, F. Gross und **P. Desaulles,** *Über die Bedeutung der Nebennieren und der Nebennierenrindensteroide für den Ablauf entzündlicher Reaktionen.* Vff. untersuchten die Wrkg. verschied. Nebennierenrindensteroide u. einiger bekannter entzündungshemmender Stoffe auf die Einzelfaktoren des Entzündungsvorgangs. *Cortison* wirkte auf alle untersuchten Rkk. bei lokaler u. allg. Applikation hemmend, *Desoxycorticosteron* bei lokaler Anwendung hemmend auf die Bindegewebs-Rk., bei allg. hemmend oder fördernd. *Adrenalin, Atophan, Cliradon, Phenergan* u. *Propylenglykol* hemmen nur am Normaltier, jedoch nie so stark wie Cortison u. nicht auf alle Rkk. gleichmäßig, vermutlich über die Nebennieren. Stickstoffsenfgas hemmt anscheinend sowohl über Nebennieren als auch direkt infolge seiner antimitot. Wrkg., jedoch auch ohne Mitosehemmung, vielleicht über entzündungshemmende Folgeprodukte. (Klin. Wschr. **29.** 653—63. 15/10. 1951. Basel, Ciba A. G.) W. ZILLIG. 4561

Deryck Taverner, *Cortisonbehandlung der Bell'schen Lähmung.* Orale Behandlung mit 1 g *Cortisonacetat* wird als prakt. wirkungslos befunden. Das Auftreten von Denervierungen wird weder verhindert, noch wird eine raschere Erholung nichtdefinierter Patienten erreicht. (Lancet **267.** 1052—54. 20/11. 1954. Leeds, Univ.) H. BOSER. 4561

Ronald S. Savidge und **William Brockbank,** *Langfristige Behandlung von schwerem Bronchialasthma mit oralem Cortison.* Erfahrungen mit *Cortison* (**I**)-Behandlung bei 13 Bronchialasthmafällen über 7—80 Wochen in abnehmender Dosis von 100—12,5 mg pro Tag. Keine Heilung mit **I**, aber unter Umständen Linderung bei Dauerverabreichung kleiner Dosen. 2 Todesfälle (vgl. nachst. Ref.). (Lancet **267.** 889—93. 30/10. 1954. Manchester, Royal Infirmary.) H. DOSSMANN. 4561

Ronald S. Savidge und **William Brockbank,** *Zwei Todesfälle während Cortisonbehandlung von Bronchialasthma.* (Vgl. vorst. Ref.) Besprechung der beiden Fälle im Hinblick auf die wegen der langen Verabreichungsdauer unter Umständen schädliche *Cortison* (I)-Wrkg. auf die Nebennierenfunktion u. Diskussion weiterer Todesfälle bei I- bzw. *Corticotropin*-Theraphie aus der Literatur. (Lancet **267.** 893—95. 30/10. 1954. Manchester, Royal Infirmary.) H. DOSSMANN. 4561

Bruce C. Ferguson, Jack D. Rosenbaum und **Maurice M. Tolman,** *Cortison und Corticotropin zur Behandlung von Hautkrankheiten.* Gute Erfolge wurden bei der Behandlung von atop. Dermatitis, Dermatomyositis, exfoliative As-Dermatitis, Pemphigus vulgaris, Psoriasis, Pityriasis lichenoides et vasioliformis mit *Cortison* (anfangs 300, dann 200 bzw. 100 mg/Tag) erzielt. (A.M.A. Arch. Dermatol. Syphilology **65.** 535—42. Mai 1952. Framingham, Mass., Cushing Veter. Admin. Hosp.) P. LOCH. 4561

U. S. von Euler, *Adrenalin und Noradrenalin. Verteilung und Wirkung.* Nach neueren Erkenntnissen ist eine differenzierte Sekretion von *Noradrenalin* (I) u. *Adrenalin* (II) von den Bildungsstätten (adrenerg. Nervenendigungen, Nebenniere u. chromaffine Zellen) anzunehmen, die von den funktionellen Erfordernissen der Organe abhängt. So wird I unter Bedingungen freigesetzt, die gleichmäßigen Blutdruck u. die nervöse Regulation der Aktivität glatter Muskeln erfordern. II ist für die Anpassung gewisser Stoffwechselfunktionen u. für die regionale Blutversorgung von Organen notwendig u. entspricht somit der Definition CANNONs als Notfallsfunktionshormon. Obgleich I als Hormon für die Erhaltung gewisser homöostat. Funktionen unter Normalbedingungen gilt, kann es wie II auch als Notfallsfunktionshormon im Sinne CANNONs dienen. Über den Geh. der Nebenniere an I u. II bei verschied. Tierarten u. in verschied. Organen werden Angaben gemacht. (Pharmacol. Rev. **6.** 15—22. März 1954. Stockholm, Karolinska Inst., Dep. of Physiol., Fac. of Med.) K. BÖHM. 4561

H. Blaschko, *Stoffwechsel von Adrenalin und Noradrenalin.* Die Bldg. u. der Abbau der *Brenzcatechinamine* (I) bleibt in Einzelheiten noch zu klären. Die Bedeutung der Aminoxydase für die Inaktivierung wird besprochen. Für *Adrenalin* u. verwandte Verbb. wird für die Stoffwechselwrkg. ein Zweiphaseneffekt besprochen. Die 1. Phase entspricht dem sympathicomimet. Effekt sensu strictiori, der von außen auf die Zellmembran ausgeübt wird, die 2. Phase umfaßt die Wirkungen auf den Kohlenhydratstoffwechsel. In den Zellen des Nebennierenmarks ist die M. der I nicht in freier Form, sondern in Granula vorhanden, die die Hauptspeicher der I darstellen u. wahrscheinlich auch der Sitz der Biosynth. sind. (Pharmacol. Rev. **6.** 23—28. März 1954. Oxford, England, Univ., Dep. of Pharmacol. and New Haven, Conn., Yale Univ.) K. BÖHM. 4561

G. B. West, *Die Verteilung und der Stoffwechsel von adrenergischen Vermittlern.* Unterss. über unterschiedliches Vork. von *Adrenalin* (I) u. *Noradrenalin* (II) in den Nebennieren führten zur Erkenntnis, daß für die Methylierung des II nicht Nebennierengewebe unbedingt erforderlich ist, wenngleich möglicherweise ein hormonaler Faktor corticalen oder hypophysären Ursprungs notwendig sein mag. Bei 50 Patienten mit Hypertension war die II-Urinausscheidung n. (nicht über 100μg/Tag), sie war erhöht bei einem Fall von Phäochromocytom. Für die vasodilatator. Wrkg. von II wird vermutet, daß die Gegw. von I im Blut für die Wrkg. notwendig ist. Vf. konnte mit Papierchromatographie *DOPA* nicht nachweisen, auch nicht nach Zufuhr von Desoxypyridoxin, Äthionin oder Nebennierenreizmitteln wie Nicotin. Auch bei Alloxan- oder Thiouracilbehandelten Tieren wurde *DOPA* nicht gefunden. Vf. bestätigt das Vork. von Oxytyramin oder Dopamin im Nebennierenmark von Schafen. Er stellt zur Diskussion, ob dieses Vork. beim Schaf auf Grund des Fehlens bei den meisten anderen Säugern nicht ein Nebenprod. der I-Synthese sein kann. (Pharmacol. Rev. **6.** 29—30. März 1954. Dundee, Scotland, Med. School, Dep. of Pharmacol. and Therap.) K. BÖHM. 4561

Marthe Vogt, *Noradrenalin und Adrenalin im Zentralnervensystem.* Vf. untersuchte das Vork. von *Noradrenalin* (I), das mit kleinen Mengen von *Adrenalin* (II) zusammen gefunden wird bei Hunden im Gehirn u. bringt Angaben über die Verteilung. I + II = „*Sympathin*" (III) scheint im Zentralnervensyst. besondere Funktionen auszuüben. An Katzen konnte gezeigt werden, daß *Coffein* (IV), *Leptazol* (V), *Ephedrin* (VI) u. *Ergometrin* (VII), selbst in tödlichen Dosen, die Konz. von III im Hypothalamus nicht veränderten. *Apomorphin* (VIII), *Ae.* (IX), *Insulin* (X), *Nicotin* (XI), *Morphin* (XII), *β-Tetrahydronaphthylamin* (XIII) u. *Picrotoxin* (XIV) erniedrigen dagegen die Konz. von I, wobei auch die von II mit abnahm, um 24—25%. IX bis XIV bewirken Nebennierenmarksekretion, IV bis VII hingegen nicht. Denerviert man eine Nebenniere bei Katzen, so wurde auf IV, V, VII u. IX die Konz. von II im Hypothalamus nicht signifikant erniedrigt, auf VIII, XII u. XIII fiel die Konz. von II auf 69—21,5% der Normalwerte. III im Mesencephalon reagierte auf die Substanzen in gleicher Weise wie im Hypothala-

mus. **III** in der Area postrema blieb unbeeinflußt nach **VIII**, **IX** u. **XII**. (Pharmacol. Rev. **6**. 31—32. März 1954. Edinburgh, Scotland, Univ., Dep. of Pharmacology.)
K. BÖHM. 4561

M. Goffart, *Die Wirkung von l-Noradrenalin und Adrenochrom auf den nicht ermüdeten Säugermuskel.* Am isolierten Rattenzwerchfell nach BÜLBRING ist in Normal-*Tyrode*, K-freier *Tyrode* u. K-freier *Tyrode* mit doppeltem Ca-Geh. der durch *l-Adrenalin* (**I**) bewirkte Anstieg der Krampfspannung größer als der durch *l-Noradrenalin* (**II**) bewirkte bei gleicher Konzentration. Wird die Wrkg. für **I** gleich 100% gesetzt, so erreicht sie nach **II** nur 70,3%. Dabei wird die Wrkg. für **I** u. **II** durch das Fehlen von K u. einen Überschuß an Ca-Ionen begünstigt. Auch *Adrenochrom* (**III**) besitzt einen potenzierenden Effekt, der ca. $^1/_{10}$ von dem des **I** beträgt. Die Wrkg. von *Adrenoxyl* (**IV**) am unermüdeten Muskel ist inkonstant, ist sie vorhanden, so entspricht sie der von **III**. Am ermüdeten Muskel üben **I**, **II** u. **III** in einer Konz. von $1 \cdot 10^{-6}$ eine die Ermüdung aufhebende Wrkg. aus, die nach **IV** $1 \cdot 10^{-5}$ nie beobachtet wurde. Im Blut liegt die n. Konz. der Substanzen bei oder unter dem Schwellenwert, um einen Effekt auf die Muskelkontraktion auszuüben. Bei der Notfallsfunktion nach CANNON könnten diese Wirkungen durch kräftige Stimulation der Nebennieren in Betracht kommen. (Pharmacol. Rev. **6**. 33—34. März 1954. Liège, Belgium, Univ., Dep. of Physiol., Inst. Léon Fredericq.)
K. BÖHM. 4561

Aimo Pekkarinen, *Adrenalin und Noradrenalin in Blut und Urin.* (Vgl. auch C. **1955**. 11028.) Vf. gibt ein auf Fluorescenz beruhendes Verf. an, um den Geh. an *Noradrenalin* (**I**) u. *Adrenalin* (**II**) in Urin u. Geweben zu bestimmen. Die durchschnittliche tägliche Urinausscheidung von **I** lag bei 17 Studenten zwischen 31—85 μg, bei 23 Patienten mit Hypertension zwischen 25—200 μg täglich. Die Konz. von **I** u. **II** im Urin von n. Patienten lag zwischen 3—17 μg%, bei Paragangliom im Mittel bei 80 μg% während einer Periode von 2 Wochen u. nach intravenöser Infusion von **I** wegen Schock zwischen 5—85 μg%. Nach GOLDENBERG u. RAPPORT stammt **I** im Urin hauptsächlich von der Sekretion durch die peripheren sympath. Nervenendigungen u. in geringerem Grade von der Sekretion durch das Nebennierenmark bei n. Bedingungen. Wenn dies zutrifft, so gibt die n. Ausscheidung von **I** u. **II** im Urin ein besseres Bild der sympath. Funktion als die Best. der Blutwerte. (Pharmacol. Rev. **6**. 35—37. März 1954. Turku, Finland, Univ., Dep. of Pharmacol.)
K. BÖHM. 4561

H. Weil-Malherbe und **A. D. Bone**, *Blutplättchen als Träger für Adrenalin und Noradrenalin.* Mit Hilfe besonderer Vorsichtsmaßnahmen ließ sich feststellen, daß *Adrenalin* u. *Noradrenalin* im Blut weitgehend an die Blutplättchen gebunden wird. Im Gegensatz zum konstanten Adrenalingeh. der roten Blutzellen ist derjenige der Blutplättchen stark abhängig von hormonalen, chem. u. physiol. (Schlaf, Konvulsionen) Einflüssen. (Nature [London] **174**. 557—58. 18/9. 1954. Wickford, Essex, Ranwell Hosp.)
TH. MARSSON. 4561

M. K. Paasonen, Daniel Eckert und **P. Peltola**, *Die Wirkung wiederholter Epinephrin- und Histamininjektionen auf die Epinephrinmydriasis.* Durch wiederholte, allmählich bis 20 γ/g gesteigerte Gaben von *Epinephrin* (**I**) lassen sich Mäuse soweit desensibilisieren, daß die DL_{50} um das fast 3fache überschritten werden kann. Paradoxerweise ist die Rk. der Pupille jedoch gesteigert. Die gleiche Wrkg. tritt auch nach Desensibilisierung für *Histamin* (**II**) auf; auch die **I**-Empfindlichkeit der Pupille wird dabei erhöht; jedoch beeinflußt **II** nicht die DL_{50} für **I**. Vff. sehen die Ursache in dem durch die **I**- bzw. *Amino*-**II**-Injektionsserien bedingten Mehrverbrauch einer Oxydase der Iris. Dadurch findet ein verlangsamter **I**- bzw. **II**-Abbau statt, der die Pupillenerweiterung erklärt. (Ann. Med. exp. Biol. fenn. **32**. 48—55. 1954. Helsinki, Univ., Dep. of Pharmakol.)
L. BERGER. 4561

Raoul-Michel May und **Hélène Mugard**, *Die Wirkung der Aufnahme von Schilddrüsenpulver auf die Zellmultiplikation im Gehirn von Kaulquappen von Rana temporaria.* Die mit Schilddrüsenpulver ernährten Kaulquappen bleiben zwergenhaft u. überleben nur einige Tage. Außer der Atrophie der Schilddrüsenfollikel wurde eine große Anzahl von Mitosen in verschied. Regionen des Gehirns beobachtet. Die auf Schilddrüsenpulver beschränkte Ernährung hat also eine mitogenet. Wrkg. auf die nervösen Zentren der Kaulquappen von Rana temporaria. Die Experimente zeigen, daß es die Schilddrüsensubstanz u. nicht die lebenden Zellen sind, die auf die Mitosen wirken. (Ann. d'Endocrinol. **16**. 46—66. 1955. Paris, Fac. des Sci., Labor. de Biol. animale.)
R. HÄHNEL. 4562

H. E. van der Veen und **P. C. Hart**, *Untersuchung über das Vorkommen von strumogenen Stoffen in Milch.* Eine 6 Wochen andauernde, tägliche Fütterung junger Hähne mit 200 cm^3 Kuhmilch (Fütterung mit Silagefutter oder Rüben) zeigte keine strumogene

Wirkung. (Voeding **16.** 12–22. 15/1. 1955. Utrecht, T. N. O., Inst. voor Veeteeltkundig Onderzoek.) W. WESLY. 4562

L. Löfgren und **A. Isotalo,** *Reaktion der Schilddrüse während des Histaminschocks und langdauernder Histaminbehandlung. Histamin* (I) hat beim Meerschweinchen keinen Einfl. auf die Schilddrüse. Tägliche Injektionen von 2 mg I (verzögert durch Bienenwachs), veränderten nicht das Verhältnis Epithel/Kolloid/Stroma. Die Gewichtsabnahme der Versuchstiere war nach 12–16 Injektionen deutlich, während die Schilddrüse ihr Gewicht nicht veränderte. (Ann. Med. exp. Biol. fenn. **32.** 56–70. 1954. Helsinki, Univ., Dep. of Forensic Med.) L. BERGER. 4562

S. B. Barker, H. B. Dirks jr., W. R. Garlick und **H. M. Klitgaard,** *Weitere Untersuchungen über Antithyroxineffekte verschiedener Stoffe.* Vff. prüften eine Reihe von Substanzen an thyreoidektomierten Ratten auf ihre Fähigkeit, im peripheren Stoffwechsel als Antagonisten des Thyroxins (I) zu wirken. *Vitamin A, Cholesterin, β-Carotin, Butyl-2.5-dijod-4-oxybenzoesäure* u. *α-Methyl-β-[3.5-dijod-4-oxyphenyl]-propionsäure* inhibierten zu ca. 50%, andere Stoffe weniger, keiner jedoch als starker I-Antagonist in einem Inhibitor/I-Verhältnis, das kleiner als 300 war. (Proc. Soc. exp. Biol. Med. **78.** 840–45. Dez. 1951. Iowa City, Io., State Univ. of Iowa, Dep. of Physiol.) W. ZILLIG. 4562

Roy V. Talmage und **F. W. Kraintz,** *Unmittelbare Veränderungen in der Phosphatausscheidung nach Parathyreoidektomie bei der Ratte.* Als Beitrag zur Kenntnis der Wirkungsweise der Parathyreoideahormone auf den *Phosphatstoffwechsel* wurde die Ausscheidung von anorgan. Phosphat unter Verwendung von radioakt. P bei Tieren unmittelbar nach Entfernung des Organs untersucht. Die Phosphatausscheidung war innerhalb 1 Std. nach Parathyreoidektomie stark verringert u. auch nach 7 Std. noch sehr niedrig. Bei Behandlung der Versuchstiere mit ausreichenden Mengen von Organextrakt wurde die Hemmung der P-Ausscheidung verhindert oder beseitigt. Diese Störung machte sich auch bei Injektion von $CaCl_2$ oder Phosphat bemerkbar. Die Wrkg. der Parathyreoidea auf den Ca- u. P-Stoffwechsel erfolgt demnach mindestens teilweise durch eine direkte Wrkg. auf die Niere. (Proc. Soc. exp. Biol. Med. **85.** 416–19. März 1954. Houston, Tex., Rice Inst., Biol. Dep.) J. SCHWAIBOLD. 4563

Roy V. Talmage und **F. W. Kraintz,** *Fortschreitende Veränderungen der Ausscheidung von Phosphat und Calcium durch die Niere bei Ratten nach Parathyreoidektomie oder Parathyreoidbehandlung.* Unterss. mit der früher angewandten Meth. unter Verwendung von ^{45}Ca u. ^{32}P ergaben, daß unmittelbar nach Parathyreoidektomie ein Sinken der *Phosphatausscheidung* u. ein Anstieg der Ca-Ausscheidung im Harn eintritt. Diese Veränderungen kommen innerhalb von 24 Std. wieder zum Verschwinden, obwohl im Serum weiterhin erhöhte Phosphat- u. erniedrigte Ca-Werte bestehen. Das umgekehrte Verh. tritt nach Behandlung mit Parathyreoideaextrakt ein. Es wird angenommen, daß die unmittelbaren Veränderungen der Ausscheidungsgeschwindigkeit als Folge von Veränderungen des Hormontiters auf Änderungen des Nierenschwellenwertes für die beiden Ionen zurückzuführen sind. Ausscheidungsveränderungen nach Anpassung des Serumspiegels an die neuen Schwellenwerte werden auf extrarenale Einfll. auf den Serumspiegel zurückgeführt. (Proc. Soc. exp. Biol. Med. **87.** 263–67. Nov. 1954. Houston, Tex., Rice Inst.) J. SCHWAIBOLD. 4563

Elizabeth J. Harfenist und **Lyman C. Craig,** *Unterschiede in der quantitativen Aminosäurezusammensetzung von Insulinen aus Rinder-, Schweine- und Schafbauchspeicheldrüsen. Insulin*-Präpp. aus Rind, Schwein u. Schaf enthielten übereinstimmend eine größere Menge der Hauptkomponente, A, u. verschied. Mengen anderer Komponenten. Die A-Komponenten, die in allen Fällen innerhalb der Fehlerbreite den gleichen Verteilungskoeff. hatten, erwiesen sich, wie Vff. durch Aminosäureanalysen feststellten, als verschieden in bezug auf ihren Geh. an Serin, Threonin, Glycin, Alanin, Valin u. Isoleucin. Daraus ergeben sich kleinstmögliche Mol.-Geww. von 5734, 5778 u. 5704 bei Rind, Schwein u. Schaf. Physiol. u. physikal. Unterschiede ließen sich nicht feststellen. (J. Amer. chem. Soc. **74.** 4216–17. 20/8. 1952. New York, N. Y., Rockefeller Inst. for Med. Res.) W. ZILLIG. 4564

Eric Ellenbogen, *Die Wirkung von flüssigem Ammoniak auf Proteine.* 1. Mitt. *Insulin.* Hochakt. *Insulin* (I) wurde, in fl. NH_3 gelöst, 18 Std. aufbewahrt. Löslichkeit, Sedimentationskonstante, Kristallisierbarkeit, biol. Aktivität, UV- u. Infrarotabsorptionsspektr. u. Gesamt-N-Geh. blieben unverändert. Pro Mol. I scheinen ca. 60 Mol W. so fest gebunden zu sein, daß sie mit dem fl. NH_3 nicht reagieren. (J. Amer. chem. Soc. **77.** 6634 bis 6635. 20/12. 1955. Pittsburgh, Pa., Univ., Graduate School of publ. health, Dep. of Biochem. and Nutrit.) E. SCHWERDTFEGER. 4564

B. A. Houssay, *Diabetes als Störung des endokrinen Gleichgewichtes.* Es werden die Zusammenhänge zwischen Diabetes u. den verschied. endokrinen Drüsen aufgezeigt. –

188 Literaturangaben. (J. sci. ind. Res. [New Delhi], Sect. A **15.** 168—75. April. 215—23. Mai 1956. Buenos Aires, Inst. of Exp. Biol. and Med.) P. LOCH. 4564

L. Arrigo und **M. Trasino,** *Über die Schutzwirkung von Totalextrakten des Vorderlappens der Hypophyse auf das exokrine Pankreas der Ratte bei steatogenen Bedingungen.* Es wird geprüft, ob zwischen dem exokrinen Pankreas u. dem Vorderlappen der Hypophyse Beziehungen bestehen. Es wurden weiße Ratten zuerst 15 Tage mit CCl_4 behandelt, worauf neben CCl_4 noch bei einem Teil 2—4 Wochen Hypophysentotalextrakt (II) injiziert wurde. Der Fettgeh. der getöteten Tiere betrug 11 bzw. 7,5%, was auf die Wrkg. des Pankreas zurückzuführen ist, das sich in einem Zustand befindet, wie er unter Bedingungen des erschwerten Fettstoffwechsels oft beobachtet wird u. auf den II eine Schutzwrkg. ausübte. (Boll. Soc. ital. Biol. sperim. **29.** 448—50. April 1953. Genua, Univ., Ist. di Fisiol. umana e Pathol. gener.) O. POLLAK V. EMHOFEN. 4564

P. J. Moloney und **M. Coval,** *Die antigenen Eigenschaften von Insulin: durch spezifische Antikörper bewirkter Diabetes.* Die intravenöse Injektion von krist. *Insulin* (I; 10—25 E.), aus Schweine- oder Hammelpankreas nach ROMANS (C. **1955.** 7019) hergestellt, verursacht bei gegen I sensibilisierten Meerschweinchen einen tödlichen Schock. Zweimalige Injektion von I (1 mg) als Paraffin-Arlacel A-Emulsion ruft bei Meerschweinchen u. bei Schafen nach mehrmonatlicher Immunisierung die Bldg. von Antikörpern hervor, die I-Präpp. in vitro u. vivo neutralisieren. Physiol. gebildetes I wird grundsätzlich nicht neutralisiert, sofern dem Versuchstier (Meerschweinchen, Hammel, Kaninchen, Maus) artgleiches Immunserum verabfolgt wird. Doch auch eins von zwei I-Präpp. vom Meerschweinchen wurde von Meerschweinchenimmunserum neutralisiert. Nur bei Mäusen konnte durch wiederholte Injektion von Meerschweinchenimmunserum eine diabet. Stoffwechsellage geschaffen werden. (Biochem. J. **59.** 179—85. Febr. 1955. Toronto, Univ., Connaugth Med. Res. Labor.) E. FISCHOEDER. 4564

John W. Patterson, *Die Wirkung teilweisen Hungerns auf die Entwicklung des diabetischen Stars.* Partielles Hungern von *Alloxan*-diabet. Ratten für 40 Std./Woche verhinderte oder hemmte die Entstehung des Stars ebenso wie Fütterung mit Fett oder *Phlorrhizin,* wahrscheinlich infolge Senkung des Blutzuckerspiegels. (Proc. Soc. exp. Biol. Med. **87.** 395—96. Nov. 1954. Cleveland, O., Western Reserve Univ., School of Med., Dep. of Anatomy.) D. ZEMKE. 4564

K. Hallas-Møller, *Chemische, biologische und physiologische Grundlagen der neuen Insulin-Zink-Suspensionen.* Nach einer Zusammenfassung der Kenntnisse über die chem. u. biol. Wechselwirkungen zwischen *Insulin* u. *Zink* werden Erfahrungen in Tierverss. u. in der Klinik mit 3 *Depotinsulinen* (NOVO) mitgeteilt. *Lente, Semilente* u. *Ultralente* sind Insulin-Zink-Suspensionen, letzte eine Kristallsuspension mit hohem *Zink*-Geh. u. von geringer Löslichkeit. (Lancet **267.** 1029—34. 20/11. 1954. Kopenhagen, Novo Terapeutisk Labor.) H. BOSER. 4564

S. K. Fineberg, *Klinische Erfahrungen mit NPH-Insulin.* Übersicht der Wirkungsbreiten einiger *Depotinsulin*-Typen u. die Möglichkeiten ihrer Kombination mit *n. Insulin.* Besondere Berücksichtigung von *NPH* (*Neutralprotamin-Hagedorn*), einer Kristallsuspension von *Protamin-Zink-Insulin,* deren Wirkungsdauer 20—28 Std. mit einem sanften Maximum nach ca. 8 Std. beträgt. Es wird empfohlen, einen Tagesbedarf bis zu 95 I. E. ganz mit NPH abzudecken, bei höherem Insulinbedarf jedoch $^1/_6$—$^1/_4$ der Gesamtmenge als n. Insulin zu geben. (Amer. J. Digest. Diseases **21.** 286—88. Okt. 1954. New York, N. Y., Harlem Hosp.) H. BOSER. 4564

Th. Bender, *Zur Diabetesbehandlung mit „Guabeta".* Klin. Erfahrungen mit dem *Guanidin-Eiweiß-Komplex* „Guabeta". In einzelnen leichten Fällen von Diabetes älterer Menschen konnte etwa *Insulin* eingespart werden. Tox. Nebenwirkungen wurden nach 2jähriger Behandlung nicht beobachtet. (Med. Klin. **49.** 1479—80. 10/9. 1954. Bad Neuenahr, Kurhaus.) H. BOSER. 4564

Hellmut Otto, *Behandlung jugendlicher Diabetiker mit Sulfonylharnstoffderivaten.* Bei neuerkrankten Jugendlichen wurden unter kombinierter *Insulin-Nadisan*-Behandlung ungewöhnliche Stoffwechselbesserungen beobachtet. *Nadisan* (*Sulfanilylbutyll-carbamid*) wird peroral in höherer Dosierung (0,5—2,0 g/Tag) gegeben. (Die Medizinische **1956.** 824—26. 2/6. Hamburg-Barmbek, Allg. Krankenhaus, II. Med. Klinik.) EBERHARD MÜLLER. 4564

H. Elrick, *Glucagon und die Regulierung des Kohlenhydratstoffwechsels.* Vf. untersucht die arteriovenöse Blutzuckerdifferenz bei 65, vor den Verss. mit kohlenhydratreicher Kost ernährten n. Personen nach Zufuhr von *Glucagon* (I) u./oder *Insulin* (II) innerhalb 150 Minuten. Es zeigt sich, daß die arteriovenöse Blutzuckerdifferenz durch I einen erheblichen, durch II allein einen geringen, durch I + II dagegen einen doppelt so hohen Anstieg wie durch I allein erfährt. Aus diesen Ergebnissen geht hervor, daß I nicht nur das *Leberglykogen* (**III**) mobilisiert, sondern auch die periphere *Glucose* (**IV**)-Verwertung erhöht. Obwohl I u. **II** für sich entgegengesetzte Wirkungen auf Blut-**IV**-Geh. u. **III** besitzen, unterstützen sich beide Hormone hinsichtlich der Konstanthaltung der **IV**-Reserven des Körpers angesichts eines erhöhten peripheren **IV**-Verbrauchs. (Nature [London] **177.** 892—93. 12/5. 1956. Denver, Colo., Vet. Admin. Hosp., Med. Res. Labor., u. Univ. of Colorado, Med. School, Dep. of Med.) P. FAHRNLAENDER. 4564

Walther Vogt, *Darmstoff, eine den Darm stimulierende Verbindung, die in der Darmwand vorkommt. Darmstoff* (I) kommt im ganzen Intestinaltrakt vor. Er stimuliert die Bewegungen u. steigert den Tonus glattmuskeliger Organe. Atropin, Antistin, Cocain u. Ganglienblocker wirken nicht antagonist. gegen **I**. Am Rectus abdominalis des Frosches bewirkt **I** keine Kontraktion, doch wird die Wrkg. von Acetylcholin an diesem Muskel durch **I**-haltige Extrakte verstärkt. **I** verhält sich chem. wie eine Säure, die freie Verb. ist nur wenig lösl. in W., gut lösl. in Butanol, Ae., Aceton, wenig lösl. in Chlf.; **I** u. Substanz P (**II**) sind verschied. Substanzen. **II** ist bas. Natur. Wahrscheinlich kommt **I** in freier, akt. Form im lebenden Intestinum in Konzz. vor, die die Schwellenkonz. 5 bis 20mal überschreiten, so daß der Darm ständig unter **I**-Einw. steht. (Pharmacol. Rev. **6.** 117—18. März 1954. Göttingen, Med. Forschungsanstalt, Abt. für Pharmacol.) K. BÖHM. 4569

John D. Evans, Jerome M. Waldron, Nadia L. Oleksyshyn und **Roy W. Riemenschneider,** *Polyungesättigte Fettsäuren in normalem Menschenblut.* Hinweis auf die unzulänglichen u. teilweise widersprechenden Angaben des Schrifttums über die im menschlichen Blut (Serum, Plasma, Blutkörperchen) enthaltenen Fettsäuren nach Art u. Menge; systemat. Unterss. an jungen Medizinstudenten im postresorptiven Zustand (10 Std. ohne Nahrung). Trennung in Plasma u. Blutkörperchen durch Zentrifugieren; anschließend Waschen der letzten mit RINGER-Lsg.; wiederholte Extraktion der Substrate mit A./Ae. (3:1) nach vorheriger Trocknung im Vakuum unter Zusatz von 95% ig. A. u. Erhitzen auf 60°. Verseifung, Entfernung des Unverseifbaren, Extraktion der in Freiheit gesetzten Fettsäuren nach KERR u. SORBER (J. Assoc. off. agric. Chemists **8.** [1924.] 90); die getrockneten Fettsäuren werden spektrometr. nach der Arbeitsweise von HERB u. RIEMENSCHNEIDER (C. **1954.** 6069) analysiert. Es werden ermittelt Gesamtgeh. an Fettsäuren im Plasma u. den Blutkörperchen; JZ. (WIJS). Die Gesamtfettsäuren (100%) verteilten sich wie folgt: *Linolsäure* 25 (% im Plasma); 7,84 (% in den Blutkörperchen); *Linolensäure* 1,14; 0; *Arachidonsäure* 7,14; 13,1; *Pentaensäure* 1,45; 2,87; *Hexaensäure* 2,32; 4,11. Die mitgeteilten Befunde werden dahingehend ausgelegt, daß eine charakterist. Verteilung der polyolefin. Fettsäuren zwischen Plasma u. Blutkörperchen beim gesunden Menschen vorliegt; im Plasma findet sich vor allem Linolsäure, in den Blutkörperchen demgegenüber vorherrschend Arachidonsäure. (J. biol. Chemistry **218.** 255—59. Jan. 1956. Philadelphia, Pa., Temple Univ., School of Med.; Eastern Utilizat. Res. Branch.) K. TÄUFEL. 4572

I. Indovina und **C. Pattavina,** *Die Verteilung des intravenös injizierten* ^{59}*Fe in den Ferroproteinen von Patienten mit progressiver Muskeldystrophie.* Es wird die Radioaktivität im Serum u. im Hämoglobin nach 4, 24 u. 72 Std. gemessen. ^{56}*Fe* u. ^{59}*Fe* verschwanden aus dem Serum der 3 untersuchten Patienten langsamer als bei den n. Kontrollpersonen. Die Hämoglobinbldg. oder die Verwertung des injizierten Fe zur Ferritinbldg. war in beiden Personengruppen gleich. Bei myopath. Patienten wird ^{59}Fe im Myoglobin fixiert, während dies bei gesunden Personen unsicher erscheint. Im Gegensatz zur Erhöhung der Cytochrome bei Versuchstieren änderte sich in diesen Fällen die Cytochromsynth. nicht. (Boll. Soc. ital. Biol. sperim. **29.** 762—64. April 1953. Palermo, Univ., Ist. di Clin. Med. Gener.) O. POLLAK V. EMHOFEN. 4572

I. Indovina und **E. Savagnone,** *Kurven des Gehalts an Fe(III) bei hohen intravenösen Gaben an normale Personen.* Es werden Verss. mit 50 u. 100 mg *Ferrosaccharat* (CALOSI-CUTOLO), intravenös injiziert, unternommen, wobei nach 6 Std. 0,97 bzw. 1,127 mg durch den Harn eliminiert waren. Bei 50 mg bindet sich alles Fe an die Proteine, u. die Siderämie überschreitet nicht den Schwellenwert des Serums, der der Sättigungsgrenze entspricht. Bei 100 mg bleibt ein Teil des Fe frei oder labil gebunden bis zu 4 Std. in der Zirkulation. 74% des Fe sind an das Gewebe in den ersten 2 Std. gebunden. (Boll. Soc. ital. Biol. sperim. **29.** 772—75. April 1953. Palermo, Univ., Ist. di Clin., Med. Gener.) O. POLLAK V. EMHOFEN. 4572

I. Indovina und **E. Savagnone,** *Neue Untersuchungen über die Blutkurven von Fe(II) und Fe(III) auf intravenösem und oralem Wege bei Personen mit progressiver Muskeldystrophie.* Patienten mit Muskeldystrophie wurden mit 0,14 mg *Fe(II)-Lactobionat*/kg oder 0,14 mg *Fe(III)-Komplex* des *Na-Salzes* von *α.γ-Dioxy-β.β-dimethylbutyrat* behandelt. Für die Blutkurven per os wurde pro Patient 0,3 g $FeSO_4$ oral gegeben. Die Sättigungsgrenze war niedriger als bei n. Personen, u. die Fe(II)- u. Fe(III)-Kurven ergaben ein Maximum, das der Bindefähigkeit der Serumproteine für Fe entsprach. Vor allem das injizierte Fe(II) blieb lange Zeit an Protein gebunden. Die Affinität der Serumproteine für Fe ist größer als die für Myoglobin, die Absorptionen laufen parallel. Die Synth. von Ferritin u. die Ausnutzung des injizierten Fe durch die Nichtplasmafraktion sind verringert. (Boll. Soc. ital. Biol. sperim. **29.** 778—82. April 1953. Palermo, Univ., Ist. di Clin. Med. Gener.) O. POLLAK v. EMHOFEN. 4572

S. Rapoport, *Die biochemischen Grundlagen der Reifung des Säugetiererythrocyten: Die Rolle intracellulärer Stoffwechselinhibitoren.* Vf. weist auf die bereits bekannten Veränderungen des Enzymsyst. im reifenden Erythrocyten hin u. richtet sein Augenmerk bes. auf die abnehmende Atmungsintensität. Während in Reticulocyten der Citronensäurecyclus vorherrscht, hat der Erythrocyt das *Bernsteinsäureoxydase*-Syst. fast vollständig verloren. Die spontane Veränderung macht die Existenz spezif. Inhibitoren wahrscheinlich. — Vf. weist intracellulären Inhibitoren u. Inaktivatoren eine führende Rolle in der Umbldg. des allg. Stoffwechselcharakters zu, da diese auch indirekt auf unmittelbar nicht betroffene Enzyme Wechselwirkungen ausüben. (Naturwissenschaften **43.** 112. März 1956. Berlin, Humboldt-Univ., Physiol.-Chem. Inst.) H. GERTH. 4573

J. Albert Baxter und William S. Jordan jr., *Rolle von Magnesiumionen bei der Donath-Landsteiner-Hämolysereaktion von paroxysmaler Kalthämoglobinurie.* Mg^{2+} wurde aus Serum von Meerschweinchen u. Mensch durch Dialyse in Ggw. eines Austauscherharzes entfernt. Vollständige oder fast vollständige Entfernung von Mg^{2+} aus den bei dem hämolyt. Syst. von Schafzellen verwendeten Reagentien bei Erhaltung der Ca^{2+}-Konz. verminderte den Komplementtiter von Meerschweinchenserum um ca. $^1/_3$. Antikörperfixierung wurde bei Fehlen von Mg^{2+} in der kalten Phase der DONATH-LANDSTEINER-Rk. nur leicht vermindert. Maximale Hämolyse wurde in Ggw. von Mg^{2+} in der kalten u. warmen Phase erhalten. Mg^{2+} scheint demnach für die Hämolyse bei dieser Rk. nicht wesentlich zu sein. (Proc. Soc. exp. Biol. Med. **85.** 648—51. April 1954. Cleveland, O., Univ., School of Med., Dep. of Prevent. Med. and Med.)
J. SCHWAIBOLD. 4573

E. Dimant, Edith Landsberg und Irving M. London, *Die Rolle des reduzierten Glutathions im Stoffwechsel von menschlichen und Vogelerythrocyten.* Red. *Glutathion* (GSH) befindet sich in menschlichen Erythrocyten in vivo im dynam. Zustand. Nach Verabreichung von ^{15}*N-Glycin* (I) hat der N des aus dem zugeführten I gebildeten GSH der Erythrocyten eine Halbwertszeit von ca. 4 Tagen. Incubation menschlicher oder Entenerythrocyten mit Glycin-$^{14}C_{(2)}$ bewirkt in vitro Einbau des gek. C in das GSH. Dieser Einbau findet nicht nur bei intakten, sondern auch bei lysierten Erythrocyten statt, großenteils selbst bei den posthämolyt. Rückständen dieser Zellen. Die Bedeutung dieser Befunde für den Ursprung des Glutathions in der Blutzelle sowie möglicherweise für die Aufrechterhaltung der strukturellen Integrität des Erythrocyten wird erörtert. (J. biol. Chemistry **213.** 769—76. April 1955. New York, N. Y., Columbia Univ., Coll. of Physicians and Surg., Dep. of Med., u. Presbyterian Hosp.)
TH. MARSSON. 4573

Gustave Eiseman und Mario Stefanini, *Thromboplastische Aktivität weißer Blutkörperchen von an Leukämie Erkrankten.* Aus einigen Typen (Granulocyten, Monocyten) von weißen Blutzellen aus dem Knochenmark von Leukämiepatienten läßt sich thromboplast., koagulationsförderndes Material gewinnen, aus anderen (Lymphocyten, Eosinophilen) dagegen nicht. Das gewonnene Material vermag den Koagulationsdefekt des Plasmas von Hämophilen in vitro zu korrigieren, was vielleicht mit seinem hohen Histamingeh. zusammenhängt. (Proc. Soc. exp. Biol. Med. **86.** 763—65. Aug./Sept. 1954. Boston, Mass., Tufts Coll. Med. School, New England Center Hosp. and Dep. Med.)
TH. MARSSON. 4574

Earl B. Gerheim, Horace M. Floyd, Andre M. Weitzenhoffer und James Okubo, *Elektrophoretische und chromatographische Untersuchungen von gereinigtem Human-Profibrinolysin.* Nach einer von Vff. früher beschriebenen Meth. (Amer. J. Physiol. **163.** [1950.] 713) kann elektrophoret. 100%ig. reines Human-Profibrinolysin (I) aus gefriergetrocknetem Humanplasma dargestellt werden. Wird abweichend von dieser Meth. I mit Essigsäure bei p_H 5,2 ± 0,1 gefällt, so wurde gleichfalls ein I erhalten, das bei Elektrophorese nur eine einzige Komponente mit einem isoelektr. Punkt bei p_H 6,1 ergab. Entsprechend der Auswertung ist I ein γ-Globulin u. enthält 13,4% N (Mikro-Kjeldahl) u. 2,03% Kohlenhydrate. Mittels 2dimensionaler Papierchromatographie (Phenol u. Butanol/Essigsäure/W.) fanden Vff. folgende 17 Aminosäuren: Alanin, Arginin, Asparagin, Cystin, Glutamin, Glycin, Histidin, Oxyprolin, Isoleucin, Leucin,

Methionin, Prolin, Serin, Threonin, Tryptophan, Tyrosin u. Valin. (Science [Washington] **117.** 666. 12/6. 1953. Detroit, O., Univ., School of Dent., Div. of Res.)
G. BRATFISCH. 4574

Morton I. Grossman, Hugo C. Moeller und Lucille Palm, *Wirkung der Lipämie und des Heparins auf die Konzentration des Serums an freien Fettsäuren beim Menschen.* Während einer alimentären Lipämie (L.; Verzehr von gewöhnlichem Baumwollsaatöl nach 12std. Fasten) u. einer L., die durch intravenöse Injektion einer Fettemulsion [*Lipomul* (UPJOHN); 15(%) Baumwollsaatöl, 4,2 Dextrose, 1 Sojabohnenphosphatide u. 0,5 Polyäthoxypropylenoxyd (*Pluronic F-68*, WYANDOTTE)] erzeugt wurde, stieg die Konz. an freien Fettsäuren (FFS) im Serum von 10 jungen Männern an. Die FFS wurden in dem nichttrüben Teil des Serums (im überstehenden Teil des Ultrazentrifugates) gefunden. Injektion von Heparin verursachte eine Erhöhung der FFS-Konz., die bei Lipämie größer war als bei Hungerpatienten. Ein Teil dieser Erhöhung mußte einer in vitro-Lipolyse zugeschrieben werden. Vermutlich spielt die Lipolyse im n. Fettstoffwechsel u. -transport eine Rolle. (Proc. Soc. exp. Biol. Med. **90.** 106–09. Okt. 1955. Denver, Fitzsimons Army Hosp., U. S. Army Med. Nutrit. Labor.) H. PATZSCH. 4574

Heinz Röttger, *Ein neues Färbeverfahren der Serum-Eiweißfraktionen bei der Papierelektrophorese.* Vf. färbte zur quantitativen Serumeiweißbest. Elektrophoresestreifen mit dem scharlachroten Ponceau 2R aus 50% Methanol u. 10% Eisessig enthaltender gesätt. Lsg. an u. entfärbte nach 10 Min. im gleichen, farbstofffreien Lösungsmittel. Lsgg. des Farbstoffes erfüllen das BEERsche Gesetz, die Bindung an Protein auf Filterpapier ist proportional der Einweißkonzentration. Der Papierleerwert ist auffallend niedrig. Die Fraktionen wurden nach Ausschneiden in 0,1n NaOH eluiert u. im ZEISS-Stupho colorimetriert. (Naturwissenschaften **39.** 451. 1952. Bad Elster, Staatl. Rheumaklinik.) W. ZILLIG. 4574

John B. Armstrong, John A. Downey, Marion H. Ferguson und **Hugh R. Williams,** *Ein Vergleich der Infusion von Dextran, Polyvinylpyrrolidon und isotonischer Salzlösung beim Menschen.* 19 Männern wurden — z. T. nach Aderlaß — 500 bzw. 1000 ml *Dextran* (I; *Intradex* bzw. *Macrodex*) infundiert. 12 erhielten *Polyvinylpyrrolidon* (*PVP*) u. 7 physiol. NaCl-Lösung. Intradex verschwand am langsamsten aus dem Plasma u. wurde binnen 3 Tagen relativ wenig durch die Nieren ausgeschieden. PVP wurde von den makromol. Präpp. am stärksten mit dem Urin abgesondert. I rief bei einigen Versuchspersonen Allergieerscheinungen hervor. Nach der einem Aderlaß folgenden I-Infusion blieb der Hämatokritwert mit ca. 20% unser der Norm 3 Tage lang etwa konstant, während sich der Geh. an Plasmaprotein allmählich der Norm näherte. Nach mäßigem Aderlaß allein sank dagegen der Hämatokritwert weiter ab, während sich der Plasmaproteingeh. schnell normalisierte. Nach I- oder PVP-Infusion ohne vorhergegangenen Aderlaß stiegen Hämatokritwert u. Plasmaproteingeh. allmählich zur Norm hin an. — I u. PVP erwiesen sich der NaCl-Lsg. als weitaus überlegen. (Canad. J. Biochem. Physiol. **32.** 636–43. Nov. 1954. Winnipeg, Man., Univ., Dep. of Physiol. and Med. Res.)
W. WILLENBERG. 4576

Robert E. Semple, *Die Wirkungen einzelner großer Infusionen verschiedener Dextranlösungen auf Hunde mit Blutvolumenmangel.* Hunde wurden unter standardisierten Bedingungen entblutet, wonach die meisten der nicht oder nur mit NaCl-Lsg. behandelten Tiere starben: von den 24 mit *Dextran* (I) behandelten starb nur eins. Als Nebenwrkg. von I trat öfters erneutes Bluten der Wunde ein. Speicherungserscheinungen wurden nicht beobachtet. Im Gegensatz zur NaCl-Lsg. hielt I-Lsg. den Blutdruck u. das Blutvol. auf etwa n. Höhe. Der Gesamtkolloidgeh. des Plasmas wies während des Verschwindens des I u. der Regeneration des Eiweißes in 4 Tagen eine weitgehende Konstanz auf. Es wurde kein Unterschied in der Wiederherst. des Blutvol. bei den sofort bzw. erst nach 3½ Std. behandelten Hunden gefunden. Höhermol. I zeigte eine geringe Erhöhung der Wirksamkeit u. verminderte Ausscheidung durch die Nieren. Nach der Ausscheidung der kleineren I-Moll. ist jedoch die durch den Stoffwechsel bedingte Abnahme des I im Plasma vom Mol.-Gew. unabhängig u. betrug 4,9–8,6 mg/Std.·kg. I behindert die Mobilisierung oder Regenerierung des Plasmaproteins nicht. (Canad. J. Biochem. Physiol. **32.** 670–78. Nov. 1954. Toronto, Can., Univ., Banting and Best Dep. of Med. Res.; Kingston, Ontario, Can., Univ., Dep. of Physiol.) W. WILLENBERG. 4576

K. Hummel, W. Hertlein und **R. Zöllner,** *Über die Beeinflussung der experimentellen Tetanusvergiftung durch makromolekulare Substanzen* (*Polyvinylpyrrolidon und Stärkederivate*). Die Versuchstiere (Ratten, Mäuse) wurden mit verschied. Präpp. u. Dosen von Tetanustoxin subcutan oder intramuskulär vergiftet. Als wasserlösl. Polymere wurden verwendet: *Polyvinylpyrrolidon* (*Kollidon k 10-BASF*, bzw. *Periston* u. *Periston N*-BAYER) vom Mol.-Gew. ~12600, *Oxyäthylstärke* u. *Stärkeglykolsäure* (I). Diese

Kolloide wurden entweder zusammen mit dem Toxin oder bes. (intravenös) verabreicht. I erwies sich als unwirksam; die anderen Präpp. milderten meistens den Krankheitsverlauf u. red. die Zahl der verstorbenen Tiere. Durch Vorbehandlung mit den Präpp. (einige Tage vor der Vergiftung) wurde die Krankheit schwerer u. die Absterberate größer als bei den Kontrollen. (Z. Immunitätsforsch. exp. Therap. **112.** 309—24. Nov. 1955. Freiburg/Br., Univ., Hygieneinst. u. Pharmakol. Inst.)
EBERHARD MÜLLER. 4576

Ch. Wunderly, *Die Elution von Fettfarbstoffen durch Albumin und Polyvinylpyrrolidon.* Vf. gibt eine Meth. für die quantitative Best. der Elutionsfähigkeit von Plasma u. Plasmaersatzmitteln für lipoidlösl. u. hydrophile Substanzen an. An Hautfasermembranen tier. Ursprungs werden die Fettfarbstoffe Sundanrot I, Sudanschwarz B u. Blau BZL u. die hydrophilen Azofarbstoffe Evans-Blue, Benzoblau, Trypanblau u. Viktoriablau aus Stammlsgg. adsorbiert u. anschließend durch die zu prüfenden Lsgg. wieder eluiert. Es wurde colorimetr. ermittelt, daß die Elution hydrophiler Farbstoffe durch Albumin erheblich stärker ist als diejenige von Fettfarbstoffen. Die Elution von Sudanrot durch Albumin ist 2—4mal stärker als durch das Plasmaersatzmittel Subtosan (Polyvinylpyrrolidon). (Experientia [Basel] **6.** 228—29. 15/6. 1950. Zürich, Univ., Med. Klinik.)
W. ZILLIG. 4576

R. G. Westall, *Die Aminosäuren und andere Ampholyte im Harn.* 3. Mitt. *Unidentifizierte Verbindungen, die im normalen menschlichen Harn ausgeschieden werden.* (2. vgl. C. **1956.** 3349.) Von einer n. ♂ Versuchsperson wurden innerhalb von 3 Monaten 100 Liter Harn gesammelt. Je 25 Liter Harn wurden enteiweißt, teilweise entsalzt u. an einer Säule von Zeo-Karb 215 die *Aminosäuren* (I) u. *Peptide* (II) adsorbiert. Die Verdrängung erfolgte mit 0,2n NH_3, der Durchfluß wurde unmittelbar auf eine Dowex 2-Säule gegeben u. von dieser mit 0,1n HCl verdrängt. Dieser Durchfluß wurde in 50 ml-Fraktionen aufgefangen u. papierchromatograph. geprüft, um zusammengehörige Fraktionen der 4 Ansätze zu vereinigen. Die so erhaltenen 30 Fraktionen zu 200 ml wurden papierchromatograph. u. papierelektrophoret. untersucht u. teilweise an weiteren Ionenaustauschersäulen unterteilt. Die Reihenfolge der Verdrängung vom Dowex 2 wird inForm eines Diagramms angeführt. Es wurden 27 ninhydrinpositive Verbb. papierchromatograph. identifiziert, während weitere 38 (von denen 5 erst nach der Hydrolyse erscheinen) unidentifiziert blieben. Die unidentifizierten Flecken werden nach ihrer Lage im 2dimensionalen Papierchromatogramm Phenol–NH_3/Collidin–Lutidin auf einer „Karte" zusammengestellt. Von den unidentifizierten Verbb. überstehen 10 die Säurehydrolyse, während die anderen im wesentlichen verschied. Mengen der gewöhnlichen I liefern, wobei u. a. ein II auftritt, das nur *Prolin* u. *Oxyprolin* enthält, u. eines, das sich aus *Arginin, Lysin, Histidin* u. *Glycin* aufbaut. (Biochem. J. **60.** 247—55. Juni 1955. London, Univ. Coll., Hosp., Med. School, Med. Unit.)
K. NEHRING. 4577

H. H. Mitchell, *Die spezifisch-dynamische Wirkung von Lebensmitteln.* Zusammenfassende Darstellung. (Scientia [Asso] [6] **90 (49).** 193—99. 1955. Urbana, Ill., Univ. of Illinois, Div. of Animal Nutr.)
F. KRUSEN. 4585

Michel Mathieu, *Beobachtungen über die Wirkungen des Phosphorsäuremangels in der Beauce.* Durch Anreicherung des Bodens mit P_2O_5 (1500 kg Superphosphat je ha in 2 Jahren) u. Verfütterung der dort geernteten Luzerne, Klee u. Rüben konnte bei 4 Milchkühen mit P- u. Ca-Mangelerscheinungen die Milchproduktion gegenüber Kontrolltieren um 44% erhöht werden. Im Futter blieben N u. CaO-Geh. nahezu unverändert, während der P_2O_5-Geh. sich verdoppelte. Die Serum-P- u. -Ca-Werte der Kühe stiegen beträchtlich an. (C. R. hebd. Séances Acad. Sci. **239.** 648—50. 6/9. 1954.)
F. KRUSEN. 4585

R. B. Gapuz, H. S. Banag und **V. G. Adalia,** *Neuere Untersuchungen über die Anwendung von Kobalt in der Geflügelfütterung auf den Philippinen.* Durch Tränken von Küken mit *Co*-haltigem W. (1 mg $CoCl_2$/1 Liter) bzw. Fütterung mit Co-haltigem Futter (21 mg $CoCl_2$/45 kg) konnten deutliche Gewichtszunahmen erreicht werden. — 6 Literaturangaben. (Araneta J. Agric. **2.** Nr. 2. 8—16. Jan./März 1955.)
F. RANG. 4585

Nino Pino und **Balilla Ferracuti,** *Über Änderungen des Gehaltes an Lactose, Protein und Vitamin C in der Ziegenmilch bei Fütterung von Helichrysum italicum G. Don.* Bericht über Fütterungsverss. bei lactierenden Ziegen mit Helichrysum italicum G. Don. Eine Erhöhung der Milchmenge konnte nicht festgestellt werden, dagegen stieg der Eiweißgeh. u. in geringerem Maße der Geh. an *Ascorbinsäure.* — 24 Literaturhinweise. (Agric. ital. **54** ([N. S.] **9**). 1—17. Jan./Febr. 1954. Camerino, Univ., Ist. di Zootecnica gener. della Fac. di Med. Veterinar.)
C. GRIMME. 4585

J. B. Hutchison, T. Moran und **J. Pace,** *Die wachstumssteigernde Wirkung durch Ergänzung des Weißbrotproteins mit Lysin bei wachsenden Ratten.* Aus Fütterungsverss.

mit wachsenden Ratten geht hervor, daß die tägliche Gewichtszunahme bei einer Weißbrot- (Krume-) Diät mit einem ursprünglichen *Lysin* (I)-Geh. von 0,25% durch eine Zulage von weiteren 0,25% I einen optimalen Wert erreicht, der nicht nur à conto eines höheren Futterverzehrs, sondern auch einer spezif. Wrkg. des I geht. Höhere I-Zulagen verschlechtern die Ergebnisse. (Nature [London] **178.** 46—47. 7/7. 1956. St. Albans, Res. Assoc. of British Flour-Millers, Cereals Res. Stat.) P. LOCH. 4585

Pellervo Saarinen, *Futter und Plasmacholesterin bei Milchkühen.* Der Fettgeh. des Futters u. der Geh. an verdaulicher Rohfaser hat statist. einen verschied. positiven Einfl. auf den *Cholesterin* (I)-Geh. des Plasma. Das Alter der Kühe ist ohne Wrkg. auf den I-Gehalt. Die mit trockenstehenden Kühen erhaltenen Ergebnisse unterscheiden sich von den mit n. Kühen erzielten. Der Plasma-I-Geh. kann ein zuverlässiger Indicator für besondere Nahrungsfaktoren sein, die die Leberfunktionen beeinflussen. (Maataloustieteellinen Aikakauskirja [J. sci. agric. Soc. Finland] **27.** 117—41. **1955.** Helsinki, Univ., Dep. of Animal Husbandry.) H. PATZSCH. 4585

David Kritchevsky, Arden W. Moyer, John B. Logan und **R. F. J. McCandless,** *Die Einwirkung des Zustandes von verabreichtem Cholesterin bei experimenteller Atherosklerose.* Vergleichende Fütterungsverss. an Kaninchen zeigen, daß auch die Form, in der *Cholesterin* (I) dem Körper verfügbar gemacht wird, für die Ausbldg. der experimentellen Atheromatose von Bedeutung ist. Unter I in öliger Suspension oder Lsg. erhöhte sich der Serumtotal-I-Wert, der unter Ölkügelchen den höchsten Wert erreichte, obwohl die Intensität der Atheromatose bei reiner I-Fütterung deutlich am größten war. (Arch. Biochem. Biophysics **59.** 526—40. Dez. 1955. New York, N. Y.,Viral and Rickettsial Sect. Res. Div.; Pearl River, Americ. Cyanamid Co.) H. JORDAN. 4585

Kenneth H. Shull, George V. Mann, Stephen B. Andrus und **Fredrick J. Stare,** *Das Verhalten von Hunden bei cholesterinhaltiger Nahrung.* Vff. benutzen 10 Bastardhunde zu ihren Verss. u. beobachten ihre Rk. auf die verabfolgte Diät. Es handelt sich um eine Grunddiät aus Saccharose, Casein, einem Salzgemisch, Cholesterin (I), Protein u. Maisöl, deren Mengen variiert werden, so daß 6 verschied. Diätgruppen entstehen. Der I-Geh. im Serum wird bestimmt u. zeigt trotz konstanter Diät Veränderungen. An allen Tieren werden proportional der aufgenommenen I-Menge Hypercholesteremie beobachtet. Eine Verstärkung der Hypercholesteremie durch S-haltige Aminosäuren tritt nicht auf. Vff. finden bei Tieren mit 11—22wöchiger Hypercholesteremie oder Hyperlipoproteinemie keine Anzeichen von Arteriosklerose. (Amer. J. Physiol. **176.** 475—82. März **1954.** Boston, Mass., Dep. of Nutrit., Harvard School of Public Health, Dep. of Biochem. and Pathol. Harvard Med. School.) R. LENSCHAU. 4585

Alfred Dornow und **Günther Petsch,** *Vitamine und Antivitamine im Lichte ihrer Konstitutionsspezifität.* 1. Mitt. Übersicht (bis Ende 1952). *Vitamin* A_1, *Vitamin* A_2; *Thiamin, Hetero-*B_1*-Vitamine; Vitamin* B_2; B_2*-Antivitamine; Vitamin* B_6, B_6*-Antivitamin; Pantothensäure* u. *Antagonisten; Cobalamine: Vitamin* B_{12} *(Cyanocobalamin), Vitamin* B_{12a}, B_{12b}, B_{12c}, B_{12d} u. *Antagonisten; Vitamin* B_{13}; *Vitamin* B_{14}; *Vitamin* B_T *(Carnitin).* (Arzneimittel-Forsch. **5.** 305—12. Juni 1955. Hannover, TH, Inst. für organ. Chem.) K. MAIER. 4587

F. A. Robinson, *Die Vitamine; Fortschritte im Jahre 1954.* Vf. gibt in 2 Teilen Übersichten u. 126 Literaturzitate über Fortschritte in der *Vitamin*-Forschung, wobei die folgenden *Vitamine* erwähnt werden: *Vitamin A* u. seine *Isomeren, β-Carotin* u. *Carotine, Vitamine D, E, C, Thiamin,* seine *Analoga* u. *Derivv., Pyridoxin* sowie *Biotin, Folsäure* u. der B_{12}*-Komplex.* Darüber hinaus wird über die Synth. von *Flavinadenindinucleotid,* über *Nicotinsäure* sowie über das *Coenzym A* u. seine zentrale Stellung im Fettsäurestoffwechsel u. in der Integration von Fettsäure- u. Zuckerstoffwechsel, über *Thioctsäure* u. über einen *neuen Wachstumsfaktor* („*bifidus factor*") berichtet. (Food Manufact. **30.** 108—10. 1/3. 147—50. 1/4. 1955. Ware, Herts., Allen and Hanburys Ltd.) H. KOCKERT. 4587

P. E. Jakobsen, J. Moustgaard und **Grete Thorbek,** *Untersuchungen über die Bedeutung der B-Vitamine für Schweine.* 4. Mitt. *Thiaminmangel und Vitaminbedarf.* In Fütterungsverss. mit halbsynthet. Diät wurde festgestellt, daß der *Thiamin* (I)-Bedarf gut wachsender Schweine ca. 45—75 γ I/kg Lebendgewicht beträgt. Als Zeichen von I-Mangel wurden Freßunlust, Erbrechen u. Sinken der Herzfrequenz festgestellt. — Normale Schweine weisen im Blut einen *Brenztraubensäure* (II)-Geh. von 1 mg% u. einen *Milchsäure* (III)-Geh. von 10 mg% auf; bei I-Mangel findet bei gleichbleibendem II-Geh. ein leichter Anstieg von III statt, u. die Toleranz für Glucosebelastung wird erniedrigt. (Beretn. Forsøgslab. [Statens Husdyrbrugsudvalg] Nr. **252.** 1—65. 1950. Kopenhagen, Landøkonomisk Forsogslabor.) P. LOCH. 4587

B. C. P. Jansen, *Riboflavin* (*Lactoflavin, Vitamin* B_2). Übersicht über geschichtliche Entw., chem. Eigg., Best., Physiologie von *Riboflavin* (I), patholog. Erscheinungen bei I-Mangel, I-Geh. von Lebensmitteln u. Tagesbedarf an I. – 31 Schrifttumshinweise. (Voeding **16.** 5–11. 15/1. 1955.) W. WESLY. 4587

Barbara Kelley, Martha Northrup und **Patricia Davis Hurley,** *Wirkung von Riboflavin und Pteroylglutaminsäure auf Wachstum und Leukocytenproduktion von Ratten.* Vff. versuchten, die Wachstumshemmung von mit einer viel *Glycin* (I) enthaltenden Diät gefütterten, entwöhnten Ratten durch Gabe von *Cholin* (II) als Methyldonator zum Abfangen des I als Serin, von *Riboflavin* (III) als Coenzym der I-Oxydase u. von *Pteroylglutaminsäure* (IV) aufzuheben, was, wenn auch nicht vollständig, nur mit IV gelang. Während I eine leichte Leukopenie hervorrief, konnte durch gleichzeitige Applikation von III u. IV, die allein entgegengesetzt bzw. gar nicht wirken, bes. in Ggw. von viel II, eine deutliche Leukocytose hervorgerufen werden. (Proc. Soc. exp. Biol. Med. **76.** 804–06. April 1951. Little Rock, Ark., Univ. of Arkansas, Dep. of Biochem.) W. ZILLIG. 4587

Stanley Scheindlin, Arthur Lee und **Ivor Griffith,** *Die Einwirkung von Riboflavin auf Folsäure.* (Vgl. C. **1952.** 2552.) Vff. untersuchten die Rolle von *Riboflavin* (II) u. Licht bei der Zers. von *Folsäure* (I). Unter gleichzeitiger Einw. von II u. Licht wird I schnell oxydativ gespalten. Als Spaltprodd. lassen sich p-Aminobenzoylglutaminsäure, deren analyt. Erfassung zur Feststellung des Spaltungsgrades dient (HUTCHINGS u. Mitarbeiter, J. biol. Chemistry **168.** [1947.] 705), u. eine Oxokomponente, die mit 2.4-Dinitrophenylhydrazin einen orangefarbenen Nd. liefert, wahrscheinlich 2-Amino-4-oxypteridin-6-aldehyd, fassen. Die Rk. verläuft bei p_H 4,0 schneller als bei p_H 6,5 u. wird durch O_2-Ausschluß verzögert, jedoch nicht aufgehoben. Noch 50 γ II/100 cm^3 können die vollständige Spaltung von I bei einer Lichtintensität, die allein ohne Wrkg. auf I bleibt, katalysieren. II bleibt, wie die mikrobiol. Best. ergibt, zum größten Teil unverändert. Vff. bestätigen die Beobachtung, daß p-Aminobenzoesäure bei p_H 8 eine Schutzwrkg. gegen die Lichtzers. von I besitzt (RAUEN u. KIMBEL, C. **1953.** 5034). Es wird angenommen, daß die Methylaminogruppe, die im I-Mol. den Pteroyl- u. Benzoylrest miteinander verbindet, durch Licht dehydriert wird, wobei II als H-Acceptor wirkt. An der dadurch entstandenen Doppelbindung erfolgt dann die hydrolyt. Spaltung. Bei Ggw. von O_2 wird II regeneriert. (J. Amer. pharmac. Assoc., sci. Edit. **41.** 420–27. Aug. 1952. Philadelphia, Pa., Coll. of Pharm. and Sci.) W. ZILLIG. 4587

Lena A. Lewis und **Irvine H. Page,** *Pantothensäuremangel bei experimenteller renaler Hypertension des Hundes.* Bei Hunden mit experimentellem renalem Hochdruck konnte unter *Pantothensäure* (I)-Mangelkost eine Normalisierung des Blutdrucks erreicht werden, wobei Schwäche, Hautläsionen, Anorexie u. Diarrhoe beobachtet wurden. Nach Gaben von I stieg der Druck wieder an. Nebennierenextrakt oder Glucose konnte den I-Effekt nicht verhindern. In gleicher Weise sank unter I-Mangel die sonst erhöhte γ-Globulinfraktion ab, während α- u. β-Fraktion unverändert blieben. Die Gesamtplasmaproteine stiegen wenig an. Ein mit *DDD* (*2.2-Bis-*[*p-chlorphenyl*]*-1.1-dichloräthan*; II) behandeltes Tier ließ im Verein mit Intoxikationszeichen einen mäßigen Druckabfall erkennen, wobei aber der Effekt nach I-Zugabe ausblieb. Die durch II erreichte Atrophie der Fasciculata- u. Reticularisschicht der Nebennierenrinde beeinträchtigt demnach die Aufrechterhaltung einer renalen Hypertension nicht. (Amer. J. Physiol. **173.** 359–63. Mai 1953. Cleveland, O., Flin. Foundat. Res. Div. and the Frank E. Bunts Educat. Inst.) H. JORDAN. 4587

P. K. Vijayaraghavan und **Max S. Dunn,** *Wirkung von Vitamin* B_{12} *und* B_{12b} *auf die Erythrocytenzahl bei experimenteller Anämie an Mäusen.* Aus der Feststellung, daß die Erythrocytenzahl von mit Phenylhydrazin anäm. gemachten Mäusen durch kristalline Präpp. von *Vitamin* B_{12}, B_{12a} u. B_{12b} in gleichem Maß erhöht wird, schließen Vff. auf die Ähnlichkeit bzw. Identität jener chem. Gruppen, die für die Wrkg. verantwortlich sind. (Arch. Biochem. Biophysics **31.** 248–50. April 1951. Los Angeles, Calif., Univ., Chem. Labor.) W. ZILLIG. 4587

F. N. Silverman und **B. Mackler,** *Keine Beeinflussung des Skorbuts von Meerschweinchen durch Folsäure.* Vff. stellen fest, daß *Folsäure* bei durch *Ascorbinsäure*-Entzug skorbutkranken Meerschweinchen keine Antiskorbutwirksamkeit besitzt. (Proc. Soc. exp. Biol. Med. **76.** 574–76. März 1951.) W. ZILLIG. 4587

M. Tokunaga, *Über das sogenannte gebundene Vitamin C.* 1. Mitt. *Über das sogenannte gebundene Vitamin C in den Organen von Meerschweinchen, die mit Vitamin C, besonders in der reduzierten Form, gesättigt sind.* Mit dem Indophenol–Xylol-Verf. wird bei mit *Vitamin C* (I) gesätt. Organen des Meerschweinchens das sogenannte gebundene I bestimmt u. mit dem bei n. ernährten verglichen. Bei mit I gesätt. Meerschweinchengroßhirn werden nach dem Verf. von SCHWARZE (im Mittel bei 5 Tieren) 2,03 mg%, in der Leber 1,75 mg% gebundenes I, bei n. ernährten im Großhirn 0,05 mg% u. in der Leber 0,51 mg% gefunden. Bei beiden Tiergruppen wird in Milz u. Nebenniere kein gebundenes I gefunden. Nach der Sättigung mit I steigt das gebundene I in der Leber stärker an als im Großhirn, die Zunahme an red. I aber ist im Großhirn stärker. — 10 Tabellen, 9 Literaturangaben. (Tokyo Jikeikai med. J. **67.** 48—51. 20/2. 1953. [Orig.: japan.]) L. SCHULER. 4587

M. Tokunaga, *Versuche über das sogenannte gebundene Vitamin C.* 2. Mitt. *Über das sogenannte gebundene Vitamin C in den Organen des mit Vitamin C gesättigten Meerschweinchens, besonders hinsichtlich der Gesamtmenge.* (1. vgl. vorst. Ref.) Nach dem Xylolverf. werden bei mit *Vitamin C* (I) gesätt. Meerschweinchen im Mittel im Großhirngewebe insgesamt 1,32, in der Leber 1,30 mg%, in Milz u. Nebenniere kein gebundenes I gefunden. Zum Vgl. werden im Titrationsverf. entsprechend 0,69 u. 0,84 bzw. kein gebundenes I gefunden. Für tier. Gewebe wird die Indophenol–Xylol-Meth. als überlegen angesehen. In Großhirn u. Leber ist nach den Verss. kein oxydiertes I vorhanden. (Tokyo Jikeikai med. J. **67.** 52—54. 20/2. 1953. [Orig.: japan.]) L. SCHULER. 4587

M. Tokunaga, *Über das sogenannte gebundene Vitamin C.* 3. Mitt. *Über das sogenannte gebundene Vitamin C in den Organen von mit Vitamin C gesättigten Meerschweinchen, besonders hinsichtlich der Beziehung zwischen reduzierter und oxydierter Form.* (2. vgl. vorst. Ref.) Im Großhirngewebe von mit *Vitamin C* (I) gesätt. Meerschweinchen werden nach dem Xylolverf. 1,62, nach dem Indophenoltitrationsverf. 1,41 mg% u. demnach kein oxydiertes gebundenes I gefunden, entsprechend bei der Leber 1,62 bzw. 1,90 mg% u. kein oxydiertes gebundenes I. In Milz u. Nebenniere werden nach beiden Verff. weder red. noch oxydiertes gebundenes I gefunden. Der Wert nach dem Xylolverf. ist größer als nach dem Titrationsverf.; das Xylolverf. wird für tier. Gewebe als überlegen betrachtet. (Tokyo Jikeikai med. J. **67.** 55—58. 20/2. 1953. [Orig.: japan.]) L. SCHULER. 4587

M. Tokunaga und **T. Kojima,** *Über die sogenannte Konjugation von Protein und Vitamin C. (Nachprüfung des Ammoniumsulfatverfahrens nach Eidelman.)* (Vgl. vorst. Reff.) Die mit gesätt. $(NH_4)_2SO_4$ (I) erhaltenen Ndd. aus *Vitamin C* (II) enthaltenden *Eiweiß*-Lsgg. enthalten, nach dem Xylol- u. Indophenolverf., stets mehr II als die mit HPO_3 (III) erhaltenen, z. B. beträgt das Ergebnis mit III gegenüber dem nach I bei menschlichem Blutserum nur 83%, bei krist. Eieralbumin (IV) 89, bei Eiereiweißlsg. 87, bei mit Harnstoff denaturiertem Eiweiß 94 u. bei hitzedenaturiertem 84%. Im Falle von II in IV-Lsg. ist der Unterschied im II-Geh. der Ndd. zwischen den Verff. mit I u. mit III von der IV-Konz. in der Lsg. unabhängig, er geht aber jeweils mit dem II-Geh. parallel. Die Bindung von II an IV in dem mit I erhaltenen Nd. aus der IV-Lsg. scheint von adsorptiver Art zu sein. — 11 Tabellen, 9 Literaturhinweise. (Tokyo Jikeikai med. J. **67.** 59—62. 20/2. 1953. [Orig.: japan.]) L. SCHULER. 4587

Robert P. Akers und **Richard E. Lee,** *Ernährungsfaktoren beim Kreislauf.* 3. Mitt. *Einfluß von Vitamin C auf die Aufrechterhaltung des renalen VEM-Mechanismus.* (2. vgl. LEE u. HOLZE, C. **1951.** II. 3052.) Die nach dem Rattenmesoappendix-Test von CHAMBERS u. Mitarbeitern (Proc. Soc. exp. Biol. Med. **56.** [1944.] 127) in vitro bestimmte Aktivität von *vasoexcitor. Material* (*VEM*) im Nierengewebe von Ratten nimmt bei *Vitamin-C*-freier Ernährung bereits nach 7 Tagen signifikant ab u. ist nach 14 bzw. 21 Tagen nicht mehr nachzuweisen. Die Abnahme des renalen VEM hat keine Beziehung zum Körpergewichtsverlust. (Proc. Soc. exp. Biol. Med. **82.** 195—97. Febr. 1953. New York City, N. Y., New York Hosp., Cornell Univ. Med. Center, Dep. of Med.; Bethesda, Md., U. S. Publ. Health Serv., Nat. Insts. of Health, Nat. Heart Inst.) H.-J. KOCH/Berlin. 4587

I. Shinozaki, *Untersuchung über die Hemmung der Autoxydation von Vitamin C.* 1. Mitt. *Über den Einfluß von Phenolen auf die Autoxydation von Vitamin C. l-Ascorbinsäure* ist etwas leichter autoxydabel als *d-Araboascorbinsäure.* Phenol hemmt die Autoxydation von Vitamin C (I), aber nur in der Anfangsphase. Im Vgl. mit Kontrollen läßt sich schon bei Zusatz von 10^{-4} Mol/100 cm³ eine Hemmwrkg. zweiwertiger Phenole (II) auf die Autoxydation von I erkennen. Vf. glaubt nicht, daß das im Lösungsm. in viel geringerer Konz. als die II vorhandene Cu^{2+} durch II deaktiviert wird, sondern daß der Mechanismus der Hemmung mit einer Konkurrenz um den Verbrauch des aktivierten O von I u. II zusammenhängt. — 5 Tabellen, 22 Literaturnachweise. (Tokyo Jikeikai med. J. **67.** 184—88. 20/2. 1953. [Orig.: japan.]) L. SCHULER. 4587

I. Shinozaki, *Untersuchung über die Hemmung der Autoxydation von Vitamin C.* 2. Mitt. *Einfluß der Denaturierung von Protein auf die Autoxydation von Vitamin C.* (1. vgl. vorst. Ref.) *Eieralbumin* (I) (1% in W.) hemmt die Autoxydation von *Vitamin C.* (II) (30 mg, Gesamtvol. 100 cm³), desgleichen auch bei Denaturierung durch 6 mol.

Harnstofflsg., aber etwas weniger stark, am deutlichsten bei Beobachtung nach 30 bis 60 Min., u. zwar ist wohl dabei die Aktivierung der SH-Gruppe als Ursache zu betrachten. Im Falle von genuinem I wird das die Autoxydation von II katalysierende Cu^{2+} vom I wahrscheinlich gebunden u. so eine Hemmung verursacht. — 4 Tabellen (engl.), Diagramm. (Tokyo Jikeikai med. J. **67.** 189—91. 20/2. 1953. [Orig.: japan.]) L. Schuler. 4587

I. Shinozaki, *Untersuchung über die Hemmung der Autoxydation von Vitamin C. 3. Mitt. Über die Beständigkeit von Ascorbinaten.* (2. vgl. vorst. Ref.) *Saures Na-Ascorbinat* unterliegt schwerer der Autoxydation als Ascorbinsäure, neutrales aber leichter. Anscheinend wird das katalyt. autoxydierende Cu^{2+} durch CO_3^{2-} in gewissem Grade deaktiviert. — 8 Tabellen (engl.). (Tokyo Jikeikai med. J. **67.** 192—95. 20/2. 1953. [Orig.: japan.]) L. Schuler. 4587

S. Ishigaki, *Einfluß von Ascariden auf die Autoxydation von Vitamin C.* 1. Mitt. *Wirkung eines wässerigen Extraktes von Ascariden.* Der *Vitamin-C* (I)-Geh. (red. Form) von Schweineascariden ist am Tage der Entnahme im Mittel 4,1 mg%, nach 5tägiger Ernährung außerhalb des Körpers sinkt er auf 2,8 mg%, d. h. auf 68,5%. Der Gesamt-I-Geh. nimmt von 4,8 mg% auf 3,0 mg% ab. Wss. Auszug aus Ascariden hat eine beträchtliche Hemmwrkg. auf die Autoxydation von I. Aus Schweineascariden isolierte höhere Fettsäuren, Cholesterin sowie unbekannte unverseifbare Anteile zeigen in Emulsionsform keine Hemmwrkg., ebensowenig Ölsäureemulsion, Cholesterin u. unbekanntes Unverseifbares für sich. — 17 Literaturangaben. (Tokyo Jikeikai med. J. **67.** 63—67. 20/2. 1953. [Orig.: japan.]) L. Schuler. 4587

S. Ishigaki, *Einfluß von Ascariden auf die Autoxydation von Vitamin C.* 2. Mitt. *Einfluß der Körperflüssigkeit von Ascariden.* (1. vgl. vorst. Ref.) Im Durchschnitt ist der *Vitamin-C* (I)-Geh. (red. Form) der Körper-Fl. von Ascariden 2,4 mg%, Gesamtzucker 42,2 mg/110 cm^3 dl, Gesamt-N 541 mg/dl, durch gesätt. NaCl + 0,25 mol. Essigsäure bei 100° in 5 Min. fällbarer N = 295 mg/dl. In einer Lsg. von 40 mg Glucose/dl erfährt die Autoxydation von I keine merkliche Hemmung. Bei Entfernung des Eiweißes aus der Ascaridenkörper-Fl. mit Sulfosalicylsäure, Trichloressigsäure bzw. Na-Wolframat geht die Hemmwrkg. im Vgl. zur Kontrolle verloren, nicht dagegen beim Enteiweißen mit Essigsäure–NaCl u. mit $(NH_4)_2SO_4$ (II). Die Filtrate bei letzteren 2 Verff. zeigen noch positive Eiweißfarb- u. Niederschlagsreaktionen. Im Falle von II gibt das Filtrat mit $K_4Fe(CN)_6$ keinen Nd. u. eine Zuckerzunahme durch Hydrolyse. Die Hemmwrkg. scheint demnach (außer gegebenenfalls durch Eiweißkörper, nicht aber Albumin u. Globulin) im wesentlichen durch *Mucoid*-Körper bedingt zu sein. (Tokyo Jikeikai med. J. **67.** 68—73. 20/2. 1953. [Orig.: japan.]) L. Schuler. 4587

S. Ishigaki, *Einfluß von Ascariden auf die Autoxydation von Vitamin C.* 3. Mitt. *Wirkung der Kulturflüssigkeit von Ascariden.* (2. vgl. vorst. Ref.) Die Beständigkeit von *Vitamin C* (I) gegen Autoxydation (AO) ist im Nährmedium, in dem 2—3 Tage lang *Ascariden* gezüchtet wurden, bei Beobachtung nach 2 u. nach 17 Std. gegenüber den Kontrollen deutlich erhöht, was auf eine Hemmwrkg. des Mediums schließen läßt. Bei niedriger Temp. sterilisiertes Nährmedium, in dem Ascariden 24 Std. gezüchtet waren, zeigte die gleiche Hemmwrkg. 5 cm^3 0,1 mol. *Isovaleriansäure* (II) in 20 cm^3 W. + 10 cm^3 Phosphatpuffer (p_H 7) zeigen keine Hemmwrkg. auf die AO von I, wohl aber in schwachem Grade 0,2 mol. II. (Tokyo Jikeikai med. J. **67.** 74—78. 20/2. 1953. [Orig.: japan.]) L. Schuler. 4587

Rolf Zetterström (unter techn. Mitarbeit von **Margareta Ljunggren**), *Aktivierung der aeroben Oxydation an Nierenmitochondrien durch phosphoryliertes Vitamin D_2.* *Phosphoryliertes Vitamin D_2* aktiviert nach Verss. des Vf. in einer Suspension von Nierenmitochondrien mit Glutamat als Substrat anfangs die O_2-Aufnahme u. senkt sie später, vermutlich weil die Phosphorylierungsrate infolge Phosphataseaktivierung sinkt, unter diejenige der Kontrolle. (Acta chem. scand. **5.** 343—52. 1951. Stockholm, Wenner-Gren-Inst., Dep. of Metabol. Res.) W. Zillig. 4587

J. G. Joshi und **P. K. Dikshit**, *Einfluß von Vitamin D auf den Phosphorgehalt der Knorpel rachitischer Ratten.* Da *Vitamin D* (I) den Kohlenhydratstoffwechsel bei der Calcifizierung der Knorpel beeinflußt, wurde im Hinblick auf die engen Zusammenhänge zwischen Kohlenhydrat- u. *P*-Stoffwechsel auch der Einfl. des I auf den *P*-Geh. rachit. Rattenknorpel untersucht. 4 Wochen alte gesunde Albinoratten wurden 21 Tage auf rachitogene Diät gesetzt, die Epiphysenknorpel der Tibia sofort entnommen u. bei 90° getrocknet. Die Tiere erhielten eine einmalige Dosis von 4000 I.E. I u. wurden in Abständen von 24 Std. getötet. Der *P*-Geh. (colorimetr. bestimmt) der Knorpel (Epiphyse, Tibia) betrug (Mittel aus 10 bzw. 20 Bestimmungen): 0 Std. vor I-Gabe (Kontrolle): 9,78 $\pm$ 1,72 γ *P*/mg Knorpel; 24 Std. nach I-Gabe: 11,,00 $\pm$ 1,15 γ; 48 Std.: 14,13 $\pm$ 1,71 γ;

72 Std.: 13,14 ± 1,49 γ; 96 Std.: 20,94 ± 2,37 γ; 120 Std.: 17,21 ± 2,38 γ; 144 Std.: 12,21 ± 1,41 γ. Die Abnahme des *P*-Geh. nach Erreichung des Maximums 96 Std. nach der **I**-Gabe fällt mit dem maximalen Anstieg der Calcifizierungskapazität der mit **I** behandelten Knorpel *in vitro*, sowie mit dem Beginn der Calcifikation *in vivo* zusammen. Der *P*-Geh. rachit. Knorpel scheint also unter **I**-Einfl. in Vorbereitung der beginnenden Calcifikation anzusteigen. (Nature [London] **177.** 625. 31/3. 1956. Coonoor, South India Ind. Counc. of Med. Res., Nutrit. Res. Labor.) HANS THIELE. 4587

Karl Bernhard und **Heribert Wagner,** *Beeinflussung des Leber-Fettstoffwechsels durch Phytol.* Zur Sicherstellung eines früher erhaltenen Befundes, wonach *Phytol* (**I**) die bei Ratten im Cholinmangel eintretende Leberverfettung verhindert bzw. wenigstens verzögert (lipotrope Wrkg.), wurden folgende Verss. durchgeführt: Die Tiere erhalten ein Grundfutter mit täglicher Zugabe von 0,25 mg **I** bzw. der entsprechenden Menge Tocopherol (**II**); den am 5. Versuchstag getöteten Tieren wird die Leber rasch entnommen u. Schnitte davon (1,5 g) in Pufferlsg. (p_H 7,4) 2 Std. mit 0,25 μC isotopem Acetat ($CH_3{}^{14}COOH$) incubiert. Best. der isotopen Atmungs-CO_2, der isotopen Fettsäuren aus dem Leververs., des Unverseifbaren, des Cholesterins, des Leberglykogens (**III**), abgesehen von der Kontrolle der Futteraufnahme u. des Körpergewichts der Tiere. Die Resultate lehren, daß **I** im Incubationsvers. die Oxydation des $^{14}C_{(1)}$-Acetates eindeutig erhöht, die Fettsäuresynth. aus Acetat aber herabsetzt. Das mögliche Auftreten eines „fasting effect" wird durch Festlegung des Geh. der Leber an **III** sowie die Gewichtskontrolle ausgeschlossen. Da die Aktivität des Lebercholesterins bei Versuchs- u. bei Kontrolltieren prakt. übereinstimmt, sind Permeabilitätsunterschiede nicht die Ursache der **I**-Wirkung. Letzte beruht wohl darauf, daß sich **I** an der Biogenese der E-Vitamine beteiligt, indem es seine Seitenkette für das **II** u. vielleicht auch für das Vitamin K_1 zur Verfügung stellt. Es wird ferner gezeigt, daß **II** selbst keinen lipotropen Effekt hat; seine Seitenkette wird anscheinend nicht abgespalten. Alle Ergebnisse werden als weitere Stütze zur Sicherstellung der lipotropen Wrkg. von **I** hingestellt. (Helv. chim. Acta **37.** 2356—60. 1/12. 1954. Basel, Univ., Physiol.-chem. Inst., u. Schweiz. Vitamin-Inst.) K. TÄUFEL. 4587

P. Stern, R. Košak und **A. Misirlija,** *Beitrag zur Frage der Eisenresorption.* Kaninchen erhielten täglich 30 mg *Terramycin* + 25000 I.E. *Penicillin* per os. Nach 3 bis 4 Tagen zeigten die Faeces außer *Proteus vulgaris* einen negativen bakteriolog. Befund. Solche Tiere zeigten nach Eingabe von 30 mg $FeSO_4$ je kg keine Fe-Resorption, auch nicht nach Auftreten von Anämie infolge Blutentnahme. Nach Beendigung der Zufuhr von Antibioticis oder Zufuhr von resistenten Enterokokken u. Colibacillen trat Fe-Resorption wieder ein. Für die Fe-Resorption ist demnach die n. Darmflora notwendig. (Experientia [Basel] **10.** 227. 15/5. 1954. Sarajevo, Univ., Pharmakol. Inst.) J. SCHWAIBOLD. 4594

Sara Schiller, Martin B. Mathews, Joseph A. Cifonelli und **Albert Dorfman,** *Der Stoffwechsel von Mucopolysacchariden bei Tieren.* 3. Mitt. *Weitere Untersuchungen über die Nutzbarmachung von* ^{14}*C-Glucose,* ^{14}*C-Acetat und* ^{35}*S-Natriumsulfat in der Haut.* (2. vgl. C. **1956.** 1366.) Vff. injizieren Kaninchen (a) ein isoton. Gemisch von ^{14}*C-Glucose* (**I**) (49 μC) u. $Na^{35}SO_4$ (1,2 μC) bzw. Ratten (b) $^{14}C_{(COOH)}$*-Acetat* (**II**) (57 μC) u. $Na_2{}^{35}SO_4$ (15 μC) u. bestimmen nach 16 Std. bis zu 17 Tagen die Konzz. an *Hyaluronsäure* (**III**) u. *Chondroitinschwefelsäure* (**IV**) in der Haut. Es zeigt sich, daß ^{14}C aus **III** rascher (Halbwertszeit: 3,7 Tage) verschwindet als aus **IV** (7,7 Tage), während die aus **III**- u. **IV**-Fraktionen durch Hydrolyse (4n HCl, 8 Std.) erhaltenen Hexosamine etwa denselben ^{14}C-Geh. aufweisen wie das Gesamtmolekül. Die Verss. mit b u. **II** stimmen mit denen von a überein u. lassen erkennen, daß die Mucopolysaccharidsynth. in der Haut von a ähnlich verläuft wie in der von b. Die Werte der Halbwertszeiten zeigen ferner, daß die *Glucosamin*- u. *N-Acetyl*-Hälften des **III**- u. die Bestandteile des **IV**-Mol. in der Haut von a die gleiche Übertragungsgeschwindigkeit besitzen, obwohl die letzten einem langsameren Stoffwechsel unterliegen als die von **III.** (J. biol. Chemistry **218.** 139—45. Jan. 1956. Chicago, Ill., Univ., Dep. of Pediatr. and Biochem. and La Rabida, Jackson Park Sanâtar.) P. FAHRNLAENDER. 4596

Brigitte A. Askonas, P. N. Campbell, C. Godin und **T. S. Work,** *Biosynthese von Proteinen.* 3. Mitt. *Vorstufen in der Synthese von Casein und β-Lactoglobulin.* (2. vgl. C. **1955.** 4873.) 3 u. 4 Std. nach Injektion von *radioakt. Aminosäuren* (**I**; *Glycin, Valin* u. *Lysin*) konnte aus der Milch einer n. Ziege radioakt. *Casein* (**II**) u. *β-Lactoglobulin* (**III**) isoliert werden. Partielle saure Hydrolyse von **II** u. **III** lieferte radioakt. *Peptide* (**IV**). Die gemessene spezif. Aktivität der radioakt. **I** dieser **IV** zeigt eine einheitliche Verteilung der Aktivität innerhalb der Proteinmoleküle. Vff. nehmen daher an, daß die Synth. von **II** u. **III** aus freien **I** des Blutes erfolgt u. daß **IV** aus Partialhydrolysaten von Blutproteinen hierbei keine Rolle spielen. Zwischenstufen in Form von **IV** werden von der Milchdrüse nicht in nennenswerter Menge gespeichert, woraus zu schließen ist, daß sie bei der Proteinsynth. nur vorübergehend auftreten. Vff. beschreiben eine App. zur Vakuumtrocknung u. -sublimation der Fraktionen von Ionenaustauschersäulen, die flüchtige Pufferlsgg. enthalten. (Biochem. J. **61.** 105—15. Sept. 1955. London, Mill Hill, Nat. Inst. for Med. Res.) K. NEHRING. 4596

S. B. Tove, J. S. Andrews jr. und **H. L. Lucas,** *Umsatz von Palmitin-, Stearin- und ungesättigten Fettsäuren in der Rattenleber.* Unter Hinweis u. Auswertung des einschlägigen Schrifttums werden systemat. Verss. an entwöhnten Ratten durchgeführt, die mit einer definierten fettfreien Diät in Einzelkäfigen gehalten werden; tägliche Zulage von 90 mg *Methyllinolat* je Tag (essentielle Fettsäure); nach 21 Wochen Gewicht der Tiere im Durchschnitt 317 g. Anschließend erhält jede Ratte intraperitoneal 10 μC $CH_3{}^{14}COONa$. Aus den in gewissen Zeitintervallen decapitierten Ratten werden die entnommenen Lebern mit heißem A./Ae. (3 : 1), dann mit Ae. allein extrahiert. Aus den gesammelten Extrakten werden in üblicher Weise die 2 Fraktionen des Neutralfettes u. der Phosphatide gewonnen u. daraus jeweils die Gesamtfettsäuren; Oxydation derselben mit $KMnO_4$ nach NUNN u. SMEDLEY-MACLEAN (J. biol. Chemistry **32.** [1938.] 1974). Das aus dem Reaktionsprod. in bekannter Weise abgetrennte Gemisch von gesätt. u. Polyoxyfettsäuren wird in 80%ig. wss. Aceton gelöst u. die Lsg. nach HOWARD u. MARTIN (C. **1950.** II. 2953) durch reverse Phasenchromatographie fraktioniert. Es werden die Na-Salze der Palmitin-, Stearin- u. der Polyoxyfettsäuren dargestellt u. daraus nach Reinigung die entsprechenden freien Fettsäuren; nach deren Oxydation u. Überführung in $BaCO_3$ erfolgt Best. der Radioaktivität; die spezif. Aktivität ist ausgedrückt als Ausschläge je 1 Min. bei 1 g $BaCO_3$. Die tabellar. u. graph. dargestellten Ergebnisse lehren, daß nach Verabfolgung des markierten Acetates in den spezif. Aktivität–Zeit-Kurven der Fettsäuren vom Neutralfett u. den Phosphatiden der Rattenlebern jeweils 2 charakterist. Gipfel auftreten. Daraus ist abzuleiten, daß der Umsatz der Leberfettsäuren rascher erfolgt als seither angenommen; dabei besteht im Umsatz der Phosphatid-, der ungesätt. Neutralfett-Fettsäuren u. der Neutralfett-Palmitinsäure kein Unterschied; der Umsatz der Neutralfett-Stearinsäure aber dürfte demgegenüber verlangsamt sein. Während bei Palmitin- u. den ungesätt. Fettsäuren der Phosphatide u. denen des Neutralfettes in der spezif. Aktivität Unterschiede prakt. nicht bestehen, ist dieselbe bei der Phosphatid-Stearinsäure ca. 8mal größer als bei derjenigen der Neutral-Stearinsäure. (J. biol. Chemistry **218.** 275—81. Jan. 1956. Raleigh, N. C., North Carolina State Coll. Dep. of Animal Ind., Nutr. Sect., Dep. of Exp. Statistics.) K. TÄUFEL. 4596

Ellen L. Talman, James D. Case, Richard A. Nevé, Robert F. Labbe und **Robert A. Aldrich,** *Porphyrinstoffwechsel.* 1. Mitt. *Experimentelle Porphyrie bei Hühnerembryonen. Sedormid* wurde 8 Tage alten Hühnerembryonen in Dosen von 5 u. 10 mg in den Dottersack injiziert. 1—9 Tage nach Injektion wurde die Allantois-Fl. gesammelt u. untersucht. Es kommt in diesen 9 Tagen zu einem fortlaufenden, sehr starken Anstieg des *Kopro-* u. des *Uroporphyrins.* Auch *Porphobilinogen* kann auftreten. Die behandelten Embryonen bleiben in ihrer Gewichtszunahme gegenüber den Kontrollen zurück. Die *Katalase*-Aktivität der Leber war vermindert, es traten nekrot. Bezirke in der braungrünlich verfärbten Leber auf. Viele andere embryonale Gewebe zeigen im UV-Licht eine intensive Rotfluorescenz. (J. biol. Chemistry **212.** 663—75. Febr. 1955. Portland, Ore., Univ. of Oregon, Med. School, Dep. of Biochem. and Pediatr.) W. SCHELER. 4596

F. Kögl und **A. M. Municio,** *Zur Biochemie der Dioxopiperazine.* 1. Mitt. *Verfütterung von radioaktivem Glycinanhydrid.* Vff. synthetisierten *$^{14}C_{(3,6)}$-2.5-Dioxopiperazin* (**I**) aus *$Ba^{14}CO_3$* über *$^{14}C_{(2)}$-Glycin.* In 2 Verss. mit je 2 Ratten, die 16 Tage lang täglich 2mal Gaben von 50 mg **I** (per os durch Sonde) erhielten, wurden die Radioaktivität des ausgeatmeten $^{14}CO_2$ sowie die Aktivitäten von Kot u. Harn bestimmt. Während das Atmungs-CO_2 keine u. der Kot eine geringe Aktivität aufwies, war die Hauptaktivität im Harn enthalten. Aus dem Harn konnte **I** durch Säulenchromatographie an Amberlit IR–120 in der H-Form u. Amberlit IR 4 B in der Acetatform mit einer Aktivität von 93 bzw. 99% des Ausgangsmaterials zurückgewonnen werden. Die geringe, im Organismus verbliebene Aktivität verteilte sich ziemlich gleichmäßig auf die verschied. Organe u. Gewebe, auch auf Haut u. Haare. Aus den während des Vers. gewachsenen Haaren ließ sich ^{14}C-Glycin isolieren. (Hoppe-Seyler's Z. physiol. Chem. **300.** 6—16. 29/4. 1955. Utrecht, Rijks-Univ., Organ.-chem. Labor.) E. SCHWERDTFEGER. 4596

F. Kögl und **A. M. Municio,** *Zur Biochemie der Dioxopiperazine.* 2. Mitt. *Verfütterung der radioaktiven Serinanhydride.* (1. vgl. vorst. Ref.) Vff. synthetisierten die isomeren Anhydride von *DL-$^{14}C_{(3)}$-Serin* (*3.6-Dioxymethyl-2.5-dioxopiperazin*), die durch fraktionierte Kristallisation in 2 Fraktionen vom F. 266° (**I**) u. F. 226° (**II**) getrennt werden konnten. Verss. an Ratten, die 17 Tage lang 2mal täglich 50 mg **I** oder **II** erhielten, zeigen, daß der Hauptteil der Aktivität im Harn ausgeschieden wird, aus dem sich **I** bzw. **II** in prakt. unveränderter Aktivität isolieren lassen, jedoch ist auch der Kot radioaktiv. Nur nach Verfütterung von **II** war eine Aktivität im ausgeatmeten CO_2 sowie in Geweben, Organen u. Haaren festzustellen. Aus den radioakt. Haaren ließen sich nach Hydrolyse an radioakt. Aminosäuren in der Hauptsache *Serin* u. *Cystin* u. mit geringerer Aktivität *Glycin* u. *Glutaminsäure* isolieren. Nach Ansicht der Vff. ist **I** die unspaltbare trans-Form u. **II** die cis-Form. **II** kann bei Leuconostoc citrovorum 8081 u. Escherichia coli 648 Serin ersetzen.

Versuche: Ausgehend von $Ba^{14}CO_3$ wird ^{14}C-Formaldehyd dargestellt, der mit Acetaminomalonsäureäthylester zu α-Oxymethyl-[^{14}C]-α-acetaminomalonsäureäthylester umgesetzt wird. Hydrolyse mit HCl liefert $^{14}C_{(3)}$-DL-Serin (**III**); 70% (Ausbeute). **III** mit methanol. HCl zu **III**-Methylesterchlorhydrat (**IV**) umsetzen, F. 133°; 80%. **IV** mit Na-Methylat ergibt nach 2 Tagen bei Zimmertemp. Kristallisat der isomeren **III**-Anhydride. $C_6H_{10}O_4N_2$; 69% (Ausbeute). Trennung durch fraktionierte Kristallisation. 1. Form F. 266°, viereckige Blättchen, in kaltem W. fast unlösl.; 2. Form, F. 226°, zugespitzte Prismen, in kaltem W. etwas, in warmem W. gut löslich. Beide Isomeren geben keine positive Rk. mit Ninhydrin- oder Bromphenolblau. (Hoppe-Seyler's Z. physiol. Chem. **300**. 17—26. 29/4. 1955. Utrecht, Rijks-Univ., Organ.-chem. Labor.)
E. SCHWERDTFEGER. 4596

R. F. Glascock und **L. R. R. Reinius**, *Die Lokalisierung von Tritium in durch Tritierung von Elaidinsäure gebildeter Stearinsäure.* Nach Verfütterung von *^3H-Stearinsäure* (**I**), erhalten durch Tritierung von *Ölsäure* (**II**) über *Pd*-Katalysator, an eine lactierende Ziege erwies sich die ungesätt. Fettsäure (**III**)-Fraktion der Milch als radioakt., was auf eine biol. Umwandlung von **I** → **II** hinwies. Zur Feststellung der ^3H-Lokalisierung wurde ^3H-**I** aus *Elaidinsäure* (**IIa**) verfüttert, zur ungesätt. **III**-Fraktion der Milch (23 u. 31 Std. nach dem Verfüttern) Träger-**II** gegeben u. chem. abgebaut. Die hohe Aktivität der erhaltenen *Dioxystearinsäure* (**IV**) bestätigte die **I** → **II**-Umwandlung. Der Vgl. der spezif. Aktivitäten von **IV**, des hieraus erhaltenen *Pelargonaldehyds* (Dimedonderiv.) u. *Azelainsemialdehyds* (Semicarbazon), sowie der *Pelargonsäure* (p-Toluidid) u. *Azelainsäure* zeigte, daß nur ca. 3% von ^3H der ursprünglichen **II** in $C_{(9)}$- u. ca. 12% in $C_{(10)}$-Stellung lokalisiert waren. Die von DUNCOMBE u. GLASCOCK (C. **1955**. 126) angenommene Bldg. spezif. markierter *9.10-^3H*-**I** aus **II** u. **IIa** ist demnach unrichtig. (Biochem. J. **58**. L. Dez. 1954. Reading, Univ., Nat. Inst. for Res. in Dairying.) K. MAIER. 4596

G. Dell'Acqua und **G. Gambassi**, *Über den Stoffwechsel von Zink.* Übersichtsarbeit. — 25 Literaturangaben. (Boll. Soc. ital. Biol. sperim. **29**. 452—55. April 1953. Bari, Univ., Ist. di Patol. Med. e Metodol. Clinica.) O. POLLAK V. EMHOFEN. 4596

Udo Köhler, *Die hepatogene Herzinsuffizienz.* Bei Leberkranken kommt es zu reversiblen Energiestoffwechselstörungen des Herzens (Adenosintriphosphatasehemmung?, Phosphorylierungsstörungen?), wie sie nach Leber–Milz-Ausschaltung beim Kaninchen reproduziert werden können. Der BLUMBERGERsche Quotient sinkt ab; Herzglykoside, Vitamin B, Cocarboxylase oder Pancortex sind causal wirksam. (Naturwissenschaften **42**. 447. Aug. 1955. Halle/Saale, Univ., I. Med. Klinik.) H. JORDAN. 4597

L. Arrigo und **G. Pisani**, *Die Glykoproteide bei der hepatischen Steatosis.* Es wird aus der Leber von Ratten mit hepat. Steatosis verschied. Typs *Glucosamin* (**I**) extrahiert u. nach ELSON-MORGAN bestimmt. Es wird gefunden, daß bei Steatitis die **I**-Menge erhöht ist u. von der Dauer der Einw. des steatogenen Agens abhängt (bis zum 5fachen des Normalwerts bei 1—2monatiger Vergiftung mit CCl_4). (Boll. Soc. ital. Biol. sperim. **29**. 406—08. April 1953. Genua, Univ., Inst. di Fisiol. umana.)
O. POLLAK V. EMHOFEN. 4597

M. Pers, *Penicillin-Clearence als Nierenfunktionstest, Bestimmungen mit und ohne Harnsammlung.* (Scand. J. clin. Lab. Invest. **6**. 341—48. 1954. Copenhagen, Finsen Inst., Surgical Dep.; Univ., Medico-Physiol. Inst. and Inst. of General Pathol.)
G. BRATFISCH. 4597

H. J. V. Tyrrell, D. A. Taylor und **C. M. Williams**, *Freie Nervenendigungen als Überträger von Wärmereizen.* Bei lokaler Erwärmung oder Abkühlung entstehen wahrscheinlich an der Nervenfibrille Potentialdifferenzen analog dem PELTIER- u. dem THOMSON-Effekt an Thermoelementen. (Nature [London] **174**. 918—19. 13/11. 1954. Sheffield, Univ., Dep. of Chem.; Oxford, Univ., Dep. of Anat.) D. ZEMKE. 4598

S. A. Talbot, *Lamellierung der Sehzellen und aktives Rhodopsin.* Vf. vertritt die Ansicht, daß die äußeren Segmente der Sehzellen aus mkr. *Lipoid-* u. submkr. *Rhodopsin*, Lamellen zusammengesetzt sind. WALD hält dagegen die mkr. Lamellen für Artefakte, andererseits alternierende submkr. *Lipoid-* u. *Rhodopsin*-Lamellen 40—140 Å breit für wahrscheinlich. (Science [Washington] **120.** 722—23. 29/10. 1954. Baltimore, Md., Johns Hopkins Med. School, Dep. of Med.) D. ZEMKE. 4598

W. A. H. Rushton und **F. W. Campbell,** *Messung des Rhodopsins im lebenden menschlichen Auge.* Vff. messen die Unterschiede in der Reflexion grünblauen u. gelbroten Lichtes durch die Retina. Nach den Verss. wird der Geh. der Retina an *Rhodopsin* durch kurze Helladaptation kaum beeinflußt u. folgt nach kräftigem Bleichen bis zur vollen Konz. einer Exponentialkurve (Halbwertszeit 7 Min.). Bei n. Raumbeleuchtung werden nur ca. 10% gebleicht. (Nature [London] **174.** 1096—97. 11/12. 1954. Cambridge, Univ., Dep. of Physiol.) D. ZEMKE. 4598

W. W. Douglas, *Gibt es eine chemische Übertragung auf Chemoreceptoren?* Vf. bespricht die gegenwärtigen Beweise für eine chem. Übertragung der durch Sauerstoffmangel ausgelösten Rkk. im Glomucaroticum im Hinblick auf die *Acetylcholin* (I)-Wrkg. als Überträger bei diesen Vorgängen. Wirkt I hierbei mit, so muß es im Glomus nachweisbar, durch *Anticholinesterasen* (II) hemmbar sein u. den Übertragungsvorgang nachahmen können. I konnte aus dem Glomus nicht isoliert werden. Die Ansichten über die Wirkungen von II sind widersprechend. I vermag die erregende Wrkg. auf die Chemoreceptoren wie der O_2-Mangel nachzuahmen. Doch zeigt Vf., daß die I-Sensibilität durch Hexamethonium aufgehoben wird, ohne daß eine Herabsetzung der Rk. des Glomus caroticum auf O_2-Mangel eintritt. (Pharmacol. Rev. **6.** 81—83. März 1954. London, Mill Hill, Nat. Inst. for Med. Res.) K. BÖHM. 4598

E. Streicher und **R. W. Gerard,** *Phosphat* (${}^{32}P$)*-Austausch in Gehirnphospholipoiden in vivo und in vitro.* In Verss. in vitro mit Rattengehirnsubstanz wurde gefunden, daß das Phospholipoidphosphat innerhalb von 20 Min. ein Maximum erreicht, während in vivo die spezif. Aktivität dieser Fraktion mindestens 20 Std. nach der ^{32}P-Zufuhr zunimmt. Bei Aufteilung des Lipoidextraktes in Rohfraktionen wurde eine deutliche Verschiedenheit der spezif. Aktivität dieser Fraktionen bei den Verss. in vitro festgestellt, dagegen ein Fehlen von Unterschieden bei den Verss. in vivo. Einige Faktoren, die diesen Befunden zugrunde liegen, werden erörtert. (Proc. Soc. exp. Biol. Med. **85.** 174—77. Jan. 1954. Chicago, Ill., Univ., Dep. of Physiol.) J. SCHWAIBOLD. 4598

E_6. Pharmakologie. Therapie. Toxikologie. Hygiene.

Martin Katz und **Martin Barr,** *Über sublinguale Resorption.* 1. Mitt. *Verschiedene die Resorptionsgeschwindigkeit beeinflussende Faktoren.* Die sublinguale Resorption nach Unterbindung des Ösophagus wurde an narkotisierten Tieren untersucht. *Strychnin* (I)-*Sulfat* in *A.*, I-Sulfat in *W.* u. I in A. wurde gut resorbiert, I-Suspension in W. war wirkungslos. *Aconitin* (II) in A. verursachte den Tod der Versuchstiere schneller als II-*Hydrochlorid* in W., ein Unterschied zu subcutaner Applikation bestand nicht. Alkoh. Lsg. von *Pentothal* u. *Pentobarbital* wurden wie die wss. Lsg. der *entsprechenden Na-Salze* gut sublingual resorbiert. — Die Verss. zeigen, daß bei sublingualer Resorption die Form des Mittels u. das Vehikel eine bedeutende Rolle spielen. (J. Amer. pharmac. Assoc., sci. Edit. **44.** 419—23. Juli 1955. Philadelphia, Pa., Philadelphia Coll. of Pharm. and Sci., Graduate School.) WOLFGANG ALBRECHT. 4600

Jay S. Roth, *Einbau von* ${}^{15}N$ *in Protein und von* ${}^{32}P$ *in Nucleinsäuren von thermisch geschädigten Ratten.* Ausgewachsene männliche Ratten werden 1 Min. lang konz. elektr. Licht ausgesetzt. Anschließend werden 720 mg/kg ^{15}N-Glycin u. 90 μC ^{32}P/kg injiziert. Den nach 24 bzw. 72 Std. getöteten Tieren werden Leber, Nieren, Milz u. Darm entfernt u. die Radioaktivität bestimmt. Die N-Werte der Exkremente von Kontroll- u. Versuchstieren werden verglichen. Die Harnstoffausscheidung der bestrahlten Tiere nimmt um 25% gegenüber den Kontrolltieren zu, was dem steigenden Einbau von markiertem N in Harnstoff entspricht. In Leber, Milz u. Darm ist der ^{15}N-Geh. des Proteins im Gegensatz zu dem der Nieren größer als bei den Kontrolltieren. — Der ${}^{15}NH_3$-Geh. liegt bei den geschädigten Tieren niedriger u. macht sich durch eine verminderte NH_3-Exkretion bemerkbar. — Der ^{32}P-Geh. ist, auf den Nucleinsäurestickstoff bezogen, bei den Versuchstieren nach 24 Std. in Leber u. Darm verringert u. in Milz u. Leber vergrößert. Der Umsatz des ^{32}P verläuft, ausgenommen in den Nieren, entsprechend. — Vf. folgert aus den Ergebnissen, daß Auf- u. Abbau von Protein in den einzelnen Organen als Rk. auf die therm. Schädigung nicht immer mit dem Nucleinsäurestoffwechsel übereinstimmen. (Amer. J. Physiol. **176.** 471—74. März 1954. Philadelphia, Pa., Hahnemann Med. Coll., William Goldman Isotope Labor.) R. LENSCHAU. 4601

John C. Finerty, Robert T. Binhammer und **Martin Schneider,** *Das Überleben bestrahlter Ratten in Parabiose mit hypophysektomierten Partnern.* Ratten wurden mit einer innerhalb 30 Tagen tödlich wirkenden Dosis (700 r) bestrahlt u. danach Symbiose mit hypophysektomierten Ratten vollzogen. Die Verss. zeigten, daß der durch den Parabionten gewährte Schutz vom Vorhandensein der Hypophyse unabhängig ist, wie es analog bereits für Nebenniere u. Milz nachgewiesen wurde. (Science [Washington] **118**. 654—55. 27/11. 1953. Galveston, Tex., Univ. of Texas, Med. Branch, Deps. of Anat. and Radiol.) P. LOCH. 4601

Hedi Fritz-Niggli, *Mannit als Schutzstoff gegen die Strahlenschädigung von Lebermitochondrien.* Mitochondrien von Leberzellen der Ratte wurden als Suspension in einer 5,75%ig. *d-Mannit*-Lsg. einer Röntgenstrahlung von 50 r ausgesetzt. Es stellte sich heraus, daß Mannit die Mitochondrien vor der Strahlenschädigung der Enzyme weitgehend schützt. Hesperidin, Fructose u. Mannose scheinen im gleichen Sinne zu wirken. (Naturwissenschaften **43**. 113—14. März 1956. Zürich, Univ., Radiotherap. Klinik, Strahlenbiol. Labor.) H. GERTH. 4601

H. Spitzy und **H. Hellauer,** *Radiochemische Untersuchungen über die Zustandsformen des Jods im Hinblick auf Resorptionsfragen. Jod* kommt in den natürlichen Lsgg. in verschied. Zustandsformen vor: als J^-, J_2, JO_3^- u. J_3^-. Das ist bei Resorptionsunterss. zu berücksichtigen. Vff. stellten mit Hilfe von ^{131}J die Aufnahme bei Ratten durch die Haut des Schwanzes fest. Elementares J führt zu 12 facher Speicherung in der Schilddrüse im Vgl. zu J'. Dabei ist zu berücksichtigen, daß auch die Rattengewebe in der Lsg. einen reduzierenden Einfl. ausüben. Die Jodaufnahme ist von der Badedauer abhängig. Durch die große Haftfähigkeit des elementaren J an der Haut im Vgl. zum Jodid, wird 16 Std. nach einem 20 Min.-Bad 8 mal so viel J nachtransportiert wie während des Bades selbst. Bei Berücksichtigung der Resorption während des Bades u. des Nachtransportes ergibt sich ein Verhältnis von J^- zu J wie 1 : 44. (Arch. physik. Therap. **6.** 167—71. März/April 1954. Bad Hall, Paracelsus Inst.) L. BERGER. 4606

A. Pillat, *Einiges zur Wirkung des Jods auf das Auge.* Mit ^{131}J markierte Untersuchungs-Fl. diente zur Messung der Jodaufnahmefähigkeit des Auges vom Kaninchen. Das Maximum von ^{131}J wurde im Kammerwasser nach 1 Std. erreicht, wenn die Untersuchungs-Fl. Körpertemp. hatte. (Arch. physik. Therap. **6.** 176—80. März/April 1954. Bad Hall, Paracelsus Inst., Augenabt.) L. BERGER. 4606

Leland C. Hendershot und **Maynard B. Chenoweth,** *Antagonismus zwischen 3 homologen monofluorsubstituierten Fettsäuren und verschiedenen Fettsäuren.* In Ggw. von *Acetat* (**I**), *Butyrat* (**II**) oder *Hexanoat* (**III**) als Substrat hemmen *Fluoracetat* (**IV**), *Fluorbutyrat* (**V**) u. *Fluorhexanoat* (**VI**) isolierte Kaninchendarmstücke. Die verschied. Substrate wirken den Fluorsäuren in verschied. Grade entgegen. **IV** wird am besten durch **I**, **V** u. **VI** am besten durch **III** antagonist. beeinflußt. Die Wirkungen der Fluorfettsäuren auf den Fettstoffwechsel u. die möglichen Bedeutungen bei der Fluorsäurevergiftung werden in bezug auf spezif. Fettsäureenzymsysteme diskutiert. (J. Pharmacol. exp. Therapeut. **110.** 344—51. März 1954. Ann Arbor, Mich., Univ. of Michigan, Dep. of Pharmacol.) K. BÖHM. 4607

L. Castellani und **G. Bertola,** *Steatosen durch CCl_4 und Lebermethionin.* Vf. hat männliche Mäuse täglich 10 Min. lang CCl_4 einatmen lassen u. außer einer *Methionin*-Hyperurie nach 20 Tagen in der Leber eine entsprechende Abnahme des freien Methionins festgestellt. (Boll. Soc. ital. Biol. sperim. **30.** 1204—05. Aug./Nov. 1954. Genua, Univ., Inst. für allg. klin. Med.) E. DEHN. 4607

L. Castellani und **G. Bertola,** *Nicotamid und Lebermethionin.* (Vgl. vorst. Ref.) Vff. haben männlichen Mäusen täglich 10 mg *Nicotinsäureamid* parenteral verabreicht u. nach 10 Tagen in der Leber eine beträchtliche Abnahme des freien *Methionins* festgestellt, dessen Fehlbetrag offenbar zum Aufbau des *Niacins* gebraucht wird. (Boll. Soc. ital. Biol. sperim. **30.** 1206—07. Aug./Nov. 1954. Genua, Univ., Inst. für allg. klin. Med.) E. DEHN. 4607

Ralph B. March, Robert L. Metcalf, T. R. Fukuto und **Marion G. Maxon,** *Umwandlung von Systox in der Weißen Maus und Amerikanischen Schabe. Systoxisomere* u. Umwandlungsprodd. in bezug auf die Veränderung im Körper von Warmblütern u. Insekten wurden durch die Best. mit radioakt. ^{32}P, durch Papierchromatographie u. durch die Hemmung der Cholinesterase nachgewiesen. Es zeigte sich eine schnelle Zers. der Ausgangssubstanzen, sowohl bei der Schabe als auch bei der weißen Maus. Bei der Maus wird der größte Teil der Abbauprodd. durch den Urin ausgeschieden u. zwar 50—70% in 24 Stunden. 90% der Ausscheidungsprodd. sind wasserlösl., der Rest besteht aus chloroformlösl. tox. Prodd., nur Spuren werden unverändert ausgeschieden. Die Umwandlung u. Aufspaltung finden vor allem in der Leber statt. Bei der Schabe gehen der Abbau u. die Ausscheidung in gleicher Weise, nur etwas langsamer, vor sich. Als aktivstes Gewebe hat sich der Darm erwiesen. Der grundsätzliche Weg der Umwandlung bei der Isomeren ist die Oxydation zu Sulfoxyd u. Sulfon. (J. econ. Entomol. **48.** 355—63. Aug. 1955. Riverside, Calif., Univ., of California, Citrus Exp. Stat.) W. KNÖPKE. 4607

D. A. H. Taylor, *Ein Blasrohrpfeilgift von Nordborneo.* Eine Probe des Pfeilgiftes (braune, harzige M.) wurde in warmem W. gelöst, angesäuert u. mit Chlf.-A. (2/1) ausgeschüttelt. Die Extraktlsg. wurde nach Zusatz von wenig $NaHCO_3$ zur Trockene verdampft u. der Rückstand in wss. Methanol aufgenommen, woraus sich nach einiger Zeit Kristalle abschieden; F. 237—239°, $[\alpha]_D^{21}$ $-3 \pm 2°$ (wss. Methanol); Rotfärbung bei der LEGAL-Probe; Absorptionsmaximum bei 218 mμ. Dadurch wurden die Kristalle als *α-Antiarin* identifiziert. — Benzoat, F. 240°; $[\alpha]_D^{21}$ $+3 \pm 2°$ (Aceton). Die Mutterlauge enthielt weitere Mengen Antiarin oder andere Herzglucoside (LEGAL-Probe). (Brit. J. Pharmacol. Chemotherapy **8.** 237. Juni 1953. London, Mill Hill, Nat. Inst. for Med. Res.) P. LOCH. 4607

Lj. Grlić und **S. Čmelik,** *Schwalbenwurz (Asclepias syriaca L.) als Gemüse.* Die jungen Schößlinge der *Schwalbenwurz* (I) sind ähnlich wie Spargel genießbar. Sie enthalten 90,7% W., 0,78% Asche, 1,37% Rohfaser, 0,85% Protein, 0,51% Ae.-Extrakt, 5,79% N-freie Extraktstoffe, 149—356 mg% *Ascorbinsäure*, ca. 1 mg% *Carotin.* Intraperitoneale Injektion alkoh. I-Extrakte bei Ratten wurde ohne Schaden vertragen; bei einigen Versuchstieren wurden nach der Autopsie Veränderungen an Leber, Milz u. Mesenterium beobachtet. — 71 Literaturangaben. (Farmac. Glasnik **10.** 379—89. Sept. 1954. Zagreb, Centr. higijenski zavod.) S. BECKMANN. 4608

J. N. Banerjee und **J. J. Lewis,** *Pharmakologische Studien an der Apocynacea Genus Aspidosperma Mart. und Zucc. Aspidosperma oblongum A. DC.* (Vgl. C. **1955.** 2016.) Vff. untersuchten die Wrkg. der aus den trockenen Rinden gewonnenen Alkaloide mit einer 1%ig. HCl-Lösung. An isolierten Herzen, Muskeln, Nerven u. anderen Organen von Fröschen, Ratten, Kaninchen, Meerschweinchen u. kleinen Katzen in RINGER-Lsg. wurde die antagonist. Wrkg. der isolierten Alkaloide auf *Acetylcholin, Histamin,* $BaCl_2$ u. *Adrenalin* festgestellt, wobei die Herztätigkeit gehemmt u. die bronchoconstrictor. Wrkg. aufgehoben wurde. Dünndarmpräpp. zeigten verringerte Peristaltik, der Uterus wurde stimuliert. Die Dosen der Alkaloide lagen bei ca. 25 mg/kg, die der Antagonisten bei ca. $^1/_{10}$—$^1/_{100}$ davon. Bei kleinen Katzen verringerten erst mehr als 10 mg die Respiration. Bei Mäusen senkten 3 mg die Temp. auf 5° F. 12 mg schützten vor Malaria, 40 g wirkten tödlich, auch Schutz gegen tödliche Dosis von *Adrenalin* u. lokalanästhet. Wrkg. wurden beobachtet. (J. Pharmacy Pharmacol. **6.** 246—52. April 1954. Nottingham, Univ., Pharmacy Dep., Pharmacol. Labor.) P. HOLZLÖHNER. 4608

N. Ercoli, G. S. Schwartz und **G. M. Carminati,** *Therapeutische Interferenz und Potenzierung zwischen Subtilin und Gold–Natrium-Thiomalat bei Spirochaeten- und Streptokokkeninfektionen. Myochrysin* (= *Au–Na-Thiomalat*; **I**) veränderte, wenn es gleichzeitig mit *Subtilin* (**II**) verabreicht wurde, dessen therapeut. Wrkg. auf die experimentelle Streptokokken (β-hämolyt.)-Infektion der Maus, u. zwar stieg die **I**-Dosis für die Interferenz mit der Menge des angewandten **II** an. Bei der Borrelia-Duttoni-Infektion der Maus interferierte eine subtherapeut. Dosis des einen mit der therapeut. Wrkg. des anderen Arzneimittels, während therapeut. Dosen von **I** u. **II** synergist. wirkten. Dasselbe Verh. von **I** u. **II** wurde auch bei der Borrelia-Obermeieri-Infektion beobachtet. (Proc. Soc. exp. Biol. Med. **86.** 197—201. Mai 1954. Milano, Ist. Sieroterapico Milanese Serafino Belfanti.) H. ZELLER. 4610

H.-J. Heite, L.-J. Jaenicke und **G. Ziegenrücker,** *Tierexperimentelle Untersuchungen zur Frage der rectalen Wismuttherapie.* Ratten wird rectal Bi als *Bi-Camphercarbonat* zugeführt. Die rectale Bi-Resorption ist zwar möglich, aber die resorbierten Mengen sind gering, reichen aber aus, um die experimentelle Recurrensinfektion durch Spirochaeta Duttoni zum Abklingen zu bringen. Der Nachw. der aufgenommenen Bi-Mengen in den Organen erfolgte photometr. mittels Thiocarbamid nach NIELSCH u. BÖLTZ (C. **1955.** 7990). (Arzneimittel-Forsch. **6.** 129—33. März 1956. Marburg, Univ., Chem. Inst.) H. GIENUS. 4610

Godfrey L. Gale, *Petechiale Hämorrhagien bei der Behandlung mit Gantrisin (NU 445).* Bei der Behandlung einer leichten Cystitis, die bei einer tuberkulösen Patientin auftrat, kam es unter *Gantrisin* (*3.4-Dimethyl-5-sulfanilamidoisoxazol*) zu petechialer Hämorrhagie an Haut u. Mundschleimhaut, die nach Absetzen des Mittels verschwand. (Canad. med. Assoc. J. **64.** 252—53. März 1951. Weston, Ontario, Toronto Hosp.) P. LOCH. 4610

Patrick D. Goldsworthy, Robert B. Aird und **Ronald A. Becker,** *Die Blut–Gehirn-Schranke. Die Beziehung der sauren Dissoziationskonstante gewisser Sulfonamide zu ihrer Durchlässigkeit in das Gehirn.* Es wurde die Konz. von verschied. Sulfonamiden mit bekanntem pK_a-Wert 50 Min. nach intraperitonealer Injektion in Blut u. Gehirn von Ratten bestimmt. Die Sulfonamide mit einem pK_a-Wert unterhalb 8 haben ein Konzentrationsverhältnis Blut/Gehirn annähernd 0,11. Sie können also nur schwach die Blut–Gehirn-Schranke passieren. Oberhalb pK_a 8 steigt das Verhältnis an u. hat bei *N^1-Octadecylsulfanilamid* (pK_a 10,4) den Wert 1,0. Bei *N^1-[β-Oxyäthyl]-sulfanilamid* (pK_a 10,92) sinkt er auf 0,25 ab. — Keine Beziehung wurde zwischen Mol.-Gew. oder der Lipoidlöslichkeit der Sulfonamide u. dem Verhältnis von Blut- zur Gehirnkonz. gefunden. (J. cellular comparat. Physiol. **44.** 519—26. Dez. 1954. San Francisco, Calif., Univ. of California, School of Med., Dep. of Neurol.) H. GREILING. 4610

D. A. W. Edwards, E. N. Rowlands und **W. R. Trotter,** *Der Mechanismus der kropferzeugenden Wirksamkeit von p-Aminosalicylsäure. p-Aminosalicylsäure (PAS)* beeinflußt die Konzentrierung von (*Radio-*) *Jod* in den Speicheldrüsen nicht. Im Gegensatz zur Wrkg. von *Perchlorat* oder *Rhodanid* wird die Ausschwemmung von Jod aus der Schilddrüse durch PAS nicht gefördert. Die Synth. von *Schilddrüsenhormon* wird etwas gehemmt. PAS wird normalerweise rasch ausgeschieden, für Fälle von Kropf oder Myxödem nach PAS wird eine verzögerte Ausscheidung postuliert. Vff. halten es nach ihren Verss. für sinnvoll, einer Kropf- u. Myxödembldg. durch Gaben von Schilddrüsenhormon, nicht hingegen von Jod zu begegnen. (Lancet **267.** 1051—52. 20/11. 1954. London, Univ., Coll. Med. School.) H. BOSER. 4610

Rolf Humbert, *Biologische Heilung experimenteller Tuberkulose durch Isoniazid?* Mit Tuberkelbacillen infizierte Meerschweinchen wurden bis zu 14 Monaten mit *Isoniazid* (**I**) behandelt u. 4 Monate nachbehandelt; während die Kontrollen nach 6 Wochen starben, entwickelten sich die **I**-behandelten Tiere gut. Eine absol. biol. Heilung wurde aber nicht erreicht, da die Tuberkulin-Rk. positiv blieb. Die verschied. an den Tieren vorgenommenen Verss., die den günstigen Einfl. von **I** auf den Krankheitsverlauf erkennen lassen, werden ausführlich besprochen. (Z. ges. exp. Med. **124.** 355—70. 1954. Marburg/Lahn, Univ., Kinderklinik.) H. DOSSMANN. 4610

Fritz Krug, *Zur Chemotherapie der Lungentuberkulose mit Dipasic-Gewo.* Bericht über gute Erfolge an 70 Fällen mit Lungentuberkulose bei Behandlung mit *Dipasic-Gewo* (**I**; ED. GEISTLICH SÖHNE, Wolhusen/Schweiz). **I** ist eine mol. Verb. von *INH* u. *PAS*, eine 100 mg-Tablette enthält 47,3 mg *INH* u. 52,7 mg *PAS*. Dosierung 10 mg **I**/kg, als Höchstdosis genügten 600 mg, Dauer der Verabreichung 12—20 Wochen; sehr gute Verträglichkeit von **I** auch in solchen Fällen, die *PAS* u. *INH* allein nicht vertragen hatten. (Münchener med. Wschr. **96.** 1126—27. 24/9. 1954. Herrsching/Ammersee, Tuberkulose-Krankenhaus.) H. DOSSMANN. 4610

G. Stärk und **M. Zaslawski,** *„Entgiftetes" Streptomycin zur intravenösen Applikation bei Lungentuberkulose.* Besprechung der Toxizitätsminderung von *Streptomycin* (**I**) u. *Dihydrostreptomycin* (**II**) durch *Pantothenat* (**III**) u. der intravenösen Therapie mit *Didrothenat* (**II** + 20% **III**) bzw. *Protothenat* (**I** + **II** zu gleichen Teilen + 20% **III**) (beide Präpp. CHEMIE GRÜNENTHAL, Stolberg/Rhld.) kombiniert mit *PAS*-Infusionen in 4 Fällen. Gute Erfolge, unbedeutende Nebenwirkungen u. bessere Verträglichkeit als mit **I** bzw. **II**. (Tuberkulosearzt **10.** 275—84. Mai 1956. Basler Kurheim Grimmialp, Schweiz.) H. DOSSMANN. 4611

Karl Heinz Tetzner, *Zur antibiotischen Behandlung mit Erycinum. Erycinum* (**I**; SCHERING A. G., Berlin) ist ident. mit *Erythromycin* u. wird aus einem Stamm des Strahlenpilzes Streptomyces erythreus gewonnen. — Es ist oral, intravenös u. intrasternal anwendbar, gut verträglich u. bes. bei Staphylokokkeninfektionen den bisher bekannten Antibioticis überlegen. (Die Medizinische **1956.** 831—34. 2/6. Brake-Unterweser, Kreiskrankenhaus des Kreises Wesermarsch, Inn. Abt.) EBERHARD MÜLLER. 4611

L. Mosonyi, L. Nékám jr., Th. Csiky und **R. Zulik,** *Über den Wirkungsmechanismus geringerer Dosen bei gegen Antibiotica sensibilisierten Individuen.* Bei subcutaner Verabreichung von *Adrenalin* (**I**) entsteht eine mäßige, vorübergehende Titersteigerung der natürlichen Antikörper (a). Bei gegen Antibiotica (Penicillin, Streptomycin) sensibilisierten Individuen entsteht bei Einführung des sensibilisierenden Agens eine Erhöhung des a-Titers, bes. nach intracutaner Injektion. Die klin. beobachtete größere Wrkg. kann als unspezif. Vermehrung der natürlichen Schutzstoffe angesehen werden. Dies ist beim Zusammentreffen von Antigen u. a auf die adrenalinmobilisierende Wrkg. der *H-Stoffe*. zurückzuführen. — 12 Literaturhinweise. (Z. Immunitätsforsch. exp. Therap. **112.** 249—59. Nov. 1955. Budapest, Univ., II. Med. Klinik u. Hautklinik.) EBERHARD MÜLLER. 4611

Yoshiharu Takeda, Nobuhiko Kasai und **Keizo Mio,** *Untersuchungen zur fiebererzeugenden Wirkung bakterieller Pyrogene.* Die pyrogene Wirksamkeit des Lipopolysaccharidproteinkomplexes aus Sh. dysenteriae Flexner wird durch Behandlung mit Alkalien oder

Säuren ca. 10fach verringert. (Jap. J. exp. Med. **24.** 21—25. Febr. 1954. Tokyo, Univ., Inst. for Inf. Diseases.) E. FISCHOEDER. 4616

Wolfgang Benstz, *Über die Ausscheidung von Antihistaminsubstanzen im menschlichen Duodenalsaft und in der Hundegalle bei angelegter Gallenfistel und deren quantitative Bestimmung.* Verschied. Antihistaminica werden nach Unterss. des Vf., vermutlich infolge verschieden starken enzymat. Abbaus in der Leber, nicht in gleichem Maß in die Galle ausgeschieden. Bei der Behandlung von Hepatitiden mit allerg. Komponente empfiehlt sich die Anwendung von in die Galle gelangenden Histaminantagonisten, wie *Synopen* u. *Antistin,* während solche, die die Leber nicht passieren, wie *Benadryl,* weniger geeignet erscheinen. Die Möglichkeit des Abbaus von Antihistaminicis in der Leber soll weiter untersucht werden. (Klin. Wschr. **29.** 663—64. 15/10. 1951. Heidelberg, Med. Univ. Poliklinik.) W. ZILLIG. 4625

I. Leonard Bernstein und **Samuel M. Feinberg,** *Freimachung von Histamin und Verarmung daran in der menschlichen Haut. Einfluß eines Antihistamins und von Hydrocortison auf die Aktivität des Histaminfreimachers, der Verbindung 48/80.* Die *Verb. 48/80* (**I**), ein Kondensationsprod. von *p-Methoxyphenyläthylmethylamin* mit *Formaldehyd,* vermindert die Rk. auf *Histamin* (**II**) an Hautstellen, die zuvor mit **I** behandelt waren. Die völlige Verarmung an **II** an diesen Stellen wurde durch *Pyribenzamin* (**III**)-Injektion unmittelbar vor jeder **I**-Injektion nicht verhütet, jedoch durch längere Vorbehandlung mit **III**. — Wahrscheinlich beruht die lokale Schutzwrkg. von *Hydrocortison* hauptsächlich auf der Verarmung an **II**. (J. Allergy **27.** 231—35. Mai 1956. Chicago, Ill., Northwestern Univ. Med. School, and Veterans Adminst. Res. Hosp.)
EBERHARD MÜLLER. 4625

Franz Herr und **Johann Pérszász,** *Über die Wirkung einiger Derivate des Polamidons [2-Dimethylamino-4.4-diphenylheptanony-(5)].* Vff. verglichen *Polamidon* (**II**) u. 11 Derivv. in ihrer analget. Wrkg., Toxizität, Wrkg. auf das Atemzentrum, das Brechzentrum u. den Blutdruck mit *Morphin* (**I**), in ihrer spasmolyt. Wrkg. mit dem *Papaverin.* Nur **II** u. *Hexalgon* (*1-Piperidino-3.3-diphenylhexanon-(4)*·HBr; **III**) zeigte eine **I**-ähnliche, stark analget. Wirkung. **II** u. **III** sind für Mäuse viel toxischer als **I**. Auf das Atemzentrum wirkt **III** am schwächsten, es dürfte daher für den Menschen am wenigsten tox. sein. **I** u. **III** besitzen im Gegensatz zu **II** keine Brechwrkg. an Hunden. Die 3 Verbb. lähmen schon in kleinen Dosen das Brechzentrum u. rufen, intravenös injiziert, Atemlähmung u. transitor. Blutdrucksenkung hervor. Alle 12 Verbb. besitzen wie das Papaverin eine starke spasmolyt. Wrkg., die mit der Capillaraktivität parallel zunimmt u. bei **I** am stärksten ist. Daneben ist eine atropinartige, neurogene Wrkg. nachweisbar. Neben **II** u. **III** wurden geprüft: *1-Piperidino-3-phenyl-3-cyclohexenylhexanon-(4)·HCl,* F. 173°; *1-Diäthylamino-3-phenyl-3-cyclohexenylhexanon-(5)·HCl,* F. 84°; *2-Dimethylamino-4-phenyl-4-cyclohexenylheptanon-(5)·HCl* u. ein Dehydroprod.; *1-Dimethylamino-2-methyl-3-phenyl-3-cyclohexenylhexanon-(4)·HCl*; u. ein Dehydroprod.; *1.1-Diphenyl-2-äthylvinyl-[2-piperidinoäthyl]-äther·HBr,* F. 183—184°; *1.1-Diphenyl-2-äthyläthyl-[2-piperidinoäthyl]-äther*·HBr, F. 159°; *1-Piperidino-3-phenyl-3-m-tolylhexanon-(4),* F. 169°; *1-Piperidino-3-phenyl-3-p-anisylhexanon-(4)-oxalat,* F. 169°; *1-Piperidino-3-phenyl-3-o-anisylhexanon-(4)-oxalat,* F. 217°. (Naunyn-Schmiedebergs Arch. exp. Pathol. Pharmakol. **210.** 294—304. 1950. Budapest, Univ., Pharmakol. Inst.) W. ZILLIG. 4627

J. D. Murphy und **F. Ofner,** *Ein Fall von Chlorpromazin-Gelbsucht.* Es wird über einen Fall von Gelbsucht in Verbindung mit *Chlorpromazin*-Behandlung berichtet, zugleich mit Laboratoriums- u. Autopsiebefunden. (Med. J. Australia **43 I.** 504—05. 24/3. 1956. New South Wales, Lidcombe State Hosp.) EBERHARD MÜLLER. 4627

H. Kutzim und **A. Lützenkirchen,** *Behandlung einer Purpura Schoenlein-Henoch mit Cortison.* Bericht über einen infausten Fall mit Purpura SCHOENLEIN-HENOCH, verursacht durch Überempfindlichkeit gegenüber *Barbituraten*; Behandlung neben Bluttransfusionen unter *Allercur–Penicillin*-Infektionsschutz mit Injektionen von *Cortison* (**I**), 100—175 mg/Tag, sowie Kreislaufmitteln, *Vitaminen C, K, P, Clauden, Protaminsulfat,* NaCl- u. Traubenzuckerinfusionen. Der erzielte Heilerfolg wird auf die antiallerg. u. gefäßabdichtende Wrkg. von **I** zurückgeführt. (Med. Klin. **49.** 298—99. 19/2. 1954. Köln-Lindenthal, Univ., Hautklinik.) H. DOSSMANN. 4627

Norbert Gerlich, *Über die Beeinflussung der Krampferregbarkeit des Zentralnervensystems durch Novocain.* Vf. untersucht mit Hilfe der Elektrokrampfmeth. die Wrkg. des *Novocains* (**I**) auf die Krampferregbarkeit von Meerschweinchen. Sie wird durch **I** in gleicher Weise wie durch *Luminal* (**II**) herabgesetzt. **I** u. **II** verhalten sich teilweise additiv. *Adrenalin* (**III**) vermindert die Wrkg. von **I** stärker als die von **II**. Vf. schließt daraus, da die zentrale Wrkg. von **III** nur schwach ist, daß die Wrkg. von **I** nur teilweise auf zentralen Angriff (wie er für **II** erwiesen ist), im übrigen auf die Beeinflussung des vaso-

neurit. Syst. zurückzuführen ist. (Naunyn-Schmiedebergs Arch. exp. Pathol. Pharmakol. **210.** 311–16. 1950. Bielefeld, Chem. Fabrik Dr. A. Wolff; Bethel, Krankenanst.)
W. ZILLIG. 4627

G. Werner, O. Kraupp, W. Kobinger und **H. Stormann,** *Freisetzung von Kaliumionen aus innervierter und denervierter Skelettmuskulatur durch Tetramethylammoniumbromid. Tetramethylammoniumbromid* (**I**; *TMA*; ÖSTERR. STICKSTOFFWERKE AG., Linz/Donau) führt ebenso wie andere depolarisierende Substanzen zu einer Freisetzung von *K-Ionen* aus innervierter u. chron. denervierter Skelettmuskulatur von Warmblütern. Nach intraarteriellen Injektionen von **I** an isolierten durchströmten Hinterextremitäten von Katzen konnte eine deutlich nachweisbare Abgabe von *K-Ionen* aus der Muskulatur an die Durchströmungs-Fl. gemessen werden. Höhere **I**-Dosen führten zu verstärkter K-Freisetzung. Die Zeitdauer der K-Abgabe war bei **I**-Dosen mehr als doppelt so lang wie nach Verabreichung gleicher Dosen von *Acetylcholin.* (Naunyn-Schmiedebergs Arch. exp. Pathol. Pharmakol. **227.** 1–11. 1955. Wien, Univ., Pharmakol. Inst.)
H. WUNDERLICH. 4628

James O. Hoppe, Joseph E. Funnell und **Harlan Lape,** *Die Wirkungen einer strukturellen Veränderung in den quartären Stickstoffzentren von Benzochinoniumchlorid auf die neuromuskuläre Hemmungsaktivität.* Die Wrkg. fortschreitender Substitution in den quartären N-Gruppen des *Mytolons, 2.5-Bis-[3'-diäthylaminopropylamino]-benzochinon-bis-benzylchlorid* (**I**) von all-Äthyl nach all-Methyl wurde am Ischiadicusnerv–Gastrochemius-Muskelpräp. bei Hund u. Katze in Anästhesie sowie beim nichtanästhesierten, intakten Tier (Hund, Kaninchen, Maus, Taube) im Vgl. mit *d-Tubocurarin* (**II**) u. *Dekamethonium* (**III**) untersucht. Der Einfl. der Konst. der quaternisierenden Gruppe wurde bei der Maus geprüft. Beim Untergang von all-Äthyl → all-Methyl war bei allen Tieren, außer bei der Katze, eine Wirkungsabnahme feststellbar. Mit dem all-Methylderiv. (**IV**) trat bei der Katze eine plötzliche Umkehrung der abnehmenden Wirksamkeit ein. Bei Katze, Hund u. Maus, weniger deutlich beim Kaninchen u. nicht bei der Taube, erfolgte eine Verlagerung der Wrkg. von **II**- zum **III**-Typ. Das all-Äthylderiv. ähnelt **II** in folgendem: keine sichtbare Muskelstimulierung, wirksame Umkehrung durch *Edrophonium* (*Tensilon,* **V**) u. *Neostigmin* (**VI**) bei Katze, Hund, Kaninchen u. Maus, weiche Paralyse bei der Taube u. geringe Wirksamkeitsschwankung bei den einzelnen Species. **IV** ähnelt **III** durch starke generalisierte Fascikelbldg. bei der Katze, Verstärkung seiner Wirkungen durch **V** u. **VI** bei der Katze, Antagonisierung beim Hund u. Antagonisierung durch **VI** bei der Maus u. durch relativ hohe Wirksamkeitsschwankung bei verschied. Tieren. Die Anticholinesterase (**VII**)-Aktivität von **I** (25% der **VI**-Aktivität) war von der Ggw. der Benzylgruppe in der quaternären N-Gruppe abhängig. Ersatz durch eine Alkylgruppe oder geeignete Substitution in der Benzylgruppe bewirkte Verminderung der **VII**-Aktivität. Die mit **VI** vorbehandelte Maus war für die **VII**-Aktivität von Verbb., die neuromuskuläre Blockade hervorrufen, empfindlich. Bei Steigerung der **VII**-Aktivität auf 10% der von **VI** trat an Stelle des Antagonismus eine Potenzierung, die an Intensität zunahm, wenn die **VII**-Aktivität auf 25% erhöht wurde. Eine weitere Zunahme erfolgte auch bei Erhöhung der **VII**-Aktivität auf 210% der von **VI** nicht. **VI** u. **V** waren hinsichtlich Antagonisierung der **II**-Effekte bei der Maus gleich wirksam. Beide bewirkten auch Antagonisierung der **III**-Effekte bei der Maus. **V** u. **VI** bewirkten bei der Maus eine Potenzierung der **I**-Effekte, wobei **VI** ca. 1000fach wirksamer als **V** war. Untersuchte Verbb.: **I**, **VII**-Aktivität (**VI** = 100) 25,0; *2.5-Bis-[3'-diäthylaminopropylamino]-benzochinon-bis-äthylbromid* (*WIN 7846*), 1,8; *2.5-Bis-[3'-diäthylaminopropylamino]-benzochinon-bis-methylbromid* (*WIN 3317*), 1,1; *2.5-Bis-[3'-dimethylaminopropylamino]-benzochinon-bis-äthylbromid* (*WIN 7558*), 0,4; *2.5-Bis-[3'-dimethylaminopropylamino]-benzochinon-bis-methylbromid* (*WIN 5424*), 0,03; *2.5-Bis-[3'-diäthylaminopropylamino]-benzochinon-bis-4''-nitrobenzylchlorid* (*WIN 7665*), 0,6; *2.5-Bis-[3'-diäthylaminopropylamino]-benzochinon-bis-3''-nitrobenzylchlorid* (*WIN 7775*), 11,0; *2.5-Bis-[3'-diäthylaminopropylamino]-benzochinon-bis-4''-chlorbenzylchlorid* (*WIN 7758*), 11,0; *2.5-Bis-[3'-diäthylaminopropylamino]-benzochinon-bis-2''-chlorbenzylchlorid* (*WIN 7789*), 210,0; **II**, 0,03; **III**, 0,11; **VI**-Methylsulfat, 100,0; **V**-Chlorid, 0,4. (J. Pharmacol. exp. Therapeut. **115.** 106–19. Sept. 1955. Rensselaer, N. Y., Sterling-Winthrop Res. Inst., Pharmacol. Sect.) K. MAIER. 4628

Joan Wright Goodman, *Wirkungen von 3-[o-Toloxy]-propandiol-(1.2)* (*Mephenesin*) *auf den Natrium-, Kalium- und Wassergehalt des Froschmuskels.* An Froschmuskeln in RINGER-Lsg. (R.), K-reicher Lsg. (KR.) u. Na-armer Lsg. (½-R.) mißt Vf. durch flammenphotometr. Analyse der Muskelasche sowie an Hand der Gewichtsänderungen der Muskeln bei Zusatz von *Mephenesin* (**I**) den Einfl. von **I** auf den Ionengeh. u. die Permeabilität der Muskelmembran. **I** bewirkt in 0,3%ig. Konz. in KR.-Lsg. keine, in ½-R.-Lsg. beträchtliche Gewichtsabnahme. In beiden Lsgg. nimmt unter **I** das Muskel-K um

20% ab. Vf. nimmt an, daß **I** an *Myosin* gebundenes K in Freiheit setzt u. dadurch diffusionsfähig macht. (Proc. Soc. exp. Biol. Med. **86.** 750—53. Aug./Sept. **1954.** Rochester N. Y., Univ. of Rochester, School of Med. and Dent.) H. WUNDERLICH. 4628

James B. Preston, *Cardiazol und Thiosemicarbazid: eine Untersuchung der krampferregenden Aktivität am isolierten Großhirnrindenpräparat.* Ein Bezirk der Großhirnrinde (Katze) wurde vom restlichen Gewebe derart getrennt, daß nur noch über die Pia-Blutversorgung eine Verbindung bestand. 20—60 Min. nach dem Eingriff war keine spontane elektr. Aktivität beobachtbar. Der isolierte Rindenteil zeigte anschließend intermittierende Aktionspotentiale (Frequenz 4560). Es wurde der Einfl. von *Cardiazol* (**I**) u. *Thiosemicarbazid* (**II**) auf die elektr. Aktivität der isolierten Rinde untersucht u. mit dem auf das intakte Gewebe verglichen. — Bei intravenöser **I**-Zufuhr (konstant intravenöse Infusion) traten in der isolierten wie intakten Rinde Aktivitätsänderungen auf. Nach intravenösen **II**-Gaben erfolgen bei der intakten Rinde 2 oder mehr Krampfentladungen bevor an der isolierten irgendwelche Veränderungen eintraten. **I** u. **II** riefen an der isolierten Rinde nach örtlicher Anwendung Entladungen hervor, **II** erst nach 27 Min. Latenzzeit. Bei gleichzeitiger Anwendung von **I** u. **II** auf das isolierte Gewebe wirkte sich deren Aktivität unabhängig voneinander, weder additiv noch kompetitiv, aus. **II** hat möglicherweise prim. einen subcorticalen Angriffsort, während **I** einen Rindenkrampfmittel ist bzw. im corticalen wie subcorticalen Bereich gleich wirksam ist. (J. Pharmacol. exp. Therapeut. **115.** 28—38. Sept. 1955. Chicago, Ill., Univ. of Illinois, Coll. of Med., Dep. of Pharmacol.) K. MAIER. 4628

Douglas S. Darlington, Todd M. Frazier und **Albert A. Kondritzer,** *Die Wirkung, Dosierung und Anwendungsmöglichkeiten von Atropin bei Hunden mit Berücksichtigung der Behandlung von Vergiftungen mit Anticholinesterasestoffen. Atropin* (**I**) kann als Antispasmodicumy, zur Sekretionshemmung u. zur Erzeugung von Mydriasis u. Cycloplegie verwendet werden. Es setzt bei Hunden die Lebhaftigkeit herab u. steigert den Puls. Dosierungen von 0,3—2,0, in Ausnahmefällen bis 6 mg/100 lbs. werden angewendet u. ohne schwere Schäden vertragen. Bei Vergiftungen mit organ. P-Verbb., die *Anticholinesterase*-Wrkg. haben, wird **I** mit Erfolg angewendet. (J. Amer. veterin. med. Assoc. **127.** 231—32. Sept. 1955. Maryland, Army Chem. Center, Chem. Corps Med. Labor.) F. KRUSEN. 4628

F. Hobbiger und **A. W. Lessin,** *Zusammenhang zwischen Dauer des Atropinblocks und Vorkommen von Atropinesterase bei Kaninchen.* Von 38 untersuchten Kaninchen hatten 14 im Serum eine *Atropinesterase*-Aktivität entsprechend einer mittleren *Atropin* (**I**)-Hydrolyse von 5,28 ± 2,89 mg/ml Serum/Std., 5 nur Spuren u. 19 keine **I**-Esterase aktivität. Bei diesen Tieren war der **I**-Block, gemessen an durch Vagusreizung erregten Magenkontraktionen, anhaltend, bei den Tieren mit **I**-Esteraseaktivität jedoch deutlich schwächer u. kürzer. (J. Physiology **128.** 71 P. 28/6. 1955. London, Middlesex Hosp., Med. School, Dep. of Pharmacol.; M. R. C. Inst. of Ophthalmol.) F. KRUSEN. 4628

V. Schreiber, *Die Beeinflussung der Wirksamkeit von Atropin bei weißen Ratten durch Strumigene.* Nahrungsbedarf, Wachstum u. Trockensubstanz der Muskeln weißer Ratten werden durch *Atropin* (**I**) erhöht, durch *Methylthiouracil* (**II**) herabgesetzt, noch mehr durch **I** + **II**. **I** beeinflußt die Hypertrophie der Schilddrüse u. der Hypophyse nicht. **I**, **II** u. **I** + **II** vermindern das Gewicht der Testikel in gleichem Ausmaß. Bei den Nebennieren ist die Gewichtsabnahme unter dem Einfl. von **I** + **II** geringer als mit **I** oder **II** allein. In Kombination mit Strumigenen zeigt **I** in einigen Richtungen eine Wrkg., die der von *Diisopropylfluorphosphonat* entgegengesetzt ist. (Českoslov. Fysiol. **4.** 19—23. 28/2. 1955. Praha.) R. K. MÜLLER. 4628

S. Brandt und **S. Bille,** *Über die Behandlung von Epilepsia minor bei Kindern. Genügt Dimedion? Erfahrungen mit Dimedion, Tridion, Paradion und Milontin. Dimedion* [*N-Äthyl-5.5-dimethyloxazolidindion-*(*2.4*)], *Tridion* [*N-5.5-Trimethyloxazolidindion-*(*2.4*)], *Paradion* [*N-5-Dimethyl-5-äthyloxazolidindion-*(*2.4*)] u. *Milontin* [*N-Methyl-3-phenylpyrrolidindion-*(*2.5*)] wirken einzeln, noch besser kombiniert, bei Kindern mit Epilepsia minor (meist Pyknolepsie). Die Nebenwirkungen sind bei den einzelnen Präpp. u. individuell verschieden. (Ugeskr. Laeger **117.** 350—54. 24/3. 1955. Dronning Louises Børnehosp., efterbehandl.-klin. f. krampsygd.) R. K. MÜLLER. 4628

S. Brandt und **H. Andersen,** *Schwere Knochenmarkhemmung bei Dimedionbehandlung.* (Vgl. vorst. Ref.) Am 11. Tag einer Behandlung von Epilepsia minor mit *Dimedion* trat bei einem 7jährigen Jungen schwere Granulocytopenie mit mäßiger Thrombopenie u. Anämie auf. Behandlung mit Bluttransfusionen, Fe u. anderen Hämostimulantiis; auch ACTH scheint günstig zu wirken. (Ugeskr. Laeger **117.** 354—56. 24/3. 1955.) R. K. MÜLLER. 4628

W. Lochner, H. Mercker und **E. Schürmeyer,** *Die Wirkung von Adrenalin, Noradrenalin, Acetylcholin und Vagusreizung auf die Sauerstoffsättigung des Blutes im Sinus coronarius, untersucht mit fortlaufender photometrischer Methode.* Bei narkotisierten Hunden wurde die O_2-Sättigung (SS) des Sinus coronarius (Katheter rechte V. jugularis-Pumpe-laufender Durchfluß durch Photometer unter Heparin — li. V. jugularis) untersucht. Blutgasanalyse nach VAN SLYKE, Hb. spektrophotometr. nach DRABKIN u. AUSTIN mit direkter O_2-Sättigungserrechnung. Nach intravenösen Gaben von *Adrenalin* u. *Noradrenalin* stieg die SS im venösen Capillarblut des (fast ausschließlich) linken Ventrikels an. Dieser Effekt blieb auch nach Ausschaltung der Depressorreflexe erhalten u. kann mithin nicht als Folge einer vermehrten Coronardurchblutung erklärt werden. *Acetylcholin* bzw. elektr. Vagusreizung begünstigte ebenfalls die SS. Eine Carotidenabklemmung mit Anstieg des Systemdrucks hatte keinen Einfl. auf SS. (Naunyn-Schmiedebergs Arch. exp. Pathol. Pharmakol. **227.** 360—72. 1956. Göttingen, Univ., Max-Planck-Gesellschaft, Med. Forschungsanstalt, Physiol. Abt., u. Pharmakol. Inst.) H. JORDAN. 4630

W. Lochner, H. Mercker und **E. Schürmeyer,** *Die Wirkung vasoaktiver Pharmaca auf die Sauerstoffsättigung des Coronarsinusblutes.* Unter gleicher Versuchsanordnung (vgl. vorst. Ref.) wurde der Effekt von *Papaverin* (**I**), *Aminophyllin* (**II**), *Coffein-Na-Benzoat* (**III**) bzw. *-Na-Salicylat* (**IV**), *Nicotin* (**V**), *Tonephin* (**VI**), *Effortil* (**VII**) u. *K-Strophanthin* (**VIII**) auf die O_2-Sättigung (SS) des Coronarsinusblutes untersucht. Ergebnisse: Anstieg der SS nach intravenösen Gaben von **I** u. **V**, geringer Anstieg nach **VII** u. nur vorübergehend nach **II. III** u. **IV** wirkten nur in höherer Dosierung schwach. Von **VIII** konnte kein Effekt beobachtet werden. **VI** (entsprechend dem Pitressin) senkte die SS. (Naunyn-Schmiedebergs Arch. exp. Pathol. Pharmakol. **227.** 373—82. 1956. Göttingen, Univ., Max-Planck-Gesellschaft, Med. Forschungsanstalt, Physiol. Abt., u. Pharmakol. Inst.) H. JORDAN. 4630

Hans Halbach, *Beziehungen zwischen mechanischen und chemischen Einwirkungen auf das überlebende Froschherz. Beeinflussung der Farbstoffbindung durch hohe Drucke.* Ein konstant einwirkender Wechseldruck (homogenes Ultraschall-Wechseldruckfeld von 800 kHz mit 2 W/cm² am Objekt) hemmt die Bindung von *Brillantkongorot R* (**I**) an die Ventrikelmuskulatur von Esculenten im RINGER-Bad. Dieser Befund entspricht dem Wirkungseffekt von *Strophanthin,* woraus abgeleitet wird, daß mechan. u. chem. Einfll. die Membranstruktur in gleicher Weise verändern können. **I** besitzt als wasserlösl. Trisulfonsäure eine große Eiweißaffinität u. reichert sich vermutlich in der Lipoid-Eiweißstruktur der Membran an. (Naunyn-Schmiedebergs Arch. exp. Pathol. Pharmakol. **227.** 293—99. 1956. München.) H. JORDAN. 4630

Melchior Reiter, *Wirkung von Frequenz, Natriumentzug und Strophanthin auf Kontraktionskraft und Alkaligehalt des Herzmuskels.* An Streifenpräpp. des rechten Ventrikels von Ratten wurde der Einfl. kontraktionsverbessernder Maßnahmen auf die Alkalikonz. u. die Austauschgeschwindigkeit der Ionen geprüft. Ergebnisse: Unter der Streifenpräparation in O_2-gesätt. Salzlsg. nimmt der K-Geh. des Herzmuskels rasch ab, der Na-Geh. zu. Nach Incubation bei 37° wird K rückresorbiert, die Summe Na + K erhöht sich. Nach 30 Min. nimmt das intracellulare (i.c.) K ab, das Na äquimol. zu. Hohe Reizfrequenz führt zunächst zu Na-, später zu K-Verlust, wobei die Kontraktionskraft zunimmt. Vermindert man das Na der Außenlsg., so verringert sich das i.c. Na, während K gleich bleibt. Dabei ist die Kontraktibilität hoch u. übertrifft unter Umständen die von *Strophanthin.* Die ionotrope Strophanthinwrkg. ist dagegen nicht an eine solche Abnahme der i.c. Alkalikonz. gebunden, sondern steht mit der Hemmung der K-Rückresorption u. der K-Auswärtsbewegung im Zusammenhang. Führt man Strophanthin in kontrakturerzeugender Konz. zu, so schwindet K u. nimmt Na i.c. zu. Der stationäre i.c. Alkaligeh. ist demnach für die Kontraktionskraft des Myocards von sicherer Bedeutung. (Naunyn-Schmiedebergs Arch. exp. Pathol. Pharmakol. **227.** 300—15. 1956. München, Univ., Pharmakol. Inst.) H. JORDAN. 4630

Donald H. McGlory, Norman S. Olsen und **Lamar Field,** *Eine durch Pepsineinwirkung auf Casein hervorgerufene pressorische Substanz.* Es wird die Darst. des gereinigten, von Depressoreffekten freien *Pepsitensins* aus Casein in schwach salzsaurer Lsg. mit Pepsin beschrieben, das vermutlich ein Prod. der pept. Caseinhydrolyse u. kein Ergebnis der Autolyse von Casein oder Pepsin ist. Das mehrfach gereinigte Prod. besaß eine Aktivität von 43 E./mg (1 E. entspricht der Wirksamkeit von 0,1 γ Epinephrin). Es ist in schwach saurem oder bas. Milieu relativ stabil u. nach der Infrarotspektralanalyse ein Polypeptid oder Mischpolypeptid, das dialysierfähig u. in 1-Butanol lösl. ist. Es scheint dem *Hypertensin* ähnlich zu sein (UV-Spektr.). Vermutlich enthält es noch *Prolin, Phenylalanin, Leucin, Valin, Arginin, Alanin, Tyrosin, Serin, Glutaminsäure* u. *Asparaginsäure.* Im Hydrolysat lassen sich papierchromatograph. *Threonin, Histidin*

u. *Glycin* feststellen. (J. biol. Chemistry **219.** 299–305. März 1956. Nashville, Tenn., Univ. Vanderbilt, Res. Labor., Veterans Admin. Hosp. and Dep. of Biochem. and Chem.) H. JORDAN. 4630

John H. Moyer, Robert L. Hershberger (unter techn. Mitarbeit von **C. Polk Smith** und **Elizabeth Houston**), *Die Wirkung von Pentolinium auf die renale Hämodynamik, die Wasser- und Elektrolytausscheidung. Ein Vergleich mit Hexamethonium.* Bei Therapieverss. an Normo- u. Hypertonikern ließ sich beweisen, daß *Ansolysen* (*Pentolinium*) in hypotensiven Dosen eine Reduzierung der Glomerulusfiltration u. des renalen Plasmastroms sowie eine Hemmung der Na- u. H_2O-Ausscheidung verursacht. Im Vgl. zu *Hexamethonium* ergaben sich hinsichtlich der renalen Effekte keine Unterschiede. Hypertoniker reagierten etwas stärker als die Vergleichsgruppe. (Amer. J. med. Sci. **231.** 292–312. März 1956. Houston, Tex., Univ. of Baylor, Coll. of Med., Cardiac Clin. of the Jefferson Davis Hosp. and Dep. of Pharmacol. and Med.) H. JORDAN 4630

B. T. Brown und **S. E. Wright,** *Die herzwirksamen Metaboliten der Digitalisglykoside.* Mittels papierchromatograph. Unterss. werden die im Urin ausgeschiedenen herzakt. Stoffwechselprodd. von *Digoxin* (**I**), *Lanatosid C* (**II**) u. *Digitoxin* (**III**) bei Ratten untersucht. Von **I** u. **II** wird [wie auch von *Digoxigenin* (**IV**)] ein **IV**-Deriv. erhalten, das keine Digitoxose enthält u. nicht mit Glucuron- oder Aminosäuren in Verb. steht. Dieser als *Metabolit B* bezeichnete Stoff scheint eine neuartige Steroidverb. zu sein. **III** wird als Verb. des **IV**-Deriv. ausgeschieden, das ebenfalls frei von den genannten Säuren ist. (J. biol. Chemistry **220.** 431–37. Mai 1956. Sydney, Univ, Dep. of Pharmacol.) H. JORDAN. 4630

E. E. Martinsson und **Ch. Lind,** *Über den Einfluß der Glutaminsäure auf die Magensekretion und die Bildung von Salzsäure.* An 2 Hunden mit isoliertem „kleinen Magen" wird festgestellt, daß die parenterale Zufuhr von 10 g *Glutaminsäure* (**I**) die sekretor. Funktion des Magens stark herabsetzt. Gleichzeitig mit der Verlängerung der Latenzzeit nimmt auch die Menge des Magensaftes ab (2,5 an Stelle von 10,2 ml in 3 Std.). Die HCl-Menge vermindert sich um mehr als die Hälfte. Es wird angenommen, daß **I** die NH_3-Bldg. unter dem Einfl. des Nahrungsreizes verhindert, wobei Glutamin entsteht. Bei Hypersekretion u. Hyperchlorhydrie kann **I** auch therapeut. Verwendung finden. (Бюллетень Экспериментальной Биологии и Медицины [Bull. exp. Biol. Med.] **40.** Nr. 12. 6–10. Dez. 1955. Tartu, Univ., Lehrstuhl für Biochem.) E. RENTZ. 4645

Gustav J. Martin, Vinton R. Swayne und **J. M. Beiler,** *Quellende Harze als Laxativa.* 2 verschied. *Vinylharze* sowie *Carboxymethylcellulose* werden an Hunden von 10 kg Gewicht auf *laxative* Wirksamkeit getestet. In allen Fällen wird bei einer Gabe von 1 g/Hund Erhöhung des *Faecesgewichtes* auf ca. das Doppelte erreicht, während Gaben von jeweils 0,25 g prakt. wirkungslos sind. Da die Wasseraufnahme der Tiere um einen korrespondierenden Betrag steigt u. die Faeces entsprechend mehr W. enthalten, werden Quellungsvorgänge für die laxierende Wirksamkeit verantwortlich gemacht. (Amer. J. Digest. Diseases **21.** 293. Okt. 1954. Philadelphia, Pa., Nat. Drug. Comp.) H. BOSER. 4647

A. Z. Shafei, *Vorläufiger Bericht über die Behandlung von Amöbenruhr mit PAA 701.* 15 Patienten mit Amöbenruhr wurden 14 Tage lang mit *Camoform* (*PAA 701*; *Diallyl-[diäthylaminomethyl]-phenoldihydrochlorid*; PARKE, DAVIS & CO. LTD.), 1,5 g/Tag in 3 Tagesdosen, behandelt. Erfolg in 66% der Fälle. Erneute Behandlung nach einer Pause von 1 Woche steigerte die Erfolge auf 80%. Neben-Rkk. wurden nicht beobachtet; Leber- u. Nierenfunktion sowie das Blutbild blieben normal. (J. trop. Med. Hyg. **59.** 95–99. Mai 1956. Alexandria, Univ., Dep. of Trop. Med.) P. LOCH. 4649

V. M. Anttonen, *Flavaspidinsäure als Anthelminthicum.* 76 Patienten mit Bandwürmern erhielten *Flavaspidinsäure* (**I**) in Mengen von 0,5–1,5 g. **I** scheint der wirksame Bestandteil des Wurmfarnextrakts zu sein. 65 der behandelten Patienten (86%) wurden von den Parasiten befreit. In 10% der Fälle traten Nebenerscheinungen (Übelkeit, Erbrechen) auf, die bes. Magen u. Darm betrafen. Vf. mahnt daher zur Vorsicht bei Hepatopathien u. Coronarinsuffizienz. Auch Patienten, die *Extractum filicis maris* nicht vertragen, sollten von einer Behandlung mit **I** ausgeschlossen werden. (Ann. Med. exp. Biol. fenn. **32.** 15–25. 1954. Kuopio, Municipal Hosp. of Internal Diseases.) L. BERGER. 4649

Joseph C. Muhler und **Donovan A. Weddle** (unter techn. Mitarbeit von **James O. Stewart**), *Fluorspeicherung bei Ratten, die verschiedene Fluoride enthaltendes Trinkwasser mit verschiedenem p_H-Wert erhalten hatten.* Untersucht wurde der Einfl. von fluoriertem Trinkwasser (mit *NaF*, *SnF_2* bzw. *SnClF*) mit den p_H-Werten 2, 4 u. 6 auf die Cariesentstehung u. die F-Speicherung im Femur bei mit cariogenem Futter ernährten Ratten. Der F-Geh. des Trinkwassers betrug jeweils 20 µg/ml. Den größten Einfl. auf die Caries hatte der p_H-Wert bei Verwendung von Trinkwasser mit Geh. an $SnCl_2$

u. SnClF: Stieg der p_H-Wert von 2 auf 4, so wurden 50% weniger Carieslädsionen beobachtet. SnClF ist auch bei hohen p_H-Werten in der Cariesverhütung den beiden anderen untersuchten Substanzen überlegen. Wird SnF_2 u. Na-Monofluorphosphat (mit der Magensonde) verabreicht, so wird weniger F in den Knochen angelagert als bei Verabreichung von SnClF oder NaF. (J. Dental Res. **34.** 895—99. Dez. 1955. Bloomington, Ind., Indiana Univ., Dep. of Chem.) G. KLESSE. 4655

Louis Tuft und **G. Frank Santor**, *Stomatitis infolge Allergie gegen eine Acrylharz-Zahnprothese.* Berichtet wird über einen Fall von Allergie gegenüber Zahn(prothesen)-Material. Die spezif. Allergie wurde bewiesen durch positive Rk. gegen fl. monomeres *Methacrylmethacrylat,* dem Vorprod. der plast. Masse. (J. Allergy **27.** 261—65. Mai 1956. Philadelphia, Pa., Temple Univ. Hosp., Clin. of Allergy and appl. Immunol., and School of Med.) EBERHARD MÜLLER. 4655

Josef Mussill (unter Mitarbeit von **K. Bergmann, R. Gerstner** und **K. Wünsche**), *Chlorophyll- und Porphyrinpuder zur Wundbehandlung.* Vff. machten bei Zufallswunden gute Erfahrungen mit Pudern, die neben *Sulfonamiden* (I) *Chlorophyll* oder *Hämatoporphyrin* enthielten. In fast allen Fällen konnte dadurch eine Infektion vermieden u. die durch I bedingte Granulationsverzögerung beseitigt werden. Die Zeitdauer betrug nur ca. $^3/_4$ derjenigen der sonst üblichen Behandlungsmethoden. (Wiener tierärztl. Mschr. **41.** 285—89. Mai 1954. St. Johann i. P.) L. BERGER. 4660

Barbara Hollenweger-Mayr und **Anna Thye**, *Östro-Gynaedron bei Trägerinnen von Prolapspessaren.* Bericht über günstige Erfahrungen mit *Östro-Gynaedron,* das 5% *p-Aminobenzolsulfonamid,* 1,5% *B,* 5% *Milchzucker,* 5 mg% eines *Stilbenpräp.* in Mg-Silicat als Trägergel enthält, bei Beschwerden von Prolapspessarträgerinnen. (Münchener med. Wschr. **96.** 1127—28. 24/9. 1954. München, Univ., I. Frauenklinik.) H. DOSSMANN. 4670

Edgar Bajez, *Zur Chloralhydratbehandlung der Acetonämie der Milchkühe.* Bei 72 Kühen mit Acetonämie gab Vf. *Chloralhydrat* (I) peroral: 30 g am 1. Tag, am 2. u. 3. Tag je 2mal 15 g, am 4., 5. u. 6. Tag je 1mal 15 g. Alle Tiere wurden vollständig geheilt. Der Wirkungsmechanismus von I ist unbekannt. Vf. vermutet, daß Zwischenabbaustufen von I in den Fettabbau eingreifen u. damit der Ketonbldg. entgegenwirken. (Wiener tierärztl. Mschr. **41.** 203—05. April 1954. Hilm-Kematen, N.-Ö.) L. BERGER. 4670

Preben Eilersen, Poul Astrup, Børge Fallentin und **Jørgen Frost**, *Behandlung von Bleivergiftung mit Äthylendiamintetraacetat.* Bei 4 Fällen von *Pb*-Vergiftung wird in 2 Tagen *Komplexon III-Ca* (4 g) in 500 ml 5%ig. Glucoselsg. intravenös injiziert. Pb- u. Ca-Ausscheidung werden zwar erhöht, die gesamte Pb-Ausscheidung ist jedoch gering im Verhältnis zu der als im Körper vorhanden angenommenen Menge. Die Meth. erscheint zweckmäßig für akute Fälle. (Ugeskr. Laeger **117.** 124—27. 3/2. 1955. Blegdamshosp., med. afd. u. labor., Labor. f. arbejdshyg. u. Rigshosp. arbejdsmed. klin.)
R. K. MÜLLER. 4675

M. Deumié, *Vergiftung durch zufälliges Verschlucken von Toluidintinte.* Das Vol. der getrunkenen Wäschetinte war höchstens 50 cm^3, ihr Geh. an freiem aromat. Amin war unbekannt, aber sicher unterhalb der letalen Dosis. Trotzdem waren die Symptome schwer, z. B. vollständiges Koma u. starke Cyanose. Wegen inzwischen erfolgter ärztlicher Behandlung konnte im Blut spektral kein Methämoglobin mehr nachgewiesen werden. Nachw. des Giftes im Urin nach üblichen Verff. versagte ebenfalls. (Ann. Méd. légale Criminol. **36.** 22—23. Jan./Febr. 1956.) EBERHARD MÜLLER. 4675

Carl E. M. Gunther, *Eine tödliche Daraprimvergiftung.* Die Aufnahme von 400 mg *Daraprim* (*Pyrimethamin*) führte bei einem 2½jährigen Kind in 2½ Std. zum Tode. Injektionen von *Nikethamid* u. O_2-Verabreichung hatten keinen Effekt. (Med. J. Australia **41. II.** 970. 18/12. 1954. Bulolo, New Guinea, Territory of Papua, Bulolo Gold Dredging Ltd.) F. KRUSÉN. 4675

F. Géher, *Bei der Aluminiumherstellung auftretende Lungenveränderungen.* In einer Bauxitgrube, 2 Tonerdefabriken u. 2 Aluminiumhütten wurden mehr als 1000 Werktätige röntgenolog. u. klin. untersucht. Dabei wurde festgestellt, daß 3,5% der Bauxitstaubwrkg. ausgesetzten Werktätigen, 4,9% der Tonerdestaubatmung ausgesetzten Arbeiter u. in den Hütten, die Tonerde u. Kryolith verarbeiten, 6,3% der Werktätigen röntgenolog. eine Aluminose zeigten. Der Einatmung von Metall–Al-Staub war niemand ausgesetzt. Die typ. Veränderungen des Röntgenbildes werden beschrieben. Im Laufe einer 2jährigen Beobachtung kam es bei keiner der Veränderungen zu einer Progression. (Fortschr. Gebiete Röntgenstrahlen verein. Röntgenprax. **82.** 598—604. Mai 1955. Budapest, Med. Univ., Röntgenklin.) H. ZELLER. 4681

H. Scholer, *Staublungenerkrankungen.* Zusammenfassende Darst. der Entstehung, Diagnose, Behandlung u. Vorbeugung von Staublungenerkrankungen. (Schweiz. Tonwaren-Ind. 58. Nr. 5. 7—11. Mai, Nr. 6. 5—9. Juni, Nr. 7. 5—6. Juli 1955. Liestal.)
H. ZELLER. 4681

Walter Kikuth und **H. W. Schlipköter,** *Zum Silicoseproblem: Über die Wirkung von Kieselsäuresol und Ribonucleinsäure im Tierversuch.* Intratracheale Applikation von *Kieselsäuresol* (2,5 u. 5 mg/cm³) an Ratten in 3—4tägigem Abstand bewirkte bis zum 60. Tag Fibrose der Lunge, die durch Zusatz von *Ribonucleinsäure* verstärkt wird, woraus Vff. auf eine spezif. chem. bedingte Zellschädigung durch gelöste *Kieselsäure* schließen. (Naturwissenschaften **43.** 68. Febr. 1956. Düsseldorf, Med. Akad., Inst. für Hygien. u. Mikrobiol.) V. Sachs. 4681

Robert Schwarz und **Egon Baronetzky,** *Zum Silicoseproblem: Über die Einwirkung von Monokieselsäure auf Ribonucleinsäure.* (Vgl. auch vorst. Ref.) In H_4SiO_4 enthaltendem „*Quarzwasser*" wird die hydrolyt. Spaltung der *Ribonucleinsäure* beschleunigt, wobei *Phosphorsäure* durch *Kieselsäure* ersetzt wird. Dieser Vorgang kann nicht nur durch Phosphorsäureüberschuß im Reaktionsgemisch, sondern auch durch Zusatz von anderen „granulomhemmenden" Stoffen unterbunden werden. (Naturwissenschaften **43.** 68. Febr. 1956. Aachen, Rhein.-Westf. TH, Inst. für anorgan. Chem. u. Elektrochem.) V. Sachs. 4681

W. Kersten und **Hj. Staudinger,** *Zum Silicoseproblem: Schädigung der Zellatmung durch Monokieselsäure.* (Vgl. auch vorst. Ref.) Mit „*Quarzwasser*" (I) versetzte Schweineleberhomogenate (9 mg SiO_2/100 cm³; Sörensen-Puffer) zeigen verminderten O_2-Verbrauch, während *Succinat* unbehindert „veratmet" wird. Mit I versetzte Diphosphopyridinnucleotid oxydiert *β-Oxybuttersäure* schlechter, was sich auch bei A. im A.-Dehydrogenase–DPN-Syst. zeigen läßt. Vff. schließen daraus, daß die Schädigung der Zelle durch *Kieselsäure* in der Atmungskette vor dem *Cytochrom*-Syst. liegt. (Naturwissenschaften **43.** 68. Febr. 1956. Mannheim, Städt. Krankenanst.) V. Sachs. 4681

E. Fuchs, *Seide als Allergen. Klinische Untersuchungen zur Pathogenese von Asthma bei Seidenwebern.* Spast. Bronchitiden u. Anfallsasthma bei Seidenwebern ist in vielen Fällen auf Grund der mitgeteilten klin. Unterss. auf eine Sensibilisierung gegen Sericin-Seidenleim zurückzuführen. (Dtsch. med. Wschr. **80.** 36—39. 7/1. 1955. Lübeck, Städt. Krankenhaus Süd.) H. Zeller. 4681

F. Pharmazie. Desinfektion.

Paolo Rovesti, *Die offizinellen Pflanzen der „Farmacopea estense".* Das 1840 in Kraft getretene Arzneibuch des Herzogtums der Este wird besprochen u. eine Liste der darin enthaltenen Arzneipflanzen gegeben. (Riv. ital. Essenze, Profumi, Piante officin., Olii veget., Saponi **37.** 421—28. 15/8. 1955.) R. K. Müller. 4750

H. Lehmann, *Über Rezepturschwierigkeiten und deren Behebung.* Besprechung einiger ophthalmolog. u. otolaryngolog. Rezepte, bei deren Ausführung unbeabsichtigte Mängel (schlechte Haltbarkeit, Trübungen usw.) auftreten. Vorschläge zur Vermeidung dieser Mängel. (Schweiz. Apotheker-Ztg. **94.** 171—73. 10/3. 1956. Basel, Bürgerspital, Spitalapotheke.) R. Reiss. 4750

W. Mohrschulz, *Erfahrungen mit dem Destilliergerät MAB-Muldestor.* Ausführliche Beschreibung (mit Abb.) des Wasserdestillationsapp. MAB-Muldestor (Hersteller: Wagner u. Munz, München), mit dem sich nach kurzer Arbeitszeit (2½—3½ Min.) bei einer Stundenleistung von 1,5—2,1 Liter nach einmaligem Durchgang des Leitungswassers ein Destillat entnehmen läßt, das in seinen Eigg. einem Bidestillat entspricht (keim- u. pyrogenfrei, Abdampfrückstand 0,85—1,25 mg/Liter, p_H 5,8—6,0, Leitfähigkeit: $1{,}2—1{,}5 \cdot 10^{-6}$ Siemens). (Arzt u. Apotheke Nr. **15.** 2 Seiten. Sept. **1955.** Pharmaz. Ztg. verein. Apotheker-Ztg. **91/100.** 1402—05. 15/12. 1955. München, Städt. Krankenhaus v. d. I., Apothekenlabor.) W. Spitaler. 4758

G. Schenck, *Über die chemische Veränderung therapeutisch wirksamer Pflanzenstoffe nach der Ernte.* An Hand einiger Beispiele wird dargelegt, daß sich nicht grundsätzlich entscheiden läßt, ob Arzneimittel aus frischen oder getrockneten Pflanzen herzustellen sind, da sich mit der Trocknung der Pflanze erwünschte oder unerwünschte Veränderungen ergeben können. (Beilage zu: Pharmaz. Ztg. **91/100.** Nr. **42.** 20/10. 1955. Berlin, Freie Univ., Pharmaz. Inst.) W. Spitaler. 4782

Th. Lüdecke, *Welche Wirkungen sind von Folia Uvae Ursi zu erwarten? Bärentraubenblätter* (I) besitzen eine ganz schwache harntreibende Wirkung. Die baktericide Wrkg. beruht auf dem in ihnen enthaltenen Hydrochinon u. Methylhydrochinon, die bei der Umsetzung im Organismus entstehen, wenn der Harn alkal. reagiert. Die gleichzeitige Verordnung von I zusammen mit Hexamethylentetramin ist sinnwidrig. Die in I enthaltene Gerbsäure ist an einer antisept. Wrkg. nicht beteiligt. (Dtsch. Apotheker-Ztg. **92.** 467. 27/6. 1952. Lohhof b. München.) K. Böhm. 4782

Riad R. Alami, Bernard V. Christensen und **Jack L. Beal,** *Über das Alkaloidverhältnis in gewissen Daturaspecies.* Best. des Gesamtalkaloid (I)-geh. von *Datura stramo-*

nium L. (II), *D. stramonium L.* var. *inermis* (III) u. *D. tatula L.* (IV) colorimetr. nach VITALI-MORIN, papierchromatograph. Trennung der I in Chloroformlsg. in *Hyoscyamin* (R_F 0,65, V) u. *Scopolamin* (R_F 0,85, VI), Extraktion nach der Trennung vom Papier mit A. u. Best. wie I. Es enthält: II 0,553 (%) I, 0,490 V u. 0,066 VI (Verhältnis VI:V = 1:7,42); III 0,417 I, 0,379 V u. 0,039 VI (VI:V = 1:9,72); IV 0,435 I, 0,402 V u. 0,033 VI (VI:V = 1:12,12). — Außerdem wird eine papierelektrophoret. Trennung von V u. VI beschrieben. Sie wird auf WHATMAN-Papier Nr. 1. zwischen Kohlenelektroden durchgeführt. Es wird eine Spannung von 480 V angelegt. Wird in einer Pufferlsg. vom p_H 9,5 gearbeitet, so kann nach 2 Std. eine völlige Trennung erreicht werden. (J. Amer. pharmac. Assoc., sci. Edit. **44**. 710—11. Nov. 1955. Columbus, O., Ohio State Univ., Coll. of Pharmacy.) M. NEGWER. 4782

Salvatore J. Greco und **Theodore Kranzler,** *Eine Untersuchung über Olivenöl–Kalkwasser-Emulsionen.* Stabile Emulsionen aus 1 Teil Olivenöl (I), 2 Teilen Kalkwasser (II) u. ZnO werden erhalten, wenn ZnO in gleicher oder größerer Menge als I verwendet wird. Es ist notwendig, zunächst ZnO mit einer Emulsion aus gleichen Teilen I u. II zu verreiben u. erst dann die restliche Menge II zuzusetzen. In diesem Fall kann die Menge II in der resultierenden Emulsion 8—10mal größer sein als I. Bei Emulsionen aus gleichen Teilen I u. II wird am günstigsten zunächst ZnO mit etwas II verrieben, mit der Emulsion aus der Gesamtmenge I u. wenig II vermischt u. dann mit dem Rest II versetzt. Die letzte Meth. ist auch zur Herst. von stabilem Calamine Liniment NF geeignet. (J. Amer. pharmac. Assoc., pract. Pharmacy Edit. **16**. 304—05. 320. Mai 1955.) R. REISS. 4790

K. Münzel, *Die Arzneiform der Salben.* Vortrag. — Definition der *Salben* (I) als plast. Gele zur arzneilichen oder kosmet. Anwendung auf der gesunden, kranken oder verletzten Haut oder Schleimhaut der Körperöffnungen. Einteilung der I nach chem. Gesichtspunkten oder nach ihren dispersen Systemen (Lösungs-I, Suspensions-I, Emulsions-I u. Suspension–Emulsion-I); Besprechung der Eigg. nach letzterer Einteilung u. allg. der rheolog. Eigg. (Strukturviscosität, Plastizität) von I. (Pharmaz. Ztg. verein. Apotheker-Ztg. **101**. 728—30. 26/6. 1956.) M. NEGWER. 4792

Georg Otto, *Neue Arzneimittel und Spezialitäten. Anionit* (DR. SIEGMUND & CO., Berlin-Mariendorf): Polyäthylenaminharz, Anionsaustauscher als Antacidum. — *Antineural* (O. W. G.-CHEMIE GMBH., Kiel): Tabletten mit Aminophenazon, Phenacetin u. Coffein. — *Arjobin* (DR. K. MULLI KG., Hamburg), Dragées mit Aminosäurechloriden 20 (mg), Ascorbinsäure 3, Yohimbinchlorid 1,3, Thiaminchlorid 1. — *Asthmagast* (*Silikostop*) (GESELLSCHAFT FÜR ANGEWANDTE BIOLOGIE, Moers): Enthält CaF_2, LiCl, $ZnCl_2$, Mg-Phosphat, $CaSO_4$, KCl, NaCl, Ca-Phosphat, $MgSO_4$. Asthmamittel. — *Au-Bi-Öl „Tosse"* (E. TOSSE & CO., Hamburg): Suppositorien mit 2,5 (mg) Au als Natriumdithiosulfatoaurat, 50 Bi als Camphocarbonat u. 300 Aminophenazon. Gegen spezif. Anginen, Otitiden, Erysipel, Rheuma. — *Basicylamid „Lohmann"* (LOMAPHARM, Hameln): Dragées mit Chinin, Coffein u. Salicylamid. Grippemittel. — *Benzidalpuder mit Sulfonamid* (DR. F. A. MÜLLER, Schlüchtern): Enthält 10% Sulfathiazol. — *Bio-Nox* (K. CH. SCHMIDT, Berlin-Waidmannslust): Enthält Pflanzenextrakte, Vitamine u. Ca. Sedativum. — *Bisco-Glut* (BISCHOVA, FABRIK PHARM. PRÄPARATE, Hannover): Kräuterwein mit Glutaminsäure u. Vitaminen. Tonicum. — *Cardival* (LOWENAPOTHEKE, Oberhausen-Sterkrade): Enthält Extrakte aus Crataegus, Viscum, Convallaria, Adonis, Valeriana u. Ruta mit Zusatz von Vitamin P u. Saponin. — *Cardival forte* enthält zusätzlich 4% Oxyäthyltheophyllin u. 0,25% Phenyläthylbarbitursäure. — *CCA-Pulver* (BIOPHARMA GMBH., Essen): Coffein 0,1 (g), Ephedrin 0,04, Atropinsulfat 0,0001, Phenyldimethylpyrazolon 0,7. Gegen Asthma u. Migräne. — *Ceprovit* (JOHANN SCHMIDT GMBH., Nürnberg, Vertrieb durch DR. WIDER & CO, Leonberg): Salbe mit Kamillenöl, Melissenöl u. Arnikaextrakt zur Pflege von Amputationsstümpfen. — *Chamogen liquidum* (DR. H. VOIGT, Berlin-Waidmannslust): Wss. Lsg. von 0,6% Dimethylisopropylazulen. Gegen Ulcus u. Spasmen im Verdauungstrakt. — *Chedolind* (LINDOPHARM GMBH., Hilden/Rhld.): Frischpflanzenpräp. aus Chelidonium, Ammi visnaga, Curcuma, Taraxacum, Mentha, Calmus u. Podophyllum peltatum. Leber–Gallen-Mittel. — *Chinohelmin* (CHINOSOLFABRIK AG., Hamburg-Billstedt): Kugeln mit Chlorbromoxychinolin u. Phenothiazin. Wurmmittel für Hühner. — *Chinorhin* (Hersteller wie vorst.): Schnupfensalbe mit Chinosol, Menthol u. Eucalyptol. — *Chol-Kugeletten* (DOLORGIET, Godesberg): Dragées mit Benzilsäureesterhydrochlorid 0,0002 (g), 6.7-Diäthoxy-1-[3.4-diäthoxybenzyl]-isochinolin 0,01, Pfefferminzöl 0,025, Extractum Chelidonii 0,02, 1.4-Dimethyl-7-isopropylazulen 25%ig. 0,001, 3.6-Dimethylaminomethylacridiniumchlorid 0,003, Natrium choleinicum 0,125, Curcumin 0,02, Podophyllin 0,002, Diacetyldioxyphenylisatin 0,002, Extraktum Aloes 0,03. Gallenmittel. — *Contradol* (MERZ & CO., Frankfurt/M.): Analgeticum mit Bromdiäthylacetylcarbamid, Phenacetin, Acetylsalicylsäure u. Coffein. — *Dermfin,* neuer Name für *Dermafin.* — *Detensocompren* (MBK.,

MERCK-BOEHRINGER-KNOLL): Kompretten mit Theophyllin 0,045 (g), Erythrittetranitrat 0,03, Phenyläthylbarbitursäure 0,03, Rutin 0,05. Antihypertonicum. — *Dysurgal Dr. Hetterich* (GALENIKA DR. HETTERICH GMBH., Fürth): Tropfen mit Extrakten aus Belladonna, Ephedra, Strychnos + Diäthylbarbitursäure. Gegen Dysurie. — *Echiderminsalbe* (GALMEDA GMBH., Düsseldorf): Enthält bakteriotrope Immunstoffe, Echinacea, Ichthyol, Talcum, ZnO, Lebertran. — *Efrodal „B“* (SIEGFRIED ARZNEIMITTEL, Säckingen): Ampullen mit β-Oxypropyltheophyllin (I) 200 (mg), Cyclopentylmethylaminopropan (II) 15, Magnopyrol (III) 180, Phenyläthylbarbitursäure (IV) 15, Atropinmethylnitrat (V) 0,15. — Tabletten mit 250 (mg) I, 25 II, 180 III, 20 IV, 0,1 V. — Kapseln mit 125 (mg) I, 7,5 II, 100 III, 30 IV, 0,075 V. Antiasthmaticum. — *Enza-Tabletten* (FIDES GMBH., München-Allach): Enthalten Mg-Acetylsalicylicum, Ca-Gluconat, Ephedrin, Coffein, Phenacetin. — *Eschatin „P., D. & Co“* (AQUILA GMBH., Pinneberg): Nebennierenrindenpräp., entsprechend 0,2 mg 11-Dehydro-17-oxycorticosteron im cm^3. — *Gentochin* (CASSELLA FARBWERKE MAINKUR AG., Vertrieb: CURTA & CO. GMBH., Frankfurt/M.-Fechenheim): Dragées mit 0,074 (g) gentisinsaurem Chinin. Grippemittel. — *Griplex „P., D. &. Co“* (Vertrieb AQUILA GMBH., Pinneberg): Kapseln mit den Vitaminen A, B, C, E, Cholin, Takadiastase, Rutin, $FeSO_4$, $CaSO_4$, Mg, $ZnSO_4$. Gegen Arteriosklerose, Hyperthyreose, Debilität, Mangelernährung. — *Gestrapyrin* (GESTRA-WERK, Aschaffenburg): Analgeticum mit Coffein, Phenacetin, Acetylsalicylsäure, Lactylphenetidin. — *Hepartonol* (J. SCHMIDT GMBH., Nürnberg, Vertrieb: DR. WIDER & CO., Leonberg): Salbe mit Campher, Khellin, Taraxacum. Gegen Leber- u. Gallenleiden. — *Ipheca-Wund- und -Heilsalbe* (LOMAPHARM, Hameln): Enthält ZnO, J, Campher, Phenol, Al-Subacetat u. Bleipflaster. — *Iriglutamin* (DR. HOFFMANN & CO., GMBH., Berlin): Dragées mit Glutaminsäure, Hirnlecithin u. Vitaminen. — *Kationit* (DR. SIEGMUND & CO., Berlin-Mariendorf): Polystyrolsulfonsäure in der H-Form. Kationenaustauscher. Gegen Anacidität. — *Kestra-Tinktur* (SCHI-WA GMBH., Glandorf): Wundantisepticum mit 4 (%) Benzometakresol u. 0,05 4-Sulfonamido-2.4-diaminoazobenzol. — *Ladival matt* (RASSAU PHARM. PRÄP., Eltville): Fettfreie Salbe mit 1% S. Gegen Akne. — *Mycozol „P., D. &. Co.“* (Vertrieb: AQUILA GMBH., Pinneberg): Lsg., Salbe u. Puder mit Chloreton, Salicylsäure, Benzoesäure u. Malachitgrün. Gegen Epidermomykosen. — *Ne-Cura* (DR. RHEINLÄNDER, Köln-Mühlheim): Präp. aus Fruchtsäuren, dient zu Entfettungskuren. — *Neoviasept* (FARBWERKE HOECHST AG., Frankfurt/M.): Dragées mit 0,25 (g) des Bi-Salzes der p-Glykolylaminophenylarsinsäure u. 0,075 7-Chlor-4-[4-diäthylamino-1-methylbutylamino]-chinolin. Gegen Amöbendysenterie. — *O-Te Intracutan* (C. KANOLDT NACHFLG., Heidelberg-Wiesloch): enthält in 15 Tropfen 1 (mg) Östradiol u. 2,5 Methyltestosteron. Gegen klimakter. Beschwerden. — *Ovoglutin* (HERZBERG & CO. GMBH., Berlin): Enthält Lecithin, Glutamin, Traubenzucker, Lactose, Eier, Kola u. Weingeist. — *Pantacalci* (PANTADYN-ARZNEIMITTELFABRIK, Berlin): Ampullen mit den Ca-Salzen der Glucon- u. Lävulinsäure, 10 u. 20%. Zur Kalktherapie. — *Pax-Schmerztabletten* (PACINO-LABOR., Nordhorn): Phenacetin, Acetylsalicylsäure je 0,2 (g), Aminophenazon, Coffein je 0,05. — *Pruritol* (DR. SIDLER & CO. GMBH., Freiburg/Br.): Lsg. von jodiertem Campheröl, Chloralhydrat, Menthol, Tumenol, Hypericum u. Hyoscin. Gegen Hautjucken u. Ausschläge. — *Raucolyt* (DR. MADAUS & CO., Köln): Dragées mit 1 mg Rauwolfiaalkaloiden u. 1000 FD Convallaria-Glykosiden. — *Robumycon* (ROBUGEN GMBH., Eßlingen): Antimykoticum mit p-Bromphenoxypropylrhodanid, 8-Oxychinolin u. Teerfraktionen. — *Rosacin ZZ* (ZZ-CHEMIE, Berlin-Reinickendorf): Sterinkonzentrat mit synthet. Nebennierenrindenhormon u. Vitamin A u. B_6. Gegen Acne rosacea. — *S 66* (IONENBIOLOGISCHES INSTITUT, München): Ampullen mit Spuren Co, Ce, Se. — *Sanihaug-Pinselung* (SALUTAS, CHEM. PHARM. PRÄPARATE, Stuttgart): Enthält Sulfonamid, B_2O_3 u. Äthanolamin. — *Soledum Amid* (SOLEDUM GMBH., Bad Segeberg): Sirup mit Ledum, Thymus, Sulfanilamid 5 (%), Ascorbinsäure 0,5. — *Stolochin-Salbe* (C. MÜLLER, CHEM. PHARM. FABRIK, Göppingen): Enthält einen Extrakt aus Aristolochia Clematis. — *Stop* (LYSOFORM DR. H. ROSEMANN, Berlin): Antidiarrhoicum aus Fettsäureglycerinester u. Weizenmehl. — *Straminol* (CILAG GMBH., Alsbach): Dodecylcarbamylmethylbenzyldimethylammoniumchlorid. Salbe 0,1 (%), Puder 1, Tabletten zu 1 mg. Antisepticum. — *Sulfa-Oratren* (FARBWERKE BAYER, Leverkusen): Tabletten mit 60 (mg) *Oratren* u. 500 Sulfonamidgemisch. — *Teknosal* (TACO GMBH., Hangelar): Tabletten mit 1-Methylaminoäthylbenzyl-1-phenylglykolsäure 0,02 (g) u. Coffein 0,07. Tropfen zu 2,5%. Gegen Hypotonie, Erschöpfung, Allergosen. — *Thevanid* (DR. SIEGMUND & CO., Berlin-Mariendorf): Ampullen u. Tropfen mit 1 mg Thevetin im cm^3. Herzmittel. — *Trikolpon-Vaginaltabletten* (ORGAPHARM GMBH., München-Pasing): 100 (mg) Carbason, 200 Sulfanilamid, 30 Borsäure, Lactose, gepuffert auf p_H 4,2. — *Tromalyt* (DR. MADAUS & CO., Köln): Dragées mit den antibiot. Wirkstoffen aus Tropaeolumarten. Gegen Infekte der Atmungs- u. Harnorgane, bes. bei Kleinkindern. (Dtsch. Apotheker-Ztg. **94.** Nr. 45. Beilage Neue Arzneimittel u. Spezialitäten Nr. 11. 53—59. 11/11. 1954. Berlin.) A. HOTZEL. 4800

—, *Neue Arzneimittel. Nupasal 213* (SMITH & NEPHEW LTD., Welwyn Garden City, Herts.): Tabletten zu 0,1 u. 0,25 g o-Oxybenzalisonicotinsäurehydrazon. Tuberkulostaticum. — *Becaptan* (PHARMACEUTICAL DIVISION LTD., Slough, Bucks.): Ampullen mit 0,2 g β-Mercaptoäthylamin. Gegen Röntgenkater. — *Becantyl* (Hersteller wie vorst): Hustensaft mit 0,4% des Na-Salzes der 2.6-Di-tert.-butylnaphthalinmonosulfonsäure. — *Penoflex* (WARD, BLENKINSOP & CO. LTD., London): Wundverschlußmittel zum Aufsprühen. Es enthält 0,1% Phenylmercuridinaphthylmethandisulfonat. — *Colcemid* (CIBA LABORATORIES LTD., Horsham, Sussex): Tabletten u. Ampullen zu je 1 mg Demecolcine (Desacetylmethylcolchicin), dem antimitot. Alkaloid von Colchicum autumnale. Gegen Leukämien u. Neoplasmen. — *Kolantyl* (RIKER LABORATORIES LTD., Loughborough, Leics.): Tabletten mit Merbentyl 5 (mg), $Al(OH)_3$ 400, MgO 200, Na-Laurylsulfat 25, Methylcellulose 100. Gegen Hyperacidität u. Ulcus pepticum. (Chemist and Druggist **163.** 44—45. 8/1. 1955.) A. HOTZEL. 4800

Zengo Kanda und **Atshushi Sekiya,** *Eine neue Beobachtung bei der Papierchromatographie von Digitalisglykosiden.* Während *Digitoxin* (I; MERCK) bei der Papierchromatographie nach der Entw. mit einem Gemisch aus Methanol, $CHCl_3$ u. W. u. Erhitzen mit Cl_3COOH unter dem UV-Licht 2 fluorescierende Flecke mit für I u. *Gitoxin* (II) charakterist. R_F-Werten zeigt. zeigt I von ROSENTHAK-BERCOW INC. (V. St. A.) unter gleichen Bedingungen nur einen II-Fleck. Nach Reinigung beider I-Präpp. durch Chromatographie (Silicagel) wurde kein II papierchromatograph. gefunden. Ein merklicher Unterschied in der biol. Wrkg. am Froschherz konnte zwischen den beiden gereinigten Präpp. nicht festgestellt werden. (Jap. J. Pharmacol. **4.** 10—11. Sept. 1954. Nagoya, Univ., School of Med., Dep. of Pharmacol. [Orig.: engl.]) H. PATZSCH. 4806

A. Seher, *Fischöle in Arzneibüchern.* KAUFMANN fand bei verschied. Tranen des Handels Vitamin-A (I)-Gehh. von nur ca. 300 I.E., während 800—1000 I.E. je g bei einem frischen Dorschöl erwartet werden können. Ausländ. Arzneibücher schreiben im Gegensatz zum *DAB VI* einen Mindest-I-Geh. von 600—850 I.E. vor. KAUFMANN schlägt für den Nachtrag zum *DAB VI* folgende Prüfung vor Wird eine Lsg. von 5 Tropfen Lebertran (II) in 1,25 ml Chlf. mit $SbCl_3$-Lsg. versetzt, so muß innerhalb 10 Sek. eine Blaufärbung auftreten, die in Durchsicht etwa der Farbe einer 1 : 1 mit W. verd. Mischung aus gleichen Teilen FEHLINGscher Lsg. 1 u. 2 entspricht, was ca. 600 I. E. I entspricht. Für Prüfung auf Vitamin D schlägt KAUFMANN vor: Eine Lsg. von 1 Tropfen II in 1 ml Chlf. färbt sich beim Schütteln mit 1 Tropfen H_2SO_4 zunächst violettrot, dann braun. Für Heilbuttleberöl wird folgende Dosierungsvorschrift vorgeschlagen: 0,06—0,5 g/Tag bei einem Geh. an I von 30000 I.E. u. 2500 I.E. Vitamin D. (Fette Seifen einschl. Anstrichmittel **56.** 524—25. Juli 1954. Münster, Univ., Inst. für Pharmazie u. chem. Technol.) J. BÖSS. 4808

A. Kastel, *Antibiotica in der Rezeptur.* Anweisungen für die Herst. von *Penicillin*-Salben, -Tropfen, -Suppositorien, -Pudern, *Chloramphenicol*-Salben, -Tropfen, -Suppositorien, *Aureomycin*-Salben, -Augentropfen, -Suppositorien, *Streptomycin*-Salben u. -Augentropfen. (Österr. Apotheker-Ztg. **10.** 342—44. 2/6. 1956.) M. NEGWER. 4810

Helmar Naumann, *Rezeptur mit Antibiotica.* Angaben über die Eigg. von *Penicillin* (I), *Aureomycin* (II), *Chloramphenicol* u. *Streptomycin* u. Anweisungen für die rezepturmäßige Herst. von Salben, Augensalben, Augentropfen, Suppositorien dieser Antibiotica, für I u. II auch von Pudern. (Pharmaz. Praxis **1956.** Nr. 1. 1—5. Beilage zu: Pharmazie **1956.** Nr. 1. Leipzig, Schwanenapotheke.) M. NEGWER. 4810

H. C. Bartlema, *Die Bedeutung der Luftdesinfektion für die Heilkunde.* Übersicht über Gründe der Luftdesinfektion u. ihre prakt. Ausführung. — 28 Schrifttumshinweise. (Pharmac. Weekbl. **90.** 677—89. 24/9. 1955. Utrecht, Rijksuniv., Hygien. Labor.) W. WESLY. 4832

J. Kessler, *Über die Herstellung pyrogenfreier Infusionslösungen.* (Vgl. C. **1956.** 5359.) Kurze Zusammenstellung der wichtigsten Arbeitsvorgänge u. Hilfsmittel zur Herst. steriler, pyrogenfreier Infusionslsgg. in Krankenhausapotheken auf Grund von Erfahrungen mit 100000 selbsthergestellten Ampullen-Flakons. (Schweiz. Apotheker-Ztg. **93.** 968—72. 24/12. 1955. St. Gallen, Kantonsapotheke.) R. REISS. 4832

Eugene W. Brockemeyer und **Earl P. Guth,** *Messung der Fähigkeit von Salbengrundlagen, ein Lokalanästheticum abzugeben.* Die Fähigkeit von Salbengrundlagen, das Lokalanästheticum *Cyclomethycaine* (I) an die Haut abzugeben, wurde mit Hilfe einer modifizierten HARDY-WOLFF-GOODELL-Schmerzschwellenapp. an Albinoratten als Testtieren untersucht. Untersucht wurden: Weiße Salbe U. S. P. XIV, eine spezielle I-Salbe, Polyäthylenglykolsalbe U. S. P. XIV, hydrophyle Salbe U. S. P. XIV, Volclay-Bentonitsalbe (II) u. Hydrogenbentonitsalbe (III). Die Unterss. zeigten, daß die günstigsten

Abgabeeigg. in Form einer gleichmäßig hohen u. über 4 Std. kontinuierlichen I-Abgabe den Bentonitsalbengrundlagen II u. III zukommen. Allg. wird I von wasserhaltigen Salbengrundlagen wesentlich besser als von wasserfreien abgegeben. Die Abgabefähigkeit von III ist noch etwas besser als die von II. Die Zugabe von I zu II u. III bewirkt ein starkes Absinken ihres p_H. (J. Amer. pharmac. Assoc., sci. Edit. **44.** 706—09. Nov. 1955. Columbus, O., Ohio State Univ., Coll. of Pharmacy.) M. NEGWER. 4880

G. Dušinský und **Z. Gruntová**, *Polarographische Bestimmung von Azoverbindungen als Wirkstoffe in Heilsalben.* Nach dem Entfernen der Salbengrundlagen mit 50%ig. Essigsäure (I) werden folgende Stoffe aus Heilsalben polarograph. bestimmt: *Diacetyl-o-aminoazotoluol* (*Pellidol*, **II**), *o-aminoazotoluolmethansulfonsaures Na* (*Epitegin*, **III**) u. *Azotoluolazodihydrocuprein* (*Interazin*, **IV**). Gearbeitet wird mit dem KALOUSKA-Gerät mit getrennter Hg_2Cl_2-Elektrode. Empfindlichkeit des Galvanometers $1{,}8 \cdot 10^{-9}$ A, Konstanten der Hg-Elektrode t = 3,28 s, m = 2,21 mgs^{-1}. **II** wird durch **I** isoliert u. mit A. u. W. verd. auf 12% **I** u. 25% A.; **II** red. bei $E^{1/2}$ —0,09 V u. $1{,}10^{-3}$ mol. Depolarisator. Die Höhe der Welle ist im Bereich $1 \cdot 10^{-4}$ bis $1 \cdot 10^{-3}$ linear. Bei **III** wird genau wie bei **II** verfahren. **III** red. bei $E^{1/2}$ —0,02 V u. $1{,}10^{-3}$ mol. Depolarisator. Die Höhe der Welle ist im Bereich $1 \cdot 10^{-4}$ bis $5 \cdot 10^{-4}$ Molarität der Konz. linear. **IV** wird in 12%ig. **I** polarographiert. Bei **IV** mit 2 Wellen, die 1. $E^{1/2}$ +0,03 V geringer als die 2. $E^{1/2}$—0,11 V, die charakterist. Maximum hat, können diese mit angesäuerter Fuchsinlsg. entfernt werden. (Československ. Farmac. **4.** 445—48. Nov. 1955. Bratislava, Štatn. úst. kontr. liečiv.) E. VEVERA. 4880

R. Jaretzky und **R. Krasemann**, *Beiträge zur Methodik biologischer Wertbestimmungen.* 1. Mitt. *Untersuchungen an Farnen.* Vff. erprobten *Lebistes reticulatus* (*Poeciliidae*) als Testfisch zur biol. Wertbest. an Extrakten u. Rohfilicinen aus den Rhizomen von 9 Farnsorten. Keiner der untersuchten Farne (I) erwies sich als nur entfernt so wirksam wie *Aspidium filix mas.* Der Fisch stellt ein gut brauchbares Testtier dar. Die Extraktion der mittelfein gepulverten Rhizome wurde im SOXHLET-App. mit Ae. durchgeführt. In der äther. Extraktlsg. wurde der Rohfilicin (II)-geh. nach der Meth. des DAB. 6 bestimmt. Zur biol. Testmeth. wurden 1 g Extrakt mit soviel Magnesia usta (III) verrieben, daß ein trockenes Pulver entstand u. mit 500 ml W. 2 Std. extrahiert. Aus dieser Lsg. wurden durch Verdünnen mit Leitungswasser Konzentrationsreihen von 5—50 mg Extrakt/100 ml hergestellt, bei bes. schwach wirkenden I auch höhere Konzentrationen. Bei der direkten Testung von II wurden 0,2 g II mit 0,4 g III verrieben, mit 40 ml W. 2 Std. extrahiert u. mit Leitungswasser Verdünnungsstufen von 10—50 mg hergestellt. Zur Standardtestung der Fische wurden 0,5 g *Filmaron*-BOEHRINGER mit 1 g III verrieben, mit 100 ml W. 24 Std. unter häufigem Umschütteln extrahiert u. durch Verdünnen mit W. Konzentrationsstufen von 2—50 mg hergestellt. In die einzelnen Konzentrationsstufen wurden je 4 männliche Fische eingebracht u. nach Art der Best. der DL_{50} die concentratio letalis (= CL_{50}) bestimmt, die als Maß für die Wirksamkeit der I-Extrakte genommen wird. (Arch. Pharmaz. Ber. dtsch. pharmaz. Ges. **289/61.** 218—21. April 1956. Braunschweig, TH, Pharmakognost. Inst.) M. NEGWER. 4880

F. Neuwald und **W. Loges**, *Über eine Gesamtalkaloidbestimmung in Radix Rauwolfiae.* Die von Vff. ausgearbeitete Essigsäuremeth. hat sich gegenüber den bisher bekannten gravimetr. Methoden der Gesamtalkaloid (I)-best. in *Radix Rauwolfiae* (II) als vorteilhaft erwiesen, da die I aus der Droge dabei vollständig extrahiert werden u. die isolierten I an der Blutdruckkatze eine starke Wrkg. aufweisen. Über den therapeut. Wert der Droge läßt jedoch auch diese Best. ohne pharmakol. Prüfung keine endgültigen Schlüsse zu, da nur ein Teil der I pharmakol. wirksam ist u. das Verhältnis der wirksamen zu den unwirksamen I schwanken kann. — Zur Best. der I in II werden ca. 10 g gepulverte II (Sieb V DAB. 6) genau gewogen, in einem Kolben mit Glasstopfen mit 200 ml 15%ig. Essigsäure übergossen, 10 Min. kräftig geschüttelt u. unter gelegentlichem Schütteln 8 St. stehengelassen. 100 m (∼5 g II) der durch ein hartes Filter klar filtrierten Lsg. werden unter Nachspülen mit 15%ig. Essigsäure in einen Scheidetrichter übergeführt, mit 25%ig. NH_3 gegen Lackmus neutralisiert u. dann mit weiteren 5 ml NH_3 versetzt. Nun wird nacheinander mit 50, 30, 20 u. 20 ml Chlf. ausgeschüttelt, jeweils nach dem Ausschütteln einige Min. stehen gelassen, u. dann werden die Zonen getrennt. Die vereinigten Chloroformlsgg. werden in eine Porzellanschale filtriert, auf dem Wasserbad auf ca. 30 ml eingedampft u. in einen Scheidetrichter übergeführt, sowie die Schale mit 2mal 5 ml Ae. nachgewaschen. Die I-Lsg. wird mit 50 ml Ae. versetzt (Trübung oder Fällung ohne Belang) u. anschließend nacheinander mit 20, 20, 15 u. 10 ml 0,5n H_2SO_4 ausgeschüttelt. Die vereinigten Säureextrakte werden in einen Scheidetrichter filtriert unter Nachspülen mit 2mal 5 ml 0,5n H_2SO_4. Es wird gegen Lackmus mit 10%ig. NH_3 neutralisiert u. weitere 5 ml 10%ig. NH_3 hinzugefügt. Diese Lsg. wird nacheinander mit 20, 20, 15 u. 10 ml Chlf. ausgeschüttelt, u. die einzelnen Extrakte werden durch dasselbe Filter in einen tarierten Kolben filtriert sowie zum Schluß mit 2mal 5 ml Chlf. Trichter u. Filter nachgewaschen. Das Chlf. wird auf dem Wasserbad abgedampft, 10 ml 95%ig. A. zugesetzt, erneut abgedampft u. der Rückstand bei einer 45° nicht übersteigenden Temp. oder im Vakuumexsiccator bis zur Gewichtskonstanz getrocknet. Der Rückstand, der halben Einwaage an **II** entsprechend, wird als **I** gewogen. (Arch. Pharmaz. Ber. dtsch. pharmaz. Ges. **289/61.** 226—31. April 1956. Schönberg/Holstein, Kgl. priv. Apotheke.) M. Negwer. 4880

Zora Gruntová, *Colorimetrische Coffeinbestimmung.* In 50-ml-Meßkolben 2,5 ml der Meßlsg. pipettieren, 10 ml 10%ig. H_2SO_4 (I) zufügen, 5 Min. auf dem Wasserbad erwärmen, dann sofort 1 ml 20%ig. Phosphormolybdänsäure zugeben u. 20 Min. auf Wasserbad erwärmen, Nd. in G 3-Filtertiegel abfiltrieren, 3mal mit 5 ml **I** waschen, Nd. in 5 ml 0,5n NaOH lösen, in 100 ml Meßkolben filtrieren, mit 85 ml W. nachspülen u. mit W. bis zur Marke auffüllen. Daraus soviel abpipettieren, daß der Geh. an Coffein (**II**) 25—250 mg beträgt, dazu 35 ml W. u. 10 ml einer Lsg. von 15 g NH_4-Molybdat, in 300 ml 37%ig. HCl gelöst u. aufgefüllt mit W. auf 1 Liter (Lsg. ist 2 Monate haltbar), fügen, umschütteln, dann 5 ml einer Lsg. aus 4 g $SnCl_2$ in 10 ml 37%ig. HCl gelöst, die so verd. (0,1 der Lsg. in 16,6 ml W.) zugefügt wird, dann genau nach 4 Min. die grünblaue Farbe mit Rotfilter im photometr. Absorptiometer nach Hilger-Spekker das nicht verbrauchte Reagens gegen W. messen. Nach dieser Meth. kann **II** auch in Gemengen bestimmt werden. (Farmácia [Bratislava] **24.** 140—43. Mai 1955. Bratislava, Štatn. úst. kontr. lieč.) E. Vevera. 4880

G. Eijkel, M. J. E. Ernsting, R. F. Rekker und **W. Th. Nauta,** *Untersuchung über 3.5.5-Trimethylcyclohexylmandelat* (*Cyclospasmol*). Entw. einer Prüfungsvorschrift für *3.5.5-Trimethylcyclohexylmandelat* (F. 48—60°). Die alkoh. Lsg. zeigt Maxima bei 2520, 2580 u. 2640 mμ, Minima bei 2490, 2550 u. 2610 mμ. Identität: mentholartiger Geruch bei alkal. Verseifung, Blaufärbung bei Zugabe von $CuSO_4$ nach Abkühlung. Die alkal. Lsg. wird nach Zugabe von $KMnO_4$ geteilt. Der eine Teil wird nach Versetzen mit HCl u. Dimethylanilin gekocht, gekühlt u. auf Zusatz von Bleitetraacetat grün gefärbt (Mandelsäure, Malachitgrün), der andere wird nach Ansäuern mit H_2SO_4 mit Ehrlichs Reagens kirschrot (3.5.5-Trimethylcyclohexanol). Quantitative Best. durch Verseifung mit alkoh. 0,5n KOH. Prüfung auf Ggw. von Phenylglyoxylsäureester durch Fällung mit 2.4-Dinitrophenylhydrazin. $HClO_4$-Prüfung auf Phenylessigsäureester durch Nitrierung u. Versetzen mit alkoh. KOH (Rotfärbung durch Phenylrest mit reaktionsfähiger Methylengruppe). (Pharmac. Weekbl. **91.** 81—90. 11/2. 1956. Amsterdam, N. V. Kon. Pharm. Fabr. v/h Brocades-Stheeman & Pharmacia.) Ph. Fresenius. 4880

Emil G. Klarmann und **Eleanore S. Wright,** *Sind „Quats" fungicid?* Beschrieben werden: Die Anwendung der Halbmikrometh. zur Best. von Fungiciden, die ausgeführten Verss. u. die Ergebnisse. Es wird festgestellt, daß der A.O.A.C.-Test für Fungicide nicht ausreicht, um die fungicide Wrkg. von germiciden quartären NH_4-Basen zu bestimmen. Untersucht wurden: Benzalkoniumchlorid, Benzethoniumchlorid, Cetylpyrridiniumchlorid, N-(Lauroylcolaminoformylmethyl)-pyridiniumchlorid, alkylierte Tolylmethyltrimethylammoniumchloride, Laurylisochinoliniumbromid, N-Soja-N-äthylmorpholiniumäthosulfat u. Phenol. (Amer. J. Pharmacy Sci. support publ. Health **126.** 267—73. Aug. 1954. Bloomfield, N. J., Lehn & Fink Products Corp.) E. Boye. 4880

AGEPHA Arbeitsgemeinschaft zur Erzeugung Pharmazeutischer Artikel G. m. b. H. (Erfinder: **Leopold Neugebauer**), Wien, Österreich, *Herstellung von Quellstofftabletten* mit mehr als 20% Geh. an Quellstoffen, wie Cellulosederivv., Agar-Agar, Leinsamen, bassorinhaltigen Produkten. — Man mischt Granulate von 0,2—3,0 mm Korngröße von Quell- u. Sprengstoffen (Stärke, Milchzucker) u. verarbeitet die Mischung auf Tabletten, wobei Inhaltsstoffe oder Tablettierungshilfsstoffe einem oder beiden der Granulate beigemischt werden können. — Nach Zusatz von etwas Talkum mischt man 60 (%) Methylcellulose mit 40 Stärke + Bindemittel (Korngröße ca. 0,7 mm) u. tablettiert auf ein Tablettengewicht von 0,5 g. Zerfallszeit in W. von Raumtemp. ohne Rühren ca. 5 Minuten. (**Oe. P. 183 176** vom 14/5. 1954, ausg. 10/9. 1955.) G. Weltzien. 4767

Henri Désiré Sauvage, Frankreich, *Schonende Behandlung empfindlicher Substanzen* der lebenden Materie oder anderer zersetzlicher organ. Stoffe, die z. B. pulverisiert werden sollen, gelingt durch Zusatz einer Fl., die bei Drücken bis zu 0,7 at u. Tempp. zwischen 0 u. —95° in den Gaszustand übergeht, ohne mit der Substanz zu reagieren (Butan, Pentan, Hexan, Chlf., Toluol, Ae., A. u. a. sowie ihre Gemische). Man erreicht so die Bedingungen, unter denen ohne Zers. die mechan. Behandlung erfolgen kann. Wenn die verwendete Fl. als Lösungsm. für einen Bestandteil der Ausgangssubstanz wirkt, kann sie unter schonenden Bedingungen verdampft werden. (**F. P. 980 274** vom 14/1. 1943, ausg. 10/5. 1951.) S. Meier. 4791

Aktiebolaget Bofors, Schweden, *Chirurgisches flüssiges Verbandsmaterial*, bestehend aus einer Lsg. einer plast. M., welche beim Verdunsten einen elast. Schutz- u. Überzugsfilm hinterläßt. Als filmbildende M. dienen z. B. Polyäthylacrylate, Polybutylmethacrylate oder Gemische davon unter Verwendung von Äthyl- u. Butylacetat als Lösungsmittel. Den Lsgg. werden Antihistamine, Antibiotica, Fungicide, Anästhetica, Oberflächenanästhetica, Desinfektions- u. antisept. Mittel zugesetzt. — Mit einem Gemisch von 2 (Teilen) Äthylacetat u. 1 Butylacetat wird eine 40% ig. Lsg. von Polyäthylacrylat hergestellt, zu der eine 10% ig. Sulfathiazolemulsion gegeben wird, so daß die Lsg. 0,1 bis 1,0% Sulfathiazol enthält. (**F. P. 1 101 969** vom 8/6. 1954, ausg. 12/10. 1955. Schwed. Priorr. 10/6. u. 10/11. 1953.) M. F. MÜLLER. 4795

American Cyanamid Co., New York, N. Y., übert. von: **James Miller Smith jr.**, Plainfield, N. J., und **Richard Paul Germann**, Warwick, R. I., V. St. A., *Neutrales Calcium-4-aminosalicylat-Hemihydrat* durch Erwärmen des neutralen Dihydrates auf 50—60° in Ggw. von wenig W., Waschen des Reaktionsprod. mit einem aliphat. Alkohol, wie Isopropanol, u. Trocknen. — *Tuberkulosemittel*. (**A. P. 2 711 423** vom 6/7. 1953, ausg. 21/6. 1955.) K. HEINZE. 4807

Boots Pure Drug Co. Ltd., Nottingham, England, *Quaternäre Salze von 2.7-Diamino-9-phenylphenanthridin*. Man behandelt eine Verb. der allg. Formel **I** (X = eine in eine NH_2-Gruppe überführbare Gruppe) mit einem Alkylen-α.ω-dihalogenid u. setzt das entstandene 10-Halogenalkylphenanthridin mit einem Na-Alkoholat um. Dann wird X in eine NH_2-Gruppe umgewandelt. Man kann auch I mit einem Alkoxyalkylester einer Arylsulfonsäure behandeln. — Z. B. wird zur Herst. von *2.7-Diamino-9-phenyl-10-(3'-äthoxypropyl)-phenanthridiniumbromid* (F. 212—215°) das 2.7-Dicarbäthoxyamino-9-phenylphenanthridin mit 1.3-Dibrompropan umgesetzt, worauf das entstandene *2.7-Dicarbäthoxyamino-9-phenyl-10-(3'-brompropyl)-phenanthridiniumbromid* (F. 235—236°) mit Na-Äthylat behandelt wird. Anschließend werden die NH_2-Gruppen frei gemacht. Analog erhält man: *2.7-Diamino-9-phenyl-10-(2'-äthoxyäthyl)-phenanthridiniumjodid* (Zers. bei 210°) u. *2.7-Diamino-9-phenyl-10-(2'-methoxyäthyl)-phenanthridiniumjodid* (F. >200°). — *Therapeutica mit Wrkg. gegenüber Trypanosomen*. (**E. P. 723 913** vom 7/4. 1952, ausg. 16/2. 1955. **Zusatz zu E. P. 697 296; C. 1956. 7406.**) K. FABEL. 4807

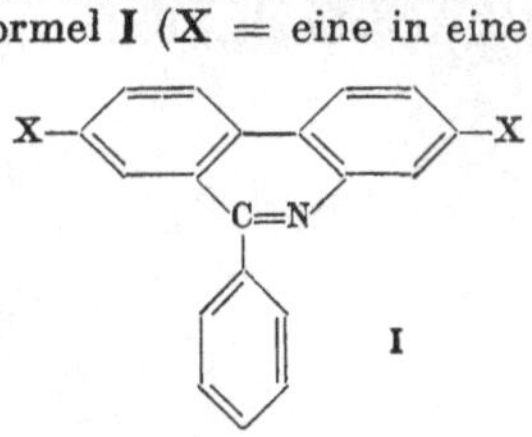

I

Knoll Akt.-Ges. Chemische Fabriken, Ludwigshafen/Rh., *Herstellung von blutgerinnungshemmenden Stoffen*. Man führt in Inulinschwefelsäureester durch Behandlung mit solchen Oxydationsmitteln, die Kohlenhydrate in Uronsäuren überführen, COOH-Gruppen ein, z. B. mit $HNO_3 + NaNO_2$. (**D. B. P. 944 189** Kl. 12o vom 3/5. 1953, ausg. 7/6. 1956. Anmeldung bekanntgemacht 22/12. 1955.) K. FABEL. 4807

Abbott Laboratories, Chicago, Ill., V. St. A., *Schwefelsäureester von partiell abgebautem Chitin* (**I**). Man behandelt trockenes **I** mit einer Lsg. von $ClSO_3H$ oder SO_3 in einem inerten organ. Lösungsm., z. B. Dichloräthan, bei niedriger Temp., fügt NH_3 oder ein Amin, z. B. $(C_2H_5)_3N$, hinzu u. extrahiert das Aminsalz des sulfatierten **I**. Das Aminsalz kann auch in ein Alkali- oder Erdalkalisalz umgewandelt werden. Durchschnitts-Mol.-Gew. 10000—16000. — *Blutantikoagulationsmittel*. (**E. P. 740 152** vom 25/8. 1953, ausg. 9/11. 1955. A. Prior. 26/8. 1952.) K. FABEL. 4807

Soc. Uclaf (Erfinder: **G. Muller und L. Velluz**), Frankreich, *Herstellung von N-Desacetyl-N-methylthiocolchicin* u. seines Acetylderivats. Man läßt auf N-Methyl-N-desacetylcolchicin ein Alkalisalz vom Methylmercaptan bei 0—50° in Ggw. von W. oder eines mit W. mischbaren Lösungsm. einwirken. Die Acetylverb. wird durch Einw. von Essigsäureanhydrid in Ggw. von Pyridin erhalten. — Reaktionsschema. (**F. P. 1 109 495** vom 27/7. 1954, ausg. 30/1. 1956.) M. F. MÜLLER. 4807

International Hormones, Inc., Brooklyn, übert. von: **Desider Fleischhacker**, N. Y., und **Norman Barsel**, Laurelton, N. Y., V. St. A., *Das Thiosemicarbazon von Adrenochrom* (**I**), F. 215—220° (Zers.), erhält man durch Rk. von **I** mit Thiosemicarbazid in wss.-alkoh. Lsg. bei erhöhter Temp., z. B. 100°, oder bei n. Temp. u. Reinigen des Rohprod. in Pyridin–Wasser. — *Hämostaticum*. (**A. P. 2 712 024** vom 19/5. 1953, ausg. 28/6. 1955.) R. LINK. 4807

Research Corp., New York, N. Y., übert. von: **Nicholas A. Milas**, Belmont, Mass., V. St. A., *Vitamin A*. Man kondensiert eine Verb. $XMg-C{\equiv}C-C(CH_3){=}CH-CH_2OMgX$ (X = Halogen) mit einer Verb. nebenst. Formel (nach DARZENS aus β-Ionen erhältlich), hydrolysiert u. hydriert die Dreifachbindung partiell zur Doppelbindung. (**A. P. 2 567 572** vom 28/11. 1947, ausg. 11/9. 1951.) G. KRAUSS. 4809

E. R. Squibb & Sons, New York, N. Y., V. St. A., *Biologische Oxydation von Steroiden* erzielt man durch Bebrütung entsprechender Desoxysteroide mit Kulturen von *Actinomyces*-Arten (ATCC Nr. 11009) oder mit den aus diesen erhältlichen, oxydierend wirkenden Enzymen unter aeroben Bedingungen. — Progesteron → *16-Oxyprogesteron*, F. 225—226°; $[\alpha]_D^{23}$ +170°; λ_{max} 239 mμ (ε = 17000) in A.; Infrarotmaxima bei 3,04; 5,90; 6,05 u. 6,20 μ (in Nujol); *Acetat*, F. 134—135°; $[\alpha]_D^{22}$ +107°, neben *4.5-Dihydro-16-oxyprogesteron*, F. 215,5—216,5°; $[\alpha]_D^{24}$ —39°; λ_{max} 243 mμ (ε = 14400). — Entsprechend werden „Reichsteins Verb. S"-Acetat, Desoxycorticosteronacetat u. Pregnenolon in oxydierte, jedoch nicht näher beschriebene Verbb. übergeführt. — *Therapeutica*, sowie Zwischenprodd. zur Herst. von Steroidhormonen. (**E. P. 732 557** vom 21/7. 1952, ausg. 29/6. 1955. A. Prior. 27/7. 1951.) U. Sievers. 4809

Vitamins Ltd., London (Erfinder: **Joseph Green, Anthony Frederick Daglish** und **Victor David Poole**), England, *22-Koproergosten-3α-ol*, F. 148°; $[\alpha]_D$ 0°, bzw. *22-Koproergosten-3-on*, F. 108—110°; $[\alpha]_D$ —2°; *2.4-Dinitrophenylhydrazon*, F. 199°, erhält man durch katalyt. Hydrierung von Isoergosteron in Ggw. von Pt oder PtO bzw. von Pd. — *Zwischenprodd.* für die Synth. von *Steroidhormonen.* (**E. P. 741 758** vom 9/6. 1953, ausg. 14/12. 1955.) U. Sievers. 4809

Upjohn Co., Kalamazoo, Mich., V. St. A., *Steroidketale* der allg. Formel **I** (R = H oder Alkylrest mit 1—6 C-Atomen; n = 1 oder 2) erhält man durch Rk. von Pregnan-3.11.20-trion (**II**) mit einem Alkan-1.2-diol oder -1.3-diol mit 2—8 bzw. 3—9 C-Atomen in Ggw. eines sauren Ketalisierungskatalysators bei Tempp. zwischen 0° u. dem Kp. des Reaktionsgemisches. — **II** + Äthylenglykol in Bzl. in Ggw. von p-Toluolsulfonsäure unter Rückfluß → *Pregnan-3.11.20-trion-3.20-äthylenglykoldiketal*, F. 142 bis 144°. — *Zwischenprodd.* für die Herst. von *Steroidhormonen.* (**E. P. 743 486** vom 1/1. 1953, ausg. 18/1. 1956. A. Prior. 2/1. 1952.) U. Sievers. 4809

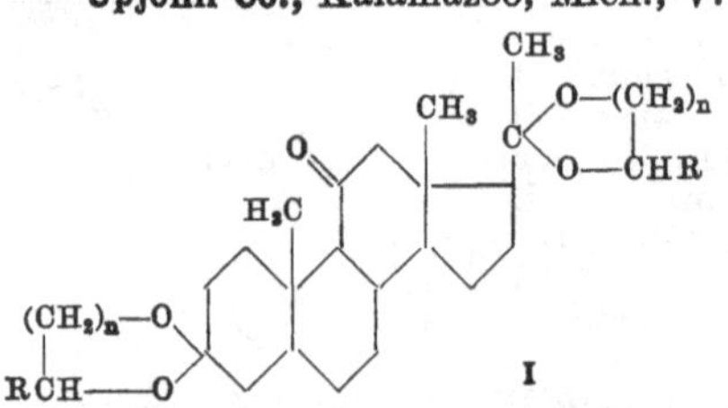

I

Upjohn Co., Kalamazoo, Mich., V. St. A., *Steroidketale* der allg. Formel **I** (R = H oder Alkylrest mit 1—6 C-Atomen; n = 1 oder 2, wobei R $\lessgtr$ 5, wenn n = 2) erhält man durch Rk. von Pregnan-3.11.20-trion mit einem Alkan-1.2- oder -1.3-diol in üblicher Weise u. Red. der 11-ständigen Ketogruppe mit z. B. $LiAlH_4$, $NaBH_4$ oder $LiBH_4$. — Pregnan-3.11.20-trion-3.20-äthylenglykoldiketal + $LiAlH_4$ → *Pregnan-11β-ol-3.20-dion-3.20-äthylenglykoldiketal.* — *Zwischenprodd.* für die Herst. von *Steroidhormonen.* (**E. P. 743 487** vom 1/1. 1953, ausg. 18/1. 1956. A. Prior. 2/1. 1952.) U. Sievers. 4809

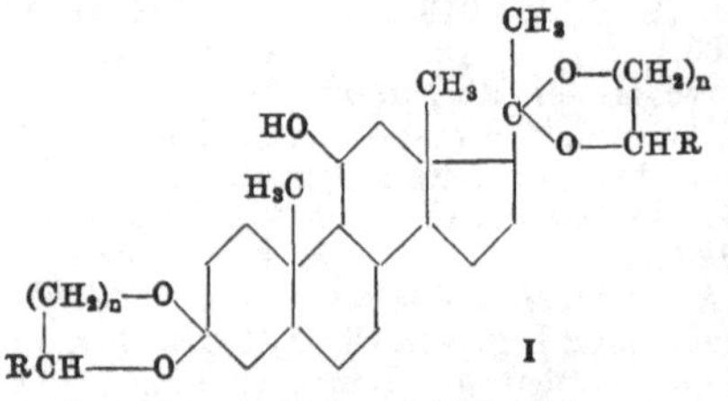

I

Upjohn Co., Kalamazoo, Mich., V. St. A., *Steroide.* Man setzt Steroide, die in 17-Stellung die Seitenkette der Zus. **I** tragen, mit einem Acylierungsmittel um u. behandelt das erhaltene Lacto-enolacylat der Formel **II** (St = Steroidrest; Ac = Carbonsäurerest) mit einer organ. Persäure. — Pregnan-3α-ol-11.20-dion-21-glyoxalsäure + Acetanhydrid, Eisessig u. HBr → *21-Normethyl-17(20).22-choladien-3α.23-diol-11-on-24(20)-lacton-3.23-diacetat*, F. 210—210,5°; daraus durch Rk. mit Perbenzoesäure → *17(20)-Oxido-21-normethyl-22-cholen-3α.23-diol-11-on-24(20)-lacton-3.23-diacetat*, F. 191—192°; daraus durch Verseifung mit 1 n NaOH → *Pregnan-3α.17α-diol-11.20-dion*, F. 203—204,5°. — *Zwischenprodd.* für die Herst. von *Steroidhormonen.* (**E. PP. 743 160** vom 21/10. 1953, ausg. 11/1. 1956 u. **743 890** vom 21/10. 1953, ausg. 25/1. 1956. Beide A. Prior. 24/10. 1952.) U. Sievers. 4809

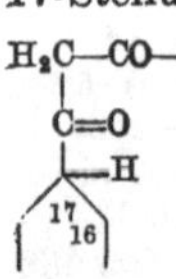

I

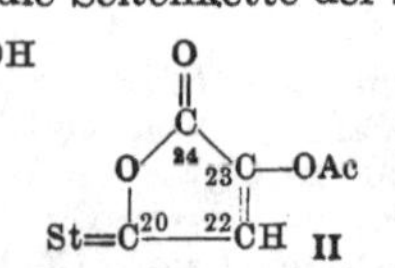

II

American Cyanamid Co., V. St. A. (Erfinder: **Seymour Bernstein** und **Dominic John Giancola**), *Herstellung von Steroiden und ihren Estern aus der Reihe der Cyclopentanodimethylpolyhydrophenanthrene* der allg. Formel **I** aus $\Delta^{5.7}$-Androstadienen der allg. Formel **II**, worin R u. R' ein H oder Acyl- oder Arylgruppen bedeuten, dad. gek., daß man **II** mit Alkalialkoholaten in Ggw. eines Pt-Katalysators bei 0—50°

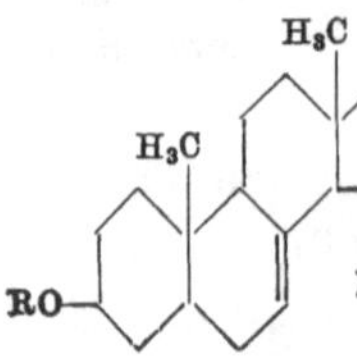

I

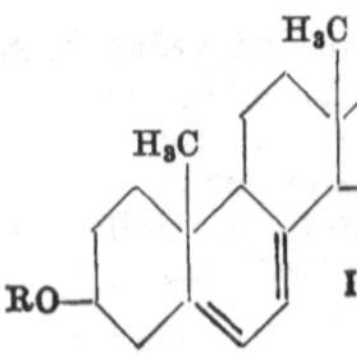

II

reduziert. — Beispiel: 3,48 (g) Δ^5-Androsten-3β.17β-dioldiacetat in 50 cm^3 CCl_4 werden mit 1,99 N-Bromsuccinimid in 75 cm^3 PAe. versetzt u. unter Bestrahlung mit einer „Photospot"-Lampe 5 Min. erhitzt. Dann setzt man 7,5 cm^3 γ-Collidin zu. Nach Abkühlen wird filtriert, eingedampft u. mit Xylol aufgenommen. Nach Eindampfen in N_2-Atmosphäre krist. aus Methanol *$\Delta^{5,7}$-Androstadien-3β.17β-dioldiacetat*, F. 131,5 bis 133,5° (Ausbeute 25%), Absorptionsmaximum in UV 271—281 u. 293 mμ, α_D^{31} —135,8° (Chlf.), das man in 200 cm^3 Äthylacetat mit 1 g PtO_2 35 Min. hydriert zu *Δ^7-Androsten-3β.17β-dioldiacetat*, F. 117—119°. Dieses wird mit 5%ig. alkoh. KOH hydrolysiert zu *Δ^7-Androsten-3β.17β-diol*, F. 193—195°, $\alpha_D^{27,5}$ —28,4, $\alpha_{Hg}^{27,5}$ —36,9 (A.). Aus dem Diol kann man mit Benzoylchlorid das *Dibenzoat* herstellen, F. 210—212,5°, α_D^{28} —10,4 (Chlf.), λ_{max} 229 mμ (A.); ferner das *Diacetat*, F. 121—122,5°. (**F. P. 1 056 914** vom 29/1. 1952, ausg. 3/3. 1954. A. Prior. 7/2. 1951.) S. Meier. 4809

Ciba Akt.-Ges. (Erfinder: **Georg Anner**, Basel, und **Karl Miescher**, Riehen, Schweiz), *Herstellung von Oktahydrophenanthren-2-carbonsäuren*, dad. gek., daß man entweder Tetrahydrophenanthren-2-carbonsäuren mit den aromat. Ringen A u. B, die in 1-Stellung einen niedermol. Alkylrest, in 2-Stellung H oder ein niedermol. Alkyl u. in 7-Stellung eine freie oder funktionell abgewandelte OH-Gruppe enthalten, in an sich bekannter Weise katalyt. mit H_2 behandelt, damit der Ring A selektiv hydriert wird, oder daß man 1.2.3.4.5.6.7.8-Oktahydrophenanthren-2-carbonsäuren, die in 1-Stellung ein niedermol. Alkyliden, in 2-Stellung H oder ein niedermol. Alkyl u. in 7-Stellung eine freie oder funktionell abgewandelte OH-Gruppe enthalten, die Doppelbindung des Alkylenrestes in an sich bekannter Weise reduziert. — Aus 1-Äthyl-2-methyl-7-oxy-1.2.3.4-tetrahydrophenanthren-2-carbonsäure, F. 230—237°, in A. in Ggw. von KOH u. Ni als Katalysator bei 130 at H_2 u. 100° nach 5 Std. → *1-Äthyl-2-methyl-7-oxy-1.2.3.4.5.6.7.8-oktahydrophenanthren-2-carbonsäure* (I), F. 178—180°, die sich mit Diazoniumsalzen, da die OH-Gruppe nicht mehr phenol. ist, nicht kuppeln läßt. *Methylester*, aus wss. Methanol, F. 98—100°. *Alkali-, Erdalkali-* u. *NH_4-Salze*. — 1-Äthyl-7-oxy-1.2.3.4-tetrahydrophenanthren-2-carbonsäure → *1-Äthyl-7-oxy-1.2.3.4.5.6.7.8-oktahydrophenanthren-2-carbonsäure*, F. 160 bis 165°. — 1-Äthyliden-2-methyl-7-oxy-1.2.3.4.5.6.7.8-oktahydrophenanthren-2-carbonsäure → I. — Die Verbb. sind *antiandrogen* wirksam u. zeigen keine nennenswerte östrogene Wrkg. (Gew. der Testikel, Samenblasen u. Prostata bleibt geringer als bei den unbehandelten Ratten; Tabelle). (**D. B. P. 936 269** Kl. 12o vom 23/8. 1953, ausg. 7/12. 1955. Anmeldung bekanntgemacht 16/6. 1955. Schwz. Prior. 26/8. 1952.) G. Krauss. 4809

Upjohn Co., Kalamazoo, Mich., V. St. A., *ACTH-Präparat* durch Eintragen einer alkoh. Na-Pektatsuspension in eine wss. ACTH-Lsg. u. Ansäuern auf p_H 2,5—5. Das in der Kälte ausgefallene Additionsprod. wird mit HCl u. Aceton gewaschen. Es kann auch von Ca-Pektat oder Pektinsäure ausgegangen werden. Es werden Pektinderivv. mit einem Methylestergeh. von 0—10% verwendet. (**E. P. 742 035** vom 12/10. 1953, ausg. 21/12. 1955. A. Prior. 18/10. 1952.) K. Heinze. 4809

Laboratoires Français de Chimiothérapie, Seine, Frankreich (Erfinder: **Henry Pénau** und **Guy Hagemann**), *Herstellung von Penicillinlösung mit protahierter Wirkung*. In Erweiterung des Verf. nach dem Hauptpatent werden als Stabilisatoren Polyvinylpyrrolidon oder Gummi arabicum u. als organ. Basen Emetin oder Aminodiphenylmethan verwendet. — 2,5 g Emetinhydrochlorid (krist., offizinell; $C_{29}H_{40}O_4N_2 \cdot 2\,HCl \cdot 3\,H_2O$) werden in 100 cm^3 W. gelöst, das 2 g Gummi arabicum enthält, ampulliert u. sterilisiert. Zum Gebrauch wird steriles Na-Penicillatpulver in der gewünschten Menge darin gelöst. (**F. P. 61 556** vom 6/4. 1951, ausg. 12/5. 1955. **Zusatz zu F. P. 1 012 062; C. 1953. 7873.**) G. Weltzien. 4811

Commercial Solvents Corp., übert. von: **Edward B. Hodge**, Terre Haute, Ind., V. St. A., *Herstellung chlorsubstituierter (1-Aryl-2-nitroalkyl)-phenole* durch Rk. von Chlorphenolen mit gegebenenfalls substituierten 1-Phenyl-2-nitroalkan-1-olen, bes. in Ggw. von starker H_2SO_4 u. geringer Mengen eines organ. Lösungsm., wie Cyclohexan. Hergestellt werden: *4-(1'-p-Chlorphenyl-2'-nitrobutyl)-2.5-dichlorphenol*, F. 189—189,5°; *4-(1'-p-Chlorphenyl-2'-nitropropyl)-2.5-dichlorphenol*, F. 178—180°; *2-(1'-p-Chlorphenyl-2'-nitrobutyl)-4.6-dichlorphenol*, F. 130,5—132°, sowie deren Alkalisalze. — *Antisept. Stoffe, Baktericide, Konservierungsmittel*. (**A. P. 2 716 667** vom 25/9. 1952, ausg. 30/8. 1955.) K. Fabel. 4833

Farbwerke Hoechst Akt.-Ges. vormals Meister Lucius & Brüning, Frankfurt/M.-Höchst (Erfinder: **Gustav Ehrhart**, **Karl-Heinz Schmidt**, Bad Soden/Taunus, und **Hans Ehrhart**, München), *Desinfektionsmittel*, bestehend aus Salzen der Amidosulfonsäure mit Aminen, die mindestens einen, gegebenfalls substituierten, u./oder durch andere Atome unterbrochener aliphat. KW-stoffrest von mindestens 9 C-Atomen aufweisen. — Bes. Wrkg. auf Tuberkelbacillen. (**D. B. P. 934 543** Kl. 30i vom 8/8. 1952, ausg. 26/1. 1956. Anmeldung bekanntgemacht 5/5. 1955.) K. Heinze. 4833

Dow Chemical Co., Midland, Mich., übert. von: **Frederick H. Norton**, Concord, Calif., V. St. A., *(α-Trifluormethylbenzhydryloxy)-trialkylamine* u. deren Salze der Formel $(C_6H_5)_2C(CF_3)\cdot O\cdot (CH_2)_n\cdot N(R)_2$, sorin n = 2 oder 3 u. R einen Alkylrest mit 1—4 C-Atomen bedeuten, wirken *fungicid* u. *baktericid*. — (N-[2-(α-Trifluormethylbenzhydryloxy)-äthyl]- = I). — I-*Diäthylamin*. Man kocht α-Trifluormethylbenzhydrol mit N-(2-Chloräthyl)-diäthylamin u. Na-Äthylatlösung. $Kp._{0,5}$ 150—153°; *Hydrochlorid*, F. 158—159,5°. — Analog: I-*Dimethylamin*, $Kp._2$ 138—153°; *Hydrochlorid*, F. 197,7 bis 198,5°. — I-*Di-n-butylamin*, Fl.; *Hydrobromid*; Kristalle. — *N-[3-(α-Trifluormethylbenzhydryloxy)-n-propyl]-diäthylamin*, Fl.; *Hydrojodid*, kristallin, hochschmelzend. (**A. P. 2 705 245** vom 9/9. 1953, ausg. 29/3. 1955.) G. Langer. 4833

George Karsten, Lehrbuch der Pharmakognosie für Hochschulen. Bearb. von Ulrich Weber unter Mitw. von F. Oehlkers u. E. Stahl. 8. Aufl. Stuttgart: G. Fischer. 1956. (VII + 422 S. m. 612 Abb. u. 1 farb. Taf.) 8°. DM 36,80.

—, Deutsches Arzneibuch. 6. Ausg. Neudr. in d. Fassg. d. beiden Nachträge. Berlin: Verl. Volk u. Gesundheit. 1956. (XXXI + 488 S.) 4°. DM 15,—.

—, Pharmacopoea Helvetica. Ed. 5. Suppl. 2. Dt. Ausg. Bern: Eidgenössische Drucksachen- u. Materialzentrale. 1955. (XI + 202 S.) 8°. sfr. 16,35.

G. Analyse. Laboratorium.

John Mandel und **Frederic J. Linnig**, *Statistische Methoden in der Chemie*. Zusammenfassender Bericht über Fortschritte auf dem Gebiet der statist. Methodik seit Erscheinen der letzten Übersicht (Hader, Youden C. **1953**. 102). Behandelt werden Fragen der Genauigkeit von Methoden u. Ausrüstungen, Planung u. Deutung der Experimente sowie Anwendungen im Zusammenhang mit der Unters. chem. Rkk. u. Gesetze. — 218 Literaturzitate. (Analytic. Chem. **28**. 770—77. April 1956 (Part II). Washington, D. C., Nat. Bur. of Stand., Test. and Specific. Sect.) W. Krönert. 5000

F. J. Corbató, *Über die Berechnung der Hilfsfunktionen für 2-Zentrenintegrale mittels einer Rechenmaschine hoher Geschwindigkeit*. Es werden Berechnungen von gewissen grundlegenden Hilfsfunktionen, welche im wesentlichen die Form $A_n(y)$ u. $B_n(x)$ haben, angegeben. Sie können dazu benutzt werden, einfache 2-Zentren-Integrale mittels Rechenmaschine hoher Geschwindigkeit zu berechnen. (J. chem. Physics **24**. 452—53. Febr. 1956. Cambridge, Mass., MIT.) E. Hahn. 5000

Ralph H. Müller, *Instrumentierung*. Zusammenfassender Bericht über die Fortschritte auf dem Gebiet der Instrumentierung in den letzten vier Jahren seit der letzten Übersicht (C. **1951**. I. 499). Behandelt werden allg. Prinzipien u. Techniken, die von Interesse u. Wichtigkeit für den analyt. Chemiker sind. — 115 Literaturzitate. (Analytic. Chem. **28**. 649—60. April 1956 (Part II). Los Alamos, N. Mex., Univ. of California, Los Alamos Sci. Labor.) W. Krönert. 5010

A. P. Avy, *Staubprobenahme mit Hilfe eines löslichen und verdampfbaren Filterpapiers*. Vf. berichtet über die Herst. eines papierähnlichen Stoffes aus lösl. Material, der bes. für Probefiltrationen von Luft mit anschließender Unters. der zurückgehaltenen Schwebstoffteilchen verwendet werden soll. Unter mehr als 100 getesteten Substanzen erwies sich ein Gemisch aus *Tri-* u. *Tetrachlornaphthalin* als bes. geeignet, das in Frankreich unter den Namen *Electrocire* bzw. *Clonalin* (I) mit genau definierten Bedingungen des Cl-Geh. u. des F. (85—90°) im Handel ist. I ist gelb u. kann durch Umkristallisieren weiß erhalten werden. Sein Kp. liegt bei 300°. I ist in W. absol. unlösl. u. nicht benetzbar, jedoch leicht lösl. in *Bzn.*, CCl_4, *Ae.* u. *Aceton*. Es kristallisiert in Form langer, unter sich verfilzter Nadeln. Es wird die Herst. von Filtern auf Drahtnetz- u. Papierunterlage beschrieben. Durch Fällung oder Aufdampfung erzeugte I-Schichten von 1 mm Dicke werden selbst von feinsten Stäubchen nicht durchschlagen. (Staub **37**. 372—81. **1954**. Paris.) Gerhard Günther. 5012

August Buckeley, *Probenahme von Aluminium- und Kupferlegierungen*. Es werden grundsätzliche u. erläuternde Beispiele für die Probenahme aus Schmelzen, Probekokillen sowie von Gußstücken, Halbzeug u. Abfällen gebracht. (Z. Erzbergbau Metallhüttenwes. **6**. 473—77. Dez. 1953. Düren/Rhld.) J. Pahl. 5012

J. H. Simons, C. L. Scheirer jr. und **H. L. Ritter**, *Magnetisches Wägen und Gasdichtewaagen*. Beschreibung der Waagen. (Rev. sci. Instruments **24**. 36—42. Jan. 1953. State College, Pa., Pennsylvania State Coll., School of Chem. and Phys.; Gainesville, Fla., Univ., Coll. of Engng.) C. Gottfried. 5022

Donald L. Buchanan, *Eine Quecksilberkolbengaspumpe*. Es wird eine Pumpvorr. beschrieben, mit der man nacheinander Gasvoll. sammeln u. für getrennte Analysen absondern kann. (Rev. sci. Instruments **24.** 79—80. Jan. 1953. Chicago, Ill., Argonne Nat. Labor., Div. of Biol. and Med. Res.) C. GOTTFRIED. 5026

D. M. Young, *Ein Dosierapparat zum Einlassen gemessener Mengen von Dampf.* Beschreibung der Vorrichtung. (Rev. sci. Instruments **24.** 77—78. Jan. 1953. Amherst, Mass., Coll., Moore Labor. of Chem.) C. GOTTFRIED. 5026

E. G. Pickels, W. F. Harrington und **H. K. Schachman,** *Ultrazentrifugenzelle zur synthetischen Erzeugung von Grenzlinien durch eine Schichtenmethode.* Zur Messung der Sedimentationskonstante einer langsam sedimentierenden Komponente während der Sedimentation in Ggw. einer schnell sedimentierenden Komponente wurde eine bes. Zelle entwickelt, in der Grenzlinien unter dem stabilisierenden Einfl. des Zentrifugenfeldes u. bei der Zelle in Arbeitslage im Rotor gebildet werden. Unterss. wurden an Mischungen aus *bushy stunt-Virus* u. *Tabakmosaikvirus* sowie an 2 Schichten aus W. u. 1%ig. *Zucker*-Lsg. durchgeführt. Die Ergebnisse zeigen, daß diese Meth. geeignet ist zur Unters. des Mol.-Gew. von Moll., die für die Unters. nach den üblichen thermodynam. Methoden zu groß u. für die allg. Untersuchungsmethoden für Makromoll. zu klein sind. Diese Meth. ist ferner zur Unters. der Konvektion bei der Sedimentation von Mischungen, zur Analyse von Gleichgewichtssystemen, zum Studium hydrodynam. Wechselwrkg. während der Sedimentation kleiner Moll. in Ggw. großer Moll. u. zur Best. differentieller Sedimentationskonstanten geeignet. (Proc. nat. Acad. Sci. USA **38.** 943—49. Nov. 1952. Belmont, Calif., Spec. Instrum. Corp.; Berkeley, Calif., Univ., Virus Labor.)
R. SCHÄFF. 5036

M. Boivin, *Halbmikrodestillationskolonne.* Vf. beschreibt Aufbau u. Wirkungsweise einer Halbmikrodestillationskolonne. Das Prinzip ist folgendes: Die kondensierte Fl. wird beim Zurückfließen durch ein schnell rotierendes Band mitgerissen u. infolge der Zentrifugalkraft zwischen Band u. Rohr verteilt. Die Flüssigkeitsoberfläche, die mit dem aufsteigenden Dampf in Berührung kommt, ist also sehr groß. (Chim. analytique [4] **35.** 182—87. Aug. 1953.) H. PLUSKAL. 5038

Leo Walter, *Flüssigkeitsstandmessung und automatische Kontrolle.* 1. Mitt. (Vgl. C. **1951.** I. 2505.) Beschreibung einiger gebräuchlicher Flüssigkeitsstandsmesser, die nach dem Prinzip der Druckmessung arbeiten, mit Beispielen für den Anschluß elektr. Alarmanlagen. (Chem. Products chem. News [N. S.] **14.** 364—66. Okt. 1951.)
H. LEHWALD. 5048

John Gaffney und **J. R. Clement,** *Vorrichtung zum Messen des Niveaus von flüssigem Helium.* Die Vorr. basiert auf der Beobachtung, daß in einer gasgefüllten Röhre, die in einen Kryostat mit fl. He eingeführt wird, spontan Schwingungen auftreten, speziell wenn das Ende der Röhre, das sich auf Zimmertemp. befindet, verschlossen ist. Die Vorr. besteht aus einer Inconelröhre, auf der ein Reduzierstück aus Messing befestigt ist, welches mit einer dünnen Kautschukmembran verschlossen ist. Beim Einführen in das DEWAR-Gefäß legt man einen Finger auf die Membran u. beobachtet die Schwingungen. Beim Übergang des Röhrenendes von der gasförmigen in die fl. Phase nimmt die Schwingung um ca. 30%, die Intensität der Schwingung um ca. 60% ab. Das Niveau des fl. He läßt sich mit einer Genauigkeit von ± 1 mm feststellen. (Rev. sci. Instruments **26.** 620—21. Juni 1955. Washington, D. C., U. S. Naval Res. Labor.) C. GOTTFRIED. 5048

F. Oehme und **M. Oehme,** *Die meßtechnischen Grundlagen der elektrodenlosen Messung von Leitfähigkeiten in Ampullen, Reagensgläsern und Bombenrohren.* Es wird auf die Bedeutung geeigneter Meßzellen hingewiesen u. eine neue Immersionszelle beschrieben. Die Möglichkeiten der elektrodenlosen Leitfähigkeitsmessungen in Ampullen werden umrissen, wobei der Ausschaltung des Einfl. des Ampullendurchmessers besondere Bedeutung beigemessen wird. Alle Messungen wurden mit Quarzoscillatoren von 3,7 u. 16,5 MHz durch Gitterstrommessung nach einer Ausschlagmeth. durchgeführt. (Z. Naturforsch. **10 b.** 72—76. Febr. 1955. Jena, Inst. für Mikrobiol. u. exp. Therap.)
H.-J. HEINRICH. 5052

E. R. Grilly, *Ein einfacher Wärmeleitfähigkeitsanalysator für Ortho–Parawasserstoff.* Es wird ein einfacher App. beschrieben, mit dem die Zus. eines Ortho–Para-Wasserstoffgemisches gemessen werden kann, der auf den verschied. Wärmeleitfähigkeiten der beiden Komponenten beruht. (Rev. sci. Instruments **24.** 72—73. Jan. 1953. Los Alamos, New Mex., Univ., Los Alamos Sci. Labor.) C. GOTTFRIED. 5052

S. D. Gardiner und **S. Hill,** *Die elektrische Leitfähigkeit von Zuckerlösungen.* (Vgl. hierzu HASZELDINE u. WOOLF, C. **1951.** I. 902.) Es wird eine Wechselstrombrücke (50 Hz, 8 V) zur Best. der elektr. Leitfähigkeit von Lsgg. beschrieben, bei der ein Kathodenstrahloscillograph als Nullinstrument angewandt wird. Bei Widerständen der Größenordnung 10^5 Ω beträgt der mittlere Meßfehler 0,02%, bei 10^3 Ω 0,06%. (Chem. and Ind. **1951.** 1015. 24/11. Keston, Kent, Tate & Lyle Res. Labor.) W. REUSSE. 5054

N. M. Ssimonowitsch und **L. Mironow,** *Vorrichtung am Laboratoriumsmikroskop für die Luminescenzmikroskopie.* Die Anpassung des Mikroskops an die Luminescenzmikroskopie besteht im wesentlichen darin, daß an Stelle eines Spiegels ein Halter aus Duralumin tritt, auf welchem eine UV-Lampe von 25 u. 26 Watt befestigt ist, die an das Stadtnetz von 120 V über einen Transformator oder einen Rheostaten von ca. 80 Ω angeschlossen ist. (Микробиология [Mikrobiologie] **21.** 718–20. Nov./Dez. 1952. Gorki, Med. Kirow-Inst.) O. Lebtag. 5056

G. Schulz, *Brechungsindexbestimmung im Interferenzmikroskop am Beispiel des CdS.* Angabe einer interferometr. Meth. zur Best. des Brechungsindex mkr. Objekte, deren Dicke nicht bekannt sein muß, ohne die Notwendigkeit einer Einbettung. Verwendet wird ein kleines Mach-Zehnder-Interferometer, dessen Interferenzen mit einem n. Mikroskop betrachtet bzw. photographiert werden. Erläuterung der Meth. durch Messung von CdS-Mikro-Kristallen. Der mittlere Fehler beträgt $\pm 2\%$. (Naturwissenschaften **41.** 525. Nov. 1954. Berlin-Adlershof, Deutsche Akad. der Wiss., Inst. für Optik u. Feinmechan.) H.-J. Eichhoff. 5063

D. G. Avery, *Eine verbesserte Methode zur Messung der optischen Konstanten durch Reflexion.* Es wird eine neue Meth. zur Best. von n u. k absorbierender Medien für infrarote Wellenlängen, die nicht im photograph. Bereich liegen, beschrieben. Hier wird das Verhältnis der Reflexionskoeffizienten für senkrecht u. parallel zur Einfallsebene polarisiertes Licht bei verschied. Einfallswinkeln gemessen. Die Anordnung enthält eine Kühlvorr. für die zu untersuchende Oberfläche. Als Polarisator dient ein Satz von Se-Filmen. Die graph. Auswertung der Ergebnisse wird dargestellt. An *PbS* u. *PbTe* wurden vorläufige Messungen durchgeführt (vgl. Avery, C. **1952.** 5849.). (Proc. physic. Soc., Sect. B **65.** 425–28. 1/6. 1952. London, Univ., Roy. Holloway Coll.) H. Lindberg. 5063

S. E. J. Johnsen und **P. D. Schnelle,** *Ein registrierendes Präzisionsrefraktometer.* Es wird ein Refraktometer beschrieben, mit dem kontinuierlich die Brechungsindizes von strömenden Fll. mit großer Genauigkeit gemessen werden können. Das Instrument wird gebraucht zur automat. Unters. des Styrolgeh. in Äthylbenzol u. erlaubt 0,15%ig. Änderungen der Styrolkonz. nachzuweisen. (Rev. sci. Instruments **24.** 26–35. Jan. 1953. Texas City, Tex., Monsanto Chem. Co.) C. Gottfried. 5063

R. Craig, A. Bartel und **Paul L. Kirk,** *Ein Photometer und eine Absorptionszelle für Ultramikrospektrophotometrie.* Vff. beschreiben einen Zellhalter u. ein Photometer zur Benutzung in Verbindung mit dem Beckmanschen Spektrophotometer Modell DU. Die Kapazität der Zellen beträgt ca. 20 mm^3. Das Photometer benutzt einen Photomultiplier. (Rev. sci. Instruments **24.** 49–52. Jan. 1953. Berkeley, Calif., Univ., Med. School, Div. of Biochem. and Coll. of Agricult., Div. of Entomol.) C. Gottfried. 5064

David N. Hume, *Polarographische Theorie, Instrumentierung und Methodik.* Der zusammenfassende Bericht umfaßt Teilgebiete der Polarographie u. berücksichtigt Literatur für den Zeitraum seit der letzten Zusammenstellung (vgl. Lingane, C. **1951.** II. 2361), von Ende 1950 bis Ende 1955. Folgende Hauptgebiete werden behandelt: Klass. Polarographie; Methodik; Voltametrie mit anderen als der tropfenden Hg-Elektrode. — 283 Literaturzitate. (Analytic. Chem. **28.** 625–37. April 1956 (Part II). Cambridge, Mass., Massachusetts Inst. of Technol., Dep. of Chem. and Labor. for Nucl. Sci.) W. Krönert. 5066

P. Valenta, *Ein Gerät für die Aufzeichnung des zeitlichen Verlaufes polarographischer Ströme.* Inhaltlich ident. mit der C. **1955.** 11259 referierten Arbeit. (Collect. czechoslov. chem. Commun. **21.** 498–501. April 1956. [Orig.: dtsch.]) W. Barz. 5066

Paul Arthur, Joseph C. Komyathy, Roy F. Maness und **Herman W. Vaughan,** *Eine neuartige polarographische Elektrode unter Anwendung kontrollierten Rührens.* Bei der beschriebenen neuartigen stationären Elektrode ragt ein oben offenes, mit Hg gefülltes Glasrohr in die Elektrolysierzelle u. bildet die ruhende Hg-Elektrode. Sie ist in ihrem oberen Teil von einem zylindr., durch einen Synchronmotor angetriebenen Glasrührer umgeben. Es wurden Polarogramme von Cd^{2+}, Ni^{2+}, Pb^{2+}, $[Fe(C_2O_4)_3]^{3-}$, Cu^{2+}, Zn^{2+} u. JO_3^- durchgeführt. Die Diffusionsströme sind konzentrationsproportional u. größer als bei Verwendung der Tropfelektrode. Die Halbstufenpotentiale sind negativer u. etwas von der Konz. abhängig. (Analytic. Chem. **27.** 895–98. Juni 1955. Stillwater, Okla., Agricult. and Mech. Coll., Dep. of Chem.) E. Moisar. 5066

P. L. Pickard und **W. E. Neptune,** *Ein verbessertes Reinigungsverfahren für Tetramethylammoniumchlorid für polarographische Untersuchungen.* Ein Methanol–Aceton-Gemisch wird als Lösungsm. zum Umkristallisieren von Tetramethylammoniumchlorid empfohlen. (Analytic. Chem. **27.** 1358. Aug. 1955. Norman, Okla., Univ., Dep. of Chem.) E. Moisar. 5066

Stanley Wawzonek, *Organische Polarographie.* Zusammenfassender Bericht über die seit der letzten Literaturübersicht (C. **1954.** 3996) veröffentlichten Arbeiten. Behandelt werden reversible u. irreversible Systeme u. von den letzten folgende Stoffklassen: *Alkohole* u. *Glykole*; *Aldehyde*; *Ketone*; *Säuren* u. Derivv.; *organ. Halogenverbb.*; *Nitroverbb.*; *Nitrosoverbb.*; *Azoxyverbb.*; *Diazoniumsalze* u. *Aminoazoverbb.*; *Amine*, *Aminosäuren* u. Derivv.; *Phosphorverbb.*; *ungesätt. KW-stoffe*; *Peroxyde* u. *Hydroperoxyde*; *Schwefelverbb.*; *metallorgan. Verbb.*; *O-* u. *S*-haltige *Heterocyclen*; *N*-haltige *Heterocyclen*. — 495 Literaturzitate. (Analytic. Chem. **28.** 638—49. April 1956 (Part II). Iowa City, Io., State Univ. of Iowa.) W. Krönert. 5066

a) Elemente und anorganische Verbindungen.

Oliver D. Smith und **Thomas D. Parks,** *Volumetrische Bestimmung von Fluor nach Destillation aus schwefelsaurer Lösung.* Es wird eine Modifizierung der Meth. von Willard u. Winter (Ind. Engng. Chem., analyt. Edit. **5.** [1933.] 7) zur Best. von F in Pflanzenaschen, Böden u. ähnlichen Materialien beschrieben u. diskutiert, durch die Störungen durch Al u. SiO_2 sowie durch bei der Dampfdest. mitgerissene H_2SO_4 vermieden werden. Die unter Zugabe von MgO (1 g/30 g Probe) bei 600° veraschte Probe wird mit NaOH 5—10 Min. bei 600° aufgeschlossen, die Schmelze in sd. W. gelöst u. Cl^- als AgCl gefällt. Nach Zugabe von 60 ml 24n H_2SO_4 wird ein von Vff. modifiziertes Dampfeinleitungsrohr (Skizze) durch einen mit Thermometer versehenen Gummistopfen in das Destillationsgefäß eingeführt u. die Lsg. auf 145° erhitzt. Sobald diese Temp. erreicht ist, werden unter Durchleiten von Dampf im Verlauf von 2—3 Std. 500 ml Fl. überdestilliert. Im Destillat wird F^- mit 0,01n $Th(NO_3)_4$-Lsg. gegen Alizarinrot titriert. Die Darst. von F-freiem MgO aus $MgSO_4$ wird beschrieben u. eine Abb. der Destillationsapp. wiedergegeben. (Analytic. Chem. **27.** 998—1000. Juni 1955. Stanford, Calif., Stanford Res. Inst.) H. Hofmann. G 246

Joseph P. Branciaroli und **June G. Coleman,** *Bestimmung von Fluorid in galvanischen Chrombädern.* Es wird eine Meth. zur Best. von F^- in galvan. Chromsäurebädern beschrieben u. diskutiert. Die Probe (4 ml) wird mit n. NaOH-Lsg. im berechneten Überschuß (Eichkurve) versetzt, wobei sich Na_2CrO_4 bildet u. störende Metalle als Hydroxyde gefällt werden. Darauf wird CrO_4^{2-} mit $AgNO_3$-Lsg. im Überschuß als Ag_2CrO_4 gefällt, filtriert u. F^- im Filtrat mit 0,04n $Th(NO_3)_4$-Lsg. gegen Na-Alizarinsulfonat als Indicator auf Rosa titriert. Vor der Titratlon werden 10 Tropfen der 0,1%ig. wss. Indicatorlsg. u. verd. HNO_3 (1:50) bis zum Farbumschlag nach Gelb u. danach 2,5 ml einer Pufferlsg. zugegeben, die durch Auflösen von 7,56 g Monochloressigsäure in 160 ml dest. W. u. Zugabe von 40 ml n. NaOH-Lsg. hergestellt wird. Auf den Einfl. der CrO_3-Konz. sowie die Ggw. anderer Metalle auf die Genauigkeit der Best. wird eingegangen. Nach Ansicht der Vff. ist diese Meth. auf entsprechende andere analyt. Probleme anwendbar. (Analytic. Chem. **28.** 803—04. Mai 1956. Painesville, O., Diamond Alkali Co., Chromium Chem. Div.) H. Hofmann. G 246

Chia-Chen Chu und **J. L. Schafer,** *Eine Fluorbestimmung in Katalysatoren aus Tonerde und Kieselsäure.* Die Substanz, höchstens 2 g mit einem F-Geh. zwischen 5 mg u. 25 mg, wird bei 500—540° mit der 10fachen Menge Na_2O_2 aufgeschlossen. Man erhält eine vollkommen wasserlösl. Schmelze, aus der durch einmalige Fällung mit $ZnSO_4$-Lsg. bei p_H 11,5 Al_2O_3 u. Silicat entfernt werden. Das Fluor wird als H_2SiF_6 bei 145° aus dem mit H_2SO_4 angesäuerten Filtrat abdestilliert, wobei 200 ml Destillat für einen F-Geh. von 1—5 mg ausreichen. Das F wird in der Vorlage durch Titration mit $Th(NO_3)_4$ bestimmt. Die Meth. kann ohne Entfernung der Al_2O_3 u. SiO_2 angewandt werden, sofern der Si-Geh. nicht größer als 10% u. die Einwaage nicht mehr als 1 g beträgt. Die Fehlergrenze liegt bei $\pm 2,9\%$ u. wird in 95% aller Fälle eingehalten, auch wenn der F-Geh. 0,1% nicht übersteigt. Die Normalabweichung beträgt 1,2%. (Analytic. Chem. **27.** 1429—31. Sept. 1955. Jersey City, N. J., M. W. Kellog Co., Petroleum and Chem. Res. Labor). Ehrenfried Schmid. G 246

Sigmund Koritnig, *Die Bestimmung sehr kleiner Fluorgehalte in Gesteinen.* F wird aus 1 g Gestein in Mengen von 1—0,01 mg auf 100 ml Endlsg. colorimetr. bestimmt. Nach Schmelzaufschluß mit NaOH u. Lösen in W. wird mit H_2SO_4 neutralisiert u. dann SiO_2 u. Al durch Aufkochen mit $(NH_4)_2CO_3$ gefällt. Das Filtrat wird nach Einengen, nach Zusatz von Ti-Lsg. u. H_2O_2, bei p_H 1,8—1,9 bei p_H-Kontrolle mit der Glaselektrode lichtelektr. colorimetriert. Da die durch das F bedingte Farbschwächung der Ti-Lsg. nicht dem Beerschen Gesetz folgt, muß eine Eichkurve aufgenommen werden. (Z. analyt. Chem. **131.** 1—13. 1950. Göttingen, Univ., Sedimentpetrograph. Inst.) Ph. Fresenius. G 246

E. C. Mills und **S. E. Hermon,** *Bemerkung über die Wirkung bestimmter Probeformen auf die Reproduzierbarkeit der Analysen einiger Aluminiumlegierungen bei Verwendung einfacher kondensierter Funkenquelleneinheiten.* Bei der Prüfung von legiertem Al-Gußmaterial mit dem Spektrographen nach Hilger wurde festgestellt, daß an Stelle der bisher üblichen Gußstäbe auch gezogene Stäbe verwendet werden können, wobei eine 5mal höhere Ausnutzung des Probematerials möglich ist. Um ausgedehnte chem. Analysen zu sparen, kann man die Kalibrierung der gezogenen Stäbe durch einen statist. Vgl. mit n. Gußstäben vornehmen. (Metallurgia [Manchester] **48.** 209—11. Okt. 1953.) H. SCHÖBERL. G 294

Y. Dardel, *Wasserstoff in Aluminium. Bestimmungsmethode. — Einfluß auf die Porenbildung.* Zur Best. des in Al gelösten Wasserstoffes wird das Metall in geschmolzenem Zustand bei konstanter Temp. gehalten u. der Außendruck solange erniedrigt, bis Gasblasen auf der Metalloberfläche sichtbar werden. Da das Metall von einem diffusionsdichten Film bedeckt ist, entspricht der Außendruck, bei dem Blasen auftreten, dem Partialdruck des im Metall gelösten H_2. Mit Hilfe des auf anderem Wege ermittelten Löslichkeitskoeff. wird die gelöste H_2-Menge (m) nach folgender Beziehung berechnet: $\log m = -2{,}760/T + 1{,}356 + {}^1/_2 \log P_{H_2}$. Die Genauigkeit der Meth. beträgt $\pm 5\%$, wenn der H_2-Geh. weniger als 0,3 ml/100 g Al beträgt, bzw. $\pm 20\%$ bei 0,03 ml H_2/100 g Al. Die Beziehungen zwischen Porenbldg. u. H_2-Geh. für Al u. Al-Legierungen werden ausführlich besprochen. Zur Vermeidung von Poren u. Blasen muß der H_2-Geh. von Al-Legierungen um so niedriger sein, je niedriger die Anfangsschmelztemp. ist. (Metal Ind. [London] **76.** 203—06. 17/3. 1950.) S. HÜTTIG. G 294

Justin W. Collat und **L. B. Rogers,** *Fluorimetrische Bestimmung von Aluminium und Gallium in Mischungen ihrer Oxinate.* Es werden Unterss. über die Möglichkeiten zur Best. von 2 Substanzen von fast gleichem Fluorescenzspektr. im Gemisch miteinander durch Ausnutzung der Unterschiede ihrer Empfindlichkeiten gegenüber der Wellenlänge der Anregungsstrahlung am Beispiel der Mischlsgg. von *Al-* u. *Ga-Oxinat* in Chlf. beschrieben u. diskutiert. Ein entsprechend modifiziertes BECKMAN-DU-Spektralphotometer wurde zur Messung der Fluorescenzspektren, ein zweites als Lichtquelle für die monochromat. Anregungsstrahlung verwendet. Die Ergebnisse lassen die Anwendung dieser Meth. auf die Best. von Substanzgemischen, deren Komponenten sich durch ihre Fluorescenzspektren voneinander unterscheiden, als aussichtsreich erscheinen. Absorptions- u. Fluorescenzspektren von Al- u. Ga-Oxinat in Chlf. sind in Diagrammen wiedergegeben. (Analytic. Chem. **27.** 961—65. Juni 1955. Cambridge, Mass., MIT., Dep. of Chem. and Labor. of Nuclear Sci.) H. HOFMANN. G 295

J. Cihalík, *Über die Verwendung von Jodmonochlorid in der analytischen Chemie.* 2. Mitt. *Die Bestimmung von Arsen, Antimon und Zinn.* Inhaltlich ident. mit der C. **1956.** 5374 referierten Arbeit. (Collect. czechoslov. chem. Commun. **21.** 181—91. Febr. 1956. [Orig.: russ.]) W. BARZ. G 327

A. I. Portnow, *Bestimmung des Zinns mit Arsonsäuren.* 1. Fällung mit *p-Oxyphenylnatriumarsonat* (I): Die Sn-Lsg. (0,001 g Sn/ml) wird mit einigen Tropfen H_2O_2 10 Min. erhitzt, abgekühlt u. mit 5%ig. I-Lsg. ($1^1/_2$facher Überschuß) gefällt, mit gleichem Vol. W. verd., $^1/_2$ Std. auf sd. Wasserbad erhitzt, gekühlt, filtriert u. 2—3mal mit W. nachgewaschen. Der Nd. kann (1. Variante) in 10%ig. NH_3 gelöst werden, dann wird zur Marke aufgefüllt u. zum aliquoten Teil HCl bis 1—2n, 0,5 g KBr u. Überschuß an $KBrO_3$ (0,1 n) zugesetzt; nach 15 Min. Schütteln geht I in Tribromphenol über; man setzt 0,1n As_2O_3 zu u. titriert den Überschuß mit $KBrO_3$(Indigocarmin) zurück; 1 ml n $KBrO_3$-Lsg. entspricht 0,0459 g I oder 0,009894 g Sn. Oder (2. Variante) man löst in konz. HCl (Wasserbad) u. weiter wie 1. Variante. — Die Konz. der HCl darf bis auf 0,5% heruntergehen ohne Beeinträchtigung der Genauigkeit, aber das Auflösen des I-Sn-Nd. dauert lange. Daher besser: 2. Fällung mit *p-Oxy-m-nitrophenylnatriumarsonat* (II): Vorbereitung der Lsg. wie oben, dann Fällung mit 3fachem Überschuß an 5%ig. **II**-Lsg.; nach 1 Std. Stehen wird filtriert, 5—6mal mit W., 2—3mal mit n HCl nachgewaschen, Filter mit Nd. in 25 ml 2n HCl gelöst (30 Min. Wasserbad), mit 2n HCl auf 100 ml aufgefüllt u. 20—25 ml davon bromometriert (es entsteht ein Di-Br-Deriv., Äquivalent **II**-Sn = Mol/8). — Vorzug von **II**: kein Erhitzen des **II**-Sn-Nd. (Fällung), leichtes Auflösen in HCl (1%ig.), leichte Bearbeitung des **II**-Sn-Nd.; gute Ergebnisse, Cu, Zn, Pb u. a. fallen nicht mit. (Журнал Аналитической Химии [J. analyt. Chem.] **9.** 175—78. Mai/Juni 1954. Odessa, Pharmazeut. Inst.) A. v. WILPERT. G 327

A. Lassieur, *Abscheidung von Blei aus salpetersaurer Lösung als Peroxyd.* Die klass. elektrolyt. Pb-Best. (anod. Abscheidung als PbO_2, bei 50° mit 2—3 A/dm²) wurde zur Klärung gewisser Störungen erneut untersucht. Diese bestehen darin, daß 1. nitrose Gase eine quantitative Abscheidung verhindern können. Sie werden durch einige Min. währendes Kochen vertrieben. 2. Die Ggw. gewisser Elemente, speziell Bi u. Sb, stört, da sie mehr oder weniger vom Peroxyd-Nd. mit eingebaut werden. 3. Das abgeschiedene Peroxyd entspricht nicht streng der Formel PbO_2, zumindest werden wechselnde Mengen W. aufgenommen, so daß man zur Auswertung der Auswaage mit einem von dem theoret. Faktor 0,866 etwas abweichenden empir. Wert rechnen muß. Es wurden nun Versuchsreihen zur Best. des empir. Faktors durchgeführt, die zur Aufstellung einer Tabelle von Faktoren führte, die man benutzen muß, je nachdem, ob bei 110 oder 200° getrocknet wird u. wie groß die zur Auswaage gelangende Menge PbO_2 ist. (Ing. Chimiste [Bruxelles] **35.** 94—96. Juni 1953.) W. KUPFER. G 328

W. Nielsch und **G. Böltz**, *Photometrische Bestimmungsmethode für Wismut in Blei.* (Vgl. C. **1956.** 814.) Zur Best. von Bi in Pb durch Anfärben mit Thioharnstoff in phosphorsaurer Lsg. wurde Bi mit Thionalid abgetrennt, wobei die Grenzkonz. der Fällung für dieses Verf. 0,15 mg Bi/ml beträgt. Der Bi-Thionalid-Nd. wird dann unter starkem Erhitzen u. Zusatz von Perhydrol in H_3PO_4 gelöst u. mit Thioharnstoff angefärbt. Beim Photometrieren ergab sich, daß die Extinktion stark von der Temp. abhängig ist, so daß für genaues Arbeiten die Verwendung eines Thermostaten erforderlich ist. Die Färbung ist sehr zeitbeständig. — Arbeitsvorschrift. (Metall **9.** 856—60. Okt. 1955. Laucherthal/Hohenzollern.) F. VIER. G 334

J. Doležal und **J. Adam**, *Anwendung der 1.2-Dioxybenzol-3.5-disulfonsäure bei der polarographischen Bestimmung des Mangans.* Inhaltlich ident. mit der C. **1955.** 5965 referierten Arbeit. (Collect. czechoslov. chem. Commun. **20.** 985—88. Aug. 1955. [Orig.: dtsch.]) W. BARZ. G 350

William A. Dippel und **Clark E. Bricker**, *Flammenphotometrische Bestimmung von Mangan.* Zur flammenphotometr. Best. geringer Mn-Mengen werden Erze (0,5 g) vorsichtig mit 5 ml $HClO_4$ + 5 ml HF eingedampft u. in W. aufgenommen. Legierungen (0,2—1 g) raucht man mit 10 ml konz. HNO_3 ab u. löst in verd. HCl. Stahlproben werden unter Erwärmen in verd. H_2SO_4 (1:4) gelöst u. nach Zugabe von 5 ml HNO_3 eingeengt u. auf 100 ml mit W. verdünnt. Für die flammenphotometr. Unterss. dienen aliquote Teile dieser Lsgg. mit $<$200 p.p.m. Mn. Die Intensität der Mn-Emission wird bei 403,3 mμ bei einer Schlitzweite von 0,06 mm in einem BECKMAN Model Du-Spektrophotometer mit Model 4030-Sauerstoff–Acetylen Brenner u. Model 4300-Photoverstärker gemessen. Um die Wrkg. der Hintergrundstrahlung auszuschalten, wird diese bei 400—406 mμ gemessen u. der Mittelwert jeweils abgezogen. Viele Stoffe, z. B. Sulfate, Phosphate, Chloride usw., stören. Zur Berechnung eines entsprechenden Korrekturfaktors mißt man einmal die Emission der Lsg. allein, u. einmal fügt man vor der Messung eine bekannte Menge Mn hinzu. Ist die aus der Differenz der beiden Messungen erhaltene bekannte Mn-Menge von der wirklichen Mn-Menge verschieden, dann teilt man die wirkliche Mn-Menge durch die so errechnete u. multipliziert mit diesem Korrekturfaktor jedesmal die gefundenen unbekannten Mn-Mengen. Der relative Fehler beträgt meist $\pm$2—3%. (Analytic. Chem. **27.** 1484—86. Sept. 1955. Princeton, N. J., Princeton Univ., Dep. of Chem.) H. PLUSKAL. G 350

H. Schröder, *Schnellbestimmung von Mangan in Metallegierungen.* 2. Mitt. *Photometrische Auswertung der $HClO_4/H_3PO_4$-Methode.* (1. vgl. C. **1956.** 1984.) Mn(II)-Salze werden bei Ggw. von $HClO_4$ u. H_3PO_4 zu Mn(III) oxydiert. Nach der Oxydation wird die Gesamtabsorption aller farbigen Ionen der Lsg. ermittelt. Dann wird Mn(III) durch Zusatz einer Spur festen Fe(II)-Salzes red. u. durch erneute Messung der Absorption der Mn-Geh. aus der Differenz bestimmt. An Hand von Beispielen wird die photometr. Auswertung dieser betriebsanalyt. Bestimmungsmeth. beschrieben. Sie ist in vielen Fällen ohne Abtrennung der Begleitelemente möglich, nur die Ggw. von V-Salzen stört, da V(V) durch Fe(II)-Salz zu V(IV) red. wird. Die Genauigkeit ist für Betriebszwecke ausreichend. (Metall 9. 100—02. Febr. 1955. Berlin.) F. VIER. G 350

E. Wacha, *Schnellbestimmung von Mangan in Metallegierungen.* Vf. weist darauf hin, daß der Unterschied zwischen den berechneten u. den gefundenen Werten in der Arbeit von SCHRÖDER (vgl. vorst. Ref.) der dort angegebenen Genauigkeit nicht entspricht. **H. Schröder** erklärt darauf, daß er in seiner Arbeit klar ausgesprochen habe, daß mit Abweichungen in der von WACHA angegebenen Größenordnung zu rechnen ist. (Metall **9.** 893. Okt. 1955.) F. VIER. G 350

M. J. Katz, **R. C. Clarke** und **W. F. Nye**, *Oxydationsaktiver Sauerstoff in Mangandioxyd.* Die Best. von oxydationsakt. O in MnO_2 nach verschied. Methoden führt vielfach zu erheblich voneinander abweichenden Ergebnissen. Die beiden wichtigsten dieser Verff., die $FeSO_4$-Meth. u. die Na-Oxalatmeth., werden hinsichtlich der Reproduzierbarkeit u. Übereinstimmung der Ergebnisse untereinander überprüft u. die Gründe für die auftretenden Differenzen untersucht u. diskutiert. Es wird gezeigt, daß bei der Ausführung nach eingeführten Vorschriften nur im Falle von natürlichem MnO_2 befriedigende Übereinstimmung der Ergebnisse erzielt wird, während bei synthet. MnO_2 die Oxalatmeth. infolge Luftoxydation mit einem positiven Fehler behaftet ist. Bei Ausführung der Oxalattitration unter einer inerten Atmosphäre (CO_2, N_2) wird der positive Fehler soweit red., daß die Übereinstimmung mit der $FeSO_4$-Meth. als ausreichend bezeichnet werden kann. — Belegversuche. (Analytic. Chem. **28.** 507—08. April 1956 (Part I). Fort Monmouth, N. J., Signal Corps Engng. Laborr.) H. HOFMANN. G 350

b) Organische Verbindungen.

Clark W. Gould, *Charakterisierung organischer Verbindungen.* Zusammenfassender Bericht für den Zeitraum 1951 bis November 1955. Behandelt wird die chem. Konst. von fünf Naturstoffen, die seit Erscheinen der letzten Zusammenstellung (PECK u. GALE, C. **1953.** 426) aufgeklärt wurde: *Tyrocidin A, Oxytocin, Insulin, α-Liposäure* u. *Vitamin B_{12}*. — 63 Literaturzitate. (Analytic. Chem. **28.** 777—82. April 1956 (Part II). Schenectady, N. Y., Gen. Electric Co., Res. Labor.) W. KRÖNERT. 5350

Jean Gauthier, *Bestimmung von Ameisen-, Essig- und Propionsäure in ihren neutralen und basischen Kupfersalzen, rein oder in Lösung.* Zur Best. von CH_3COO^- wird die Probe in einem Langhalskolben mit W. u. ca. 10 ml 85%ig. H_3PO_4 u. Siedesteinchen destilliert. Über einen absteigenden Kugelkühler wird das Destillat in ein Becherglas geleitet u. gegen *Phenolphthalein* (**I**) bzw. 1 Teil **I** + 1 Teil Bromthymolblau mit NaOH titriert. Die Dest. wird dreimal wiederholt. — Verschied. Methoden zur $HCOO^-$-Best. werden diskutiert. — Propionat wird ähnlich wie Acetat bestimmt. Der Einfl. des Glases auf die Best. wird diskutiert. (Bull. Soc. chim. France [5] **1956.** 657—60. April. Lyon, Fac. des Sci.) H.-G. MOSLÉ. G 810

M. Bergman, *Bestimmung von Calciumpropionat.* Zur Unters. von Mischungen von *Ca-Propionat* u. *$CaHPO_4$* werden 1 g davon mit 1,5 g $CaCO_3$ u. 100 ml W. versetzt, zum Sieden erhitzt, nach Erkalten filtriert u. 50 ml Filtrat in einer Porzellanschale mit n/2 H_3PO_4 neutralisiert. Dann werden weitere 10 ml n/2 H_3PO_4 zugegbeen, auf dem Wasserbad zur Trockne eingedampft, 15 Min. auf 150° erhitzt, nach Erkalten W. zugegeben u. der Säureüberschuß mit n/2 NaOH zurücktitriert. Er ergibt die Menge Säure, die zum Freisetzen der Propionsäure verbraucht wurde. (Chem. Techn. **7.** 483. Aug. 1955. Montreal, Can.) F. KRUSEN. G 810

L. Jenšovský, *Polarographisches Verhalten des Thioharnstoffes und seiner Derivate.* Inhaltlich ident. mit der C. **1956.** 6770 referierten Arbeit. (Collect. czechoslov. chem. Commun. **21.** 459—66. April 1956 [Orig.: dtsch.]) W. BARZ. G 880

N. M. Ssissakjan, E. N. Besinger, P. G. Garkawi und **G. Ja. Kiwman,** *Eine einfache Methode zur Trennung von Aminosäuren durch Verteilungschromatographie auf Papier.* Die zweidimensionale Papierchromatographie von *Aminosäuren* (**I**) läßt sich rascher u. ohne Verwendung von gesundheitsschädlichen Lösungsmitteln folgendermaßen durchführen: Lösungsm. a) Methanol–W.–Pyridin (40:10:2); b) n-Butanol–Methyläthylketon–W.–Diäthylamin (20:20:10:2). Sichtbarmachung der auf einheim. Papier hergestellten Chromatogramme durch Besprühen mit 0,4%ig. Lsg. von Ninhydrin in Methanol, Aceton oder Butanol. 20 verschied. **I** lassen sich so auf 28 · 28 cm großen Bogen bequem trennen. Die sorgfältig von Fremdbestandteilen gereinigten Hydrolysate werden in einer Menge, entsprechend einer **I**-Konz. von 0,005—0,01 μmol., 2 cm vom unteren u. linken Rand entfernt, aufgebracht, Fleckengröße nicht über 3 mm. R_f-Werte der verschied. **I** für die beiden Lösungsmittel werden angeführt. Schwefelhaltige **I** (Cystin, Methionin) können ebenfalls ohne weiteres identifiziert werden. Der Zeitbedarf beträgt statt 4—5 Tagen nur 15 Stunden. (Доклады Академии Наук СССР [Ber. Akad. Wiss. UdSSR] [N. S.] **96.** 343—46. 11/5. 1954. Biochem. Bach-Inst. der Akad. der Wiss. der UdSSR u. Staatl. Kontroll-Inst. für Sera u. Vaccine des Gesundh.-Minist. der UdSSR.) R. WITTWER. G 950

Yasuyoshi Ōshima, Sozaburō Yoshihara und **Yoshihiro Sakamoto,** *Untersuchungen über α-Aminoisobuttersäure durch Papierchromatographie.* Casein wurde nach DAKIN hydrolysiert u. im Hydrolysat papierchromatograph. *α-Aminoisobuttersäure* (**I**) festgestellt. Durch den benutzten Entwickler n-Butanol–Essigsäure–W. (4:1:1,5) ließ sich **I** nicht von *α-Amino-n-buttersäure* (**II**) trennen, wohl aber durch A.–W. (9:1). Durch 2-dimensionale Entw. in 2 Schritten läßt sich reine **I** isolieren. (J. agric. chem. Soc. Japan [Nippon Nôgeikagaku Kaishi] **27.** 102—04. März 1953. Fukuoka, Kyushu Univ., Fac. Agric., Labor. Biochem. [Orig.: japan., Auszug: engl.]) L. SCHULER. G 950

K. T. Poroschin, T. D. Kosarenko und **Ju. I. Churgin,** *Quantitative Bestimmung von Diketopiperazinen in den Produkten der Polykondensation von α-Aminosäureestern.* Bei der Polykondensation von α-Aminosäureestern entstehen neben linearen Polypeptiden *$H(NH-CHR-CO)_nOR$* (**I**) auch *Diketopiperazine* (**II**). Eine quantitative Best. der **II** in Ggw. von **I** läßt sich darauf gründen, daß die bei der alkal. Hydrolyse entstehende Menge an Dipeptiden bestimmt wird. Die Titration mit Cu-Lsg. u. die Messung der Zunahme des NH_2-N liefert übereinstimmende Ergebnisse. Auf diese Weise wird der Geh. an **II** in den Prodd. der Polykondensation von Glycinäthylester zu 10%, von d.l-Alaninäthylester zu 61% bestimmt. (Известия Академии Наук СССР, Отделение Химических Наук [Nachr. Akad. Wiss. UdSSR, Abt. chem. Wiss.] **1955.** 773—74. Juli/Aug. Zelinsky-Inst. für organ. Chem. der Akad. der Wiss. der UdSSR.) R. K. MÜLLER. G 3272

K. T. Schild und **L. Bottenbruch,** *Papierelektrophoretische Trennung von ^{32}P-markierten Hexosephosphorsäureestern.* Vff. wandten die Papierelektrophorese zur Trennung von mit ^{32}P markierten Hexosephosphorsäureestern u. zum Studium des Reaktionsverlaufes an. Die Darst. der Ester erfolgte mit ^{32}P-Natriumphosphat. Zur Elektrophorese wurden Papierstreifen im Veronalpuffer $3^1/_2$ Std. 200 V ausgesetzt u. danach die ^{32}P-Aktivität mit einem GEIGER-MÜLLER-Zählrohr gemessen. Die gefundenen Werte sind in Diagrammen zusammengestellt. Die Meth. wurde bei der Reinheitskontrolle von Fructose-Diphosphorsäure-Präpp., zur Unters. eines Glucose-1-phosphat-Präp. (Cori-Ester) u. Fructose-6-phosphat (NEUBERG-Ester) u. zur Kontrolle der enzymat. Spaltung von Fructosediphosphorsäure benutzt. Das Verf. arbeitete rasch u. zuverlässig. Es gestattet Analysen bei einer Substanz von nur wenigen γ. (Hoppe-Seyler's Z. physiol. Chem. **292.** 1—6. 23/3. 1953. Köln, Univ., Med. Klinik; Bonn, Univ., Chem. Inst.)
W. KNÖPKE. G 3400

M. Geldmacher-Mallinckrodt und **H. Weinland,** *Trennung von Glykogen und Galaktogen durch Elektrophorese auf Seide.* Zur Unters. von Polysacchariden wurde von den Vff. die Papierelektrophorese angewandt. Um das Verh. von Glykogen zu prüfen, erfolgte die Behandlung einer Lsg. 4 Std. bei 220 V im Eisschrank bei 5—7° im Veronalpuffer (p_H 8,6). Glykogen wandert dabei nach der Kathode u. läßt sich nach der Verspeichelung mit Benzidin-Eisessig-Alkohol entwickeln. Der entstandene Zucker ist als schmaler brauner Streifen sichtbar. Da der Nachw. des Polysaccharids oft durch die Cellulose gestört wird, wurde das Papier durch Seide ersetzt. Bei den Verss. erwies sie sich als gleichwertig, die Wanderungsgeschwindigkeit des Glykogens war $1^1/_2$mal so groß wie auf dem Papier. Als Nachw. diente die Furfurolbldg. durch starke Mineralsäuren, die durch Besprühen mit schwefelsaurer α-Naphthollsg. erheblich empfindlicher wurde. Die Verwendung der Seide gestattete die Unters. von Galaktogen, das langsamer zur Kathode wandert. Die Meth. läßt sich daher zur Trennung der beiden Komponenten anwenden. Nach 4 Std. Elektrophorese zeigen sich nach der Entw. die beiden Stoffe als schmale deutlich getrennte Streifen. Es konnten noch 5% einer Komponente in 2 mg eines Gemisches nachgewiesen werden. (Hoppe-Seyler's Z. physiol. Chem. **292.** 65—72. 23/3. 1953. Erlangen, Univ., Physiol.-chem. Inst.)
W. KNÖPKE. G 3400

Heinz Gibian und **Jean Barrollier,** *Notiz über die Anfärbung von Mucopolysaccharidsäuren auf Papier. Hyaluronsäure, Knorpel-Chondroitinschwefelsäure, β-Heparin* (nicht *α-Heparin*) geben auf Papierelektropherogrammen mit Albuminen schwerlösl., guthaftende Komplexe, die mit Eiweißfarbstoffen sichtbar gemacht werden können.

V e r s u c h e : Pherogramm 10 Min. bei 80° trocknen; 15 Min. in n. Essigsäure mit 0,5% dialysiertem Eieralbumin baden; auf einer Nutsche (senkrecht zur Papierebene) mit n. Essigsäure waschen; 20 Min. bei 80—85° im Luftstrom trocknen. Anschließend übliche Eiweißfärbung mit 0,1% Amidoschwarz 10B oder Neucoccin in Eisessig-W.-Methanol (1:4:5). (Naturwissenschaften **43.** 60. Febr. 1956. Berlin-West, Schering AG., Hauptlabor.)
K. H. WOLF. G 3400

G. Grodsky und **H. Tarver,** *Papierchromatographie von Insulin.* Vff. beschreiben ein Verf. zur papierchromatograph. Best. von *Insulin* (I), welches als rohes I aus Proteinextrakten durch ein A.-Ae.-Gemisch gefällt, in verd. alkoh. HCl gelöst u. mit Butanol/W./Essigsäure (12 : 5 : 2) als Lösungsm. chromatographiert wird. Durch Bromphenolblau (in Ggw. von $HgCl_2$ u. Essigsäure) werden die Chromatogramme angefärbt. (Nature [London] **177.** 223—25. 4/2. 1956. Berkeley, Calif., Univ. of California, Dep. of Physiol. Chem., School of Med.)
E. MOISAR. G 3750

Albert Light und **Melvin V. Simpson,** *Papierchromatographie von Insulin.* Als Lösungsm. zur papierchromatograph. Best. von *Insulin* wird 2-Butanol/1 %ig. Essigsäure (1 : 1) vorgeschlagen u. eine Modifizierung des Verf. für präparative Zwecke bei größerem Proteinüberschuß beschrieben. (Nature [London] **177.** 225. 4/2. 1956. New Haven, Conn., Yale Univ., Dep. of Biochem.)
E. MOISAR. G 3750

c) Bestandteile von Pflanzen und Tieren.

Edward L. Duggan, *Biochemische Analyse.* Zusammenfassender Bericht über Fortschritte auf dem Gebiet der biochem. Analyse in den beiden Jahren seit Erscheinen der letzten Übersicht (vgl. KIRK u. DUGGAN, C. **1954.** 4225). Behandelt werden präparative Methoden u. Bestimmungsverfahren. — 147 Literaturzitate. (Analytic. Chem. **28.** 714—20. April 1956 (Part II). Berkeley, Calif., Univ. of California, California Med. School, Dep. of Physiol. Chem.)
W. KRÖNERT. 5660

W. Peters, *Die Konservierung von entomologischen und zoologischen Präparaten in dem Kunststoff P 1.* Kurze Beschreibung einer Methodik zur Einbettung biol. Präpp. in dem Polyester-Gießharz P 1 (BADISCHE ANILIN- & SODA-FABRIK, Ludwigshafen/Rh.). (Vgl. auch C. **1956.** 5654.) (Anz. Schädlingskunde **36.** 41—42. März 1953. Gütersloh.) M. WINIKER. 5661

Eric Christensen, *Ein verbessertes Einschlußwachs für temporäre Ausstrichpräparate.* Die aus gleichen Teilen *Polyäthlylenglykol* „4000" (an Stelle bisher verwendeten Paraffins) u. bes. gereinigtem *Mastix* (vollständig mischbar) bestehende Schmelze („Glycomastic") hat die Vorteile, nur langsam zu erstarren u. mit A.–Eisessig (3 : 1) ablösbar zu sein. (Stain Technol. **29.** 197—200. Juli 1954. Upton, N. Y., Brookhaven Nat. Labor., Biol. Dep.) K. Blumrich. 5661

Ekkehard v. Törne, *Mikroskopische Dauerpräparate mit flüssigem Einschlußmittel. Weitere Verbesserung der Technik der Hilfsmittel.* (Vgl. C. **1954.** 1794.) Beschreibung eines „Wachskreisels" zur kreisförmigen Formung der Wachs–Vaselin-Zellen u. einer Arbeitsweise für die Herst. von Quetschpräpp. mit fl. Einschlußmitteln u. von Rahmen zum Anfassen u. Beschriften von Deckglaspräparaten. (Mikroskopie [Wien] **9.** 261—63. 1954. Wien.) K. Blumrich. 5661

Jürgen Meyer-Arendt, Clarita von Trott, Metta Pape und **August J. Bonk,** *Der Einfluß von Fixierung und UV-Bestrahlung auf die Absorption von Eiweißen.* Die UV-Absorption von menschlichem Blutserum (Maximum bei 275—280 mμ) u. Eiweißfolien wird durch Einw. von Formaldehyd oder 5%ig. Essigsäure kaum, durch stärkere (z. B. 0,2%ig.) OsO_4-Lsg., Alkohole u. viele andere Fixiermittel aber stark beeinflußt. — Intensive Bestrahlung mit der Hg-Linie 366 mμ bewirkte erst nach 7 Min. einen langsamen Anstieg der Eiweißabsorption. (Mikroskopie [Wien] **9.** 256—61. 1954. Hamburg, Univ., Patholog. Inst.) K. Blumrich. 5661

H. A. Davenport und **C. M. Combs,** *Golgi's Dichromat–Silber-Methode.* 3. Mitt. *Chromierflüssigkeiten.* (2. vgl. Stain Technol. **24.** [1949.] 117.) Von zahlreichen Chromaten, die in essigsaurer Lsg. auf Scheiben von 2 Tage bis 1 Jahr lang mit 10%ig. wss. Formaldehyd fixiertem Katzenhirn vor der Behandlung mit $AgNO_3$ einwirkten, brachten *K-, Cd-, Co-, Sr-* u. *Zn-Chromat* gute, *Ca-, Ce-* u. *Ni-Chromat* noch befriedigende Ergebnisse. Sehr geeignet wurde eine mit 6—8 ml Eisessig verseszte Lsg. von 5 g K_2CrO_4 in 100 ml W. gefunden (viel besser als wss. $K_2Cr_2O_7$). Nach 24—48std. Einw. folgte eine 12—24std. Behandlung mit 0,75—1%ig. $AgNO_3$. (Stain Technol. **29.** 165—73. Juli 1954. Chicago, Ill., Northwestern Univ. Med. School, Dep. of Anat.)
K. Blumrich. 5661

Theofried Peters, *Apparatur und Technik zur Mikroskopie an lebenden Säugerorganen in situ in gewöhnlichem Licht und Fluorescenzlicht.* Beschreibung einer den Anforderungen (Tiere bis Kaninchengröße, möglichst wenig geschädigt usw.) entsprechenden mkr. Einrichtung: Stativ, Tubus, Auflicht–Dunkelfeld-Syst. (Ultropak), Optik, Erreger- u. Sperrfilter für UV-Licht (Fluorescenzen). — Art, Lagerung, Beatmung, Narkose u. Operation der Tiere, Organbeobachtung unter Bespülen u. großer Vorsicht, Technik des Fluorochromierens (lokal u. injizierend). (Z. wiss. Mikroskop. mikroskop. Techn. **62.** 348—67. Juli 1955. Mainz, Univ., Anatom. Inst.) K. Blumrich. 5662

d) Medizinische und toxikologische Analyse.

W. R. Butt, Peggy Morris, C. J. O. R. Morris und **D. C. Williams,** *Die polarographische Bestimmung der Steroidhormone.* 5. Mitt. *Progesteronbestimmung in Blut.* (4. vgl. C. **1949.** I. 631.) Es wird eine Meth. zur *Progesteron* (**I**)-Best. in Blut beschrieben, die auf einer näher beschriebenen Lösungsmittelextraktion des Blutes, einer chromatograph. Trennung des Extraktes über vorbehandeltem Hyflo-Supercel u. der anschließenden polarograph. Best. des Eluates als 3.20-Ketosteroid beruht. Die Verss. zeigen, daß **I**, zu Plasma zugesetzt, mit ausreichender Genauigkeit (bis zu 1 μg) bestimmt werden kann. 1 bis 3 mg **I** in 0,4 ml 50%ig. wss. A. werden n. Ratten intravenös injiziert; 95% **I** werden in 5 Min. aus dem Blut entfernt. Das gleiche gilt für teilhepatektomierte Ratten. Der **I**-Geh. des Blutes schwangerer Frauen ist $<$0,1 μg/ml. Im menschlichen Placentablut konnten in 2 von 4 Fällen 0,3—1,3 μg **I**/ml nachgewiesen werden. (Biochemic. J. **49.** 434—38. Sept. 1951. London, London Hosp., Endocrine Unit.) H. P. Fiedler. 5727

C. J. O. R. Morris und **D. C. Williams,** *Die polarographische Bestimmung der Steroidhormone.* 6. Mitt. *Bestimmung einzelner Nebennierenrindenhormone im peripheren Blut des Menschen.* (5. vgl. vorst. Ref.) Es wird eine Meth. zur Trennung von Corticosteroiden aus dem Plasma durch Verteilungschromatographie u. mikropolarograph. Best. der Girard-T-Derivv. von *11-Dehydrocorticosteron, Corticosteron, Cortison* u. *17-Oxycorticosteron* (**I**) beschrieben. Die Bestimmungen wurden mit 20 cm³ Plasma ausgeführt. Es gelingt, mit dieser Meth. von zugesetzten 5—10 γ Corticosteroiden 80% zu bestimmen. Bei n. u. bei schwangeren Menschen wird kein *11-Desoxy-17-oxycorticosteron* gefunden. 1½ Std. nach *ACTH*-Gabe wird ein wesentlich erhöhter Corticosteroidspiegel im Blut gefunden, dabei zeigt **I** die stärkste Zunahme. (Biochem. J. **54.** 470—75. Juni 1953.)
H. Scheurlen. 5727

Ju. A. Ketschek, *Eine neue nephelometrische Methode zur Bestimmung von Proteinen und Proteinfraktionen im Serum oder Plasma des Blutes.* Vf. beschreibt ein nephelometr. Verf. zur Eiweißbest., in dem als Standardlsg. eine AgCl-Trübung benutzt wird. Durch dieses Verf. mit $\pm 0,5\%$ Genauigkeit werden 30—40% Fehler anderer Methoden ausgeschaltet. 1. Modifikation. Best. des Gesamteiweißes: Herst. der Lsg.: In 2 Kölbchen werden 2,5 ml gesätt. $(NH_4)_2S$-Lsg. von p_H 6,5—6,8 u. 2,5 ml n/5 HCl gegeben. In 2 Reagensgläser gibt man 0,4 ml n/10 HCl u. 0,1 ml Serum, mischt, gibt 0,1 ml davon in das Fällungsreagens u. schüttelt um. Nach 3—5 Min. werden die trüben Lsgg. gemischt u. im Nephelometer mit der Standardlsg. verglichen. Herst. der Standardlösung: In ein Kölbchen gibt man 1 ml 96% A. u. 1 ml konz. HNO_3 (1:4), mischt, gibt 4 ml n/10 HCl-Lsg. zu, mischt u. gibt 0,5 ml 0,002n $AgNO_3$-Lsg. zu, schüttelt um u. stellt 10 Min. in ein Wasserbad von 40°. 2. Modifikation. Gesamteiweiß u. Eiweißfraktionen: Herst. der Lsg. für die Gesamteiweißbest.: Wie oben, doch wird das Serum mit 0,4 ml physiol. NaCl-Lsg. verdünnt. Herst. der Lsg. für die Best. der Globuline oder Globuline + Fibrinogen: In 2 Kölbchen werden 2,5 ml gesätt. $(NH_4)_2S$-Lsg. u. 2,5 ml dest. W. gegeben u. das Serum (1:5 mit physiol. NaCl-Lsg. verd.) zugefügt. Herst. der Lsg. zur Best. von Fibrinogen: In 1,35 ml gesätt. $(NH_4)_2S$-Lsg. wie oben gibt man 3,65 ml dest. W., mischt u. gibt 0,1 ml unverd. Plasma zu. Standardlsg. wie oben. (Известия Академии Наук Армянской ССР, Биологические и Сельскохозяйственные Науки [Nachr. Akad. Wiss. ArmenSSR, biol. landwirtsch. Wiss.] **7.** Nr. 10. 73—85. Okt. 1954. Erewan, Med. Inst., Lehrstuhl für Biochem.) B. KRAFT. 5728

G. Beck, *Die zeitlich differenzierte percuprimetrische Titration verschiedener Serumeiweiße.* Überblick über die Anwendung der vom Vf. früher (C. **1955.** 1576) beschriebenen Meth. der zeitlich differenzierten percuprimetr. Titration von Serumeiweiß auf verschied. n. u. patholog. Seren. (Helv. physiol. pharmacol. Acta **9.** C45—C47. 1951. Bern, Univ., Med.-chem. Inst.) A.-M. FRETZDORFF. 5728

G. Beck, *Die percuprimetrische Titration von normalen und pathologischen Serumeiweißen.* (Vgl. C. **1953.** 3130.) Inhaltlich ident. mit der vorst. referierten Arbeit. (Mikrochem. verein. Mikrochim. Acta **39.** 22—29. 1952.) A.-M. FRETZDORFF. 5728

F. Dietrich, *Zur Differenzierung von Lipoproteiden des Serums mittels präparativer Elektrophoresemethoden.* Krit. Überblick über die bisherigen Verff. zur Differenzierung der Serumlipoproteide u. ihren analyt. Nachw. unter eingehender Betrachtung der papierelektrophoret. Arbeitsweisen. Deren Nachteile (unbefriedigende u. ungleichmäßige Auftrennung der Fraktionen, Störungen von seiten des Papiers, unzulänglicher Nachw. usw.) sind Veranlassung, die von SVENSSON u. BRATTSTEN (C. **1950.** II. 2226) angegebene, von anderen Autoren weiterentwickelte Meth. unter Heranziehung von Kartoffelstärke als Trägersubstanz zu verwenden. Es wird gewaschene, pufferfeuchte Stärke zu einem Block von 40 × 12 × 16 cm geformt; man trocknet mit Filtrierpapier, umhüllt mit einer dünnen Kunststoffhaut, legt auf eine Plexiglasbrücke; in Kathodennähe stellt man im Stärkeblock eine V-förmige Rinne zur Aufnahme des Serums her; man elektropheriert bei 4—6°, 130—150 V u. 45—70 mA; weitere Einzelheiten der Arbeitsweise vgl. Original. Best. von Protein, Cholesterin, Phospholipoiden, veresterten Fettsäuren nach den Verff. des Schrifttums. Die tabellar. u. graph. dargestellten Ergebnisse lehren, daß nach der angewandten Meth. durch Konstanthaltung von Spannung, Stromstärke, Temp., p_H u. Ionenstärke gegenüber früher eine verbesserte Reproduzierbarkeit erzielt wird. Eine nennenswerte Adsorption des Fettes an der Stärke findet nicht statt. Mit 4 ml Serum wird bei vollständiger Extraktion (Soxhlet) der Lipide aus den differenzierten Fraktionen die Best. von Cholesterin, Phospholipoiden u. veresterten Fettsäuren möglich; Hinweis auf die befriedigenden Untersuchungsergebnisse an bisher 86 geprüften Blutseren von Gesunden u. Patienten. (Hoppe-Seyler's Z. physiol. Chem. **302.** 227—35. 1955. Marburg/Lahn, Univ., Med. Klinik.) K. TÄUFEL. 5728

R. L. Markham, *Anwendung einer modifizierten Methode der zweidimensionalen Zonenelektrophorese auf Mucoproteine in Serum und Urin.* Für die Elektrophorese in der zweiten Richtung wird der nach der ersten Trennung ausgeschnittene Papierstreifen mit den Fraktionen auf den zweiten Papierbogen nicht aufgelegt wie im ursprünglichen Verf. DURRUMs (C. **1952.** 2350), sondern nach kurzem Antrocknen bei Zimmertemp. in einen Ausschnitt entsprechender Größe eingesetzt. Der Ausschnitt ist etwas länger als der Streifen, so daß an den Stirnseiten keine Berührung u. daher keine Flüssigkeitsströmung erfolgt. Die Längsseiten werden fest mit dem Bogen zusammengedrückt. Die aus dem befeuchteten Papierbogen einfließende Pufferlsg. drängt die Substanz zu einem schmalen Band zusammen, das die Startlinie für die zweite Elektrophorese ergibt. *Serummucoproteide* können auch auf dem gleichen Papierbogen zweidimensional getrennt werden. Der störende Veronalpuffer wird dann durch Waschen mit eiskaltem

Aceton (66%) entfernt. — Während bei der zweidimensionalen Elektrophorese Serumalbumin u. das Mucoproteid M_2 kreisrunde Flecke geben, entsteht aus dem Mucoproteid M_1 bei der Unters. des Serums von Patienten mit akuter rheumatoider Arthritis ein ellipt., diagonal angeordneter Fleck. (Nature [London] **177.** 125—26. 21/1. 1956. London, Royal Free Hosp., Dep. Rheumatol.) U. FREIMUTH. 5732

D. Coppini, *Vereinfachung der Methode von Musajo und Coppini zur Bestimmung der Chinuren- und Xanthurensäuren im Harn.* (Vgl. MUSAJO u. COPPINI, C. **1953.** 3130; vgl. auch C. **1955.** 6817.) Die mehrfachen Extraktionen mit Isoamylalkohol u. $NaHCO_3$-Lsg. lassen sich einschränken, wenn man den Harn mit Lsgg. von MOHRschem Salz u. $NaHCO_3$ schüttelt, 5 Min. stehen läßt, die grüne Lsg. gegebenenfalls filtriert u. durch Messen im Photometer von PULFRICH den Xanthurensäuregeh. bestimmt. Die grüne Lsg. wird dann mit $KMnO_4$ oxydiert, zentrifugiert, mit 2n HCl bis zum p_H-Wert 1,5—2 versetzt u. 3mal mit Isoamylalkohol extrahiert. Die Auszüge wurden mit Na_2SO_4 getrocknet u. im Vakuum dest., der Rückstand mit $POCl_3$ u. PCl_5 behandelt, mit Chinolin versetzt u. mit A. von 95% aufgenommen. Aus der rotgefärbten Lsg. ließ sich der Chinurensäuregeh. ebenfalls photometr. bestimmen. (Atti Soc. Naturalisti Matematici Modena **82—84.** 2—3. 1951—1953. Modena, Univ., Inst. für pharmaz. Chem.) E. DEHN. 5732

D. Coppini, *Über das Aufsuchen der Chinuren- und Xanthurensäuren im Blut.* (Vgl. vorst. Ref.; vgl. auch C. **1955.** 6817.) Vf. versetzt das kolierte Serum (1—3 cm^3) mit einem Gemisch aus gleichen Teilen Aceton u. A., setzt 2n HCl bis zum p_H-Wert 1,5—2 hinzu, erhitzt u. zentrifugiert den Nd. ab. Die überstehende Fl. wird noch 2mal in gleicher Weise behandelt. Dann wird sie im Vakuum zur Trockne verdampft u. der Rückstand mit $NaHCO_3$-Lsg. aufgenommen, um in ihm die beiden Oxychinolincarbonsäuren zu bestimmen (vgl. vorst. Ref.). Die gefundenen Werte stimmen mit den gewichtsanalyt. gut überein. Nach Verabreichung von Tryptophan wurden beim Menschen im Blut u. Harn ansehnliche Mengen beider Säuren gefunden, bei Kaninchen aber nur im Harn. Wurden dem Kaninchen beide Säuren injiziert, dann ließen sie sich schon nach 2 Min. im Serum feststellen. (Atti Soc. Naturalisti Matematici Modena **82—84.** 4—7. 1951 bis 1953.) E. DEHN. 5732

J. Ruffié und **J. Ducos,** *Über eine neue Methode zur Identifizierung von Menschenblut.* Das Prinzip geht auf eine kürzlich vorgetragene Meth. von VACHER u. Mitarbeitern zurück: Rote Blutkörperchen (Rh +) werden durch einen blockierenden Antikörper (Anti-Rh) „sensibilisiert". Dieses Präp. wird durch ein menschliches Antiglobulin (**I**) stark agglutiniert. Wurde **I** vorher mit einem menschlichen Blutfleck behandelt, so wird der Antikörper gesätt. u. unfähig zur Agglutination. Nach Verss. der Vff. ist die Meth. für die gerichtliche Medizin geeignet u. den klass. Methoden überlegen. (Ann. Méd. légale Criminol. **36.** 17—21. Jan./Febr. 1956. Toulouse, Fac. de Méd., Inst. Méd. légale, Labor. d'Hématol.) EBERHARD MÜLLER. 5762

P. Seifert, *Zur Frage der Relation von Blutalkohol zum Atemalkohol.* (Vgl. C. **1952.** 6108.) Verss. bestätigen erneut eine auswertbare Übereinstimmung zwischen Blut- (**Ia**) u. Atemalkohol (**Ib**). Dem Ansteigen von **Ia** entspricht ein Abfallen von **Ib** u. umgekehrt. Die Kurvenmaxima können um 10—15 Min. verschoben sein. Steigen von **Ib** bewirkt Sinken des „Verteilungskoeff." zwischen **Ia** u. **Ib**, wahrscheinlich, weil der vom Reagens nicht erfaßte A.-Anteil mit steigendem A.-Geh. größer wird. Dagegen hat die Art des Atmens nur geringen Einfl. auf **Ib**. — Aus den gefundenen Versuchswerten für 0,1 bis 1,5% **Ia** läßt sich eine Kurve entwickeln, die im Bereich von 0,45—2,0% **Ib** mit prakt. verwertbarer Genauigkeit **Ia** bestimmen läßt. (Naunyn-Schmiedebergs Arch. exp. Pathol. Pharmakol. **214.** 427—32. 1952. Heidelberg, Univ., Inst. für gerichtl. Med.) F. LÜPNITZ. 5762

Konrad Bunge, Institut für Spektrochemie und angewandte Spektroskopie, Dortmund. Materialabbau in Funkenentladungen. Untersuchungen an Zinkkathoden. Als Ms. gedr. Köln u. Opladen: Westdt. Verl. 1956. (43 S. m. 10 Abb.) 4° = Forschungsberichte d. Wirtschafts- u. Verkehrsministerium Nordrh.-Westf. Nr. 209. DM 11,40.

H. Angewandte Chemie.

I. Allgemeine chemische Technologie.

Thomas E. Corrigan, *Grundlagen der chemischen Technik.* 1. Mitt. *Das chemische Gleichgewicht.* (Vgl. C. **1956.** 1692.) Einleitend bringt Vf. eine klare Abgrenzung der Gleichgewichtslehre gegen die Kinetik der chem. Reaktionen. Anschließend wird die Ermittlung von Reaktionswärmen u. deren Abhängigkeit von Druck u. Temp. sowie die Berechnung von theoret. Flammentempp. u. Explosionsdrucken behandelt. Hierzu werden 3 Beispiele durchgerechnet. — Ferner wird eine Definition der Freien Energie als der bestimmenden Größe für die Lage chem. Gleichgewichte gegeben. Die Arbeit befaßt sich weiterhin mit der Berechnung von Gleichgewichten für ideale u. nichtideale Gase. Als Beispiel werden 2 Berechnungen der Fugazität von chem. Substanzen (gasförmiger bzw. fl. NH_3) sowie eine für ein chem. Gleichgewicht (Dissoziation von NH_4Cl) durchgeführt. — Vf. diskutiert die Errechnung des thermodynam. möglichen Reaktionsmaßes. Hierbei werden isotherme u. adiabat. Verhältnisse bei einfachen u. gekoppelten Rkk. behandelt u. für adiabat. Fälle eine graph. Meth. der Lsg. erläutert. 4 spezielle Aufgaben werden durchgerechnet. (Chem. Engng. **61.** Nr. 3. 222—32. März, Nr. 4. 212—20. April, Nr. 5. 202—10. Mai 1954. Niagara Falls, N. Y., Mathieson Chemical Corp.)

GERHARD GÜNTHER. 5896

Badische Anilin- & Soda-Fabrik Akt.-Ges., Ludwigshafen/Rh. (Erfinder: **Emil Keunecke,** Witten/Ruhr, und **Herbert Petrovicki,** Heidelberg), *Dispergiermittel.* Als solche werden dispergierend wirkende Verseifungserzeugnisse aus Oxydationserzeugnissen von hochmol. KW-stoffen aus der CO-Hydrierung verwendet, wonach man KW-stoffe der bezeichneten Art mit F. $>60^0$ nur so weit oxydiert, daß die SZ. des Oxydationsgemisches wesentlich unterhalb derjenigen liegt, die sich unter Annahme einer COOH-Gruppe je Durchschnittsmol. des Ausgangsstoffes errechnet, u. die so erhaltenen Oxydationserzeugnisse verseift, u. zwar zusammen mit Seifen von höhermol. Fettsäuren. — Z. B. wird ein aus der CO-Hydrierung stammendes, bei 98^0 schm. Gemisch von hochmol. KW-stoffen unter Zusatz von 0,15% $KMnO_4$ in wss. Lsg. mit einem Luftstrom von 20 m^3/Std. bei 130^0 bis zur SZ. 22 oxydiert. 4000 (Teile) des Erzeugnisses werden im geschmolzenen Zustand mit 50 eines aus der Paraffinoxydation stammenden, bei 1 mm zwischen 240 u. 300^0 sd. Fettsäuregemisches versetzt. — Gutes Eindringungsvermögen in Holz oder Leder. (**D. B. P. 890 651** Kl. 12s vom 16/9. 1942, ausg. 21/9. 1953.)

R. HERBST. 5825

Standard Oil Co., Cleveland, O., V. St. A. (Erfinder: **A. L. Jones** und **E. C. Hughes**), *Trennen von Gemischen gelöster oder dispergierter Stoffe oder von Flüssigkeitsgemischen durch thermische Diffusion.* Die Trennung erfolgt in einer Kolonne mit zwei engbenachbarten Scheidewänden (0,254—1,524 mm Abstand), von denen eine auf höherer Temp. gehalten wird. — Zeichnung. (**Belg. P. 520 601** vom 10/6. 1953, ausg. 8/7. 1955. A. Prior. 24/6. 1952.)

W. MATTHAES. 5829

Selma Wiebe (Erfinder: **Johannes Wiebe †**), Bielefeld, *Trommelfilter* mit einer Vielzahl schmaler, achsparalleler Zellen, die über Verbindungsbohrungen wechselweise mit der Saugkammer der Filtertrommel u. mit gegen die Saugkammer u. gegeneinander abgedichteten Hohlräumen zum Zuführen von Blas- u. Spülmitteln u. zum Abführen besonderer Filtrate in Verbindung treten, wobei diese Hohlräume in ortsfesten sektorförmigen Schleifkörpern untergebracht sind, die dichtend auf dem Innenmantel der Filtertrommel schleifen, dad. gek., daß die Verbindungsbohrungen in einer oder mehreren Querschnittsebenen der Filtertrommel angeordnet sind u. daß jedem auf diese Weise im Trommelmantel gebildeten Lochkranz ein Schleifkörper mit Hohlräumen zugeordnet ist. — Abbildungen. (**D. B. P. 940 287** Kl. 12d vom 10/3. 1937, ausg. 15/3. 1956. Anmeldung bekanntgemacht 2/7. 1953.)

K. DEMMLER. 5831

Émile Oscar Mathys, Frankreich, *Verfahren zum Sättigen von Flüssigkeiten mit Gas,* bes. mit CO_2. Man füllt einen geschlossenen Raum mit dem Gas unter Druck u. läßt einen Flüssigkeitsstrahl unter einem höheren Druck als dem des Gases aus einer Düse derart in den mit Gas gefüllten Raum eintreten, daß die Gasteilchen mitgerissen werden u. sich eine Emulsion bildet. Letztere läßt man unter intensivem Durchmischen abfließen. — Vorrichtung. (**F. P. 1 081 893** vom 11/5. 1953, ausg. 23/12. 1954.)

T. OPPERMANN. 5849

Gebrüder Bühler, Uzwil, St. Gallen, Schweiz, *Abscheiden feiner Staubteilchen aus Gasen,* wobei die Teilchen durch Reibungselektrizität aufgeladen u. abgeschieden werden, dad. gek., daß Teile des pneumat. Fördersyst. (Förderrohre u. Zyklon) aus elektr. gut isolierendem Material, z. B. Plexiglas, hergestellt sind. (**Schwz. P. 310 495** vom 3/3. 1953, ausg. 16/12. 1955.)

A. HEINSEN. 5851

Badische Anilin- & Soda-Fabrik Akt.-Ges. (Erfinder: **Friedrich Grassner, Georg Kling, Ludwig Reichle** und **Ernst Wittmann**), Ludwigshafen/Rh., *Entfernung von Kohlendioxyd aus solches enthaltenden Gasen durch Auswaschen mit polaren Flüssigkeiten,* bes. Methanol, bei tiefen Tempp. unter Druck unter Regenerierung u. Kreislaufführung der Wasch-Fl. (I), dad. gek., daß man verhindert, daß sich Metallcarbonyle, bes. Fe-Carbonyle, in I bilden, oder daß man gebildete Carbonyle entfernt, z. B. durch Aktivkohle, Oxydation oder Bestrahlung mit kurzwelligem Licht. Der Carbonylgeh. soll $<0,05$ Gew.-% gehalten werden. (**D. B. P. 939 866** Kl. 12i vom 17/11. 1954, ausg. 8/3. 1956. Anmeldung bekanntgemacht 25/8. 1955.)

W. MATTHAES. 5853

Phillips Petroleum Co., übert. von: **Robert A. Findlay,** Bartlesville, Okla., V. St. A., *Flüssigkeitsextraktion.* Man bildet eine Dispersion relativ feiner Tropfen der einen Fl. mit einer 2. Fl., z. B. in einer Zentrifugalpumpe, u. spritzt diese Dispersion in eine fl.–fl. Gegenstromextraktionskolonne ein, in welcher die genannte 2. Fl. die kontinuierliche Phase darstellt. Durch Verdünnen mit weiterer Fl. red. man die Konz. der dispersen Flüssigkeitstropfen, u. auf diese Weise erreicht man einen wirksamen Fl.–Fl.-Kontakt zwischen den dispersen Tropfen u. der kontinuierlichen Phase. Anwendung: Z. B. *KW-stoffe,* Extraktions-Fl.: Furfurol. (**A. P. 2 689 874** vom 29/9. 1950, ausg. 21/9. 1954.) H. NEBELSIEK. 5863

Chemisch-Pharmazeutische Fabrik Adolf Klinge G. m. b. H., München, *Extraktion und Vakuumverdampfung.* Die Extraktion wird unter Vermeidung von Erwärmung, dagegen die Regeneration der Extraktions-Fl. (I) im Destillationsgefäß (**II**) unter Vakuum u. unterhalb einer die Wirkstoffe des jeweiligen Extrakts schädigenden Temp. durchgeführt. Kondensierte **I** wird bei Raumtemp. period. wiederholt dem **II** zugeführt. (**Schwz. P. 285 472** vom 12/4. 1950, ausg. 5/1. 1953. Oe. Prior. 14/4. 1949. D. Prior. 31/10. 1949.) A. HEINSEN. 5863

Appareils et Évaporateurs Kestner, Lille, Frankreich, *Fraktionierte Destillation* von Gemischen, z. B. Fettsäuren C_{14}—C_{22}, die temperaturempfindlich sind. Man führt die Wärme in die in mehrere Elemente unterteilte Kolonne abschnittsweise ein. (**Schwz. P. 292 066** vom 15/5. 1951, ausg. 16/10. 1953. F. Prior. 10/8. 1950.) A. HEINSEN. 5865

Standard Oil Development Co., Elizabeth, N. J., V. St. A. (Erfinder: **Anthony Fred Doran Pott, Donald Henry McLean** und **Roy Trevor Davies**), *Hydraulische Flüssigkeit* auf der Basis von W. oder einer Mischung W.–Alkohol bzw. Glykol, die mit einem nichtion. (**I**) u. einem ion., anion. (**II**) oder kation. (**III**), Detergent verdickt ist u. ein Antischaummittel enthält. Die Fl. kann außerdem ein Antikorrosionsmittel u. ein Trialkylphosphat enthalten. — Beispiel für **I**: Polyoxyalkylenoxydderiv. eines Alkylphenols „Lissapol" (**IV**); für **II**: Türkischrotöl (**V**), Alkalisalz einer Organosulfonsäure; für **III**: Cetyltrimethylammonium-, Cetylpyridiniumbromid. — Beispiel: 15 (Gew.-%) **IV**, 5 **V**, 80 Glykol/W. (5/95), 1 Na-Nitrit, 1 Tributylphosphat, 0,2 Na-Mercaptobenzthiazol, 0,001 Methylpolysiloxan. (**E. P. 721 594** vom 26/4. 1951, ausg. 12/1. 1955.) E. DREWS. 5893

Edmondo Cianella, Appunti di impianti chimici. Napoli: R. Pironti e F. 1955. (343 S. m. 50 Abb.) 8°. L. 1500,—.

Jeffrey R. Stewart and **Frances E. Spicer,** An encyclopedia of the chemical process industries. New York: Chemical Pub. Co. (820 S.) 8°. $ 12,—.

Renato Turriziani, Compendio delle esercitazioni di chimica applicata tenuta nelle Facoltà di ingegneria di Roma. Roma: Edizioni dell'Ateneo. (355 S. m. Abb.) 8°. 1955. L. 2500,—.

—, Neue Wege des chemischen Apparatewesens. 21 Vorträge, geh. auf d. 1. Kongreß d. europ. Föderation f. Chemie-Ingenieur-Wesen u. d. Dechema-Jahrestagung 1955 Frankfurt/M. Hrsg.: Dechema, Dt. Gesellschaft f. chem. Apparatewesen e. V., Frankfurt/M. Weinheim/Bergstr.: Verl. Chemie. 1956. (420 S. m. Abb.) 8° = Dechema-Monographien. Nr. 311—331 = Bd. 26. DM 48,75.

III. Elektrotechnik.

Eberhard Meyer-Hartwig, *Über Halbmetalle mit kontinuierlichen Übergangseigenschaften zwischen Metall und Keramik.* 5. Mitt. *Capillarhalbleiter.* Durch Einführung von Grenzmodellen ergeben sich Grundlagen zur Berechnung der Möglichkeiten, metall. u. keram. Werkstoffe bzgl. ihrer elektr. Eigg. zu kombinieren. Es zeigt sich, daß es oft unmöglich ist, eine Kombination ohne einen Wertesprung bei kontinuierlicher Änderung der Mischungsanteile durchzuführen. Es wird ein Modell entwickelt, welches dem möglichen Idealzustand zu entsprechen scheint. Die Verwirklichung des Capillarhalbleitermodells ist auf einfache Weise gelungen. Durch Ausnutzung der keram. Capillarität, Sintern bei hohem Metalldampfdruck u. andere Mittel, welche die Diffusion Metall–Keramik u. Keramik–Metall verstärken, entsteht ein neuer Werkstoff mit weiten Variationsmöglichkeiten. Die Schliffbilder zeigen die sich einstellende Metallverteilung. Für Halbmetalle werden Widerstandswertefolgen zwischen den metall. u. keram. Werten wiedergegeben. Da die Capillarhalbleiter verschied. Zus. im Temperaturfeld bes. interessieren, werden Meßergebnisse für Heißleiter u. Kaltleiter angegeben u. Ausführungsformen gezeigt. Es wird der Stand der Entwicklungsarbeiten an Heizstäben behandelt. (Z. Metallkunde **42.** 302—08. Okt. 1951. Parcines-Partschins [Tiroler-Etschland].)

H. HOCHSTEIN. 5952

Bell Telephone Laboratories, Inc., New York, N. Y., übert. von: **Calvin S. Fuller,** Chatham, N. J., V. St. A., *Halbleiter.* Zur Herst. erhitzt man einen Halbleiterkörper vom p-Typ, z. B. Si oder Ge, in inerter Atmosphäre in Ggw. von Li einige Sek. auf eine

Temp. zwischen 500° u. dem E. des Halbleitermaterials, so daß sich durch Diffusion von Li eine p–n-Schicht bildet. Es kann auch eine geschmolzene Li-Legierung verwandt werden, z. B. eine Sn–Li-Legierung mit 1% Li, in die der Halbleiterkörper einige Min. eingetaucht wird. (**A. PP. 2 725 315** vom 14/11. 1952 u. **2 725 316** vom 18/5. 1953, beide ausg. 29/11. 1955.) H. KESSEL. 5953

Bell Telephone Laboratories, Inc., New York, N. Y., übert. von: **James R. Haynes,** Chatham, und **Robert D. Heidenreich,** Madison, N. J., V. St. A., *Ge-Halbleiterkörper* trägt eine kataphoret. aufgebrachte dünne Oberflächenschicht aus einem Sb-, Bi- oder Sn-Oxyhalogenid. (**A. P. 2 722 490** vom 24/7. 1950, ausg. 1/11. 1955.) H. KESSEL. 5953

Siemens & Halske Akt.-Ges., Berlin und München (Erfinder: **Herbert Bauer, Dietrich Linde,** Berlin, **Heinrich Klarmann** und **Hans-Albert Rühmkorf,** Falkensee-Finkenkrug), *Elektrische Widerstände* mit chem., elektrochem., durch Kathodenzerstäubung oder Aufdampfen gewonnenen metall. Widerstandsschichten. Auf der isolierenden Unterlage wird an den Anzapf- oder Kontaktstellen eine Kristallisationskeime für die Bldg. des Nd. enthaltende, z. B. aus Cr, Mo oder W bestehende dünne Metallschicht, aufgebracht, bes. durch Aufdampfen oder Kathodenzerstäubung. (**D. B. P. 941 300** Kl. 21c vom 1/5. 1943, ausg. 5/4. 1956. Anmeldung bekanntgemacht 11/9. 1952.) H. KESSEL. 5955

Hercules Powder Co., übert. von: **William H. Markwood jr.,** Wilmington, Del., **Robert H. Ralston** und **George M. Taylor,** Kennett Square, Pa., V. St. A., *Isoliermaterial* für elektr. Leitungen enthält ein Polymer aus der Gruppe der Homopolymere von 3.3-bis-(chloromethyl)-oxetan (I), der Mischpolymere von I u. anderen 3.3-disubstituierten Oxetanen, u. der Mischpolymere von I mit Oxetan. Als Weichmacher dienen 3–30% eines Doppelesters einer dicarbocycl. Säure, z. B. eines Dialkylsebacats oder -phthalats. (**A. PP. 2 722 492** u. **2 722 493** vom 17/8. 1954, ausg. 1/11. 1955.) H. KESSEL. 5957

General Electric Co., New York, übert. von: **Edward W. Daszewski,** Scotia, N. Y., V. St. A., *Isoliermaterial* für elektr. Leiter. Das Ausgangsmaterial ist ein Gemisch aus 4 Komponenten: 40–95(%) eines durch Kondensation von Formaldehyd mit einem Hydrolyseprod. von Polyvinylacetal gewonnenen Polyvinylformal-Kunstharzes (**I**); 5–50 eines durch Kondensation von 1 Mol eines Phenols mit 0,7–2 Mol Formaldehyd in Ggw. eines alkal. Katalysators gewonnenen warmhärtbaren Kunstharzes (**II**); 0,3 bis 1,2 (bezogen auf **I**) Melamin (**III**) oder ein **III**–Formaldehyd-Kondensationsprod.; als Lösungsm. (**IV**) für **I, II** u. **III** ein Gemisch aus Kresol u. Naphtha; das gesamte Gemisch enthält 5–25 (Teile) **I–III** u. 25–95 **IV**. (**A. P. 2 730 466** vom 30/8. 1954, ausg. 10/1. 1956.) H. KESSEL. 5957

General Electric Co., New York, übert. von: **Edward W. Daszewski,** Scotia, N. Y., V. St. A., *Isoliermaterial* für elektr. Leiter. Das Ausgangsmaterial ist ein Gemisch aus 4 Komponenten: 0,1–7(%) einer Verb. mit der Strukturformel I, worin Z einen Alkylenrest, R_1, R_2 u. R_3 H-, Halogen-, Alkyl-, Aryl- oder Aralkylreste bedeuten, u. n eine ganze Zahl zwischen 1 u. 3 ist; 10–17 eines komplexen Epoxydkunstharzes, bestehend aus einem Polyätherderiv. einer polyhydr. organ. Verb., z. B. eines polyhydr. Alkoholäthers mit Epoxygruppen; 7–15 eines Kondensationsprod. aus Harnstoff u. Formaldehyd; 60–80 organ. Lösungsmittel. (**A. P. 2 730 467** vom 21/9. 1954, ausg. 10/1. 1956.) H. KESSEL. 5957

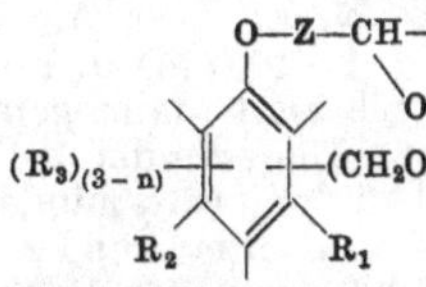

I

Licentia Patent-Verwaltungs-G. m. b. H., Hamburg (Erfinder: **Ernst Friedjof Weber,** Kassel), *Mehrschichtdrahtisolation.* Das bes. aus ungesätt. Polyestern bestehende Isoliermaterial hat 2 Komponenten, wovon die 1. den spezif. Beschleuniger für die 2. u. diese den spezif. Beschleuniger für die 1. enthält, so daß die beschleunigte Aushärtung prakt. entsprechend der Diffusion der Beschleuniger erfolgt. Zur Viscositätseinstellung der Isolierharzlacke dienen fl. monomere oder anpolymerisierte Vinyl- oder Allylverbindungen. Die 1. Komponente ist z. B. ein in Monostyrol gelöstes ungesätt. Polyesterharz (**I**) mit einem Zusatz von 2(%) Anonperoxydpaste u. 0,01 tert. aromat. Amin, das in **I** eingebaut werden kann; die 2. Komponente (Gießharz) enthält 54 Maleinatharz, 13 Aerosil, 32 Quarzmehl, 1,8 BP-Paste, 0,2 Co-Naphthenatlösung. (**D. B. P. 940 911** Kl. 21c vom 14/5. 1954, ausg. 29/3. 1956. Anmeldung bekanntgemacht 22/9. 1955.) H. KESSEL. 5957

Westinghouse Electric Corp., V. St. A., übert. von: **Edward J. Croop,** *Isolierband.* Man überzieht mineral. Gewebe (Glas-, Asbestgewebe) mindestens einseitig mit einem elast. Siloxan (**I**), das das Gewebe ausfüllt, vulkanisiert es u. überzieht es mit einer dünnen Schicht des gleichen vulkanisierbaren **I**. **I** kann man nach A. PP. 2 469 883; C. **1950**. I. 1540, 2 472 629; C. **1949**. E. 1638) herstellen. — Eine Mischung aus 100 (Teilen) Dimethylsiloxangel, 100 $CaCO_3$ u. 3 Benzoylperoxyd wird einseitig auf Glasgewebe kalandert, 5 Min. bei 150° geheizt u. eine dünne Schicht der genannten Mischung auf die erste Schicht gebracht. Wegen der höheren therm. Leitfähigkeit arbeiten mit solchen Bändern isolierte elektr. Spulen bei tieferen Tempp. als übliche Spulen. (**F. P. 1 047 977** vom 13/8. 1951, ausg. 18/12. 1953. A. Prior. 19/8. 1950.) M. Pankow. 5957

Serge Medvedieff, Seine, Frankreich, *Oxydmagnet.* Für die magnet. Registrierung auf Bändern dienen Mischoxyde aus Fe_2O_3 u. Co_2O_3, die als Zusätze NiO, CuO, ZnO, Mn-Oxyd, CdO, MgO, Li_2O, PbO u. Cr_2O_3 enthalten können. Das Verhältnis Fe:Co bzw. Fe:(Co + anderes Metall) ist 1—1,25. Für Verhältnisse $>$1,4 ergibt sich die Möglichkeit der Herst. von anisotropen Magneten durch Erwärmung auf 160—500° u. folgendes langsames Abkühlen im magnet. Feld. Durch gemeinsames Ausfällen der Komponenten erhaltene Oxydgemische werden 1/4—6 Std. bei 400—900° an Luft gebrannt. Aus mechan. gepulverten Komponenten bestehende Gemische werden bei 700—1050° gebrannt u. anschließend noch einmal gepulvert. (**F. P. 1 100 865** vom 5/3. 1954, ausg. 26/9. 1955.) B. Schmidt. 5959

Paul Buffet, Seine-et-Oise, Frankreich, *Oxydmagnet.* In ihren magnet. Eigg. beständige Fe_2O_3–Fe_3O_4–CoO-Magnete lassen sich reproduzierbar herstellen, wenn das Verhältnis Fe_3O_4:Fe_2O_3 im pulverigen Ausgangsgemisch gleich 2,5—3,5, bes. 3, gewählt wird u. das Fertigbrennen (bei 950—1050°) in Schutzgas, bes. N_2, vorgenommen wird. — 3 Beispiele. — Die Pulverzus. ist z. B. 29(%) CoO; 18 Fe_2O_3; 52 Fe_3O_4. (**F. P. 1 086 346** vom 9/7. 1953, ausg. 11/2. 1955.) B. Schmidt. 5959

General Aniline & Film Corp., New York, N. Y., V. St. A., *Magnetkernpulver.* Carbonyl-Fe-Pulver mit 0,1—1,2% C-Geh. wird mit Fe-Phosphat, einem Alkalimetalltetrasilicat oder einem Silicon-Kunstharz (z. B. einem partiell dehydrierten Methylsilicon) behandelt u. bei 450—600° mit H_2 red., bis der C-Geh. $<$0,1% gesunken ist. (**E. P. 731 743** vom 16/3. 1953, ausg. 15/6. 1955. A. Prior. 25/3. 1952.) H. Kessel. 5959

T. S. Skillman & Co., Pty. Ltd., Cammeray, N. S. Wales, Australien, *Herstellung von geformten, magnetischen Pulverkernen* aus Legierungspulvern, bes. Ni–Fe-Pulvern. Man verrührt das Pulver ca. 5 Min. mit NH_4OH u. vergälltem Alkohol (1:3) u. rührt ein Gemisch aus gleichen Teilen Äthylsilicat u. vergälltem Alkohol dazu. Das Gemisch geliert u. ist nach 2 Std. trocken. Man füllt es in Ni-Tiegel, die sich in luftdichten Fe-Tiegeln befinden, u. härtet 1 Std. bei ca. 900°. Nach dem Abkühlen wiederholt man die Hydrolyse mit Äthylsilicat. Dann verpreßt man das trockene Pulver unter Druck bei n. Temp. u. härtet mehrere dieser so erhaltenen Formkörper zusammen in einem Ofen bei ca. 600° 1 Std. lang. (**E. P. 736 844** vom 20/10. 1953, ausg. 14/9. 1955. Aust. Prior. 7/11. 1952.) H. Nebelsiek. 5959

Henry L. Crowley & Co., Inc., West Orange, übert. von: **Henry L. Crowley,** South Orange, N. J., V. St. A., *Magnetkörper.* Ein Gemisch aus 50—90(%) Fe_2O_3 (I), 12 bis 22 ZnO, 1—10 MgO u. 1—6 Li_2CO_3 wird in nichtoxydierender Atmosphäre bei 800 bis 1200° gebrannt, dann gemahlen u. mit 1—3 C-haltigem Bindemittel zu Formkörpern verpreßt. Diese werden bei 1100—1450° in nichtoxydierender Atmosphäre nachgebrannt. Die Abkühlung wird mindestens im größten Teil des Temperaturbereiches zwischen 1000 u. 300° so geleitet, daß I zu kryptokristallinem metall. Fe red. wird. (**A. P. 2 734 034** vom 15/5. 1951, ausg. 7/2. 1956.) H. Kessel. 5959

Bell Telephone Laboratories, Inc., New York, N. Y., übert. von: **James Z. Menard,** Summit, N. J., V. St. A., *Flexibles und elastisch dehnbares Magnetophonband* besteht aus einem innigen Gemisch aus 100 (Teilen) Neopren, 100 magnet. Fe_2O_3, 3 Paraffinwachs, 4 MgO, 5 ZnO. (**A. P. 2 734 033** vom 8/10. 1949, ausg. 7/2. 1956.) H. Kessel. 5959

Metropolitan-Vickers Electrical Co. Ltd., London, England, *Dauermagnet.* Als Bindemittel für das pulverförmige magnet. Material (z. B. eine Fe–Al–Ni–Co-Legierung) dient eine Metallegierung von niedrigem E. (E. $<$ ca. 450°), z. B. eine Legierung aus 50(%) Bi, 27 Pb, 13 Sn, 10 Cd, mit der die magnet. Teilchen unter Vermittlung von $ZnCl_2$ als Flußmittel bei einer Temp. unterhalb des E. durch ständiges Schütteln eines feinpulverigen Gemisches der Komponenten überzogen werden. (**E. P. 707 156** vom 4/6. 1951, ausg. 14/4. 1954. A. Prior. 19/7. 1950.) H. Kessel. 5959

International Research & Development Corp., Chicago, Ill., V. St. A., *Dauermagnet.* Als Ausgangsmaterial dient nichtmagnet. Fe_2O_3 mit einem Korndurchmesser von höchstens 6 μ, das in reduzierender Atmosphäre (z. B. in H_2) bei 205—538° unter Beibehaltung seiner Kristallstruktur in magnet. Fe_3O_4 verwandelt wird, das als solches verwendet oder durch Oxydation bei 149—483° in die magnet. γ-Form des Fe_2O_3 umgewandelt werden kann. (**Belg. P. 500 825** vom 24/1. 1951, ausg. 11/4. 1952.) H. Kessel. 5959

Robert Bosch G. m. b. H. (Erfinder: **Paul Wiest**), Stuttgart, *Dauermagnet.* Bei der Herst. durch Sintern von zerkleinerten u. gepreßten Dauermagnetgußstücken wird dem zerkleinerten Gußwerkstoff ein aus mehreren, in Pulverform vorliegenden Metallen gebildetes Gemenge beigemischt, dessen Zus. der des zerkleinerten Gußwerkstoffes entspricht. Die leicht oxydierbaren Metalle des Gemenges werden als schmelzfl. erstellte pulverförmige Vorlegierungen zugesetzt, Al mit einem Teil des Fe vorlegiert. (**D. R. P. 758 112** Kl. 21g vom 31/3. 1939, ausg. 2/8. 1951.) H. KESSEL. 5959

Akt.-Ges. für Unternehmungen der Eisen- und Stahlindustrie, Essen, *Dauermagnet.* Das pulverförmige Ausgangsmaterial [z. B. 10—20(%) BaO, 80—90 Fe_2O_3] wird bei ca. 1300—1400° gesintert, fein gemahlen u. während oder nach dem Einfüllen in die Preßform der Einw. eines orientierenden Magnetfeldes unterworfen, das auch während des Pressens aufrechterhalten werden kann. Nach dem Fertigsintern enthält der Magnetkörper 5—60 Mol-% Ba-Ferrit. (**E. P. 726 462** vom 8/5. 1953, ausg. 16/3. 1955. D. Prior. 10/5. 1952.) H. KESSEL. 5959

Akt.-Ges. für Unternehmungen der Eisen- und Stahlindustrie, Essen, *Dauermagnet.* Zur Herst. dient ein ferromagnet. Pulver äußerster Feinheit (Korndurchmesser $< 1\ \mu$), z. B. 70—90 (Mol) Fe_2O_3, gemischt mit einer pulverigen M., die beim Sintern die Kornvergröberung verhindert, z. B. 30—10 Al_2O_3. (**F. P. 1 073 735** vom 24/3. 1953, ausg. 28/9. 1954. D. Prior. 29/3. 1952.) H. KESSEL. 5959

United States of America, Secretary of the Army, übert. von: **John W. Gruner,** Minneapolis, Minn., V. St. A. *Gewinnung von Aluminiumphosphatkristallen für piezoelektrische Zwecke.* Man erhitzt für wenigstens 40 Std. auf ca. 200—300° eine elektrolyt. Zelle, die aus einer Al- u. einer Pt-Elektrode besteht u. als Elektrolyten eine konz., wss. H_3PO_4-Lsg. enthält. Dabei sind die beiden Elektroden kurzgeschlossen. (**A. P. 2 724 688** vom 29/4. 1952, ausg. 22/11. 1955.) H. NEBELSIEK. 5961

Standard Telephones & Cables Ltd. (Erfinder: **Cyril Francis Drake**), London, England, *Plattieren von Kristallen,* z. B. Versilbern für *piezoelektr.* Zwecke. Man taucht den Kristall ca. 5 Min. in ein oberflächenakt. Bad, z. B. eine Lsg. von $SnCl_2$ in A., u. anschließend 15—20 Min. in eine Lsg. von $AgNO_3$ in Pyridin, der eine geringe Menge Phenylhydrazin in Pyridin zugesetzt wurde. Nach jedem Eintauchen wird der Kristall mit wasserfreiem A. gewaschen. (**E. P. 736 572** vom 16/10. 1953, ausg. 7/9. 1955.) H. NEBELSIEK. 5961

Robert Meunier, Frankreich, *Regeneration von elektrischen Elementen.* Zur Regeneration von Leclanché-Elementen aller Art dient eine kochende, konz. Lsg., bestehend aus 1 (Vol.) gesätt. NH_4-Salzlsg. u. 1 Kalkmilch. Die Spannung des Elementes nach einer solchen Behandlung beträgt 1,6 Volt. (**F. P. 56 288** vom 14/2. 1944, ausg. 22/9. 1952. **Zusatz zu F. P. 988 911; C. 1956. 7334.**) T. OPPERMANN. 5971

General Dry Batteries, Inc., Lakewood, übert. von: **Allison M. MacFarland,** Cleveland, O., V. St. A., *Flachzellenbatterie.* Zum A. P. 2 626 295; C. **1955.** 9875 ist nachzutragen: Die Kanten der mit Leitlack versehenen Zn-Scheibe werden aufgebogen, u. die erhaltenen senkrechtstehenden kurzen Seiten werden in Nute der Kunststoffrahmen zur besseren Abdichtung der Zellen u. Verstärkung des Rahmens eingeführt. — Zeichnungen. (**A. P. 2 677 716** vom 19/4. 1950, ausg. 4/5. 1954.) F. LAASS. 5971

Max-Planck-Gesellschaft zur Förderung der Wissenschaften e. V., Göttingen (Erfinder: **Georg Manecke,** Berlin), *Elektrische Stromquelle,* dad. gek., daß abwechselnd kation- u. anionpermeable Membranen oder Trennwände, die ganz oder z. T. aus organ. oder anorgan. Ionenaustauschern bestehen, zwischen Zellen hintereinandergeschaltet sind, in denen sich Elektrolytlsgg. abwechselnd höherer u. niedriger Konz. befinden. — Zeichnung. (**D. B. P. 941 982** Kl. 21b vom 26/1. 1952, ausg. 26/4. 1956. Anmeldung bekanntgemacht 27/10. 1955.) F. LAASS. 5971

Sonotone Corp., V. St. A. (Erfinder: **Heiman W. Koren** und **George Baumstark,** *Stromsammler.* Zwischen den Sinterelektroden aus Ni u. Cd liegen Separatoren, die aus einer beidflächig mit einer porösen Schicht aus Nylon, Polyäthylenterephthalat, Acrylnitril, Polystyrol, Vinylidenchlorid, Vinylchlorid oder Polyvinylchlorid belegten, nur für den Elektrolyten durchlässigen Folie aus regenerierter Cellulose oder einem Celluloseäther oder -ester bestehen. — Zeichnungen. — Vgl. auch A. PP. 2675418 u. 2696 515; C. **1956.** 1123. (**F. P. 1 080 583** vom 21/3. 1953, ausg. 10/12. 1954. A. Prior. 21/3. 1952.) B. SCHMIDT. 5971

Nicolas Melnikow, Seine, Frankreich, *Stromsammler.* Zum Schutz der Polklemmen gegen H_2SO_4 werden gelochte Filzscheiben, die mit einer aus 55(%) Vaseline, 30 $[(NH_4)_2 \cdot CO_3 + 2NH_4HCO_3]$ u. 15 $NaHCO_3$ hergestellten M. in der Wärme getränkt sind, über das Anschlußstück geschoben u. mit einer Kunstharzkapsel umgeben. (**F. P. 1 085 141** vom 19/6. 1953, ausg. 27/1. 1955.) B. SCHMIDT. 5971

Pierre Aimé Charles Jacquier, Seine, Frankreich, *Alkalischer Stromsammler.* Beim Auffüllen der Sinterelektrode mit akt. M. durch aufeinanderfolgendes Eintauchen in Alkalilsg., in Salzlsg. u. nochmals in Alkalilsg., die den nunmehr im Sinterkörper vorhandenen Salzüberschuß binden soll, wird der Sinterkörper, damit die Alkalilsg. möglichst tief in sein Inneres eindringt, kathod. polarisiert. (**F. P. 60 345** vom 26/5. 1950, ausg. 2/11. 1954. **Zusatz zu F. P. 1 017 110; C. 1955. 11439.**) B. SCHMIDT. 5971

Jean Piroux, Seine, Frankreich, *Gasdichter Stromsammler.* Die durch einen Separator aus Nylongewebe von z. B. $^{6}/_{100}$ mm Fadenstärke getrennten Elektrodenplatten werden unter Druck von z. B. 1000 kg/cm² einander möglichst, bis auf 0,05—0,1 mm Abstand, genähert. Zunächst wird der mit Netzmittel versetzte Elektrolyt im Überschuß eingeführt u. der Sammler formiert. Die bei der Formierung am Ende der Aufladung eintretende Entw. von Gas treibt den überschüssigen Teil des Elektrolyten aus u. dieser Teil wird entfernt. Darauf wird die Sammlerzelle oder ein Paket von solchen Zellen abgedichtet u. mit einem ölgefüllten Druckbehälter umgeben. (**F. P. 1 095 834** vom 26/11. 1953, ausg. 7/6. 1955.) B. SCHMIDT. 5971

Soc. des Accumulateurs Fixes et de Traction (Soc. An.), Seine, Frankreich, *Negative Elektrode für alkalische Stromsammler.* Zur Erhöhung der mechan. Festigkeit u. der elektr. Leitfähigkeit wird zur Herst. der in einer Metalltasche unterzubringenden Elektrodenmasse, die aus Cu u. Fe + Cd oder bei der Sammleraufladung diese beiden Metalle bildenden Fe- u. Cd-Verbb. besteht, bei Pressung sich verfilzendes dendrit. Cu verwendet, das z. B. elektrolyt. bei großer Stromdichte gewonnen wird. Der Geh. an Cu ist 20—80, z. B. 50%. Die Fe-Komponente kann gebildet sein aus Fe, das durch Red. von Fe_2O_3 mit H_2 bei 500° entstanden ist, oder aus gepulvertem magnet. Fe_2O_3. (**F. P. 1 093 947** vom 8/1. 1951, ausg. 10/5. 1955.) B. SCHMIDT. 5971

Paul Garine, Seine, Frankreich, *Stromsammlerelektrode.* Eine dünne, separatorlose Elektrode, bes. die Zn-Elektrode für alkal. Sammler, wird durch Mischen der akt. M. mit gelöstem oder geschmolzenem Kunstharz, Aufbringen auf einen metall. oder aus Papier oder Nylon gebildeten u. mit Draht belegten Träger u. Erhärten, z. B. durch Verdampfen des Lösungsm., hergestellt. — Es wird z. B. pulveriges Zn oder ZnO mit einer Lsg. von Styrol oder Polystyrol in Bzl. zu einer Paste verarbeitet u. in geriffelter Schicht aufgetragen. — Zeichnungen. (**F. P. 1 102 498** vom 12/3. 1954, ausg. 21/10. 1955.) B. SCHMIDT. 5971

Thorn Electrical Industries Ltd., England, *Künstliche Leuchtstoffe.* Zur Verwendung kommt ein mit Ti aktiviertes Mg-Borat, wobei die Zus. der Metalle, in ihren Oxyden ausgedrückt, etwa folgende ist: 50—85(%) MgO, 5—40 TiO_2 u. 2—27 B_2O_3. Die Leuchtstoffe werden bes. für Röntgenschirme u. Kathodenstrahlröhren verwendet. (**F. P. 1 084 887** vom 12/10. 1953, ausg. 25/1. 1955. E. Prior. 18/10. 1952.) G. GROTE. 5975

General Electric Co., New York, übert. von: **Jerome S. Prener,** Schenectady, N. Y., V. St. A., *Manganaktivierte Cadmiumphosphat-Leuchtstoffe,* die bei Erregung durch *Kathoden-* oder *UV-Strahlen* rot leuchten. Ein 5—20% ZnF_2 u. 0,125—4% Mn-Aktivator enthaltendes $Cd_3(PO_4)_2$- oder/u. $Cd_3(PO_4)_2 \cdot 2CdHPO_4 \cdot 4H_2O$-Pulver wird mindestens 1 Std. bei 900—1000° (950°) geglüht. (**A. P. 2 636 010** vom 5/4. 1951, ausg. 21/4. 1953.) R. SCHREINER. 5975

Radio Corp. of America, übert. von: **James A. Stankey,** Marion, Ind., V. St. A., *Kathodenstrahlröhre.* Bei der Herst. des Leuchtschirmes werden unerwünschte Leuchtstoffbeläge u. C-haltige Schichten mit 5—15%ig. H_2SiF_6 abgelöst u. mit W. herausgewaschen. (**A. P. 2 726 180** vom 28/5. 1954, ausg. 6/12. 1955.) H. KESSEL. 5975

N. V. Philips' Gloeilampenfabrieken, Eindhoven, Holland, und **North American Philips Co., Inc.,** New York, übert. von: **Roberto Levi,** New York, und **Ray C. Hughes,** Ardsley, N. Y., V. St. A., *Vorratskathode für elektrische Entladungröhren.* Ein z. B. aus W oder Mo bestehender poröser Sinterkörper enthält ein Gemisch aus Erdalkaliaziden oder -hydriden u. -formiaten, -carbonaten oder -peroxyden, oder aus Erdalkalioxyden mit Al-, B-, Th-, Si- oder Be-Oxyd. (**Oe. P. 180 338** vom 25/2. 1953, ausg. 25/11. 1954. **F. P. 1 077 589** vom 25/2. 1953, ausg. 9/11. 1954. Beide A. Prior. 27/2. 1952. **A. P. 2 700 000** vom 27/2. 1952, ausg. 18/1. 1955.) H. KESSEL. 5975

N. V. Philips' Gloeilampenfabrieken, Eindhoven, Holland, **Philips Electrical Industries Ltd.,** London, England, und **North American Philips Co., Inc.,** New York, übert. von: **Ray C. Hughes,** Ardsley, **Patrick P. Coppola,** Irvington on Hudson, und **Edmund S. Rittner,** White Plains, N. Y., V. St. A., *Vorratskathode für elektrische Entladungsröhren.* Die mit einem porösen Sinterkörper aus W, Mo, Ta, Hf oder Nb abgeschlossene Kammer enthält Erdalkalisilicate mit mindestens 8(%) SiO_2, jedoch weniger SiO_2 als der Zus. M_2SiO_4 entspricht, wo M ein Erdalkalimetall ist [z. B $Ba_4 \cdot SiO_6$ ($4BaO \cdot SiO_2$)]; oder Erdalkali–Al_2O_3Verbb. mit 60—90 Erdalkalioxyd, bes. BaO; oder $BaThO_3$, $BaBeO_2$ mit BaO-Überschuß, oder $BaO \cdot B_2O_3$. (**Oe. P. 177 845** vom 26/11. 1952, ausg. 10/3. 1954. **F. P. 1 073 994** vom 27/11. 1952, ausg. 30/9. 1954. **E. P. 734 209** vom 26/11. 1952, ausg. 27/7. 1955. Alle A. Prior. 29/11. 1951. **A. P. 2 700 118** vom 29/11. 1951, ausg. 18/1. 1955.) H. KESSEL. 5975

IV. Wasser. Abwasser.

L. A. Kulski, I. T. Goronowski und **M. I. Rybtschinski,** *Anwendung von verschiedenen Reagentien zur Bindung von aggressiver Kohlensäure bei der Reinigung stark gefärbter Wässer.* Durch Unterss. an stark gefärbtem Flußwasser wird festgestellt, daß nach Zugabe von alkal. Mitteln vor oder nach der Zugabe der Koagulantien die restliche Farbstärke in der nachst. Reihe abnimmt: NaOH – Soda – Kalk – Kreide. Die Wrkg. der Zusätze beruht auf der stabilisierenden Wrkg. der OH-Ionen auf die organ. Beimengungen des Wassers. Bei der Reinigung von stark gefärbtem natürlichem W. sind NaOH, Kalk u. Soda nur dann zu verwenden, wenn das W. keine Hydroxydflocken mit sorbierten organ. Stoffen mehr enthält. Der Zusatz von NaOH u. Soda hat hinter den Filtern, der Zusatz von Kalk am Ende der Absitzbecken oder vor der Wasserzugabe auf die Filter zu erfolgen. Am geeignetsten als Zusatz zur Bindung des aggressiven CO_2 sind Kreide oder Marmor. $CaCO_3$ geht hierbei in $Ca(HCO_3)_2$ über. (Украинский Химический Журнал [Ukrain. chem. J.] **20.** 583 – 90. 1954.) O. LEBTAG. 6024

A. N. Ssardanowski und **L. P. Kasakowa,** *Getrennte Behandlung des Wassers mit Koagulationsmitteln.* Zum Klären von Leitungswasser wird auf Grund von Verss. empfohlen, das Koagulationsmittel (Al-Sulfat) in optimaler Menge nicht dem ganzen Vol. des zu klärenden W. zuzugeben, sondern nur einem Teil (in den Verss. waren $^2/_5$ die günstigste Menge). Die Klärung erfolgt dann rascher. Anschließend wird mit dem noch ungeklärten Rest vermischt; die gebildeten Flocken beschleunigen die zweite Klärung. — Das empfohlene Verf. erfordert zwar 2 Mischtanks u. eine geteilte Wasserverteilung, jedoch wurde dabei ohne Einbuße an Klärwrkg. an Koagulationsmittel gespart (31,5%). (Водоснабжение и Санитарная Техника [Wasserversorg. sanit. Techn.] **1955.** Nr. 4. 9—11. Juli.) A. v. WILPERT. 6024

Václav Kubelka, *Die Abwässer der Leimfabrikation.* Bericht über eigene u. fremde Erfahrungen bei der Reinigung von Abwässern der Leimindustrie. Der Wasserbedarf wurde wie folgt festgestellt: 660 Liter/kg Hautleim, 250—750 Liter/kg Knochenleim, 1000 Liter/kg Gelatine. Die Endreinigung der entschlammten Leimabwässer durch chem. Klärmittel ist nicht als ein geeignetes Verf. zu betrachten, da dadurch die lösl. organ. Substanzen nicht erfaßt werden. Das Versagen der biol. Methoden ist auf Schwankungen der Zus. des Gesamtabwassers zurückzuführen. In den Fabriken selbst konnten bereits unter Ausnutzung der Teilabfälle die Abwässer vorgereinigt u. dadurch die weitere Reinigung erleichtert werden. — 94 Literaturstellen. (Chem. Zvesti **7.** 317—57. Mai/Juni 1953. Bratislava, Slowak. TH, Inst. für Gerberei- u. Wasserchem.) H. FREYTAG. 6036

G. Müller-Neuhaus, *Die Klärung von Abwasser mittels Flotation unter Verwendung handelsüblicher Waschmittel und Waschrohstoffe.* Mit vorgeklärtem Emscherwasser wurden Flotationsverss. im Labor. durchgeführt; sie ergaben, daß feine Schwebestoffe u. ein Teil der Kolloide schnell aus dem Abwasser entfernt werden, aber keine gelösten organ. Stoffe. Von den verwendeten Spülmitteln, Waschrohstoffen u. bes. Flotationsmitteln *KW 17* u. *18* der BASF ergaben letztere in Mischung 1:1 bei optimaler Zugabe von 0,1 g/Liter Abwasser die beste Wrkg. bei p_H 2,5—4,5; im bas. Bereich verliert das Mittel den größten Teil seiner schaumbildenden u. sammelnden Kräfte. Mit 2 Liter Luft/Min. wird in 11 Min. die gleiche Wrkg. erzielt wie mit 0,5 Liter/Min. in 34 Min., der Luftverbrauch beträgt dabei 22 bzw. 17 Liter/Liter Abwasser. Tiefere Becken bieten den Schwebstoffteilchen mehr Möglichkeiten zur Verbindung mit den aufsteigenden Luftblasen, stark konz. Abwasser benötigt mehr Flotationsmittel als dünnes. Durch Besprühen mit W. wird der Schaum schnell zerstört, so daß die hydrophoben Schwebstoffe schnell, unter Umständen durch Vakuumfilter, abgeschieden werden können. Vorläufig erscheint das Verf. wirtschaftlich nicht tragbar bei Kosten von ca. 100 DM für 1000 m^3 Abwasser, wenn es auch dem mechan. Absetzen in mancher Hinsicht, bes. wegen der Erfassung feinster Schwebestoffe, überlegen ist. (Vom Wasser **22.** 340—54. 1955. Essen, Emschergenossenschaft.) H. MÜHLMEISTER. 6042

E. E. Drubljanetz, I. K. Smirnow, N. I. Tkatschenko, A. W. Zalikowa und **S. T. Iwanowa,** *Die biologische Reinigung von Abwässern der Hydrolysenbetriebe.* Nach einem allg. Überblick gehen Vff. auf die Wirkungsweise von Biofiltern ein u. bringen eine Reihe von Verbesserungsvorschlägen, wobei bes. auf eine Erhöhung der Filterbeladung mit O_2 hingewiesen wird. Auch Biofilter mit Belüftung, sogenannte Aerofilter, empfehlen sich. (Гидролизная и Лесохимическая Промышленность [Hydrolysen- u. holzchem. Ind.] **8.** Nr. 7. 13—16. 1955.) M. ULMANN. 6044

California Research Corp., San Francisco, übert. von: **Richard D. Stayner,** Albany, und **Gordon B. Johnson,** Berkeley, Calif., V. St. A., *Behandlung von Wasser und Abwasser,* bes. von mikrobiol. Organismen enthaltendem Weißwasser aus Papierfabriken u. von W. zur Verhinderung von Algenwachstum u. Schleimbldg. in industriellen Wassersystemen u. Schwimmbecken. Man setzt dem W. 50—250 g/m³ einer im wesentlichen aus folgenden Bestandteilen bestehenden Mischung zu: 30—90(%) eines langkettigen Alkylbenzyltrimethylammoniumhalogenids mit 6—26 C-Atomen in der langkettigen Alkylgruppe, z. B. Dodecylbenzyltrimethylammoniumchlorid, 10—70 eines nichtanion. Materials, das zu <5 in W. lösl. ist u. eine hydrophile Gruppe besitzt, z. B. Kiefernöl, Octylphenyläthylen- oder -diäthylenglykoläther. (**A. P. 2 692 231** vom 5/9. 1950, ausg. 19/10. 1954.) E. REICHELT. 6043

V. Anorganische Industrie.

I. N. Kusminych und **M. D. Babuschkina,** *Halbtechnische Untersuchungen einer Absorptionskolonne mit Siebböden vom „Durchlauf"-Typ.* In Vergleichsverss. werden die Verhältnisse bei der Absorption eines 7—11% SO_2 enthaltenden Gases durch entgegenströmende Kalkmilch aus gebranntem Dolomit in Kolonnen mit Siebböden ohne Überlauf untersucht. In Diagrammen wird die Beziehung zwischen Kolonnenhöhe (Bödenzahl) u. Absorptionsgrad bei richtiger Einstellung von SO_2- u. Kalkmilchmenge, bei SO_2-Überschuß u. -Unterschuß dargestellt. Es wird gezeigt, daß solche Kolonnen befriedigend arbeiten, bes. wenn ihr Betrieb automat. geregelt wird, wobei auch eine Einstellung auf die günstigste Temp. erfolgen muß. Das entstehende $Ca(HSO_3)_2$ löst sich in der Säure nicht sofort; hierdurch entstehende Trübungen verschwinden beim Stehen. (Бумажная Промышленность [Papier-Ind.] **30.** Nr. 12. 5—9. Dez. 1955. Moskau, Chem.-Technol. Mendelejew-Inst. u. Zweigstelle des Zentr. Wiss. Forschungsinst. für Papierind.) R. K. MÜLLER. H 253

H. F. Johnstone, *Rückgewinnung von Schwefeldioxyd aus verdünnten Gasen.* Inhaltlich ident. mit der C. **1953.** 3016 referierten Arbeit. (Pulp Paper Mag. Canada **53.** 105—12. März 1952. Urbana, Ill., Univ. of Illinois.) E. BORCHERS. H 253

Toshio Minegishi, *Langzeitig gelagerte Schwefeldioxydbehälter und die Veränderung ihres Inhaltes.* Nach 22jähriger Lagerung zweier SO_2-Zylinder wurden folgende Veränderungen festgestellt: starke Korrosion der Innenfläche, keine Erosion, $FeSO_4$ u. freier S in größerer Menge, vermutlich entstanden durch geringen H_2O-Geh. der ursprünglichen Füllung. (Rep. Government chem. ind. Res. Inst., Tokyo **50.** 196—202. Juni 1955. [Orig.: japan.; Auszug: engl.]) H. ECKHARD. H 253

J. W. Delapaine und **Robert F. McCullough,** *Versuchsanlage mit bewegter Füllung zur Zersetzung von Ammonsulfat.* Bewegtes $(NH_4)_2SO_4$ wird mit ZnO als SO_3-Acceptor bei Tempp. von 500 bzw. 850° in NH_3 u. S-Oxyde im Inertgasgegenstrom zersetzt. Beschreibung mit Fließschemen u. Skizzen zu einigen apparativen Einzelheiten. (Chem. Engng. Progr. **51.** 499—503. Nov. 1955. Philadelphia, Pa., Catal. Constr. Co.; Skokie, Ill., Intern. Minerals & Chem. Corp.) H. ECKHARD. H 253

Jean Fabre, *Das Uran in Südafrika.* Das Uran kommt in den südafrikan. Reeflagerstätten zusammen mit Gold in Form von *Thucholit* in verhältnismäßig geringen Konzz. vor. Der Abbau ist in vielen Fällen nur dadurch lohnend, daß die Erze sowieso zur Au-Gewinnung gefördert u. verarbeitet werden. Beschreibung der einzelnen Reefs. Das U wird aus den Rückständen der Au-Gewinnung durch H_2SO_4 in Lsg. gebracht. Das aus diesen Lsgg. gefällte Anreicherungsprod. geht zu einer zentralen Verarbeitung, wo es auf U_3O_8 umgearbeitet wird, welches zum Versand kommt. (Annales Mines **143.** Nr. 10. 82—86. Okt. 1954. Cagnes.) F. ENSSLIN. H 339

Elektrokemisk A/S, Oslo (Erfinder: **Günther Wendt,** Töging/Inn), *Rückgewinnung des Fluors* aus fluorhaltigen Abgasen von SÖDERBERG-Elektrolyseöfen durch Fällen von Kryolith aus der NaF-haltigen Waschlauge mittels AlF_3, dad. gek., daß das Fällen mit Hilfe einer aus $Al(OH)_3$ u. HF hergestellten, möglichst noch heißen AlF_3-Lsg. erfolgt. (**D. B. P. 940 111** Kl. 12i vom 30/10. 1953, ausg. 8/3. 1956. Anmeldung bekanntgemacht 15/9. 1955.) K. DEMMLER. H 246

Soc. d'Électro-Chimie, d'Électro-Métallurgie et des Aciéries Électriques d'Ugine, Frankreich, *Herstellung von Chlordioxyd.* Alkalichlorat wird in Ggw. einer starken Mineralsäure, z. B. H_2SO_4, mit SO_2 bei einer Temp. von 30—32° umgesetzt. Die Säurekonz. wird zwischen 2 u. 5,5 Mol, vorzugsweise zwischen 4 u. 4,8, die Chloratkonz. zwischen 0,1 u. 0,5, zweckmäßig zwischen 0,12 u. 0,25 Mol je Liter gehalten. Der Cl_2-Anteil im ClO_2 liegt unter 5%. — Vorrichtung. (**F. P. 1 029 017** vom 29/11. 1950, ausg. 29/5. 1953. A. Prior. 30/11. 1949.) H. WITTHOLZ. H 247

Vereinigte Aluminium-Werke Akt.-Ges. (Erfinder: **Herbert Schönfelder**), Bonn, *Aufschluß minderwertiger Bauxite* durch Vorglühen bei 900—1100°, bes. 1000°, u. anschließende Wärmebehandlung mit NaOH von >20% bei Tempp. zwischen 70° u. Kp. für ca. 15—30 Minuten. Der anfallende Rückstand wird in üblicher Weise weiterverarbeitet. (**D. B. P. 942 144** Kl. 12m vom 21/1. 1954, ausg. 26/4. 1956. Anmeldung bekanntgemacht 3/11. 1955.) H. NEBELSIEK. H 294

VI. Silicatchemie. Baustoffe.

Werner Vogel, *Aufklärung und Identifizierung von Steinchenbildung und Kristallisationserscheinungen in optischen Silicatgläsern.* Das Auftreten bestimmter „Steinchen" in opt. Silicatgläsern wurde eingehend untersucht. Diese Steinchen entstehen infolge Verwendung von „leichter Soda". Beim Einlegen des Gemenges tritt eine Verstaubung ein, so daß die Soda zusammen mit anderen Gemengeteilen sich auch an der Ofendecke absetzt. Dieser Belag fällt nach Herausbrennen der Alkalien in die Schmelze u. ruft den Fehler hervor. Chem. Analysen des Deckenbelages sowie der Steinchen selbst, mkr. u. röntgenograph. Unterss. führten zu dem Ergebnis, daß es sich um Cristobalitagglomerate handelt. In der C. **1956.** 8458 referierten Arbeit hat Vf. ähnliche Probleme bei techn. Phosphatgläsern untersucht. (Silikattechnik **6.** 469—72. Nov. 1955.) H. SAALFELD. 6200

Scott Anderson, Robert L. Bohon und **Dudley D. Kimpton,** *Infrarotspektra und Atomanordnung in geschmolzenem Boroxyd und Sodaboratgläsern.* Es werden die Infrarotabsorptionsspektren von geschmolzenem B_2O_3 u. einer Reihe von Sodaboratgläsern gezeigt. Diese Spektren wurden erhalten durch Verwendung von im Vakuum gepreßten Briketts des gepulverten Glases u. KBr. Das Spektr. des geschmolzenen B_2O_3 zeigt deutlich, daß dieses Glas nicht aus einem vollständig ununterbrochenen dreieckigen koordinativen Netzwerk besteht. H-Bindungen spielen eine wichtige Rolle in der atomaren Anordnung von Gläsern mit niedrigem oder gar keinem Sodagehalt. Das B_2O_3-Glas besteht augenscheinlich aus Komplexen von annähernd B_9O_{14}-Zus., die durch H-Bindungen zusammengehalten werden. Gläser mit geringem Sodageh. sind ähnlich zusammengesetzt. Die Best. der Atomanordnung aus den Spektren der Gläser mit Sodakonzz., die größer als 15% waren, war nicht genau möglich. Sie ist aber sehr verschieden von der in Gläsern mit 10% Na_2O oder weniger. (J. Amer. ceram. Soc. **38.** 370—77. 1/10. 1955. Champaigen, Ill., Anderson Phys. Labor.) R. WALCKER. 6200

O. W. Flörke, *Strukturanomalien bei Tridymit und Cristobalit.* Die Beziehungen zwischen Cristobalit (**I**) u. Tridymit (**II**) wurden mit Hilfe von Einkristallröntgenaufnahmen weitgehend geklärt. Es zeigte sich hierbei, daß **II** nur dann entsteht, wenn kleine Mengen von Fremdionen mit in das Gitter eingebaut werden können. Zur Herst. von **I** wurden Stücke von reinem Kieselglas bei 1650° in einer N_2–H_2-Atmosphäre getempert. Kristalle von **II** entstehen, wenn Stücke von Bergkristall oder reinem Kieselglas der Einw. von Alkaliwolframatschmelzen ausgesetzt werden. Die Strukturunters. führte zu folgendem Ergebnis: Beide Kristallarten bauen sich aus Schichten von SiO_4-Tetraedern auf, wobei bei **I** die Schichtenfolge ABCABCABC (3-Schicht-Struktur) vorliegt, während nach bisheriger Ansicht dem **II** die 2-Schicht-Folge AB'AB'AB' zugrunde liegen sollte (der Strichindex bezeichnet um 60° verdrehte Schichten). Die Einkristallaufnahmen von **II** zeigen nun nicht diese 2-Schicht-Folge, sondern eine gestörte Schichtenanordnung (eindimensionale Fehlordnung), wobei es auch zur Überstrukturbldg. kommt. Auch bei **I** kann es zu Fehlordnung kommen. **II** ist keine echte SiO_2-Modifikation u. als solche auch nie beobachtet worden. Als stabile u. echte Phasen verbleiben nur Quarz u. **I** (abgesehen von den kürzlich gefundenen Hochdruckformen). Die Kristallformen von **II** werden vom Standpunkt der Keimbildungs- u. Wachstumstheorie gedeutet. Ausdehnungskurven, DTA u. Zählrohrdiagramme veranschaulichen die Auswirkungen der Schichtenfehlordnung bei **I** u. **II**. Hierbei zeigt sich, daß mit zunehmendem Fehlordnungsgrad eine Verschmierung der physikal. Eigg. einhergeht. Die oft widersprechenden Angaben über die Hoch–Tief-Umwandlung von **I** u. **II** lassen sich ebenfalls von der Fehlordnungstheorie her verstehen. Es ist anzunehmen, daß bei $AlPO_4$, BeF_2 u. H_2O ähnliche Verhältnisse vorliegen werden. (Ber. dtsch. keram. Ges. e. V. **32.** 369—81. Dez. 1955. Würzburg, Max-Planck-Inst. für Silikatforsch.) H. SAALFELD. 6206

S. Ja. Selinskaja, *Die Verwendung von Quarzabgängen nach der Anreicherung von Prossjansk-Kaolin.* Die nach Anreicherung von Prossjansk-Kaolin (70% SiO_2, 22% Al_2O_3, 1,5% Fe_2O_3; Feuerbeständigkeit 1690—1730°) erhaltenen Quarzabfälle sind zu 20—25% für die Herst. halbsaurer Fabrikate verwendbar, die sich formpressen lassen. Bei der Herst. von Dinas ist eine Anreicherung der Quarzabfälle u. damit eine Entfernung der Beimengungen an Tonerde, Glimmer, Feldspat u. a. erforderlich. (Огнеупоры [Feuerfeste Mater.] **20.** 327—28. 1955. Werk „1. Mai" für feuerfeste Materialien.) A. V. KOTZEBUE. 6208

Arthur S. Watts, *Kontrolle der Glasureigenschaften mittels Eutektika. Eine Untersuchung des Schmelzverhaltens und anderer Eigenschaften keramischer Mischungen in den Bereichen der Eutektika.* Um die Lage der Deformationseutektika zu bestimmen, wurde der Bereich der Phasengleichgewichtseutektika studiert. Mischungen der Deformationseutektika wurden untersucht, um die Verbb. der niedrigsten Deformationstempp. u. der unerwartet einsetzenden Verschmelzung aufzudecken. (J. Amer. ceram. Soc. **38.** 343–52. 1/10. 1955. Columbus, O., Ohio State Univ., Dep. of Ceram. Engng.) R. WALCKER. 6212

Karl-Heinz Köhne, *Die Heißaufbereitung keramischer Massen.* Zusammenfassender Bericht über physikal. Grundlagen, Verff. u. Vorrichtungen zur Heißaufbereitung keram. Massen. — 11 Literaturstellen. (Glas-Email-Keramo-Techn. **7.** 44–48. Febr. 1956.) E. DEEG. 6216

G. Cremer, *Wege zur Rationalisierung in der grobkeramischen Industrie, dargestellt an einem Beispiel der Steinzeugröhrenfabrikation.* Im Rahmen einer Vollautomatisierung der Herst. von Steinzeugröhren ist der bisherige Fabrikationsweg verlassen worden. Die Verwendung eines Tunnelofens machte neue Konstruktionen der Trocknungs- u. Kühlanlagen erforderlich, um den schwierigen Brenn- u. Kühlbedingungen bei den hochplast. Tonen der Steinzeugröhren gerecht zu werden. Ein Automat für die Fertigung der Röhren ermöglicht deren Herst. ohne menschlichen Handgriff, wobei $^2/_3$ der bisherigen Brennstoffkosten eingespart werden. (Ber. dtsch. keram. Ges. e. V. **32.** 365–68. Dez. 1955. Köln-Junkersdorf.) H. SAALFELD. 6216

Ss. M. Subakow und **I. K. Balach,** *Das Verhalten feuerfester Chrom-Magnesit-Massen bei wiederholtem Brennen.* Um die Widerstandsfähigkeit feuerfester Chrom–Magnesit-Massen (CMM) im Betrieb festzustellen, untersuchen Vff. deren Verh. gegenüber hohen Temperaturen. Beim Brennen von CMM tritt bei Tempp. bis zu 1600° kein voller Ersatz des FeO von Chrompicotit durch MgO ein. Vff. untersuchten das Verh. von CMM verschied. Zus. bei wiederholtem Brennen bei 1630–1650°. Dabei fanden Prozesse statt, die eine erhebliche Änderung der Phasen u. ein Anwachsen der Periklas-, Chromit- u. Magnesiumferritkörner verursachten. Das Material kann dadurch sintern oder lockerer werden; es können Strukturschäden entstehen. Die beim ersten Brennen in CMM auftretenden Diffusionsvorgänge erfordern zu ihrem völligen Verlauf eine sehr lange Einw. hoher Temperaturen. (Огнеупоры [Feuerfeste Mater.] **20.** 361–68. 1955. Inst. für Architektur, Bauwesen u. Baumaterialien der Akad. der Wiss. der KasachSSR.) A. v. KOTZEBUE. 6218

A. I. Ljudwinski, *Eigenschaften von feuerfesten Chrom-Magnesit-Massen in Abhängigkeit von der Zusammensetzung der Ausgangsmasse und der Brenntemperatur.* Die Charge muß nach der Brenntemp. der Chrommagnesitmasse gewählt werden (bei Annahme gleicher körniger Struktur u. eines Druckes von 1000 kg/cm²). Von den bei 1600° gebrannten Proben wurden unter Verwendung von Kimpersaj-Chromit keram. Eigg. mit einer Ausgangsmasse erhalten, die gleiche Mengen Chromit u. Magnesit enthielt. Bei einer Brenntemp. von 1750° zeigten Proben mit einem Geh. von 70–80% Chromit die besten keram. Eigenschaften. (Огнеупоры [Feuerfeste Mater.] **20.** 371–74. 1955. Dnepropetrowsk, Metallurg. Inst.) A. v. KOTZEBUE. 6218

D. N. Polubojarinow, R. Ja. Popilski und **S. K. Sterljadkina,** *Volumen-Struktur-Veränderungen, die mit den Phasenumwandlungen beim Brennen von feuerfesten Mullit–Korund-Massen verbunden sind.* Von prakt. Bedeutung sind folgende Maßnahmen zur Verringerung oder Beseitigung der Volumenzunahme der Mullit–Korund-M. bei Temperaturerhöhung sowie zur weiteren Steigerung der Sinterung gegen Ende des Brennens: Zugabe einer sehr beschränkten Menge von Tonerdebindemittel zwecks Herabsetzung der Menge des neugebildeten sek. Mullits; Verwendung eines Füllmittels, das feinste staubähnliche Fraktionen in einer Menge enthält, die für die Mullitbldg. mit dem Korund diesen Fraktionen genügt; solche Behandlung der M., die eine gleichmäßige Verteilung des fein ausgemahlenen Lehmanteils in der feinst dispergierten Fraktion des Füllmittels gewährleistet; Verwendung eines Mullit–Korund-Füllmittels, das noch nicht bis zur völligen Sinterung gebracht wurde; Zugabe einer gewissen Menge von ausgemahlener techn. Tonerde mit entsprechender Verringerung der feinen Fraktion des Korund enthaltenden Füllmittels. (Огнеупоры [Feuerfeste Mater.] **20.** 315–25. 1955. Moskau, Mendelejew-Inst. für chem. Technol.) A. v. KOTZEBUE. 6218

Alfred Laubenheimer, *Herstellung und Anwendung von Ytong-Leichtkalkbeton.* Über die Herst., Eigg. u. Anwendungsmöglichkeiten von YTONG. (Z. Ver. dtsch. Ing. **93.** 718–19. 1/8. 1951.) K. SEIDEL. 6224

H. Eigen, *Brennen von kleinstückigem Kalkstein im koksbeheizten Schachtofen.* Vf. legt mittels theoret., durch Großverss. bestätigter Überlegungen dar, daß, entgegen

der bisherigen Ansicht der Fachwelt, kleinstückiger Kalkstein mit grobem Koks vorteilhaft zu garem Weichbranntkalk gebrannt werden kann, wenn hohe Schachtöfen, eng klassierter Kalkstein u. der hohen Querschnittsleistung entsprechende Windmengen verwendet werden. (Zement-Kalk-Gips **8** (**44**). 397—400. Nov. 1955. Remscheid-Lennep.)
W. GELMROTH. 6226

F. Henkel, *Untersuchungen über die Kohlensäureaufnahme von Mörteln.* Beschreibung von Verss. zur zerstörungsfreien Best. des zeitlichen Verlaufs der CO_2-Aufnahme von Kalkmörtelprismen mit verschied. Kalken, Mischungsverhältnissen u. Zuschlagstoffen mit u. ohne Zusatz von Frostschutz- oder wasserabweisenden Mitteln. Der CO_2-Geh. der an den Prüfkörpern vorbeigeleiteten Luft wird mittels Ultrarotschreiberapp. bestimmt u. daraus die CO_2-Aufnahme berechnet. Die Versuchsbedingungen sind der Praxis weitgehend angepaßt. Die bisherigen Ergebnisse werden an Hand von Diagrammen diskutiert. Es besteht ein charakterist. Unterschied zwischen den Carbonatisierungskurven von Luftkalkmörteln u. Mörteln aus hydraul. Kalken. (Zement-Kalk-Gips **8** (**44**). 386—93. Nov. 1955. München, TH, Materialprüfungsamt für das Bauwesen.)
W. GELMROTH. 6226

Toshiyoshi Yamaguchi und **Aitaro Miyagawa,** *Über den Einfluß der Zumischung verschiedener Chemikalien auf die Eigenschaften von Stuckgips.* Folgende Beimengungen zu Stuckgips in 0; 0,25; 0,5; 1,0 u. 2,0% ig. Lsg. wurden untersucht: A: $MnSO_4 \cdot 4H_2O$; B: $(NH_4)_2SO_4$; C: K_2SO_4; D: $Na_2SO_4 \cdot 10H_2O$; E: $CoSO_4 \cdot 7H_2O$; F: $MgSO_4 \cdot 7H_2O$; G: $Al_2(SO_4)_3 \cdot 18H_2O$; H: $Al(NO_3)_3 \cdot 9H_2O$; I: $Mg(NO_3)_2 \cdot 6H_2O$; K: KNO_3; L: $KNaC_4H_4O_6 \cdot 4H_2O$; M: KH_2PO_4. Es wurden die mörteltechn. Eigg. untersucht mit folgenden Ergebnissen: Alle Verbb. außer F, H u. I erhöhen die Wärmeentw. während des Erhärtungsprozesses. K, D, A, B, C u. E beschleunigen den Erhärtungsbeginn, aber eine 0,5% ig. Lsg. von M, L, G u. H verzögern ihn. A erhöht die mechan. Festigkeit, während alle anderen sie erniedrigen. (Gypsum [Tokyo] **1952.** Nr. 4. 167—73. [Orig.: japan., Auszug: engl.])
K. SEIDEL. 6226

Armin Petzold, *Eine nephelometrische Schnellmethode zur Bestimmung von Zink in Gläsern und Emails.* Das zu untersuchende Glas oder Email wird mit Ätzkali aufgeschlossen u. der angesäuerte Wasserextrakt der Schmelze nach der MYLIUSschen Meth. zur nephelometr. Best. kleiner Zinkmengen untersucht. Störung durch Fe, Sb u. Sn werden erwähnt; die Beseitigung der Störung für Fe u. Sn wird beschrieben. (Glas - Email - Keramo - Techn. **7.** 37—40. Febr. 1956. Freiberg/Sa., Inst. für Silikathüttenkunde.)
E. DEEG. 6242

Paul Beyersdorfer, Weißwasser, O.-L. (Erfinder: **P. Beyersdorfer**), *Einschmelzglas,* das neben Oxyden der Alkalien u. Erdalkalien, welche das Netzwerk beeinflussen, weniger als 1 (%), bes. 0,1—0,4, Sn(II)-Ionen enthält, die z. B. als Alkalistannite ins Gemenge eingebracht werden. — Zu dem oxydationsmittelfreien Gemenge, das 100 kg eines Glases (72,7 SiO_2; 0,8 Al_2O_3; 17,3 Na_2O; 0,4 K_2O; 3,6 MgO; 5,2 CaO) ergibt, werden 250 (g) Sn als $SnCl_2$ oder 285 SnO gegeben, das Gemenge wird wie üblich eingelegt u. geschmolzen. — Statt 100 (kg) Pb für 1000 Bleiglas mit 22% PbO werden für die entsprechende Menge Kalk-Magnesia-Glas nur ca. 1 kg Sn gebraucht. (**D. P.** [**DDR**] **8 318** Kl. 32b vom 11/11. 1953, ausg. 16/10. 1954 [Wirtschaftspatent].)
O. KAYSER. 6171

Ernst Leitz G. m. b. H. (Erfinder: **Gustav Weissenberg,** Wetzlar, und **Otto Ungemach,** Marburg), *Optisches Glas.* Ein opt. Glas mit $n_D > 1{,}70$ u. $\nu = 35$, wobei $n_D > 2{,}099 - 0{,}0083\gamma$ ist, besteht aus 25—38 (Gew.-%) B_2O_3, 50—70 CdO u. mindestens 5—15 ZrO_2. — Beispiel für eine Glaszus.: 30 B_2O_3, 10 ZrO_2 u. 60 CdO; n_D 1,7697 $\gamma = 41{,}7$. (**D. B. P. 940 319** Kl. 32b vom 21/10. 1954, ausg. 15/3. 1956. Anmeldung bekanntgemacht 22/9. 1955.)
H. HOFFMANN. 6201

Schultheis & Söhne, Wesseling (Erfinder: **August Schultheis,** Köln, und **Peter Schultheis,** Hahnwald), *Herstellung von Emaillen und Glasuren.* In die Rohmischung von Emaillen u. Glasuren werden > 1% Chloride oder solche Stoffe eingeführt, welche während des Schmelzens Chloride bilden. (**D. B. P. 942 006** Kl. 48c vom 21/8. 1953, ausg. 26/4. 1956. Anmeldung bekanntgemacht 27/10. 1955.)
H. HOFFMANN. 6213

VEB Stickstoffwerk Piesteritz, Lutherstadt Wittenberg-Piesteritz (Erfinder: **Rolf Neubner**), *Herstellung von Formstücken aus Sintertonerde* (Rohre, Tiegel u. a.) durch Brennen einer Tonerdemasse, die schichtweise auf geheizte (> 100°) Metallformen (Cu, Al, Ni, Stahl) gespritzt wird, die mit einem Lacküberzug (Harnstoff-Formaldehydharz) versehen sind, der sich bei 250—300° zers., so daß die Formlinge abgezogen werden können. Die getrockneten Formlinge können auch in dem Reaktionsofen für den sie bestimmt sind eingesetzt u. gebrannt werden. (**D. P.** [**DDR**] **9 187** Kl. 80b vom 17/12. 1952, ausg. 14/2. 1955 [Wirtschaftspatent].)
O. KAYSER. 6217

Institut für angewandte Mineralogie der Staatlichen Geologischen Kommission, Dresden (Erfinder: **Karl Baumann** und **Adolf Böttcher,** Dresden), *Hochfeuerfeste Magnesiumsilicatmassen* (Druckfeuerbeständigkeit 1530—1560°) erhält man durch Mischen eisenhaltiger Magnesiumsilicate, z. B. 100 (Teile) zerkleinerter Talkschiefer, mit 500 Kaliendlauge (aus der Carnallitaufbereitung), Eindicken, Verformen u. Sintern bei 1500—1700°, die gemahlen als Stampfmasse verwendet oder nochmals geformt u. gebrannt werden. Die Mg-Silicate können auch mit den bei einer vorangegangenen Eindickung der Kaliendlauge verbleibenden Feststoffen gemischt u. gesintert werden. (**D. P. [DDR] 8 879** Kl. 80b vom 4/7. 1953, ausg. 3/1. 1955 [Wirtschaftspatent].) O. KAYSER. 6219

Alfred Richter, Horst Weber und **Werner Wolf,** Dresden, *Oxydkeramische Massen* mit verbesserter Zähigkeit, Gleitfähigkeit, elektr. u. Wärmeleitfähigkeit (Werkzeugteile, Schneidplättchen, Preß- u. Ziehformen) erhält man durch Sinterung von Al_2O_3 (Korngröße 15 μ) mit Zusätzen metall. Charakters (Wolfram-, Titancarbid u. a.) bei 1400 bis 2000° in sauerstofffreier Atmosphäre. (**D. P. [DDR] 8 886** Kl. 80b vom 14/11. 1953, ausg. 4/1. 1955 [Wirtschaftspatent].) O. KAYSER. 6221

British Plaster Board Ltd. (Erfinder: **Cuthbert Leslie Haddon**), Wallasey, Cheshire, England, *Gewinnung eines verbesserten Mörtels* durch Beimischen von 0,1—0,3 Gew.-% eines Bleisalzes zu dem Gips. Als solche kommen in Frage: PbO, PbO_2, Bleichromat, -formiat, -carbonat, -bromid, -borat, -fluorid, -benzoat, -chlorid, -nitrat, -acetat u. -sulfat. (**E. P. 732 395** vom 20/1. 1953, ausg. 22/6. 1955.) H. NEBELSIEK. 6227

Guido Keller, Viganello, Schweiz, *Herstellung von Kunstmarmorplatten.* Auf den glatten Boden einer Metallform wird eine durch Zusatz von W. breiartige M., bestehend aus 50 (kg) Quarzpulver oder -sand, 47 weißem Zement, 2 TiO_2 u. 1 Polyvinylchloridpulver, derart schräg aufgeworfen, daß eine Marmormusterung entsteht. Nach dem Aufstreuen einer trockenen Zement–Sand-Mischung wird die Grundschicht mit einer anders gefärbten M. von grundsätzlich gleicher Zus. hinterfüllt, worauf das Ganze zusammengepreßt wird. (**Schwz. P. 310 760** vom 19/10. 1954, ausg. 15/2. 1956.) H. HOFFMANN. 6229

Vereinigte Korkindustrie Akt.-Ges., Mannheim, *Leichtbauplatte* aus unebenen, übereinanderliegenden, mit einem Bindemittel behandelten, florartigen Schichten aus thermoplast., dünnen, langen Fäden, bes. aus Glas, Schlacke oder Gestein, die einander kreuzend ein Gespinst bilden. Das Bindemittel besteht aus einer Lsg. von Gips, Zement, gebranntem Magnesit, Kalk oder dgl. in Wasser. Auch kann eine Behandlung der Schichten mit einer Aufschlämmung von Ton oder Porzellanerde erfolgen, worauf sich ein Trocken- oder Brennvorgang anschließt. (**Oe. P. 180 387** vom 22/12. 1951, ausg. 10/12. 1954.) H. HEYER. 6229

Badische Bau- und Kunststoff G. m. b. H., Mannheim, *Herstellung von Isoliersteinen.* Elast. deformierbare Stoffe, wie Perlit, werden mit schnell erhärtendem synthet. oder natürlichem Anhydrit unter Druck verformt u. so schnell zum Erhitzen gebracht, daß ein bleibender Innendruck entsteht. Zur Erhöhung der Feuerfestigkeit können dem Ausgangsmaterial noch Al_2O_3 oder solche enthaltende Stoffe zugesetzt werden. (**D. B. PP. 940 097** Kl. 80b vom 16/2. 1954, ausg. 8/3. 1956. Anmeldung bekanntgemacht 15/9. 1955 u. **942 076** [Zusatz-Pat.] Kl. 80b vom 17/10. 1954, ausg. 26/4. 1956. Anmeldung bekanntgemacht 20/10. 1955.) H. HOFFMANN. 6229

VII. Agrikulturchemie. Schädlingsbekämpfung.

Leonardo A. Abarra, *Der Einfluß verschiedener Düngemittelmengen und Feuchtigkeitsgehalte auf die Ausbeuten von Elon-Elon und Inintiw Strain 107.* Elon-Elon u. Inintiw Strain 107, zwei verschied. Reisarten, wurden während ihres Wachstums verschied. Feuchtigkeitsgeh. des Bodens unterworfen. Bei gleichem Feuchtigkeitsgeh. wurden die Pflanzen anfangs mit verschied. Mengen an Ammoniumsulfat gedüngt. Beide Arten wachsen bei höheren Feuchtigkeitsgehh. des Bodens besser u. reifen früher als bei geringerer Feuchtigkeit. Düngung verzögerte mit Einschränkungen die Reife. Die Reisausbeute wird bei Inintiw, bes. bei 50%ig. Sättigung des Bodens mit Feuchtigkeit, begünstigt. Diejenige des Elon-Elon wird mit höherer Feuchtigkeit des Bodens auch erhöht. (Philippine Agriculturist **35.** 539—47. März 1953.) W. LORENZ. 6302

L. Depardon, *Beitrag zur agronomischen Untersuchung der Champeigne Tourangelle.* Auf Grund einer klimatolog., geolog. u. bodenkundl. Unters. sowie einer Feststellung des Nährstoffgeh. werden Düngungsanweisungen für Hackfrüchte, Getreide u. Futterpflanzen gegeben. (Ann. Inst. nat. Rech. agronom., Sér. A **5.** 83—89. Jan./Febr. 1954. Blois, Stat. Agronom.) A. JACOB. 6304

J. Garola und **R. Cadier-Eberhard,** *Der Lehm in Eure-et-Loir.* Die in dem Département Eure-et-Loire auftretenden Lehme sind je nach der Stärke der Auswaschung u. dem Muttergestein veschieden. Anbau u. Düngung müssen den Eigg. dieser an u. für sich sehr fruchtbaren Böden Rechnung tragen. (Ann. Inst. nat. Rech. agronom., Sér. A **5.** 61–81. Jan./Febr. 1954. Chartres, Stat. Agronom.) A. JACOB. 6304

M. M. Mortland, *Adsorption von Ammoniak durch Ton und Humus.* Humus adsorbiert NH_3 am stärksten, Kaolinit am wenigsten. Mit H gesätt. Bentonit adsorbiert mehr NH_3 als mit Ca gesättigter. Eine geringere Adsorption (A) zeigte mit Na gesätt. Bentonit. Die Berechnung der A-Wärme zeigte, daß die A-Flächen von Bentonit deutlich heterogen waren, da die Energie von A mit dem Anteil der Oberfläche sich veränderte, der durch NH_3 besetzt war. Der für die A von NH_3 durch mit Kationen gesätt. Adsorbenten hauptsächlich in Frage kommende Mechanismus ist eine starke Bindung vom VAN DER WAALSschen Typ, da die A reversible, aber durch eine ziemlich hohe A-Wärme charakterisiert ist. Die anfängliche NH_3-A ist aber selbst bei basengesätt. Adsorbenten eine chem. Sorption, die durch Irreversibilität u. eine hohe A-Wärme charakterisiert ist. NH_3 kann die inneren Oberflächen des Wyoming-Bentonits durchdringen. Es ist möglich, NH_3 u. andere starke polare Gase zu benutzen, um die Gesamtoberfläche von quellenden Tonen zu bestimmen. (Soil Sci. **80.** 11–18. Juli 1955. Michigan Agric. Exp. Stat.) A. JACOB. 6304

Ernest Bovay, *Düngungsversuche auf schwer kultivierbarem Rodeland.* Bericht über 5jährige Feldverss. u. zweijährige Topfversuche. Das Rodeland leidet vor allem an Strukturlosigkeit, Kalküberschuß, Kalimangel- u. Unlöslichkeit des Mn. Als Gegenmaßnahmen werden empfohlen starke Stallmistgaben, reichliche Kaligaben u. Spritzungen mit $MnSO_4$-Lösung. Letztere wirken bes. günstig bei Getreide. (Landwirtsch. Jb. Schweiz **69** ([N. F.] **4**). 725–40. 1955. Lausanne, Stat. Fédérales d'Essais Agricoles.) C. GRIMME. 6304

Léopold Martin und **Anne Lenger,** *Biometrische Analyse des Verlaufs des Entzuges der mineralischen Elemente des Bodens durch die Pflanzen.* Ein Exponentialgesetz zum Entzug der Elemente N, P, K, Ca u. Mg aus dem Boden durch die Pflanzen wird aufgestellt u. durch tabellar. u. kurvenmäßige Versuchsberichte belegt. (Bull. Inst. agronom. Stat. Rech. Gembloux **22.** 272–86. 1954. Gembloux, Inst. Agronom. de l'État, Bur. de Biométrie.) H. GUDE. 6304

I. A. Geller, *Die Verwendung von Protopektinasebakterien für die Verbesserung der Bodenstruktur.* 2jährige Verss. auf mittelpodsoliertem Grauboden ergaben, daß die Ggw. von *Bacterium polymyxa* die Wasserbeständigkeit der Bodenstruktur in der Rhizosphäre von mehrjährigen Leguminosen (Luzerne, Klee, Esparsette) erhöht. Ihre Ggw. steigert den Heuertrag von 88,0 auf 91,6 dz/ha, das Gewicht der Wurzelreste von 52,78 auf 57,49 dz/ha, den N-Geh. der Wurzeln von 2,28 auf 2,63%. Die Wrkg. der Protopektinasebakterien beruht auf der Änderung des Redoxpotentials in der Rhizosphäre. (Мікробіологічний Журнал (Киев) [Mikrobiol. J. (Kiew)] **17.** Nr. 4. 9–14. 1955. Allunions Inst. für Zuckerrüben.) O. LEBTAG. 6306

W. P. Saremba, *Über die Qualitätsverbesserung bei Lupinenitragin.* Als bester Nährboden für die Lupinebakterien erwies sich folgender: 20 g Glucose, 0,7 g K_2HPO_4, 0,2 g $MgSO_4$, 0,2 g NaCl, 0,1 g $CaSO_4$, 0,005 g NH_4MoO_4, 100 ml Hefeextrakt, 900 ml Leitungswasser. Zur Erzielung eines guten *Nitragins* ist der sterile Boden mit Lupinebakterien so zu impfen, daß 1 g Boden 20–30 Millionen Bakterienzellen enthält. Die in der Anweisung für die Nitraginherst. vorgesehene energ. Durchmischung des Bodens nach der Bakterienimpfung beeinträchtigt die Bakterienvermehrung recht stark. Die Energie der Bakterienvermehrung im Boden u. auf dem Nährboden wird durch nesterweise Einbringung der Lupinebakterien stark erhöht. (Мікробіологічний Журнал (Киев) [Mikrobiol. J. (Kiew)] **17.** Nr. 4. 64–65. 1955. Ukrain. Wiss. Forschungsinst. für sozialist. Landwirtschaft.) O. LEBTAG. 6306

Philip Garman, *Weitere Untersuchungen über Netzmittel und ein Programm zur Verringerung des Verbrauches von Sprühmitteln für Äpfel.* Systemat. Unterss. über die Brauchbarkeit einiger Netzmittel unter Verwendung von Liguster oder Apfelblättern. Die Haftbarkeit von Spritzmitteln, wie Bordeauxmischungen, nimmt mit dem p_H-Wert ab. Weitere Prüfungen mit Talkerden u. Tonen zeigten keine gute Adhäsion, nur Wyoming-Bentonit. Erfolgreiche Verss. mit synthet. Harzen u. Pflanzenölen in Verbindung mit Tetramethylthiuramdisulfid (TMTD). (Connecticut agric. Exp. Stat., New Haven, Bull. **1950.** 5–39. April.) W. SCHULTZE. 6312

K. I. Beltjukowa, *Untersuchung der Wirkung von Bakterol auf einige phytopathogene Bakterien.* Im Laboratoriumsvers. wird festgestellt, daß das *Bakterol* (I), ein aus der Anthracenfraktion des Steinkohlenteers hergestelltes, aus cycl. Sulfoverbb. bestehendes

Präp., auf die meisten der 19 untersuchten phytopathogenen Bakterien bakteriostat. u. bakericid wirkt. Bes. empfindlich sind Corynebacterium flaccumfaciens, C. michiganense, C. insidiosum, Xanthomonas phaseoli v. fuscans, X. malvacearum u. X. phaseoli. Am beständigsten gegenüber I sind Pseudomonas pisi, Ps. tabacum, Erwinia phytophthora u. Bacterium herbicola. Die Behandlung des Saatgutes mit I bewirkt im Feldvers. mit Klee u. Luzerne einen dichteren Saatenstand, eine Abnahme des Wurzelbefalles durch Krankheiten u. eine Steigerung des Heuertrages. Der Mehrertrag erreicht bei Luzerne 54,6 bis 61,2%, bei Klee 25,6—33,3%. (Мікробіологічний Журнал (Киев) [Mikrobiol. J. (Kiew)] **17.** Nr. 4. 22—24. 1955. Mikrobiol. Inst. der Akad. der Wiss. der UkrSSR.) O. LEBTAG. 6312

G. K. Voigt, *Bestimmung der Wirkung bei der Anwendung von Bioclden auf die Bodenfruchtbarkeit durch chemische und biologische Methoden.* Vf. behandelte Bodenproben mit 9 u. 27 (lbs./acre) Kalomel, 9 u. 10 u. 100 Chlordan sowie 50 u. 150 Gal./acre Mineralöl, allein oder in Kombination mit verschied. Mineraldüngern. Die Unterss. zeigten, daß die Düngeranwendung eine geringfügige Erhöhung der Acidität zur Folge hatte. Die Anwendung der Schädlingsbekämpfungsmittel drückte die Ausnutzbarkeit von N aus Mineralsalzen u. bei der Gründüngung herab. Das Wachstum von Aspergillus niger u. Roggen wurde durch Kalomel u. Chlordan wesentlich gehemmt, während Mineralöl nur einen geringen Effekt auf Aspergillus niger erzielte. Kombinierte Anwendung aller 3 Substanzen hatte stark schädigende Wrkg. zur Folge, die nur durch Gründung etwas gemildert wurde. Die zahlenmäßigen Ergebnisse sind in Tabellen zusammengestellt. (Trans. Wisconsin Acad. Sci., Arts Letters **43.** 183—88. 15/9. 1954. Wisconsin, Univ., Dep. of Soils.) W. KNÖPKE. 6312

Heinz Anders, *Wesen und Wirkung von Toxaphen.* Allg. Ausführungen. (Desinfekt. u. Schädlingsbekämpf. **47.** 174. Nov. 1955. Berlin-Grünheide.) M. WINIKER. 6312

G. E. Carman, *Bekämpfung von Iridomyrmex humilis Mayr.* Bei der Bekämpfung von Iridomyrmex humilis Mayr bei Citrusbäumen waren chlorierte KW-stoffe (Dieldrin, Heptachlor, Chlordan u. Aldrin) als Granulata ebenso wirkungsvoll. wie als Sprays. (Calif. Agric. **9.** Nr. 5. 10. 16. Mai 1955. Riverside, Univ. of California.) C. GRIMME. 6312

U. Schindler, *Neue Wege in der Erdmausbekämpfung.* Als für die Erdmausbekämpfung geeignet erwiesen sich *Toxaphen* u. *Endrin.* — 11 Literaturhinweise. (Desinfekt. u. Schädlingsbekämpf. **47.** 170. Nov. 1955. Göttingen, Niedersächs. Forstl. Versuchsanst., Abt. Forstschädlingsbekämpfung.) M. WINIKER. 6312

Melvin J. Bryson, C. I. Draper, Joseph R. Harris, Clyde Biddulph, D. A. Greenwood, L. E. Harris, Wayne Binns, M. L. Miner und **L. L. Madsen,** *DDT in Eiern und Geweben von mit verschiedenen Mengen DDT gefütterten Kücken.* Es wurde vergleichsweise 15% Luzernemehl aus Grünfutter, das mit 0, 1, 2 u. 4 lbs. techn. DDT/acre (1 lb. = 480 g; 1 acre = 0,4 ha) während des Wachstums behandelt wurde u. unbehandeltes Heu, dem nachträglich 0, 50, 100 u. 200 p.p.m. DDT zugesetzt worden war, an Hühner verfüttert u. der DDT-Geh. in den Eiern sowie im Fett der geschlachteten Hühner bestimmt. Der DDT-Geh. der Eier betrug bis zu 1,7, 2,1, 3,7 u. 4,1 p.p.m. von Hennen, die feldbehandeltes Futter erhielten, 1,7, 23,3, 18,7 u. 65,6 p.p.m. von solchen, die mit nachträglich mit DDT behandeltem Futter gefüttert wurden. Im Fett betrugen die DDT-Gehh. infolge der verschied. Feldbehandlungen 30, 29, 44 p.p.m. (1,2 lbs./acre), nach dem Zusatz zum Heu von 100 u. 200 p.p.m. 103 bzw. 502 p.p.m. Im 2. Fütterungsjahr stieg der DDT-Geh. in Fleisch u. Fett an. Vergiftungserscheinungen der Tiere wurden bei den angewandten Konzz. nicht beobachtet. (Advances in Chem. Ser. **1950.** Nr. 1. 232—36. April. Utah, Utah Agric. Exp. (Stat.) G. LENHARD. 6312

G. Demortier und **G. Droeven,** *Modell eines Erdbohrers, der die Probeentnahme vor Ort gestattet.* Der Erdbohrer besitzt ein ablösbares Mundstück, in dessen Kröpfung ein steifer Kunststoffzylinder so eingesetzt wird, daß nach Benutzung die Bodenprobe zwecks Best. der Durchlässigkeit zusammengehalten wird. — 2 Abbildungen. (Bull. Inst. agronom. Stat. Rech. Gembloux **22.** 216—19. 1954.) H. GUDE. 6324

G. Demortier und **G. Droeven,** *Apparat zur Bestimmung des Bodengefüges.* Ein auf TIULIN zurückgehender App. dient der Nachahmung der Wrkg. der Witterung auf das Bodengefüge: In einem geschlossenen Bottich wird das oberste von 5 Sieben, deren Maschenweite von 4—0,25 mm nach unten abnimmt, mit Erde gefüllt, ehe ein durch Elektromotor bewegter Stempel das Niveau des die Siebe durchsetzenden W. 40 mal/Min. um 2 cm senkt bzw. hebt. — 1 Bild. (Bull. Inst. agronom. Stat. Rech. Gembloux **22.** 213—15. 1954.) H. GUDE. 6324

F. A. Gunther und **M. Elliot Miller,** *Serienmäßige Bestimmung von oberflächlich anhaftenden und eingedrungenen DDT-Rückständen.* In einem mechanisierten Verf.

können äußerlich anhaftende u. in Substanzen eingedrungende DDT-Mengen von 0,5 p.p.m./cm³ schnell u. mit hinreichender Genauigkeit quantitativ bestimmt werden. Die Meth. beruht auf der Dehydrohalogenierung. Es können täglich 40—50 Analysen durchgeführt werden. App. u. Meth. werden beschrieben. (Advances in Chem. Ser. **1950.** Nr. 1. 88—92. April. Riverside, Calif., Univ. of California, Citrus Exp. Stat.)
G. LENHARD. 6328

N. V. de Bataafsche Petroleum Mij., Den Haag, Holland (Erfinder: **Carl Max Monroe, William Ernest Rader** und **William John Raab**, Emeryville, Calif., V. St. A.), *Bekämpfung von Pilzen* durch Verwendung von salpetersauren Salzen von Tetrahydropyrimidinderivv. der Formel **I**, in der R_1, R_2, R_3 R_4, R_5 u. R_6 jeweils ein H-Atom oder gleiche oder verschied. organ. Reste, vorzugsweise niedrigere Alkylreste mit bis zu 4 C-Atomen sein können u. R_7 ein H-Atom oder ein gesätt., gegebenenfalls mit einer NH_2- oder OH-Gruppe substituierter KW-stoffrest mit 1—3 C-Atomen ist, während R_8 eine gesätt. Alkylgruppe von ca. 11—21, bes. von 15—19 C-Atomen sein muß. — Beispiele: Salpetersaure Salze der 2-Alkyl-3.4.5.6-tetrahydropyrimidine oder von 2-Heptadecyl-4.4.6-trimethyl-3.4.5.6-tetrahydropyrimidin. Diese salpetersauren Salze lassen sich leicht herstellen, indem man das freie Tetrahydropyrimidin mit 1Mol HNO_3 neutralisiert. (**D. B. P. 940 740** Kl. 45 l vom 15/8. 1953, ausg. 22/3. 1956. Anmeldung bekanntgemacht 29/9. 1955. A. Prior. 18/8. 1952. **Zusatz zu D. B. P. 880 523; C. 1955. 2056.**)

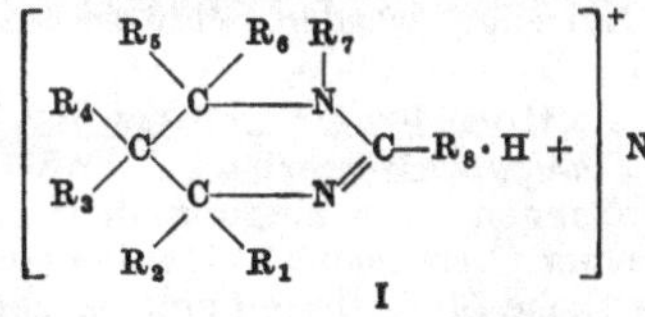

I

H. NEBELSIEK. 6313

Dow Chemical Co. (Erfinder: **Lewis R. Drake, Arthur Erbel** und **Eugene E. Kenaga**), Midland, Mich., V. St. A., *Bekämpfung von Insekten und Pilzen* durch Verwendung von Amidothiophosphaten der Formel **I**, in denen R für einen Cyclohexyl- oder Alkylrest steht, X Cl oder Br bedeutet u. n eine ganze Zahl von 1—4 ist. — Beispiele: O-(2.4.5-Trichlorphenyl)-O-äthylamidothiophosphat; O-(2.4.5-Trichlorphenyl)-O-isopropylamidothiophosphat u. O-(2.4.5-Trichlorphenyl)-O-sek.-butylamidothiophosphat. (**D. B. P. 941 459** Kl. 45 l vom 1/10. 1950, ausg. 12/4. 1956. Anmeldung bekanntgemacht 9/9. 1954. A. Prior. 9/6. 1949.)

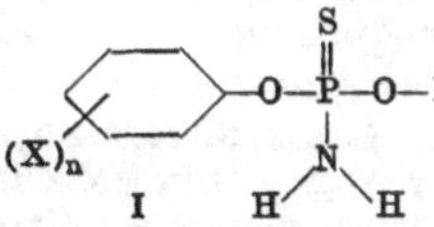

I

H. NEBELSIEK. 6313

Hercules Powder Co., übert. von: **William R. Diveley**, Newark, und **Arthur D. Lohr**, Wilmington, Del., V. St. A., *1.4-Dioxanderivate* der allg. Formel **I** (R = niedriges Alkyl). Man setzt 2.3-Dichlor- oder 2.3-Dibrom-1.4-dioxan mit Dithiophosphorsäurediestern um. — Beispiele für die Herst. von Verbb. mit $R = C_2H_5$, *iso*-C_3H_7, *n*-C_3H_7, *sek.*-C_4H_9, CH_3. — *Pesticide.* (**A. P. 2 725 328** vom 30/8. 1954, ausg. 29/11. 1955.) K. FABEL. 6313

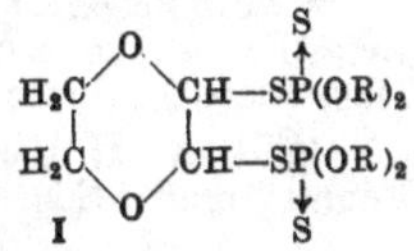

I

Badische Anilin- & Soda-Fabrik Akt.-Ges., Ludwigshafen/Rh. (Erfinder: **Georg Böhner**, Edingen, **Herbert Stummeyer** und **William Hennicke**, Mannheim), *Überführen von Schädlings- und Pflanzenbekämpfungsmitteln in leicht verteilbare Form* unter Verwendung von als Zusatzstoffe bekannten Netzmitteln u./oder Schutzkolloiden. Die Wirkstoffe werden mit solchen Zusatzstoffen, die bei Bearbeitung mit geringen Flüssigkeitsmengen plast. werden, in Ggw. geringer Flüssigkeitsmengen in Knetmaschinen, Strangpressen oder auf Walzenstühlen intensiv mechan. bearbeitet, bis der Wirkstoff in feinste Verteilung gebracht ist. (**D. B. P. 939 541** Kl. 45 l vom 7/7. 1951, ausg. 23/2. 1956. Anmeldung bekanntgemacht 30/10. 1952.) H. NEBELSIEK. 6313

Donald E. H. Freard, Tratado de Quimica Agricola. 2 vols. Barcelona. Salvat. 1956. (XXIV + 928 = XXIV + 693 S. m. Abb.) 770,— ptas.

VIII. Metallurgie. Metallographie. Metallverarbeitung.

E. Diepschlag, *Hochofenbetrieb mit Sauerstoffverwendung.* Die Verwendung von Sauerstoff im Hochofenbetrieb kann nicht allg. als nützlich angesehen werden, vielmehr müssen die Bedingungen hierfür von Fall zu Fall untersucht werden. Metallurg. ergeben sich bei Sauerstoffanreicherung der Verbrennungsluft keine wesentlichen Abweichungen. Die Red. der Fe-Oxyde im Schacht des Hochofens ist druckunabhängig. Hingegen wird die Red. von Fe-, Mn- u. Si-Oxyden im Unterofen nicht gefördert. Die dabei mitwirkenden C-Mengen liefern zusätzlich CO, die Rkk. sind also druckabhängig. (Chem. Techn. **5.** 591—92. Okt. 1953. Freiberg.) M. WINIKER. 6372

Hermann Schenck und **Hans Esch,** *Untersuchungen über die Eigenschaften von Hochofenkoks.* Bei reiner Druckbelastung u. einheitlicher Drucklast ist der Einfl. der Koksstückgröße auf den Feinkornanfall kaum, auf die Oberflächenvergrößerung, außer bei bes. kleinen Stückgrößen, wenig, aber auf die Zertrümmerungsarbeit u. den unverändert gebliebenen Anteil deutlich erkennbar. Bei einheitlicher Stückgröße sind Feinkornanfall, Arbeitsaufwand u. Oberflächenvergrößerung etwa proportional der Belastung. Die erhaltenen Festigkeitswerte hängen nicht nur absol., sondern auch relativ zu einer anderen Koksorte von der Festlegung des Festigkeitsbegriffes ab. Die an Schüttungen meßbare Zertrümmerungsarbeit je cm^2 neu geschaffener Oberfläche erfaßt nicht die wirkliche spezif. Oberflächenenergie, sondern ist weitgehend durch die zerkleinerungstechn. Verlustarbeit bestimmt. Auf die Beeinflussung des Ofenganges durch die Kokseigg. werden Schlüsse gezogen. — 26 Schrifttumsangaben. (Stahl u. Eisen **75.** 1421—25. 3/11. 1955. Aachen, TH.) H. HOCHSTEIN. 6372

Gottfried Prieur und **Günter Fechner,** *Senkung des Wärmeverbrauchs beim Glühen von Stahlguß.* Erörtert wird die wärmetechn. Überwachung u. Auswertung energiestat. Erhebungen in Stahlgußglühereien. Die Kenntnis des Wärmeverbrauchsschaubildes einzelner Öfen erlaubt eine Beurteilung, in welcher Richtung wärme- u. betriebswirtschaftliche Maßnahmen einzusetzen haben. Ein für Tief- u. Schmiedeöfen entwickeltes Beheizungsverf., das durch eine beschränkte Anzahl von Brennern gek. ist, kann durch ausreichende Durchwirbelung der Feuergase auch für Glühöfen mit Vorteil angewendet werden. — Schrifttumsangaben. (Stahl u. Eisen **76.** 78—81. 26/1. 1956. Mülheim/Ruhr.) H. HOCHSTEIN. 6372

W. Gregson, *Einige Erläuterungen über die Praxis der Abhitzeverwertung.* Überblick über den derzeitigen Stand der Abhitzeverwertung. An weiteren Möglichkeiten einer Abhitzeausnutzung werden besprochen die Rückgewinnung der fühlbaren Wärme in geschmolzenen Hochofenschlacken u. durch die Koksablöschung. Erörtert wird die Verwendung von Gas- u. Luftturbinen. — Diskussion. (J. Iron Steel Inst. **180.** 369—77. Aug. 1955. Spencer-Bonecourt-Clarkson, Ltd.) H. HOCHSTEIN. 6372

Leslie Silverman, *Reinigung der Abgase von Siemens-Martin-Öfen.* Die Reinigung der Abgase von SM-Öfen ist wegen der großen Volumina u. der geringen Teilchengröße sehr schwierig. An einer Versuchsanlage wurden Ergebnisse mit Filtern aus Schlackenwolle gesammelt, die auf einem Wanderrost aufgebracht waren, ferner mit Staubabscheidern, die ähnlich wie eine Förderschnecke ausgebildet sind. (Year Book Amer. Iron Steel Inst. **1955.** 267—96. Boston, Mass.) K. STEIN. 6372

Victor Paschkis, *Wärmetechnische Betrachtung über die Gießereipraxis.* (Proc. Inst. Brit. Foundrymen **44.** A 32—A 59. 1951. New York, N. Y., Columbia Univ., Heat and Mass Flow Analyzer Labor. — C. **1956.** 5392.) W. WESLY. 6382

William H. Moore, *Die Fließbarkeit von Formsand.* Aussprache. (Trans. Amer. Foundrymen's Soc. **58.** 650—60. 1950. Cleveland Heights, O., Mechanite Metal Corp.) W. WESLY. 6382

Victor Paschkis, *Der Wärmefluß in feuchtem Sand.* Der bei Tempp. von 2000 bis 2600° F in feuchtem u. trockenem Sand auftretende Wärmefluß wird in Abhängigkeit von der Zeit gemessen u. in zahlreichen Diagrammen wiedergegeben. — Mit einem Anhang über Definitionen des Feuchtigkeitsgeh. von Sanden, Berechnungen, krit. Stellungnahme zu Arbeiten anderer Autoren u. experimentellen Ergebnissen. — Diskussion. (Trans. Amer. Foundrymen's Soc. **59.** 381—91. 1951. New York, N. Y., Columbia Univ., Heat and Mass Flow Analyzer Labor.) W. WESLY. 6382

B. H. Booth, P. C. Rosenthal und **H. W. Dietert,** *Die Reproduzierbarkeit von Gußformsandprüfungen.* Ein Vgl. der aus einer Reihe von Laborr. stammenden Ergebnisse von Prüfungen gleicher Sandproben auf Feuchtigkeit, D., Durchlässigkeit, Zusammendrückbarkeit, Zähigkeit, Verformbarkeit u. Stampffestigkeit zeigt, daß reproduzierbare Werte erzielt werden können. — Diskussion. (Trans. Amer. Foundrymen's Soc. **58.** 611—20. 1950. Carpenter Brothers Inc.; Madison, Wis., Univ of Wisconsin, Dep. of Metallurg. Engng. u. Detroit, Harry W. Dietert Co.) W. WESLY. 6382

Jiří Ornst, *Kunststoffe als Kernbinder.* Kurzer Überblick über die Verwendung von *Phenol–Formaldehyd*-Harz u. *Carbamid–Formaldehyd*-Harz als Kernbinder. — 27 Literaturnachweise. (Gießereitechnik **2.** 54—56. März 1956. Brno.) W. HAUG. 6382

Charles Locke und **Richard L. Ashbrook,** *Die Natur der Gase in den Gußformhohlräumen.* Die während des Gießens in einem Gußformhohlraum auftretenden Drücke steigen mit der Gießgeschwindigkeit u. fallen mit der Durchlässigkeit. Die Durchlässigkeit einer Gußform gegen die beim Gießen auftretende Strahlungswärme ist annähernd der bei Zimmertemp. gefundenen Durchlässigkeit gleich. Die Gase in den Hohlräumen von Gußformen aus grünem Sand enthalten mehr H_2 als die Gase in den Hohlräumen von Gußformen aus trockenem Sand. Daneben sind CO, CO_2, N_2, O_2 u. KW-stoffe vorhanden. — Diskussion. (Trans. Amer. Foundrymen's Soc. **58.** 584—94. 1950. Chicago, Ill., Illinois Inst. of Technol., Armour Res. Found.) W. WESLY. 6382

S. L. Gertsman und **A. E. Murton,** *Untersuchung des Eindringens von Metall in Sandkerne.* Aus 100% SiO_2 bestehende Kerne widerstehen dem Eindringen auch unter den höchsten angewandten ferrostat. Drucken; gewöhnliche SiO_2-Überzüge vermindern jedoch das Durchdringen nicht. Sande mit Korngrößen unter 0,075 mm verhindern das Durchdringen. — Diskussion. (Trans. Amer. Foundrymen's Soc. **58.** 595—604. 1950. Ottawa, Bur. of Mines, Phys. Metallurgy Div.) W. WESLY. 6382

B. Levy, *Einige dezeitige Verfahren der Modellherstellung.* Krit. Übersicht. (Proc. Inst. Brit. Foundrymen **44.** A 113—A 124. 1951.) W. WESLY. 6382

S. Zuckor, *Eine für Modellformereien bestimmte Legierung.* Anwendung u. Eigg. einer *Cu–Si–Al–Mg*-Legierung für Metallmodelle. — Diskussion. (Trans. Amer. Foundrymen's Soc. **58.** 718—19. 1950. Buffalo, N. Y., Samuel Greenfield Co., Inc.) W. WESLY. 6382

J. Currie, *Verzweigte Gußstücke aus einer Dauerlehmform.* (Proc. Inst. Brit. Foundrmen **44.** B 50—B 62. 1951. G. & J. Weir, Ltd.) W. WESLY. 6382

Wolfgang Riezler, *Beeinflussung von Werkstoffen durch Strahlung.* Von den die Eigg. fester Körper beeinflussenden Strahlungen werden die Elektronenstrahlung, die Röntgen- u. γ-Strahlung, die Strahlung langsamer u. schneller Neutronen u. die Strahlung schneller Ionen behandelt. Die Elektronenstrahlen haben in Metallen eine geringere Eindringtiefe als in Kunststoffen; ihre Einw. ist meist auf die Atomhüllen beschränkt u. hat bei Metallen keine besondere Bedeutung. Die Röntgen- u. γ-Strahlen verhalten sich bei jedoch großer Tiefenwrkg. ähnlich. Langsame Neutronen werden von Atomkernen des bestrahlten Werkstoffs eingefangen u. erzeugen Verunreinigungen. Die schnellen Neutronen reißen jedoch durch elast. Stöße Atomkerne von ihrem Gitterplatz los u. erzeugen Gitterfehlstellen. Die Wrkg. schneller Ionen ist auf sehr dünne Schichten nahe der Oberfläche beschränkt. Sie beeinflussen die Atomhülle stark. Bei metall. Werkstoffen treten drei verschied. Wirkungen auf. Wird durch eine Strahlung ein Atom von seinem Gitterplatz weggestoßen, so entstehen FRENKEL-Defekte. Darüber hinaus werden durch Einfang von Neutronen neue radioakt. Isotope u. durch deren Umwandlung Fremdatome erzeugt. Die „spikes" treten auf, wenn schnelle Ionenstrahlen bis zu einer gewissen Tiefe in den Werkstoff eindringen. Bei *Cu* kann bei Raumtemp. der spezif. Widerstand um ca. 2% erhöht werden. Bei Halbleitern dagegen ist die Änderung des spezif. Widerstandes wesentlich größer. Über die Einw. von Strahlungen auf *Stahl* liegen nur wenige Beobachtungen vor, doch sind Übergänge vom austenit. zum ferrit. Stahl u. vielleicht auch umgekehrt möglich. Die Überstrukturbldg. in einer *Au–Cu*-Legierung der Zus. Cu_3Au kann durch Neutronen- oder Ionenstrahlen beeinflußt werden. — Diskussion. Schrifttumsangaben. (Stahl u. Eisen **76.** 14—18. 12/1. 1956. Bonn.) H. HOCHSTEIN 6388

R. W. Bailey, *Werkstoffeigenschaften und technische Anwendung von Gußmetallen.* (Proc. Inst. Brit. Foundrymen **44.** A 23—A 31. 1951. Metropolitan-Vickers Electrical Co. Ltd. — C. **1954.** 5841.) W. WESLY. 6388

Richard R. Smith, *Konzentrierung niedergrädiger Erze in der Humboldt-Mine.* Betriebsbeschreibung mit Abb. u. Fließschema; durch Brechen, Zerkleinern, Mahlen u. Flotation wird 62,4%ig. Konzentrat bei 85% Fe-Ausbeute gewonnen. (Blast Furnace Steel Plant **44.** 309—14. März 1956. Cleveland, O., Cliffs Iron Co.) H. ECKHARD. 6390

E. Longden, *Bemerkungen über Gußeisen. Vergangenheit und Gegenwart.* Übersicht über Herst., Zus., Eigg., Wärmebehandlung u. Verarbeitung von Gußeisen. (Proc. Inst. Brit. Foundrymen **44.** B 85—B 101. 1951.) W. WESLY. 6402

Richard Schneidewind, *Eine Übersicht über die quantitativen Auswirkungen einiger Faktoren auf das Glühen von weißem Gußeisen.* (Trans. Amer. Foundrymen's Soc. **58.** 202—07. 1950. Ann Arbor, Mich., Univ. of Michigan, Metallurg. Engng.) W. WESLY. 6402

Max Kuniansky, *Fragen der Erzeugung von schmiedbarem Eisen.* Zur Erzeugung von Gußeisen (I) in Sandformen, das meßbare Dehnbarkeit ohne nachfolgende Wärmebehandlung aufweist, muß das **I** weniger als 0,4% Mn, möglichst wenig S u. zwischen 3,6 u. 4,0% Gesamt-C (in Gußstücken von mindestens 0,63 cm^3 Dicke) enthalten. Ferner muß das **I** nach der Behandlung mit einer Mg-Legierung mit Ferrosilicium geimpft werden, um die Bldg. von massivem Zementit zu verhindern. — Diskussion. (Trans. Amer. Foundrymen's Soc. **58.** 705—09. 1950. Lynchburg, Va., Lynchburg Foundry Co.) W. WESLY. 6402

D. T. Martin, *Zur Prüfung von perlitischem schmiedbarem Guß.* Übersicht über die Verff. zur Prüfung der Beschaffenheit von perlit. schmiedbarem Guß. — Diskussion. (Trans. Amer. Foundrymen's Soc. **58.** 692—98. 1950. Saginaw, Mich., General Motors Corp., Saginaw Malleable Iron Plant, Central Foundry Div.) W. WESLY. 6402

H. A. Schwartz, J. D. Hedberg und **R. Eriksen**, *Subkritische isotherme Graphitbildung.* Metallograph. Unterss. zeigten, daß die Geschwindigkeit der sek. Graphitbldg. in weißem Gußeisen nicht bestimmt werden kann, ohne daß man vorher die Bedingungen einer Zwischenstufe der Graphitbldg., die während des Kühlvorgangs vor sich geht, bestimmt hat. — Diskussion. (Trans. Amer. Foundrymen's Soc. **58.** 578—83. 1950. Cleveland, O., National Malleable & Steel Castings Co.) W. WESLY. 6404

Albert De Sy und **Julien Vidts**, *Präzisierungen und ergänzende Tatsachen zum Bildungsmechanismus von Kugelgraphit.* Grundlage ist die Übersättigung des Austenits, bestimmt durch die Unterkühlung, die ihrerseits in erster Linie von der Zerstörung der Kristallisationskeime des Graphits durch Red. herrührt, vielleicht ergänzt durch Isolierung u. Impfung derselben Keime durch Gasbläschen. (Fonderie belge **1952.** 41—48. März. Gent, Univ., Centre de rech. sur les fontes; Labor. de Métallurg. et de Métallogr.) W. HAUG. 6404

M. M. Hallett, *Praktische Erfahrungen bei der Erzeugung von sphärolithischem Gußeisen.* Übersicht über geschichtliche Entw. u. Ausführung der Verff. zur Herst. von sphärolith. Gußeisen (Cu- u. Mg-Verf.). — Diskussion. (Proc. Inst. Brit. Foundrymen **44.** B 63—B 73. 1951.) W. WESLY. 6404

N. A. Ziegler, W. L. Meinhart und **J. R. Goldsmith**, *Dilatometrische Untersuchungen von Gußeisen mit Kugelgraphit.* Man kann aus den Ergebnissen von dilatometr. Unterss. der Wärmeeigg. von Formstücken aus Gußeisen mit Kugelgraphit von verschied. Querschnitt schließen, daß die Wärmebehandlung bei dünnwandigen Gußstücken von größerer Bedeutung ist als bei dickwandigen Stücken u. daß letztere, mindestens in einigen Fällen, keiner Wärmebehandlung bedürfen, um die gewünschten Eigg. zu erhalten. — Diskussion. (Trans. Amer. Foundrymen's Soc. **58.** 637—49. 1950. Chicago, Ill., Crane Co., Res. Foundry.) W. WESLY. 6404

M. Nepper und **H. Herbiet**, *Untersuchung über die Desoxydation von beruhigten Siemens-Martin-Stählen.* 2. Mitt. (1. vgl. C. **1952** 7082.) In Unterss. wurden nachgewiesen, daß es möglich ist, die Güte von beruhigtem Stahl auf Grund seines Gesamt-O_2-Geh. u. der Menge der oxyd. Einschlüsse zu beurteilen. Man kann einen SIEMENS-MARTIN-Stahl mit 0,10% C u. 0,005% O_2 herstellen, der eine gute Festigkeit aufweist. Die Austenitkorngröße ist eine Funktion seines Al-Restgehaltes. Die Desoxydation von hochwertigem Stahl muß bes. in der Gießpfanne sehr sorgfältig durchgeführt werden. (Rev. univ. Mines, Métallurg., Trav. publ., Sci. Arts appl. Ind. [9] **8 (95).** 274—80. Juli 1952.) H. HOCHSTEIN. 6408

Heinrich Poetter, *Mikrolunker (Feinlunker) im Stahlguß.* Allgemeines. Ansichten verschied. Forscher über Entstehung u. Verhinderung der Bldg. von Mikrolunkern durch innere u. äußere Kühlung u. bes. geordnete Erstarrung. Auswrkg. der Mikrolunker auf die mechan. Eigenschaften. — 20 Literaturnachweise. (Giessereitechnik **2.** 51—54. März 1956.) W. HAUG. 6408

Kehsin Kuo, *Metallographie von Delta-Ferrit.* 2. Mitt. *Bildung von Delta-Eutektoid in 18–4–1-Schnellarbeitsstählen.* (1. vgl. C. **1955.** 11349.) Das Überhitzen, Verbrennen u. die Erstarrung von Schnellarbeitsstählen mit 18 (%) W, 4 Cr u. 1 V wird in bezug auf die Bldg. von δ-Ferrit u. dessen nachfolgende Zers. in Austenit u. das Carbid Fe_3W_3C in Abhängigkeit vom C-Geh. u. der Abkühlungsgeschwindigkeit auf die Bldg. des δ-Eutektoids untersucht. Die tern. peritekt. Rk. Fl. + δ-Ferrit → Austenit + Carbid verläuft während der Erstarrung nicht vollständig. Statt dessen treten zwei bin. eutekt. u. eutekoide Rkk. auf: Fl. → Austenit + Carbid u. δ-Ferrit → Austenit + Carbid. — 25 Schrifttumsangaben. (J. Iron Steel Inst. **181.** 128—34. Okt. 1955. Stockholm, Roy. Inst. of Technol.) H. HOCHSTEIN. 6410

Kehsin Kuo *Metallographie von Delta-Ferrit.* 3. Mitt. *Isothermische Umwandlung von δ-Ferrit in einen niedriggekohlten korrosionsbeständigen 27–5–1,5 Cr–Ni–Mo-Stahl.* (2. vgl. vorst. Ref.) Bei 1250° enthält ein niedriggekohlter korrosionsbeständiger Stahl mit 0,079 (%) C, 0,39 Si, 0,43 Mn, 25,9 Cr, 5,3 Ni u. 1,44 Mo nur Ferrit, welcher sich teilweise bei niedrigeren Tempp. in Austenit u. Carbid zersetzt. Dieses Zersetzungsprod. hat das typ. Aussehen von lamellarem Perlit, wenn es oberhalb 900°, von nadeligem Bainit, wenn es unter 700° gebildet ist. Zwischen 700 u. 900° treten beide Gefügearten auf. Das isotherm. Umwandlungsschaubild dieses Ferrits besitzt Ähnlichkeit mit dem von Austenit in einem untereutektoiden unlegierten Stahl. — Schrifttumsangaben. (J. Iron Steel Inst. **181.** 134—37. Okt. 1955.) H. HOCHSTEIN. 6410

W. Thomson, *Formen und Prüfen von Nichteisenmetallen, die auf hydraulischen Druck beansprucht sind.* (Proc. Inst. Brit. Foundrymen **44.** B 102 —B 109. 1951. — C. **1954.** 3320.) W. WESLY. 6420

Douglas W. Grobecker, *Untersuchung über die Schmelz- und Gießvorgänge von Nickel hoher Reinheit.* Man schm. Elektrolyt-Ni u. Ni-Abfälle in einem Induktionsofen mit Sillimanitfutter, versetzt mit NiO, C, Mn, Al u. schließlich mit Mg, worauf der Guß in Sandformen mit einem aus 64 (%) Zirkonit, 1 Bentonit u. 35 W. bestehenden Überzug bei 1570—1620° (einwandfreier Guß) oder in Graphitformen mit einem MgO-Überzug bei 1660—1690° (meist fehlerhafter Guß infolge Hohlraumbldg. an den Außenflächen) erfolgt. Das erhaltene Ni hat eine Reinheit von 99,0%, ist frei von Fehlern u. zeigt eine geringe Neigung zu Sprödigkeit u. schließt etwas Gas ein. — Diskussion. (Trans. Amer. Foundrymen's Soc. **58.** 720—28. 1950. Los Alamos, N. Mex., Los Alamos Scient. Labor.) W. WESLY. 6434

J. W. Weeton und **R. A. Signorelli,** *Einfluß der Wärmebehandlung auf das Feingefüge, die Mikrobestandteile und die Härte einer verformbaren Kobaltlegierung.* Untersucht wird der Einfl. einer Wärmebehandlung auf die *Stellitlegierung 21* mit 0,29 (%) C, 28,75 Cr, 3,01 Ni, 5,52 Mo, 0,33 Fe, 0,44 Si, 0,56 Mn u. Rest (61,10) Co. Die Unters. wurde nach verschied. Wärmebehandlungen röntgenograph. durchgeführt. Die Proben wurden einer Lösungsbehandlung u. darauf einer Alterung u. isotherm. Umwandlung bei Tempp. von 650—1065° für eine Zeitdauer von 5 Min. bis zu 72 Std. unterworfen, um die Art u. Ausdehnung der Ausscheidung in Abhängigkeit von Zeit, Temp. u. Wärmebehandlungsweise zu ermitteln. Hierbei zeigt sich, daß eine Zeitdauer von 72 Std. bei 1230° für eine ausreichende Lösungsbehandlung des Werkstoffes ausreichte, so daß nur eine sehr geringe oder keine Ausscheidung mehr sichtbar war. Perlit. Gefüge wurde an den Korngrenzen der so behandelten Proben nach einer isotherm. Umwandlung bei 1065, 955 u. 815° beobachtet; außerdem trat ein WIDMANNSTÄTTENsches in denjenigen Proben auf, die bei 955 u. 815° umgewandelt waren. Nur wenig sichtbare Ausscheidung wurde durch eine isotherm. Umwandlung bei 650° selbst nach 72 Std. Behandlungsdauer gebildet. Die Alterungsbehandlungen resultierten in der Bldg. von zerstreuten Ausscheidungen längs der Gleitlinien u. der Zwillingsgrenzen. Eine Zusammenballung der Ausscheidungen trat schon bei 815° ein. Sie wurde in gealterten Proben schneller eingeleitet als in isotherm. umgewandelten Proben. Die Härte der lösungsbehandelten Proben betrug 20 bis 22 ROCKWELL-C. Die isotherm. u. Alterungsbehandlungen oberhalb von 650° erhöhten stark die ROCKWELL-Härte. Die Höchsthärte von 42 ROCKWELL-Einheiten wurde nach 72 Std. im Temperaturgebiet von 760—815° festgestellt. Eine Überalterung oder Erweichung trat nach 72 Std. bei 955° u. höher bei der Alterung bzw. bei 1065° für die isotherm. Umwandlung auf. Proben, die bei 650° gealtert oder isotherm. umgewandelt waren, zeigten keine Härtesteigerung. Proben, die bei 815° gealtert bzw. die bei 955 u. 815° isotherm. umgewandelt waren, setzten die Härtesteigerung bis zu 72 Std. bei den entsprechenden Tempp. fort. Röntgenograph. u. metallograph. Unterss. ergaben, daß $Cr_{23}C_6$ das in der Legierung vorherrschende Carbid war. M_6C-Typen der Carbide u. die σ-Phase wurden in fast allen Proben röntgenograph. nachgewiesen. Andere Carbidtypen, z. B. Cr_7C_3 u. Cr_3C_2, scheinen auch vorhanden zu sein, obwohl die röntgenograph. Anzeichen für diese Phasen sehr schwach sind. Die σ-Phase bildet sich offenbar mit oder nach der Bldg. von $Cr_{23}C_6$. Die relativen Mengen der Grundmassephasen, u. zwar sowohl die flächenzentrierte kub. Hochtemperaturphase (der α-Mischkristall) als auch die hexagonale dichtgepackte Niedertemperaturphase (der β-Mischkristall) wurden durch Röntgenbeugungsunterss. in jeder Legierung in den verschied. Zuständen der Wärmebehandlung geschätzt. Besondere Aufmerksamkeit wurde dem perlit. Gefüge, welches sich aus der flächenzentrierten kub. Hochtemperaturphase bei Ofenabkühlung oder bei einer isotherm. Umwandlung bildet, gewidmet. — 27 Schrifttumsangaben. Diskussion. (Trans. Amer. Soc. Metals **47.** 815—52. 1955.) H. HOCHSTEIN. 6434

M. W. Martinson und **J. W. Meier,** *Die Praxis der Magnesiumgießereien in Kanada.* Übersicht. — Diskussion. (Trans. Amer. Foundrymen's Soc. **58.** 729—38. 1950. Ottawa, Bur. of Mines, Phys. Metallurgy Res. Labor.) W. WESLY. 6444

Alex J. Juroff, *Die Ausrüstung zur Entgasung von Schmelzen von Magnesiumlegierungen.* Beschreibung eines Gerätes, in dem der gelöste H_2 durch Cl_2 entfernt wird. Diese Cl_2-Behandlung ergänzt ein gutes Gießen; aber es ersetzt es nicht. — Diskussion. (Trans. Amer. Foundrymen's Soc. **58.** 715—17. 1950. South Bend, Ind., Bendix Aviation Corp., Bendix Products Div.) W. WESLY. 6444

Hans Ginsberg, *Metallurgische Probleme der Tonerdeerzeugung.* Die Rohstoffe für die Tonerdeerzeugung sowie das BAYER-Verf. werden erörtert. Bei der Behandlung des Anrührens des Tonerdehydrates aus der Aluminatlauge werden die Arbeitshypothesen besprochen u. die Einfll. verschied. Impfsubstanzen durch Abhängigkeit des Ausrührеffektes vom Hydratzusatz nachgewiesen. Das sogenannte Schüttgewicht des Calcinates wird durch seine Vorgeschichte beeinflußt, wobei bes. die Art des Kristallisationsablaufes beim Ausrühren ausschlaggebend ist. Es wird gezeigt, daß die größere Neigung zu aggregieren bei dem Hydrat mit dem niederen Schüttgewicht liegt. Die Absatzbedingungen des Rotschlammes stehen in Abhängigkeit von der Korngröße des zum Aufschluß verwandten Bauxits. Zur Unters. der Strukturverhältnisse werden Schliffproben, Härte- u. Wichtebestimmungen von Bauxiten ausgeführt. (Z. Erzbergbau Metallhüttenwes. **7.** 93—99. März 1954. Bonn, Vereinigte Aluminium-Werke Akt.-Ges., u. Vereinigte Leichtmetall-Werke G. m. b. H.) H. HOCHSTEIN. 6446

Frédéric Montariol, Philippe Albert und **Georges Chaudron,** *Untersuchung der intergranularen und interdendritischen Seigerung von Verunreinigungsspuren in sehr reinem Aluminium durch Bestrahlung im Atomreaktor.* An Al-Proben mit einem Reinheitsgrad über 99,99% wird nachgewiesen, daß die beiden angewendeten Untersuchungsverff., nämlich Bestrahlung im Atomreaktor u. Einführung eines radioakt. Isotops (^{65}Zn), gut übereinstimmende Ergebnisse über die intergranularen u. interdendrit. Seigerungen der Verunreinigungsspuren ergeben. Man kann mit den Verff. der quantitativen Autoradiographie die Homogenisierung der sehr reinen Metalle durch verschieden lange Glühzeiten verfolgen. (C. R. hebd. Séances Acad. Sci. **235.** 477—80. 18/8. 1952.) H. HOCHSTEIN. 6446

Kurt A. Miericke, *Die Praxis der Erzeugung von Aluminiumpreßgußblech.* Einzelheiten über die Herst. von legiertem Al-Preßgußblech in Gips–Talkum-Formen. (Trans. Amer. Foundrymen's Soc. **58.** 198—201. 1950. Chicago, Ill., Nat. Lead Co., Baroid Sales Div.) W. WESLY. 6446

Riccardo Masaniello Corelli, *Entwicklung des Titans und seine Verwendung im Flugwesen.* Übersicht über den heutigen Stand der Metallurgie u. Verarbeitung des Ti mit besonderer Berücksichtigung seiner Bedeutung für die Flugtechnik. — 45 Literaturhinweise. (Aerotecnica **35.** 235—48. Okt. 1955. Rom, Univ., Scuola d'Ingegn. Aeronaut.) A. SANDER. 6448

R. M. Ennis und **K. D. Hester,** *Allgemeine Betriebsverfahren bei Pronto.* Kurze Aufzählung der weitgehend automatisierten Verfahrensstufen der 1000 t-PRONTO-URANIUM-MINES-Anlage am Blind River, Ontario, mit Fließschema. (Canad. Mining J. **76.** Nr. 10. 72. Okt. 1955.) H. ECKHARD. 6448

J. B. Huttl, *Vitro's-Schlüssel zur erfolgreichen Uranauslaugung.* Beschreibung der Anlage der VITRO URANIUM CO. in Salt Lake City mit Abb. u. Fließschema. Verfahrensstufen: Erzaufbereitung (Brechen, Rösten, Mahlen), Auslaugen mit H_2SO_4 u. $NaClO_3$, Dekantieren u. Filtrieren, Ausfällen mit Phosphat, Filtrieren, Reinigen u. Trocknen mit Angabe einiger Einzelheiten zu besonderen Verfahrensstufen. (Engng. Mining J. **156.** Nr. 9. 100—05. Sept. 1955.) H. ECKHARD. 6448

William C. Bell, Richard D. Dillender, Harold R. Lominac und **Edward G. Manning,** *Vibrationsverbindung von Metall und keramischen Pulvern.* Die Unters. betrifft zunächst die Bldg. von *Al-*, *Cr--Al-* u. *Ni–Ti–*Carbid-Pulvern durch niederfrequente Vibration. Es wurde die Wrkg. einer ausgedehnten Teilchengrößeverteilung auf die gestaltenden Eigg. dieser Verbb. studiert u. ein App. entwickelt, um die angewendeten Vibrationskräfte zu messen. Es wurde über die Ergebnisse, die mit verschied. niederfrequenten Bildungsverff. erhalten wurden, berichtet. Ähnliche Verbb. wurden durch Trockenpressung mit darauffolgendem hydrostat. Pressen erhalten u. die Eigg. der durch die zwei Methoden erhaltenen Proben miteinander verglichen. Die Vibrationsformmeth. bietet eine Anzahl Vorteile gegenüber der hydrostatischen. (J. Amer. ceram. Soc. **38.** 396—404. 1/11 1955. Raleigh, N. C., North Carolina Dep. of Engng. Res., North Carolina State Coll.) R. WALCKER. 6474

G. M. Babcock und **F. B. Rethwisch,** *Herstellung von metallischen Pulvern und Pasten.* Übersicht über die verschied. Arten der Herst. (trockenes oder nasses Mahlen in Kugelmühlen, Zerstäubung, Ausfällung aus wss. Lsgg., elektrochem. Abscheidung usw.) u. Verwendung von Pulvern, Schuppen u. Pasten von *Al, Cu, Bronzen, Au, Pb, Ni, Ag,* rostfreiem *Stahl, Sn, Ti* u. *Zn.* (Amer. Paint J. **40.** Nr. 5. 68.70.72.74.76.78.79.82.84. 86.87.90.92. 17/10. 1955. Louisville, Reynolds Metals Co.) E. PREU. 6474

R. Palme und **W. Scheiber,** *Beitrag zur Messung von Elastizitätsmodul und Dämpfung an Sinterwerkstoffen.* Der Verlauf des Elastizitätsmoduls in Abhängigkeit von der Sintertemp. läßt bei legiertem Sintereisen den Beginn der Legierungsbldg. erkennen. Die Meßanordnung besteht aus einer Einspannvorr., die die zu prüfenden Sinterstäbe in ihrer Mitte zwischen Stahlspitzen haltert, einem Meßsender, der die Prüfstäbe über ein Ba–Titanat-Plättchen zu Längsschwingungen anregt u. einer auf induktiver oder kapazitiver Grundlage beruhenden Anzeigevorr. für die Schwingungsamplituden. Der Elastizitätsmodul der aus (un)legiertem Sintereisen bestehenden, bei verschied. Tempp. gesinterten Stäbe zeigt mit zunehmender Sintertemp. einen raschen Anstieg u. strebt einem Grenzwert zu, der durch die Restporosität der Sinterkörper gegeben ist. (Planseeber. Pulvermetallurgie **3.** 87—95. Dez. 1955. Reutte/Tirol u. Innsbruck.) W. WESLY. 6474

Karl Rühl, *Weitere ausländische Versuche und Überlegungen über die Sprödbruchempfindlichkeit von Stahl.* (Vgl. C. **1956.** 2583. 7651.) An Hand von 31 Schrifttumsangaben wird eine Übersicht über ausländ. Unterss. gegeben, die sich mit dem Einfl. von Wanddicke u. chem. Zus. auf die Sprödbruchempfindlichkeit von Großbaustählen sowie über den Aussagewert u. die Streuung von Kerbschlagbiegeproben (ISA-, SCHNADT- u. CHARPY-Probe), das Kerbbiegeverf. nach VAN DER VEEN u. das Aufschweißbiegeverf. nach KOMMERELL beschäftigen. Die Auffassungen über das Entstehen u. Ausbreiten spröder Brüche werden erörtert. — Diskussion. (Arch. Eisenhüttenwes. **27.** 107—18. Febr. 1956. Berlin-Dahlem.) H. HOCHSTEIN. 6480

H. F. Hall und **R. W. Nichols,** *Das Fließverhalten von Metallen bei niedrigen Temperaturen unter besonderer Berücksichtigung einiger unlegierter und niedriglegierter Stähle.* Die Zug- u. Schlagfestigkeit einer Reihe unlegierter Stähle im abgeschreckten u. angelassenen Zustand, nach einer Ofenabkühlung sowie im Walzzustand wurde bei Tempp. zwischen +200 u. —197° ermittelt. Ähnliche Unterss. wurden an Stählen mit 0,62 (%) C, 1,21 Mn, 0,13 Si, <0,01 Ni, 0,08 Cr, <0,01 Mo, <0,005 Al, 0,024 S u. 0,026 P sowie 0,35 C, 0,57 Mn, 0,24 Si, 3,08 Ni, 0,67 Cr, 0,50 Mo, <0,005 Al, 0,030 S u. 0,021 P sowie 0,39 C, 0,80 Mn, 0,09 Si, 5,03 Ni, 0,01 Cr, 0,01 Mo, <0,005 Al, 0,040 S u. 0,019 P, ferner an *Cu* u. einer *Al-Legierung* durchgeführt. Die Strecklastwerte stiegen mit einer Temperaturabnahme, wobei diese Zunahme bei den Werkstoffen größer ist, welche die niedrigeren Strecklastwerte bei Raumtemp. besitzen. Für die meisten untersuchten Werkstoffe erhöht die Temperaturabnahme auch den Unterschied zwischen der oberen u. unteren Streckgrenze, die Fließstreckung, den Elastizitätsmodul, die Bruchbelastung sowie, ausgenommen in dem Temperaturgebiet, oberhalb dessen die Dehnung stark mit der Temperaturabnahme abnimmt, die Bruchbeanspruchung. Die Zug- u. Schlagfestigkeitseigg. wurden miteinander verglichen u. gefunden, daß für die Raumtemperatureinschnürung keine direkte Abhängigkeit zwischen der Zugfestigkeit u. den Schlagzähigkeitsübergangstempp. besteht. Hierfür wurde eine theoret. Erklärung gegeben. — 18 Schrifttumsangaben. (J. Iron Steel Inst. **180.** 329—36. Aug. 1955. Woolwich, Supply Armament Res. Establ.) H. HOCHSTEIN. 6480

F. B. Pickering, *Eine mikroskopische Prüfung von Proben aus Eisen mit titanhaltigen Einschlüssen.* Zwecks Identifizierung der titanhaltigen Desoxydationseinschlüsse in Stahl wurden opt. u. chem. Unterss. durchgeführt. Infolge der nichtreaktionsfähigen Art vieler dieser Einschlüsse führten die Unterss. jedoch zu keinem brauchbaren Ergebnis. (J. Iron Steel Inst. **181.** 147—49. Okt. 1955.) H. HOCHSTEIN. 6482

W. Bunk, K. Lücke und **G. Masing,** *Zur Anwendung des Zählrohres für die Texturbestimmung.* Diskussion zu der C. **1955.** 205 referierten Arbeit. (Z. Metallkunde **46.** 311. April 1955.) F. VIER. 6484

Erik Johansson und **Elis Helin,** *Elektrische Blockkopfbeheizung von Schmiedeblöcken.* Das in Schweden verwendete elektr. Blockkopfheizverf. wird beschrieben. Hierdurch werden Lunkerausbldg. u. Seigerungen im Kopf von Schmiedeblöcken auf ein Mindestmaß verringert. Bei Schmiedeblöcken bis zu 3,5 t wurde das Stahlausbringen bis zu 14% verbessert. Außerdem waren die Seigerungen im Kopfteil des Blockes wesentlich geringer u. der Kern bis zu einer bestimmten Tiefe dichter als bei unbehandelten Stahlblöcken. — 11 Schrifttumsangaben. (Stahl u. Eisen **75.** 1755—65. 29/12. 1955. Motala u. Göteborg.) H. HOCHSTEIN. 6492

Gustav Gürtler und **Konrad Sagel,** *Wachstumsschichten bei der Reaktion von festem Eisen mit Schmelzen aus Aluminium und Aluminiumlegierungen.* Bestätigt werden die Ergebnisse von GEBHARDT u. OBROWSKI hinsichtlich der kristallograph. Zugehörigkeit der beim *Al-Fin*-Verf. auftretenden Zwischenschichten: Bei Verwendung von reinem Al u. Al–Si-Legierungen als Tauchbad besteht die Reaktionsschicht aus der Kristallart Al_5Fe_2 Die Temp. der Schmelze bewirkt keine Änderung der sich bildenden Reaktionsprodukte. Zn-haltige Al-Schmelzen mit bis 9% Zn besitzen als Übergangsschicht ebenfalls nur vorwiegend die η-Phase, wenn die Tauchtemp. 800° nicht erreicht. Es wird für die Praxis daher empfohlen, nicht über 730° hinauszugehen, wenn der Zn-Geh. der Legierung 6% überschreitet. Bei dieser niedrigen Temp. entsteht die Al_5Fe_2-Phase. Bei Überschreitung der Temp. oder bei höherem Zn-Geh. ist mit dem Auftreten der Al_3Fe-Phase zu rechnen, die zu einem starken Angriff des Eisens u. zu sehr starkem u. porösem Wachstum führt, die für die Festigkeit der Bindung nachteilig sind. Nur bei tieferen Tauchtempp. zwischen 600 u. 700° bildet sich vorwiegend die Al_5Fe_2-Phase aus. Jede Warmbehandlung der Schichten führt zu einer Zunahme der ϑ-Phase u. lockert das Gefüge etwas auf. Si-Zusätze wirken sich offenbar günstig aus, was bes. für die Verwendbarkeit der Al–Si-Legierungen von Bedeutung ist. — Schrifttumsangaben. (Z. Metallkunde **46.** 738—41. Okt. 1955. Frankfurt/M., Metallgesellschaft Akt.-Ges.) H. HOCHSTEIN. 6516

Ernest S. Hedges, *Chemische Nachbehandlung von Weißblech.* Bei durch Schmelztauchverff. oder galvan. hergestellten Sn-Überzügen auf *Stahl* kann ein Rosten von den Poren aus erfolgen, durch welches das äußere Ansehen von Konservendosen beeinträchtigt wird. Außerdem verursachen proteinhaltige Lebensmittel die Bldg. unansehnlicher schwarzer Flecken im Innern von Konservendosen. Beide Erscheinungen können durch Aufbringen eines zusätzlichen schützenden Lacküberzuges verhindert werden. Eine einfache chem. Nachbehandlung zum Aufbringen eines Oxydschutzfilmes führt zum gleichen Ziel. Hierzu genügt ein Eintauchen des Weißblechs oder der fertigen Konservendose für 3—5 Sek. bei 90—95° in eine Lsg. von 10 g/Liter NaOH u. 3 g/Liter Na_2CrO_4. (Stahl u. Eisen **76.** 277—80. 8/3. 1956. London, Internat. Tin Res. Council.) H. HOCHSTEIN. 6524

William E. Hoare, *Verfahren zur Bewertung der Güte von Weißblech.* Erörterung der Verff. zur Best. der Schichtdicke von Sn-Überzügen, wobei auf die Wichtigkeit der richtigen Probenahme hingewiesen wird. Nicht nur die Gesamtmengen Sn, sondern auch die Verteilung zwischen freiem Sn u. Fe–Sn-Zwischenlegierung ist für das Verh. von Weißblech wichtig. Nur die coulometr. Verff. gestatten die gleichzeitige Best. von Reinzinn u. Fe–Sn-Zwischenlegierung. Die Porigkeitsprüfungen mit Ferrycyanidpapier geben nur Schätzungswerte. Das Thiocyanatverf. ergibt auf colorimetr. Wege miteinander vergleichbare Zahlen. Ein neuentwickeltes Prüfverf. in feuchter H_2SO_4-haltiger Luft kann als Porigkeitsprüfung u. Korrosionsvers. benutzt werden. Es werden ferner noch das Beizverzögerungsverf. (pickle lag test) u. das H_2-Geschwindigkeitsverf. besprochen, die ein genaues Bild der Korrosion von Weißblech liefern. Diskussion. — 14 Schrifttumsangaben. (Stahl u. Eisen **76.** 273—77. 8/3. 1956. Greenford, Tin Res. Inst.) H. HOCHSTEIN. 6524

Dorr Co., Barry Place, Conn., V. St. A., *Kühlen von Wirbelschichtbetten.* Bei exotherm. Rkk. wird durch Einleiten von Inertgas oberhalb des Schichtbodens in die Wirbelschicht die Temp. unter dem F. der Feststoffteilchen gehalten. — *Rösten von Erzen.* Zeichnung. (**E. P. 728 980** vom 23/1. 1953, ausg. 27/4. 1955. Belg. Prior. 5/2. 1952.) W. MATTHAES. 6379

Coneygre Foundry Ltd., Tipton, Straffordshire, England (Erfinder: **John Joseph Sheehan** und **Edward Lewis Graham**), *Sand für Kerne und Gußformen für den Metallguß,* bestehend aus einem Natur- oder Kunstharz als Bindemittel u. mit Wachs überzogenem Sand. Vor dem Zugeben des Bindemittels wird der Sand mit 0,03—0,5% Wachs behandelt. (**E. P. 730 178** vom 18/9. 1951, ausg. 18/5. 1955.) F. VIER. 6383

British Industrial Plastics Ltd., London, England (Erfinder: **William Harry Lincoln Brazier**), *Bindemittel für Formsand für Metallguß,* bestehend aus einer gepulverten Mischung einer krist. schmelzbaren Methylolverb. u. eines warmhärtbaren Aminoharzes. Der Anteil jeder Komponenten beträgt 30—70% des Gesamtbindemittels. Als Beispiel für die Methylolverb. werden genannt: *Dimethylolharnstoff, Monomethylolharnstoff, Trimethylolmelamin, Monomethyloldicyandiamin.* Das warmhärtbare Harz kann *Harnstoff–Formaldehyd-* oder *Melamin–Formaldehyd-Harz* sein. Die Menge des Bindemittels soll 5 bis 15 Gew.-% des Sandes betragen. (**E. P. 729 126** vom 9/2. 1953, ausg. 4/5. 1955.) F. VIER. 6383

Bakelite Ltd., London, England (Erfinder: **Charles Edward Scoffom** und **Philip John Nind**), *Herstellung von Formmasken für den Metallguß.* Die Formteile aus *Sand* u. einem gehärteten *Kunstharz* als Bindemittel werden an ihren sich berührenden Oberflächen durch ein härtbares Kunstharz verbunden. Das Kunstharz kann durch Wärme oder durch Zusatz von Beschleunigern härtbar sein. Als Beispiele werden Harnstoff- oder Phenolharze genannt. Bei diesen Formen erübrigt sich das sonst notwendige Hinterstampfen oder Stützen. (**E. P. 715 293** vom 17/4. 1952, ausg. 8/9. 1954.) F. VIER. 6383

Chemotechnik Anstalt für Chemisch-Technische Produktion, Liechtenstein, *Aluminothermische Mischung für Gießereizwecke* bestehend aus 15—50 (%) *Al*, 1—10 Fe_2O_3, 0,5—10 $KClO_3$, bis 5 MnO_2, 0,5—8 *Holzkohlenpulver*, 0,25—3 *Mg-Pulver*, 15—60 *Al-Abfälle*, 0,5—6 *Bentonit, Ton* oder einem ähnlichen Binder u. 0,2—3 *Pech* oder *Dextrin.* Der unter Verwendung dieser Mischung hergestellte Guß ist lunker- u. rissefrei. (**F. P. 1 075 994** vom 20/4. 1953, ausg. 21/10. 1954. Oe. Prior. 20/1. 1953.) F. VIER. 6383

Chemical Construction Corp., New York, übert. von: **Felix A. Schaufelberger**, Yonkers, und **John O. Dasher**, Garden City Park, N. Y., V. St. A., *Abtrennen des Nickels als Nickelpulver aus einer Co–Ni-Lösung.* Letztere (Ni : Co $<$1 : 1) wird ammoniakal. gemacht u. das Co unter Druck mit CO_2 bei ca. 60—70° als Carbonat gefällt, bis das Ni–Co-Verhältnis $>$1 : 1 ist, z. B. bei Ausfällen von ca. 50% des Co. Dann wird das Filtrat unter Druck im Rührautoklaven bei ca. 200° mit H_2 versetzt, so daß ca. 70—80% des Ni mit $<$5% Co-Geh. als Ni-Pulver anfallen. (**A. P. 2 711 958** vom 23/9. 1952, ausg. 28/6. 1955.) H. NEBELSIEK. 6435

Gesellschaft für Elektrometallurgie m. b. H. (Erfinder: **Ernst Müller** und **Helmut Winterhager**), Düsseldorf, *Herstellung einer stickstoffhaltigen Legierung* als Einsatzstoff bei der Stahlherst. mit 45—99 (%), vorzugsweise 94—96 *Mn*, 0,3—10, vorzugsweise 0,8—2,5 N_2, bis zu 10, vorzugsweise 0,05—0,25 *C*, Rest *Eisen* mit den üblichen Verunreinigungen u. gegebenenfalls einem Geh. an *Cr*, vorzugsweise ca. 25 Cr, dad. gek., daß Mn-Metall, ein Ferromangan üblicher Zus. oder eine Mn–Cr-Legierung in zerkleinerter Form unter Durchleitung u./oder Überleitung eines N_2- oder NH_3-Stromes gesintert u. das Sintererzeugnis geschmolzenem Ferromangan, geschmolzenem Mn-Metall oder einer geschmolzenen Mn–Cr-Legierung zugesetzt wird. (**D. B. P. 938 486** Kl. 18b vom 8/10. 1941, ausg. 2/2. 1956. Anmeldung bekanntgemacht 6/3. 1952.) H. HOCHSTEIN. 6437

Aluminium-Industrie Akt.-Ges., Chippis, Schweiz, *Herstellen eines Kryolith-Ofenflusses für die elektrolytische Erzeugung von Aluminium.* Unreiner, natürlicher Kryolith wird der Schmelzflußelektrolyse unterworfen u. nach Abscheiden des Hauptteils der Verunreinigungen, SiO_2 u. Fe, dem Elektrolyseofen entnommen. Dieses so gereinigte Prod. ist als Flußmittel für die Al-Elektrolyse bes. geeignet. (**Schwz. P. 311 307** vom 29/9. 1952, ausg. 31/1. 1956.) F. MARKHOFF. 6447

United States Atomic Energy Commission, übert. von: **Frank H. Spedding** und **Adrian H. Daane**, Ames, Io., V. St. A., *Gewinnung von Gadolinium* aus einem Gemisch aus den Oxyden des Gd, Sm, Eu u. Yb, indem dieses Gemisch mit HCl behandelt wird, so daß sich die entsprechenden Chloride bilden. Versetzt man diese nun im Argonstrom mit metall. Ca bei anfangs 550—600° u. später ca. 15 Min. auf 1350—1450°, so wird Gadoliniumchlorid zu metall. Gd red., während die Chloride der Seltenen Erden nicht red. werden. Das Reaktionsprod. wird auf n. Temp. abgekühlt u. die Chloride der Seltenen Erden werden mit W. herausgelöst. (**A. P. 2 714 554** vom 27/3. 1953, ausg. 2/8. 1955.) H. NEBELSIEK. 6449

Imperial Chemical Industries Ltd. (Erfinder: **James John Gray** und **James Crosby Smart**), London, England, *Reinigen von Titan* durch Behandeln mit N_2-freiem Ca oder CaH_2 in O_2- u. N_2-freier Atmosphäre, z. B. in Argon, bei 900-1000° u. anschließendem Abkühlen. Nach dem Abwaschen u. Trocknen entfernt man die oberste dünne Schicht auf mechan. Wege oder mit Hilfe von 5%ig HCl. (**E. P. 738 807** vom 6/8. 1953, ausg. 19/10. 1955.) H. NEBELSIEK. 6449

American Cyanamid Co., New York, N. Y., übert. von: **Ralph J. Magri** und **Guy C. Marcot**, Lynchburg, Va., V. St. A., *Trocknen und Mahlen von Ti–Fe-Schlacken.* Um zu verhindern, daß das red. Ti in die H_2SO_4-unlösl. Form übergeht, erhitzt man die noch 2% W. enthaltenden Schlackenteilchen auf 150—175°, kühlt auf $<$120° ab u. mahlt sie zu solchen Teilchen, daß wenigstens 90% durch die Maschen eines 325-Standardmaschensiebes hindurchgehen. (**A. P. 2 715 501** vom 25/1. 1954, ausg. 16/8. 1955.) H. NEBELSIEK. 6449

Dorr Co., New York, N. Y., V. St. A. (Erfinder: **J. V. Thompson**), *Gewinnung von Gold* aus gerösteten arsenikhaltigen Golderzen. Man bringt die As-Verbb. durch Kalk bei p_H 9,5—10 in Lsg. u. wäscht diese aus dem Erz heraus. Hierauf wird Au durch Cyanid gelöst u. die restlichen As-Verbb. durch Kalk ausgefällt. Aus dem Filtrat wird Au dann durch Ausfällen gewonnen. — Diagramm. (**Schwed. P. 143 512** vom 19/6. 1947, ausg. 29/12. 1953. A. Prior. 24/6. 1946.) K. H. KÄHLER. 6463

Allgemeine Elektricitäts-Gesellschaft (Erfinder: **Klaus Sixtus** und **Gerhard Kiessling**), Berlin-Grunewald, *Eisenlegierung mit geringem und gleichmäßigem Anstieg der Permeabilität bei zunehmender Feldstärke und hohem Absolutwert der Anfangspermeabilität.* Verwendet werden für diesen Zweck Zwei- u. Mehrstofflegierungen mit Eisen als Grundstoff, deren Verh. bei Erhitzung u. Abkühlung durch eine mit Temperaturhysterese behaftete $\alpha-\gamma$-Umwandlung gek. ist. Zweckmäßig enthält das Eisen 0,1—3,0 (%) *Ni* oder 1—20 *Mn* oder mindestens eins der Elemente der 8. Gruppe des Period. Syst. (*Co, Ru, Rh, Pd, Os, Ir, Pt*) u. gegebenenfalls *Ni* oder *Mn* oder beide in solcher Menge, daß die Legierung bei Erhitzung u. Abkühlung die mit Temperaturhysterese behaftete $\alpha-\gamma$-Umwandlung durchmacht. Kurvenschaubild. Nach D. B. P. 940 904 werden diese Legierungen als magnet. Werkstoffe in Pulverform zur Herst. von gepreßten Pulvereisenkernen für die Ton- u. Hochfrequenztechnik verwendet. (**D. B. PP. 939 269** Kl. 18d vom 6/6. 1942, ausg. 16/2. 1956. Anmeldung bekanntgemacht 26/2. 1953 u. **940 904** [Zusatz-Pat.] Kl. 18d vom 21/11. 1942, ausg. 29/3. 1956. Anmeldung bekanntgemacht 30/4. 1953.) H. HOCHSTEIN. 6475

William Henry Wood, Cleveland, und **Oscar Conrad Trautman,** Parma, Ohio, V. St. A., *Warmbehandlung von Stahldraht oder -band im Durchlaufverfahren,* bei dem der Draht oder das Band in der Weise erhitzt wird, daß ein elektr. Strom durch ein Stück bestimmter Länge hindurchgeht u. der Draht oder das Band bei Erreichen seiner höchsten Temp. in einem gleichzeitig als eine Stromzuführungselektrode wirkenden metall. Schmelzbad augenblicklich abgekühlt wird, dad. gek., daß die Stromzuführung zu dem Draht oder Band einerseits mittels eines als Elektrode ausgebildeten Schmelzbades (Kontaktschmelze), andererseits mittels eines als Elektrode ausgebildeten gleichzeitig der Kühlung dienenden Schmelzbades (Kühlbadschmelze) vorgenommen wird. — Abbildungen. (**D. B. P. 939 692** Kl. 18c vom 24/3. 1938, ausg. 1/3. 1956. Anmeldung bekanntgemacht 10/12. 1953. A. Priorr. 23/3. 1937 u. 18/2. 1938.) H. HOCHSTEIN. 6493

Gußstahlwerk Bochumer Verein Akt.-Ges. (Erfinder: **Wilhelm Stich**), Bochum, *Herstellung eines feinkörnigen, die Weiterverarbeitung erleichternden Gefüges von Bandstahl* durch schnelle Abkühlung mittels rasch an ihn herangeführter Luft, dad. gek., daß bei auf ganz- oder halbkontinuierlichen Walzenstraßen gewalztem Bandstahl die Luftabkühlung sehr frühzeitig nach dem Austritt des Walzgutes aus der Fertigwalze, möglichst unmittelbar vom Austritt aus dem Fertigkaliber an, erfolgt. Zweckmäßig wird hierzu vorgekühlte Luft verwendet u. das Verf. auf Stähle mit mindestens 0,35% *C* oder auf umwandlungsfreie, z. B. austenit. Stähle angewendet. (**D. B. P. 939 635** Kl. 18c vom 7/9. 1952, ausg. 1/3. 1956. Anmeldung bekanntgemacht 1/9. 1955.) H. HOCHSTEIN. 6493

Societá Brevetti A. L. J. T. (Erfinder: **Michele Tossi**), Turin, Italien, *Härtung für Scheibenmesser von Schneidmaschinen und ähnliche Körper,* dad. gek., daß das ganze Scheibenmesser einer gleichmäßigen Erhitzung unterworfen u. dann abgeschreckt wird, wenn die dünnen Randteile des Scheibenmessers Härtetemp. erreicht haben, jedoch ehe diese Temp. von den dickeren Mittelteilen erreicht wird. (**D. B. P. 938 792** Kl. 18c vom 3/4. 1953, ausg. 9/2. 1956. Anmeldung bekanntgemacht 30/9. 1954. It. Prior. 23/9. 1950.) H. HOCHSTEIN. 6493

Gerhard Ackermann, Schaufenberg bei Alsdorf (Aachen), *Schweiß- oder Lötstab* mit eingelegtem Flußmittel, dad. gek., daß dem Flußmittel ein den Luftabschluß fördernder Füllstoff, z. B. Natron- oder Kaliwasserglas, in Pulverform fein verteilt, zugesetzt ist. Das Flußmittel kann auch mit einer Spachtelmasse auf Cellulose- oder Öllackbasis zu einer pastenartigen Füllung verarbeitet sein. (**D. B. P. 940 955** Kl. 49h vom 28/11. 1951, ausg. 29/3. 1956. Anmeldung bekanntgemacht 19/3. 1953.) F. VIER. 6507

Percy Allan Charlesworth, Adlington, Chester, England, *Elektropolieren von Metallen und Legierungen.* Verwendet wird ein Elektrolyt, der aus H_2SO_4 oder einer Mischung aus H_2SO_4 u. H_3PO_4 im Verhältnis von mehr als 5 : 3 besteht u. dem eine oder mehrere heterocycl. Verbb. zugesetzt werden, die mindestens 2 organ. Ringgebilde aufweisen, von denen eine ein N-Atom oder mindestens 2 heterocycl. Atome, von denen das eine ein N-Atom ist, enthält. — Beispiel: 55 (Gewichtsteile) H_2SO_4, 22 H_3PO_4, 21 *W.*, 2 *Chinolin* oder *Morpholin* oder *Indol.* Für rostfreien Stahl werden 1 A/2,54 cm² u. 60° angegeben. (**D. B. P. 938 402** Kl. 48a vom 15/11. 1952, ausg. 26/1. 1956. Anmeldung bekanntgemacht 17/7. 1955.) H. HÄNLE. 6515

Fernseh G. m. b. H. (Erfinder: **Rudolf Kleinwächter**), Darmstadt, *Herstellung von metallischen Netzfolien.* Das Originalbild eines Netzes wird auf eine Glasplatte eingeritzt, mit Metall bedampft u. alsdann wieder abgewischt, so daß die Rillen von den Metallteilchen zugeschmiert werden. Dieses Netz dient als Original zu seiner Kopierung auf eine lichtempfindliche Lackschicht z. B. aus Chromgelatine, die sich auf einer mit einer dünnen Metallschicht überzogenen Glasplatte befindet. Die unbelichteten Stellen werden weggelöst u. das entstandene Negativ des Netzbildes galvan. verstärkt. Schließlich wird die gesamte Schicht von der Glasunterlage abgelöst u. mit einem geeigneten Lösungsm. behandelt, um die entstandene Folie von der Metall- u. Lackschicht zu befreien. Von dem Original können beliebig viele Kopien abgenommen werden. (**D. B. P. 937 325** Kl. 48a vom 11/12. 1952, ausg. 5/1. 1956. Anmeldung bekanntgemacht 30/6. 1955.) H. HÄNLE. 6515

Clevite Ltd., St. Thomas, Ontario, Canada (Erfinder: **Ralph A. Schaefer,** Cleveland, **James B. Mohler** und **Harry Pochapsky,** Euclid), Ohio, V. St. A., *Galvanische Erzeugung gleichmäßiger metallischer Überzüge.* Um konkave Oberflächen mit einem gleichmäßigen galvan. Überzug zu versehen, wird der Gegenstand mit der konkaven Seite so auf eine

Blende aus isolierendem Material gesetzt, daß deren schlitzförmige Öffnung auf die Symmetrieachse des Gegenstandes zu liegen kommt. Die Schlitzbreite soll ca. 25% oder weniger des Durchmessers des Gegenstandes betragen. In einer graph. Darst. wird aufgezeigt, wie die Dicke des Überzuges mit der Verengung des Schlitzes gleichmäßiger wird. (**D. B. P. 939 416** Kl. 48a vom 30/9. 1950, ausg. 23/2. 1956. Anmeldung bekanntgemacht 3/1. 1952. A. Prior. 12/4. 1945.) H. HÄNLE. 6517

American Chemical Paint Co., Ambler, Pa., V. St. A., *Erzeugen von Schutzüberzügen auf Aluminium und seinen Legierungen.* Die Al-Oberfläche wird mit einer sauren Lsg. behandelt, die *Cr(VI)*- u. *F*-Ionen neben *Zr*-, *Ti*- oder *Sn*-Ionen, aber keine PO_4-Ionen enthält. — Beispiel: 14 (g) $(NH_4)_2SiF_6$, 10 CrO_3, 12 $Zr(NO_3)_2$. 5 aq. u. soviel W., das 1 Liter Lsg. entsteht. (**E. P. 737 705** vom 30/3. 1953, ausg. 28/9. 1955. A. Prior. 3/4. 1952.) F. MARKHOFF. 6517

A. Clement, Uccle, *Herstellung von verschleißfesten Überzügen* durch Aufbringen von gepulvertem *Korund* oder *Karborund,* die in eine metall. Schicht eingebettet werden. Die metall. Schicht kann durch Aufspritzen oder galvan. niedergeschlagen werden. Zur Erzielung einer Färbung kann auch ein gepulvertes *Pigment* an Stelle von Korund oder Karborund verwendet werden. Falls die metall. Schicht galvan. aufgebracht wird, muß dem gepulverten Material durch einen Überzug Halbleitereig. verliehen werden. (**Belg. P. 510 216** vom 26/3. 1952, ausg. 25/9. 1953.) F. VIER. 6529

Gebr. Schoch-Eloxal G. m. b. H., Stuttgart-Feuerbach, *Herstellung von Leichtmetallgegenständen mit mehrfarbiger oxydischer Oberfläche.* Der Gegenstand wird mit einer durchgehend gleichfarbigen Oxydschicht versehen u. dann passiviert, z. B. mit einer Paraffinschicht überzogen. An den in anderer Färbung gewünschten Stellen wird die zuerst erzeugte Oxydschicht entfernt, z. B. abgeschliffen, u. alsdann bei anderer Farbgebung erneut oxydiert. Nach gegebenenfalls wiederholter Passivierung u. Oxydierung wird der Passivierungsüberzug z. B. mit heißem W. beseitigt. (**D. B. P. 937 682** Kl. 48a vom 21/8. 1952, ausg. 12/1. 1956. Anmeldung bekanntgemacht 7/7. 1955.) H. HÄNLE. 6531

IX. Organische Industrie.

J. C. Vlugter, J. J. Leendertse und **R. H. Mettivier-Meyer,** *Darstellung von Vinylchlorid in technischem Maßstab.* Nach einer Übersicht über die verschied. Verff. zur Gewinnung von *Vinylchlorid* (I) wird das in Ijumiden angewandte Verf. erläutert, bei dem Äthylen bei 400° zu 1.2-Dichloräthan chloriert wird (Ausbeute 98,5%); dieses geht bei 480—500° u. 1,5—2 kg/cm² zu 97—98% unter Abgabe von HCl in I über, wenn man mit Rückführung arbeitet (im einfachen Durchgang 70%). (Chim. e Ind. [Milano] **33.** 613—19. Okt. 1951. Amsterdam, Koninklijke Shell Labor.) R. K. MÜLLER. H 520

G. Carrière, *Furanderivate.* Übersicht über Herst., Eigg. u. Anwendung der Furanderivv.: Furfural, Furfurylalkohol, Tetrahydrofurfurylalkohol, Tetrahydrofurfuryloleat u. Hydrofuramid. (Chem. pharmac. Techniek **10.** 113—18. 1/12. 1954.) W. WESLY. H 3061

Standard Oil Development Co. (Erfinder: **James W. Brown** und **Haro E. M. Burnside**), *Verbesserungen bei der Synthese von Kohlenwasserstoffen.* Man verbrennt gasförmige KW-stoffe bei 980—1370° u. 28—35 kg/cm² mit O_2 u. Synthesegas u. erhält ein Gasgemisch, das H_2 u. CO enthält. Nach dem Abkühlen unter Druck durch Wärmeaustausch mit W. läßt man das Gasgemisch bei 120—150° mit einem Fe-Katalysator, der sich unter Druck u. in feiner Verteilung wie eine Fl. verteilt, reagieren. Dabei steigt die Temp. auf ca. 200°. Das Reaktionsgemisch wird abermals abgekühlt u. trennt sich in eine Gas-, eine Öl- u. eine wss. Phase. Durch Absorption getrennt, kehrt das Gas in den Prozeß zurück, während das Öl gecrackt wird. Aus der wss. Phase werden O-haltige KW-stoffe gewonnen. Der Katalysator wird kontinuierlich erneuert. — Vgl. auch A. P. 2 683 158; C. **1956.** 258. (**F. P. 1 017 834** vom 28/3. 1950, ausg. 19/12. 1952. A. Prior. 21/5. 1949.) S. MEIER. H 500

M. W. Kellogg Co., Jersey City, übert. von: **William B. Johnson,** Far Hills, N. J., V. St. A., *Kontinuierliche Herstellung von Methan aus Kohlenmonoxyd und Wasserdampf,* dad. gek., daß ein carbidbildendes Metall der 4. Periode der 8. Gruppe des Periodensyst., z. B. Fe, Co, Ni, mit Wasserdampf bei erhöhter Temp. zu H_2 u. Metalloxyd umgesetzt u. letzteres anschließend mit CO oder Generatorgas in Rk. gebracht wird, wobei sich Metallcarbid bildet, das man mit H_2 zu Metall u. CH_4 reduziert. Das Metall wird im Kreislauf geführt. Bei der Verwendung von Fe treten folgende Rkk. ein: 1. $6\,Fe + 8\,H_2O \rightarrow 2\,Fe_3O_4 + 8\,H_2O$; 2. $2\,Fe_3O_4 + 14\,CO + 26\,N_2 \rightarrow 3\,Fe_2C + 11\,CO_2 + 26\,N_2$; 3. $3\,Fe_2C + 6\,H_2 \rightarrow 6\,Fe + 3\,CH_4$. Die 1. Stufe wird bei 700—1200° F, die 2. bei 450 bis 800° F u. die 3. bei 650—950° F durchgeführt. Bei allen Rkk. herrscht ein Druck von < 50 lbs./sq.in. (**A. P. 2 686 819** vom 1/9. 1949, ausg. 17/8. 1954.) A. MOHR. H 510

Ruhrchemie Akt.-Ges., Oberhausen, und **Lurgi Gesellschaft für Wärmetechnik m. b. H.,** Frankfurt/M. (Erfinder: **Walter Rottig,** Oberhausen), *Verfahren zur Gewinnung von CO-Hydrierungsprodukten* mit einem Geh. von > 20 (%) O-haltigen Verbb. neben > 10 Aminen u. einem *hohen Olefingeh.* in den übrigen Syntheseprodd., dad. gek., daß man ein Synthesegas, das auf 1 Teil CO 0,5—6 Teile H_2 u. 0,5—2 Vol.-% alkal. reagierende, unter den Reaktionsbedingungen gasförmige N-Verbb., bes. NH_3 oder dessen Derivv., wie Methylamin, enthält, in Ggw. von mit Alkalioxyd zwischen 1 u. 15, bes. zwischen 5 u. 10, berechnet als K_2O u. bezogen auf den vorhandenen Fe-Geh., u. gegebenenfalls mit Cu, Ag oder Metallen der 2.—7. Gruppe des Periodensyst. aktivierten, keine oder nur geringe Mengen an Trägerstoffen enthaltenden Fe-Katalysatoren bei ca. 1—100, bes. 10—30 at, u. einer im wesentlichen 200° nicht übersteigenden Temp. umsetzt. Zur Einstellung des Alkaligeh. werden die Katalysatoren mit Salzen nichtflüchtiger Säuren, wie Alkaliphosphaten, -boraten oder -wolframaten, imprägniert. Der Katalysator wird bis zu einem Geh. an freiem Fe von > 60, bes. > 80 reduziert. Der Cu-Geh. beträgt ca. 15—50. Der Katalysator wird entweder in feinverteilter Form in fl. Medium suspendiert oder im Synthesegas im Schwebezustand angewendet. Die Katalysatortemp. soll in Richtung der Gasströmung ansteigen. — Aus 2 NH_3 enthaltendem Wassergas bei 30 at u. 138° → 17 N-haltige Verbb., bes. prim. aliphat. Amine, 35 O-haltige Verbb., bes. aliphat. Alkohole, 60 Olefine im Kp.-Bereich von Bzn. u. 50 im Kp.-Bereich von Dieselöl. (**D. B. P. 932 367** Kl. 12o vom 22/7. 1951, ausg. 29/8. 1955. Anmeldung bekanntgemacht 16/10. 1952. **E. P. 728 074** vom 21/7. 1952, ausg. 13/4. 1955. D. Prior. 21/7. 1951.) G. KRAUSS. H 520

Stamicarbon N. V., Heerlen, Holland, *Herstellung von Calciumcarbid* in einem Schachtofen aus einem Gemisch von festen, C-haltigen Stoffen u. einem kalkhaltigen Stoff, das oben zugeführt wird, während das geschmolzene CaC_2 unten abgezogen wird. Die erforderliche Temp. wird durch Verbrennung eines Teiles des C-haltigen Stoffs des Gemisches durch ein O_2-haltiges Gas erzeugt. Dieses Gas wird unten zugeführt, u. das entstehende brennbare Gas wird oben abgeführt. Bei diesem bekannten Verf. wird die Temp. der Abgase u. damit der Wärmeverlust herabgesetzt, wenn man im Ausgangsgemisch das Gewichtsverhältnis von CaO : C zwischen $^1/_4$ u. $^1/_2$ hält. (**E. P. 737 857** vom 24/12. 1953, ausg. 5/10. 1955. Holl. Prior. 30/12. 1952.) A. ZÜRN. H 530

Standard Oil Development Co., V. St. A. (Erfinder: **Paul T. Parker, Joseph K. Mertzweiller** und **Robert W. Krebs**), *Synthese von Alkoholen* durch *Oxo-Rk.*, dad. gek., daß man Heptene bei 280 kg/cm² u. 121—232° in Ggw. von Co-Carbonylen mit einem Gemisch aus H_2/CO (0,5—0,9 : 1) reagieren läßt, wobei der Partialdruck des CO 105 bis 175 (bes. 119—154) kg/cm² beträgt. Die entstehenden Aldehyde werden zu Alkoholen hydriert. — Zeichnung. (**F. P. 981 036** vom 17/2. 1951, ausg. 21/5. 1951. A. Prior. 2/9. 1948.) S. MEIER. H 560

Henkel & Cie. G. m. b. H. (Erfinder: **Rudolf Köhler** und **Helmut Pietsch**), Düsseldorf, *Herstellung von Glycidestern von Sulfonsäuren*, dad. gek., daß man Sulfonsäurechloride, bes. von mehrwertigen Sulfonsäuren, in Ggw. von säurebindenden Mitteln mit Glycid oder solchen Homologen des Glycids umsetzt, bei denen an den C-Atomen des Epoxydringes keine O-Funktionen vorhanden sind. Die Rk. erfolgt bei —10 bis +100°, bes. 0—30°, u. in Ggw. eines Lösungsmittels. — Aus 18,5 (g) Glycid, 27,5 Triäthanolamin u. 43,8 p-Toluolsulfochlorid in 100 cm³ trockenem Toluol bei 25—30° → *p-Toluolsulfonsäureglycidester*, F. 37,2—37,8°; Ausbeute 69%. — Alkylsulfochlorid (Alkyl = 12 C-Atome, 18,8% Unverseifbares) → *Alkylsulfonsäureglycidester*, viscoses Öl; Cl-Geh. 6,53%; S-Geh. 9,6%; VZ. 210,2; SZ. 1,18; Mol.-Gew. 300; Epoxyd-O 4,52%. — m-Benzoldisulfochlorid → *m-Benzoldisulfonsäurediglycidester* bzw. dessen *Polymere*, Mol.-Gew. 478; N-Geh. 2%; Cl-Geh. 2,25%; Epoxyd-O 5%. — Diphenylsulfon-p.p'-disulfochlorid → bei n. Temp. noch *fließendes, dunkelbraunes Öl*; 3,8—4,5% Epoxyd-O. — Zwischenprodd., bes. zur Herst. von *Weichmachern, Stabilisierungsmitteln, Imprägniermitteln* u. *Klebstoffen*. (**D. B. P. 935 433** Kl. 12o vom 26/4. 1953, ausg. 17/11. 1955. Anmeldung bekanntgemacht 26/5. 1955.) G. KRAUSS. H 590

Eastman Kodak Co., Rochester, N. Y., übert. von: **Hugh J. Hagemeyer jr.,** Kingsport, Tenn., V. St. A., *Herstellung von Aldehyden durch Oxosynthese*, dad. gek., daß C_2—C_4-Olefine in Ggw. von in W. lösl., nicht cycl. Monoalkylglykoläthern den für die Oxo-Rk. üblichen Bedingungen unterworfen werden, wobei sich die Rk., auch in Ggw. von W., in homogener Phase abspielt. (**A. P. 2 691 047** vom 19/10. 1951, ausg. 5/10. 1954.) O. SCHÖN. H 660

Celanese Corp. of America, New York, N. Y., V. St. A., *Klare und stabile Lösungen von Formaldehyd* erhält man durch Erhitzen von Paraformaldehyd, dessen Geh. an W. mindestens 15% beträgt, mit einem fl., ein- oder mehrwertigen Alkohol. — Beispiel: 69 (Teile) Paraformaldehyd, dessen Geh. an W. 16% beträgt, werden mit 31 CH_3OH 2 Std. am Rückfluß zum Sieden erhitzt. Die bis 10° klare Lsg. enthält 58 (%) CH_2O, 31 CH_3OH u. 11 Wasser. Analoge Ergebnisse mit 1.2-Dioxypropan. (**E. P. 730 602** vom 10/10. 1952, ausg. 25/5. 1955. A. Prior. 12/10. 1951.) O. SCHÖN. H 670

Eastman Kodak Co., Rochester, N. Y., übert. von: **David C. Hull,** und **Hugh J. Hagemeyer jr.,** Kingsport, Tenn., V. St. A., *Herstellung von n-Butyraldehyd durch Oxosynthese,* dad. gek., daß in Ggw. von 0,1—20% W. u. von O_2-haltigen Lösungsmitteln, z. B. aliphat. Acetalen, Ketonen oder Alkanolen, gearbeitet wird. Hierdurch wird die Bldg. von *n-Butyraldehyd* auf Kosten des gleichzeitig entstehenden *Isobutyraldehyds* bevorzugt. — Dieses Verf. eignet sich auch für die Herst. von *Propionaldehyd* u. *γ-Formylbuttersäureäthylester* (aus Crotonsäureäthylester). (**A. P. 2 694 735** vom 6/12. 1949, ausg. 16/11. 1954.) O. SCHÖN. H 670

Stanolind Oil & Gas Co., übert. von: **Alfred Steitz jr.** und **Robert H. Jacoby,** Tulsa, Okla., V. St. A., *Gewinnung reiner wasserfreier Carbonsäuren* (**I**) aus ihren wss. Gemischen mit O-haltigen organ. Verunreinigungen (**II**), z. B. Estern u. Carbonylverbb., wie sie z. B. bei der CO-Red. anfallen. Man extrahiert zuerst mit einem mit W. nicht mischbaren Lösungsm. für **I**, z. B. Essigester, u. dest. aus dem Extrakt die **II** azeotrop mit W. ab. — Vorr., Zeichnungen. — Vgl. auch E. P. 687 855; C. **1954.** 6339. F. P. 1 008 079; C. **1954.** 1587. (**A. P. 2 667 502** vom 27/1. 1949, ausg. 26/1. 1954.) O. MÜLLER-MEININGEN. H 810

May & Baker Ltd., England (Erfinder: **Basil Jason Heywood**), *Herstellung von Dichloracetamiden* der allg. Formel **I** (R_5 u. R_6 bedeuten gleiche oder verschied. Alkyl-, Cycloalkyl- oder Aralkylreste oder bilden mit dem N-Atom, an dem sie gebunden sind, einen Ring, der noch ein Heteroatom enthalten kann, oder R_5 bedeutet

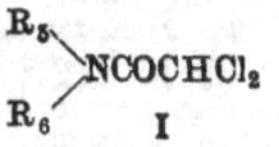
I

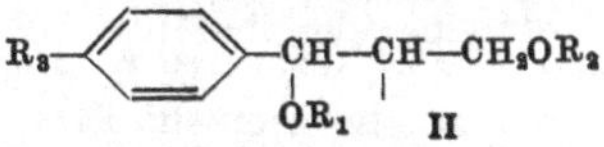
II

ein H-Atom, wenn R_6 den Rest **II** bedeutet, worin R_3 ein H-Atom oder NO_2-, R_1 u. R_2 H-Atome, gleiche oder verschied. Alkyl- oder Aralkylreste bedeuten), dad. gek., daß man Chloralcyanhydrin (**III**) oder Chloralhydrat (**IV**) in Ggw. eines Säureacceptors mit einem Amin umsetzt. — Beispiel: Zu einem Gemisch aus 1,46 (g) n-Butylamin, 2 $CaCO_3$, 0,4 NaCN u. 10 cm^3 W. setzt man unter Rühren u. Erwärmen in 2 Min. 4,65 **IV** in 2 cm^3 W., rührt 10 Min., kühlt auf 10° ab u. säuert mit H_2SO_4 an. Mit Chlf. extrahiert man *1-Dichloracetamido-n-butan,* F. 38°, $Kp._2$ 75—77°; 94% (Ausbeute). — Aus **III**, Cyclohexylamin u. Triäthylamin entsteht *Dichloracetamidocyclohexan,* F. 140° (A.); 100%. — Aus **IV** u. Monoäthanolamin → *β-Dichloracetamidoäthanol,* F. 82—84°; 30%. — Aus **III** u. Hexamethylendiamin → *1.6-Bis-dichloracetamidohexan,* F. 136° (Methanol); 100% roh. — Aus **IV** u. Morpholin → *N-Dichloracetylmorpholin,* F. 64°; 38%. — Aus **III** oder **IV** u. 2-Amino-1-phenylpropan → *2-Dichloracetamido-1-phenylpropan,* F. 89°. (**F. P. 1 048 119** vom 24/9. 1951, ausg. 21/12. 1953. E. Priorr. 25/9. 1950 u. 23/8. 1951.) S. MEIER. H 810

Imperial Chemical Industries Ltd., England (Erfinder: **Carey Graff-Baker** und **Randal George Arthur New**), *Herstellung von 1.4-Dicyanbuten,* dad. gek., daß man ein Dihalogenbuten [1.4-Dichlorbuten-(2)] bei 80—100° in wss. Lsg. u. in Ggw. eines lösl. Cu-Salzes mit einem Alkali- oder Erdalkalicyanid umsetzt. Die Reaktionsgeschwindigkeit wird durch Anlegen einer Spannung von 0,3—0,45 V an Cu-Elektroden gesteuert. (**F. P. 1 028 065** vom 3/10. 1950, ausg. 19/5. 1953. E. Prior. 3/10. 1949.) S. MEIER. H 820

Siegfried Sliwinski, Dresden, *Herstellung von Hexamethyldisiloxan* durch Rk. von Trichlorsilan mit CH_3MgBr in Ggw. von Ae., wobei Trimethylsilan entsteht. Dieses wird mit dem Ae. abdest., worauf die äther. Lsg. halogeniert u. der Ae. entfernt wird. Das zurückbleibende rohe Trimethylhalogensilan wird dest. u. zu Hexamethyldisiloxan verseift. Beim Fraktionieren geht die Hauptmenge bei 99—100° über. (**D. P. [DDR] 7 892** Kl. 12o vom 8/5. 1951, ausg. 16/8. 1954 [Wirtschaftspatent].) M. F. MÜLLER. H 980

Svenska Cellulosa Aktiebolaget, Stockholm, Schweden (Erfinder: **B. S. Groth**), *Herstellung von p-Cymol aus Pinenkohlenwasserstoffen.* Mittels 36,5%ig. H_2SO_4 wird bei 90° während 6 Std. Pinen in Ggw. eines Emulgators in ein isomeres Gemisch übergeführt, bestehend aus monocycl. Terpenen (p-Menthadiene), worauf das Gemisch katalyt. dehydriert wird zu p-Cymol u. Menthan, die wiederum durch Fraktionieren getrennt werden können. (**Schwed. P. 143 886** vom 25/5. 1951, ausg. 2/2. 1954.) K. H. KÄHLER. H 1010

VEB Kombinat „Otto Grotewohl" (Erfinder: **Hans Grunewald** und **Rudolf Goldberg**), Böhlen, Kr. Borna, *Gewinnung von Phenolen und Alkalilauge durch elektrolytische Zerlegung von Phenolatlauge.* nach dem Diaphragmenverf. ohne Verwendung von Hg-Metall, wobei das Diaphragma senkrecht, geneigt oder waagerecht angeordnet ist. Die Phenolatlauge wird nur im Anodenraum zugeführt. Der Kathodenraum wird zu Beginn der Elektrolyse mit W. bzw. mit verd. Alkalilauge beschickt. Im Kathodenraum werden anfangs zeitweilig oder fortlaufend Salze, z. B. NaCl, Na_2SO_4 oder Na_2SO_3, zugeführt. Als oxydationsempfindliches Anodenmaterial wird z. B. amorphe Kohle verwendet; aber bei beabsichtigter weitgehender Harzbldg. in der Rohsäure wird ein oxydationsunempfindliches Material, z. B. Graphit, verwendet. — Zeichnung. (**D. P.** [**DDR**] **8 925** Kl. 12q vom 3/7. 1952, ausg. 7/1. 1955 [Wirtschaftspatent].) M. F. MÜLLER. H 1060

VEB Deutsches Hydrierwerk Rodleben (Erfinder: **Erik Schirm**), Rodleben b. Roßlau, *Herstellung von Sulfochloriden von aromatischen Verbindungen* durch Behandlung mit sulfonierden Mitteln, wie $ClSO_3H$, in Anwesenheit von chlorierten aliphat. KW-stoffen wie Pentachloräthan oder Perchloräthylen. Im D. R. P. 757 503 wird CCl_4 verwendet. Aus Bzl. entsteht dabei *Benzoldisulfochlorid.* (**D. P.** [**DDR**] **8377** Kl. 12o vom 29/7. 1941, ausg. 27/10. 1954 [Wirtschaftspatent]. **Zusatz zu D. R. P. 757 503; C. 1952. 6284.**) M. F. MÜLLER. H 1090

Monsanto Chemical Co., St. Louis, Mo., übert. von: **John E. Fox**, Texas City, Tex., V. St. A., *Chloranil* [2.3.5.6-Tetrachlorbenzochinon-(1.4)], $C_6Cl_4O_2$, F. 282—283° (A.), erhält man durch Rk. von 1 (Mol) Cyclohexan mit 4 HCl u. 5 O_2 in Ggw. von Oxyden oder Salzen, bes. Chloriden von Cu, Fe, Bi, Co, Al oder deren Gemischen, bei 180—260°, bes. 220—240°. (**A. P. 2 722 537** vom 8/2. 1954, ausg. 1/11. 1955.) O. MÜLLER-MEININGEN. H 1190

Farbwerke Hoechst Akt.-Ges. vormals Meister Lucius & Brüning, Frankfurt/M., *Verfahren zum Stabilisieren von Phenylhydrazin*, dad. gek., daß bei der Herst. des Phenylhydrazins oder im Anschluß daran *Hexamethylentetramin*, bes. in einer Menge bis 3%, hinzugefügt wird. (**D. B. P. 933 031** Kl. 12q vom 30/10. 1952, ausg. 15/9. 1955. Anmeldung bekanntgemacht 24/3. 1955.) G. LANGER. H 1310

International General Electric Co., Inc., New York, N. Y., V. St. A. (Erfinder: **J. T. Coe** und **W. A. Schwenker**), *Herstellung von Arylhalogensilanen* durch Rk. von Si mit einer Mischung aus Arylhalogenid u. HCl bei erhöhter Temp. in Ggw. eines aromat. KW-stoffes mit gleicher Arylgruppe wie das verwendete Arylhalogenid, z. B. Bzl.–Monochlorbenzol, Toluol–Monochlortoluol. Die Komponenten kommen in Gasform zur Rk. miteinander. (**Schwed. P. 143 584** vom 30/7. 1951, ausg. 12/1. 1954. A. Prior. 10/8. 1950.) K. H. KÄHLER. H 1380

Soc. des Usines Chimiques Rhône-Poulenc, Frankreich, *Depolymerisation von 4-Methyl-2.4-diphenyl-2-penten zu α-Methylstyrol* durch Erhitzen in Ggw. eines hochsd. Phenols, wie Butylphenol, Amylphenol oder Cyclohexylphenol, ferner Phenylphenole, Cumylphenol oder Cumylkresol, u. eines Katalysators, wie Cu-, Zn- oder Mn-Sulfat. (**F. P. 1 102 159** vom 1/4. 1954, ausg. 18/10. 1955.) M. F. MÜLLER. H 1410

Hooker Electrochemical Co., übert. von: **Aylmer Henry Maude** und **David Solomon Rosenberg**, Niagara Falls, N. Y., V. St. A., *Oktachlorcyclopenten* (**I**) erhält man durch Erhitzen von Chlorpentenen, die H u. mindestens 2 Cl-Atome je Mol enthalten, mit Cl_2 auf 280—550° in der Gasphase in Ggw. eines porösen oberflächenakt. Katalysators (Fullererde, die durch Druck aktiviert sein kann, Silicagel, geschmolzenes Al_2O_3, Aktivkohle, mit Säure aktivierter Bauxit, Floridin, Attapulgite, Diatomeenerde, die sämtlich mit Metallsalzen von Co, Ni u. Fe imprägniert sein können; vgl. A. PP. 2 079 854; C. **1937.** II. 3642 u. 2 191 592; C. **1942.** I. 526). Die Ausgangsstoffe erhält man nach A. P. 2 473 162; C. **1950.** I. 2032. — Aus 1 (Mol) $C_5H_5Cl_7$, D. 1,67 u. 5,14 Cl_2 in Ggw. von geschmolzenem mit 25% $CoCl_2$ imprägniertem Al_2O_3 bei 380—480° → **I.** Vgl. A. P. 2 650 942; C. **1955.** 9198. — **I** gibt beim Erhitzen Cl ab u. kann zur *Reinigung* von *geschmolzenen Metallen* verwendet werden. — Zwischenprod. für *Farbstoffe, plast. Massen, Insekticide* u. *Hexachlorcyclopentadien.* (**A. P. 2 714 124** vom 20/3. 1951, ausg. 26/7. 1955.) G. KRAUSS. H 1810

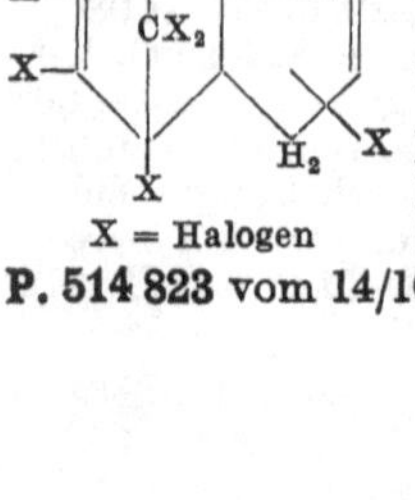
X = Halogen

Farbwerke Hoechst Akt.-Ges. vormals Meister Lucius & Brüning, Frankfurt/M., *Heptahalogenendomethylentetrahydrindene* der Formel I erhält man durch Halogenierung des Adduktes aus Hexahalogencyclopentadien u. Cyclopentadien in Ggw. eines Metalles (Fe) oder von UV-Licht als Katalysator u. bes. eines Lösungsm. (o-Dichlorbenzol, Nitrobenzol, CCl_4, Trichloräthylen, Tetrachloräthylen, Chlf., Methylenchlorid, 1.2.3-Trichlorbenzol) bis der Halogengeh. ca. 66,5 (%) beträgt. — $C_{10}H_5Cl_7$; Cl-Geh. 66,43; Kp.$_{0,2}$ 142—144°. (**Belg. P. 514 823** vom 14/10. 1952, ausg. 9/7. 1954. D. Prior. 19/10. 1951.) G. KRAUSS H 2650

Food Machinery & Chemical Corp., San Jose, Calif., übert. von: **Robert M. Umhoefer**, Kenmore, N. Y., V. St. A., *Na-Katalysatoren* zur Hydrierung von Anthrachinonen zu *Anthrahydrochinonen* wirken selektiv ohne Kern-Red., wenn ihnen aliphat. Nitrite mit weniger als 6 C-Atomen, wie Isoamyl- oder Butylnitril, oder Nitrile mit weniger als 6 C-Atomen, wie CH_3CN, Acrylnitril oder C_6H_5CN zugesetzt werden. (**A. PP. 2 720 531** u. **2 720 532** vom 21/8. 1952, ausg. 11/10. 1955.) O. Müller-Meiningen. H 2800

N. V. de Bataafsche Petroleum Mij., Den Haag, Holland, *Olefinoxyde* erhält man bei der katalyt. Oxydation von Olefinen bei 150—400° u. n., erhöhtem oder erniedrigtem Druck in Ggw. eines Ag-Katalysators, der 0,1—40%, bezogen auf Ag, eines oder mehrerer Chloride, Bromide, Jodide oder Cyanide von Metallen der 1. oder 8. Gruppe des Periodensyst. enthält. Ag kann auf SiO_2, Al_2O_3, ZrO aufgetragen sein, oder gemischt mit feingepulverten Stoffen, wie Al_2O_3, bes. bei der Verwendung im „fluidised" Verfahren. O_2 oder O_2-enthaltende Gase (Luft) können mit indifferenten Verdünnungsmitteln (CO_2, N_2, Wasserdampf) angewendet werden. — $C_2H_4 \rightarrow C_2H_4O$. (**E. P. 704 227** vom 28/3. 1952, ausg. 17/2. 1954. A. Prior. 31/3. 1951.) G. König. H 3030

Dr. F. Raschig G. m. b. H. (Erfinder: **Wilhelm Mathes** und **Walter Sauermilch**), Ludwigshafen/Rh., *Pyridinaldehyde.* Zu Schwz. P. 304 383; C. **1956.** 5965, ist nachzutragen: *6-Methylpyridin-2-aldehyd*, $Kp._{12}$ 77—78°, F. 30°. — *Pyridin-4-aldehyd*, $Kp._{12}$ 81—82°, farblose Fl. von 4-picolinähnlichem, aber stechendem Geruch u. brennendem Geschmack. — Eine Mischung aus *Pyridin-3-aldehyd, Pyridin-4-aldehyd* u. *6-Methylpyridin-2-aldehyd*, $Kp._{11}$ 79—81°, erhält man, wenn man als Ausgangsmaterial techn. β-Picolin verwendet. (**D. B. P. 936 871** Kl. 12p vom 21/10. 1951, ausg. 22/12. 1955. Anmeldung bekanntgemacht 30/6. 1955. **Zusatz zu D. B. P. 837 535; C. 1952. 7258.**) R. Link. H 3231

Hans Höhn, Radebeul, *Herstellung von 3-Methylxanthin aus 3-Methyl-4-amino-2.6-dioxypyrimidin-5-aminosulfonsäure* (**I**) durch Einw. von mindestens 1 Mol CH_2O in Ggw. von bas. Kondensationsmitteln. — 0,1 Mol des Na-Salzes von **I** werden in einer Lsg. von 0,1 g NaOH in 70 cm³ W. suspendiert u. auf 100° erhitzt. Dazu werden innerhalb 10—30 Min. 13,5 cm³ wss. CH_2O-Lsg. (334 g/Liter) zugetropft. Nach ca. 1 Std. scheidet sich das *3-Methylxanthin* ab. (**D. P. [DDR] 8957** Kl. 12p vom 3/4. 1953, ausg. 6/1. 1955 [Wirtschaftspatent].) M. F. Müller. H 3272

Ole Gisvold, Ramsey, Minn., V. St. A., *Chlorophyllgewinnung aus Alfa-Alfa-Preßsaft* durch Erhitzen auf 60—70° F. Das chlorophyllhaltige Koagulat wird abgetrennt u. mit aliphat. Ketonen mit 5—8 C-Atomen, aliphat. Alkoholen mit 6—8 C-Atomen oder mit aliphat. KW-stoffen, die chloriert sein können, extrahiert. Der abgetrennte klare Extrakt wird kurz u. milde mit einer wss. alkoh. Lsg. von KOH oder NaOH behandelt, wobei die begleitenden Fette nicht verseift werden u. mit Carotin, Xantophyll u. dgl. in der organ. Phase verbleiben. Aus der wss. Phase wird das *Alkalichlorophyllin* mit n-Butanol, n-Amylalkohol oder Isoamylalkohol extrahiert. Die wss. Phase kann auch mit verd. Essigsäure u. einem Cu-Salz versetzt, erhitzt u. das *Cu-Chlorophyllin* mit Butanol extrahiert werden. (**A. P. 2 713 584** vom 18/2. 1952, ausg. 19/7. 1955.) K. Heinze. H 3550

Alfred Rieche, Grundriß der technischen organischen Chemie. Leipzig: Hirzel. 1956. (XII + 405 S. m. 125 Abb. im Text u. auf e. Taf.) 8°. DM 18,60.

X. Färberei. Organische Farbstoffe.

C. L. Bird, P. Harris und **F. Manchester**, *Die Färbung von Acetatseide mit Dispersionsfarbstoffen.* 3. Mitt. *Einfluß von Dispergiermitteln auf die Färbegeschwindigkeit.* (2. vgl. C. **1954.** 11305.) Der Zusatz von Dispergiermitteln zu einer Dispersionsfarbstoff-Flotte wirkt im allg. durch Stabilisierung der Suspension verzögernd auf das Aufziehen des Farbstoffs. Bei einigen Farbstoffen steigt jedoch, bes. bei niedrigen Färbetempp., die Aufziehgeschwindigkeit. Vff. führen letzteres auf eine erhöhte Lösungsgeschwindigkeit krist. Teilchen des Farbstoffs zurück. Die Abhängigkeit dieser Wrkg. von der Wasserlöslichkeit der Dispersionsfarbstoffe wird besprochen. (J. Soc. Dyers Colourists **71.** 139—42. März 1955. Leeds, Univ., Dep. of Col. Chem. and Dyenig.) H. Bertsch. 7020

Joachim Müller, *Stückfärberei und Ausrüstung von Polyacrylnitrilgeweben.* 3. Mitt. (2. vgl. C. **1956.** 4285.) Ausführliche Darst. über das Färben von Polyacrylnitrilgeweben mit Anthrasol- u. Indigosolfarbstoffen unter Angabe zahlreicher Rezepturen u. genauer Arbeitsweise. (Melliand Textilber. **36.** 1023—28. Okt. 1955.) H. G. Fröhlich. 7020

Rudolf Koch, *Lichtechte Färbungen auf Vinylon.* Vf. geht kurz auf die chem. Konst. der Vinylonfaser ein u. beschreibt unter Angabe einiger Grundrezepte die Färbemöglichkeiten. Metallkomplex- u. Indanthrenfarbstoffe ergeben bei 1—4,5%ig. Ausfärbungen sehr günstige Echtheitseigg., die Leukoküpenfarbstoffester nur bei 0,1—0,5%ig. Ausfärbungen. Die mit bas. u. Dispersionsfarbstoffen erzielten Färbungen haben nur Echtheiten mittleren Grades, ebenso die unter Zusatz von Mg-Salzen zum Farbbad auch in tieferen Nuancen erreichbaren Färbungen mit substantiven Säurefarbstoffen. (Z. ges. Textilind. **58.** 317—18. 20/4. 1956.) E. WAGNER. 7020

F. I. Ssadow und **I. A. Schikanowa,** *Zur Frage der Anfärbung mit sauren Farbstoffen.* Es wird der Vers. gemacht, die Affinität saurer Farbstoffe gegenüber Capron, Wolle u. Seide durch Berechnung der Änderung der chem. Potentiale im Standardzustand in der Lsg. u. auf der Faser quantitativ zu charakterisieren. Die Messungen ergaben gut übereinstimmende Konstanten. Das chem. Potential beträgt 10,5—17,5 kcal/g Mol für verschied. Farbstoffe. Auf die Aktivitätsänderung wirkt in höherem Maße die Vergrößerung des Mol.-Gew. als die Stellung der funktionellen Gruppen (SO_3H, OH). Die Affinität wächst von Wolle über Seide zu Capron, was sich schon aus der Anfärbbarkeit von Capron bei höheren p_H-Werten ergibt. Aus den Adsorptionskurven ergibt sich, daß sich Monosulfonsäuren (I) bei höherem p_H verbinden als Disulfonsäuren (II). Daraus ergibt sich, daß die Aktivität der Wechselwrkg. von II mit der Faser geringer ist als die I. Die Aufnahme der Farbstoffsäure bei niedrigem p_H übertrifft die aus der Aminogruppenzahl sich ergebende maximale Säurekapazität bei Capron um das 15,5fache, bei Seide um das 3,8fache, bei Wolle um das 1,25fache. Dies erklärt sich aus der Adsorption der nichtionisierten Moll., der Ionisierung von Säureamidgruppen u. der teilweisen Hydrolyse der Faser. (Коллоидный Журнал [Kolloid-J.] **17.** 124—30. März/April 1955. Moskau, Textil-Inst.) O. POLLAK V. EMHOFEN. 7020

H. G. Büddicker-Löns, *Die Methoden zur Naßechtheitsverbesserung substantiver Färbungen, unter besonderer Berücksichtigung kationaktiver Nachbehandlungsprodukte.* Zusammenfassende Übersicht über die Methoden zur Verbesserung der Naß u. Waschechtheit substantiver Färbungen, wie Behandlung mit Formaldehyd, Diazotierung, Kupplung, Farblackbldg. sowie Verwendung verschied. kationakt. Produkte. (Z. ges. Textilind. **58.** 93—97. 5/2. 1956.) GÜNTER LANGE. 7020

R. Vaudemont, *Das Schwarzfärben von Schaf-, Lamm- und Kaninchenfellen.* Das Schwarzfärben von Schaf-, Lamm- u. Kaninchenfellen, bestehend aus dem Waschen, der Pickel, dem Beizen, dem Töten der Felle, dem Färben in mehreren (5) aufeinanderfolgenden Bädern u. abermaligem Waschen wird beschrieben. Gefärbt wird mit Farbstoffen vom Typ des „Ursol", „Nako", „Fourrine" usw. oder mit Campecheholz-Extrakt in Verbindung mit anderen färbenden Stoffen. (Rev. gén. Teinture, Impress., Blanchiment, Apprêt (Tiba) **29.** 23—24. Mai/Juni 1952.) K. HOINKIS. 7024

Celanese Corp. of America, New York, N. Y., V. St. A., *Färben von Textilien aus Cellulosederivaten* mit Dispersionsfarbstoffen, die gegen Gasschwund nicht widerstandsfähig sind. Man färbt in einem wss. Bad, das den Farbstoff u. außerdem 2-Anilino-4-(β-äthoxyäthylamino)-6-amino-1.3.5-triazin oder 2.4-Dianilino-6-amino-1.3.5-triazin in Dispersion enthält. Es werden gegen Gasschwund beständige Färbungen erhalten. (**E. P. 729 789** vom 2/1. 1953, ausg. 11/5. 1955. A. Prior. 5/1. 1952.) H. V. SCHILLER. 7021

Celanese Corp. of America, New York, N. Y., V. St. A., *Mittel zum Verhindern des Gasschwundes* beim *Färben* von *Celluloseestern* oder *-äthern* oder *Polyterephthalaten.* Es besteht aus einer Trimethylentriamin-Verb. der allg. Formel I, in welcher R_1, R_2 u. R_3 KW-stoffreste bedeuten, in denen ein β-C-Atom durch eine einfache Bindung an ein α-C-Atom u. durch eine Doppelbindung an ein γ-C-Atom gebunden ist. R_1-R_3 sind z. B. Allyl-, Methallyl-, α-Methylbenzyl- oder Benzylreste. Sie können gleich oder verschieden sein. Bes. geeignet ist Tribenzyltrimethylentriamin. Das Mittel kann den Spinnlsgg. oder den Färbebädern zugesetzt oder das gefärbte Material mit wss. Dispersionen des Mittels behandelt werden. (**E. P. 737 947** vom 22/5. 1953, ausg. 5/10. 1955. A. Prior. 24/5. 1952.) H. V. SCHILLER. 7021

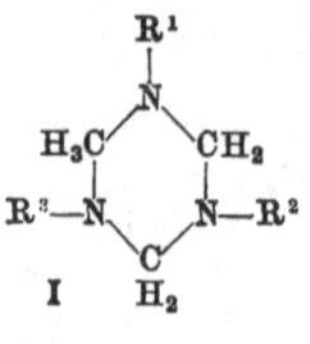

I

Ciba Akt.-Ges., Basel (Erfinder: **Florian Enderlin,** Reinach, und **Luzius Schibler,** Riehen), Schweiz, *Bedrucken von Faserstoffen mit Pigmenten* unter Verwendung von Emulsionsbindemitteln. Man verwendet hierfür pigmenthaltige Öl-in-W.-Emulsionen, welche nach D. R. P. 748 833 dadurch hergestellt sind, daß man in einer mehr als 12% in Alkali aufgelöstes Casein enthaltenden wss. Lsg. eine nicht wesentlich über 250° sd., mit W. nichtmischbare organ. Fl. bzw. Lsg. emulgiert u. die erhaltene Emulsion mit W. u. CH_2O versetzt, bis die wss. Phase weniger als 12% Casein enthält. Die bedruckten Stoffe werden einer Trocknung bei n. oder erhöhter Temp. unterworfen. Hierbei verbleibt kein versteifendes Verdickungsmittel auf den Stoffen. (**D. B. P. 871 593** Kl. 8n vom 21/6. 1939, ausg. 23/3. 1953. Schwz. Prior. 12/6. 1939.) H. V. SCHILLER. 7023

Diamalt Akt.-Ges., München (Erfinder: **Wolfgang Jülicher**, Planegg bei München), *Verfahren zum gleichzeitigen Metallisieren und Bedrucken von Geweben*, dad. gek., daß man das Gewebe zunächst bedruckt u. anschließend im Hochvakuum durch Aufdampfen metallisiert. Zur Herst. der Druckfarbe können Verdickungsmittel geringer Ausgiebigkeit oder verdickte Öle verwendet werden. (**D. B. P. 939 569** Kl. 8n vom 26/2. 1954, ausg. 23/2. 1956. Anmeldung bekanntgemacht 21/7. 1955.) H. v. SCHILLER. 7023

Gesellschaft für Chemische Industrie in Basel, Basel, Schweiz, *Färben und Drucken von organischen Faserstoffen*, dad. gek., daß man die Ware mit Farbstoffderivv., die nach dem D. R. P. 727 697; C. **1943**. I. 2757, erhältlich sind, färbt oder bedruckt u. die Färbungen oder Drucke mit Verseifungsmitteln behandelt. Die Verseifung kann mit organ. Säuren bei erhöhter Temp. oder zweckmäßig mit Alkalien durchgeführt werden, wobei der schwerbis unlösl. Ausgangsfarbstoff auf der Faser regeneriert wird. (**D. R. P. 763 302** Kl. 8m vom 8/8. 1936, ausg. 8/3. 1954. Schwz. Priorr. 17/8. u. 1/10. 1935.) H. v. SCHILLER. 7023

General Aniline & Film Corp., New York, übert. von: **William E. Wallace**, Rensselaer, N. Y., und **Ludwig Richter**, Easton, Pa., V. St. A., *Zwischenprodukte zur Herstellung von Azofarbstoffen*. Man setzt Cyanurchlorid mit dem Benzolsulfonsäureester der H-Säure u. anschließend das Reaktionsprod. mit 5-p-Aminophenylazosalicylsäure (I) zu II um. Statt I kann man auch 4'-Dimethylaminophenylazoanilin verwenden. Das restliche Cl-Atom in II kann (durch Rk. mit Anilin) durch die Gruppierung —NH·C_6H_5 ersetzt werden; ferner kann durch Hydrolyse im Naphthalinkern von II die OH-Gruppe hergestellt werden. (**A. P. 2 728 761** vom 24/1. 1952, ausg. 27/12. 1955.) A. BRÖSAMLE. 7053

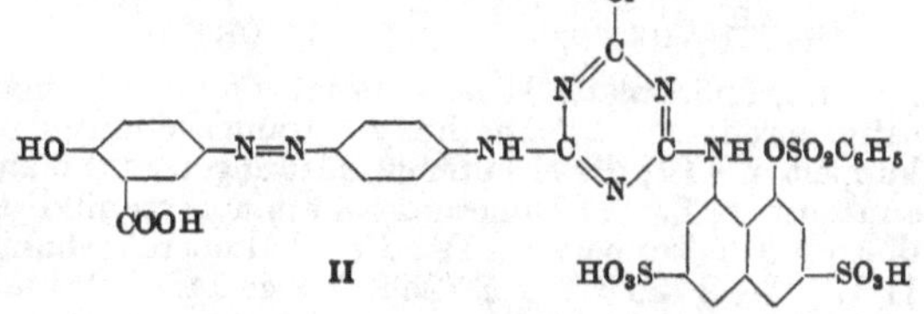

II

Farbwerke Hoechst Akt.-Ges., vormals Meister Lucius & Brüning, Frankfurt/M., *Herstellung eines wasserunlöslichen Monoazofarbstoffes*. 1-Amino-2-methoxybenzol-5-carbonsäurephenylamid → 2.3-Oxynaphthoesäuremethylester. Es wird ein rotes Pulver erhalten, das sich zum Färben von Kunststoffen eignet. (**Schwz. P. 306 379** vom 26/6. 1952, ausg. 16/6. 1955. D. Prior. 30/6. 1951.) U. SIEVERS. 7053

Farbenfabriken Bayer Akt.-Ges. (Erfinder: **Carl Taube**), Leverkusen, *Gelbe substantive Azofarbstoffe* erhält man durch Di- oder Tetrazotieren aminobenzoylierter ein- oder mehrkerniger substantiver Diazokomponenten mit löslichmachenden Gruppen u. sodaalkal. Kupplung mit Barbitursäure oder ihren kupplungsfähigen Derivaten. — 1.4-Di-(4'-aminobenzoylamino)-naphthalin-6- sulfonsaures Na ↗Cyanaminobarbitursäure (I) ↘I ; **A** klar, grünstichiggelb. — N-(3'-aminobenzoyl)-dehydrothiotoluidinsulfonsaures Na → Barbitursäure (**II**); **A** u. **G** klar, grünstichiggelb. — Na-Salz des N.N'-Bis-[3-sulfo-4-(3'-aminobenzoylamino)-phenyl]-harnstoffs ↗I; ↘I **A u. G** grünstichiggelb. — Na-Salz der nach D. R. P. 565 478; red. 1.4-Di-(4'-nitrobenzoylamino)-benzol-2-sulfonsäure → **I**; **A** grünstichiggelb. — 4.4'-Di-(3''-aminobenzoylamino)-diphenyl-2.2'-disulfonsaures Na ↗II ↘II ; **D** grünstichiggelb. — Alle Färbungen sind gut lichtecht u. ätzbar. (**D. B. P. 883 019** Kl. 22a vom 7/7. 1951, ausg. 13/7. 1953. Anmeldung bekanntgemacht 4/9. 1952.)

U. LIPPOLD. 7053

Ciba Akt.-Ges., Basel, Schweiz, *Herstellung von metallhaltigen Azofarbstoffen*. Man läßt auf Monoazofarbstoffe der Naphthalin- bzw. Pyrazolonreihe oder auf ein Gemisch von Monoazofarbstoffen dieser beiden Reihen chromabgebende Mittel derart einwirken, daß der entstehende Chromkomplex auf 2 Mol Monoazofarbstoff 1 Grammatom Chrom enthält. — 4-Chlor-2-amino-1-oxybenzol-5-methylsulfon (**III**) → 5.8-Dichlor-1-oxynaphthalin (**V**). Man chromiert mit Na-Chromsalicylat (**I**). Wolle (**B**) blau. — 2-Amino-1-oxybenzol-5-methylsulfon (**II**) → 5-Chlor-1-oxynaphthalin. Man chromiert mit **I**. **B** marineblau. — **II** → 1-Phenyl-3-methyl-5-pyrazolon (**IV**). Man chromiert mit **I**. **B** scharlachrot. — **II** → 1-(3'-Chlorphenyl)-3-methyl-5-pyrazolon (**VII**). Man chromiert mit **I**. **B** scharlachrot. — **II** → 1-(4'-Methylphenyl)-3-methyl-5-pyrazolon. Man chromiert mit **I**. **B** scharlachrot. **III** → **IV**. Man chromiert mit **I**. **B** rot. — Die Na-Salze der Farbstoffe **II** → **V** u. 2-Amino-1-oxybenzol-5-sulfonsäureamid (**VI**) → 1-(4'-Chlorphenyl)-3-methyl-5-pyrazolon werden als Gemisch mit **I** chromiert. **B** violettbraun. — **II** → 6-Brom-2-oxynaphthalin. Man chromiert mit **I**. **B** violettgrau. — Die Farbstoffe **VI** → **V**

u. **II** → **VII** werden als Gemisch mit **I** chromiert. **B** grauviolett. (**Schwz. PP. 307 190, 307 191, 307 192, 307 193, 307 194, 307 195, 307 196, 307 197** u. **307 198** vom 13/12. 1951, ausg. 16/7. 1955. **Zusätze zu Schwz. P. 303 663; C. 1955. 9677.**) U. Sievers. 7053

American Cyanamid Co., übert. von: **Frederick Brody,** New York, N. Y., und **Robert S. Long,** Bound Brook, N. J., V. St. A., *Eisfarben der Acridon-, Chinolin- und Azolreihe* der allg. Formel **I, II** u. **III** (R = niederes Alkyl; R′ = Rest einer Eisfarbenkupplungskomponente; 2 = 2-Chinolin u. dessen Homologe; X = O oder S). — 2.5-Dimethoxy-4-aminoacetanilid + 2-Brombenzoesäure werden in Ggw. von K_2CO_3, Cu-Pulver u. Jod kondensiert, mit PCl_5 zum Acridon cyclisiert u. durch Hydrolyse der Acetylaminogruppe in das freie Aminoacridon übergeführt. Dieses wird diazotiert u. mit 2-Oxy-3-naphthoesäureamid (**IV**), z. B. auf Baumwolle, gekuppelt. Die erhaltenen Farbstoffe

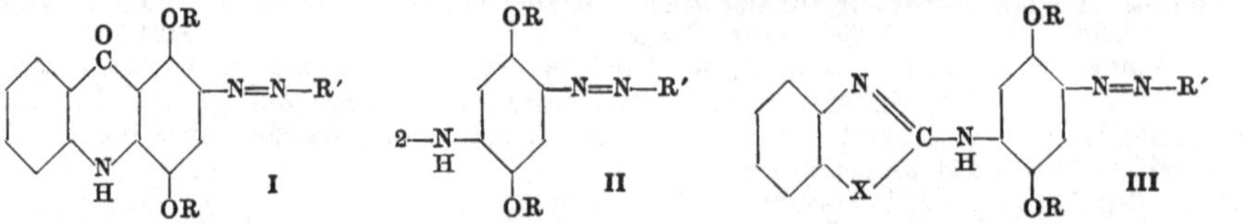

liefern grünlichblaue Töne. — Analog diazotiert man das durch Hydrolyse des Kondensationsprod. von 2.5-Diäthoxy-4-aminoacetanilid u. 2-Chlorlepidin erhaltene Prod. u. kuppelt mit **IV**; die erhaltenen Färbungen sind blau. — Entsprechend kondensiert man zunächst z. B. 2.5-Dimethoxy-4-aminoacetanilid u. 2-Chlorbenzoxazol, hydrolysiert, diazotiert u. kuppelt mit **IV**; die erhaltenen Färbungen sind blau. (**A. PP. 2 725 375** vom 12/1. 1954, **2 725 376** u. **2 725 377** vom 14/1. 1954, alle ausg. 29/11. 1955.)

U. Sievers. 7053

Carl Blau, Praktikum der gesamten Kleiderfärberei. Hrsg.: Carl Franz Strubel. 2. Aufl. 5. Tsd. München: Eder. 1954. (512 S. m. Abb.) 8°. DM 20,—.

XIa. Farben. Anstriche. Lacke. Naturharze.

R. O. Prudhomme, *Dispergierende und depolymerisierende Wirkung des Ultraschalls.* Übersichtsbericht mit Literaturangaben. Ultraschallerzeugung, therm., chem. u. mechan. Wirkungen. (Peintures, Pigments, Vernis **29.** 641—46. Aug. 1953.) K. Steiner. 7090

Wm. E. Decker, *Wechselnde Aspekte in der Perlessenztechnologie.* Gewinnung des als Perlessenz verwendeten krist. Guanins aus Fischabfällen durch Überführung in eine lösl. Verb. u. Rekristallisation aus dem Filtrat unter Zusatz eines geeigneten Kolloids. Dieses Material übertrifft in der Brillanz die beste Sorte natürlicher Perlessenz aus Fischschuppen. (Org. Finishing **14.** Nr. 7. 11—13. Juli 1953.) B. Scheifele. 7092

—, *Untersuchung der Pigmentdispersion: Verhalten von Toluidinrot.* (Vgl. C. **1956.** 5415.) Inhaltlich ident. mit der C. **1955.** 7562 referierten Arbeit. (Paint, Oil chem. Rev. **117.** Nr. 24. 48—56. 2/12. 1954.) B. Scheifele. 7092

B. G. Brand, A. D. Sill und **E. R. Mueller,** *Einfluß des Polyalkoholüberschusses auf die Maleinat–Alkydharz-Darstellung.* Laboratoriumsunterss. über Einfl. von Art u. Menge des überschüssigen Polyols auf die Verkochungs- u. Filmeigg. eines Maleinsäure–Tallöl–Alkydharzes ergaben, daß ein deutlicher Einfl. auf Verdickungsgeschwindigkeit u. Lagerstabilität u. ein geringer Einfl. auf die Wasserbeständigkeit besteht, während Trockengeschwindigkeit u. Haftfähigkeit im wesentlichen unbeeinflußt bleiben. Verwendet wurden im Überschuß 0—25% Glycerin u. 0—10% Pentaerythrit. Ein Glycerinalkyd mit 9,5% Maleinsäureanhydrid gelierte bei 20% Glycerinüberschuß. (Paint Varnish Product. **44.** Nr. 6. 23—26. 79. Juni 1954. Batelle Memorial Inst.) B. Scheifele. 7096

Carl T. Fiscella und **Louis G. Zacharakis,** *Trockneranteile zur klebfreien Trocknung für Tallölbindemittel.* (Vgl. Amer. Paint J. **34.** [1949.] Nr. 11. 26.) An Stelle der früher empfohlenen Trockner wird eine Mischung von 0,03% Co, 0,06% Mn, 0,5% Pb, 0,5% Ca bzw. 0,1% Mn, 1,0% Pb bzw. 0,1% Mn, 0,5 %Pb, 0,5% Ca für ein maleinmodifiziertes Tallöl in Mischung mit Sojaöl u. Pentaerythrit empfohlen. (Amer. Paint J. **37.** Nr. 41. 60—65. 29/6. 1953. Nes York, Union Bag and Paper Corp.) K. Steiner. 7096

H. P. Kaufmann, *Über Glanzschäden bei Anstrichfilmen.* 1. Mitt. „*Das Blauanlaufen*“. Literaturbericht über mögliche Ursachen der Glanzfehler wie wechselnde Beschaffenheit der heute meist importierten Öle, ihre Bestandteile, ihren Einfl. auf Pigmente, Einfl. von Verdünnungsmitteln, falsche Sikkativierung u. die Wrkg. der atmosphär. Bedingungen. — 23 Literaturhinweise. (Fette u. Seifen, Anstrichmittel **55.** 681—85. Okt. 1953. Münster i. W., Deutsches Inst. für Fettforschung.)

Eberhard Müller. 7106

C. O. Schwahn, *Vinylharze für industrielle Anstriche.* Behandelt werden Löslichkeiten von Vinylharzen mit u. ohne akt. Gruppen, Pigmentierung, Luft- u. Ofentrocknung, Washprimer, Vinylharzdispersionen. (Off. Digest Federat. Paint Varnish Product. Clubs **26.** 180. März 1954. New York, Bakelite Co.) B. SCHEIFELE. 7106

W. J. Snoddon und **L. L. Carrick,** *Kohäsionseigenschaften von nichtpigmentierten und pigmentierten Sojaalkydharzfilmen.* Pigmentierte u. nichtpigmentierte Sojaalkydharzfilme wurden auf Weißblechtafeln aufgebracht, nach dem Einbrennen durch Amalgamierung abgelöst u. auf mechan. Eigg. geprüft. In 4—6 Vol. wurde mit je 1 Vol. $CaCO_3$, Anatas-TiO_2 u. Gasruß in jeweils 3 Korngrößen pigmentiert. Resultate: Die Bindung Pigment-Bindemittel ist wahrscheinlich an verschied. Stellen der Grenzfläche lokalisiert. Durch Trockenstoffadsorption am Pigment wird der Polymerisationsgrad herabgesetzt. Folgerungen aus einer Theorie für die Zunahme der Steifheit durch Zusatz unelast. Kugeln zu einer viscoelast. Matrix. — 97 Literaturzitate. (Off. Digest Federat. Paint. Varnish Product. Clubs **26.** 195—236. März 1954. Ann Arbor, Mich., Univ. of Michigan.) B. SCHEIFELE. 7106

F. A. Digioia und **R. E. Nelson,** *Untersuchungen über das Einfrieren und Wiederauftauen von Latexfarbenpolymeren.* Wss. Latexemulsionen werden häufig durch Ausfrieren irreversibel koaguliert. Wie durch Verss. festgestellt wurde, sind Teilchengröße, Art des bei der Polymerisation verwendeten Emulgators u. Beschaffenheit des Monomers von bedeutendem Einfluß. Ein an sich gut frostbeständiger Latex kann durch Zusätze bei seiner Verwendung als Anstrich erheblich verschlechtert werden. Er soll daher mit der zugesetzten Farbpaste gut verträglich sein u. mehrere Frier- u. Wiederauftauperioden ohne wesentliche Veränderung seiner Viscosität vertragen können. Die Frostbeständigkeit derartiger Latexdispersionen wird durch Erhöhung des p_H, genügende Mengen von Schutzkolloiden, Abwesenheit von Metallionen, möglichst geringe Mengen Demulgatoren u. Verwendung gut emulgierter oder alkydmodifizierter Öle gesteigert. (Ind. Engng. Chem. **45.** 745—68. April 1953. Cambridge, Mass., Gen. Latex & Chemical Corp.) K. STEINER. 7106

—, *Untersuchungen über die Zusammensetzung von Feuerschutzfarben.* Inhaltlich ident. mit der C. **1955.** 7562 referierten Arbeit. (Paint, Oil chem Rev. **117.** Nr. 24. 40. 2/12. 1954.) B. SCHEIFELE. 7106

J. M. Huber Corp., Borger, Tex., V. St. A., *In Wasser leicht dispergierbares Gasrußpräparat,* bestehend aus einem dichten, kompakten, innigen Gemisch von 1 (Gewichtsteil) Gasrußteilchen u. 1 feinteiligem, quellbarem Bentonit. Schüttgew. des Präp. >290 g/Liter. Teilchenfeinheit des verwendeten Bentonits <300-Maschen-Sieb (Tyler). Herst.: Unverdichteter flockiger Gasruß u. feinteiliger, quellbarer Bentonit werden trocken oder naß innig gemischt. Das Gemisch wird in üblicher Weise zu kompakten Stücken oder Kügelchen geformt, so daß jedes Stückchen oder Kügelchen Ruß u. Bentonit innig gemischt enthält. (**E. P. 729 381** vom 27/5. 1953, ausg. 4/5. 1955. A. Prior. 13/3. 1953.) R. SCHREINER. 7093

National Lead Co., New York, N. Y., übert. von: **Leif Aagaard,** Plainfield, N. J., V. St. A., *Herstellung von Rutilpigmenten.* Durch Behandeln eines Na-Titanats mit HCl stellt man sich ein TiO_2-Sol her u. fügt zu diesem Metatitansäure. Das so erhaltene Reaktionsprod. wird bei ca. 900° calciniert; man erhält ein TiO_2-Pigment von hoher Farbstärke. (**A. P. 2 723 186** vom 24/10. 1951, ausg. 8/11. 1955.) H. NEBELSIEK. 7093

Hartford National Bank & Trust Co., Hartford, Conn., V. St. A., übert. von: **Pieter Zalm** und **Jan van den Boomgaard,** Eindhoven, Holland, *Leuchtstoff für Schirme in Kathodenstrahl- und Gasentladungsröhren,* der bei n. Temp. orange bis gelb (6000 bis 6200 Å) luminesciert, der Zus. $a\,ZnO \cdot b\,SiO_2 \cdot c\,P_2O_5 \cdot d\,MnO$, in der $SiO_2 : ZnO = 1 : (2,2-1)$, $P_2O_5 : ZnO = 1 : (400-10)$ u. $MnO : ZnO = 1 : (200-5)$ ist. Herst.: Ein Gemisch entsprechender Mengen ZnO, SiO_2, $(NH_4)_2HPO_4$ u. $MnCO_3$ (oder $MnSiO_3$) wird in reduzierender (z. B. H_2-), wasserdampfhaltiger Atmosphäre einige Zeit auf 700 bis 875° (z. B. 1½ Std. auf 800°) erhitzt. (**A. P. 2 717 244** vom 14/1. 1953, ausg. 6/9. 1955. Holl. Prior. 15/1. 1952.) R. SCHREINER. 7093

Esso Research & Engineering Co. (Erfinder: **Anthony H. Gleason,** Westfield, N. J.), V. St. A., *Zerstörung von Katalysatorresten.* Bei der Herst. *trocknender Öle* durch Copolymerisieren von Butadien mit Styrol in Ggw. von feinverteiltem Na u. inertem KW-stoff als Verdünnungsmittel wird das restliche Na mit 2,5—96%ig. H_2SO_4 in Bisulfat übergeführt. (**A. P. 2 712 561** vom 4/12. 1953, ausg. 5/7. 1955.) W. MATTHAES. 7097

VEB Farbenfabrik Wolfen (Erfinder: **Alfred Rieche** und **Alfred Gnüchtel**), Wolfen, Krs. Bitterfeld, *Lösungsmittel.* Man verwendet Äther u. Ester des Tetrahydrofurfuralkohols als Lösungsmittel für Polyvinylchlorid u. auf seiner Grundlage aufgebaute

Polymerisationsprodukte. — Z. B. löst man 15 (Teile) nachchloriertes Polyvinylchlorid (K-Wert 58—60) in einem Gemisch aus 24 Butylacetat, 24 Xylol u. 19 Tetrahydrofurfurylmethyläther (I). Dem Lack können in bekannter Weise Weichmacher u. Pigmente einverleibt werden. Der transparente Lack trocknet weniger narbig auf als ein solcher ohne I-Zusatz. (**D. P.** [**DDR**] **3 501** Kl. 22h vom 27/1. 1939, ausg. 4/5. 1953 [Wirtschaftspatent].) T. Oppermann. 7101

VEB Farbenfabrik Wolfen (Erfinder: **Alfred Rieche, Hans Maier-Bode** und **Alfred Gnüchtel,** Wolfen, Krs. Bitterfeld), *Herstellung von Mischpolymerisaten* aus Vinylchlorid (I) u. geringen Mengen von Estern, aliphat. bzw. araliphat. u. aromat. Äthern des Buten-(1)-ols-(4) der Formel CH_2:CH·$(CH_2)_2$·O·R (R = Acyl, Alkyl, Aralkyl, Aryl). — Man hält 130,5 (Teile) I, 14,5 Buten-(1)-ol-(4)-acetat, 4,5 $K_2S_2O_8$, 4 sulfiertes Dodecylen u. 500 W. in einer Schüttelbombe mit Cu-Einsatz 37 Std. bei 40° u. erhält aus der Emulsion ein sandig weißes Pulver. Gut lösl. Polymere, die sich für *Lacke* eignen. (**D. P.** [**DDR**] **5 479** Kl. 39c vom 2/12. 1938, ausg. 18/9. 1954 [Wirtschaftspatent].) M. Pankow. 7107

Jean Spillmann-Zuppinger und **Arthur Jud,** Schweiz (Erfinder: **Arthur Jud**), *Zweifarbige Überzüge* mit verschied. Zeichnungen auf Holz, Gips, Mauerwerk, Glas usw., die wie gefärbtes Papier aussehen, erhält man durch Auftragen von 2 nicht mischbaren gefärbten Trägersubstanzen, die Papierbrei enthalten u. von denen die eine wss. u. die andere nichtwss. ist, mittels Pinsel, Spritzpistole oder Walzen. Die wss. Trägersubstanz enthält ein anorgan. Bindemittel, wie Wasserglas, Kalk usw., oder ein organ. Bindemittel, wie Leim, synthet. Leim, Casein in Lsg. oder Emulsion, neben Seifen auf Harz-, Schellack- u. Wachsbasis, z. B. 1 (Gewichtsteil) Celluloseäther, 1 Holzfaser, 12 $BaSO_4$, 12 W., 3 ölfreie Kunstharzemulsion. Die nichtwss. Trägersubstanz enthält fl. Lösungsm. oder ein nichtflüchtiges Bindemittel, wie Kunstharz, u. Trockenöl, z. B. 1 Leinöl, 1 Standöl, 3 Schellack, 4 Kaolin, 8 Zinkweiß, 3 Cellulosefaser. (**F. P. 1 070 770** vom 11/2. 1953, ausg. 12/8. 1954. Schwz. Priorr. 16/2. u. 12/9. 1952.) O. Kayser. 7107

XIb. Plaste (Kunstharze. Plastische Massen).

K. Hultzsch, *Neuere Entwicklungen auf dem Gebiet der Polykondensations- und Polyadditionsprodukte.* Vortrag. Behandelt werden: Silicone, Polyurethane u. Polyharnstoffe, thermoplast. u. kautschukelast. Kunststoffe auf Basis reiner u. modifizierter Polyester, ungesätt. Polyester, styrolisierte Alkydharze, Äthoxylinharze, Xylol–Formaldehyd-Harze, Phenol–Acetylen-Harze. — 6 Literaturhinweise. (Mitt. chem. Forsch.-Inst. Wirtsch. Österreichs **6.** 1—4. Febr. 1952. Wiesbaden-Biebrich, Chem. Werke Albert.) M. Winiker. 7170

W. Burkart, *Zum Schleifen und Polieren von Kunststoffen.* Hinweise über die Beschaffenheit von Schleif- u. Poliermitteln für Kunststoffe u. für das Schleifen u. Polieren dieser Stoffe. (Metalloberfläche, Ausg. B **9.** 161—63. Nov. 1955. Karlsruhe, Menzerna-Labor.) F. Markhoff. 7170

Ole Østergaard, *Polyäthylen.* Übersicht über Entw., Herst., Struktur, Eigg., Verarbeitung, Anwendung u. Derivate. (Ingeniøren **64.** 194—203. 26/2. 1955. A/S Nord. Kabel- og Traadfabriker.) R. K. Müller. 7172

A. Chapiro, M. Magat, A. Prévot-Bernas, Reinisel und **Sebban,** *Herstellung von Vinylpolymeren mit Hilfe ionisierender Strahlung.* Erörterung der Probleme bei Polymerisationen mittels ionisierender Strahlen (Wahl u. Aktivität der Strahlenquelle, Mol.-Gew.-Verteilung, Temperatureinfl.). (Ind. Plast. mod. **7.** Nr. 10. 44—46. Dez. 1955.) R. Schäff. 7172

J. Navarro Beato und **A. Tabernero,** *Rohstoffe für die Herstellung von ungesättigten Copolyesterharzen.* (Vgl. Yanes u. Mitarbeiter, C. **1956.** 273.) Überblick über die für Polyesterharze verwendeten ungesätt. u. gesätt. Säuren, Glykole, Styrol u. Diallylphthalat, ihre Eigg. u. ihre Verwendungsformen. (Rev. Plásticos **6.** 302—04. 323. Nov./Dez. 1955.) R. K. Müller. 7176

Mario A. Alonso Lozano, *Polyurethane.* Zusammenfassende Darst.: Polymerisationsprozeß, Kondensationsprozeß, Eigg. u. Rkk. der Diisocyanate, Herst. von Fasern, Klebstoffe, plast. Schäume u. Schwämme, starre Schäume, Lacke, Elastomere. — 11 Literaturhinweise. (Rev. Plásticos **6.** 307—15. 327. Nov./Dez. 1955.) R. K. Müller. 7188

F. S. Kipping, *Erzeugung von Siliconen.* Kurze Begriffserklärung u. Angabe der Herst. der Silicone, ihrer Vor- u. Zwischenprodd., sowie der Vorsichtsmaßnahmen beim Arbeiten mit diesen Stoffen u. bei deren Lagerung. Eine Anlage in Barry, Glamorgan, wird beschrieben. (Nature [London] **174.** 1041—42. 4/12. 1954.) J. Roch. 7189

F. K. Earp, F. Shapiro und **A. E. Wiggs,** *Kunstharzkitte für die chemische Industrie.* Für Kohlebeläge von chem. Apparaten, z. B. Graphitwärmeaustauschern, eignen sich bes. Kitte auf der Grundlage von Cashew-Nußschalenharz (Epok H 816 u. H 630). (Chem. Process Engng. **34.** 137—38. Mai 1953. Morgan Crucible Co. Ltd.)
B. SCHEIFELE. 7198

Richard A. Fisch, übert. von: **Peter H. Seckel,** New York, N. Y., V. St. A., *Kügelchen oder Würfelchen aus thermoplastischen Kunststoffen* zur Beschickung von Spritzgießmaschinen. Celluloseacetatflocken oder Polyvinylchloridpulver wird mit einem Weichmacher versetzt, der zuvor mit Weinsäure, TiO_2 u. $PbCrO_4$ bzw. bas. $PbCO_3$ angerührt worden ist. Die Bestandteile werden bei einer Temp. unterhalb des F. des Thermoplasten vermischt u. geformt; alsdann werden die Gebilde kurz bis auf den F. erwärmt. (**A. P. 2 714 076** vom 28/2. 1951, ausg. 26/7. 1955.) G. SALZMANN. 7171

Ruhrchemie Akt.-Ges., Oberhausen-Holten (Erfinder: **Hans Feichtinger** und **Hans Tummes,** Duisburg), *N-Arylazosultame* der Formel **I** (X = ein oder mehrere Halogenatome, Alkyl-, Aryl-, Nitro-, Carboxyl- oder Sulfonsäuregruppen; R = gerad- oder verzweigtkettige gesätt. KW-stoffbrücke mit 3—6 C-Atomen), dad.

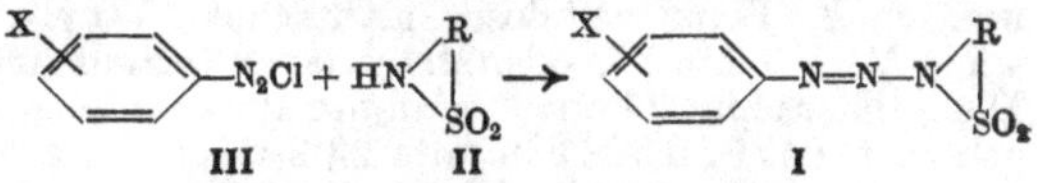

III II I

gek., daß man aliphat. Sultame der Formel **II** mit Diazoniumsalzen der Formel **III** in alkal. Lsg. umsetzt, wobei je Äquivalent Sultam ein Äquivalent Alkalihydroxyd verwendet wird. — Anilin wird bei 0° mit $NaNO_2$ in Ggw. von konz. H_2SO_4 bei 5° diazotiert u. dann mit α-Methyl-γ-propansultam in Ggw. von 5n NaOH bei 5° zu *N-Benzolazo-2-methyl-γ-propansultam,* $C_{10}H_{13}O_2N_3S$, umgesetzt, schwachgelbe Kristalle, die sich >85° unter Gasentw. zersetzen. — p-Toluidin → *N-(p-Toluolazo)-α-methyl-γ-propansultam,* $C_{11}H_{15}O_2N_3S$, Zers. bei 118° unter Gasentw. zu einem rotbraunen Harz. — *Schaumbildende Treibmittel.* — Vgl. auch D. B. P. 932 676; C. **1956.** 5411. (**D. B. P. 930 209** Kl. 12p vom 23/6. 1953, ausg. 11/7. 1955. Anmeldung bekanntgemacht 20/1. 1955.) G. KRAUSS. 7171

Tamara Panteleymonoff geb. **Kristin,** Seine, Frankreich, *Konservieren von organischen Stoffen, wie Insekten, Pflanzen, Fischen,* durch Imprägnieren mit polymerisierbaren Stoffen, wie *Vinyl-* oder *Acryl-*Verbindungen. Man injiziert in die zu konservierenden Gegenstände polymerisierbares, beschleunigerhaltiges Kunstharz, wäscht sie nach erfolgter Polymerisation in einem A.-Bad, taucht in ein, auch Weichmacher enthaltendes, Imprägnierbad u. hält hier in Ggw. eines Polymerisationsbeschleunigers bis zur völligen Sättigung u. danach in einem sd. Bad von Monomeren ohne Beschleuniger u. schließlich noch in einer Heizvorr. bei ca. 50°. Verwendung für Schmuck, Verzierungen, als Fischköder. (**F. P. 1 085 355** vom 8/7. 1952, ausg. 2/2. 1955.) M. PANKOW. 7173

Soc. des Usines Chimiques Rhône-Poulenc, Seine, Frankreich (Erfinder: **René Louis Ferdinand Chazal** und **Fernand Marie Augustin Laquet**), *Herstellung von Filmen aus wässerigen Polyvinylacetatemulsionen,* die einen Zusatz von geringen Mengen von Ameisen-, Propion-, Buttersäure, Phenol oder Formamid (z. B. 5% des Trockengeh. der Emulsion) erhalten. Diese Zusätze senken die Temp., bei der man noch fehlerfreie Filme beim Trocknen erhält, auf +3° u. z. T. darunter. (**F. P. 62 991** vom 26/6. 1952, ausg. 1/7. 1955. **Zusatz zu F. P. 1 053 726; C. 1955. 9920.**) M. PANKOW. 7173

United States Rubber Co., New York, N. Y., V. St. A., *Chemisch resistentes Kunstharzgemisch* für Rohre, Behälter, Filterplatten, Waschmaschinen, Kabelverschlüsse, Automobilformteile, Schutzhelme u. -schilde, Werkzeuge oder dgl., bestehend aus einer innigen Vermahlung von 5—20 (%) polymerem *Äthylacrylat* (**I**) oder Mischpolymerisaten aus **I** u. *Isobutylen* oder **I** u. *Vinyl-2-chloräthyläther* u. 95—80 Polyvinylacetalharz, bes. *Polyvinylformal* oder *-butyral.* — Tabellen mit Festigkeits- u. Elastizitätsangaben für Mischungen aus Kunstharz-Handelsmarken. (**E. P. 725 405** vom 29/6. 1953, ausg. 2/3. 1955. A. Prior. 28/8. 1952.) H. MÖLLERING. 7173

Imperial Chemical Industries Ltd. (Erfinder: **Bernard James Balfe**), London, England, *Spritzfilmverpackung.* Man verwendet eine Lsg. von 15 (Teilen) nachchloriertem Polyvinylchlorid, 11,25 Dinonylphthalat, 1,50 Mineralöl, 2,25 Al-Pulverpaste u. 70 Toluol. Die Filme greifen Nitrocelluloselacke der zu schützenden Gegenstände nicht an. (**E. P. 733 779** vom 19/11. 1951, ausg. 20/7. 1955.) G. SALZMANN. 7173

Firestone Tire & Rubber Co., Akron, Ohio, V. St. A., übert. von: **Robert Arthur Hayes,** *Polymerisatgemisch,* bestehend aus 5—95 (%) (A) u. 95—5 (B + C). (B + C) besteht aus 20—95 (B) u. 80—5 (C). (A) ist ein Styrolharz, (B) ein Pfropfpolymerisat aus Styrol u. Polybutadien u. (C) Polybutadien. Verwendung für die Herst. von *Strangpreß-* u. *Spritzgußartikeln.* (**E. P. 726 583** vom 27/3. 1953, ausg. 23/3. 1955.) W. OVERBECK. 7173

Dorman Long & Co. Ltd., England, *Kunstharze aus Aldehyden und aromatischen Kohlenwasserstoffen.* Die Angaben des Ref. nach E. P. 666 873; C. **1953.** 5587 sind dahin zu berichtigen, daß die Rk. von Aldehyd mit aromat. KW-stoffen, wie Naphthalin, dessen Fraktionen, Methylnaphthalin oder Xylol, nicht aber mit aromat. Carbonsäuren erfolgt. (**F. P. 1 069 623** vom 16/1. 1952, ausg. 9/7. 1954.) M. PANKOW. 7177

Chemische Werke Albert, Wiesbaden-Biebrich (Erfinder: **Felix Schlenker,** Wiesbaden), *Härtung von Äthoxylinharzen.* Inhaltlich ident. mit D. B. P. 931729; C. **1956.** 4007. (**D. P. [DDR] 8 603** Kl. 39c vom 1/11. 1952, ausg. 18/11. 1954 [Ausschließungspatent].) M. PANKOW. 7177

Lockheed Aircraft Corp., übert. von: **Eli Simon,** Los Angeles, und **Frank W. Thomas,** Burbank, Calif., V. St. A., *Wärme- und formbeständige Zellkörper aus mit Oxalsäure hergestellten Polyestern und Diisocyanaten.* Polyester aus z. B. 2,5 (Mol) $(COOH)_2$ u. 3,33 Trimethylolpropan oder aus einem Gemisch von $(COOH)_2$ mit Malein-, Adipin- oder Phthalsäure, bei denen das Verhältnis der OH-Gruppen zu den COOH-Gruppen 3 : 1 bis 4 : 5 beträgt (SZ. 5—175), m-Toluoldiisocyanat, in dem Äthylcellulose, Chlorkautschuk, Benzylcellulose, Kautschuk, Vinyl- oder Acrylpolymerisate gelöst bzw. worin Metallblättchen oder Metallseifen verteilt sind, u. 5% Benzoylperoxyd enthaltendes Diallylphenylphosphonat werden gegebenenfalls in der Wärme aufgeschäumt u. nachgehärtet. (**A. P. 2 698 838** vom 23/9. 1950, ausg. 4/1. 1955.) G. SALZMANN. 7181

— (Erfinder: **Emil Hubert, Karl Börner** und **Richard Wagner,** Dessau), *Herstellung von hochpolymeren, unschmelzbaren, aber in Eiweißlösungsmitteln löslichen Polymerisationsprodukten.* Man erhitzt α-Aminosäure-N-carbonsäureanhydride in Form der am C- oder N-Atom durch Alkyl oder Aralkyl substituierten Glycin-N-carbonsäureanhydride, in wasserfreien, indifferenten, organ. Lösungsmitteln gelöst oder suspendiert, so lange, bis die CO_2-Abspaltung beendet ist. Die erhaltenen Prodd. dienen zur Herst. von plast. Massen u. Fäden. — 50 (Gewichtsteile) *α-Alanin-N-carbonsäureanhydrid* (F. 42—43°) werden in 500 Chlf. 39 Std. auf 120—130° erhitzt, das Prod. wird abfiltriert, mehrere Std. mit CH_3OH extrahiert: Mol.-Gew. 5000. — *Butylglycin-N-carbonsäureanhydrid;* blättchenförmige Kristalle, F. 30°. — *N-Methyl-α-alanin-N-carbonsäureanhydrid,* F. 74 bis 77°. (**D. P. [DDR] 5 316** Kl. 39c vom 31/7. 1941, ausg. 24/2. 1954 [Ausschließungspatent].) M. PANKOW. 7181

E. I. du Pont de Nemours & Co., übert. von: **Frederick K. Watson** und **John L. Ludlow,** Wilmington, Del., V. St. A., *Verdünnte wässerige Polyamiddispersionen* erhält man aus N-Alkoxymethylpolyamiden, in denen 20—60% der H-Atome durch Alkoxymethylgruppen ersetzt bzw. an N gebunden sind u. die eine Teilchengröße von 0,1—2 μ besitzen, einem Dispergierungsmittel, wie dem Na-Salz eines sulfonierten höheren Alkohols, einem Alkylarylpolyätheralkohol oder quaternären Ammoniumsalz, u. einem wasserlösl. Salz, z. B. Ammonium- oder Morpholincitrat (Stabilisierungsmittel), die in 70%ig. A. angerührt werden. Die auf 65° erwärmte Dispersion wird mit warmem W. verd. u. besitzt dann die gleiche Viscosität wie diese. Sie dient mit Zusätzen aller Art zum Imprägnieren von Fäden u. Filmen, bes. auch Strümpfen aus Polyestern, Polyacrylnitril oder Polyäthylen, von Wollstoffen sowie Schuhoberleder, als Klebmittel, zum Überziehen von Papier, Holz (Kegelkugeln), verleiht seidigen Glanz u. ist wasserabstoßend. (**A. P. 2 714 075** vom 27/11. 1951, ausg. 26/7. 1955.) G. SALZMANN. 7181

— (Erfinder: **William E. Hanford** und **Donald F. Holmes,** Wilmington, Del., V. St. A.), *Herstellung von hochmolekularen Polyamidverbindungen.* Man setzt Di- oder Polycarbonsäuren in der Hitze mit Verbb. um, die mindestens 2 Gruppen der Formel —N:C:Y enthalten (Y = O u. mindestens einmal S). Herst. von Kunstseide, Folien, Überzugsmassen, Zwischenschichten für Sicherheitsglas. — 69,4 (Teile) Adipinsäure u. 95,15 Hexamethylendiisocyanat werden in trockenem N_2 6 Std. auf 135°, 3 Std. auf 175° u. 20 Min. auf 280° erhitzt. Poröse, hellbraune Masse. — Man erhitzt eine 12,5%ig. Lsg. von Polyacrylsäure (I) in Methanol mit 10% Dekamethylendisenföl, bezogen auf **I**, streicht die Lsg. auf Gewebe u. erhitzt nach Verdunsten des Lösungsm. ½ Std. auf 150°. (**D. P. [DDR] 5 388** Kl. 39c vom 29/10. 1940, ausg. 5/7. 1954 [Ausschließungspatent].) M. PANKOW. 7181

— (Erfinder: **William E. Hanford** und **Donald F. Holmes,** Wilmington, Del., V. St. A.), *Herstellung von hochmolekularen schwefelhaltigen Polyurethanverbindungen.* Man setzt Verbb. mit 2 OH- oder SH-Gruppen mit solchen um, die mindestens 2 Gruppen der Formel —N:C:Y enthalten (Y = O u. mindestens einmal S). Verwendung für Fäden, Fasern, Borsten, Folien, Kunstleder, Zwischenschichten für Sicherheitsglas. — 60,54 (Teile) Dekandiol-(1.10) u. 69,59 Hexan-1.6-diisothiocyanat werden 1 Std. auf 125° u. 3 Std. auf 300° erhitzt. Rötlichbrauner, bei 100° verformbarer Stoff vom F. 170°, lösl. in heißem Phenol. (**D. P. [DDR] 5 390** Kl. 39c vom 29/10. 1940, ausg. 10/4. 1954 [Ausschließungspatent].) M. PANKOW. 7181

— (Erfinder: **William E. Hanford** und **Donald F. Holmes**, Wilmington, Del., V. St. A.), *Herstellung von hochmolekularen Polyurethanverbindungen.* Di- oder Polymercaptoverbb. werden mit Di- oder Polyisocyanaten umgesetzt, wobei man mit oder ohne Lösungs- oder Verdünnungsmittel u. zweckmäßig in Abwesenheit von O_2 u. Feuchtigkeit u. bei 100—250° arbeitet. Zur Herst. von Lacken u. Folien bricht man die Rk. vor Erreichung der faserbildenden Stufe ab, zur Herst. von Fäden u. Borsten kondensiert man bis zu der genannten Stufe. — 20,17 (Teile) Dekamethylendimercaptan werden unter trockenem, reinem N_2 mit 21,91 Dekamethylendiisocyanat 2 Std. auf 150—170° u. 2 Std. auf 200° erhitzt. Hartes, hellfarbiges Prod., F. 130°, in heißem Chlorbenzol u. Äthylenchlorhydrin löslich. (**D. P. [DDR] 5 389** Kl. 39c vom 29/10. 1940, ausg. 17/4. 1954 [Ausschließungspatent].) M. PANKOW. 7181

Paul Schlack, Berlin, *Herstellung von hochmolekularen Polyestern.* Inhaltlich ident. mit D. B. P. 896 559; C. **1955.** 11299. (**D. P. [DDR] 5 371** Kl. 39c vom 27/5. 1944, ausg. 2/3. 1954 [Ausschließungspatent].) M. PANKOW. 7185

VEB Filmfabrik Agfa Wolfen, Wolfen (Erfinder: **Paul Schlack**, Berlin), *Herstellung von linearpolymeren Schwefelverbindungen.* Inhaltlich ident. mit D. B. P. 901 111; C. **1954.** 5188. (**D. P. [DDR] 5 572** Kl. 39c vom 11/11. 1944, ausg. 22/10. 1954 [Wirtschaftspatent].) M. PANKOW. 7185

Paul Schlack, Berlin, *Herstellung von linearen Polythioäthern.* Inhaltlich ident. mit D. B. P. 905 319; C. **1954.** 10115. (**D. P. [DDR] 5 355** Kl. 39c vom 2/8. 1944, ausg. 5/4. 1954 [Ausschließungspatent].) M. PANKOW. 7185

Diamond Alkali Co., Cleveland, übert. von: **John E. Dereich**, Painesville, Ohio, V. St. A., *Polysiloxanmasse.* Eine Lsg. von 3 Mol Phenylsilicontrichlorid u. 2 Mol Äthylsilicontrichlorid in Toluol wird in Eiswasser hydrolysiert u. das Lösungsm. abgedampft, bis eine 60%ig. Lsg. (A) übrigbleibt. Gleichartige Verbb. (0,8 : 0,2 Mol) in Methanol werden mit Bzl. u. dann mit Glycerin versetzt, erwärmt u. eingedampft (60%ig. Lsg. B in Toluol). — 80 (Teile) A u. 20 B werden gemischt, das Lösungsm. abgetrieben u. die M. 1 Std. auf 140° erwärmt. Man gießt Filme oder pulverisiert diese zur Herst. von Preßkörpern. (**A. P. 2 695 281** vom 18/2. 1952, ausg. 23/11. 1954.) G. SALZMANN. 7189

XII. Kautschuk. Guttapercha. Balata.

R. N. Hilton, *Dothidella ulei in Südamerika.* Literaturübersicht, Besprechung der Methoden zur Bekämpfung des die Gummiplantagen gefährdenden Pilzes. — 105 Literaturangaben. (J. Rubber Res. Inst. Malaya **14.** 287—354. Juli 1955.) F. RANG. 7222

L. J. Zapas, S. L. Shufler und **T. W. DeWitt**, *Vergleich der dynamischen Eigenschaften von Naturkautschuk und GR–S.* Die dynam. Moduln u. Verlustfaktoren von hochmol. Fraktionen (viscosimetr. Mol.-Gew. ca. 1000000) von GR–S (I) u. Naturkautschuk wurden bestimmt (Temperaturbereich —80 bis 65°, Frequenzbereich 2 bis $5 \cdot 10^{-3}$ Hz), nach der von FERRY, GRANDINE JR., FITZGERALD (C. **1955.** 4121) angegebenen Meth. red. u. miteinander verglichen. Dabei wurde gefunden, daß die allg. kennzeichnenden Eigg. für das dynam. Verh. von beiden Materialien sehr ähnlich sind. Als Hauptunterschied ergibt sich, daß I eine höhere Umwandlungstemp. 2. Ordnung u. einen höheren Wert für den Modul im relativ waagerechten Teil des hochelast. Bereichs aufweist. Einige Anzeichen sprechen dafür, daß die Äquivalenz von Frequenz u. Temp. nicht von universeller Anwendbarkeit sein kann. Es wird vermutet, daß der höhere Modul des elast. Bereichs von I in Verbindung mit üblichen Vulkanisationsgraden zu einer Moduldispersion mit seinem Verlust führen kann u. so einen Faktor darstellt, der zu den Merkmalen niedrigerer Rückprallelastizität u. höherer Wärmeentw. von I beiträgt. (J. Polymer Sci. **18.** 245—56. Okt. 1955. Pittsburgh, Pa., Mellon Inst. of Ind. Res.) R. SCHÄFF. 7224

D. Prem und **J. Duke**, *Ultraviolettuntersuchung von Ölen für Masterbatchmischungen von Kautschukpolymeren.* An Erdölfraktionen, die in der Kautschukindustrie Verwendung finden, wurden UV-Analysen durchgeführt. Die Spektren können zur Kennzeichnung der Öle dienen. (Rubber Wld. **133.** 383—88. Dez. 1955. Akron, O., Univ., Government Labor.) R. SCHÄFF. 7226

E. J. Tiebbes und **J. V. van Ulden**, *Die Verwendung von Bentonit im Kaltgießverfahren bei Latices.* Durch Zusatz von *Bentonit* können Latices, die auf Gipsformen keine ausreichende Schicht ablagern, derart verbessert werden, daß bei Raumtemp. mit ungefüllten Mischungen in 30 Min. eine Ablagerung von 1,5 mm erzielt wird. (Schweiz. Arch. angew. Wiss. Techn. **18.** 86—88. März 1952. Delft, Holland, Rubber-Stichting.) M. WINIKER. 7230

International General Electric Co., Inc., übert. von: **James G. E. Wright** und **Curtis S. Oliver**, Schenectady, N. Y., V. St. A., *Feste, elastische Silicone.* Das Verf.

des D. B. P. 845 706 (Polymerisation von fl. Dimethylsiloxanen; C. **1956.** 7399) wird dadurch verbessert, daß man dem Silicon 1—6% Benzoylperoxyd u. Füllstoffe zusetzt u. das Silicon warm verformt, gegebenenfalls nacherhitzt. (**D. B. P. 855 622** Kl. 39c vom 22/12. 1948, ausg. 13/11. 1952. A. Prior. 14/3. 1944.) P. Unger. 7225

General Electric Co., übert. von: **R. Smith-Johannsen**, New York, N. Y., V. St. A., *Siliconkautschuk.* Durch alkal. Kondensation hergestellte, in Bzl. lösl. Polyorganosiloxane, z. B. Dimethyl-, Methylphenyl-, Dimethylphenyl-, Diphenyl-, Hexacyclo- bzw. Octaphenyltri-, Octamethylcyclotetrasiloxan oder deren Gemische, z. B. mit Silicolen werden mit 0,1—12% Kohlenstoff, Ruß oder Graphit, der mit Füllstoffen, wie SiO_2, TiO_2, Lithopone, $Ca(CO_3)_2$, Talkum oder Fe_2O_3, ZnO u. einem Beschleuniger (tert.-Butylperbenzoat, Benzoylperoxyd oder dgl.) angemischt ist, auf einem Walzenstuhl oder Kneter bei 100—160° verarbeitet, geformt u. stufenweise, 24 Std. bei 200—250°, dann 24 Std. bei 300°, vulkanisiert; hierdurch wird die Reiß- u. Zugfestigkeit wesentlich verbessert. Herst. von elektr. Isolierungen u. Stoßdämpfern. (**Belg. P. 517 466** vom 6/2. 1953, ausg. 24/12. 1954. A. Prior. 6/2. 1952.) G. Salzmann. 7225

Märkische Seifen-Industrie (Erfinder: **Arthur Imhausen** und **Karl-Heinz Imhausen**), Witten/Ruhr, *Verwendung von chlorierten hochmolekularen aliphatischen Kohlenwasserstoffen als Weichmacher für synthetischen Gummi.* Inhaltlich ident. mit D. B. P. 920 032; C. **1955.** 4228. (**D. P. [DDR] 8 762** Kl. 39b vom 22/10. 1941, ausg. 30/12. 1954 [Ausschließungspatent].) M. Pankow. 7227

Wingfoot Corp., V. St. A., *Poröse Kunstkautschukmischung · für Schuhsohlen* (D. <1) aus einem kautschukartigen Butadien–Styrol-Mischpolymerisat (GR–S) nebst 2,5—100% eines harzartigen Emulsionsmischpolymerisats von Butadien–Styrol (30 : 70 bis 5 : 95) u. ca. 22,5% eines verstärkenden Füllstoffes, wobei die beiden letzteren Anteile 140% des kautschukartigen Mischpolymerisats nicht übersteigen sollen. — Eine Mischung aus 100 (Gewichtsteilen) GR–S, 55 Butadien–Styrol (15 : 85)-Mischpolymerisat, 2,5 S, 1,5 Mercaptobenzothiazoldisulfid, 0,5 Diphenylguanidin, 5 ZnO, 60 Ca-Silicat „Hi-Sil", 10 Mineralöl, 7 Dinitrosopentamethylentetramin „Unicel ND" u. 7 Benzoesäure wird bei 160° u. 14 kg/cm² in der Form 11 Min. geheizt, die M. heiß aus der Form genommen, worauf sie sich ausdehnt. Biegsame, formbeständige Sohle. (**F. P. 1 078 992** vom 4/12. 1952, ausg. 24/11. 1954.) M. Pankow. 7231

XIV. Zucker. Kohlenhydrate. Stärke.

George Samuels, *Wirkung der Dünger auf die Komponenten des Gehaltes von Zuckerrohr an nutzbarem Zucker.* In Ggw. von genügend K erhöhte N stark die Polarisation u. die Grade Brix, weniger stark die Ausbeute. Mangel an P verminderte deutlich den Zuckergeh. im Saft u. im Rohr, wie auch die Reinheit. K-Mangel verminderte den nutzbaren Zucker in Saft u. Rohr, die Polarisation, Grade Brix u. Reinheit; die Ausbeute wurde durch K nicht wesentlich beeinflußt. Auf die Wrkg. der Düngung sind das Wetter, der Boden u. die Varietät von Einfluß. (J. Agric. Univ. Puerto Rico **39.** 84—91. April 1955. Puerto Rico, Univ., Agricult. Exp. Stat.) A. Jacob. 7406

W. E. Larson, *Das Verhalten der Zuckerrüben gegenüber Kalidüngung in Beziehung zu den physikalischen und Feuchtigkeitsbedingungen des Bodens.* Da Ertragssteigerungen durch K vor allem auf Böden erzielt wurden, die wenige große Poren hatten u. bei geringen Feuchtigkeitstensionen gehalten wurden, wird vermutet, daß schlechte Bodendurchlüftung ein wesentlicher Faktor ist, der zur geringen Aufnehmbarkeit des K beiträgt. Die Tatsache, daß keine Beziehung zwischen K-Aufnahme u. den Mengen an austauschbarem K bestand, führt auch zu der Annahme, daß die K-Aufnahme von der Durchlüftung des Bodens abhängt. (Proc. Soil Sci. Soc. America **18.** 313—17. Juli 1954. Montana Agric. Exp. Stat. u. Soil and Water Conservat. Branch, U. S. Dep. of Agricult.) A. Jacob. 7406

K. N. Lal und **J. N. Tandon**, *Wirkung des Verhältnisse von NH_3 zu NO_3 auf Wachstum und physikochemische Eigenschaften von Zuckerrohrsaft.* Eine statist. Unters. der physikochem. Eigg. ergab eine deutliche Wrkg. verschied. Verhältnisse von NH_3 u. NO_3 auf D., Oberflächenspannung, Viscosität, osmot. Druck u. andere Eigg. des Saftes von Stamm u. Blatt. (Sci. and Cult. **20.** 239—40. Nov. 1954. Banaras, Hindu-Univ., Pflanzenphysiol. Labor., Coll. of Agricult.) A. Jacob. 7440

R. Perceau, *Adsorption der Eiweißsubstanzen des Milchserums.* Zur Entfernung der weder durch Hitze noch durch Reagentien koagulierbaren Eiweißsubstanzen des Milchserums ist Adsorption an Fullererde geeignet. Die so erzielte Abtrennung der Eiweißsubstanzen ist allerdings keine vollständige, reicht jedoch für die Belange der *Lactose*-Industrie aus. (Chim. et Ind. **67.** 927—30. Juni 1952.) M. Winiker. 7444

Hiroyasu Fukuba, *Stärke von Oryza sative L. japonica und Oryza sative L. indica. 1. Mitt. Vergleich einiger Kenneigenschaften beider Stärkearten.* Beide Reisarten zeigen gleichen Geh. an Feuchtigkeit, Asche, Rohfett, Rohprotein u. Rohkohlenhydraten. Die *Stärken* des Reises aus Burma, Siam u. Californien haben größere Jodaffinität u. bilden einen wss. Kleister höherer spezif. Viscosität als die japan. Reisstärke. Die Reisstärke von Rikuu No. 132 (aus Nordjapan) enthält wahrscheinlich Amylopektin mit langer Glucoseendkette. (J. agric. chem. Soc. Japan [Nippon Nôgeikagaku Zassi] **28.** 38 bis 41. Jan. 1954. Ochanomizu Univ. [Orig.: japan.; Auszug: engl.]) L. SCHULER. 7448

Hiroyasu Fukuba, *Stärke von Oryza sativa L. japonica und Oryza sativa L. indica. 2. Mitt. Amylogramme beider Typen von Reis.* (1. vgl. vorst. Ref.) Mit dem BRABENDER-Amylographen werden die Viscositäten des nichtklebrigen u. klebrigen japan. *Reises*, vorwiegend aus *Oryza sativa L. japonica* u. des burmes., siames. u. anderen Reises, vorwiegend aus *Oryza sativa L. indica*, verglichen. Der Klebreis hat niedrigere Gelatinierungstemp. als der nichtklebende. Im allg. hat der japan. Klebreis die höchsten BRABENDER-Werte, der ind. Reis die niedrigsten. (J. agric. chem. Soc. Japan [Nippon Nôgeikagaku Zassi] **28.** 41—43. Jan. 1954. [Orig.: japan.; Auszug: engl.]) L. SCHULER. 7448

XV. Gärungsindustrie.

U. Kutscher, *Die Infektionen der Zuckerlösungen und Fruchtsirupe.* Besprechung einer Reihe von Mikroorganismen, die auf Substanzen mit hohem Zuckergeh. zu leben vermögen u. somit eine starke Infektionsgefahr für die Fabrikation von Sirupen, Likören u. Zuckerlsgg. darstellen: Aspergillus u. Penicilliumarten, Wein-, Apiculatus-, Kahm-, Candida- u. Rote Hefen sowie schleimbildende Leuconostoc-Bakterienarten u. Sporenbildner. (Branntweinwirtschaft **77.** 479—80. 23/12. 1955. Berlin, Inst. für Gärungsgewerbe.) F. GÜNTHER. 7506

Karl Fr. Kretschmer, *Die Braugersten der Ernte 1952 sowie aktuelle Fragen der Malzbeurteilung.* Es werden verschied. Untersuchungsergebnisse mitgeteilt. Der Bauchdurchmesser des Kornes ist kein einwandfreies Kriterium für den Brauwert der Gerste. Die Viscosität hängt stark vom Ausdarrungsgrad ab u. läßt die Lösungsverhältnisse nicht zuverlässig beurteilen. Die BISHOP-Zahl ermöglicht bes. bei kalter Haufenführung eine befriedigende Voraussage der Feinmehlextraktausbeute. (Brauerei, wiss. Beilage **6** 1—4. Jan. 1953. Bremen, Haake-Beck Brauerei AG., Betriebslabor.) H.-G. SCHULTZE-BERNDT. 7540

W. Kleber, E. Paukner und W. Heyer, *Die Braugersten der Ernte 1952 sowie aktuelle Fragen der Malzbeurteilung.* Vff. stellen zum Aufsatz von KRETSCHMER (vgl. vorst. Ref.) richtig, daß zur Messung der Viscosität von Kongreßwürzen das HÖPPLER-Viscosimeter verwendet wurde. KRETSCHMER erwidert, daß bei sonst guten Auflösungsmerkmalen durch hohen Melanoidingeh. die Viscosität erhöht u. schlechtere Auflösung vorgetäuscht wird. Für betriebliche Zwecke wird einer selbstgebauten Capillarapp. der Vorzug vor den Viscosimetern nach HÖPPNER u. ENGLER gegeben. (Brauerei, wiss. Beilage **6.** 16—17. Febr. 1953. München, Wissenschaftl. Stat. für Brauerei.) H.-G. SCHULTZE-BERNDT. 7540

Kurt Becker, *Die Belüftung beim Kühlen der Würze.* Überblick über Sauerstoffaufnahme, Oxydation, Klärung u. oberflächenakt. Vorgänge beim Kühlen. Die Eigg. u. Aufbereitung der Kühlluft werden ausführlich beschrieben; für geschlossene Kühlung benötigt man 0,005—0,025 m^3 Luft/hl Würze, für offene (Kühlschiff u. Berieselungskühler) 24—120 m^3/hl. In den USA belüfteten bei geschlossenen Kühlern 30% der Brauereien bei durchschnittlich 90°, 58% bei 13° u. 12% heiß u. kalt. (Brewers Digest **29.** Nr. 10. 31—46. Okt. 1954. Chicago, Ill., J. E. Siebel Sons' Comp., Inc.) H. G. SCHULTZE-BERNDT. 7544

W. C. Lasman, G. T. Peard und E. G. Peet, *Britische Vergärungssysteme.* Vff. berichten über 3 engl. Vergärungssysteme: Das Abschöpfverf., bei dem bes. die Infektion der Hefe vermieden u. eine hohe regelmäßige Verdünnung u. damit eine genügende Hefeausbeute erzielt wird. Es zeichnet sich dadurch aus, daß verschied. Biersorten gewonnen werden können: helles Flaschenbier mit nichtflockender Hefe; helles Faßbier mit flockender Hefe einer einzelnen Kolonie, das dem mit gemischter Hefe vergorenen überlegen ist; für mildes Bier eignen sich solche Hefen nicht. Die Würzezus. spielt für die anzuwendende Hefemenge u. den zu erreichenden Verdünnungsgrad eine Rolle. Das Burton Union-Syst. erzeugt reine u. gesunde Hefen u. gibt Gärungen mit regelmäßigem Ablauf u. mit glattem u. reifem Hopfengeschmack selbst bei hartem Wasser. Es wird für gewöhnliche milde Biere nicht angewendet. Das Yorkshire Stone square-Syst., das seinen Namen vom Steinfließenbecken hat, ergibt wechselnde Qualitäten, aber gute Ergebnisse, solange die Belüftung genügend durchgeführt wird. (J. Inst. Brewing **61**

([N. S.] **52**). 192—99. Mai/Juni 1955. London, Whitbread & Co. Brewery, Burton on Trent Marslon, Thompson & Evershed Ltd.; Halifax, Stone Trough Brewery.) J. MILLER. 7544

Lilly Vigyázo Vámosné, *Die Herstellung der 20%igen Essigsäure zu Speisezwecken.* Auf Grund der Verss. läßt sich zeigen, daß 20%ig. Speiseessig aus dem Gärungsessig durch Ausfrieren gewonnen werden kann. 60%ig. Essigsäure kann man weder durch Ausfrieren noch durch Adsorption mit Aktivkohle gewinnen. (Elelmezési Ipar (Verpflegungs-Ind.) **6.** 44—47. Febr. 1952.) H. LANGENBECK. 7564

XVI. Nahrungs-, Genuß- und Futtermittel.

D. A. A. Mossel, *Die Natur und die Verhinderung der bakteriellen Zersetzung von Lebensmitteln.* 2. Mitt. *Moderne Aspekte der klassischen Methoden zur Verhinderung des mikrobiellen Verderbs der Lebensmittel.* (1 vgl. C. **1954.** 4745.) Kurze Darst. einiger moderner Techniken zur Feststellung von hitzestabilen Mikroben in Konserven, zur Zählung von Anaerobiern, zur asept. Dosenkonservierung, zur Vorsterilisierung u. Sterilisierung von Milch. — 46 Literaturangaben. (Rev. Fermentat. Ind. aliment. **9.** 8—14. Febr. 1954.) F. KRUSEN. 7634

D. A. A. Mossel, *Die Natur und die Verhinderung der bakteriellen Zersetzung von Lebensmitteln.* 3. Mitt. *Im Laboratorium untersuchte Methoden zur Vermeidung des Lebensmittelverderbs durch Mikroben.* (2. vgl. vorst. Ref.) Für die Sterilisation von Lebensmitteln auf chem. Wege bleibt nach Fortfall der synthet. Antiseptica, der Antibiotica u. der Elektronen- u. Atombestrahlung, welche aus verschied. aufgeführten Gründen unbrauchbar sind, nur die Behandlung mit Epoxyden aussichtsreich. Angewendet werden *Äthylen* (**I**)- oder *Propylenepoxyd* (**II**) in einem Gemisch mit CO_2. Sterilisation erfolgt durch Erhitzen der Lebensmittel auf 40°. **II** schließt besser als **I** Intoxikationsmöglichkeiten aus. — 79 Literaturangaben. (Rev. Fermentat. Ind. aliment. **9.** 71—77. April 1954.) F. KRUSEN. 7634

B. B. Bayles, *Entwicklungen und Probleme in der Weizenqualitätsforschung.* Zu den Hauptaufgaben in der Weizenqualitätsforschung gehören heute: 1. Beurteilung der Zuchtsorten hinsichtlich Widerstandsfähigkeit gegen Krankheiten, Standfestigkeit, Kornstruktur, Ausbeute, Dreschbarkeit u. 2. Unters. der physikal.-chem., müllerei- u. backtechn. Eigg. des Weizens, sowie der Qualität der vielen daraus erzeugten Prodd.; auch die Entw. bzw. Verbesserung von Arbeitsmethoden zur Best. dieser Eigg. gehört zu den wichtigsten Aufgaben. (Trans. Amer. Assoc. Cereal Chemists **12.** 97—102. Juni 1954. Beltsville, Md., U. S. Dep. of Agricult., Agricult. Res. Serv., Field Crops Res. Branch, Wheat Investigat.) R. WOLLER. 7664

C. E. Bode, *Forschungsarbeit im Weichweizenqualitätslaboratorium.* 1. Mitt. Vf. umreißt Arbeitsgebiet u. Forschungseinrichtungen im Weichweizenqualitäts-Laboratorium. (Trans. Amer. Assoc. Cereal Chemists **12.** 108—12. Juni 1954. Wooster, O., Ohio Agric. Exp. Stat., U. S. Dep. of Agricult., Agricult. Res. Serv., Field Crops Res. Branch, Soft Wheat Qual. Labor.) R. WOLLER. 7664

W. T. Yamazaki, *Forschungsarbeit im Weichweizenqualitätslaboratorium.* 2. Mitt. (1. vgl. vorst. Ref.) Von besonderer Bedeutung ist die Ermittlung der Backfähigkeit. Als bestes Kriterium hierfür dient der Backvers. (Mikroausführung mit 40 g Mehl). Neuere Arbeiten zeigten, daß auch das alkal. Wasserbindungsvermögen (Zentrifugiervers.) u. die Brotteigadsorption (= für optimale Teigbldg. erforderliche Menge an W. in %) gleiche Aussagen gestatten. Die Unterss. verschied. Mehlfraktionen u. der rekonstituierten Mehle ergab, daß der Durchmesser von Gebäck am kleinsten ausfiel, wenn das Mehl eine N-, pentosan- u. zellwandsubstanzenreiche, stärkearme Fraktion enthielt. Im isolierten u. gereinigten Zustand wies diese Fraktion ein sehr hohes alkal. Wasserbindungsvermögen auf. Andere hydrophile Verbb., wie lyophilisiertes Agar, mit β-Amylase behandelte Stärke, führten als Zusätze in Gebäck zu ähnlichen Ausdehnungsabnahmen. Dagegen war der Einfl. von Gelatine u. Pektin nur sehr gering. (Trans. Amer. Assoc. Cereal Chemists **12.** 113—20. Juni 1954.) R. WOLLER. 7664

Mark A. Barmore, *Untersuchungen im Western Wheat Quality-Laboratorium, Pullman, Washington.* Zur Erkennung verschied. Weizenvarietäten ist der Backvers. am besten geeignet; eine Ergänzung liefert die Best. des alkal. Wasserbindungsvermögens. Unterss. verschied. Mehlfraktionen hinsichtlich der für den Gebäckdurchmesser verantwortlichen Faktoren führten zu ähnlichen Ergebnissen wie bei YAMAZAKI (vgl. vorst. Ref.). Über die elast. Eigg. des *Klebers* (**I**) wurden Unterss. mittels des *Farbstoff* (**II**)-Bindungsvermögens angestellt (UDY). Für **I** aus verschied. Varietäten scheint die gebundene Menge an **II** konstant zu sein. (Trans. Amer. Assoc. Cereal Chemists **12.**

121—27. Juni 1954. Pullman, Wash., U. S. Dep. of Agricult., u. Washington Agricult. Exp. Stat.) R. WOLLER. 7664

K. F. Finney, *Beiträge des Hard Winter Wheat Quality-Laboratoriums zur Weizenqualitätsforschung.* Zusammenfassung von Beiträgen über Hartwinterweizen aus dem eigenen Labor. (40 Literaturzitate), welche folgende Themen betreffen: Backmethoden u. $KBrO_3$-Bedarf; Fraktionierung u. Rekonstituierung von Mehlen; Beziehung zwischen Brotvol. u. Proteingeh. bei HRW- u. HRS-Weizen; Einfl. von Temp. u. Feuchtigkeit vor der Reife; Klebergeh. von vorreif geerntetem Weizen; Amylase- u. Proteinasepräpp. bei der Brotbereitung; Einsatz von Harnstoff u. -derivv. auf dem Weizenfeld; Ausarbeitung von Mahl- u. Backverss. u. von physikal.-chem. Untersuchungsmethoden, ausgehend von 100 g Weizen. (Trans. Amer. Assoc. Cereal Chemists **12.** 127—42. Juni 1954. Manhattan, Kans., Kansas Agricult. Exp. Stat., U. S. Dep. of Agricult., Agricult. Res. Serv., Field Crops Res. Branch.) R. WOLLER. 7664

George Garnatz, *Was die Bäckereiindustrie über Weizen und Mehl wissen muß.* Vf. skizziert aus dem Bereich der Bäckereitechnik Probleme u. Forschungsgebiete, deren Bearbeitung (immer noch) zu empfehlen ist: Wrkg. von Enzymen, Wasseradsorption u. Brotausbeute, Teigkonsistenz, Altbackenwerden u. Gefrierlagerung von Brot, Brotgeschmack, Mehltype, Erweiterung des grundlegenden u. des technolog. Wissens über Weichweizen. (Trans. Amer. Assoc. Cereal Chemists **12.** 79—87. Juni 1954. Cincinnati, O., Kroger Food Found.) R. WOLLER. 7670

W. Williams, *Mehl und Pektin aus Abwässern der Citrusverarbeitung.* Die Citrusabwässer werden mit 8—12 lbs./ton $Ca(OH)_2$ versetzt, auf 70—75% Wassergeh. gepreßt u. bei ca. 140° F auf 8—10% W. getrocknet. Das Preßwasser enthält 7—9% lösl. Kohlenhydrate u. kann zur Weiterverarbeitung auf Hefe, A. u. ähnliches verwendet werden. Das Mehl enthält ca. 7% Asche, 5% Protein, 2% Fett, 13% Rohfaser u. 63% Kohlenhydrate u. kann als wertvolles Futtermittel verwendet werden. Weitere Verwendungsmöglichkeiten sind Gewinnung von *Pektin, Citronensäure, Naringin* u. *Limonen.* (Food Manufact. **30.** 319. 1/8. 1955.) F. KRUSEN. 7688

Jonathan W. White jr. und **Jeanne Maher**, *Zuckeranalysen von Honig vermittels einer selektiven Adsorptionsmethode.* 21 Honigproben wurden nach dem C. **1956.** 10619 referierten Verf. analysiert. Durchschnittsergebnisse: W. 16,72%, Glucose 32,29%, Fructose 39,28%, Saccharose 1,62%, Maltose 7,11%, höhere Zucker 1,03%. — 20 Literaturangaben. (J. Assoc. off. agric. Chemists **37.** 478—86. 15/5. 1954.) F. RANG. 7700

A. Buffa, G. Capuano und **G. Ambanelli**, *Technologische Bemerkungen über das Verhalten von konservierten Fruchtsäften in Beziehung zu den Behälterarten.* Es werden die analyt. nachweisbaren Veränderungen in 6 Monate lang gelagertem Orangen-, Mandarinen-, Citronen- u. Tomatensaft bestimmt. Angaben über die Brauchbarkeit von Glas- u. Weißblechbehältern verschied. Art hinisichtlich Vitamin-C-Erhaltung bzw. Korrosionsbeständigkeit. — 7 Tabellen. (Ind. Conserve **30.** 20—26. Jan./März 1955. Parma, Staz. Sperim. per l'Ind. delle Conserve Alimentari.) R. WOLLER. 7706

P. E. Seale, *Ananassaft.* Kurze Darst. der verschied. Arten der Gewinnung von Ananassaft, seine Konservierung; Hinweis auf die Möglichkeit der Konzentratherstellung. (Food Technol. Australia **6.** 22—25. 29. Jan. 1954.) F. KRUSEN. 7706

M. L. C. Ilangakoon, *Kaffeeanbau und -bearbeitung.* Übersicht mit 21 Literaturangaben. (Trop. Agriculturist **111.** 102—14. Juni 1955. Peradeniya, Ceylon, Dep. of Agricult.) F. KRUSEN. 7720

S. V. Manuel Pillai, *Anbau und Bearbeitung von Tabak für Zigarrendeckblätter.* Allg. Hinweise. (Trop. Agriculturist **111.** 129—31. Juni 1955. Peradeniya, Ceylon, Dep. of Agricult.) F. KRUSEN. 7734

Carmen Ll. Intengan, Leon G. Alejo, Velona A. Corpus, Rosita D. Salud, Isabel del Rosario, Rosario Gomez, Jesusa Henson und **Isabel Concepcion**, *Die Zusammensetzung philippinischer Nahrungsmittel.* 3. Mitt. (2. vgl. C. **1955.** 8184.) Erweiterung der Unterss. bes. auf den Mineral- u. Vitamingeh. von Fleisch u. Organen von Schlachtvieh, Geflügel usw. (Philippine J. Sci. **84.** 263—73. Juni 1955. Manila, Inst. of Nutr.) G. TREWENDT. 7750

Barbara Brown Deskins und **Dorothy L. Hussemann**, *Einfluß des Kochens auf den Bakteriengehalt von zerkleinerten Schinkenmischungen.* Der natürliche Bakteriengeh. von Schinken wie auch zugesetzte Micrococci pyogenes var. aureus werden durch Kochen des zerkleinerten u. zubereiteten Schinkens nur vermindert, in keinem Fall wurde Bakterienfreiheit erzielt. Dabei wurden im Innern der Zubereitungen höhere Bakterienzahlen als in den Randschichten festgestellt. (J. Amer. dietet. Assoc. **30.** 1245—49. Dez. 1954. Madison, Wis., Univ. of Wisconsin, Coll. of Agricult., School of Home Economics.) F. KRUSEN. 7750

Angelo D'Ambrosio, *Empirismus und wissenschaftliche Erkenntnis im Wurstwarengewerbe.* Diskussion empir. u. durch wissenschaftliche Forschung gewonnener Erkenntnisse, welche die Wurstherst. betreffen. (Ind. Conserve **30.** 43—50. Jan./März 1955.) R. WOLLER. 7750

G. Oppert, *Frischhaltung von Fischen durch Gefrieren und Glasieren.* Vf. berichtet über Verss. zur Gefrierung u. Glasierung von frisch gefangenen Fischen an Bord mit folgenden prakt. Ergebnissen: Das Einfrieren der Fische erfolgt in Körben im Kaltluftstrom bei einer Temp. von -32^0 u. einer Luftgeschwindigkeit von ca. 6,5 m/sec, wobei zur Erreichung einer Kerntemp. von -25^0 je nach Dicke der Fische 1,5—6 Std. erforderlich sind. Das Lösen der Fische aus den Körben erfolgt in W. von $+2^0$ u. dauert 15—20 Sek., wobei gleichzeitig ein Glasieren stattfindet. Werden die Fische unmittelbar nach dem Fang glasiert, so treten keine Gewichtsverluste auf, werden sie zunächst auf Eis gelagert u. dann gewaschen, so können die Verluste bis zu 5% betragen. Das Glasieren der gefrorenen Fische erfolgt am besten durch 1—3maliges Tauchen für 4—12 Sek. in Süßwasser von ca. 11^0. Die Gewichtszunahme der Fische beim Glasieren ist abhängig von Fischgewicht, Kerntempp., Zahl der Tauchungen u. Tauchzeiten, u. liegt etwa zwischen 4 u. 16%. (Kältetechnik **6.** 274—78. Okt. 1954. Berlin.) F. KRUSEN. 7752

Aldo Buffa, *Technische und wirtschaftliche Betrachtungen über die Herstellung von Thunfisch- und Makrelenkonserven nach neueren Arbeitsmethoden.* Vf. empfiehlt der Fischwarenindustrie aus rationellen Gründen u. zwecks Verbesserung der Qualität der Fischkonserven Anpassung an die moderne Technologie. (Ind. Conserve **30.** 3—7. Jan./März 1955. Parma, Staz. Sperim. per l'Ind. delle Conserve Alimentari.) R. WOLLER. 7752

C. K. Johns und **I. Berzins,** *Der Einfluß des Gefrierens auf die Standardbakterienzahl von Milch.* Unterss. an roher u. pasteurisierter n., homogenisierter u. Schokoladenmilch u. Rahm ergaben, daß der Bakteriengeh. bei schnellem Gefrieren im Mittel nach 24 Std. 90 (%), nach 48 Std. 96, bei langsamem Gefrieren nach 24 Std. 90 u. nach 48 Std. 89 des anfänglichen Geh. beträgt. Somit ist Gefrieren nicht geeignet, den Bakteriengeh. von Milch u. Milchprodd. wesentlich zu verändern. (J. Milk Food Technol. **18.** 297. Dez. 1955. Ottawa, Can., Dep. of Agricult.) F. KRUSEN. 7756

N. King, *Über die Aktivierung der enzymatischen Fettspaltung in der Milch.* Kurze Übersicht mit 11 Literaturangaben. (Molkerei-Ztg. **9.** 589. 12/5. 1955. Melbourne, Australien.) F. KRUSEN. 7756

F. H. McDowall, J. A. Singleton und **J. J. O'Dea,** *Qualität und Lagerfähigkeit von nicht gewaschener Butter.* Vergleichende ausführliche Unterss. mit gewaschener u. nicht gewaschener Butter ergaben hinsichtlich Qualität u. Lagerungseigg. keine wesentlichen Unterschiede. Der Caseingeh. in nicht gewaschener Butter liegt um 0,31—0,64% höher als der von gewaschener. (New Zealand J. Sci. Technol., Sect. A **35.** 175—88. Okt. 1953. Palmerston North, N. Z., Dairy Res. Inst.) F. KRUSEN. 7758

Karl J. Demeter, *Zur Mikrobiologie der Butterverpackung.* Vf. beschreibt an Hand der vorliegenden Literatur die Möglichkeiten der bakteriellen Beeinflussung von Butter durch das Verpackungsmaterial. — 49 Literaturangaben. (Molkerei-Ztg. **9.** 590—92. 12/5. 1955. Weihenstephan/Obb., Südd. Forschungsanst. für Milchwirtsch., Bakteriol. Inst.) F. KRUSEN. 7758

H. H. Mottern, *Verlängerung der Haltbarkeit von Käse durch antimykotisches Verpackungsmaterial.* Bei Käse wurde durch Verwendung eines 0,3% *Dimethyldichlorbernsteinsäure* (I) enthaltenden Verpackungsmaterials (*Parakote*) der Schimmelbefall weitgehend verhindert. Der I-Geh. des in ½ lb.-Päckchen verpackten Käses überschritt in keinem Fall 11 p.p.m., was als gesundheitlich unbedenklich angesehen wird. DL_{50} von I bei Ratten u. Mäusen betrug ca. 450 mg/kg. Die tägliche Verabreichung von 5 mg I während 9 Wochen oder Verfütterung eines 0,1% I enthaltenden Futters während 2 Jahre an Ratten hatte keine tox. Wrkg. zur Folge. Unterss. mit radioakt. markiertem I zeigten, daß aufgenommene I in 48 Std. zu 90% wieder ausgeschieden wird, u. zwar zu 75% mit dem Harn u. zu 15% mit den Fäces. (Food Engng. **26.** Nr. 10. 93—94. Okt. 1954. Glenview, Ill., Kraft Foods Co., Res. Labor.) F. KRUSEN. 7760

L. Schnetzer, *Über die Beständigkeit des Carotins in frischem und künstlich getrocknetem Gras.* Die Erhitzung eines frischen Luzerne–Gras-Gemisches auf 30 u. 45^0 führt in 24 Std. zu einem *Carotin* (I)-Verlust von 17—23%, während bei 60 u. 75^0 nach dieser Zeit schon mindestens 75% zerstört sind. Die Lagerung von Trockengrünmehl unter verschied. Bedingungen ergab, daß unter Luftabschluß oder -ausschluß in 1 Jahr ca. 50% des anfänglichen I-Geh. verlorengehen, größer sind die Verluste bei Einw. von Luft oder Licht, am größten bei Durchlüftung unter Lichteinfluß. Diskussion dieser Ergebnisse im Hinblick auf die Ernährungsphysiologie der Haustiere. (Mitt. Gebiete Lebensmittelunters. Hyg. [Bern] **46.** 90—96. 1955. Liebefeld-Bern.) F. KRUSEN. 7782

Allan Frölich, *Versuche mit verschiedenen Behandlungsmethoden für Rapssamenmehl.* 1. Mitt. *Literaturübersicht und vorläufige Befunde.* Zur Entfernung der tox. Substanzen *Senföl* (*Allylcarbinylisothiocyanat*) u. *l-5-Vinyl-2-thioxazolidon* aus Rapssamenmehl werden folgende Verff. beschrieben: Extraktion mit kaltem W. oder 70%ig. A., Fermentation mit nachfolgender Erhitzung oder Ae.-Extraktion u. Erhitzung auf 100—150°. Fütterungsverss. mit Hähnchen ergaben, daß Extraktion mit kaltem W. die thyreotox. Wrkg. des Rapsmehles weitgehend herabsetzt. Die anderen Behandlungsverff. übertreffen die Wasserextraktion in ihrer Wirksamkeit nicht oder nur wenig. Die Fermentationsverff. müssen unter Zusatz fremder Fermentsysteme durchgeführt werden, da Raps keine Enzyme enthält, die die fraglichen Substanzen inaktivieren. — 19 Literaturangaben. (Kungl. Lantbrukshögskolans Ann. **20.** 105—16. 1953. Uppsala, Royal Agric. Coll., Nat. Animal Exp. Stat.) F. KRUSEN. 7786

Sture Eriksson, *Genauigkeit bei der Verdaulichkeitsbestimmung von Geflügelfutter.* Vergleichende Unterss. nach der direkten u. nach der indirekten Meth., wobei Hühner begrenzte Nahrung erhielten bzw. ad libitum gefüttert wurden, ergaben im Durchschnitt für beide Untersuchungsverff. u. für beide Fütterungsarten gleiche Verdaulichkeitskoeffizienten der Nährstoffe. (Kungl. Lantbrukshögskolans Ann. **20.** 7—18. 1953. Uppsala, Royal Agric. Coll., Inst. of Animal Nutr.) F. KRUSEN. 7788

Rafael Santini jr., *Bestimmung von reduzierendem und Gesamtzucker im Saft westindischer Kirschen* (*Malpighia punicifolia L.*). *Ascorbinsäure* (**I**) ist verantwortlich für Unstimmigkeiten bei der Best. von reduzierendem u. Gesamtzucker im Saft westind. Kirschen nach der Meth. von LANE-EYNON. Sie ist anwendbar mit dem Korrekturfaktor 0,686 (mg Glucose für 1 mg **I**). Die korr. Werte für reduzierende Zucker u. für Gesamtzucker sind prakt. gleich. Der Zuckergeh. bleibt bei Aufbewahrung des Saftes bei Zimmertemp. u. bei 45° F ziemlich konstant. Bei 45° F tritt ein geringerer Verlust an **I** ein als bei Zimmertemp., die Temp. bedingt keine erhebliche Differenz im wahren Zuckergehalt. (J. Agric. Univ. Puerto Rico **37.** 199—205. Juli 1953.) PH. FRESENIUS 7808

—, *Analyse von Tomatenkonzentraten und Ketchup.* Um den Festkörper der verwendeten Tomaten schnell zu bestimmen, wird die spektroskop. Meth. von STOCK (C. **1951.** I. 1395) empfohlen. Sie gestattet, den Reifegrad der verwendeten Tomaten zu bestimmen, bedarf aber zur Kontrolle noch der gewichtsanalyt. Best. der Prodd. nach MORPETH (Analyst **73.** [1948.] 449). (Ind. ital. Conserve **27.** 28—32. Jan./Febr. 1952. Food Manufact. **25.** 357—60. 1950.) E. DEHN. 7808

R. Newbrun, *Bestimmung der gesamten festen Bestandteile in handelsüblichem Malzextrakt.* Vf. empfiehlt, bei refraktometr. Best. der festen Bestandteile in Malzextrakten vom ABBE-Refraktometerwert 1,9 zu subtrahieren. (Food Technol. Australia **6.** 46—47. Jan. 1954. Devonport, Tasmania, A. Wander Ltd.) F. KRUSEN. 7816

J. Fitelson, *Nachweis von Fremdfetten durch „Tracer“.* In einer Übersicht zeigt Vf., daß die bekannten Untersuchungsverff. für Butterfett, wie REICHERT-MEISSL-Zahl, Kristallisationstemp., chromatograph. Buttersäurebest., Isoölsäurebest., fraktionierte Kristallisation, Unters. des Unverseifbaren, nicht ausreichen, einen Fremdfettzusatz von ca. 10% zu Butter nachzuweisen. Es wird vorgeschlagen, Margarine u. anderen Fetten geringe Mengen leicht nachweisbarer „Tracer“ zuzusetzen, wie *Butyloxyanisol* u. *Tyrosinäthylester.* (Food Engng. **26.** Nr. 10. 109—10. Okt. 1954. New York City, Fitelson Labor., Inc.) F. KRUSEN. 7858

Imhausen & Co. G. m. b. H. und **Karl-Heinz Imhausen** (Erfinder: **Walter Rudolph** und **Karl-Heinz Imhausen**), Witten/Ruhr, *Entfernung von Wasser aus wasserhaltigen strukturierten organischen Stoffen,* bes. von *Fleisch* u. Pflanzenteilen, unter Erhaltung ihrer Struktur mit Hilfe wasserlösender organ. Lösungsmittel, dad. gek., daß das organ. Material, zweckmäßig nach Übergießen mit $^1/_4$ bis der doppelten Menge an organ. Lösungsm., mit einem Strom des Dampfes des organ. Lösungsm., gegebenenfalls im Vakuum, behandelt wird. (**D. B. P. 941 653** Kl. 53c vom 22/9. 1950, ausg. 12/4. 1956. Anmeldung bekanntgemacht 10/5. 1951.) H. MAASS. 7751

Alois Brosette, Wuppertal-Barmen, *Herstellung von Kunstdärmen aus Cellulosehydrat,* dad. gek., daß eine Schicht aus strukturierter, hydratisierter Cellulose in einem geeigneten Mittel, z. B. Schwefelsäure, angequollen u. dann ein- oder beidseitig mit einer Schicht von fl., unstrukturierter Viscose überzogen wird. (**D. B. P. 941 950** Kl. 53c vom 29/5. 1952, ausg. 19/4. 1956. Anmeldung bekanntgemacht 27/10. 1955.) H. MAASS. 7751

Richard Weingand, Walsrode, und **Ulrich Ostwald,** Bomlitz bei Walsrode, *Verhinderung des Anhaftens von Wurstdärmen an der Wurstmasse.* Man behandelt die inneren Wände der Wurstdärme mit $C_{18}H_{37}NCO$ oder N-Stearyläthylenamin. (**A. P. 2 709 138** vom 25/9. 1951, ausg. 24/5. 1955.) H. MAASS. 7751

Paul Hirsch, Fermente im Rahmen der Lebensmittelchemie. Dresden, Leipzig: Th. Steinkopff. 1956. (XII + 94 S.) 8° = Technische Fortschrittsberichte. Bd. 57. DM 10,—.

G. Buogo, Chimica analitica degli alimenti. Acque minerali, acque luridi. Milano: Ceschina. 1956. (560 S.) 8°. L. 4.500,—.

XVII. Fette. Seifen. Wasch- u. Reinigungsmittel. Wachse. Bohnermassen usw.

Giuseppe Balletto, *Über die Bestimmung der Verunreinigungen in Speiseölen und technischen Ölen.* Das Verf. von BUZI (C. **1954.** 3600) wird wie folgt abgeändert: 10 g des zu prüfenden Öles werden mit 10 cm^3 gut durchgeschüttelt, auf zwei Zentrifugiereprouvetten verteilt, zentrifugiert, die abgeschleuderten Feststoffe gewaschen, getrocknet u. gewogen. (Olii minerali, Grassi Saponi, Colori Vernici **30.** 49. März 1953. Fasano/Brindisi, Oleifici Fasanesi.) K. STEINER. 7932

C. Carocci Buzi, *Eine Feststellung zum Verfahren einer Schnellbestimmung der Verunreinigungen in Ölen durch Zentrifugieren.* Entgegnung auf die Mitt. von BALLETTO (vgl. vorst. Ref.) u. Hinweis auf die Vorteile einer Verwendung von 20 cm^3-Zentrifugiereprouvetten. (Olii minerali, Grassi Saponi, Colori Vernici **30.** 61. April 1953. Imperia, Ist. sperim. per l'olivicultura e oleificio.) K. STEINER. 7932

Sharples Corp., übert. von: **Fred S. Sadler,** Savannah, Ga., V. St. A., *Raffination fetter Öle.* Man setzt den Ölen vor der Neutralisation geringe Mengen, bes. 0,05—0,125%, $NaHSO_3$ zu. (**A. P. 2 732 388** vom 14/5. 1953, ausg. 24/1. 1956.) C. LÜTTGEN. 7875

Russell P. Dunmire, Orange Village, Ohio, V. St. A., *Hydrieren ungesättigter Öle.* Man sätt. die Öle mit H_2 u. bringt sie mit der Oberfläche von elektr. leitenden Katalysatoren in Kontakt, die unter einem Hochfrequenzstrom von mindestens 1000000 Frequenzen stehen. — Zeichnung. (**A. P. 2 724 689** vom 2/12. 1949, ausg. 22/11. 1955.) C. LÜTTGEN. 7881

Josef Brückl und **Günter Georgi,** Karl-Marx-Stadt, *Herstellung von Stückseifen,* dad. gek., daß synthet. Fettsäuren mit einem mindestens 15% des Gesamtfettansatzes betragenden Zusatz an ungesätt. natürlichen u./oder synthet. Fettsäuren vermischt, in ein Gemisch von alkal. Stoffen u. NaCl derart eingebracht werden, daß der gebildete Seifenleim prakt. in getrenntem Zustande siedet. Ferner wird der sich ergebende Seifenkern in der Endalkalität auf einen Geh. von 0,5—1% an freiem Alkali eingestellt u. in einer Phase der Weiterverarbeitung mittels Milchsäure neutralisiert. Weiterhin kann man, um zu erreichen, daß die Stückseife auch in hartem W. ein gutes Schaumvermögen aufweist u. ihr Plastizitätsgrad noch weiter verbessert wird, in einer Phase der Weiterverarbeitung, vorzugsweise im Mischwerk, hochkonz. Verseifungsprodd. von Monosulfochloriden in einer Menge zusetzen, daß das Verhältnis von Mersolsulfosäure zu Fettsäure 1:20—1:5 beträgt. (**D. P. [DDR] 7 411** Kl. 23e vom 21/3. 1953, ausg. 1/7. 1954 [Wirtschaftspatent].) T. OPPERMANN. 7911

Adolf Marzin, Dessau, *Schmierseifen,* dad. gek., daß sie aus wasserlösl. Salzen von polychlorierten Fettsäuren mit mehr als 18 C-Atomen bestehen, die der Paraffinoxydation entstammen oder von polychlorierten Montansäuren bzw. den daraus durch teilweise oder völlige Entfernung der Cl-Atome erhältlichen Produkten. — Z. B. kocht man eine chlorierte Nachlauffettsäure (Cl-Geh. 27%) mit der gleichen Menge $CaCO_3$ unter Zusatz einer mehrfachen Menge W. 5 Std., wobei ein Teil des Cl abgespalten wird. Zur Herst. von Schmierseife werden in eine Lsg. von 6 (Gewichtsteilen) K_2CO_3 in 80 W. u. 22 50%ig. KOH 100 obiger teilweise entchlorierter Fettsäure (Cl-Geh. 20%, SZ. 111, VZ. 323, JZ. 46) eingerührt. (**D. P. [DDR] 6 650** Kl. 23e vom 4/7. 1952, ausg. 23/2. 1954 [Wirtschaftspatent].) T. OPPERMANN. 7911

Zschimmer & Schwarz vormals Chemnitz, Brilon/Westf. (Erfinder: **Albert Metzger**), *Herstellung flüssiger Seifen.* Man setzt die durch Red. von Vorläufen der bei der Paraffinoxydation nach D. R. P. 764 888 anfallenden Carbonsäuren gewonnenen Prodd. mit Einwirkungsprodd. von $ClSO_3H$ (**I**) auf die Chloride von Alkalimetallen bzw. NH_4 um u. neutralisiert mit anorgan. oder organ. Basen. — Beispiel: 100 (g) Vorlaufalkohole werden mit 80 **I** unterhalb 30° sulfoniert u. mit $N(C_2H_5OH)_3$ neutralisiert. (**D. B. P. 890 556** Kl. 23e vom 12/11. 1940, ausg. 21/9. 1953.) C. LÜTTGEN. 7911

California Research Corp., San Francisco, übert. von: **Allen H. Lewis,** Berkeley, Calif., V. St. A., *Waschmittel in Stückform,* bestehend aus 40—60 (Teilen) Paraffin, 2—5 Fettsäuren u. 60—40 Alkylarylsulfonat, bes. Polypropylenbenzolsulfonat. (**A. P. 2 734 870** vom 21/5. 1951, ausg. 14/2. 1956.) C. LÜTTGEN. 7913

Dow Chemical Co., Midland, Mich., V. St. A., *Polyoxypolyalkylenpolyamine* der allg. Formel I (Y = Alkylen, Cycloalkylen, wobei die beiden N wenigstens durch 2 oder 3 C-Atome getrennt sein sollen; X = Alkylen, wobei die beiden N durch 4—12 C-Atome getrennt sein sollen, das auch durch O unterbrochen u. durch Alkyl substituiert sein kann; Z = gerad- oder verzweigkettiges Alkylen mit 2—6 C-Atomen; A = H, Alkyl mit 1—4 C-Atomen) erhält man durch Kondensation von 2 (Mol) Halogenalkyl- oder -alkoxyalkyldialkanolamin mit 1 Alkylendiamin oder von Chloralkyl- oder -alkoxyalkylalkylendiamin mit Dialkanolamin. — Aus 2 Mol 4-Brombutyldiäthanolamin u. 1 wasserfreiem Isopropylendiamin in A. in Ggw. von NaOH als Säurebindungsmittel nach 4std. rückfließendem Erhitzen → $(HOCH_2CH_2)_2N(CH_2)_4NHCH_2CH(CH_3)NH(CH_2)_4N(CH_2CH_2 \cdot OH)_2$. — N.N'-Diäthyläthylendiamin + ω-Chlordodecyldiäthanolamin → *N.N'-Di-(ω-iminodiäthanoldodecyl)-N.N'-diäthyläthylendiamin*, viscose gelbe, in W. u. Alkoholen lösl. Flüssigkeit. — Dibutanolamin + N.N'-Di-(2-chloräthoxyäthyl)-äthylendiamin → *N.N'-Di-(2-iminodibutanoläthoxyäthyl)-äthylendiamin*. — N-(4-Chlorbutyl)-dipropanolamin + N.N'-Diäthyltrimethylendiamin → *N.N'-Di-(4-iminodipropanolbutyl)-N.N'-diäthyltrimethylendiamin*. — Dimethyläthylendiamin + N-(2-Chloräthoxyäthyl)-diäthanolamin → *N.N'-Di-(2-iminodiäthanoläthoxyäthyl)-N.N'-dimethyläthylendiamin*. — 1.2-Diaminocyclohexan + N-(2-Chloräthoxyäthyl)-diäthanolamin → II. — *Oberflächenakt. Mittel, Netz-, Reinigungsmittel*, Zwischenprodd., bes. zur Herst. von *seifenähnlichen Aminoverbb.*, die als *Textil-* u. *Lederhilfsmittel* dienen; *Zusatzmittel* für *Schmieröle* u. *-fette*. (**E. P. 738 529** vom 3/6. 1953, ausg. 12/10. 1955. A. Prior. 3/6. 1952.) G. KRAUSS. 7913

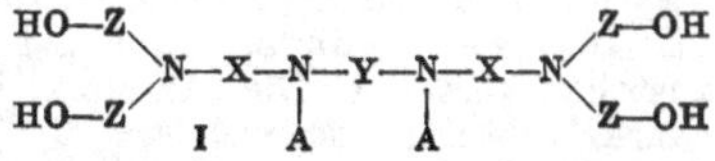

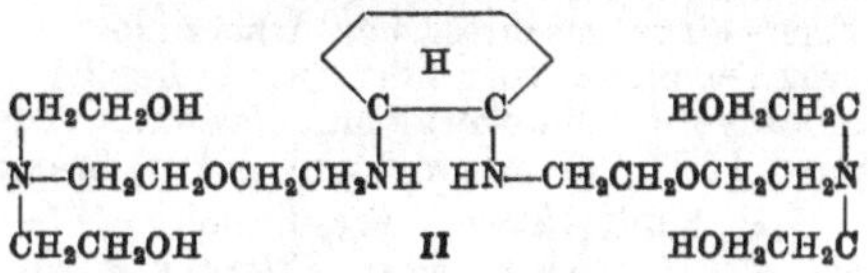

Pacific Mills, Lawrence, übert. von: **Daniel P. Norman,** Ipswich, Mass., V. St. A., *Gewinnen von Wollfett*. Man wäscht die Rohwolle mit C_2Cl_4 u. trennt die anfallende Miscella durch Zentrifugieren in einen fettreicheren u. einen fettärmeren Teil. — Schema. (**A. P. 2 717 901** vom 31/1. 1951, ausg. 13/9. 1955.) C. LÜTTGEN. 7925

XVIIIa. Holz. Cellulose. Zellstoff. Papier. Papierdruck. Celluloid. Linoleum.

W. I. Scharkow, *Über die chemische Zusammensetzung von Abgängen der Holzverarbeitung*. Als Grundlage für eine bessere Ausnutzung der Abfälle der Nutzholzgewinnung bringt Vf. tabellar. von verschied. Teilen von Nadel- u. Laubbäumen Angaben über den Geh. an Wasserextrakt, A.-Extrakt, *Pektinstoffen, Cellulose, Uronsäuren, Pentosanen, red. Substanzen, Lignin, Asche, Gesamt-OCH$_3$* u. *OCH$_3$ im Lignin*. Es handelt sich dabei um ein recht heterogenes Material, so daß es schwerfallen dürfte, das Holzabfallmaterial ohne Vorsortierung bestimmten Industriezweigen zur Weiterverarbeitung zuzuleiten. (Гидролизная и Лесохимическая Промышленность [Hydrolysen- u. holzchem. Ind.] **8.** Nr. 7. 3—5. 1955.) M. ULMANN. 7952

A. F. Saitzewa und **I. P. Fedorischtschewa,** *Bleichen von Sulfatzellstoff aus dem Holz der Daurischen Lärche*. In Fortsetzung früherer Arbeiten (vgl. C. **1956.** 2617) wird auf den günstigen Einfl. einer Extraktion des zu bleichenden Zellstoffes mit W. bei 150° im Autoklaven hingewiesen. Bei der Cl_2- u. Hypochloritbleiche werden bei gleichzeitigem Abfallen der Permanganatzahl von 117 auf 90 bei extrahiertem Holz statt 8 nur 6% Cl_2 verbraucht. Es wurde ein Zellstoff von befriedigenden Eigg. u. einem Geh. an α-Cellulose von 91—96% erhalten. Auch ein gemeinsamer Aufschluß von Holz der Lärche u. Kiefer (1:1) empfiehlt sich. (Бумажная Промышленность [Papier-Ind.] **30.** Nr. 8. 9—11. Aug. 1955. Forstinst. der Akad. der Wiss. u. Forsttechn. Kiriw-Akad.) M. ULMANN. 7956

N. G. Golowanow, *Eine neue Rohstoffart für die Herstellung von Karton*. Hinweis auf bisherige Erfahrungen u. die günstigen Aussichten der Verarbeitung von Schilfrohr (Phragmites), Rohrkolben (Typha) mit 36% u. Binse (Scirpus) mit 42% Cellulose in den üblichen Anlagen. (Бумажная Промышленность [Papier-Ind.] **30.** Nr. 8. 22—23. Aug. 1955.) M. ULMANN. 7956

A. W. Bujewskoi und **W. Je. Galachowa,** *Das Dampfblasen der Sulfitlauge*. Bei Verwendung von direktem Wasserdampf an Stelle des Durchblasens von Luft bei der Vorbereitung von Sulfitkochlaugen für die Spritvergärung erhält man schnell vergärbare Lsgg. bei ca. 10% höheren Spritausbeuten, wobei sich auch eine sonst übliche Neutralisation der Kochlaugen erübrigt. (Гидролизная и Лесохимическая Промышленность

[Hydrolysen- u. holzchem. Ind.] **8.** Nr. 7. 12—13. 1955. Allunions Wiss. Forschungsinst. für Hydrolyse u. Spiritus.) M. ULMANN. 7962

G. F. Schaidurow, *Über die Zähigkeit und Elastizität der Papiermasse.* Unters. des Papierstoffes von Betriebskonz. (0,6, 0,8, 1,04 u. 1,2%) mit einem Spezialviscosimeter mit koaxialen Zylindern führt zu Ergebnissen, die Vf. durch ein rheolog. Modell darzustellen versucht. Die zäh-elast. Eigg. der Massen werden durch 4 Größen qualitativ charakterisiert, von welchen die beiden eingeführten Elastizitätsmoduln klein u. in ihrer Größe fast gleich sind, während die beiden Viscositätskoeffizienten groß sind u. sich in ihrer Größe stark voneinander unterscheiden. (Коллоидный Журнал [Kolloid-J.] **17.** 397—402. Sept./Okt. 1955.) M. ULMANN. 7978

Robert Köster, Frankfurt/M., und **Fritz Lippe,** Naumburg (Erfinder: **Gert von Helden,** Wiesbaden, und **Fritz Lippe,** Naumburg), *Konservierung von fäulnisempfindlichen Bauelementen* für Hoch-, Tief- oder Fahrzeugbau, die zu einem wesentlichen Teil aus Holz bestehen u. die mit bekannten fäulnisverhindernden Mitteln imprägniert werden, dad. gek., daß nach der Imprägnierung ein metall. u./oder silicat. Überzug in Form eines geschlossenen Überzuges aufgebracht, wodurch das Auswaschen der Imprägniermittel verhindert wird. Der Überzug kann erst nach oder nochmals nach der Montage des Bauwerks aufgebracht werden. (**D. B. P. 937 729** Kl. 38h vom 14/12. 1952, ausg. 12/1. 1956. Anmeldung bekanntgemacht 21/7. 1955.) K. WOLK. 7953

H. Benit, Paris, Frankreich, *Aufschluß von hemicellulose-, polysaccharid- und besonders pentosanreichen Pflanzen* (Laubholz, Stroh), dad. gek., daß dem Aufschluß (durch beliebige alkal. oder neutrale Chemikalien) eine Hydrolysestufe mit $NaHSO_4$ vorgeschaltet wird. Das Prod. ist leicht bleichbar bzw. ohne Bleiche hell. — *Papier, Cellulosederivate.* (**Belg. P. 505 247** vom 13/8. 1951, ausg. 19/12. 1952.) G. VOGEL. 7957

Arne Johan Arthur Asplund, Bromma, Schweden, *Aufschluß von lignocellulosehaltigem Material.* Zu F. P. 1 061 813; C. **1955.** 5212 ist nachzutragen: Die Entfernung der Luft aus den Spänen vor dem halbchem. Aufschluß erfolgt nicht mit Dampf, sondern durch Zusammenpressen der Späne u. darauffolgende Expansion in die Aufschlußlösung. — Vorr., Zeichnung. (**E. P. 741 980** vom 21/3. 1952, ausg. 14/12. 1955. Schwed. Prior. 22/3. 1951.) G. VOGEL. 7957

A. Bayerl, H. Bubeck und **W. Kohler,** Wolfen, Krs. Bitterfeld, *Herstellung hochveredelter Cellulose.* Unter Entfernung des größten Teiles der konz. Veredlungslauge mittels eines kontinuierlichen Saugfilters unter Vakuum werden die Reste der Veredlungslauge mit 1—8%ig. reiner kalter oder warmer Natronlauge verdrängt u. die Cellulose dann durch heißes W. völlig alkalifrei gewaschen. (**D. P. [DDR] 5 578** Kl. 55b vom 15/7. 1942, ausg. 20/4. 1954 [Ausschließungspatent]. **Zusatz zu DP. [DDR] 1975; C. 1955. 1409.**) R. GLAFEY. 7959

S. H. L. A. Bergström, Marmaverken, und **A. Y. Lissol,** Stockholm, Schweden, *Verfahren zum Kompensieren der Alkali- und Schwefelverluste beim Sulfatzellstoffprozeß.* In einer besonderen Anlage wird sowohl das üblicherweise zum Decken des Verlustes zuzusetzende sowie das aus Elektrofilter gewonnene Na_2SO_4 zu Na_2S red. u. letzteres der Weißlauge wieder zugesetzt. Dadurch erhält man eine Kochlauge mit ausgeglichenem Sulfidgehalt. (**Schwed. P. 143 766** vom 18/6. 1952, ausg. 19/1. 1954.) K. H. KÄHLER. 7961

Zellstoff-Fabrik Waldhof, Mannheim (Erfinder: **Josef Wagner,** Gusterath-Tal, und **Paul Benzinger,** Weinheim/Bergstraße), *Verhindern der Bildung inkrustierender Rückstände beim Erhitzen. Eindampfen oder Destillieren von Sulfitablaugen oder -schlempen* durch Fällung der SO_4-Ionen mit $BaCO_3$ (**I**), dad. gek., daß die Lauge, bes. bei ca. 100°, mit **I** u. gleichzeitig oder anschließend mit Salzsäure versetzt u. dann von den Ndd. getrennt wird. (**D. B. P. 939 724** Kl. 55b vom 28/12. 1949, ausg. 1/3. 1956. Anmeldung bekanntgemacht 1/2. 1951.) G. VOGEL. 7963

Andrew Spence, Houston, Tex., V. St. A., *Fraktionierung von Tallöl.* Man läßt Tallöl in dünner Schicht durch eine unter Vakuum stehende Destillationszone fließen, wobei die Temp. von der Destillationstemp. der Fettsäuren (**I**) am Anfang der Zone bis zur Destillationstemp. der Harzsäuren (**II**) am Ende der Zone erhöht wird. Im Verlaufe des Durchlaufes werden an mehreren Stellen die entstehenden Dämpfe abgezogen, fraktioniert kondensiert u. das Kondensat jeweils in die vorhergehende Verdampfungsstufe zurückgeleitet. Man erhält ziemlich reine **I**- u. **II**-Fraktionen. — Zeichnung. (**A. P. 2 724 709** vom 29/4. 1954, ausg. 22/11. 1955.) C. LÜTTGEN. 7967

F. W. Berk & Co., Inc., Wood-Ridge, N. J., V. St. A., *Behandeln von Zellstoffsuspensionen,* dad. gek., daß eine Hg-Verb. der allg. Formel: Y—Hg—X (Y = Arylrest; X = Acetatrest, Cl, Br, J, NO_3 oder OH) u. eine Hg-Verb. der allg. Formel: $R—CH_2—$

CH_2—Hg—Z (R = Alkoxy- oder Arylalkoxyrest; Z = Acetat-, Borat- oder Lactatrest) zugesetzt werden, bes. zum *Konservieren* von *Papier-* u. *Pappenstoff*. (**E. P. 743 154** vom 14/9. 1953, ausg. 11/1. 1956. A. Prior. 8/10. 1952.) G. VOGEL. 7979

Régie Industrielle de la Cellulose Coloniale, Frankreich (Erfinder: **Pierre Gouzène, Georges Petroff** und **Robert Peteri**), *Fortschritte beim Bleichen pflanzlicher Rohstoffe.* Zum Bleichen lignocellulosehaltiger pflanzlicher Rohstoffe, bes. *Papiermasse* hoher D. (20—30%) schließt sich an die übliche Bleiche mit elementarem, gasförmigen Chlor oder Chlorwasser eine 15—30 Min. dauernde Behandlung mit Na- oder Ca-Hypochlorit an, welches durch Einw. von elementarem Chlor auf die mit einer alkal. Lsg. getränkte Papiermasse erhalten wird. Vor der Wäsche erfolgt ein kurzes Ansäuern der M. bis auf einen p_H-Wert von weniger als 2. Die Einw. des Chlors kann auch nach Zusatz einer Mineralsäure erfolgen bis der p_H-Wert unter 2 gesunken ist. (**F. P. 1 105 482** vom 7/4. 1954, ausg. 5/12. 1955.) R. GLAFEY. 7979

XVIIIb. Textilfasern.

C. H. Nicholls und **J. B. Speakman,** *Das Verhältnis von kristallinen zu amorphen Bezirken in Keratinfasern.* 1. Mitt. *Hailwood-Horrobin-Analyse der Wasseradsorptionsisothermen.* Die Analyse der Wasseradsorptionsisothermen von 3 Woll- u. Mohairsorten nach der HAILWOOD–HORROBIN-Gleichung ergab, daß die für die Wassermoll. zugängliche Fraktion für Lincolnwolle bei 0,70 u. für Mohair bei 0,60 liegt. Verestert man die Lincolnwolle mit CH_3OH, so erhält man nun Werte von 0,63. Da jedoch die Veresterung kaum die Kristallinität der Wolle vergrößern kann, wird angenommen, daß die HAILWOOD–HORROBIN-Analyse der Wasseradsorptionsisothermen für die quantitative Best. der wasserzugänglichen Faseranteile nicht genau genug ist, obwohl sie eine exakte Einstufung verschied. Keratine in bezug auf deren Kristallinität ermöglicht. (J. Textile Inst., Trans. **46.** T 424—26. Juni 1955. Leeds, England, Univ. of Leeds, Dep. of Text. Ind., Chem. Text. Labor.) H. G. FRÖHLICH. 8060

R. W. Burley, C. H. Nicholls und **J. B. Speakman,** *Das Verhältnis von kristallinen zu amorphen Bezirken in Keratinfasern.* 2. Mitt. *Die Wasserstoff–Deuterium-Austausch-Reaktion.* (1. vgl. vorst. Ref.) Werden Wollproben von bekanntem Trockengewicht gesätt. D_2O-Dampf ausgesetzt u. anschließend die Trockengewichtszunahme, die durch den Austausch des H-Atoms gegen das D (Deuterium)-Atom verursacht wird, als Fraktion der maximalen Gewichtszunahme unter der Annahme, daß D_2O in derselben Menge als H_2O aufgenommen wird, ausgedrückt, so kann hieraus der Anteil der amorphen Bereiche geschätzt werden. Wie die vorliegenden Ergebnisse nach dieser Meth. an den Woll- u. Mohairsorten gezeigt haben, erhält man dieselbe Einstufung, wie nach der HAILWOOD–HORROBIN-Analyse. Allerdings liegen die erhaltenen Werte wesentlich höher. So ergibt Lincolnwolle einen Wert von 0,87 u. Mohair einen solchen von 0,82. (J. Textile Inst., Trans. **46.** T427—T432. Juni 1955.) H. G. FRÖHLICH. 8060

Wolfgang Griehl und **Roman Hoffmeister,** *Über die Fasereigenschaften modifizierter aromatischer Polyester.* Die Möglichkeiten der Modifizierung aromat. Polyester durch Misch- u. Blockkondensation werden diskutiert. Vff. beschreiben die Darst. von Polyäthylenglykolpropandiol-(1.2)-terephthalat [5—25 Mol-% Propandiol-(1.2)], Polyäthylenglykolbutandiol-(1.4)-terephthalat [5—90% Butandiol-(1.4)] u. Polyäthylenglykolterephthalatsebacat (**I**; 5—25 Mol-% Sebacinsäure) u. untersuchen Kondensationsgeschwindigkeit, therm. Stabilität u. textile Eigg. in Abhängigkeit von der Zusammensetzung. **I** mit 10 Mol-% Sebacinsäure zeigt gegenüber Polyäthylenglykolterephthalat verbesserte Dauerbiegewerte, Reißdehnung u. Anfärbbarkeit bei gleicher Festigkeit. (Faserforsch. u. Textiltechn. **6.** 504—08. Nov. 554—62. Dez. 1955.) P. KRESSE. 8080

Paul Schlack, Berlin-Treptow, *Herstellung von Chlorameisensäureaminoalkylestern.* Salze von Aminoalkoholen oder Aminomercaptanen mit starken Säuren werden bei niedriger Temp. mit überschüssigem Phosgen, bes. in Ggw. von Lösungsmitteln, umgesetzt. Als Ausgangsstoffe geeignete Aminoalkohole sind z. B. 3-Aminopropanol, 3-Piperidinopropanol, N.N'-Di-[3-oxypropyl]-piperazin, 4-Aminobutanol-(1), 4-Iminodibutanol-(1), 5-Aminopentanol-(1), N-Methyl-5-aminopentanol-(1), 5-Iminodipentanol-(1), N-Methyl-5-iminodipentanol-(1), N-Dimethyl-5-aminopentanol-(1), N-Octadecyl-5-aminopentanol-(1), 6-Aminohexanol-(1), 4-Aminocyclohexanol-(1), 5-Aminopentanthiol-(1), 6-Aminohexanthiol-(1). — Diese Aminoverbb. können z. B. durch folgende Säuren neutralisiert sein: HCl, Trichloressigsäure, Butyl-1-schwefelsäure, Heptyl-1-schwefelsäure, Propansulfonsäuren, Butansulfonsäuren, Cyclohexansulfonsäure, Xylolsulfonsäuren, Cymolsulfonsäuren, Tetrahydronaphthalin-β-sulfonsäure, Butan-1-sulfinimid, N-Benzolsulfonylbutansulfamid, n-Butylphosphorsäure. — Geeignete Lösungsmittel sind z. B. fl. SO_2, fl. HF, Nitromethan, Methylenchlorid, $CHCl_3$, Äthylenchlorid, Methylchloroform, Toluol, Chlorbenzol, Glykolcarbonat, Dimethylsulfat u. überschüssiges Phosgen. — 5-Aminopentanol-(1) wird mit einer 30%ig. wss. Lsg. von Butan-1-sulfonsäure neutralisiert. Nach Entfernung des W. im Vakuum wird überschüssiges $CHCl_3$ zugegeben u. damit das W. als azeotropes Gemisch entfernt. Danach wird fl. $COCl_2$ zugerührt u. bei Raumtemp. stehen gelassen. Nach Stehen über Nacht wird 2½ Std. im geschlossenen Gefäß auf 40° erwärmt, worauf $COCl_2$ u. $CHCl_3$ unter red. Druck abdest. wird. Es bleibt das Salz des Chlorameisensäureesters als Sirup zurück. — Ebenso wird 1 Mol N-Methyl-5-aminopentanol-(1) in Methylenchlorid mit HCl neutralisiert u. bei −10° mit $COCl_2$ verrührt. Es bildet sich das salzsaure Salz des Chlorameisensäureesters. — Die neuen Chlorameisensäureester sind wertvolle *Zwischenprodd.* für die organ. Synth., bes. von *Textilhilfsmitteln.* (**D. P. [DDR] 4 486** Kl. 12 q vom 2/7. 1943, ausg. 28/1. 1954 [Ausschließungspatent].) M. F. MÜLLER. 8029

Diamalt Akt.-Ges., München, *Entschlichtungsmittel* mit einem Geh. an Bakterien- u. Pankreasamylase u. Ca-Salzen als Wärmestabilisator erhält man bes. unter Verwendung von (großen Mengen) Gips als Stabilisator. Es werden bis 25% Gips zugesetzt, NaCl kann mit verwendet werden. (**D. B. P. 941 190** Kl. 8k vom 19/6. 1949, ausg. 5/4. 1956. Anmeldung bekanntgemacht 10/1. 1952.) H. MÖLLERING. 8031

Thomas C. Whitner, Elizabeth, N. J., V. St. A., *Herstellung von Sericinlösungen.* In die wss. alkoh. Lsg. einer Alkylolamin–Cu-Komplexverb. [aus $Cu(OH)_2$ u. Äthanol-, Diäthanol-, Triäthanol- oder Isopropylamin] u. NaOH (4—0,5%) wird Naturseide eingeweicht u. stehengelassen, bis sich eine dunkelpurpurne M. gebildet hat. Nach Abgießen des Lösungsmittelüberschusses u. Auswaschen mit verd. A. wird die M. mit W. extrahiert; die klare purpurne Sericinlsg. dient zum *Imprägnieren von Textilfasern* (Baumwolle, Wolle u. dgl.), die nach einer Behandlung mit verd. HCl, H_2SO_4, CH_3COOH oder $BaCl_2$ ein besseres finish besitzen u. dunkler sind. (**A. P. 2 711 376** vom 25/6. 1949, ausg. 21/6. 1955.) G. SALZMANN. 8037

Thomas C. Whitner, Elizabeth, N. J., V. St. A., *Seidenartige Textilausrüstung.* Bei der bekannten *Imprägnierung* von Textilgut mit einer mit einem Alkali–Cu-Komplex gelösten Naturseide (Sericin) wird der lösende Komplex statt mit einer wss. Säurelsg. mit einer alkoh. Säurelsg. zers. u. durch eine Alkohol- u./oder Wassernachwäsche herausgelöst. Geeignet ist z. B. eine 10%ig. Lsg. von Benzoesäure in Isopropylalkohol (**I**) oder ein Gemisch aus 15 (Teilen) konz. HCl, 15 W. u. 70 **I**. — So behandeltes Gut ist weicher u. läßt sich tiefer färben. (**A. P. 2 733 975** vom 19/7. 1950, ausg. 7/2. 1956.) H. MÖLLERING. 8037

Eric Berkeley Higgins, Welwyn, England, *Schädlingsbekämpfung.* Man schützt bes. Pelzwerk gegen Schädlinge, bes. Motten, durch Behandeln oder Bepudern mit einem Sägemehl, das mit einer Lsg. von Pentachlorphenyllaurat in Terpentin getränkt ist. (**Holl. P. 74 660** vom 16/3. 1950, ausg. 15/5. 1954. E. Prior. 29/6. 1949.) H. NEBELSIEK. 8063

Soc. de la Viscose Suisse, Emmenbrücke, Schweiz, *Herstellung eines reinen, beständigen Alkalicellulosexanthogenats* (**I**) mit einem Xanthogenierungsgrad $>0{,}45$. Viscose wird durch Düsen in ein kaltes Koagulierbad, z. B. Methanol oder eine gesätt. wss. Salzlsg., versponnen u. das entstandene faserförmige **I** mit Ae. gewaschen, in einem trockenen Warmluftstrom u. schließlich im Vakuum über z. B. P_2O_5 getrocknet. (**Schwz. P. 311 200** vom 16/1. 1953, ausg. 31/1. 1956.) K. FABEL. 8075

Kurt Heide, Saalfeld, und **Leo Hilgers**, Rudolstadt, *Viscoseherstellung* im fortlaufenden Arbeitsgang, wobei der Zellstoff mit so viel entsprechend konz. NaOH vermengt wird, wie zur Bldg. der gewünschten Menge Viscose insgesamt erforderlich ist. Die Temp. wird während der Einw. der NaOH auf oberhalb 25° gehalten u. erst nach dem Zusatz des CS_2, nachdem dieser auf die Alkalicellulose eingewirkt hat, auf ca. 5—15° gesenkt. Danach wird W. in einer dem Alkalicelluloseeinsatz etwa entsprechenden Menge zugegeben u. die Temp. wieder auf ca. 20—30° gesteigert. Das restliche Lösewasser wird alsdann bei Zimmertemp. zugesetzt. (**D. P. [DDR] 9 217** Kl. 29b vom 24/6. 1951, ausg. 17/2. 1955 [Wirtschaftspatent].) M. F. MÜLLER. 8075

Shozo Tachikawa, Kyoto, Japan, *Herstellung von Viscose* u. von Fäden daraus. Alkalicellulose wird 2 Std. bei $<30°$ zerfasert, mit $>45\%$ CS_2 $<20°$ xanthogeniert, wonach die Temp. nicht $>25°$ ansteigen darf, mit W. zu einer Viscose mit $>1{,}5\%$ Cellulose u. maximal 2,5 Mol NaOH gelöst u. ohne Nachreife in ein <30 g/Liter H_2SO_4 u. <50 g/Liter Na_2SO_4 enthaltendes Bad versponnen. Die Fäden laufen unter Streckung in zahlreichen Windungen über eine horizontale stufenförmig sich verdickende, von Fl. umgebene Walze auf die Aufnahmespule. — Zeichnung. (**E. P. 730 226** vom 25/11. 1952, ausg. 18/5. 1955. Jap. Prior. 7/12. 1951.) G. SALZMANN. 8075

— (Erfinder: **Friedrich Liesegang,** Ludwigshafen, **Otto Eisenhuth,** Heidelberg, und **Erich Schwartz,** Mannheim), *Entschäumen und Entgasen von Viscose.* Man gibt zu Viscose bis zu 0,5% hochsd. Anteile oder Destillationsrückstände der durch katalyt. Hydrierung von C-Oxyden erhaltenen Alkohole u. anderer O-haltiger Verbb. oder fl. polymere Isobutylene. — Man gibt zu vorgereifter Viscose 0,1% fl. polymeres Isobutylen, das bes. Tetraisobutylen enthält. (**D. P. [DDR] 3 525** Kl. 39b vom 12/2. 1941, ausg. 28/1. 1954 [Ausschließungspatent].) M. PANKOW. 8075

— (Erfinder: **Otto Eisenhut,** Heidelberg, und **Erich Schwartz,** Mannheim), *Verspinnen von Viscose.* Weit gereifte Viscose wird mit wss. alkal. Lsgg. von Salzen koaguliert u. das Koagulat mit Säuren in Cellulose übergeführt. — Man verspinnt Viscose mit 7,5% Cellulose u. 7,5% NaOH, deren Reife einem Salzpunkt von 0,1 entspricht, in einem Spinntrichter in 3,48%ig. Na_2SO_4-Lsg., die 0,15% NaOH enthält, mit einer Abzugsgeschwindigkeit von 50 m/Min. u. säuert den Faden in einem Bad ab. (**D. P. [DDR] 3 350** Kl. 29b vom 18/12. 1941, ausg. 7/9. 1953 [Ausschließungspatent].) M. PANKOW. 8075

— (Erfinder: **Karl Rösslinger,** Dessau, und **Willy Beiser,** Wolfen, Krs. Bitterfeld), *Herstellung von künstlichen Fäden, Kunstseide oder Kunstspinnfasern.* Man verspinnt eine Zn-haltige Viscose in Bäder aus verd. H_2SO_4, die Metallsalze, z. B. Zn- oder Fe-Salze, enthält, verstreckt die Fäden in heißem W., das auch Salze u. Säure enthalten kann, u. zers. sie. — Zellstoff mit einer Cu-Viscosität von 230 wird 1½ Std. bei 14° in eine 18%ig. Tauchlauge mit 0,25% ZnO oder 0,49% $ZnSO_4$ (bezogen auf Laugengewicht) getaucht, nach Abpressen 3 Std. bei 18° zerfasert, 36 Std. bei 20° gereift, mit 45% (berechnet auf Cellulose) CS_2 3 Std. bei 22—28° xanthogeniert u. das Xanthogenat gelöst. Die Viscose wird aus einer 2500 Lochdüse in ein Bad mit 7,6% H_2SO_4, 7,8% $ZnSO_4$ u. 24% Na_2SO_4 bei 50° gesponnen, der Faden in 80° heißem W. um 91% verstreckt u. zersetzt. (**D. P. [DDR] 3 526** Kl. 29b vom 2/2. 1941, ausg. 28/1. 1954 [Ausschließungspatent].) M. PANKOW. 8075

Eastman Kodak Co., übert. von: **Webster E. Fisher,** und **Robert E. Gillmor,** Rochester, N. Y., V. St. A., *Kontinuierliche Herstellung von gleichmäßig zusammengesetzten Lösungen von Cellulosederivaten und Kunstharzen.* Der Celluloseester wird in feiner Verteilung zugleich mit dem temperierten Lösungs- u./oder Weichmachungsmittel laufend einem Standkessel mit Rührvorr. zugeführt. Dieser Kessel ist an ein oder zwei Stellen mit einem Viscosimeter verbunden. Herst. von *Spinn-* oder *Gießlsgg.* aus z. B. 40 (Teilen) sek. Acetylcellulose, 160 CH_2Cl_2, 15 $C_3H_6Br_2$, 15 Methanol u. 6 Triphenylphosphat. — Zeichnung. (**A. P. 2 701 210** vom 1/2. 1950, ausg. 1/2. 1955.) G. SALZMANN. 8077

E. I. du Pont de Nemours & Co., Wilmington, Del., übert. von: **Theodore Rudolph Latour,** Sharptown, Md., V. St. A., *Wasserlösliches Polyvinylalkoholgarn.* Eine wss. 20%ig., zu 82—94% aus verseiftem Polyvinylacetat bestehende, in ein 45%ig. $(NH_4)_2SO_4$-Bad (**I**) von 70° versponnene Lsg. gibt Fäden, die zunächst durch ein 30%ig. **I** von 60° laufen, dann mit einer 60%ig., 0,5—2% H_3BO_3 enthaltenden Ammoniumacetat-, -format-, -oxalat-, -carbonat- oder -bicarbonatlsg. (25°) behandelt u. bei 35—65° getrocknet werden. Sie werden mit anderen sehr feinen Garnen verarbeitet u. wieder herausgelöst. (**A. P. 2 716 049** vom 1/11. 1951, ausg. 23/8. 1955.) G. SALZMANN. 8081

E. I. du Pont de Nemours & Co., Wilmington, Del., übert. von: **William R. McClellan,** Kennett Square, Pa., V. St. A., *Polyacrylnitril-Spinnlösung,* bestehend aus 8—25 (%) Polyacrylnitril (I), 32—50 eines in konz. Zustand lösend wirkenden Alkalithiocyanats u. 15—35 einer organ. O-haltigen, in W. lösl. Verbindung. — In einer Mischung von 52,3 (Teilen) NaSCN, 37,6 $(SCN)_2$, 75,1 W. u. 45 Dioxan [bzw. Methanol, A., Glycerin, Sorbit, (Di-)Äthylenglykol oder dessen Äther] von 0° werden 30 eines Mischpolymerisats aus 95% **I** u. 2-Methyl-5-vinylpyridin verrührt u. bei Raumtemp. gelöst; Fällbad: Wasser. (**A. P. 2 716 093** vom 12/6. 1951, ausg. 23/8. 1955.) G. SALZMANN. 8081

Celanese Corp. of America, New York, N. Y., übert. von: **Wilford Donald Jones,** und **Samuel B. McFarlane,** Summit, N. J., V. St. A., *Disulfonsäuren und deren Sulfonylchloride* erhält man durch Oxydation der entsprechenden Thiole mit H_2O_2, bes. wss. 30—90%ig., in Ggw. einer mindestens 70%ig. Fettsäure, bes. mit 1—3 C-Atomen als Lösungsm., bes. bei 80—115°. Das überschüssige H_2O_2 wird mit Pt-Kohle, MnO_2 oder wss. HCHO zerstört. — Aus 34,5 (Teilen) Pentamethylendithiol, 205 wss. 50%ig. H_2O_2 in 205 Eisessig bei 115°, dann bei 95° auf dem Wasserbad, Zerstören des H_2O_2 mit MnO_2 u. weiterem Zusatz von 5 wss. 40%ig. H_2O_2 u. Neutralisation mit Na_2CO_3-Lsg. → *Na-1.5-Pentamethylendisulfonat*; Ausbeute 100%. — Die Disulfonsäuren lassen sich mit PCl_5 in die entsprechenden Bis-sulfonylchloride, wie *Äthan-1.2-*; *Methan-1.1-*; *Äthan-1.1-*; *Propan-1.3-*; *Propan-1.1-*; *Dekan-1.10-*; *Cyclohexan-1.4-(1.3-* oder *-1.2-* oder *-1.1)-*;

Pentan-1.5-(1.4-, -1.3- oder *1.2)-; Benzol-1.4-(1.2-* oder *-1.3)-; Diphenyl-4.4'-; Toluol-1'.1'-; 3-Oxapentan-1.5-* (= $ClO_2SCH_2CH_2OCH_2CH_2SO_2Cl$); *3-Thiapentan-1.5-; 3.3-Dioxo-3-thiapentan-1.5-bis-sulfonylchlorid* [= $ClO_2S(CH_2)_2SO_2(CH_2)_2SO_2Cl$] überführen, die dann mit Diaminen, wie Äthylen-; Trimethylen-; Pentamethylen-; Hexamethylen-; o-, m- oder p-Phenylen-; Cyclohexylendiamin; 1.4-Tetramethylen-bis-(ω-aminopropyl)-äther; 3.3'-Diaminodipropyläther; 4.4'-Diaminodicyclohexylmethan; Bis-(2-aminoäthyl)-sulfid; 1.2- oder 1.3- oder 1.4-$\alpha.\alpha'$-Diaminoxylol, Diaminonaphthalin; Diaminobiphenyl; $\omega.\omega'$-Diaminodialkylbiphenyl; ω-Aminoalkylaniline; ω-Aminoalkylcyclohexylamine; Bis-(ω-aminoalkoxy)-benzole; Bis-(ω-aminoalkoxy)-cyclohexane; 4.4'-Diaminodicyclohexylsulfone; $\omega.\omega'$-Sulfonyl-bis-alkylamine; Diaminodiphenylsulfone; Diaminobenzophenone; N.N'-Bis-(ω-aminoalkyl)-$\alpha.\omega$-alkandisulfonamide; Diäthylentriamin; Triäthylentetramin nach E. P. 705 427; C. **1955.** 256, *Polysulfonamide*, z. B. durch *Emulsionspolymerisation*, liefern. — *Pentamethylen-bis-sulfonylchlorid* in Toluol u. Tetramethylendiamin in W. in Ggw. des Na-Salzes von N-Lauroyl-N-butyl-β-aminoäthansulfonsäure in W. bei 40° unter Zusatz von 3.2n wss. NaOH → *Poly-N.N'-tetramethylenpentan-1.5-bis-sulfonamid*, F. 150—160°, dessen Schmelze zur Herst. von *Stapelfasern* dient. — Vgl. auch A. P. 2 667 468; C. **1955.** 4737. (**A. P. 2 667 507** vom 31/8. 1950, ausg. 26/1. 1954. **E. P. 705 470** vom 29/8. 1951, ausg. 10/3. 1954. A. Prior. 31/8. 1950.) G. KRAUSS. 8081

VEB Filmfabrik Agfa Wolfen, Wolfen, Krs. Bitterfeld (Erfinder: **Paul Schlack,** Berlin), *Herstellung von Polyamiden.* Aminoverbb. mit 2 H-Atome tragenden bas. N-Atomen werden in der Hitze mit N.N'-Acylen-bis-lactamen, die sich von nichtpolymerisierbaren einkernigen Lactamen ableiten, umgesetzt, wobei noch polyamidbildende Lactame zugegen sein können. — 1 (Mol) des Lactams $(CH_2)_8\left[CO\cdot N<\genfrac{}{}{0pt}{}{CH_2-CH_2}{CO-CH_2}\right]_2$ (aus Sebacinsäurechlorid u. α-Pyrrolidon) u. 1-Hexamethylendiamin werden in Abwesenheit von O_2 1 Std. im geschlossenen Gefäß auf 270° erhitzt, das Lactam bei 10 mm bis auf ca. 8% abdestilliert. Das Polyamid kann aus der Schmelze versponnen u. der Faden kalt sofort gereckt werden. Das Polyamid aus dem Bis-lactam aus Terephthaloylchlorid u. α-Pyrrolidon (F. 271°) u. Tetramethylen-bis-γ-aminopropyläther hat F. 200—209°. (**D. P. [DDR] 5 385** Kl. 39c vom 6/10. 1942, ausg. 22/10. 1954 [Wirtschaftspatent].) M. PANKOW. 8081

Wolfgang Bobeth, Dresden, *Verbesserung der Naßfestigkeit alkalireicher dünner Textilglasfäden* (Garne, Gewebe) durch Verwendung von kationakt. Substanzen, wie Laurylpyridiniumbromid, Alkylpyridiniumsalze, Alkylammoniumsalze, ameisensaure Salze des Triäthanolamino-mono-stearinsäureesters bzw. -oleinsäureesters als *Schmälze* oder *Imprägnierungsmittel* bzw. als Zugabe zum Wasser. — Nach 1 std. Abkochverss. an 10 μ-Glasfasern unter Zusatz von 10 g/Liter Laurylpyridiniumsulfat wurde eine bis zu 40% bessere Naßfestigkeit als ohne Zusatz erzielt [statt 6,3 (g) 10,3 Naßfestigkeit bei einer Ausgangstrockenfestigkeit von 13]. Geprüft wurden frisch eingesponnene Glaseinzelfäden bei 10 mm Einspannlänge aus einem Faserfestigkeitsprüfer nach DIN 53801. — Weitere Schmälzverss. werden beschrieben u. eine tabellar. Übersicht über die beobachteten Trocken-, Naß- u. Naßknotenfestigkeiten u. Dehnungswerte gegeben. (**D. P. [DDR] 3 999** Kl. 29b u. Kl. 8k vom 25/11. 1951, ausg. 20/4. 1953 [Wirtschaftspatent].) O. KAYSER. 8083

XIX. Brennstoffe. Erdöl. Mineralöle.

Pieter Gerard Meerman, *Die physikalisch-technischen Grundlagen der Entwässerung, Klärung und Eindickung.* Zusammenfassende Darst. der physikal. Grundlagen u. der techn. Durchführung der Verff. zum Entwässern, Klären u. Eindicken, bes. in der Steinkohlenaufbereitung. Anwendung u. Wrkg. des Siebens, Zentrifugierens, Flotierens, des Convertol-Verf., Filtrierens, Klärens u. des Hydrozyklons mit Beispielen u. Skizzen, Literaturübersicht. (Glückauf **90.** 955—64. 28/8. 1954. Treebeck, Niederl., Centr. Proef. stat. der Staatsmijnen.) H. ECKHARD. 8134

M. R. Geer, F. D. Fennessy und **H. F. Yancey,** *Entfernung von Kohle aus Wäschereiabfall. Einige Beispiele für die Auswirkung kontinuierlicher Bergwerksanlagen auf die Gewinnungsprobleme.* Es werden Reingungsverss. durchgeführt u. festgestellt, daß die Reinigung der Kohlen von ihren Verunreinigungen mit der gleichen Exaktheit durchgeführt werden kann, wie dies bei Behandlung von Rohkohlen mit dichten Medien möglich ist. Jedoch ist die erreichte Reinigungswrkg. bei Behandlung von Kohlenabfällen niedriger als bei Rohkohle infolge des niedrigeren Geh. der M. an Reinkohle. (U. S. Dep. Interior, Bur. Mines, Rep. Invest. **1955.** Nr. 5152. 1—45. Sept.) E. BOYE. 8134

N. Ss. Maximenko, *Heizbriketts aus Lignin der Baumwollschalen.* Nach Trocknung des anfallenden Hydrolysenlignins an der Sonne bis zu 40% W. wird mit 5% Sägespänen vermischt, in Formen gebracht u. an der Luft bis zu 15% W. weitergetrocknet. Pressen unter einem Druck von 300 kg/cm² erfolgt bei 50°, jedoch erhält man auch schon bei 20° ein zufriedenstellendes Heizmaterial. (Гидролизная и Лесохимическая Промышленность [Hydrolysen- u. holzchem. Ind.] **8.** Nr. 7. 21. 1955. Fergana, Hydrolysenfabrik.) M. ULMANN. 8136

W. A. Lang, *Fortschritte der Kohlentechnologie.* 6. Mitt. *Vergasung und chemische Verwendung.* (Trans. Canad. Inst. Mining Metallurgy Mining Soc. Nova Scotia. **55.** 108—12. 1952. — C. **1956.** 1771.) M. GEHLEN-KELLER. 8148

Gerhard Lorenzen, *Stadtgas aus hochmethanhaltigen Gasen und Flüssiggasen.* Beschreibung einer Spaltanlage für Erdgas (CH_4) u. einer solchen für Flüssiggas. (Gas- u. Wasserfach, Ausg. Gas **96.** 767—70. 1/12. 1955. Bochum.) H. PAETZOLD. 8156

George G. Dormer, *Praktische Probleme der Odorisierung.* Die zunehmende Anwendung von Naturgas von schwachem Geruch macht es notwendig, Gasentweichungen mit Hilfe von Odorisierung festzustellen. Vf. bespricht verschied. amerikan. Verff. (*Odicator, Peerless Typ M, MP-1* u. *MPX*). Als Odorisierungsmittel eignet sich *Captan BP* in einer Menge von 80 g auf 10000 m³. Für die kontinuierliche Registrierung oxydierbarer S-Verbb. wurde das Gerät Titrilog entwickelt. (Metano [Padova] **9.** 445—55. Juli 1955.) R. K. MÜLLER. 8156

A. N. Fried, *Der Einfluß der Viscosität von Erdölen auf das Ausmaß ihrer Gewinnbarkeit im Wasserflutungsverfahren.* Vf. berichtet über umfangreiche Unterss. der Verdrängung von Ölen mit Viscositäten von 0,97—850 cP aus Capillarsystemen durch wss. NaCl-Lösungen. Die Ergebnisse werden meistens graph. dargestellt u. teils in Form von Gleichungssystemen mitgeteilt. Im Gebiet 1—60 cP ist die Gewinnbarkeit der Öle stark in reziprokem Sinn von der Viscosität abhängig. Aus dieser Erkenntnis werden Folgerungen für die Praxis der Erdölförderung gezogen. (U. S. Dep. Interior, Bur. Mines, Rep. Invest. Nr. 5115. 1—34. März 1955.) GERHARD GÜNTHER. 8188

Simon Schneider, München, *Vergasen von pulverförmigem oder feinkörnigem Koks.* Die Zuführung von Vergasungsluft u. Wasserdampf innerhalb abwechselnder Zonen der Brennstoffschicht erfolgt in der Weise, daß die Glühkörnchen in diesen Zonen period. wiederkehrend den Wirkungsbereich des O_2 verlassen, mit dem entstandenen CO_2-Strom in den oberen Reduktionsbereich der Schicht getragen u. dabei gekühlt werden u. dann wieder in den Oxydationsbereich zurückfallen. Durch die dauernde Unruhe wird die Bldg. von Luftblasen in der Glutschicht unmöglich gemacht. Diese weist hierdurch bei gleich hoch gehaltener, relativ niedriger Schütthöhe eine einheitliche, nur wenig schwankende Durchschnittstemp. auf, die vom Druck der Frischluft u. von der Schichthöhe abhängt. Zwecks Verhinderung einer Schlackenbldg. u. bei Verwendung von Fe- u. S-haltigem Koks wird die Vergasungstemp. bei 800° gehalten. — Zeichnung. (**D. B. P. 937 370** Kl. 24e vom 9/6. 1942, ausg. 5/1. 1956. Anmeldung bekanntgemacht 23/6. 1955.) W. HAUSWALD. 8149

Heurtey & Co., Paris, Frankreich, *Anreichern von Wassergas.* Während der 1. Arbeitsperiode wird Luft in das Koksbett eingeblasen u. in der 2. Periode Dampf oder W. in das heiße Koksbett eingeleitet. Die kondensierten Prodd., die aus dem Wassergas in einer Reinigungsanlage gewonnen werden, werden während der 2. Periode in den oberen Teil des Gaserzeugers eingeführt u. dadurch das Wassergas mit einem höheren Heizwert gewonnen. (**E. P. 730 590** vom 1/7. 1952, ausg. 25/5. 1955. F. Prior. 8/1. 1952.) E. KAHLES. 8153

Svenska Skifferolje Aktiebolaget, Orebro, Schweden, *Katalytische Entfernung von Sauerstoff aus stark schwefelwasserstoffhaltigen wasserstoffhaltigen Gasen.* Das Rohgas wird bei 200—360° zur Herabsetzung des O_2-Geh. unter eine krit. Konz. zuerst über frischen Katalysator (**I**) geleitet u. dann als Regeneriergas über gebrauchte Katalysatormasse. **I** enthält Mo oder W als Sulfid u./oder Oxyd, neben wenigstens einem der Sulfide u./oder Oxyde der Metalle Fe, Co, Ni, Cr, V, U, unter Verwendung von Al_2O_3, Al-Silicat oder SiO_2-Gel als Trägerstoff. — Entfernung von O_2 aus den Gasen der *Ölschieferdestillation.* (**E. P. 743 458** vom 11/11. 1953, ausg. 18/1. 1956. Schwed. Prior. 12/11. 1952.) W. MATTHAES. 8181

Standard Oil Development Co., Elizabeth, N. J., übert. von: **Richard A. Salathiel,** Houston, Tex., V. St. A., *Bohrschlamm.* Der wss. Schlamm auf der Basis von Meerwasser oder W. mit $<$4,5 (Gew.-%) Alkali- u. $<$2 Erdalkalichlorid (Gesamtsalzgeh. 0,5 bis 4,5%) mit einem Geh. an mindestens 5 feinverteilten Feststoffen, z. B. Ton, enthält 0,5—20 (lbs./42 Gallonen) wasserlösl. Salz (**I**) der Ligninsulfonsäure u. 0,5—10 **I** eines

Phenol–Formaldehyd-Kondensationsproduktes. — Diagramme. (**A. P. 2 649 414** vom 19/4. 1952, ausg. 18/8. 1953.) E. DREWS. 8191

National Tank Co., übert. von: **Jay P. Walker** und **Clarence O. Glasgow**, Tulsa, Okla., V. St. A., *Behandlung von Öl–Gas–Wasser-Strömen aus Ölquellen.* Man leitet den Strom in ein Reservoir bereits gesammelter Prodd., entbindet u. entfernt die Gasbestandteile, läßt das verschmutzte Öl u. das W. in eine begrenzte Absitzzone überströmen, wo sich das freie W. absetzt, läßt das schmutzige Öl in dieser Zone ebenfalls absitzen u. fällt das mitgeführte W. aus. Das gereinigte Öl zieht man aus dieser Zone ab, wäscht es mit heißem W., sammelt das gewaschene, heiße Öl auf dem heißen W. u. bringt es mit der zuerst gesammelten Fl. in Wärmeaustausch. — Zeichnung. (**A. P. 2 614 649** vom 13/9. 1950, ausg. 21/10. 1952.) P. UNGER. 8191

Esso Research & Engineering Co., übert. von: **Merrell R. Fenske**, State College, Pa., V. St. A., *Mineralöltrennung* durch Extraktion mit NH_3-halt. Lösungsm. u. dessen Rückgewinnung. Es bildet sich bei der Extraktion, die bei 60—150° F durchgeführt wird, eine Raffinatphase, die bes. aus den weniger extrahierbaren Ölkomponenten besteht, u. eine Extraktphase, die aber $<25\%$ der extrahierbaren Komponenten enthält. Letztere zieht man ab, kühlt auf $<20^0$ F, trennt die entstandene Lösungsmittelschicht von dem KW-stoffextrakt u. bringt sie in einer Nebenextraktion mit einem gesätt. KW-stoff zusammen, dessen Kp. mindestens 200° F $>$ dem des anfangs extrahierten KW-stoffs liegt. Dann trennt man die KW-stoffschicht von dem gereinigten Lösungsm. ab u. verwendet letzteres wieder zur Hauptextraktion. Das Mineralöl ist Naphtha, Kp. 200—450°. (**A. P. 2 721 164** vom 22/12. 1950, ausg. 18/10. 1955.) H. NEBELSIEK. 8193

Standard Oil Development Co., Del., übert. von: **James F. Black**, Roselle, N. J., und **Clara D. Smith**, Columbus, Ohio, V. St. A., *Vergleich von Rohölen verschiedener Provenienz.* Man löst das Rohöl in einem C_3—C_6-Paraffin-KW-stoff auf, wobei eine Asphaltenfraktion ausfällt u. eine leichte, KW-stofflösl. Fraktion erhalten wird. Anschließend löst man die Asphaltenfraktion in einem leichten Paraffin-KW-stoff mit größerer C-Zahl vollständig auf, trennt die Lsg. von Sedimenten u. prüft sie durch Bestrahlung, um ihre Durchlässigkeit zu bestimmen. — Zeichnung. (**A. P. 2 700 593** vom 1/12. 1949, ausg. 25/1. 1955.) P. UNGER. 8193

British Petroleum Co. Ltd., London, übert. von: **Patrick Docksey, Frederick William Bertram Porter** und **Hubert Thomas Porter**, Sunbury-on-Thames, England, *Katalytische Entschwefelung von Erdölkohlenwasserstoffen.* Man leitet das Behandlungsgut (I) in eine Behandlungszone, in der es mit H_2 in Ggw. eines S-festen Dehydrierungs–Hydrierungs-Katalysators (der sowohl Naphthene zu Aromaten dehydriert, als auch organ. gebundenen S in H_2S umwandelt) bei höherer Temp. u. unter 50—200 lbs./sq.in./g. behandelt wird. Temp. u. Druck sind so aufeinander abgestimmt, daß die Dehydrierung der im I enthaltenen Naphthene nur soviel H_2 liefert, als zur Umwandlung der organ. S-Verbb. u. zur Aufrechterhaltung des H_2-Drucks in der Reaktionszone erforderlich ist. Man kühlt die aus der Reaktionszone entweichenden Dämpfe, ohne zu entspannen, in einer 1. Stufe nur soweit, daß die unerwünschten, höhersd. Bestandteile verflüssigt werden, die man abtrennt, dann kühlt man in einer 2. Stufe die gasförmigen Bestandteile ohne Entspannung zwecks Gewinnung eines H_2-reichen Gases u. eines fl. Prod., das H_2S gelöst enthält, leitet das H_2-reiche Gas in die Reaktionszone zurück, um den H_2-Bedarf dieser Zone zu vervollständigen u. den Druck darin aufrechtzuerhalten. Dann entspannt man den Druck über dem fl. Prod., wobei der H_2S entweicht, u. man hat ein entschwefeltes fl. Produkt. — Zeichnung. (**A. P. 2 726 193** vom 20/7. 1953, ausg. 6/12. 1955. E. Prior. 4/4. 1950.) P. UNGER. 8195

P. Guivante de Saint Gast, Paris, Frankreich, *Cracken von festen oder flüssigen Brennstoffen,* dad. gek., daß inmitten des Brennstoffs eine elektr. Entladung bei n. Druck in Ggw. eines Metallsalzdampfes vorgenommen wird. — Vorr., Zeichnung, (**Belg. P. 497 516** vom 11/8. 1950, ausg. 1/12. 1950. F. Prior. 27/9. 1949.) E. KAHLES. 8197

A. Glazunow, Genf, Schweiz, *Cracken von schweren Erdölfraktionen,* dad. gek., daß man als Katalysator ein Gemisch von $AlCl_3$ u. mindestens 2 Alkali- oder Erdalkalichloriden verwendet. (**Belg. P. 496 065** vom 31/5. 1950, ausg. 16/9. 1950. Schwz. Prior. 8/6. 1949.) E. KAHLES. 8197

Standard Oil Development Co., übert. von: **Edwin J. Gohr**, New York, N. Y., **Frank T. Barr**, Summit, N. J., V. St. A., und **Bruno E. Roetheli**, London, England, *Herstellung von Gasolin.* Feinverteilte Kohle wird auf 280—600° F vorerhitzt u. kontinuierlich in die 1. Zone in ein Koksbett eingebracht. Die flüchtigen Anteile werden dabei ausgetrieben u. abgezogen. Der in der 1. Zone gebildete Koks wird kontinuierlich in die

2. Zone eingeleitet u. dort durch Verbrennen eines Teiles des Kokses eine Temp. oberhalb der der 1. Zone erzeugt. Der heiße Koks der 2. Zone wird kontinuierlich in die 3. Zone übergeführt, in der durch Einleiten von Wasserdampf Gas erzeugt wird, welches hauptsächlich aus H_2 u. CO besteht. Dieses Synthesegas wird in fl. KW-stoffe übergeführt u. der dabei nichtumgesetzte Anteil des H_2-haltigen Gases zur Hydrierung des bei der Verkokung der Kohle in der 1. Zone anfallenden Teeres benutzt. — Zeichnung. (**A. P. 2 697 718** vom 15/8. 1944, ausg. 21/12. 1954.) E. KAHLES. 8201

M. W. Kellogg Co., Jersey City, N. J., übert. von: **Henry G. McGrath**, Union, N. J., V. St. A., *Entschwefelung und Reformierung von Benzinen* durch Behandlung mit einem H_2-haltigen Gas u. einem Katalysator aus Oxyden von Cr u. Mo unter geeigneten Entschwefelungs- u. Reformierungsbedingungen bei einem H_2-Partialdruck von mindestens 50 lbs./sq.in., einer Temp. von 750—1150° F u. einer Raumgeschwindigkeit von 0,1—4. Die relativen Verhältnisse von Bzn.: Katalysator sollen nicht $>$7 Vol Bzn. auf 1 Vol. Katalysator sein. Unter diesen Bedingungen soll ein Verbrauch von H_2 stattfinden u. ein Prod. mit nicht mehr als 0,1 Gew.-% S (Ausgangsmaterial 0,3—2,5 Gew.-% S) erhalten werden. — Zeichnung. (**A. P. 2 695 866** vom 27/12. 1951, ausg. 30/11. 1954.) P. UNGER. 8201

M. W. Kellogg Co., V. St. A. (Erfinder: **Everett W. Howard, John B. Osborne** und **Henry P. Wickham**), *Verfahren zur katalytischen Umwandlung von Kohlenwasserstoffen*, z. B. Reformieren, Hydroformieren, Cracken in Ggw. von H_2. Man regeneriert den verbrauchten, feinverteilten Katalysator mit einem verhältnismäßig wenig O_2 enthaltenden Gas bei 399—621°, vorzugsweise 565,5—593°, u. einer Geschwindigkeit von ca. 1,52 m/sec durch Verbrennen der desaktivierenden Niederschläge. Den regenerierten Katalysator leitet man über eine Sammelzone wieder der Reaktionszone zu, wo man z. B. Schwerbenzin bei 950° u. 36 at hydroformiert. Der Katalysator besteht hierbei aus einem Al_2O_3-Träger, welcher 10 (%) MoO_3 u. 3 SiO_2 enthält. — 3 Vorrichtungen. (**F. P. 1 048 964** vom 29/11. 1951, ausg. 28/12. 1953. A. Prior. 30/11. 1950.) T. OPPERMANN. 8201

Esso Research & Engineering Co., Elizabeth, N. J., V. St. A., *Entwässerung von schweren Heizölen* mit einer API-Schwere von ca. 25° (Kp. $>$400° F) durch Zugabe eines hydrophilen synthet. Phenolharzes (Äthylen- u./oder Propylenoxydderiv. eines schmelzbaren, wasserunlösl. u. xylollösl. synthet. Phenolharzes) u. Zentrifugieren, wobei der Wassergeh. auf unter 0,5 Gew.-% sinkt. (**E. P. 740 834** vom 24/4. 1953, ausg. 23/11. 1955. A. Prior. 31/7. 1952.) P. UNGER. 8217

William Warren Triggs, London, England, *Druckübertragungs- und Schmiermittel*, bestehend aus einem Gemisch eines Alkylpoly- u. eines Alkylorthosilicates (Alkyl C_2—C_6) mit einer Viscosität nicht $>$1000 centistokes (cs.) bei —40° F u. bes. nicht $<$5 cs. bei —130°. (**E. P. 725 979** vom 20/3. 1953, ausg. 16/3. 1955.) O. MÜLLER-MEININGEN. 8221

XXIV. Photographie.

H. Arens, *Über den Villard-Effekt*. Vf. berichtet über sensitometr. Unterss. des VILLARD-Effektes. Dieser ist ein Positiveffekt, der nach Röntgenstrahlenvorbelichtung u. Nachbelichtung mit sichtbarem Licht bei entwickelten Schwärzungen auftritt. Je nach Dauer u. Intensität treten verschied. VILLARD-Effekte auf. Der V_1-Effekt entsteht, wenn man mit Röntgenbestrahlung stufenweise vorbelichtet u. mit sichtbarem Licht diffus nachbelichtet. Die so gebildete Schwärzungskurve besitzt zuerst einen Positiveffekt u. geht nach einem Minimum in die Röntgenschwärzungskurve über. Alle Schwärzungen der V_1-Kurve liegen über denen der Röntgenschwärzungskurve. Bei längerer Nachbelichtung mit sichtbarem Licht geht die VILLARD-Kurve schließlich unter die Röntgenschwärzungskurve herunter: V'-Effekt. Bei der Schwärzungsflächendarst. findet man ein Gebiet, das formal als solarisationsartiger Effekt bezeichnet wird: V_3-Effekt. Daneben wird auf der Schwärzungsfläche bei niederen Intensitäten, losgetrennt vom solarisationsartigen Effekt der höheren Intensitäten, eine Depression beobachtet: V_2-Effekt. Bei höheren Röntgenvorbelichtungen gehen die beiden Gebiete des solarisationsartigen u. des V_2-Effektes auf der Schwärzungsfläche ineinander über. Vf. nimmt davon Abstand, eine Theorie aufzustellen, da das Problem noch nicht genügend durchgearbeitet ist. (Z. wiss. Photogr., Photophysik Photochem. **50 II.** 392—405. 1955. Wolfen, Agfa-Filmfabrik.) W. GÜNTHER. 8598

O. Sziman, *Polarisationsfilter*. Ausführliche Zusammenfassung der prakt. u. theoret. Eigg., Herstellungsmethoden u. Wirkungsweise der Polarisationsfilter. — Patentliteratur u. Schrifttum (59 Literaturhinweise). (Z. wiss. Photogr., Photophysik, Photochem. **50 II.** 517—49. 1955. Vác., Ungarn, Photochem. Forschungslabor.) W. GÜNTHER. 8612

Agfa Akt.-Ges. für Photofabrikation, Leverkusen (Erfinder: **Lothar Jacob,** Viernheim, Hessen), *Schichtbildner für lichtempfindliches Material.* Zur Herst. von lichtempfindlichen oder Hilfsschichten wird die nach dem Verf. von D. R. P. 580 366 gewonnene *Polystyrolsulfosäure* (I) oder ihre Salze entweder für sich allein oder im Gemisch mit anderen kolloidalen Schichtbildnern, bes. Gelatine, benutzt. Im letztgenannten Falle wirkt I als schwaches Härtemittel. (**D. B. P. 912 778** Kl. 57b vom 25/2. 1944, ausg. 3/6. 1954. Anmeldung bekanntgemacht 20/8. 1953.) A. KALIX. 8603

VEB Filmfabrik Agfa Wolfen, Wolfen, Krs. Bitterfeld, *Halogensilberemulsionen mit gesteigerter Empfindlichkeit* werden hergestellt, indem man naszierenden Wasserstoff, der in der Emulsion (I) durch Elektrolyse erzeugt wird, gegebenenfalls in Ggw. von Aktivatoren auf I während der Herst., der 1. oder 2. Reifung oder kurz vor dem Vergießen einwirken läßt. Der Anodenraum wird bei der Elektrolyse durch ein Diaphragma von I getrennt. Als Kathodenmaterial wir Pt, Au oder Ag, als Anodenmaterial Pt, Au, Ag oder Pb angewandt. Man arbeitet mit einer Spannung zwischen 24 u. 110 V u. einer Stromstärke zwischen 0,1 u. 1,5 Ampere. — Man wässert 1 kg BrJ–Silberemulsion mit einer Empfindlichkeit von 14/10 Din bei n. Nachreifung bis auf eine Leitfähigkeit von $1800 \cdot 10^{-6}$ reziproke Ohm u. vermischt die M. nach dem Aufschmelzen mit 1,5 g benzolsulfinsaurem Na als Stabilisator. Nach Einführen einer Pt-Anode (aus Pt-Draht in einem unten mit einem Diaphragma verschlossenem Glasrohr, das mit 2%ig. KNO_3-Lsg. gefüllt ist) u. einem zylindr. Ag-Blech als Kathode wird bei 3 cm Elektrodenabstand 60 Min. bei 55° mit Gleichstrom von 55 V u. 0,2 A elektrolysiert u. anschließend nach 10 Min. digeriert. Das Endprod. zeigt bei guter Klarheit eine Empfindlichkeit von 17/10 Din. — Beispiel. (**D. P. [DDR] 8 625** Kl. 57b vom 16/5. 1952, ausg. 18/11. 1954 [Wirtschaftspatent].) H. ASMUS. 8605

Eastman Kodak Co., übert. von: **Donald W. Heseltine** und **Leslie G. S. Brooker,** Rochester, N. Y., V. St. A., *Dreikernige Polymethinfarbstoffe,* die an der Polymethinkette einen Pyrryl-, Indolyl- oder Pyrrocolylkern enthalten, erhält man durch Kondensation von Verbb. der allg. Formeln I u. II. Hierin bedeuten R u. R_1 (gegebenenfalls weitersubstituierte) Alkylgruppen mit höchstens 5 C-Atomen, R_2 ein H-Atom, eine Alkyl- oder Arylgruppe, R_3 ein H-Atom, eine Alkyl- oder Arylgruppe, Z u. Z_1 die zur Bldg. eines 5- oder 6gliedrigen Heterocyclus nötigen nichtmetall. Atome, Z_2 die zur Bldg. eines Pyrrolringes nötigen nichtmetall. Atome, X eine Säuregruppe, n u. d sind 1 oder 2. —

$$\underbrace{R{-}NX({=}CH{-}CH)_{n-1}{=}C}_{Z}{-}CH{=}C(CH_3){-}\underbrace{C{=}CR_2{-}NR_3}_{Z_2} \qquad \underbrace{R_1{-}NX_1({=}CH{-}CH)_{d-1}{-}CY}_{Z_1}$$

I II

Beispiele: *9-(1-Äthyl-2.5-dimethyl-3-pyrryl)-3.3'-dimethylthiacarbocyaninjodid,* F. 169 bis 170°; *9-(1-Äthyl-3.5-dimethyl-3-pyrryl)-1'.3-dimethylthia-2'-carbocyaninjodid,* F. 250 bis 251°; *1'-Äthyl-9-(1-äthyl-2.5-dimethyl-3-pyrryl)-3-methylthia-4'-carbocyaninjodid; 3.3'-Diäthyl-9-(1-äthyl-2.5-dimethyl-3-pyrryl)-thiacarbocyaninperchlorat,* F. 205—206°; *3-Äthyl-5-[4-(3-äthyl-2(3H)-benzothiazolyliden)-3-(1-äthyl-2.5-dimethyl-3-pyrryl)-butenyliden]-3-rhodanin,* F. 192—193°; *3.3'-Dimethyl-9-(2-phenyl-1-pyrrocolyl)-4.5;4'.5'-dibenzothiacarbocyanin-p-toluolsulfonat,* F. 294—295° (Zers.); *3-Äthyl-9-(1-äthyl-2.5-dimethyl-3-pyrryl)-3'-methyl-4.5;4'.5'-dibenzothiacarbocyaninjodid,* F. 224—225° (Zers.); *9-(2.5-Dimethyl-1-phenyl-3-pyrryl)-3.3'-dimethyl-4.5;4'.5'-dibenzothiacarbocyaninjodid,* F. 217—218° (Zers.); *3.3'-Diäthyl-9-(3-indolyl)-4.5;4'.5'-dibenzoselenathiacarbocyaninjodid,* F. 281—282° (Zers.); *3.3'-Dimethyl-9-(2-methyl-3-indolyl)-4.5;4'.5'-dibenzothiacarbocyanin-p-toluolsulfonat,* F. 287—288° (Zers.); *9-(1.3-Dimethyl-2-indolyl)-1.3'-diäthyl-4.5;4'.5'-dibenzocarbocyaninbromid,* F. 242—243° (Zers.); *3.3'-Dimethyl-9-(2-methyl-3-indolyl)-oxacyarbocaninperchlorat,* F. 199—200° (Zers.); *3.3'-Dimethyl-9-(3-pyrryl)-4.5;4'.5'-dibenzothiacarbocyanin-p-toluolsulfonat,* F. 272—273° (Zers.); *1.3'-Diäthyl-2.5.6-trimethyl-3-pyrrolothiacarbocyaninperchlorat,* F. 188—190°; *1-Äthyl-2.3'.5.6-tetramethyl-3-pyrrolothiacarbocyaninperchlorat, 1-Äthyl-2.3'.5.6-tetramethyl-4'.5'-benzo-3-pyrrolothiacarbocyaninjodid,* F. 173 bis 174° (Zers.); *2.3'.5.6-Tetramethyl-1-phenyl-4'.5'-benzo-3-pyrrolothiacarbocyaninjodid,* F. 192—193° (Zers.); *3'-Äthyl-8-methyl-4'.5'-benzo-3-indolothiacarbocyaninjodid,* F. 231 bis 233°; *2.3'.8-Trimethyl-4'.5'-benzo-3-indolothiacarbocyanin-p-toluolsulfonat,* F. 212—213° (Zers.); *3'-Äthyl-1.3.8-trimethyl-4'.5'-benzo-2-indolothiacarbocyaninjodid,* F. 209—210° (Zers.); *2.3'.8-Trimethyl-3-indoloxacarbocyaninjodid,* F. 263—264° (Zers.); *3'.6-Dimethyl-4'.5'-benzo-3-pyrrolothiacarbocyanin-p-toluolsulfonat,* F. 223—224° (Zers.); *3'-Methyl-2-phenyl-4'.5'-benzo-1-pyrrolothiacarbocyanin-p-toluolsulfonat.* Strukturformeln aller Verb. im Original. — *Sensibilisatoren* für photograph. Halogensilberemulsionen. (**A. P. 2 666 761** vom 23/1. 1952, ausg. 19/1. 1954.) A. KALIX. 8605

VEB Filmfabrik Agfa Wolfen, Wolfen, Krs. Bitterfeld (Erfinder: **Oskar Riester** und **Wilhelm Schneider,** Dessau), *Herstellung leicht wasserlöslicher basischer Farbstoffe.* Lsgg.

schwerlösl. bas. Farbstoffe, bes. *Cyaninfarbstoffe*, werden durch einen bas. Ionenaustauscher, bes. „Wofatit" (Aminharz), geschickt, der mit einem Anion beladen ist, das ein leichter lösl. Farbstoffsalz ergibt, z. B. Chlorid oder Fluorid. — Eine 5%ig. alkoh. Lsg. des Chinopseudocyaninjodids wird durch eine Wofatit-M-Säule geschickt, die durch Behandeln mit schwach angesäuerter sek. Na-Phosphat-Lsg. mit Phosphationen abgesättigt ist. Durch Abdampfen des A. erhält man eine gallertartig erstarrende Lsg., aus der durch Zugabe von Propanol das leichtlösl. Farbstoffphosphat ausfällt. (**D.P. [DDR] 6 799** Kl. 22a vom 16/5. 1952, ausg. 8/1. 1955 [Wirtschaftspatent].) G. WELTZIEN. 8605

General Aniline & Film Corp., New York, N. Y., übert. von: **Robert C. Gunther**, Galesburg, Ill., V. St. A., *Farbentwickler* für die Erzeugung eines Azinfarbstoffbildes, dad. gek., daß er in wss.-alkal. Lsg. Alkalisulfit u. eine Verb. der Formel I enthält (X = $-COOH$ oder $-SO_3H$; R = aliphat. oder aromat. Rest). — Z. B. wird folgende Zus. angegeben: 6 (g) 4-Phenylamino-6-oxymetanilsäure, 40 Na_2CO_3, 40 Na_2SO_3, 2 KBr, 15 Pyridin, 2 8-Oxychinolin u. 1000 cm^3 Wasser. Ein Mehrschichtenfarbfilm, der Farbbildner enthält, wird belichtet u. zuerst mit einem Schwarz–Weiß-Entwickler behandelt; das negative Ag-Bild wird dann mit dem genannten Farbentwickler entwickelt. (**A. P. 2 555 127** vom 10/1. 1950, ausg. 29/5. 1951.) A. MOHR. 8631

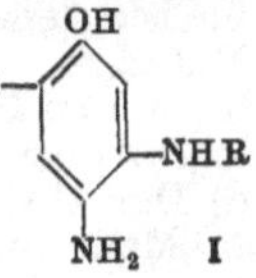

I

General Aniline & Film Corp., New York, N. Y. übert. von: **Robert C. Gunther**, Easton, Pa., und **Vsevolod Tulagin**, Phillipsburg, N. J., V. St.A., *Farbentwicklung.* Die Intensität u. Brillanz der mit 2.4-Diaminoanilinen entwickelten Farbstoffbilder wird durch Zusatz geringer Mengen Pyridin (**I**)-Derivv. zum Entwickler verbessert. Geeignet sind z. B.: 2- u. 4-Methyl-**I**, 2.6-Dimethyl-**I**, 2-β-Oxyäthyl-**I**, 2- u. 4-γ-Oxypropyl-**I**, 2-Amino-**I**, 4- u. 5-Methyl-2-amino-**I**, 4-Methyl-2-β-oxyäthylamino-**I**, 3-Methyl-2-äthylamino-**I**, u. zwar in Mengen bis zu 20 g im Liter Entwickler. (**A. P. 2 596 926** vom 16/12. 1949, ausg. 13/5. 1952.) A. KALIX. 8631

Agfa Akt.-Ges. für Photofabrikation, Leverkusen, *Selektive Entwicklung von Teilschichten in Mehrschichtmaterial.* Zur Entw. der obersten Schicht wird eine Lsg. verwendet, die außer den üblichen Bestandteilen eine Verb. enthält, die mit Halogensilber Additionsverbb. bildet, die schwer entwickelbar sind, z. B. Imidazolderivv., die mit NO_2-, OH-, COOH-, SO_3H-, aliphat. Resten, aromat., isocycl. oder heterocycl. (auch ankondensierten) Ringen substituiert sind, oder Mercaptodiazole, -triazole, -tetrazole, -thiazole oder Thiohydantoine, gegebenenfalls mit diffusionsverhindernden Resten. Das Verf. wird bes. zur Entw. des Resthalogensilbers nach der Farbentw. u. zur Herst. von Maskenbildern verwendet. (**Schwz. P. 300 622** vom 18/7. 1951, ausg. 16/10. 1954. D. Prior. 4/1. 1945.) A. KALIX. 8631

Ciba Akt.-Ges. (Erfinder: **Paul Dreyfus**), Basel, Schweiz, *Herstellung von Farbstoffbildern.* Die Bilder werden in bekannter Weise durch Kupplung eines oxydierten Amins mit einer zur Farbstoffbldg. geeigneten Komponente erzeugt, jedoch nicht wie bisher in Ggw. von belichtetem, reduzierbarem Halogensilber, sondern in Ggw. eines Metall-, bes. Ag-Bildes (**I**) u. einer lösl. reduzierbaren Verb. (**II**), wobei **I** durch die übliche Entw. oder durch beliebige andere Verff. hergestellt sein oder auch nur aus Metallkeimen bestehen kann. Als **II** werden Ag- u. Hg-Salze verwendet, bes. $AgNO_3$ (bei saurer Entw.) u. $HgCl_2$. Eine AgBr-Schicht, die ein diffusionsfestes Pyrazolonderiv. enthält, wird belichtet, mit Metol-Hydrochinon-Lsg. entwickelt u. fixiert. Dann wird sie mit folgender Lsg. behandelt: 45 g Na_2SO_3 (aus A.) in 250 cm^3 W. + 1,9 g $AgNO_3$ in 250 cm^3 W. + 1 g p-Phenylendiaminbase in 50 cm^3 Wasser. Es entsteht ein rotes Farbstoffbild, das das Ag-Bild überlagert. (**D. B. P. 932 345** Kl. 57b vom 18/8. 1953, ausg. 29/8. 1955. Anmeldung bekanntgemacht 3/3. 1955. Schwz. Prior. 20/8. 1952.) A. KALIX. 8631

Hans Karl Opfermann, Düsseldorf, *Plastisch wirkende Mehrfarbenbilder.* Bei der Aufnahme werden die bildwichtigen Bildelemente so angeordnet oder ausgewählt, daß diejenigen Bildteile, die einen vom Betrachter wegführenden plast. Eindruck machen sollen, Farbtöne besitzen, die dem kurzwelligen Teil des Spektr. von ca. 500 mμ ab zugeordnet werden können, während diejenigen Bildteile, die eine in Richtung des Betrachters sich erstreckende Plastik hervorrufen sollen, Färbungen besitzen, die dem langwelligen Teil des Spektr. ab 550 mμ angehören. (**D. B. P. 937 389** Kl. 57b vom 20/12. 1942, ausg. 5/1. 1956. Anmeldung bekanntgemacht 9/7. 1953.) A. KALIX. 8631

La Reliephotographie, Soc. pour l'Exploitation des procédés de photographie en relief Maurice Bonnet, Paris, Frankreich, *Plastisch wirkende Röntgenaufnahmen.* Zwischen Objekt u. lichtempfindliche Schicht wird ein Linienraster eingeschaltet, dessen für Röntgenstrahlen durchlässige Teile schmaler sind als die undurchlässigen. Während der Aufnahme wird nun eine seitliche Verschiebung entweder der Röntgenröhre oder des Objekts, des Rasters oder der lichtempfindlichen Schicht vorgenommen. Vom so erhaltenen Negativ wird durch Kontaktkopie ein Positiv hergestellt. Dieses wird durch eine aufgelegte Linsenrasterfolie betrachtet, die dem Aufnahmeraster äquivalent ist. (**Schwz. P. 269 812** vom 16/7. 1945, ausg. 1/11. 1950. F. Prior. 29/7. 1944.) A. KALIX. 8633

E. I. du Pont de Nemours & Co., Wilmington, Del., übert. von: **Norman E. Parnell**, New Brunswick, N. J., V. St. A., *Bildtonverbesserung bei der Hochglanz-Heißtrocknung.* Die für die Hochglanz-Bildverbesserung bereits bekannten Verbb., z. B. 1-Phenyl-5-mercaptotetrazol (**I**), werden der Halogensilberemulsion nicht mehr als solche zugesetzt, sondern eingebettet in 30 μ große Teilchen einer polymeren, NH_2-gruppenhaltigen Verb. (**II**), die in W. u. verd. Alkalien unlösl., dagegen lösl. in verd. Essigsäure sind. Auf diese Weise bleiben sie während der Entw. unverändert in der Schicht u. werden erst durch das saure Unterbrecherbad „freigegeben". — Beispiele für **II**: a) Alkylamino- u. Aminoalkylcellulosen, b) polymere Aminoalkoholester von Acrylsäure u. α-KW-stoffsubstituierten Homologen, c) Kondensationsprodd. aus Phenolen u. Aldehyden mit NH_3 u. sek. Aminen, d) Dimethylaminopolystyrole, e) Proteinderivate. — Beispiel: 0,1 g **I**, gelöst in 12,5 cm^3 A.–Methanol-Gemisch 19:1, werden zu einer 48% ig. Lsg. von 5 g Diäthylaminoäthylmethacrylat in Toluol zugegeben, das Gemisch mit dest. W. u. etwas Netzmittel auf 500 cm^3 verd. u. einer Emulsion zugesetzt, die mit 125 cm^3 3n $AgNO_3$-Lsg. hergestellt ist. (**A. P. 2 697 040** vom 11/1. 1952, ausg. 14/12. 1954.) A. KALIX. 8637

Fils de Victor Michel (Soc. à R. L.), Seine, Frankreich, *Photographische Mehrfarbendurchsichtsbilder.* Auf Träger aus plast. M., wie Cellulosetriacetat, werden die Teilbilder nach einem photomechan. Verf. aufgedruckt, worauf die Filme in genauer Deckung an den Rändern aufeinandergeklebt werden. (**F. P. 1 072 644** vom 15/1. 1953, ausg. 14/9. 1954.) G. GROTE. 8645

Gevaert Photoproducten N. V., Antwerpen, Belgien, *Herstellung von Flachdruckformen.* Zum D. B. P. 827 754, C. **1953**. 1120, ist nachzutragen: Die mit dem reduzierenden Stoff versehene hydrophile Kolloidschicht kann vor der Bldg. der Druckpunkte mit einer wss. Lsg. des in mehreren Valenzstufen auftretenden Metallsalzes behandelt werden. (**Holl. P. 74 513** vom 22/6. 1951, ausg. 15/4. 1954. E. Prior. 8/7. 1950.) F. LAASS. 8645

Renker-Belipa, G. m. b. H., Lendersdorf-Krauthausen, Rhld., *Diazotypiepapiere.* Transparente Papiere werden vor dem Auftragen der Sensibilisierungslsg. mit der Lsg. eines härtungsfähigen, elastifizierten Formaldehyd–Harnstoff-Harzes bestrichen u. auf die gehärtete u. getrocknete Harzschicht die Lsg. einer lichtempfindlichen Diazoverb. in einem Lösungsm. aufgetragen. Beide Lsgg. können auch miteinander vereinigt werden. (**Schwz. P. 307 648** vom 12/1. 1952, ausg. 16/8. 1955. D. Prior. 16/4. 1951.) A. KALIX. 8647

E. I. du Pont de Nemours & Co., Wilmington, Del., V. St. A., *Farbkorrekturverfahren.* Mindestens eine Teilschicht eines mehrfarbig entwickelbaren Mehrschichtmaterials enthält ein diazotierbares Amin oder einen Farbkuppler, der eine mit Oxydationsprodd. des Entwicklers nicht reaktionsfähige NH_2-Gruppe enthält. Nach der farbigen Entw. werden diese Verbb. diazotiert u. mit einer Komponente gekuppelt, die ein Markenbild im gewünschten Farbton erzeugt. Vorzugsweise werden dazu polymerisierte aromat. Aldehyde mit einer Seitenkette von mindestens 12 C-Atomen verwendet, z. B. Polyvinylacetale (**I**) von aromat. Aminoaldehyden, wie 3-Amino-5-chlorbenzaldehyd-**I** oder 3-Aminonaphthaldehyd-**I**. (**E. P. 714 012** vom 23/7. 1952, ausg. 18/8. 1954. A. Prior. 24/7. 1951.) A. KALIX. 8649

Herausgeber u. verantwortlich für den Inhalt: Prof. Dr. Maximilian Pflücke, Berlin N 4, Schiffbauerdamm 19, Fernsprecher: 425571. Redaktion: Chefredakteure Dr. Eugen Klever und Prof. Dr. Maximilian Pflücke. Verlag: Akademie-Verlag GmbH, Berlin W 8, Mohrenstraße 39 (Fernsprecher 200386, Postscheckkonto Berlin 35021), u. Verlag Chemie GmbH, Weinheim/Bergstraße (Fernsprecher 2017 u. 2965, Postscheckkonto Frankfurt/M. 145314 u. Berlin-West 7430). Bestell- u. Verlags-Nr.: 1007/127. Das Chemische Zentralblatt erscheint wöchentlich. Preis des Jahrganges einschl. Autoren-, Patent-, Sach- und Formelregister: DM 680,—; einseitig bedruckte Ausgabe: DM 750,—. Abgabe der Zeitschrift nur mit sämtlichen Registern.

Satz u. Druck: VEB Leipziger Druckhaus, Leipzig, III/18/203. X. 56.
Veröffentlicht unter der Lizenznummer 1212 des Amtes für Literatur und Verlagswesen der Deutschen Demokratischen Republik.
Printed in Germany.

Kolibri 360 GmbH
Ferdinand-Jühlke-Straße 7
99095 Erfurt, Deutschland
produktsicherheit@kolibri360.de